"十三五"普通高等教育本科规划教材

模拟电子技术基础

李月乔　编
朱承高　主审

中国电力出版社
CHINA ELECTRIC POWER PRESS

内 容 简 介

本书为"十三五"普通高等教育本科规划教材。

本书注重对细节的刻画，强调解决问题的方法，从基本概念入手，强调与电路课程的紧密联系，注重训练学生应用电路理论方法解决电子技术问题的能力，是一本符合认识规律、富有启发性、便于教学、适合学生自学的教材。本书共分九章，主要内容包括半导体二极管及其应用电路、双极型三极管及其放大电路、场效应管及其放大电路、功率放大电路、差动放大电路、集成运算放大器、反馈放大电路、运算放大器的线性应用和非线性应用、信号产生电路、小功率直流稳压电源。

本书可作为普通高等院校电气类、自动化类相关专业电子技术课程本科生教材，也可作为相关工程技术人员的参考书。

图书在版编目（CIP）数据

模拟电子技术基础/李月乔编. —北京：中国电力出版社，2015.6

"十三五"普通高等教育本科规划教材

ISBN 978-7-5123-7924-4

Ⅰ.①模… Ⅱ.①李… Ⅲ.①模拟电路-电子技术-高等学校-教材 Ⅳ.①TN710

中国版本图书馆 CIP 数据核字（2015）第 139793 号

中国电力出版社出版、发行

（北京市东城区北京站西街 19 号 100005 http://www.cepp.sgcc.com.cn）

北京雁林吉兆印刷有限公司印刷

各地新华书店经售

*

2015 年 6 月第一版 2015 年 6 月北京第一次印刷

787 毫米×1092 毫米 16 开本 26 印张 636 千字

定价 52.00 元

前　言

　　"模拟电子技术基础"是高等学校理工科电类各专业的基础课，处于各专业教学的中间环节，是学生基本素质形成的关键课程。本书是为电类专业本科生学习模拟电子技术的基础知识而编写的，满足模拟电子技术的教学基本要求，符合课程教学大纲要求。本书为李月乔主编的《数字电子技术基础》的配套教材。

　　本书注重理论联系实际，取材合适，深度适宜，全面系统地阐述了课程要求掌握的基本理论与知识，书中内容组织由浅入深、循序渐进，结构严谨，突出知识的先进性、相互关联性。本书与电路理论课程的衔接符合学生的认知水平，便于学生自学，在例题中引导学生将电路中的参考方向、三大定律、电位参考点的概念应用其中。基本概念和术语的定义明确而清晰，强调对"非线性"、"某个工作点的直流电阻"、"某个工作点的交流电阻"、直流通路、交流通路、直流负载线、交流负载线、虚短、虚断等基本概念的记忆和理解；强调图解法对理解放大电路的重要性，以便于学生深刻理解"小信号"的定义。本书凝结了作者多年的教学体会，对场效应管、反馈的编写有独到之处，从导电沟道的状态来解释场效应管的可变电阻区、放大区、截止区，从而抓住问题的核心，提纲挈领，使学生对于种类众多的场效应管也可以在短时间内理解透彻。反馈是一个非常重要的概念，本书从设计反馈的角度来讲解反馈，与大多数教材从分析反馈的讲解角度不同，学生非常易于接受。本书在注重文字叙述解释的基础上，强调电路模型，训练学生掌握分析问题的一般方法，应用电路定律去列方程求解。比如差动放大电路，强调直流通路、差模信号的交流通路、共模信号的交流通路的画法，注重应用电路定律列方程求解。

　　本书中的例题讲解步骤详细，具有代表性，力求突出重点，通过例题使读者加深对基本概念的理解。以集成音频功放芯片 LM386 为例，在第四章、第五章和第六章分别对其进行相应计算，将相关知识点有机地联系在一起，例题有一定的深度和广度，引导读者将所学分析方法运用于解决实际应用问题的能力。每章后都附有一定数量的习题，帮助学生加深对课程内容的理解；部分习题有一定的深度，以使学生在深入掌握课程内容的基础上扩展知识；部分习题综合了多个章节的内容，以锻炼学生综合运用知识的能力。

　　本书注重对细节的刻画，强调解决问题的方法，从基本概念入手，强调与"电路理论"课程的紧密联系，注重训练学生应用电路理论的方法解决电子技术的问题，是一本符合认识规律、富有启发性、便于教学、适合学生自学的教材。

　　本书共分九章，第一章讲述了半导体二极管及其应用电路，概念解释详尽，重点突出；第二章讲述了双极型三极管及其放大电路，强调与电路知识的联系，教会读者学习的方法，而不是死记硬背公式；第三章讲述了场效应管及其放大电路，从与双极型三极管对比的角度讲述了二者的相同点和不同点，便于读者理解；第四章讲述了功率放大电路；第五章讲述了集成运算放大器的基础，讲解差动放大电路的概念和计算；第六章讲述了反馈放大电路，从设计的角度讲解反馈的概念和应用；第七章讲述了运算放大器的线性应用和非线性应用，包括各种运算电路、有源滤波器、电压比较器；第八章讲述了信号产生电路，包括 RC、LC、晶体振荡器等作为选频环节的正弦信号产生电路和矩形波、三角波等非正弦信号产生电路；第九章讲述了小功率直流稳压电源，介绍整流、滤波、稳压的工作原理，稳压电路包括线性稳压电路和开关稳压电路。

本书配有教师授课使用的电子教案，授课教师可以对授课内容任意组织，以适应学生对知识的理解。

本书由李月乔编写，由朱承高教授级高级工程师主审。

限于编者水平，书中难免存在错误和不妥之处，殷切希望读者批评指正，并将意见和建议反馈给编者，邮箱地址：lyqiao@ncepu.edu.cn。

编　者

2015 年 5 月

目 录

前言

第一章 半导体二极管及其应用电路 ……………………………………………… 1

第一节 半导体的基本知识 ……………………………………………… 1

第二节 PN 结 ……………………………………………… 3

第三节 半导体二极管 ……………………………………………… 11

第四节 半导体二极管的模型及应用 ……………………………………………… 15

第五节 特殊二极管 ……………………………………………… 30

小结 ……………………………………………… 31

习题 ……………………………………………… 31

第二章 双极型三极管及其放大电路 ……………………………………………… 36

第一节 双极型三极管 ……………………………………………… 36

第二节 基本共射放大电路 ……………………………………………… 51

第三节 基本共射放大电路的图解分析法 ……………………………………………… 59

第四节 基本共射放大电路的小信号等效电路分析法 ……………………………………………… 66

第五节 放大电路的静态工作点稳定问题 ……………………………………………… 74

第六节 共集电极放大电路 ……………………………………………… 82

第七节 共基极放大电路 ……………………………………………… 87

第八节 两级放大电路的计算 ……………………………………………… 89

第九节 放大电路的频率响应 ……………………………………………… 94

小结 ……………………………………………… 113

习题 ……………………………………………… 113

第三章 场效应管及其放大电路 ……………………………………………… 126

第一节 场效应管概述 ……………………………………………… 126

第二节 结型场效应管的结构和工作原理 ……………………………………………… 126

第三节 绝缘栅场效应管的结构和工作原理 ……………………………………………… 140

第四节 场效应管放大电路 ……………………………………………… 167

第五节 场效应管放大电路的小信号等效电路分析法 ……………………………………………… 170

小结 ……………………………………………… 178

习题 ……………………………………………… 178

第四章 功率放大电路 ……………………………………………… 186

第一节 功率放大电路与电压放大电路的比较 ……………………………………………… 186

第二节 功率放大电路的特殊问题 ……………………………………………… 186

第三节　乙类双电源互补对称功率放大电路 ………………………………………… 189

第四节　乙类单电源互补对称功率放大电路 ………………………………………… 198

第五节　甲乙类互补对称功率放大电路 …………………………………………… 202

第六节　集成功率放大器芯片 LM386 ……………………………………………… 205

小结 ……………………………………………………………………………………… 207

习题 ……………………………………………………………………………………… 207

第五章　集成运算放大器 ………………………………………………………………… 212

第一节　集成运算放大器概述 ……………………………………………………… 212

第二节　长尾式差动放大电路 ……………………………………………………… 213

第三节　恒流源式差动放大电路 …………………………………………………… 228

第四节　集成运算放大器中的直流电流源（恒流源）电路 ……………………… 236

第五节　集成运算放大器简介 ……………………………………………………… 241

小结 ……………………………………………………………………………………… 252

习题 ……………………………………………………………………………………… 253

第六章　反馈放大电路 ……………………………………………………………………… 260

第一节　放大电路的 4 种类型 ……………………………………………………… 260

第二节　反馈的定义与分类 ………………………………………………………… 261

第三节　反馈放大电路闭环放大倍数的一般表达式 …………………………… 271

第四节　负反馈对放大电路性能的影响 ………………………………………… 273

第五节　深度负反馈放大电路的计算 …………………………………………… 277

第六节　负反馈放大电路的稳定问题 …………………………………………… 286

小结 ……………………………………………………………………………………… 295

习题 ……………………………………………………………………………………… 295

第七章　集成运算放大器的线性应用和非线性应用 ……………………………… 302

第一节　集成运算放大器的线性应用之一 ……………………………………… 302

第二节　集成运算放大器的线性应用之二 ……………………………………… 319

第三节　集成运算放大器的非线性应用 ………………………………………… 332

小结 ……………………………………………………………………………………… 338

习题 ……………………………………………………………………………………… 338

第八章　信号产生电路 ……………………………………………………………………… 348

第一节　产生正弦波振荡的条件 …………………………………………………… 348

第二节　RC 正弦波电压振荡电路 ………………………………………………… 351

第三节　LC 正弦波电压振荡电路 ………………………………………………… 355

第四节　非正弦波振荡电路 ………………………………………………………… 370

小结 ……………………………………………………………………………………… 377

习题 ……………………………………………………………………………………… 378

第九章　单相小功率直流稳压电源 ……………………………………………………… 386

第一节　概述 …………………………………………………………………………… 386

第二节　整流电路 ……………………………………………………………………… 386

第三节　滤波电路 ·· 389

第四节　线性稳压电路 ·· 393

第五节　开关稳压电路 ·· 398

小结 ·· 401

习题 ·· 401

参考文献 ··· 406

第一章 半导体二极管及其应用电路

本章提要

本章介绍半导体的基本知识，学习半导体器件的基本结构——PN 结，重点介绍二极管的直流模型和交流模型，以及二极管应用电路的分析方法。读者在学习过程中应重点理解二极管端电压和电流的非线性关系，并注意复习电路课程中的基本概念和定律，如参考方向、欧姆定律、KCL 定律、KVL 定律，并将电路理论中的电路分析方法自觉应用于二极管电路的分析中。

第一节 半导体的基本知识

自然界的物质按导电能力可分为导体（conductor）、半导体（semiconductor）和绝缘体（insulator）三大类。导体的导电能力最强，电解液、碳、金属等都是导体。绝缘体的导电能力最弱，橡胶、石英等是绝缘体。半导体的导电能力介于两者之间，导电能力比绝缘体强，比导体弱。常用的半导体材料有硅（silicon，Si）、锗（germanium，Ge），它们是元素半导体（elemental semiconductor）；砷化镓（gallium arsenide，GaAs）是化合物半导体（compound semiconductor）。

一、半导体硅、锗的原子结构与共价键

元素的化学性质由其最外层电子，即价电子（valence electron）决定。金属元素的价电子数少于 4 个，其最外层电子极易摆脱原子核（nucleus）的束缚成为自由电子（free electron），在外电场的作用下产生定向移动形成电流，因此导电能力最强。绝缘体的价电子数是 8 个，其最外层电子受原子核束缚力很强，很难成为自由电子，所以导电能力极差。半导体元素硅、锗的价电子数都是 4 个，其最外层电子既不像导体那样容易摆脱原子核的束缚，也不像绝缘体那样被原子核束缚得那么紧，因而其导电能力介于两者之间。材料纯净、结构完整的半导体晶体称为本征半导体（intrinsic semiconductor）。本征半导体的纯度为 99.9999999%。在本征半导体的晶体结构中，每一个原子与相邻的 4 个原子相结合，构成四面体结构。每两个相邻原子之间共用一对价电子，通过共价键（covalent bond）把相邻原子结合在一起，如图 1-1-1 所示。共价键中的电子称为束缚电子。

若束缚电子获得能量，可摆脱原子核的吸引，在晶体中自由移动，这种不受共价键影响的电子称为自由电子。例如，当环境温度升高为 300K 时，少量束缚电子吸收能量，可摆脱共价键的作用力而成为自由电子，如图 1-1-2 所示。

当环境温度为 0K 且无外界激发时，本征半导体内只有束缚电子，没有自由电子，本征半导体相当于绝缘体，如图 1-1-1 所示。

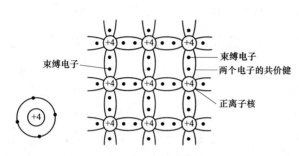 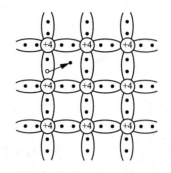

图 1-1-1　没有自由电子的本征半导体结构　　图 1-1-2　有自由电子的本征半导体结构

二、半导体导电的两个方面

在外电场的作用下，半导体内有自由电子的定向运动和束缚电子的定向运动。因为自由电子和束缚电子都带负电，所以它们的运动方向都与外电场的方向相反，只不过自由电子可以自由移动，而束缚电子只能在共价键中运动，但是它们对电流的形成都有贡献。与半导体相比，金属导电只有自由电子的运动，而没有束缚电子在共价键中的运动。因为金属没有共价键，而半导体有共价键。运载电荷的粒子称为载流子（carrier），半导体中的载流子有自由电子和束缚电子两种。

三、空穴

半导体导电体现在两个方面：一是自由电子的定向运动，二是束缚电子的定向运动。在半导体导电过程中，因为直接描述束缚电子的运动不太方便，所以用假想的（自然界不存在的）、带正电的、与束缚电子运动方向相反的一种粒子来描述束缚电子的运动，这种粒子称为"空穴（hole）"。这样就可以说半导体中的载流子有自由电子和空穴两种。本征半导体中的自由电子和空穴成对出现。

四、本征半导体的特性

本征半导体具有热敏特性、光敏特性和掺杂（dope）特性。

1. 热敏特性

当环境温度升高时，共价键内的束缚电子因热激发而获得能量，其中获得能量较大的一部分价电子能够挣脱共价键的束缚而成为自由电子，半导体内的载流子数目迅速增加，半导体的导电能力比环境温度升高之前有一个比较明显的增强，这就是热敏特性。金属的导电能力对温度的变化不敏感，金属没有热敏特性。

2. 光敏特性

当光照射半导体时，共价键内的束缚电子获得能量挣脱共价键的束缚而成为自由电子，半导体内的载流子数目迅速增加，半导体的导电能力比光照射之前有一个比较明显的增强，这就是光敏特性。金属的导电能力对光照射不敏感，金属没有光敏特性。

3. 掺杂特性

当在本征半导体中掺入三价元素或五价元素时，半导体的导电能力有一个非常明显的增强，这就是掺杂特性。在本征半导体中掺入的少量三价元素或五价元素，因为其数量较少，所以称为杂质（impurity）。这样的半导体称为杂质半导体（extrinsic semiconductor, doped semiconductor）。在本征半导体中掺入五价元素，形成 N 型（杂质）半导体（N-type semiconductor）；掺入三价元素，形成 P 型（杂质）半导体（P-type semiconductor）。

以上 3 种方式都可使本征半导体中的载流子数目增加，导电能力增强，但是这样做并不是要把半导体当作导体来使用。因为与导体比其导电能力相差较多，半导体有其独特的应用方向。

五、杂质半导体

1. N 型半导体

在本征半导体中掺入五价元素，如磷（phosphorus）元素，形成 N 型半导体，如图 1-1-3 所示。磷原子的 4 个价电子与硅或锗原子形成共价键，剩余的 1 个价电子很容易摆脱原子核的吸引而成为自由电子。所以每掺入 1 个磷原子，就产生 1 个自由电子，产生自由电子的同时不产生空穴。由于磷原子贡献 1 个自由电子，因此将其称为施主杂质（donor impurity）。施主杂质因提供自由电子而带正电成为正离子。同时，半导体内还有硅或锗本身产生的自由电子-空穴对。所以自由电子数目较多，称为多子（majority carrier）；空穴数目较少，称为少子（minority carrier）。

2. P 型半导体

在本征半导体中掺入三价元素，如硼（boron）元素，形成 P 型半导体，如图 1-1-4 所示。硼原子的 3 个价电子与硅或锗原子形成共价键，因为缺少 1 个束缚电子而产生 1 个空穴。所以每掺入 1 个硼原子，就产生 1 个空穴，产生空穴的同时不产生自由电子。由于硼原子贡献 1 个空穴，很容易俘获电子，因此将其称为受主杂质（acceptor impurity）。受主杂质因提供空穴而带负电成为负离子。同时，半导体内还有硅或锗本身产生的自由电子-空穴对。所以空穴数目较多，称为多子；自由电子数目较少，称为少子。图中的空心小圆圈表示空穴。

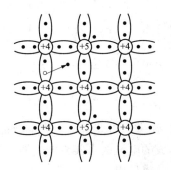 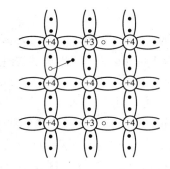

图 1-1-3　N 型半导体结构　　　　图 1-1-4　P 型半导体结构

第二节　PN　结

在本征半导体中掺入杂质可以提高半导体中载流子的数目，杂质半导体虽然比本征半导体中的载流子数目要多得多，导电能力增强，但是并不能像导体那样被用来传导电能，而是用来形成 PN 结。PN 结是现代电子器件最基本的结构，下面将介绍 PN 结的形成过程。

一、PN 结的形成过程

在半导体两个不同的区域分别掺入三价和五价元素，便形成 P 区和 N 区，如图 1-2-1 所示。这样，在它们的交界面处就出现了自由电子和空穴的浓度差别，P 区的空穴是多子，浓度比 N 区的空穴高；P 区的自由电子是少子，浓度比 N 区的自由电子低。而 N 区情况与 P 区相反。

1. P区的多子向N区扩散，同时N区的多子向P区扩散

载流子由于浓度的差别而产生的运动称为扩散（diffusion）运动。自由电子和空穴都要从浓度高的区域向浓度低的区域扩散，即P区的空穴要向N区扩散，同时N区的自由电子要向P区扩散，如图1-2-1所示。

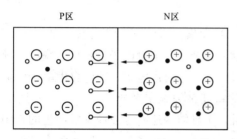

图1-2-1　P型半导体和N型半导体交界面

由于扩散运动而形成的电流称为扩散电流。在图1-2-1中，空穴用空心小圆圈表示，自由电子用实心小黑点表示。P区中带正电的空穴向N区扩散，形成的电流的真实方向是从P区指向N区的；N区中带负电的自由电子向P区扩散，形成的电流的真实方向是从P区指向N区的。上述两个方面共同形成一个真实方向从P区指向N区的电流，即扩散电流。

2. 扩散过程中自由电子和空穴的复合产生电场

在扩散过程中，在交界面处自由电子和空穴复合，自由电子和空穴同时消失，如图1-2-2所示。在交界面处P区失去空穴，留下不能移动的硼离子，硼离子带负电，称为负离子。由于物质结构的原因，硼离子的空间位置不能改变，因此又称为空间电荷（space charge）。在交界面处N区失去自由电子，留下不能移动的磷离子，磷离子带正电，称为正离子。由于物质结构的原因，磷离子的空间位置不能改变，因此也被称为空间电荷。在交界面处正离子和负离子相互作用，产生电场，因为这个电场位于半导体的内部，所以称为内电场，这是为了与外加电压产生的外电场相区别。内电场的方向从正离子指向负离子，即从N区指向P区，如图1-2-2所示。

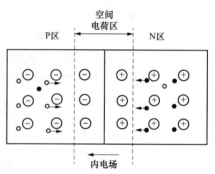

图1-2-2　空间电荷区的形成

载流子在电场力作用下的运动称为漂移（drift）运动，由于漂移运动而形成的电流称为漂移电流。在图1-2-2中，在内电场的作用下P区中带负电的自由电子（少子）向N区漂移运动，形成的电流的真实方向是从N区指向P区的；N区中带正电的空穴（少子）向P区漂移运动，形成的电流的真实方向是从N区指向P区的。上述两个方面共同形成一个真实方向从N区指向P区的电流，即漂移电流。

扩散运动是针对多子而言的，漂移运动是针对少子而言的。

3. 内电场阻碍多子的扩散、加强少子的漂移

在图1-2-2中，内电场对从P区向N区扩散的空穴有一个向左的作用力，而P区的多子（空穴）向N区扩散移动的方向是向右的，所以内电场对P区空穴向N区的扩散有一个阻碍作用。同理，内电场对从N区向P区扩散的自由电子有一个向右的作用力，而N区的多子（自由电子）向P区扩散移动的方向是向左的，所以内电场对N区自由电子向P区的扩散有一个阻碍作用。综合以上两个方面考虑，内电场阻碍多子扩散运动的进行。

4. 扩散运动逐渐减弱，漂移运动逐渐增强，最后达到动态平衡

在P区和N区的交界面刚形成的开始，扩散运动强，漂移运动还没有出现。随着扩散运动的进行，形成了内电场，内电场使扩散运动越来越弱，漂移运动越来越强。在某个时刻，扩散运动和漂移运动达到动态平衡，P 区的多子（空穴）向 N 区扩散 1 个过去，同时 N 区的少子（空穴）就向 P 区漂移 1 个回来；N 区的多子（自由电子）向 P 区扩散 1 个过去，同时 P 区的少子（自由电子）就向 N 区漂移 1 个回来。在动态平衡时，P 区和 N 区的载流子处于运动状态，但是各自的数目维持不变，因此这种平衡是动态的，而不是静态的。处于动态平衡时的 PN 结如图 1-2-3 所示。

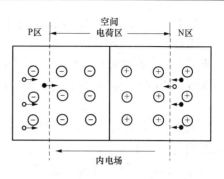

图 1-2-3　处于动态平衡时的 PN 结

当达到动态平衡时，硼离子和磷离子的区域称为 PN 结。因为硼离子和磷离子称为空间电荷，所以 PN 结又称为空间电荷区（space charge region）。空间电荷区只有不能移动的空间电荷，没有自由电子和空穴，所以 PN 结又称为耗尽层（depletion region）。当达到动态平衡时，PN 结的宽度保持不变。为了方便解释后面 PN 结的单向导电性，此处用一个形象化的表示方法，说处于动态平衡时 PN 结的宽度是 2 列正离子和 2 列负离子的宽度，如图 1-2-3 中两条虚线之间的区域所示。

当 PN 结处于动态平衡时，扩散电流和漂移电流是存在的，它们大小相等、真实方向相反，总体表现为没有电流存在。

二、PN 结正偏和反偏的定义及其单向导电性

处于动态平衡的 PN 结必须要外加电源才有使用价值，所以经常称 PN 结构成的各种器件为有源器件。有源器件中的"源"就是电源的意思。电阻、电感、电容为无源元件，电阻、电感、电容不需要外加电源就可以在电路中直接使用，而 PN 结构成的各种器件需要外加电源后才能发挥其功能。PN 结外加电源的情况共有两种可能，即正偏和反偏。下面将给出 PN 结正偏和反偏的定义。这两个定义很重要，读者要注意理解。

1. PN 结正偏的定义

如图 1-2-4 所示，给 PN 结外加一个直流电压源 E，PN 结的 P 端接电源的正极，N 端接

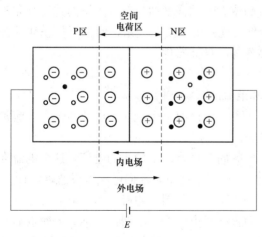

图 1-2-4　PN 结外加正向电压
（正偏）时的内部结构

电源的负极。在图 1-2-4 中，外接电压源 E 使 P 区和 N 区之间的外加电压的真实方向为 P 区为正，N 区为负。这种情况称为给 PN 结外加正向电压（forward-bias voltage），或者称 PN 结处于正向偏置（forward-bias）状态，又可简称为 PN 结"正偏"。

外接电压源会产生一个电场，作用在 PN 结上，这个电场称为外电场。当 PN 结正偏时，外电场的方向与内电场方向相反，外电场对内电场有削弱作用。前面提到，处于动态平衡时，内电场的大小可形象地用 2 列正离子和 2 列负离子的宽度表示，那么当 PN 结正偏（外加正向电压）时，内电场被外电场有所削弱，PN 结的宽度变窄，变为 1 列正离子和 1 列负离子的宽度，如图 1-2-4 中两条虚线之间的区域所示。

当 PN 结正偏时，内电场对多子扩散运动的阻碍作用减弱，动态平衡被打破，扩散运动大于漂移运动，因此扩散电流大于漂移电流。因为扩散电流是由多子扩散运动形成的，漂移电流是由少子漂移运动形成的，多子的数目比少子的数目多很多，因此扩散电流远远大于漂移电流，所以在回路中总电流的真实方向是从 P 区指向 N 区。

2. PN 结反偏的定义

如图 1-2-5 所示，给 PN 结外加一个直流电压源 E，PN 结的 N 端接电源的正极，P 端接电源的负极。在图 1-2-5 中，外接电压源 E 使 P 区和 N 区之间的外加电压的真实方向为 N 区为正，P 区为负。这种情况称为给 PN 结外加反向电压（reverse-bias voltage），或者称 PN 结处于反向偏置（reverse-bias）状态，又可简称为 PN 结"反偏"。

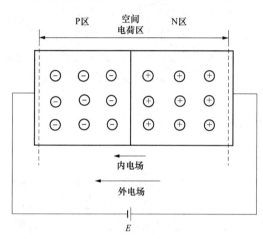

图 1-2-5　PN 结外加反向电压
（反偏）时的内部结构

当 PN 结反偏时，外接电压源所产生的外电场的方向与 PN 结内电场的方向相同，外电场对内电场有加强作用，与动态平衡（没有外加电源）时相比，PN 结的宽度变宽，即 3 列正离子和 3 列负离子的宽度，如图 1-2-5 中两条虚线之间的区域所示。

当 PN 结反偏时，内电场对多子扩散运动的阻碍作用加强，动态平衡被打破，漂移运动大于扩散运动，所以漂移电流大于扩散电流。因为漂移电流是由少子的漂移运动形成的，少子的数目相对于多子的数目要少得多，因此漂移电流很小，所以在回路中总电流的真实方向与漂移电流的真实方向一致，即从 N 区指向 P 区。

PN 结反偏时的电流虽然很小，但是这个电流与少子的数目有很强的关联性。前面提到，半导体具有热敏特性、光敏特性，当温度升高或者光照强度增加时，少子的数目有非常明显的增加，所以 PN 结反偏时电流的大小与温度、光照的强度有关系，而且近似呈线性关系。利用这种特性可以制作成热敏电阻、光敏器件等半导体器件。

3. PN 结的单向导电性

图 1-2-6 示出了 PN 结正偏、反偏时端电压和电流的真实方向。

如图 1-2-6（a）所示，当 PN 结正偏时，从 P 区向 N 区有一个较大的电流，这个电流常称为正向电流。当 PN 结正偏时 PN 结呈现低阻性。

如图 1-2-6（b）所示，当 PN 结反偏时，从 N 区向 P 区有一个较小的电流，这个电流常称为反向电流。当 PN 结反偏时 PN 结呈现高阻性。理想情况下，反向电流可以忽略不计。

综上所述，当 PN 结正偏时，有电流流过；当 PN 结反偏时，电流为零。PN 结与有触点的开关电器作用类似，可以将其看作是一个无明显接触点的开关电器，常称为无触点的开关。PN 结与有触点的开关的作用还有点不同，当 PN 结这个无触点的开关闭合时，其电流的真实方向只能从 P 到 N；而有触点的开关的电流的真实方向，既可以从这个触点到另一个触点，也可以相反，没有限制。

当 PN 结外加电源时，电流的真实方向只能从 P 区指向 N 区，而不能从 N 区指向 P 区，即 PN 结只能向一个方向导电，称 PN 结具有"单向导电性"。

在"电路理论"课程中讲解线性电阻的特性时，一般不会从"双向导电性"这个角度进行讲解。为了更好地理解 PN 结的单向导电特性，下面对线性电阻的"双向导电性"做简单分析。

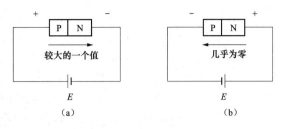

图 1-2-6　PN 结的单向导电性示意图
(a) PN 结正偏；(b) PN 结反偏

在图 1-2-7 (a) 所示的线性电阻电路中，电流的方向为电流的真实方向，+、-号表示线性电阻端电压的真实方向。根据电压源的工作原理，很容易判断出回路中电流的真实方向。在电源的内部电流的真实方向从电源的负极流到正极，电流的数值为 1A。同理，在图 1-2-7 (b)中，很容易判断出回路中电压源的内部电流的真实方向，电流的数值还是 1A，与图 1-2-7 (a) 中电流的数值一样。综上所述，线性电阻具有"双向导电性"。

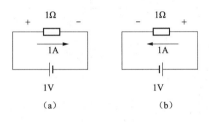

图 1-2-7　线性电阻的双向导电性示意图
(a) 线性电阻导电的一种接法；(b) 线性电阻导电的另一种接法

PN 结内部具有内电场，而线性电阻的内部由均匀一致的材料构成，内部不具有内电场，这是造成两者区别的根本原因。

理解 PN 结的单向导电性时，采用对比学习法，将 PN 结的导电情况与线性电阻的双向导电性做比较，通过"单向"与"双向"的鲜明对比，对于 PN 结的单向导电性会有一个更深刻的理解和记忆。

三、PN 结的伏安特性曲线

前面所叙述的 PN 结的单向导电性只是笼统地给出了 PN 结的基本特性，即 PN 结正偏时电流较大，反偏时电流较小，而没有给出 PN 结的外加电压和电流的具体数量关系，有时研究这种具体的数量关系非常有必要。PN 结的端电压和流过 PN 结的电流的约束关系称为 PN 结的伏安特性。特别强调一下，在 PN 结正偏时，端电压与电流是一种非线性的关系，PN 结可以看作一个非线性电阻。研究 PN 结的非线性特性是电子技术基础课程一个非常重要的内容。

下面复习电路理论中关于参考方向和真实方向的概念。电压真实方向的定义是：电位降的方向。电流真实方向的定义是：正电荷移动的方向。

求解电路的目的是得到电路中任意元件的端电压和流过此元件电流的大小和真实方向。但对于直流电阻电路，无法直接观察出电路中任意元件的端电压和流过此元件的电流的真实方向；而且，对于交流电路，电路中任意元件的端电压的真实方向和流过此元件电流的真实方向也一直在变化。基于上述情况，在电路理论中引入了参考方向的概念。

元件的端电压和电流的参考方向可以任意指定，分别都有两种可能。

PN 结的端电压 u 的参考方向和流过 PN 结的电流 i 的参考方向的约定共有 4 种组合，本书采用其中的一种来进行对 PN 结的讨论，其他的 3 种组合在后面简单介绍。

约定 PN 结的端电压 u 和流过 PN 结的电流 i 的参考方向，如图 1-2-8 所示。此时，PN 结的端电压 u 和流过 PN 结的电流 i 的约束关系如图 1-2-9 所示，这条曲线称为 PN 结的伏安特性曲线。

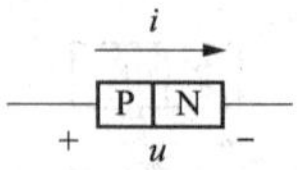

图 1-2-8　PN 结电压
电流参考方向的约定

下面详细解释图 1-2-9 所示的伏安特性曲线。

在第一象限，u 为正值，i 也为正值。u 为正值表示 PN 结的端电压的真实方向与图 1-2-8 所规定的参考方向一致，所以 PN 结处于正偏状态。当 PN 结的端电压的值比较小时，电流为零，没有电流流过 PN 结，在图 1-2-9 中为一段位于横轴上的线段，称这个区域为"死区"（dead zone）。当 PN 结的端电压的值增大到死区电压（dead voltage, threshold voltage）U_{th} 时，开始有电流出现。当正偏电压的值大于死区电压 U_{th} 后，称 PN 结处于正向导通状态。此时 u 和 i 的关系可以用一条指数（exponential）曲线来描述。

在第三象限，u 为负值，i 也为负值。u 为负值表示 PN 结的端电压的真实方向与图 1-2-8 所规定的电压参考方向相反，所以 PN 结处于反偏状态。在曲线比较平缓的部分，表示当 PN 结反偏时电流很小，称 PN 结处于截止状态。当反偏电压的值达到反向击穿电压 U_{BR} 后，反向电流急剧增加，而端电压几乎不变，曲线陡峭变化，近似为一条垂直的线，这时称 PN 结为处于反向击穿状态。

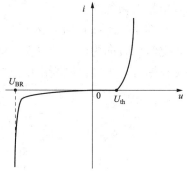

图 1-2-9　PN 结的伏安特性曲线

用来描述图 1-2-9 所示的 PN 结伏安特性曲线的数学表达式，称为 PN 结的电流方程，即

$$i = I_S(e^{\frac{u}{U_T}} - 1) \tag{1-2-1}$$
$$U_T = kT/q$$

式中：I_S 是 PN 结反偏时流过 PN 结的电流，主要由少数载流子漂移形成，常称为反向饱和电流（reverse-saturation current）；U_T 是温度的电压当量（thermal voltage）；k 为玻耳兹曼常数；T 是热力学温度；q 是电子的电量。

当 $T=300K$ 时，计算得出 $U_T=26mV$。

当给 PN 结外加正向电压（正偏），且电压值远远大于 U_T 时，即 $u \gg U_T$，式（1-2-1）可以简化为

$$i = I_S e^{\frac{u}{U_T}} \tag{1-2-2}$$

当给 PN 结外加反向电压（反偏），且电压值还没有达到反向击穿电压时，式（1-2-1）可以简化为

$$i = -I_S \tag{1-2-3}$$

当 PN 结的端电压 u 和流过 PN 结的电流 i 的参考方向有不同的约定时，PN 结的伏安特性曲线将有所变化，如图 1-2-10 所示。

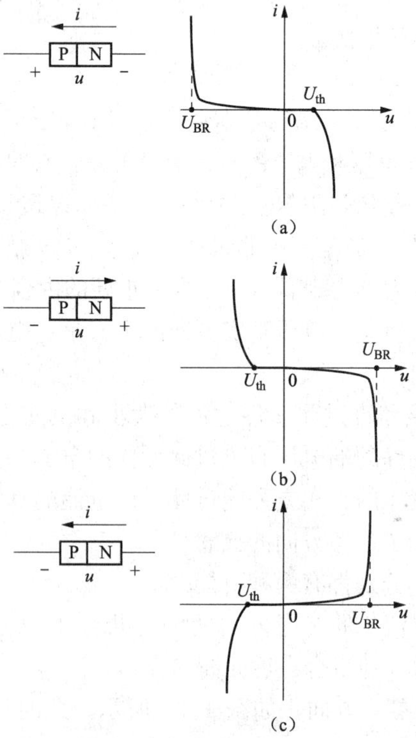

四、非线性电阻的直流电阻和交流电阻的定义

观察图 1-2-9 所示的 PN 结的伏安特性曲线

（a）

（b）

（c）

图 1-2-10　在不同电压和
电流参考方向下的 PN 结伏安特性曲线

可知，当 PN 结正偏时，流过 PN 结的电流与 PN 结端电压之间的关系，不是通过原点的一条直线，而是一条曲线，这就表明流过 PN 结的电流与 PN 结端电压之间不是固定的比例关系。随着 PN 结端电压的数值的增加，流过 PN 结的电流的数值也在增加，但不是成比例地增加，可以认为，当 PN 结正偏时，PN 结是一个非线性的电阻。在电路理论中，线性电阻的端电压与流过其中的电流呈固定的比例关系，可以描述为过原点的一条直线，这个比例就是电阻值。

对于线性电阻而言，一个电阻值就可以说明其特性；但对于非线性电阻而言，为了全面描述其特性，需要对电阻的定义进行扩展。下面给出非线性电阻的直流电阻和交流电阻的定义。

1. 非线性电阻的直流电阻的定义

在图 1-2-11 所示的 PN 结的正向伏安特性曲线中，对于某一个点如 Q 点，PN 结的端电压为一个直流电压 U，流过 PN 结的电流为一个直流电流 I，这个直流电压 U 与直流电流 I 之比，定义为非线性电阻的直流电阻 r_D，其表达式为

$$r_D = \frac{U}{I} \qquad\qquad (1\text{-}2\text{-}4)$$

观察图 1-2-11 可以看出，直流电阻值等于连接 Q 点与坐标原点 0 的直线的斜率的倒数。且不同点的直流电阻的值是不同的。Q 点常被称为静态工作点，Q 点位置越高，对应的直流电阻的值就越小。

2. 非线性电阻的交流电阻的定义

在图 1-2-12 所示的 PN 结的正向伏安特性曲线中，对于某一个点，如 Q 点，PN 结端电压在 Q 点附近有一个微小的变化量 Δu，引起流过 PN 结的电流也有一个微小的变化量 Δi，这个微小的电压变化量 Δu 与微小的电流变化量 Δi 之比，定义为非线性电阻的交流电阻 r_d，其表达式为

$$r_d = \frac{\Delta u}{\Delta i} \qquad\qquad (1\text{-}2\text{-}5)$$

观察图 1-2-12 可以看出，交流电阻是 Q 点的切线的斜率的倒数，曲线上不同点的交流电阻的值是不同的。Q 点位置越高，对应的交流电阻的值就越小。

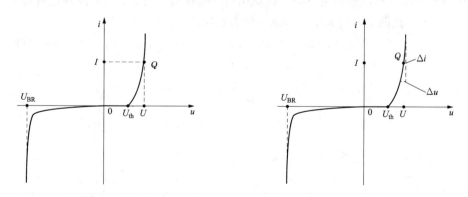

图 1-2-11　非线性电阻的直流电阻的定义　　　图 1-2-12　非线性电阻的交流电阻的定义

对于线性电阻，没有必要区分直流电阻和交流电阻。但是对于非线性电阻，就有必要

引入直流电阻和交流电阻，以区别非线性电阻的不同特性，而且都与静态工作点的位置有关系。

因此，对于非线性电阻而言，电阻的限定词有两个：一个是静态工作点的位置，另一个是交流或者直流。

五、PN 结的反向击穿

PN 结上所加的反向电压达到某一数值时反向电流激增的现象，称为 PN 结的反向击穿（breakdown）。反向击穿有雪崩击穿和齐纳击穿两种形式。当反向电压增高时，少子获得能量高速运动，在空间电荷区与原子发生碰撞，产生碰撞电离，形成连锁反应，像雪崩一样，使反向电流激增，这就是雪崩击穿。当反向电压较大时，强电场直接从共价键中将电子拉出来，形成大量载流子，使反向电流激增，这就是齐纳击穿。当外加反向电压撤掉后 PN 结又恢复到原来的正常状态，因此 PN 结的反向击穿是可逆的。

如果 PN 结的电流或电压较大，使 PN 结耗散功率超过极限值，使结温升高，导致 PN 结过热而烧毁，这就是热击穿。热击穿是不可逆的。

六、PN 结的电容效应（非线性电容）

图 1-2-9 所示的 PN 结的端电压和流过 PN 结的电流的约束关系，只是给出了在电压信号的频率比较低的情况下电压和电流的关系，这种关系可以用非线性的电阻来描述。当电压信号的频率比较高时，PN 结的电容效应就必须加以考虑，而且这个电容是非线性的。非线性电容和非线性电阻是并联的关系。

1. 势垒电容 C_B

势垒电容是由空间电荷区的离子薄层形成的。当外加电压使 PN 结上电压发生变化时，离子薄层的厚度也相应地随之改变，这相当于 PN 结中存储的电荷量也随之变化，犹如电容的充放电，这种电容称为势垒电容，用 C_B 表示。势垒电容的大小与端电压的关系如图 1-2-13所示。端电压的参考方向如图 1-2-8 所示，C_B 大小与 PN 结面积成正比，与 PN 结厚度成反比。

2. 扩散电容 C_D

当 PN 结外加正向电压不同时，扩散电流即外电路电流的大小也就不同。所以 PN 结两侧堆积的多子的浓度梯度分布也不同，这就相当于电容的充放电过程，这种电容称为扩散电容，用 C_D 表示。扩散电容的大小与端电压的关系如图 1-2-14 所示。

势垒电容和扩散电容均是非线性电容。与 C_B（u）曲线相比，C_D（u）曲线更陡。

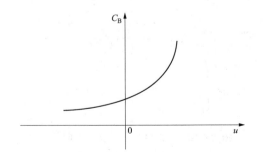

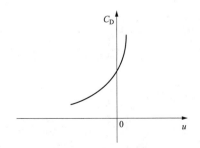

图 1-2-13　势垒电容 C_B 与端电压的关系　　　图 1-2-14　扩散电容 C_D 与端电压的关系

第三节　半导体二极管

一、半导体二极管的结构

给 PN 结加上引线和封装，就成为一个二极管（diode）。二极管按结构分为面接触型、点接触型和平面型三大类，其结构分别如图 1-3-1（a）～（c）所示。

面接触型二极管的 PN 结面积大，用于工频大电流整流电路。点接触型二极管的 PN 结面积小，结电容小，用于检波和变频等高频电路。平面型二极管往往用于集成电路制造工艺中，PN 结面积可大可小，用于高频整流和开关电路中。

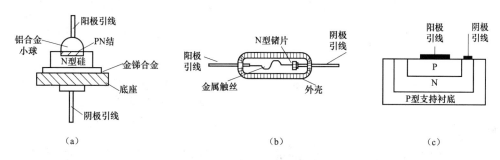

图 1-3-1　二极管的结构示意图

（a）面接触型二极管；（b）点接触型二极管；（c）平面型二极管

二、二极管的符号

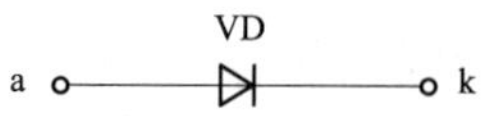

二极管符号如图 1-3-2 所示，标有字母 a 的一端是 PN 结的 P 区，称为二极管的阳极（anode）；标有字母 k 的一端是 PN 结的 N 区，称为二极管的阴极（cathode）。

图 1-3-2　二极管符号

三、二极管的伏安特性

如果二极管的端电压 u_D 的参考方向和二极管的电流 i_D 的参考方向按图 1-3-3 中所示约定，那么其伏安特性曲线如图 1-3-4 所示。伏安特性曲线给出了电压、电流量的坐标刻度和单位，描述电流的单位为 mA（毫安）、μA（微安）数量级，读者注意体会。

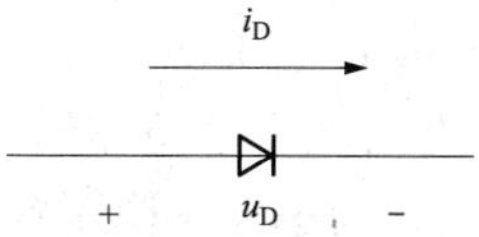

图 1-3-3　二极管端电压参考方向和电流参考方向的约定

PN 结封装起来就是二极管，所以二极管的伏安特性曲线与 PN 结类似，电流方程相同，可用下式来表示。符号意义同式（1-2-1）。

$$i_D = I_S(e^{\frac{u_D}{U_T}} - 1) \qquad (1\text{-}3\text{-}1)$$

当给二极管外加正向电压且电压值远远大于 U_T，即 $u_D \gg U_T$ 时，式（1-3-1）可以简化为

$$i_D = I_S e^{\frac{u_D}{U_T}} \qquad (1\text{-}3\text{-}2)$$

当给二极管外加反向电压且电压值还没有达到反向击穿电压时，式（1-3-1）可以简化为

$$i_D = -I_S \qquad (1\text{-}3\text{-}3)$$

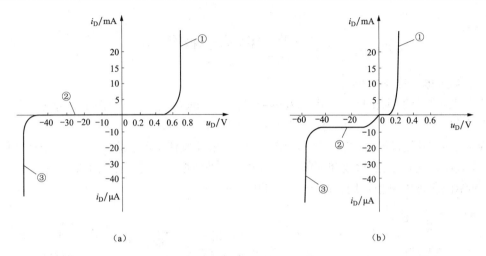

图 1-3-4　二极管的伏安特性曲线

(a) 硅二极管 2CP10；(b) 锗二极管 2AP15

①—正向特性曲线；②—反向特性曲线；③反向击穿特性曲线

1. 二极管正偏

图 1-3-4 中的①段为正向特性曲线，是二极管正偏时二极管端电压与流过二极管的电流之间的关系曲线。

正向特性曲线的起始部分与横轴重合，表示当二极管的正偏电压较小时，没有电流流过二极管，二极管处在死区。当二极管正向电压大于死区电压 U_{th} 时，开始有电流流过，不同型号的二极管的死区电压是不同的。本书为计算方便，在进行具体数值计算时，如果没有特别说明，一般取一个典型值，硅二极管死区电压的典型值为 0.5V，锗二极管死区电压的典型值为 0.1V。

当二极管外加的正偏电压大于死区电压 U_{th} 时，二极管中流过的电流开始增加，此时电压与电流的关系曲线近似为一条指数曲线，称为二极管处于正向导通状态，此时二极管可以作为非线性电阻来使用。另外，观察曲线的形状可知，这条指数曲线是比较"陡"的，即二极管正向导通时，二极管的端电压在某个值附近做微小变化，这个值常称为正向导通电压，用 U_{on} 表示。所以，从这个角度说，二极管正偏时还可以作为小电压稳压器件来使用，称二极管具有"钳位"(clipper) 作用，即二极管正向导通后两端具有固定的电压。不同型号的二极管的正向导通电压（钳位电压）是不同的，在后续二极管电路的分析中，一般不给出二极管的型号，为计算方便，在进行具体数值计算时，如果没有特别说明，一般取典型值。硅二极管的正向导通电压（钳位电压）U_{on} 的典型值为 0.7V，锗二极管的正向导通电压（钳位电压）U_{on} 的典型值为 0.2V。

2. 二极管反偏

图 1-3-4 中的②段为反向特性曲线，是二极管反偏时二极管端电压与流过二极管的电流之间的关系。当二极管外加反向电压时，反向电流很小。观察图 1-3-4，可知锗二极管的反向电流大于硅二极管的反向电流，可以说，硅二极管的单向导电性比锗二极管要好一些。

当二极管反偏时，流过二极管的电流主要是漂移电流，其大小主要决定于少子的数量，而少子的数量当温度变化、光照强度变化时会有比较明显的变化，而且这种变化近似为线性关系。所以二极管反偏时的反向电流可以间接反映温度、光照强度等非电的物理量，利用这种特性可以做成热敏二极管、光电二极管。

当二极管正偏、反偏综合考虑时具有单向导电性，可以作为一种无触点的开关来使用。

3. 二极管的反向击穿

图 1-3-4 中的③段为反向击穿特性曲线，此时二极管反偏电压较大，进入击穿状态，近似为一条垂直的线。当反向电压增大到一定大小（U_{BR}）时，反向电流激增，发生反向击穿，U_{BR} 称为反向击穿电压（breakdown voltage）。此时，二极管的端电压保持不变，流过二极管的电流可以随外电路的改变而改变，利用这种特性可以制成稳压管。此时是大电压稳压，与二极管正偏时的小电压稳压特性有所不同。

如不特别说明，本书后续章节将采用图 1-3-3 约定的参考方向和图 1-3-4 给定的二极管的伏安特性曲线。

四、温度对二极管的伏安特性的影响

由于半导体材料具有热敏特性，在式（1-3-1）中，反向饱和电流 I_S 和温度的电压当量 U_T 都是温度的函数，所以二极管伏安特性曲线与温度有关。当温度升高时，在二极管正偏的情况下（在第一象限），二极管的伏安特性曲线将左移；在二极管反偏的情况下（在第三象限），二极管的伏安特性曲线将下移。当温度降低时，在二极管正偏的情况下（在第一象限），二极管的伏安特性曲线将右移；在二极管反偏的情况下（在第三象限），二极管的伏安特性曲线将上移。如图 1-3-5 所示，实线对应温度较低的伏安特性曲线，虚线对应温度较高的伏安特性曲线。

图 1-3-5　温度对二极管的
伏安特性曲线的影响

五、二极管的电阻

二极管是由一个 PN 结封装而成的，所以二极管是非线性的器件，具有非线性特性。二极管的直流电阻和交流电阻的定义与 PN 结的电阻的定义完全一致。

1. 二极管的直流电阻 r_D

在图 1-3-6 所示的二极管的正向伏安特性曲线中，在第一象限，对于某一个点（如 Q 点），二极管端电压为一个直流电压 U_D，流过二极管的电流为一个直流电流 I_D，这个直流电压 U_D 与直流电流 I_D 之比，定义为二极管的直流电阻，用 r_D 表示，下标 D 是大写字母，表示是直流，即

$$r_D = \frac{U_D}{I_D} \tag{1-3-4}$$

二极管的直流电阻的大小是随工作点 Q 的变化而变化的。二极管正偏时的直流电阻一般为几十欧到几千欧，二极管反偏时的直流电阻为几十千欧到几百千欧。

工作点也称为静态工作点（quiescent point，Q-point）。

2. 二极管的交流电阻 r_d

在图 1-3-7 所示的二极管的伏安特性曲线中，在静态工作点 Q 附近，二极管端电压的变

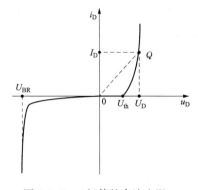

图 1-3-6　二极管的直流电阻 r_D

化量和与之对应的电流变化量之比定义为二极管的交流电阻（small-signal incremental resistance），用 r_d 表示。注意下标是小写字母，表示交流信号。

在静态工作点 Q 处作一条切线，取微小增量 Δu_D 和 Δi_D，则有

$$r_d = \frac{\Delta u_D}{\Delta i_D} \qquad (1\text{-}3\text{-}5)$$

交流电阻 r_d 的大小也是随静态工作点 Q 的变化而变化的，工作点的电流越大，r_d 就越小。

当二极管正偏时，式（1-3-1）所示的电流方程可以简化为式（1-3-2）。

在图 1-3-7 中，Q 点的电流为 I_D，Q 点的电压为 U_D，代入式（1-3-2），得到 Q 点的直流电压和直流电流的关系式，即

$$I_D = I_S e^{\frac{U_D}{U_T}} \qquad (1\text{-}3\text{-}6)$$

对式（1-3-2）求导函数，并计算 Q 点的导数，得到 Q 点的交流电导（small-signal incremental conductance），用 g_d 表示，即

$$g_d = \frac{di_D}{du_D}\Big|_Q = \frac{I_S}{U_T} e^{\frac{u_D}{U_T}}\Big|_Q \qquad (1\text{-}3\text{-}7)$$

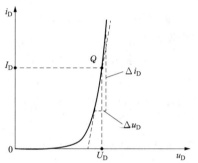

图 1-3-7　二极管的交流电阻 r_d

将式（1-3-6）代入式（1-3-7）中，得到 Q 点的交流电导，即

$$g_d = \frac{1}{U_T} I_S e^{\frac{u_D}{U_T}}\Big|_Q = \frac{1}{U_T} I_S e^{\frac{U_D}{U_T}} = \frac{1}{U_T} I_D \qquad (1\text{-}3\text{-}8)$$

二极管 Q 点的交流电阻是 Q 点的交流电导的倒数，即

$$r_d = \frac{1}{g_d} = \frac{U_T}{I_D} \qquad (1\text{-}3\text{-}9)$$

式中：U_T 符号意义同式（1-2-1）。

在室温下，取 $U_T = 26\text{mV}$，二极管 Q 点的交流电阻为

$$r_d = \frac{26\text{mV}}{I_D} \qquad (1\text{-}3\text{-}10)$$

通过式（1-3-10）也可看出，二极管 Q 点的交流电阻的大小与工作点 Q 的位置有关，Q 点的位置越高，二极管的直流电流 I_D 值越大，二极管的交流电阻就越小。二极管 Q 点的交流电阻是对交流小信号所呈现出的特性，所以交流电阻又称为小信号电阻。此处所说的"交流"与"电路理论"中的"交流"的定义是不同的，此处的"交流"表示"小信号"，"交流"和"小信号"的含义在本书中完全等价。

六、二极管的主要参数

1. 最大整流电流 I_F

二极管长期连续工作时，允许通过的最大正向平均电流，用 I_F 表示。因为二极管的基本应用之一是整流，因此称此电流为整流电流。整流的概念在第九章小功率直流稳压电源中

有详细介绍。

2. 反向击穿电压 U_{BR}

二极管反向电流急剧增加时对应的反向电压值称为反向击穿电压，用 U_{BR} 表示。

3. 最大反向工作电压 U_{RM}

二极管允许施加的反向电压最大值，用 U_{RM} 表示，一般取最大反向工作电压为反向击穿电压的一半，即 $U_{RM}=U_{BR}/2$。

4. 反向电流 I_R

在室温下，在规定的反向电压下的反向电流值，用 I_R 表示。硅二极管的反向电流一般在 nA（纳安）级，锗二极管在 μA（微安）级。

第四节　半导体二极管的模型及应用

在电子技术中，二极管电路得到了广泛应用。从伏安特性曲线可以看出，二极管是一种非线性器件，因而其电路一般要采用非线性电路的分析方法，相对来说比较复杂。在一定前提条件下，用线性电路来等效代替非线性的二极管，可以简化电路的分析，得到的结果能够满足误差的要求。本节介绍利用二极管的模型来分析二极管电路的方法。

本节所讨论的模型只包括正偏情况和反偏电压比较小的情况下的模型，不包括反向击穿状态下的模型，后者将在本章第五节做进一步的讨论。

一、二极管的模型

二极管的模型就是在一定的前提条件下用于等效代替非线性二极管的线性电路。二极管的模型分为直流模型和交流模型。直流模型应用在二极管直流电路的分析和计算中，交流模型应用在二极管交流小信号电路的分析和计算中。直流模型有理想模型、恒压降模型、折线模型、指数模型共四种；交流小信号模型只有 1 种。二极管的直流理想模型最简单，但是计算结果的误差也最大。而直流恒压降模型、直流折线模型、直流指数模型，依次越来越复杂，计算结果越来越精确。在实际应用中，应根据对计算结果的误差要求选取合适的模型。

（一）直流模型

二极管的直流模型用在只有直流电源作用的二极管电路分析中。

1. 直流理想模型

二极管直流理想模型的伏安特性曲线如图 1-4-1（a）所示（对硅管、锗管均成立）。二极管正偏时的特性曲线简化成一条与纵轴重合的直线，相当于将死区电压 U_{th} 认为是零，正向导通电压 U_{on} 也认为是零。

二极管正偏时处于导通状态，二极管两端电压为零，流过二极管的电流的大小取决于外电路。二极管反偏时处于截止状态，流过二极管的电流为零，二极管两端电压的大小取决于外电路。图 1-4-1（b）是二极管的直流理想模型。

采用直流理想模型的二极管可以看作一个理想的开关，二极管正偏时导通，相当于开关闭合；反偏时截止，相当于开关打开。二极管作为开关元件，

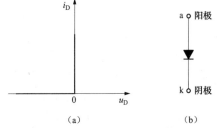

图 1-4-1　二极管直流理想模型
及其伏安特性曲线

（a）伏安特性曲线；（b）直流理想模型

因为没有像普通开关触头那样的两个触点，所以也称二极管为无触点的开关。理想二极管的图形符号如图 1-4-1（b）所示，即将二极管的内部全部涂黑。

2. 直流恒压降模型

实际上，二极管导通后，二极管两端电压并不是直流理想模型中认为的零，而是对于硅管而言有近似 0.7V 的端电压，对于锗管而言有近似 0.2V 的端电压。所以若想减小计算误差，应该采用更准确的模型，即直流恒压降模型。

硅二极管直流恒压降模型的伏安特性曲线如图 1-4-2（a）所示。硅二极管正偏时的特性曲线简化成一条与纵轴平行的直线，相当于将死区电压 U_{th} 认为是 0.7V，正向导通电压 U_{on} 也认为是 0.7V。

硅二极管直流恒压降模型可用一个理想二极管和一个 0.7V 的理想电压源（对于锗管而言，使用 0.2V 的电压源）的串联来表示。因为二极管导通后，二极管两端电压基本上是恒定的，对于硅管而言典型值为 0.7V。图 1-4-2（b）为硅二极管直流恒压降模型。在模型中，理想二极管和 0.7V 的理想电压源位置可互换。理想二极管的阳极与理想电压源的正极必须靠近二极管的阳极一侧。

对于锗二极管的直流恒压降模型而言，将直流电压源的数值由 0.7V 换成 0.2V 即可。

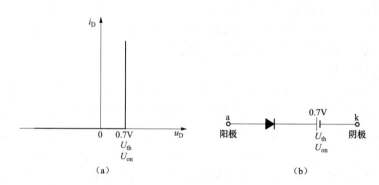

图 1-4-2　硅二极管的直流恒压降模型及其伏安特性曲线

（a）伏安特性曲线；（b）直流恒压降模型

3. 直流折线模型

实际上，二极管导通后，二极管两端电压并不是恒定的，而是随电流的增加而增加，若想减小误差，可以使用更为精确的直流折线模型，只是与直流恒压降模型相比，计算过程要复杂些。

硅二极管直流折线模型的伏安特性曲线如图 1-4-3（a）所示。图 1-4-3（b）所示为硅二极管直流折线模型。二极管直流折线模型用一个理想二极管、一个 0.5V 的理想电压源和一个线性电阻（正向二极管电阻，forward diode resistance）r_D 的串联来表示。其中，0.5V 的理想电压源表示硅二极管正向特性的死区电压 U_{th}；而正向导通电压 U_{on}，不再是一个固定的数值，是变化的，变化规律由 r_D 来决定。

r_D 是图 1-4-3 中在第一象限的直线的斜率的倒数，其典型值可以这样来确定，即当二极管的正向导通电流为 1mA 时，二极管端电压为 0.7V。于是 r_D 的计算式为：

$$r_D = \frac{0.7V - 0.5V}{1mA} = 200(\Omega)$$

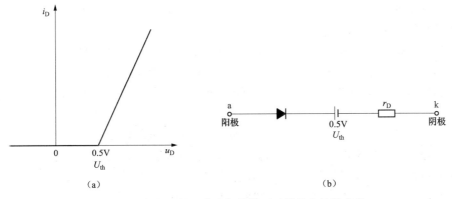

图 1-4-3 硅二极管的直流折线模型及其伏安特性曲线

（a）伏安特性曲线；（b）直流折线模型

对于锗二极管的直流折线模型而言，将直流电压源的数值由 0.5V 换成 0.1V 即可。

4. 直流指数模型

实际上，二极管导通后，二极管两端电压与电流之间不是线性关系。直流指数模型可以更准确地表达这种关系，但是手算比较麻烦，可以编程序计算。二极管直流指数模型的伏安特性曲线如图 1-4-4 所示。

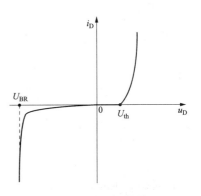

图 1-4-4 直流指数模型
伏安特性曲线

（二）交流模型

交流模型也称为小信号模型、交流小信号模型。二极管的交流小信号模型只用在对交流（小信号）作用下的电路分析中。

二极管在两端有直流电压的基础上若又叠加了一个小的交流电压信号，这时二极管对小的交流电压信号的反应可以用一个线性电阻等效代替。交流电压信号可以认为是"小"信号的前提是，在静态工作点 Q 附近的某一小范围内能够把曲线近似看成直线，且误差在允许范围之内。二极管的交流小信号模型如图 1-4-5 所示。r_d 的计算式见式（1-3-9）。

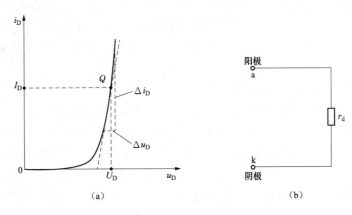

图 1-4-5 二极管的交流小信号及模型示意图

（a）交流小信号示意图；（b）交流模型

二、二极管的应用

二极管在实际电路中的主要应用有如下几种：

（1）当作非线性电阻来使用，即所有时间内全部处在正向导通状态。

（2）当作小电压稳压器件来使用，即所有时间内全部处在正向导通状态，即钳位作用。

（3）当作开关电器来使用，即某段时间内处在正向导通状态，某段时间内处在截止状态。

（4）当作热敏器件、光敏器件来使用，即所有时间内全部处在反偏状态。

（5）当作大电压稳压器件来使用，即所有时间内全部处在反向击穿状态。

下面通过举例来说明二极管的各种应用方法。

例 1-4-1 如图 1-4-6（a）所示，已知 $R = 10\text{k}\Omega$，在如下两种电源电压值情况下求流过二极管的电流和二极管两端的电压。

（1）$U_{DD} = 10\text{V}$。

（2）$U_{DD} = 1\text{V}$。

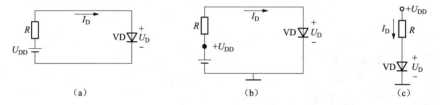

图 1-4-6　例 1-4-1 的电路

（a）电路的完整画法；（b）选定电位参考点和标注电压源端点电位后的电路；（c）电路的简化画法（习惯画法）

解：图 1-4-6（a）中标注的 U_{DD} 只是一个数值，给出了电压的数值，本身是不带正负号的，因为题目的已知条件中并没有规定电压源端电压的参考方向。

图 1-4-6（a）是一个简单的有关二极管的电路，电路中只有 3 个元器件，分别是直流电压源、线性电阻和二极管，它们之间的连接是串联的关系。图中还标明了电流的参考方向和二极管端电压的参考方向，并给定了它们的符号。特别注意，在本节中，如果不是特别说明，电路中标定的方向都是参考方向。电压的参考方向有 3 种标注方法，图 1-4-6（a）是其中的一种，使用正负号；还可以使用箭头，与正负号方法等价的箭头是从正号指向负号；还有一种方法是使用下标来表示，元器件的两端分别用两个字母来表示。例如 U_{AB}，它的参考方向与 A 端标有正号、B 端标有负号完全等价。本书中习惯使用正负号来标定电压参考方向。

下面复习电路理论中关于电位的知识。

求解电路时，在规定了参考方向的前提下，只要根据欧姆定律、基尔霍夫电压定律（KVL）、基尔霍夫电流定律（KCL）这 3 个定律列出关于待求量的独立方程就可求解。但是当电路复杂时，如果没有系统化的方法，要列出独立的方程是较困难的，节点电压法就是为了方便列写独立方程而给出的系统化方法。使用节点电压法之前，要先选定一个电位参考点，电位参考点的选择是任意的，电路中任何一个元器件的端点都可以选择作为电位参考点。选定电位参考点后，规定这个点的电位为零，这时就可以使用电路中某点的电位这样的名词了。某点电位的定义是此点与电位参考点之间的电压，而且此电压的参考方向必须是此点为正，电位参考点为负。所以电路中某点的电位是一个代数量，本身是包含正负号的。

因为只有直流电压源作用，所以二极管使用其直流模型。下面将应用 3 种直流模型分别计算，并比较其结果，以期得到模型选取的思路，体会计算结果误差与计算工作量的折中选择。图 1-4-6（b）中，选定了电位参考点，以电压源的负极端点为电位参考点，标注了电压源正极端点电位。一般取电压源的一个端点为电位参考点。

图 1-4-6（c）是图 1-4-6（a）的简化画法。在电子技术领域中，电路的表示与电路理论中稍有不同。当取定电压源的一个端点为电位参考点后，电压源的另一个端点的电位就是确定的，电子技术领域习惯将电路中的电压源的符号略去不画，而在电压源的非电位参考点的那个端点画一个小圆圈，并在其旁边标注其电位的值，如 $+U_{DD}$，其中的正号经常省略。电压源可能是直流电压源，也可能是交流电压源，但是要特别注意，电路理论中的这些量都是代数量，不明显标注正号，是因为将其省略，不能理解成只是一个数值。

请读者要特别注意理解电子技术领域中的这种习惯。

（1）二极管使用直流理想模型。

首先将原始电路图 1-4-6（c）中的二极管用其直流理想模型代替，得到如图 1-4-7（a）所示的电路。然后判断理想二极管的状态（正向导通或反向截止）。

判断理想二极管状态的方法：将理想二极管断开（从电路中拿走），在剩下的电路中先求理想二极管阳极端点的电位，再求理想二极管阴极端点的电位，然后计算阳极端点和阴极端点的电位差，这个量本身是代数量，是包含了参考方向的信息的。若此电位差为正值，说明理想二极管是正偏的，所以理想二极管正向导通，理想二极管相当于一条理想的导线；若阳极端点和阴极端点的电位差为负值，说明理想二极管是反偏的，所以理想二极管反向截止，理想二极管相当于断路。

将理想二极管断开的这种判断方法是模拟了电路刚刚开始工作的瞬间的情况。刚开始时，二极管还只是一个处于动态平衡的 PN 结，外加的电压产生的电场还没有起作用，这时二极管没有电流流过，相当于断路，所以将二极管从电路中拿走的思路是有道理的。

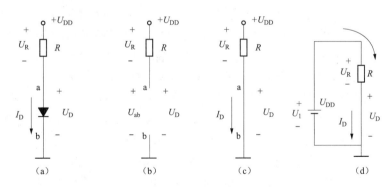

图 1-4-7 使用直流理想模型的例 1-4-1 的有关电路
（a）例 1-4-1 的直流理想模型电路；（b）例 1-4-1 的断开理想二极管的电路；（c）例 1-4-1 的等效电路；
（d）图 1-4-7（c）电路的完整画法

将图 1-4-7（a）中的理想二极管从电路中拿走，得到图 1-4-7（b）所示的电路。理想二极管的阳极的电位为 $U_a = +U_{DD} = +10V$，理想二极管的阴极的电位为

$$U_b = 0V, \quad U_{ab} = (+10) - 0 = +10 \ (V) > 0$$

所以理想二极管导通。用理想的导线代替理想二极管，得到图 1-4-7（c）所示的电路。在图 1-4-7（c）中，$U_D=0V$，要想求电流 I_D，就必须对电阻 R 应用欧姆定律，因为这是本书中第一次使用欧姆定律，为了帮助读者建立起与电路理论课程的联系，回顾一下欧姆定律方程列写的步骤。

对线性电阻使用欧姆定律列写方程的步骤：①确定要列写欧姆定律方程的线性电阻，假定为 R。②对该线性电阻的端电压标定一个符号，假定为 U，并对该端电压标定参考方向，这个参考方向是可以任意指定的。③对流过该线性电阻的电流标定一个符号，假定为 I，并对该电流标定参考方向，这个参考方向是可以任意指定的。④观察该线性电阻的端电压的参考方向与流过该线性电阻的电流的参考方向的关系，这种关系有两种可能——关联的或是非关联的。⑤若是关联的关系，则欧姆定律的方程为 $U=+IR$；若是非关联的，则欧姆定律的方程为 $U=-IR$。

根据上述步骤，对图 1-4-7（c）中的电阻 R 使用欧姆定律，观察可知，电压 U_R 的参考方向与电流 I_D 的参考方向为关联的关系，所以 $U_R=+I_DR$。从 $U_R=+I_DR$ 可以看出，为了求电流 I_D，就必须先求解电压 U_R，而为了求电压 U_R，就必须对回路使用 KVL 来建立电压的关系。因为这是本书中第一次使用 KVL，为了帮助读者建立起与电路理论课程的联系，回顾一下 KVL 方程列写的步骤。

对回路使用 KVL 列写电压方程的步骤：①确定要讨论的回路。②任意给定一个回路的绕行方向，顺时针或者逆时针均可。③数回路中元器件的个数。④对回路中的每个元器件的端电压给定符号，并标定电压的参考方向，电压的参考方向可以任意标定。⑤观察元器件端电压的参考方向与回路的绕行方向之间的关系，有两种可能：一致或者不一致。⑥规定元器件端电压的参考方向与回路的绕行方向一致的，在端电压符号的前面给定正号，元器件端电压的参考方向与回路的绕行方向不一致的，在端电压符号的前面给定负号。或者相反。也就是说，一致的与不一致的电压符号前面分别取 $+$、$-$ 号或 $-$、$+$ 号即可。⑦列写原始的 KVL 方程，方程的右边为 0，方程的左边将回路中所有的元器件端电压的符号罗列出来，并在其前面按第⑥条给定正负号。

根据上述列写 KVL 方程的步骤，对图 1-4-7（d）中的回路使用 KVL，回路的绕行方向取定为顺时针方向，回路中共有两个元器件，元器件的端电压的符号分别标定为 U_R 和 U_1，它们的参考方向如图 1-4-7（d）所示，此处选择：元器件端电压的参考方向与回路的绕行方向一致的，在端电压符号的前面给定正号；元件端电压的参考方向与回路的绕行方向不一致的，在端电压符号的前面给定负号。所以，U_R 的前面为正号，而 U_1 的前面为负号，得到原始的 KVL 方程为 $+U_R-U_1=0$。从 $+U_R-U_1=0$ 可以看出，为了求 U_R，就必须先求解电压 U_1，而为了求电压 U_1，就必须对图 1-4-7（d）所示的电路进行观察，电压 U_1 是直流电压源的端电压，其参考方向如图 1-4-7（d）所示，而根据端电压的真实方向的定义，即电位降的方向，很容易观察出直流电压源的端电压的真实方向，可知 U_1 的参考方向与其真实方向是一致的，所以有 $U_1=+U_{DD}=+10V$，特别注意其中正号的含义，即表示参考方向与其真实方向是一致的。注意题目中所给的 U_{DD} 本身只代表数值，不包含正负号，因为正负号存在的前提是事先约定了参考方向。

目前已有 3 个方程，重列如下：$U_R=+I_DR$；$+U_R-U_1=0$；$+U_1=+U_{DD}=+10V$。对上述 3 个方程联立求解，就可得到：$I_D=+\dfrac{U_R}{R}=\dfrac{U_1}{R}=\dfrac{+10}{10}=+1$（mA）。电流 I_D 为正值，说明电流的真实方向与参考方向相同，从而得到其真实方向。从前面所学 PN 结正偏时的特点，可知这是正确的。

若 $U_{DD}=1V$，可得到

$$I_D=+\frac{U_R}{R}=\frac{U_1}{10}=\frac{+1}{10}=+0.1\ (mA)$$

（2）二极管使用直流恒压降模型。

首先将原始电路图 1-4-6（c）中的二极管
用其直流恒压降模型代替，得到如图 1-4-8（a）
所示的电路。然后判断理想二极管的状态（导
通或截止）。

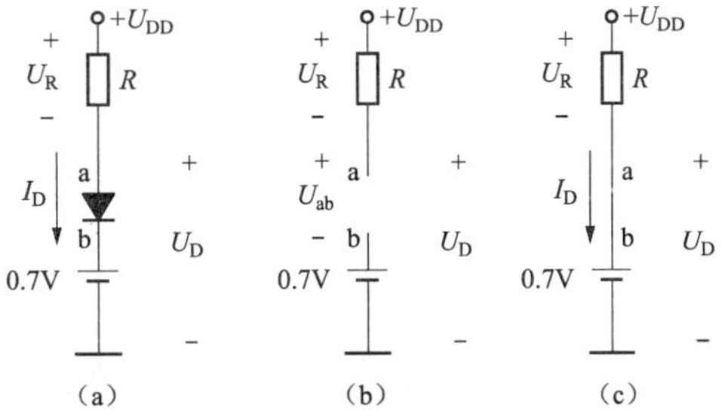

图 1-4-8 使用直流恒压降模型的有关电路
（a）直流恒压降模型电路；（b）断开理想
二极管的电路；（c）等效电路

将图 1-4-8（a）中的理想二极管从电路中
拿走，得到图 1-4-8（b）所示的电路。理想二极管的阳极的电位为 $U_a=+10V$，理想二极管
的阴极的电位为 $U_b=+0.7V$，有 $U_{ab}=$（+10）$-$（+0.7）$=+9.3$（V）>0，所以理想
二极管导通。用理想的导线代替理想二极管，得到图 1-4-8（c）所示的电路。

在图 1-4-8（c）中，$U_D=+0.7V$，对电阻 R 应用欧姆定律，电压的参考方向与电流的
参考方向为关联的，所以 $U_R=+I_D R$。

从 $U_R=+I_D R$ 可以看出，为了求电流 I_D，就必须先求解电压 U_R，而为了求电压 U_R，
就必须对回路使用 KVL 来建立电压的关系。前面使用了这种方法，下面我们使用一种更简
便的方法。从 KVL 可以推导出这样的定义：电路中某两点之间的电压等于这两点的电位之
差，被减数为此电压参考方向标有正号的那个节点的电位，减数为此电压参考方向标有负号
的那个节点的电位。根据上述定义，有 $U_R=$（$+U_{DD}$）$-$（+0.7）。

到目前为止，已有两个方程，重列如下：$U_R=+I_D R$；$U_R=$（$+U_{DD}$）$-$（+0.7）。对上
述两个方程联立求解，就可得到

$$I_D=+\frac{U_R}{R}=\frac{(+10)-(+0.7)}{10}=\frac{+9.3}{10}=+0.93(mA)$$

若 $U_{DD}=1V$，可得到

$$I_D=+\frac{U_R}{R}=\frac{(+1)-(+0.7)}{10}=\frac{+0.3}{10}=+0.03\ (mA)$$

（3）二极管使用直流折线模型。

首先将原始电路图 1-4-6（c）中的二极管用其直流折线模型代替，得到如图 1-4-9（a）
所示的电路。然后判断理想二极管的状态（导通或截止）。

将图 1-4-9（a）中的理想二极管从电路中拿走，得到图 1-4-9（b）所示的电路。

理想二极管的阳极的电位为 $U_a=+10V$，理想二极管的阴极的电位为 $U_b=+0.5V$，
$U_{ab}=$（+10）$-$（+0.5）$=+9.5$（V）>0，所以理想二极管导通。用理想的导线代替理想二
极管，得到图 1-4-9（c）所示的电路。重画图 1-4-9（c），如图 1-4-9（d）所示。

在图 1-4-9（d）中，必须先求电流 I_D，才能去求电压 U_D。对回路列写 KVL 方程，取
顺时针绕行方向，元器件端电压的参考方向与回路绕行方向若一致取正号，若不一致取负
号，有 $+U_R+U_1+U_2-U_3=0$。对电阻 R 应用欧姆定律，电压的参考方向与电流的参考方
向为关联的，所以有 $U_R=+I_D R$。对电阻 r_D 应用欧姆定律，电压的参考方向与电流的参考
方向为关联的，所以有 $U_2=+I_D r_D$。观察图 1-4-9（d）电路，0.5V 大小的直流电压源的真

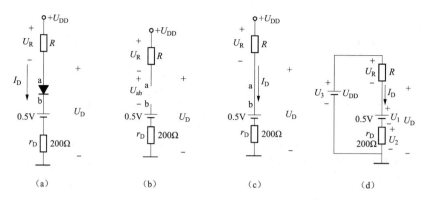

图 1-4-9　使用直流折线模型的例 1-4-1 的有关电路

(a) 例 1-4-1 的直流折线模型电路；(b) 例 1-4-1 的断开理想二极管的电路；(c) 例 1-4-1 的等效电路；

(d) 图 1-4-9 (c) 电路的完整画法

实方向为上正下负，而电路中对其所标定的参考方向也是上正下负，因此 $U_1 = +0.5\text{V}$。U_{DD} 直流电压源的真实方向为上正下负，而电路中对其所标定的参考方向也是上正下负，因此 $U_3 = +U_{DD} = +10\text{V}$。

　　到目前为止，已有 5 个方程，重列如下：$+U_R + U_1 + U_2 - U_3 = 0$；$U_R = +I_D R$；$U_2 = +I_D r_D$；$U_1 = +0.5\text{V}$；$U_3 = +U_{DD} = +10\text{V}$。对上述 5 个方程联立求解，就可得到

$$I_D = \frac{U_{DD} - 0.5}{R + r_D} = \frac{10 - 0.5}{10 + 0.2} = +0.931 \text{（mA）}$$

$$U_D = U_1 + U_2 = 0.5 + I_D r_D = 0.5 + 0.931 \times 10^{-3} \times 200 = +0.69 \text{（V）}$$

若 $U_{DD} = 1\text{V}$，可得到

$$I_D = \frac{U_{DD} - 0.5}{R + r_D} = \frac{1 - 0.5}{10 + 0.2} = +0.049 \text{（mA）}$$

$$U_D = 0.5 + I_D r_D = 0.5 + 0.049 \times 10^{-3} \times 200 = 0.5098 \text{（V）}$$

为了更好地观察比较二极管采用不同模型的计算结果，列表如表 1-4-1 所示。

表 1-4-1　　　　　例 1-4-1 在不同电源电压值下采用二极管不同模型计算结果的比较

二极管使用模型	电源电压值	
	$U_{DD} = 1\text{V}$	$U_{DD} = 10\text{V}$
直流理想模型	$U_D = 0\text{V}$ $I_D = 0.1\text{mA}$	$U_D = 0\text{V}$ $I_D = 1\text{mA}$
直流恒压降模型	$U_D = 0.7\text{V}$ $I_D = 0.03\text{mA}$	$U_D = 0.7\text{V}$ $I_D = 0.93\text{mA}$
直流折线模型	$U_D = 0.5098\text{V}$ $I_D = 0.049\text{mA}$	$U_D = 0.69\text{V}$ $I_D = 0.931\text{mA}$

　　从表 1-4-1 可以看出，当 $U_{DD} = 1\text{V}$ 时，二极管分别采用 3 种模型计算的结果相差都比较大，当然其中二极管使用直流折线模型的结果是最接近实际结果的。因此，此时必须使用最复杂的直流折线模型才能取得比较合理的结果，注意到此时 1V 的直流电压源的电压与二极管正向导通电压 0.7V 或者死区电压 0.5V 几乎相差无几，这是出现这种现象的根源，此时二极管必须采用最复杂、最准确的直流折线模型才行。当 $U_{DD} = 10\text{V}$ 时，二极管分别采用 3 种模型计算的结果相差都不是很大，尤其是二极管使用直流折线模型的结果与使用直流恒压

降模型的结果更是非常接近的，二极管电流值前者是 0.931mA。后者是 0.93mA。由此可知，二极管使用直流恒压降模型的结果已经足够准确，而且计算过程比使用直流折线模型要简单，因为二极管直流恒压降模型中少了一个电阻元件，可以使计算过程有所简化。

综上所述，二极管模型选择的准则如下：

在电源电压远大于二极管正向导通电压的情况下，二极管直流恒压降模型就可以取得比较合理的结果。

在电源电压比较接近二极管正向导通电压的情况下，就必须使用二极管直流折线模型才可以取得比较合理的结果。

二极管直流理想模型计算过程最简单，但是结果的误差也最大。

若二极管直流折线模型还不能使结果满意，为了得到更准确的结果，可以使用直流指数模型，此时因为电压与电流是非线性的关系，若如前那样使用手工方法计算就会比较麻烦，必须使用图解法画图来求解，或者编程来计算。

例 1-4-2 低电压稳压电路如图 1-4-10 所示，图 1-4-10 （a）是一般画法，图 1-4-10 （b）是简化画法。直流电压源 U_I 的标称值为 10V，若 U_I 变化 ±1V 时，问相应的输出电压 U_O（即二极管端电压）的变化如何？二极管采用直流恒压降模型。

解：不稳定的直流电压源可以用一个理想的直流电压源 U_I 和一个变化范围为 2V 的交流电压源 $\Delta U_I = 2V$ 串联来表示。根据题意得到如图 1-4-11 所示的等效电路。

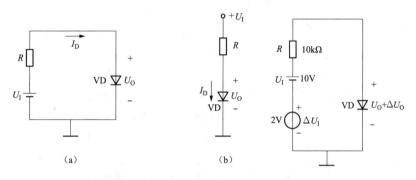

图 1-4-10 例 1-4-2 的电路　　　图 1-4-11 例 1-4-2 的等效电路

在图 1-4-11 中，有直流电压源 U_I 存在，也有交流电压源 ΔU_I 存在，所以二极管两端的电压的值是以某一个值为中心左右摇摆的，有一个取值范围。在伏安特性曲线上表现为在某一段曲线段中移动，在某一时刻电压具有最大的值，在特性曲线上是最高点；在另外的一个时刻电压具有最小值，在特性曲线上是最低点，经常把特性曲线最高点和最低点之间的曲线段称为动态工作范围。如果这条表示动态工作范围的曲线段比较短，曲线的弯曲不明显，用某一直线段可以近似代替，理论计算得到的结果与实验得到的结果差别很小，可以忽略，这时对于这种电路的处理方法是将直流电压源和交流电压源的作用分开考虑。如果这条表示动态工作范围的曲线段比较长，曲线的弯曲明显，不能用某一直线段近似代替，若为计算方便仍然用某一直线段近似代替曲线段，那么理论计算得到的结果与实验得到的结果差别就会很大，这时就必须按在每一个时刻点的交流信号值和直流电压源共同作用下的思路来计算，然后将这些不同时刻的值综合在一起，得到二极管端电压和电流随时间变化的规律。因为二极管是非线性的，所以要计算非常多的时刻点的值，才能保证信息不丢失。这时的信号经常称为大信号。

在图 1-4-11 中，在变化范围为 2V 的交流电压源 $\Delta U_{I} = 2V$ 的作用下，表示动态工作范围的曲线段比较短，曲线的弯曲不明显，用某一直线段可以近似代替，这时将直流电压源和交流电压源的作用分开考虑。

直流电压源只产生直流电流和直流电压。交流电压源只产生交流电流和交流电压。直流电流流通的路径称为直流通路，交流电流流通的路径称为交流通路。直流通路的画法是各元器件采用其直流模型连接而成的电路，交流通路是各元器件采用其交流模型（即小信号模型）连接而成的电路。线性电阻的直流模型就是其自身，线性电阻的交流模型也是其自身。将原电路分解成直流通路和交流通路，如图 1-4-12 所示。

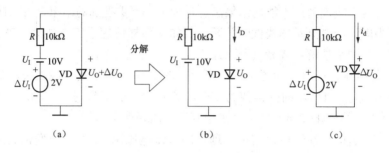

图 1-4-12　电路的分解
(a) 原电路；(b) 直流通路；(c) 交流通路

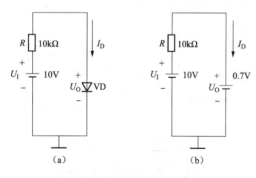

图 1-4-13　例 1-4-2 的直流通路
(a) 保留二极管符号的直流通路；
(b) 二极管用直流恒压降模型代替后的直流通路

（1）单独对直流工作情况进行分析，得到直流通路。

画出直流通路，如图 1-4-13（a）所示。其中，电阻 R 是其直流电阻，因为这是一个线性电阻，所以，与图 1-4-11 中的电阻 R 是一样的。图 1-4-13（a）中的二极管是对直流做出的反应，所以必须采用直流模型，此处二极管采用直流恒压降模型。

观察可看出图 1-4-13（a）与例 1-4-1 相同，二极管采用直流恒压降模型等效后的电路如图 1-4-13（b）所示。可以参考例 1-4-1 的计算过程。

在图 1-4-13（b）中，应用电路定律，计算得到 $I_{D} = \dfrac{10-0.7}{10} = +0.93$（mA），所以，

在如图 1-4-13（a）所示的参考方向下，二极管的直流端电压为 $U_{O} = +0.7V$，流过二极管的直流电流为 $I_{D} = +0.93mA$。将二极管的直流端电压、直流电流标注在伏安特性曲线上，如图 1-4-14 中的 Q 点。

（2）单独对交流工作情况进行分析，得到交流通路，如图 1-4-15（a）所示。在图 1-4-15（a）中，电阻 R 是其交流电阻，因为这是一个线性电阻，所以与图 1-4-11 中的电阻 R 是一样

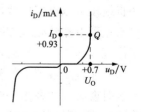

图 1-4-14　例 1-4-2 的
二极管的静态工作点

的。图 1-4-15（a）中的二极管是对交流信号 ΔU_{I} 做出的反应，因为这时的信号 ΔU_{I} 可以看作为小信号，所以必须采用交流小信号模型，二极管用 Q 点的交流电阻来等效，得到如图 1-4-15（b）所示的交流小信号等效电路。

二极管 Q 点的交流电阻为

$$r_{\mathrm{d}} = \frac{1}{g_{\mathrm{d}}} = \frac{U_{\mathrm{T}}}{I_{\mathrm{D}}} = \frac{26}{I_{\mathrm{D}}} = \frac{26}{0.93} \approx 27.96(\Omega)$$

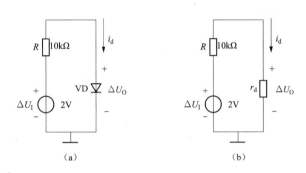

图 1-4-15　例 1-4-2 的交流通路

（a）保留二极管符号的交流通路；（b）二极管用交流小信号模型代替后的交流小信号等效电路

根据图 1-4-15（b）所示的电路，求二极管端电压的变化量：

$$\Delta U_{\mathrm{O}} = \frac{r_{\mathrm{d}}}{r_{\mathrm{d}} + R} \times 2 = \frac{27.96}{27.96 + 10000} \times 2 = 0.00558(\mathrm{V}) = 5.58(\mathrm{mV})$$

可知，当电源电压的变化范围为 2V 时，二极管端电压相应的变化很小，只有 5.58mV。因此，二极管可以当做小电压稳压器件来使用。

二极管还有一种应用是限幅作用。限幅电路（clipper circuit，limiter circuit）是应用很广泛的一类电路，可以将信号高于某个指定值的部分削去，也可以将低于某个指定值的部分削去。

下面通过例 1-4-3 来分析限幅电路的工作原理。

例 1-4-3　限幅电路如图 1-4-16（a）所示，已知 $R = 1\mathrm{k}\Omega$，$U_{\mathrm{REF}} = 3\mathrm{V}$，求当输入电压为下列值时，输出电压 u_{o} 的值。

（1）u_{i} 为 0V。

（2）u_{i} 为 4V。

（3）u_{i} 为 6V。

（4）$u_{\mathrm{i}} = 6\sin\omega t$（V）。

解：改画图 1-4-16（a）为更易理解的电路，如图 1-4-16（b）所示。

首先考虑选用哪种二极管的模型。当输入电压 u_{i} 分别为 0V、4V、6V 时，相当于电路中有两个直流电压源，电路中只有直流电压源作用，所以二极管要使用直流模型。考虑到 0V、4V、6V 的输入电压 u_{i} 与 $U_{\mathrm{REF}} = 3\mathrm{V}$ 相比，在一个数量级，相差不大，所以二极管要使用直流折线模型。

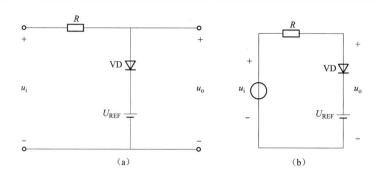

图 1-4-16　例 1-4-3 的电路

(a) 例 1-4-3 电路的习惯画法；(b) 例 1-4-3 电路的一般画法

当输入正弦波电压 $u_i = 6\sin\omega t$（V）时，在输入正弦波电压为最大值的时刻，断开二极管，二极管阳极和阴极将承受 3V 的电压，二极管正偏，处于正向导通状态；在输入正弦波电压为最小值的时刻，断开二极管，二极管阳极和阴极将承受 −9V 的电压，二极管反偏，处于截止状态。可见，在输入正弦波电压的一个周期内的这条表示动态工作范围的曲线段比较长，从第一象限一直到第三象限，曲线的弯曲非常明显，这时就必须按在每一个时刻点的交流电压源和直流电压源共同作用下的思路来计算，然后将这些不同时刻的值综合在一起，得到二极管端电压和电流随着时间变化的规律。因为二极管是非线性的，所以要计算非常多的时刻点的值。每一个时刻点二极管采用直流折线模型。综上所述，当输入正弦波电压为正弦波时 $u_i = 6\sin\omega t$（V），因为输入电压值较大，其峰值与直流电压源的值在一个数量级，输入信号不能认为是小信号，所以不能采用分解为直流通路和交流通路的分析方法，而是将直流和交流一起考虑，分别计算整个电路在不同时刻点的二极管的端电压和电流，再将这些时刻点综合起来就是完整的解。在每个时刻点，二极管采用的是直流模型，本题采用直流折线模型。

将图 1-4-16（b）中的二极管用其直流折线模型代替，取电位参考点。得到如图 1-4-17 所示的电路。二极管直流折线模型中 3 个元器件是串联的关系，所以位置可以互换。然后判断理想二极管的状态（导通或截止）。

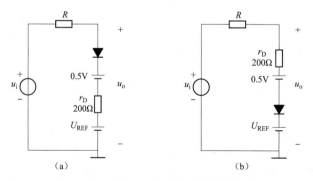

图 1-4-17　例 1-4-3 的直流折线模型电路

(a) 例 1-4-3 的直流折线模型电路；(b) 例 1-4-3 的直流折线模型电路的另一种画法

由于篇幅所限，本例题的解题过程比较简略，更详细的解题过程读者可参阅配套习题解答。

(1) 当 $u_i = 0$V 时，求输出电压值。

在图 1-4-17（b）中，令 $u_i = 0$V，判断其中理想二极管的状态，将理想二极管断开，如图

1-4-18 所示。利用前面介绍的方法，可知理想二极管处于截止状态。最终的等效电路与图 1-4-18 相同，图中没有回路，所以 $u_o = u_i = 0$V。

（2）当 $u_i = +4$V 时，求输出电压值。

等效电路如图 1-4-19 所示。其中理想二极管导通，可用理想导线代替，电路中有回路，

$$u_o = \frac{u_i - 0.5 - U_{REF}}{R + r_D} \times r_D + 0.5 + U_{REF} = \frac{4 - 0.5 - 3}{1 + 0.2} \times 0.2 + 0.5 + 3 = 3.583 \ (V)$$

（3）当 $u_i = +6$V 时，求输出电压值。

等效电路如图 1-4-20 所示。其中理想二极管导通，可用理想导线代替，电路中有回路，

$$u_o = \frac{u_i - 0.5 - U_{REF}}{R + r_D} \times r_D + 0.5 + U_{REF} = \frac{6 - 0.5 - 3}{1 + 0.2} \times 0.2 + 0.5 + 3 = 3.917 \ (V)$$

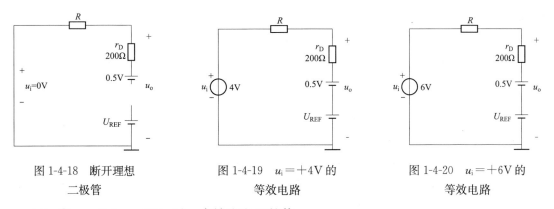

图 1-4-18　断开理想　　　　图 1-4-19　$u_i = +4$V 的　　　　图 1-4-20　$u_i = +6$V 的
　　　二极管　　　　　　　　　　　等效电路　　　　　　　　　　等效电路

（4）当 $u_i = 6\sin\omega t$ （V）时，求输出电压的值。

如前所述，虽然 $u_i = 6\sin\omega t$ （V）是一个交流电压源，但是对二极管来说，并不是小信号，所以二极管仍然采用直流模型，交流电压源可以看成为某个瞬时值的直流电压源，然后逐点进行分析，合起来就是整个工作情况。

将图 1-4-17 （b）中的理想二极管断开，如图 1-4-21 所示。电路中没有回路，电阻两端没有电压，当 $u_i < (0.5 + U_{REF}) = 3.5$ （V）时，理想二极管反偏，处于截止状态，最终的等效电路图与图 1-4-21 完全一样，所以 $u_o = u_i = 6\sin\omega t$ （V）；当 $u_i \geqslant (0.5 + U_{REF}) = 3.5$ （V）时，理想二极管导通，可用理想导线代替，等效电路如图 1-4-22 所示。

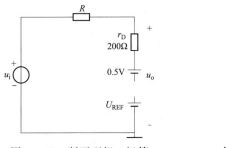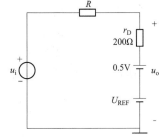

图 1-4-21　断开理想二极管　　　　　　图 1-4-22　$u_i \geqslant 3.5$V 时的等效电路

根据图 1-4-22，列方程，计算输出电压。得到输出电压 u_o 与输入电压 u_i 的关系式如下：

$$u_o = \frac{u_i - 0.5 - 3}{r_D + R} \times r_D + 0.5 + 3 \approx 0.17 u_i + 2.92$$

输出电压 u_o 与输入电压 u_i 的关系曲线称为电压传输特性（voltage transfer characteristics）曲线。根据上式得到电压传输特性曲线和 $u_i = 6\sin\omega t$（V）时的输入输出波形如图 1-4-23 所示。

本题目中二极管当作开关来使用，即一段时间内导通，另一段时间内截止。

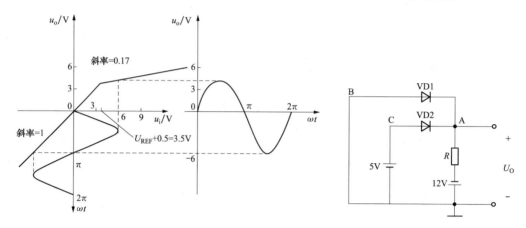

图 1-4-23 $u_i = 6\sin\omega t$（V）的输入输出特性曲线和波形   图 1-4-24 例 1-4-4 的电路

例 1-4-4 有两个二极管的开关电路，如图 1-4-24 所示，两个二极管的阴极接在一起，设二极管是理想的，判断两个二极管的状态，并求输出电压 U_O。

解：解题思路如下：

（1）将二极管用其直流理想模型代替，并将理想二极管从电路中拿走，在此电路的基础上求两个理想二极管的阳极和阴极之间的电位差。

从电路中将二极管拿走，这种思路模拟了整个电路在加上电源的瞬间的情况，加电瞬间两个二极管均处于动态平衡状态，外加电压产生的电场还没有起作用，二极管没有电流流过，相当于开路，所以解题思路可以是从电路中将二极管拿走。

（2）两个理想二极管的阳极和阴极之间的电位差共有以下 3 种情况：

① 电位差均小于 0。

② 电位差均大于 0。

③ 电位差一个为正，另一个为负。

（3）根据两个理想二极管的阳极和阴极之间的电位差的不同情况做出判断：

① 电位差均小于 0：立即得出结论，两个理想二极管均截止。

② 电位差均大于 0：读者要特别注意，此时绝对不能得出结论说这两个理想二极管都是正偏的，要用下面的思路来处理。均大于 0 的这两个电位差中一般会有一大一小，电位差大的那个理想二极管所承受的外加电场强，使此理想二极管先导通，用理想的导线等效代替它，先导通的理想二极管改变了电路的结构，所以此时电位差小的那个理想二极管目前到底是正偏还是反偏不能确定，需要做进一步的判断。电位差大的那个二极管用理想的导线代替后，这时整个电路就转化成了只有一个理想二极管的电路，利用前面介绍的处理一个二极管电路的方法，从而得出最后的结论。

若两个理想二极管的阳极和阴极之间的电位差均大于 0 且数值相等，则两个二极管均导通。

③ 电位差一个为正，另一个为负：电位差为正的那个理想二极管一定先导通，电位差为

负的那个理想二极管状态不定，需要做进一步的判断。电位差为正的那个理想二极管导通后用理想的导线代替，这时整个电路就转化成了只有一个理想二极管的电路，从而得出最后的结论。

图 1-4-24 中的两个小圈只是为了方便标注 U_O 电压而引出的两个端子。将图 1-4-24 电路中的两个二极管用其直流理想模型代替，如图 1-4-25（a）所示。将图 1-4-25（a）中的两个理想二极管拿走后的剩余电路如图 1-4-25（b）所示。图中没有回路，$U_{BA}=0-(-12)=+12$（V），$U_{CA}=5-(-12)=+17$（V）。因为二者均为正且 17V 大于 12V，17V 电压产生的外电场强于 12V 电压产生的外电场，所以 VD2 一定先导通，至于理想二极管 VD1 的情况还需要进一步判断。VD2 先导通后的电路如图 1-4-26 所示，此时电路转换成只含有一个理想二极管的电路，将理想二极管 VD1 断开，如图 1-4-27 所示，有 $U_{BA}=0-5=-5$（V）<0，所以 VD1 截止。最后的等效电路如图 1-4-28 所示，$U_O=5V$。

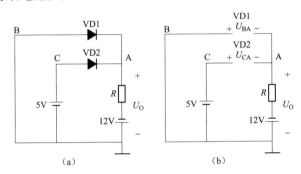

图 1-4-25 例 1-4-4 电路中的二极管的处理
（a）二极管用其直流理想模型代替；（b）将两个理想二极管从电路中拿走后的电路

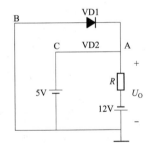 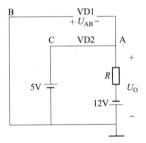 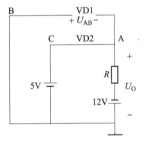

图 1-4-26 VD2 先导通　　图 1-4-27 断开 VD1　　图 1-4-28 例 1-4-4 的等效电路

读者可以注意到，理想二极管 VD1 最后的状态是截止，但是在开始时将两个理想二极管拿走后 VD1 的阳极与阴极的电位差也是正的，所以二极管的处理要一个一个进行。

对于 3 个二极管的电路，分析思路是一样的，逐个减少二极管的个数。先将所有二极管拿走，求所有二极管的阳极和阴极的电位差，对结果进行比较，其中正偏且数值最大的那个二极管一定是先导通的，因为这个二极管的外加电压所产生的外电场最强，最先使此二极管正偏，这样就处理掉了一个二极管，将具有 3 个二极管的电路转换成具有 2 个二极管的电路，以此类推，可以将所有的二极管处理掉，得到最后的等效电路，用电路理论的知识就可以求解计算了。

对于多个二极管电路，每个二极管有导通和截止两种状态；n 个二极管，组合情况就有 2^n 个。假设电路中二极管的状态在某种组合下，对电路进行分析计算，得到流过二极管的电流和二极管两端的电压，判断这种假设是否正确。若假设成立，则得出结论。若假设不成立，则再选一种组合，重复前面的计算过程，直到对所有 2^n 个组合全部重复一遍。

整流电路（rectifier）是二极管应用的典型电路，可以将交流信号变成脉动的直流信号。读者可阅读第九章单相小功率直流稳压电源中有关二极管整流作用的应用。

第五节　特殊二极管

除前面讨论的普通二极管外，还有若干种特殊二极管，如稳压二极管、光电二极管（光敏二极管）、发光二极管、肖特基势垒二极管、太阳能电池等，现对前3种分别介绍如下。

一、稳压二极管

稳压二极管是一种用特殊工艺制造的面接触型硅半导体二极管，常简称为稳压管，其符号如图1-5-1所示。约定稳压管的端电压 u_D 的参考方向和流过稳压管的电流 i_D 的参考方向如图1-5-2所示。在此参考方向下，稳压管的伏安特性曲线如图1-5-3所示。稳压管工作在伏安特性曲线的反向击穿部分，在第三象限，当稳压管的反向电压加到一定值时，反向电流将急剧增加，产生反向击穿。当稳压管处于反向击穿工作状态时，流过稳压管的电流可以在一定范围内变化，但是只引起很小的电压变化，可以起到稳定电压的作用。流过稳压管的电流的大小取决于外电路。

稳压管具有稳压作用时必须工作在反向击穿状态。

图 1-5-1　稳压管的符号

图 1-5-2　稳压二极管电压和电流参考方向的约定

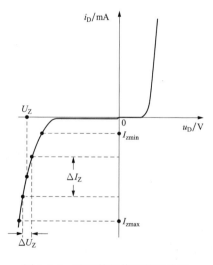

图 1-5-3　稳压管的伏安特性曲线

稳压管的主要参数如下：

（1）稳定电压 U_Z：在规定的稳压管反向工作电流 I_Z 下所对应的反向工作电压。

（2）动态电阻 r_z：$r_z = \Delta U_Z / \Delta I_z$，$r_z$ 越小，反映稳压管的击穿特性越陡。

（3）最小稳定工作电流 I_{zmin}：保证稳压管击穿所对应的电流。若流过稳压管的电流小于 I_{zmin}，则稳压管的稳压效果变坏，甚至不能稳压。

（4）最大稳定工作电流 I_{zmax}：电流超过 I_{zmax}，稳压管会因功耗过大而烧坏。

（5）最大功耗 P_{ZM}：P_{ZM} 等于稳压管的稳定电压 U_Z 与最大稳定工作电流 I_{zmax} 的乘积。稳压管的功耗超过此值时，会因 PN 结的温度过高而损坏。可以通过稳压管的 P_{ZM} 的值，求出 I_{zmax} 的值。

从图1-5-3可以看出，当稳压管工作在反向击穿状态下，工作电流 I_Z 在 I_{zmax} 和 I_{zmin} 之间变化时，其两端电压近似为常数。关于稳压管的计算请参考配套习题解答。

二、光电二极管

随着科学技术的发展，在信号传输和存储等环节中，越来越多地应用了光信号。光电二极管是光电子系统中使用的电子器件。光电二极管的结构与 PN 结二极管类似，管壳上的一个玻璃窗口能接收外部的光照。它的反向电流随光照强度的增加而上升。光电二极管的主要特点是，PN 结在反向偏置状态下运行，其反向电流与光照强度成正比，其灵敏度的典型值为 0.1mA/lx 数量级。其优点是抗干扰能力强，传输信息量大、传输损耗小且工作可靠。光电二极管的图形符号如图 1-5-4 所示。图中，指向二极管的箭头表示吸收光线。

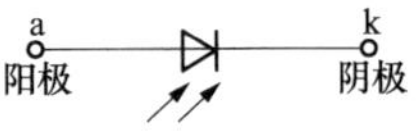

图 1-5-4 光电二极管的符号

三、发光二极管

发光二极管是将电能转换成光能的特殊半导体器件。发光二极管通常用元素周期表中Ⅲ、Ⅴ族元素的化合物（如砷化镓、磷化镓等）制成。当发光二极管通以电流时将发出可见光，这是自由电子与空穴直接复合而放出能量的结果。光谱范围是比较窄的，其波长由所使

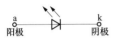

图 1-5-5 发光二极管的符号

用的基本材料而定。发光二极管常用来作为显示器件，除单个使用外，也常作为七段式或矩阵式器件，工作电流一般为几毫安到十几毫安。发光二极管正偏时发出可见光，颜色有红、黄、绿等多种。发光二极管的图形符号如图 1-5-5 所示。图中，背离二极管的箭头表示发出光线。

小 结

半导体中有自由电子和空穴两种载流子。载流子有两种运动方式，即扩散运动和漂移运动。本征激发使半导体中产生自由电子—空穴对，但它们的数目很少，并与温度有密切关系。在本征半导体中掺入不同的杂质，可分别形成 P 型和 N 型半导体，它们是各种半导体器件的基本材料。PN 结是各种半导体器件的基本结构形式，如二极管由一个 PN 结加引线组成。因此，掌握 PN 结的特性对于了解和使用各种半导体器件有着十分重要的意义。PN 结的重要特性是单向导电性。

在电子技术中，二极管电路得到广泛的应用。从二极管的伏安特性曲线可以看出，二极管是一种非线性器件，因而其电路一般要采用非线性电路的分析方法，相对来说比较复杂。在一定前提条件下，用线性电路来等效代替非线性的二极管，可以简化电路的分析，得到的结果能够满足误差的要求。

二极管的模型就是在一定的前提条件下，用线性电路来等效代替非线性的二极管。二极管的模型有直流模型和交流小信号模型。直流模型应用在二极管直流电路的分析和计算中，交流小信号模型应用在二极管交流小信号电路的分析和计算中。直流模型有理想模型、恒压降模型、折线模型、指数模型共四种。交流小信号模型只有一种。二极管的直流理想模型最简单，但是计算结果的误差也最大。从二极管的直流恒压降模型、直流折线模型到直流指数模型，模型越来越复杂，但是计算结果越来越精确。在实际应用中，可根据对计算结果的误差要求选取合适的模型。

习 题

1-1 如题 1-1 图所示电路，求二极管采用下列模型时的输出电压 U_o。

（1）二极管采用直流理想模型。

（2）二极管采用直流恒压降模型。

（3）二极管采用直流折线模型。

1-2 判断题 1-2 图中二极管的工作状态，并求 A 点和 B 点的电位。二极管采用直流理想模型。

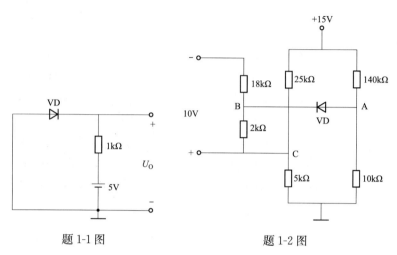

题 1-1 图　　　　　　　　　　　题 1-2 图

1-3 如题 1-3 图所示，已知输入电压 $u_i = 10\sin\omega t$（V），试分析输出电压 u_o 的波形。设二极管是理想二极管。

1-4 若二极管采用直流理想模型，当输入为正弦信号 $u_i = 6\sin\omega t$（V）时，再次求解本章中［例 1-4-3］所示的限幅电路的输出电压波形。

1-5 如题 1-5 图所示，已知 $R = 10\text{k}\Omega$，$U_{REF} = 10\text{V}$，当输入电压 u_i 为正弦波 $u_i = 6\sin\omega t$（mV）时，画出电阻两端电压 u_{o1} 的波形、二极管两端电压 u_{o2} 的波形，并与本章中［例 1-4-3］的求解方法做对比。

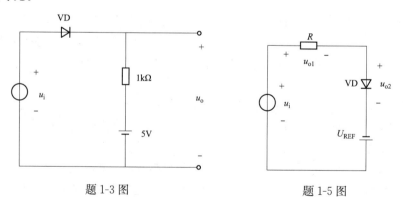

题 1-3 图　　　　　　　　　　　题 1-5 图

1-6 如题 1-6 图所示电路，若 $u_i = 5\sin\omega t$（V），试画出 u_o 的波形：

（1）二极管采用直流理想模型。

（2）二极管采用直流恒压降模型。

（3）二极管采用直流折线模型。

1-7 如题 1-7 图所示，输入电压源 $u_i = 10\sqrt{2}\sin\omega t$（mV），电容 C 对交流信号可近似视为短路，求二极管中流过的交流电流的有效值。

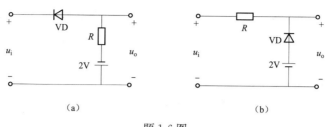

（a）   （b）

题 1-6 图

1-8 如题 1-8 图所示，试判定二极管是否导通并计算 U_{AO}，二极管采用直流理想模型。

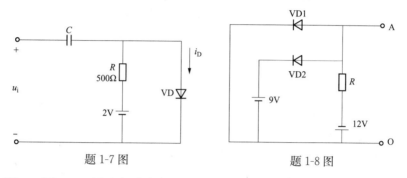

题 1-7 图   题 1-8 图

1-9 在题 1-9 图（a）所示电路中，硅二极管采用直流恒压降模型，已知输入电压 u_1、u_2 的波形如题 1-9 图（b）所示，试画出 u_o 的波形。

1-10 在题 1-10 图所示的双向限幅电路中，已知输入信号为 $u_i = 6\cos\omega t$（V），试画出输入信号 u_i 与输出信号 u_o 的波形，二极管采用直流理想模型。

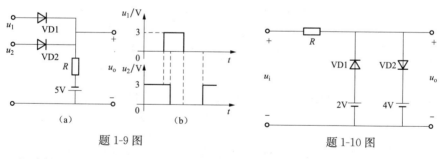

题 1-9 图   题 1-10 图

1-11 电路如题 1-11 图（a）所示，其输入电压 u_{i1} 和 u_{i2} 的波形如题 1-11 图（b）所示，二极管为硅管，二极管分别采用直流理想模型和直流恒压降模型。试画出输出电压 u_o 的波形，并标出幅值。

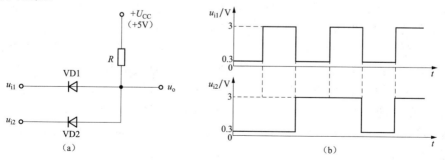

题 1-11 图

1-12　如题 1-12 图（a）所示二极管限幅电路，设 VD1 和 VD2 均为理想二极管。$R_1 = 6\text{k}\Omega, R_2 = 12\text{k}\Omega$，$R_3 = 12\text{k}\Omega$，试画出：

（1）电路的传输特性（u_o 与 u_i 的关系曲线）。

（2）假定输入电压波形如题 1-12 图（b）所示，请画出对应的 u_o 波形。

1-13　已知题 1-13 图所示电路中稳压管的稳定电压 $U_Z = 6\text{V}$，最小稳定工作电流 $I_{\text{zmin}} = 5\text{mA}$，最大稳定工作电流 $I_{\text{zmax}} = 25\text{mA}$。

（1）计算 U_i 在图示参考方向下为 +12、18、20、35V 时输出电压 U_O 的值。

（2）若 $U_\text{i} = +35\text{V}$ 且负载开路，则会出现什么现象？为什么？

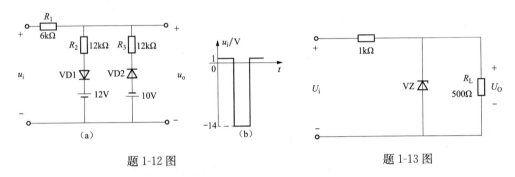

题 1-12 图　　　　　　　　　　　　　　题 1-13 图

1-14　已知如题 1-14 图所示的稳压管电路中，输入电压 $U_\text{i} = 13\text{V}$，最小稳定工作电流 $I_{\text{zmin}} = 5\text{mA}$，最大功耗 $P_{\text{ZM}} = 200\text{mW}$，稳定电压 $U_Z = 5\text{V}$，负载电阻 $R_L = 250\Omega$，试计算使稳压管具有稳压作用的限流电阻 R 的取值范围。

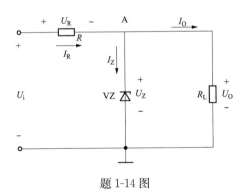

题 1-14 图

1-15　在题 1-14 图中，若输入电压 U_i 在 12～14V 之间变化，其余参数完全相同，要求电路提供给负载电阻的电压仍为 5V，再求限流电阻 R 的取值范围。

1-16　在题 1-15 中，若负载电阻 R_L 在 200～300Ω 之间变化，其余参数完全相同，要求电路提供给负载电阻的电压仍为 5V，再求限流电阻 R 的取值范围。

1-17　题 1-17 图所示的稳压管电路，稳压管的稳定电压 $U_Z = 6\text{V}$，最小稳定工作电流 $I_{\text{zmin}} = 5\text{mA}$，最大功耗 $P_{\text{ZM}} = 150\text{mW}$。试求限流电阻 R 的取值范围。

1-18　题 1-18 图所示的电路，稳压管的稳压值 $U_Z = 6\text{V}$，最小稳定工作电流 $I_{\text{zmin}} = 5\text{mA}$，最大稳定工作电流 $I_{\text{zmax}} = 25\text{mA}$。求 U_{O1} 和 U_{O2}。

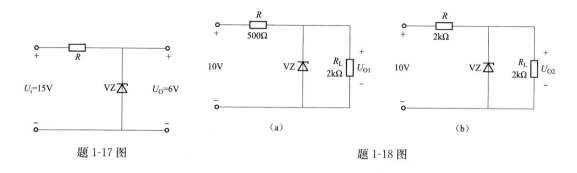

题 1-17 图　　　　　　　　　　　　　　　题 1-18 图

第二章 双极型三极管及其放大电路

 **本 章 提 要**

　　本章首先介绍双极型三极管的结构及其作用，双极型三极管的特性曲线，双极型三极管在放大、饱和和截止状态下的特点；然后以基本共射放大电路为例详细介绍图解分析法和小信号等效电路分析法，对共射、共基、共集3种组态的放大电路进行分析和计算，对两级放大电路进行计算；最后介绍放大电路的频率响应。

第一节 双极型三极管

　　1947年，贝尔实验室的科学家发明了双极型三极管，这是20世纪的一项重大发明，是微电子革命的先声。双极型三极管出现后，人们就能用一个小巧的、消耗功率低的电子器件来代替体积大、功率消耗大的电子管，双极型三极管的发明又为后来集成电路的发展奠定了基础。

一、双极型三极管的结构简介

　　通过一定的工艺，根据不同的掺杂方式在同一个硅片上制造出3个掺杂区域，并形成两个PN结，这就构成双极型三极管（Bipolar Junction Transistor，BJT）。BJT是将2个PN结结合在一起的器件，但是由于2个PN结之间的相互影响，使BJT表现出不同于1个PN结的特性，从而使PN结的应用发生了质的飞跃。

　　BJT的作用有两个方面：一是在模拟电路中作为放大器件；二是在数字电路中作为开关器件。

　　BJT的结构示意图如图2-1-1所示。BJT有NPN型和PNP型两种。

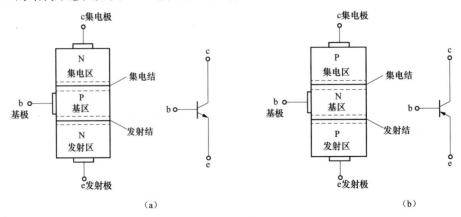

（a） （b）

图 2-1-1 BJT的结构示意和图形符号

（a）NPN型；（b）PNP型

在图 2-1-1（a）所示 NPN 型结构的三极管中，有一块掺杂浓度较高的 N 型半导体，称为发射区；有一块掺杂浓度较低的 N 型半导体，称为集电区；在发射区和集电区的中间有一块 P 型半导体，称为基区。基区的掺杂浓度相对较低，而且基区很薄，从三个区分别引出三个电极，分别称为发射极（emitter）、集电极（collector）和基极（base），并分别用字母 e、c、b 表示，有时也用大写字母表示。N 型和 P 型半导体交界的地方形成 PN 结，共有两个，靠近发射区的称为发射结，靠近集电区的称为集电结。图 2-1-1（a）中给出了 NPN 型三极管的符号，标有箭头的电极为发射极，并且箭头的方向向外。

在图 2-1-1（b）所示 PNP 型结构的三极管中，有一块掺杂浓度较高的 P 型半导体，称为发射区；有一块掺杂浓度较低的 P 型半导体，称为集电区；在发射区和集电区的中间有一块 N 型半导体，称为基区。图 2-1-1（b）中给出了 PNP 型三极管的符号，标有箭头的电极为发射极，并且箭头的方向向内。

BJT 的结构特点：发射区的掺杂浓度最高；集电区掺杂浓度低于发射区，且面积大；基区很薄，一般在几微米至几十微米，且掺杂浓度最低。

NPN 型 BJT 发射区掺入的五价元素磷的浓度高，自由电子为多子；而 PNP 型 BJT 发射区掺入的三价元素硼的浓度高，空穴为多子。

BJT 中有 2 个 PN 结，外加直流电源使每个 PN 结可能处在正偏和反偏两种状态，组合起来共有四种可能的状态：

（1）发射结正偏，集电结反偏，处于放大状态（forward-active mode），在模拟放大电路中使用；

（2）发射结正偏，集电结正偏，处于饱和状态（saturation mode），在数字电路中作为开关使用；

（3）发射结反偏，集电结反偏，处于截止状态（cutoff mode），在数字电路中作为开关使用；

（4）发射结反偏，集电结正偏，处于倒置状态（inverse-active mode），基本上没有什么用处。

下面先介绍 BJT 在放大状态下的电流分配与控制关系，饱和状态和截止状态在稍后介绍。

二、BJT 在放大状态下的电流分配与控制关系

（一）BJT 工作在放大状态所必需的条件

1. 内部条件

BJT 的发射区的掺杂浓度最高；集电区掺杂浓度低于发射区，且面积大；

基区很薄，一般在几微米至几十微米，且掺杂浓度最低。

2. 外部条件

外加直流电压源保证 BJT 的发射结正偏、集电结反偏，此时 BJT 处于放大状态。

（二）BJT 放大状态下内部载流子的传输过程（以 NPN 型 BJT 为例介绍）

图 2-1-2 为 NPN 型 BJT 在放大状态下的载流子的传输过程示意图。在图中，外加直流电压源 U_{BB} 使发射结正偏，外加直流电压源 U_{CC} 使集电结反偏，BJT 处于放大状态。通过第一章的学习已经知道，PN 结正偏时的宽度要比 PN 结反偏时的宽度窄些，如图中画有斜线、宽度较窄的区域表示处于正偏的发射结，用一个画有斜线、宽度较宽的区域表示处于反偏的

集电结；实心小黑点表示自由电子，空心小圆圈表示空穴，箭头表示载流子的运动方向。

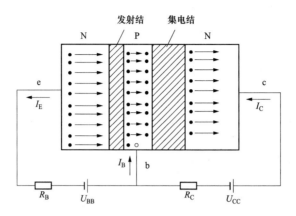

图 2-1-2　NPN 型 BJT 在放大状态下的载流子的传输过程示意

1．发射区向基区注入自由电子

因为外加直流电压源使 BJT 的发射结正偏，动态平衡被打破，扩散运动大于漂移运动，所以发射区的自由电子（多子）可以向基区扩散，为使解释过程简单，在图 2-1-2 中在 NPN 型 BJT 的发射区中画了 10 个自由电子来表示这个意思。同时基区中的空穴（多子）也可以向发射区扩散，但是基区掺杂浓度低，空穴浓度相对于发射区中的自由电子而言比较低，所以忽略掉基区中的空穴（多子）向发射区的扩散运动。另外，由于发射结处于正偏状态，少子的漂移运动很微弱，此处也忽略掉少子的漂移运动。

综上所述，只考虑发射区的自由电子向基区的扩散运动。发射区的自由电子向基区的扩散运动会在 BJT 的发射极中形成一个真实方向为流出发射极的电流 I_E，如图 2-1-2 所示，图中发射极中的电流的方向为其真实方向。

2．自由电子在基区扩散与复合

从发射区扩散而来的自由电子聚集在基区的靠近发射结的边缘，在基区中，因为靠近发射结的基区中的自由电子浓度高于靠近集电结的基区的自由电子浓度，所以自由电子在基区中从靠近发射结的一边向靠近集电结的方向扩散。自由电子在扩散的过程中与基区中的空穴会产生复合运动，又因为基区很薄、掺杂浓度低，所以只有很少量的自由电子有机会能与基区中的空穴复合，大部分的自由电子穿过基区扩散到靠近集电结的边缘。自由电子在基区中与空穴的复合，会在基极产生一个真实方向流入基极的电流 I_B，如图 2-1-2 所示。

当 BJT 制造完成后，基区的厚度和掺杂浓度已经完全确定，所以从发射区扩散过来的自由电子中，在基区中被复合掉的数目与扩散到集电结边缘的数目是完全确定的，扩散到集电结边缘的自由电子的数目与在基区中被复合掉的自由电子的数目之比定义为共射极直流电流放大系数，用 $\bar{\beta}$ 表示，它是 BJT 的一个重要参数。为使解释过程简单、形象，在图 2-1-2 中发射区中画出了 10 个实心小黑点，用来表示发射区中的多子（自由电子）。这 10 个自由电子能够扩散到基区，在基区中这 10 个自由电子中的少数（比如 1 个）与空穴复合，而其余的 9 个自由电子能够继续向集电区的方向扩散，到达基区靠近集电结的边缘。图 2-1-2 中自由电子中的 9 个与 1 个之比就是共射极直流电流放大系数 $\bar{\beta}$。实际上，对于一个 BJT，$\bar{\beta}$ 的实际值在 50～300。

3. 集电区收集从发射区扩散过来的自由电子

因为外加直流电压源使 BJT 的集电结反偏，动态平衡被打破，漂移运动大于扩散运动。从发射区扩散而来的、又扩散到集电结边缘的自由电子在基区中属于少子（基区 P 型半导体中空穴为多子），由于集电结反偏，在电场力的作用下，可以漂移过集电结而到达集电区，因此在 BJT 的集电极中形成一个真实方向为流入集电极的电流 I_C，如图 2-1-2 所示。

除图 2-1-2 描述的载流子的主要运动过程之外，基区和集电区中的少子也会向对方漂移，但是因为数目少，可以忽略。因为集电结反偏，基区和集电区中的多子向对方的扩散难以进行，也可忽略。

漂移过集电结的自由电子会在 BJT 的集电极产生一个电流，这个电流的真实方向为流入 BJT 的集电极，如图 2-1-2 所示。为使解释过程形象，在图 2-1-2 中用 9 个没有被复合掉的漂移过集电结的位于集电区中的自由电子，来表示集电极中的电流。

发射区向基区注入自由电子的过程在发射极形成发射极电流 I_E，发射极电流 I_E 的真实方向是从发射极流出 BJT。自由电子在基区与空穴复合的过程在基极形成基极电流 I_B，基极电流 I_B 的真实方向是从基极流入 BJT。集电区收集从发射区扩散过来的自由电子的过程在集电极形成集电极电流 I_C，集电极电流 I_C 的真实方向是从集电极流入 BJT。

从以上分析可以看出，BJT 内有两种载流子（自由电子和空穴）参与导电，这也是其被称为双极型三极管的原因。

图 2-1-2 描述了 NPN 型 BJT 中最主要的载流子的运动过程，这个过程揭示了 NPN 型 BJT 的本质。

图 2-1-3 给出了 PNP 型 BJT 在放大状态下的载流子的传输过程，读者可以自行分析。对 PNP 型 BJT 而言，为保证发射结正偏、集电结反偏其所外加的直流电压源 U_{CC}、U_{BB} 的接线方式正好与 NPN 型 BJT 相反。处于放大状态的 PNP 型 BJT，其发射极电流 I_E 的真实方向是从发射极流入 BJT，基极电流 I_B 的真实方向是从基极流出 BJT，集电极电流 I_C 的真实方向是从集电极流出 BJT。

图 2-1-2 和图 2-1-3 中所示的载流子的

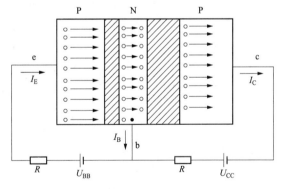

图 2-1-3 PNP 型 BJT 在放大状态下的载流子的传输过程示意

传输过程只是展示了载流子传输中的最基本的部分，下面在此基础上再深入研究细节部分。

（三）BJT 放大状态下的直流电流放大系数

实际上，在图 2-1-2 中，NPN 型 BJT 的集电区中还有少数载流子（空穴）向基区漂移和基区中的少数载流子（自由电子）向集电区漂移形成的漂移电流，这个漂移电流尽管很小，但是受温度的影响明显，所以有时也必须考虑其影响。此电流用 I_{CBO} 表示，其真实方向为流出基极；在集电极其真实方向为流入集电极。此时，$\bar{\beta}$ 的表达式为

$$\bar{\beta} = \frac{I_C - I_{CBO}}{I_B + I_{CBO}}$$

若忽略 I_{CBO} 电流，BJT 的共射极直流电流放大系数 $\bar{\beta}$ 近似等于集电极电流 I_C 与基极电

流 I_B 之比，即

$$\bar{\beta} \approx \frac{I_C}{I_B}$$

如果从集电极电流 I_C 与发射极电流 I_E 的角度来看，集电极电流 I_C 与发射极电流 I_E 之比定义为共基极直流电流放大系数，即

$$\bar{\alpha} = \frac{I_C}{I_E}$$

$\bar{\alpha}$ 与 $\bar{\beta}$ 之间的关系为

$$\bar{\beta} = \frac{\bar{\alpha}}{1 - \bar{\alpha}}$$

根据载流子的传输过程可知 $I_E = I_B + I_C$，即基极电流和集电极电流之和等于发射极电流。

（四）BJT 放大状态下的电流分配关系和电流控制作用

成品 BJT 的构造已经完全确定，如果外加直流电压源能够使发射结正偏、集电结反偏，保证 BJT 处于放大状态，那么 BJT 的 3 个电极中的电流之间的关系就完全确定了。$\bar{\beta}$ 是一个常数，只要 BJT 处于放大状态，就存在这样的依赖关系。改变基极电流的大小，就会相应地产生集电极电流的改变，两者的比例是确定的。因为集电极电流比基极电流大，所以经常将这种控制作用称为放大作用。

改变发射极电流的大小，会相应地产生集电极电流的改变，两者的比例是确定的。但是，因为集电极电流比发射极电流小，这时只能称 BJT 具有电流之间的控制作用。

（五）BJT 在放大状态下 3 个电极所在支路中电流的真实方向

将图 2-1-2 和图 2-1-3 中的 BJT 的结构示意图换成 BJT 的符号，得到如图 2-1-4 所示的电路。图中标明了 BJT 在放大状态下的 3 个电极所连接支路中电流流动的真实方向。

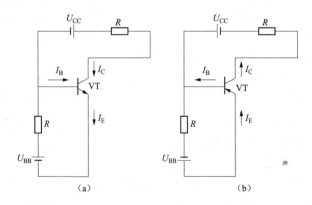

图 2-1-4   BJT 在放大状态下 3 个电极中电流的真实方向示意
(a) NPN 型；(b) PNP 型

三、BJT 饱和和截止状态下工作原理分析

BJT 除了放大作用外，还具有开关作用。下面简单描述 BJT 处于饱和状态和截止状态的特点。

（一）BJT 饱和状态下工作原理分析

图 2-1-5 为 NPN 型 BJT 在饱和状态下的载流子的传输过程示意图。外加直流电压源 U_{BB} 使发射结正偏，外加直流电压源 U_{CC} 使集电结也正偏。因为发射结和集电结都正偏，所以图 2-1-5 中两个 PN 结的宽度差不多。此时 BJT 好像两个独立的 PN 结，但是 P 区共用。BJT 发射极电流的真实方向为从 BJT 流出，BJT 集电极电流的真实方向为从 BJT 流出，BJT 基极电流的真实方向为向 BJT 流进。其实在饱和状态下，人们关心的不是 3 个电极中的电流，而是发射极和集电极两个点之间的电压的大小，这个电压近似为零，相当于有触点开关的闭合状态；集电极和发射极相当于有触点开关的两个触点。流过其中的电流的大小和真实方向取决于外电路。

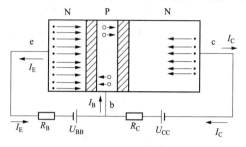

图 2-1-5　NPN 型 BJT 在饱和状态下的载流子的传输过程示意

（二）BJT 截止状态下工作原理分析

图 2-1-6 为 NPN 型 BJT 在截止状态下的载流子的传输过程示意图。外加直流电压源 U_{BB} 使发射结反偏，外加直流电压源 U_{CC} 使集电结也反偏。因为发射结和集电结都反偏，所以图 2-1-6 中两个 PN 结的宽度差不多。此时 BJT 好像两个独立的 PN 结，但是 P 区共用。BJT 发射极电流的真实方向为向 BJT 流进，BJT 集电极电流的真实方向为向 BJT 流进，BJT 基极电流的真实方向为从 BJT 流出，但是因为 PN 结均反偏，3 个电极中的电流主要是少子的漂移电流，数值很小，可以近似认为是零。其实在截止状态下，人们关心的是发射极和集电极中的电流为零，相当于有触点开关的断路状态。发射极和集电极两个点之间的电压的大小，取决于外加电压源电压的大小。

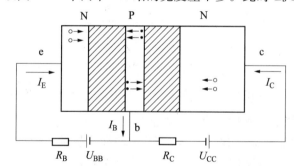

图 2-1-6　NPN 型 BJT 在截止状态下的载流子的传输过程示意

四、BJT 的伏安特性曲线

前面讨论了 BJT 的 3 种状态下发射结、集电结是处于正偏还是反偏状态，而没有讨论电压和电流之间具体的数量关系。从第一章已知二极管电压和电流之间具体的数量关系是一种非线性的关系。因为 PN 结的电压与电流之间的关系是非线性的，所以由两个 PN 结构成的 BJT 也是非线性器件，因此电压、电流之间的关系只能用曲线才能描述清楚。从使用 BJT 的角度看，了解伏安特性曲线所表达出的电压、电流的关系比了解内部载流子的运动过程更为重要。

（一）伏安特性曲线的种类

因为 BJT 有 3 个电极，所以其有 3 个电压、3 个电流参数。BJT 的伏安特性曲线从不同角度可分为输入特性曲线和输出特性曲线；又可分为共射接法特性曲线、共基接法特性曲线和共集接法特性曲线；还可分为 NPN 型特性曲线和 PNP 型特性曲线。本节重点讨论 NPN 型共射接法输入特性曲线和 NPN 型共射接法输出特性曲线。

（二）参考方向的约定

图 2-1-7 为测试 BJT 伏安特性曲线的电路图，图中标注了基极电流和集电极电流、发射结电压、集电极和发射极两点之间电压的参考方向。注意电压变量、电流变量符号的写法，变量用小写字母表示，下标用大写字母表示。详细的关于符号写法的规定见表 2-2-1。

（三）NPN 型 BJT 共射接法输入特性曲线

NPN 型 BJT 的 u_{CE} 为某一个固定的常数时，描述基极电流 i_B 与发射结电压 u_{BE} 之间依赖关系的曲线称为 NPN 型 BJT 共射接法输入特性曲线，其表达式为

$$i_B = f(u_{BE}) \big|_{u_{CE}=常数} \tag{2-1-1}$$

25℃下，若 u_{CE} 取不同的常数可以得到一簇曲线，u_{CE} 取三个不同值时的 NPN 型 BJT 共射接法输入特性曲线如图 2-1-8 所示。实际上 u_{CE} 是可以连续取值的，但只需给出几条关键的曲线就可以刻画出 BJT 的输入特性。

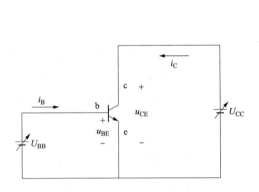

图 2-1-7　测试 BJT 特性曲线的电路 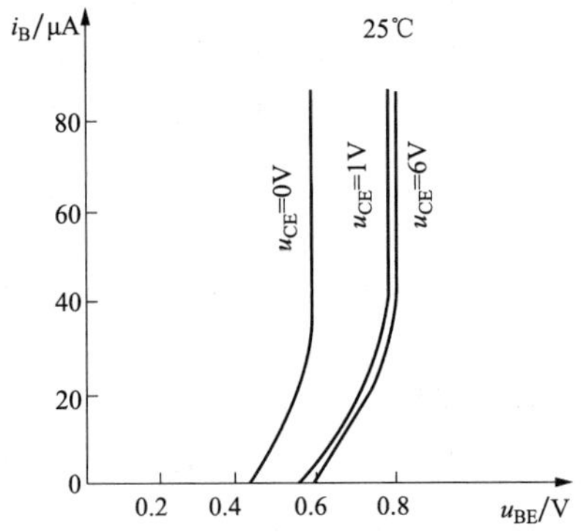　　　图 2-1-8　NPN 型 BJT 共射接法输入特性曲线

观察图 2-1-8 可知，NPN 型 BJT 共射接法输入特性曲线有如下特点：

（1）当 $u_{CE}=0$V 时，如果 u_{BE} 电压比较小（处于死区），输入特性曲线与横轴重合，基极电流为零；如果 u_{BE} 电压比较大，输入特性曲线与第一章中介绍的 PN 结正偏时的特性曲线相似，因为此时 BJT 的发射结和集电结均正偏，BJT 的工作状态类似于两个处于正偏状态的 PN 结的并联。

（2）当 $u_{CE} \geqslant 1$V 时，如果 u_{BE} 电压比较小（处于死区），输入特性曲线与横轴重合，基极电流为零；如果 u_{BE} 电压比较大，输入特性曲线与第一章中介绍的 PN 结正偏时的特性曲线相似，因为此时 BJT 的发射结正偏。

（3）$u_{CE} \geqslant 1$V 时的特性曲线位于 $u_{CE}=0$V 的曲线的右边。因为当 $u_{CE} \geqslant 1$V 时集电结反偏，集电区吸引自由电子的能力增强，从发射区注入的自由电子更多地流向集电区，对应于相同的 u_{BE}（即发射区发射的自由电子数一定），流向基极的电流减小。

（4）$u_{CE} > 1$V 以后的曲线与 $u_{CE}=1$V 的曲线非常接近，可以近似认为重合。因为从 $u_{CE}=1$V 开始，集电结反偏的电压已经足够将从发射区来的所有的自由电子吸引到集电极，所以图 2-1-8 中 $u_{CE} \geqslant 1$V 时的所有曲线基本上是重合的。

图 2-1-8 可以划分成 3 个区域：

（1）当发射结电压 u_{BE} 小于死区电压，或者发射结电压 u_{BE} 为负值时，曲线与横轴重合，此时发射结正偏电压很小或者发射结反偏。此区域为截止区，BJT 处在截止状态。

（2）当发射结电压 u_{BE} 大于死区电压且 $u_{CE} \geqslant 1V$，此区域为放大区，BJT 处在放大状态。

（3）当发射结电压 u_{BE} 大于死区电压且 u_{CE} 在 0V 和 1V 之间，此区域为饱和区，BJT 处在饱和状态。

图 2-1-9 所示为简化后的输入特性曲线，将 $u_{CE} \geqslant 1V$ 时的所有曲线全部重合，用一条曲线来表示，在要求不是特别精确的情况下是可以满足要求的。

当温度上升时，输入特性曲线将向左移动；当温度下降时，输入特性曲线将向右移动。

（四）NPN 型 BJT 共射接法输出特性曲线

在 NPN 型 BJT 的基极电流 i_B 为某一个固定的常数时，描述集电极电流 i_C 与电压 u_{CE} 之间依赖关系的曲线就是 NPN 型 BJT 共射接法输出特性曲线，其表达式为

$$i_C = f(u_{CE}) \big|_{i_B=常数} \tag{2-1-2}$$

25℃下，若基极电流 i_B 取不同的常数可以得到一簇曲线，NPN 型 BJT 共射接法输出特性曲线如图 2-1-10 所示。图 2-1-10 给出了 $i_B = 0\mu A$、$i_B = 20\mu A$、$i_B = 40\mu A$、$i_B = 60\mu A$、$i_B = 80\mu A$、$i_B = 100\mu A$ 时的输出特性曲线。

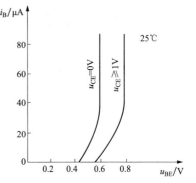

图 2-1-9 简化后的 NPN 型 BJT
共射接法输入特性曲线

观察图 2-1-10 可知，NPN 型 BJT 共射接法输出特性曲线有如下特点：

（1）靠近纵轴、曲线上升和弯曲的区域，称为饱和区。集电极电流 i_C 明显受电压 u_{CE} 的控制，在饱和区内，$u_{CE} \leqslant 0.3V$（硅管）。发射结正偏，发射结电压为 0.7V（硅管）或 0.2V（锗管），集电结正偏。处于饱和状态的 BJT 相当于一个处于闭合状态的开关，在数字电路中饱和状态作为开关元件的闭合状态来使用。c 和 e 是开关的两个触点。

（2）靠近横轴的区域，称为截止区。集电极电流 i_C 接近零的区域，即基极电流 $i_B = 0$ 的那条曲线的下方。此时，发射结电压 u_{BE} 小于死区电压，或者反偏，集电结反偏，3 个电极中流动的电流近似为零。处于截止状态的 BJT 相当于开关打开，在数字电路中截止状态作为开关元件的打开状态来使用。c 和 e 是开关的两个触点。

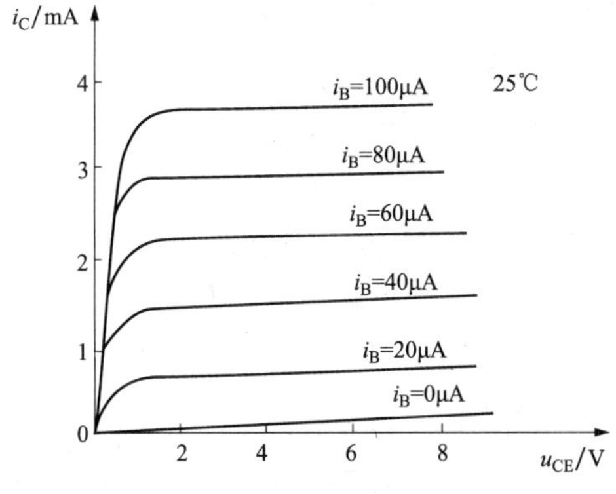

图 2-1-10 NPN 型 BJT 共射接法输出特性曲线

（3）在第一象限中间的区域，称为放大区。曲线随电压 u_{CE} 增加略有上翘（基区宽度调制效应）。此时发射结正偏，集电结反偏，集电极电流是基极电流的 $\bar{\beta}$ 倍。

图 2-1-11 为简化后的 NPN 型 BJT 共射接法输出特性曲线，在要求不高的情况下可以忽略基区宽度调制效应，即放大区中曲线与横轴平行；基极电流 $i_B = 0$ 的曲线与横轴重合，即截止区在横轴上。

当温度上升时，输出特性曲线将向上移动；当温度下降时，输出特性曲线将向下移动。

（五）临界饱和状态的定义

在图 2-1-12 所示输出特性曲线中，当 $u_{CE} = 0.7V$ 时，BJT 处在放大区和饱和区的交界

处，称为临界饱和，BJT 在临界饱和状态下，因为发射结电压为 $0.7\mathrm{V}$，u_{CE} 也是 $0.7\mathrm{V}$，所以集电结的电压是零。临界饱和时 BJT 既可以认为是处于饱和状态，也可以认为是处于放大状态，近似认为 BJT 同时具有这两种状态的特点。临界饱和状态、饱和状态时的 u_{CE} 记为 U_{CES}，下标 S 是饱和（saturation）的意思。

换句话说，集电结的电压为零时的状态定义为临界饱和状态，临界饱和状态也可以称临界放大状态，一般使用临界饱和状态这个名词。定义临界饱和状态是为了便于判断 BJT 的状态。

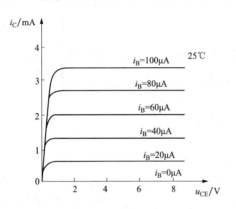 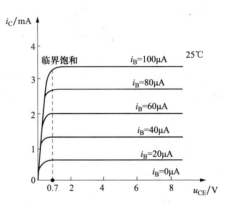

图 2-1-11 简化后的 NPN 型 BJT 共射   2-1-12 NPN 型 BJT 共射接法输出特性
接法输出特性曲线   曲线中临界饱和示意图

五、BJT 在 3 个状态下的特点

（一）放大状态

硅 NPN 型 BJT 的发射结电压为 $0.7\mathrm{V}$，锗 NPN 型 BJT 的发射结电压为 $0.2\mathrm{V}$。图 2-1-13 为 NPN 型 BJT 在放大状态下的电压值和电流关系，图中所示方向为电压和电流的真实方向，$\bar{\beta}$ 为共射极直流电流放大系数。

硅 PNP 型 BJT 的发射结电压为 $0.7\mathrm{V}$，锗 PNP 型 BJT 的发射结电压为 $0.2\mathrm{V}$。图 2-1-14 为 PNP 型 BJT 在放大状态下的电压值和电流关系，图中所示方向为电压和电流的真实方向。

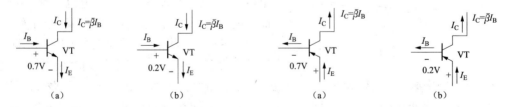

图 2-1-13 NPN 型 BJT 在放大状态下的特点   图 2-1-14 PNP 型 BJT 在放大状态下的特点
（a）硅管；（b）锗管   （a）硅管；（b）锗管

在放大状态下，BJT 的 3 个电极所在的支路中的电流数值取决于外电路。在放大状态下，BJT 的发射结正偏、集电结反偏。

（二）截止状态

在截止状态下，BJT 的 3 个电极所在支路中的电流为零。任意两个电极之间的电压取决于外电路。在截止状态下，集电结和发射结均处于反偏状态。

简而言之，已知 BJT 在截止状态，可直接推论出基极电流、集电极电流、发射极电流为零这 3 个结论。c 和 e 是处于打开状态的开关的两个触点。

（三）饱和状态

在饱和状态下，硅 NPN 型 BJT 的发射结电压为 0.7V，集电极与发射极之间的电压为 0.3V；锗 NPN 型 BJT 的发射结电压为 0.2V，集电极与发射极之间的电压为 0.1V。NPN 型 BJT 在饱和状态下的特点如图 2-1-15 所示，图中所示方向为电压的真实方向。

在饱和状态下，硅 PNP 型 BJT 的发射结电压为 0.7V，集电极与发射极之间的电压为 0.3V；锗 PNP 型 BJT 的发射结电压为 0.2V，集电极与发射极之间的电压为 0.1V。PNP 型 BJT 在饱和状态下的特点如图 2-1-16 所示。图中所示方向为电压的真实方向。

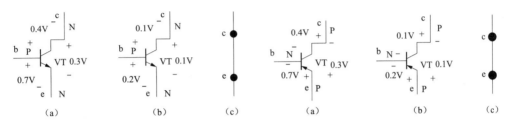

图 2-1-15　NPN 型 BJT 在饱和状态下的特点　　　图 2-1-16　PNP 型 BJT 在饱和状态下的特点
（a）硅管；（b）锗管；　　　　　　　　　　　　（a）硅管；（b）锗管；
（c）c、e 之间相当于开关闭合　　　　　　　　　（c）c、e 之间相当于开关闭合

在饱和状态下，BJT 的集电极电流和基极电流之间没有 $\bar{\beta}$ 的关系存在，即 I_C 不等于 $\bar{\beta}I_B$；BJT 的 3 个电极所在支路中的电流取决于外电路，BJT 的集电结和发射结均正偏。

简而言之，已知 BJT 在饱和状态，可直接推论出发射结电压和集电极与发射极之间的电压的数值。c 和 e 是处于闭合状态的开关的两个触点。

六、判断 BJT 工作状态的思路

根据已知条件的不同，判断 BJT 工作状态的思路也不同。

若已知 BJT 3 个电极的电位，根据如下原则可以判断出 BJT 的状态：放大状态下发射结正偏、集电结反偏；饱和状态下发射结正偏、集电结正偏；截止状态下发射结反偏、集电结反偏。

若已知电路的结构和参数，则可根据如下步骤来判断 BJT 的状态：

（1）将 BJT 从电路中拿走，在此电路拓扑结构下求 BJT 的发射结电压，若发射结反偏或零偏或小于死区电压值，则 BJT 处于截止状态；若发射结正偏，则 BJT 可能处于放大状态或处于饱和状态。本处不讨论 BJT 处在倒置状态（发射结反偏，集电结正偏）的情况。

（2）将 BJT 放回电路中，电路的拓扑结构恢复到原始的电路结构。假设 BJT 处于临界饱和状态，求此时 BJT 的集电极临界饱和电流 I_{CS}，进而求出基极临界饱和电流 I_{BS}。

（3）在原始电路拓扑结构基础上，求出 BJT 的基极支路中实际流动的电流 I_B。

（4）比较 I_B 和 I_{BS} 的大小，若 $I_B > I_{BS}$，则 BJT 处于饱和状态；若 $I_B < I_{BS}$，则 BJT 处于放大状态。

也可以比较 $\bar{\beta}I_B$ 和 I_{CS} 的大小，若 $\bar{\beta}I_B > I_{CS}$，则 BJT 处于饱和状态；若 $\bar{\beta}I_B < I_{CS}$，则 BJT 处于放大状态。

集电极临界饱和电流 I_{CS} 是 BJT 的集电极可能流过的最大电流，若此值比 $\bar{\beta}I_B$ 小，则在现有电路结构和参数前提下，BJT 的集电极没有能力使其电流为基极电流的 $\bar{\beta}$ 倍，所以 BJT

只能处在饱和状态，不可能处在放大状态。

BJT 在饱和状态时，定义 $\dfrac{I_B}{I_{BS}}$ 为饱和深度，值越大，饱和越深，越靠近纵轴。

例 2-1-1　如图 2-1-17 所示电路，$R_B=2\text{k}\Omega$，$R_C=2\text{k}\Omega$，$U_{CC}=12\text{V}$，$\bar{\beta}=50$。判断电路中 BJT 的状态，求出 BJT 3 个电极的电位和 3 个电极所在支路中的电流。

解：将 BJT 从图 2-1-17 所示的电路中拿走，剩下的电路如图 2-1-18 所示。

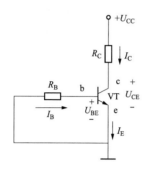

图 2-1-17　例 2-1-1 的电路

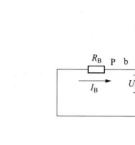

图 2-1-18　图 2-1-17 拿走 BJT 后的电路

在图 2-1-18 中，$U_b=0\text{V}$，$U_e=0\text{V}$，$U_{BE}=U_b-U_e=0\text{V}$，所以发射结零偏，BJT 处于截止状态。图 2-1-17 的等效电路与图 2-1-18 是一样的。由此得 BJT 的 3 个电极的电位：$U_b=0\text{V}$，$U_e=0\text{V}$，$U_c=+12\text{V}$；BJT 3 个电极所在支路中的电流：$I_B=0\text{A}$，$I_C=0\text{A}$，$I_E=0\text{A}$。

例 2-1-2　已知图 2-1-19 电路中 $R_B=20\text{k}\Omega$，$R_C=2\text{k}\Omega$，$U_{CC}=12\text{V}$，$\bar{\beta}=50$。（1）判断图中 BJT 的状态，若处于饱和状态，求饱和深度 $\dfrac{I_B}{I_{BS}}$；（2）求 BJT 3 个电极的电位和 3 个电极所在支路中的电流。

解：把 BJT 从电路中拿走，剩下的电路如图 2-1-20 所示。在此电路拓扑结构下求 BJT 的发射结电压，$U_{BE}=U_b-U_e=12-0=12$（V）$>0\text{V}$，发射结正偏，则 BJT 可能处于放大状态或处于饱和状态。

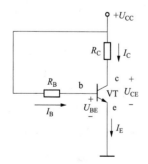

图 2-1-19　例 2-1-2 的电路

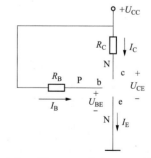

图 2-1-20　图 2-1-19 拿走 BJT 后的电路

把 BJT 放回电路中，电路的拓扑结构恢复到原始电路结构，如图 2-1-19 所示。假设 BJT 处于临界饱和状态，则有 $U_{CES}=+0.7\text{V}$，对 R_C 应用欧姆定律，$(+U_{CC})-U_{CES}=+I_{CS}R_C$，求得集电极临界饱和电流为

$$I_{CS}=\frac{U_{CC}-U_{CES}}{R_C}=\frac{U_{CC}-0.7}{R_C}=\frac{12-0.7}{2}=5.65(\text{mA})$$

基极临界饱和电流为 $I_{BS} = \dfrac{I_{CS}}{\bar{\beta}} = \dfrac{5.65}{50} = 0.113(\text{mA})$

在图 2-1-19 所示的原始电路拓扑结构基础上，求出 BJT 基极支路中实际流动的电流 I_B，不管 BJT 处在饱和还是放大状态，其发射结都是正偏的，所以有 $U_{BE} = +0.7\text{V}$。对 R_B 电阻应用欧姆定律，$(+U_{CC}) - U_{BE} = +I_B R_B$，则有

$$I_B = \frac{U_{CC} - U_{BE}}{R_B} = \frac{12 - 0.7}{20} = +0.565(\text{mA})$$

比较 I_B 和 I_{BS} 的数值大小，有 $I_B > I_{BS}$，所以 BJT 处于饱和状态。BJT 3 个电极的电位分别为

$$U_b = +0.7\text{V}, \quad U_e = 0\text{V}, \quad U_c = +0.3\text{V}$$

BJT 3 个电极所在支路中的电流分别为

$$I_B = +0.565\text{mA}, \quad I_C = +5.65\text{mA}, \quad I_E = 0.565 + 5.65 = +6.215(\text{mA})$$

饱和深度
$$\frac{I_B}{I_{BS}} = \frac{0.565}{0.113} = 5$$

例 2-1-3　在例 2-1-2 中，如果将 R_B 改为 200kΩ：（1）判断 BJT 的状态；（2）BJT 3 个电极的电位和 3 个电极所在支路中的电流。

解： 与例 2-1-2 相比，将 R_B 改为 200kΩ，$I_{BS} = 0.113\text{mA}$ 不变，只是 BJT 的基极支路中实际流动的电流 I_B 变为

$$I_B = \frac{U_{CC} - U_{BE}}{R_B} = \frac{12 - 0.7}{200} = +0.0565(\text{mA})$$

因为有 $I_B < I_{BS}$，所以 BJT 处于放大状态。BJT 3 个电极所在支路中的电流分别为

$$I_B = +0.0565\text{mA}, \quad I_C = 0.0565 \times 50 = +2.825(\text{mA}), \quad I_E = 0.0565 \times 51 = +2.8815(\text{mA})$$

BJT 3 个电极的电位分别为 $U_b = 0.7\text{V}$，$U_e = 0\text{V}$

$$(+12) - U_c = +I_C R_C$$

$$U_c = 12 - I_C R_C = 12 - 2.825 \times 2 = 6.35 \ (\text{V})$$

通过例 2-1-2 和例 2-1-3 可以总结出如下的规律：要想改变 BJT 所处的状态，只要改变 I_B 和 I_{BS} 的相对关系即可。若保持 I_{BS} 不变，则可以通过改变 R_B 的大小来改变 I_B；若保持 I_B 不变，则可以通过改变 R_C 的大小来改变 I_{BS}。

BJT 在 3 种状态下的特点见表 2-1-1。

表 2-1-1　　　　　　　　　　**硅 NPN 型 BJT 在 3 种状态下的特点**

工作状态		截止	放大	饱和
条件		$I_B \approx 0$	$0 < I_B < I_{BS}$	$I_B > I_{BS}$
工作特点	偏置情况	发射结电压<0.5V 集电结反偏	发射结正偏且>0.5V 集电结反偏	发射结正偏且>0.5V 集电结正偏
	集电极电流	$I_C \approx 0$	$I_C = \bar{\beta} I_B$	$I_C = I_{CS} \approx U_{CC}/R_C$
	管压降	$U_{CE} \approx U_{CC}$	$U_{CE} = U_{CC} - I_C R_C$	$U_{CE} = U_{CES} \approx 0.3\text{V} \approx 0\text{V}$
	近似的等效电路			
	c、e 间等效内阻	很大，约为数百千欧，相当于开关断开	可变	很小，约为数百欧，相当于开关闭合

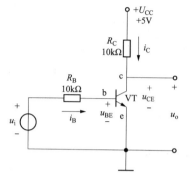

图 2-1-21 例 2-1-4 的电路

例 2-1-4 如图 2-1-21 所示电路中，BJT 为硅管，$\bar{\beta}=60$。（1）当 $u_i=3V$ 时判断 BJT 的状态，并求出 i_C 和 u_o 的值。（2）当 $u_i=-2V$ 时判断 BJT 的状态，并求出 i_C 和 u_o 的值。

解：（1）$u_i=3V$。在 $U_{CES}=0.7V$ 的临界饱和条件下，基极临界饱和电流为

$$I_{BS}=\frac{U_{CC}-U_{CES}}{\bar{\beta}R_C}=\frac{5-0.7}{60\times10}\approx0.0072(\text{mA})$$

基极实际流动的电流为 $i_B=\dfrac{u_i-u_{BE}}{R_B}=\dfrac{3-0.7}{10}=0.23$（mA）

因为有 $i_B>I_{BS}$，所以 BJT 处于饱和状态，饱和深度 $\dfrac{i_B}{I_{BS}}=\dfrac{0.23}{0.0072}\approx31.94$。为了理解直观方便，标注在输出特性曲线中，大概如图 2-1-22 中的 E 点所示，不太容易确定具体的点，也没必要做更进一步精确的计算，此时的 U_{CES} 不会比 0.7V 大。作为闭合状态的开关来使用的话，U_{CES} 不会大于 0.3V。可以取 $u_o=U_{CES}=0.3V$。

处于饱和状态的 BJT 相当于一个闭合的开关，开关的两个触点分别是集电极和发射极，示意图如图 2-1-23（a）所示。近似认为 $U_{CES}=0V$，即认为是理想的开关。

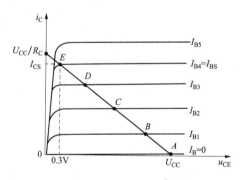

图 2-1-22 例 2-1-4 电路中三极管状态在输出
特性曲线上的点的位置示意

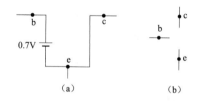

图 2-1-23 BJT 具有开关（c、e 为触点）
作用时的等效电路
（a）BJT 处于饱和状态时相当于开关闭合；
（b）BJT 处于截止状态时相当于开关打开

（2）$u_i=-2V$。当 $u_i=-2V$ 时，BJT 的发射结反偏，所以 BJT 处于截止状态，在特性曲线上如图 2-1-22 中的 A 点所示，A 点位于截止区。因为集电极电阻 R_C 中没有电流流过，所以 $u_o=+U_{CC}=+5V$。

BJT 处于截止状态时相当于一个打开的开关，开关的两个触点分别是集电极和发射极，示意图如图 2-1-23（b）所示。

$\dfrac{i_B}{I_{BS}}$ 为饱和深度，数值越大，说明饱和的程度越深，BJT 的工作点越靠近纵轴，离放大区越远。

如果 BJT 起放大作用，则其工作点就要离饱和区和截止区远一些，即要可靠地放大。如位于图 2-1-22 中的 B 点、C 点、D 点，其中 C 点离饱和区和截止区较远，位于放大区的

几乎中间的位置，为最好。而 B 点、D 点相对来说就不太好，D 点离饱和区较近，而 B 点离截止区较近。

如果 BJT 被作为开关使用，则其工作点就要离放大区远一些，即要保证可靠地截止和可靠地饱和。要外加直流电压源使 BJT 的发射结加反向电压，而不能工作在发射结的死区之内，这样才能可靠地截止。要外加直流电压源使三极管的集电极和发射极之间的电压尽量接近于 0，离放大区越远越好，这样才能可靠地饱和。

例 2-1-5 已知某处在放大状态的 BJT 的直流电位如图 2-1-24 所示，判断 BJT 是 NPN 型还是 PNP 型，是硅管还是锗管，分辨 3 个电极。

解： 在放大状态下，BJT 的发射结正偏，集电结反偏。从第一章可知，硅 PN 结正向导通电压约为 0.7V，锗 PN 结正向导通电压约为 0.2V。图 2-1-13 给出了 NPN 硅管、NPN 锗管在放大状态下发射结电压的大小和真实方向；图 2-1-14 给出了 PNP 硅管、PNP 锗管在放大状态下发射结电压的大小和真实方向。可以推断出，NPN 管 3 个电极中集电极电位最

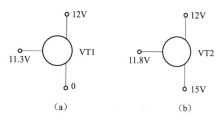

图 2-1-24 例 2-1-5 图

高，发射极电位最低，基极电位居中。PNP 管 3 个电极中集电极电位最低，发射极电位最高，基极电位居中。

首先，计算 BJT 任意 2 个电极之间的电位差，得到 3 个数值，不考虑正负号，只观察其数值大小，寻找电位差为 0.7V 或者 0.2V 的 2 个电极，电位差为 0.7V 的为硅管，电位差为 0.2V 的为锗管，而且这 2 个电极必定为基极和发射极，不可能是集电极，而至于哪个是基极、哪个是发射极还不能确定，而哪个电极为集电极则可以确定。如果集电极的电位在 3 个电极中是最高的，则可确定为 NPN 管；若集电极的电位在 3 个电极中是最低的，则可确定为 PNP 管。

然后，根据放大状态下 BJT 发射结正偏的特点，可进一步分辨出发射极和基极。对于 NPN 管，基极电位比发射极电位高。对于 PNP 管，基极电位比发射极电位低。

对于图 2-1-24（a），3 个电极的电位为 0V、11.3V、12V，计算 BJT 任意 2 个电极之间的电位差，得到 3 个数值，不考虑正负号，只观察其数值大小，分别是 0.7V、11.3V、12V，其中有 1 个数值是 0.7V，是 12V 减去 11.3V 得到的，所以，可确定为硅管，而且电位 0V 的电极一定是集电极。集电极的电位 0V 是 3 个电极电位 0V、12V、11.3V 中最低的，所以可确定此管为 PNP 管。标有 12V 的电极和标有 11.3V 的电极中必有 1 个为基极、1 个为发射极。因为已经知道为 PNP 管，所以基极电位比发射极电位低，可知标有 11.3V 的电极为基极，标有 12V 的电极为发射极。

对于图 2-1-24（b），3 个电极的电位为 15V、11.8V、12V，计算 BJT 任意 2 个电极之间的电位差，得到 3 个数值，不考虑正负号，只观察其数值大小，分别是 0.2V、3.2V、3V，其中有 1 个数值是 0.2V，是 12V 减去 11.8V 得到的，所以，可确定为锗管，而且电位为 15V 的电极一定是集电极。集电极的电位 15V 是 3 个电极电位 15V、11.8V、12V 中最高的，所以可确定此管为 NPN 管。标有 12V 的电极和标有 11.8V 的电极中必有 1 个为基极、1 个为发射极。因为已经知道为 NPN 管，所以基极电位比发射极电位高，可知标有 12V 的电极为基极，标有 11.8V 的电极为发射极。

七、BJT 的主要参数

（一）电流放大系数

1. 共射极直流电流放大系数 $\bar{\beta}$

对于处于放大状态的 BJT 而言，共射极直流电流放大系数 $\bar{\beta}$ 的定义是集电极直流电流与基极直流电流之比，即 $\bar{\beta}=\dfrac{I_C}{I_B}$，$\bar{\beta}$ 可在共射极输出特性曲线上求得。严格来说，$\bar{\beta}$ 不是常数，仅在集电极电流的一定范围之内，可近似认为 $\bar{\beta}$ 是常数。

2. 共射极交流电流放大系数 β

共射极交流电流放大系数的定义是集电极电流变化量与基极电流变化量之比，即 $\beta=\dfrac{\Delta i_C}{\Delta i_B}$。

β 与 $\bar{\beta}$ 的定义明显不同，$\bar{\beta}$ 反映直流工作状态（静态）下的电流控制特性，β 反映交流工作状态下 BJT 的电流控制特性。但是在 BJT 的输出特性曲线比较平坦（恒流特性较好），而且各条曲线间距离相等的情况下，可以认为 $\beta \approx \bar{\beta}$，后文没有特别说明的，不再区分 β 与 $\bar{\beta}$，符号均采用 β。

由于制造工艺的分散性，即使是同一型号的 BJT，其 β 值也有差异。

3. 共基极直流电流放大系数 $\bar{\alpha}$

共基极直流电流放大系数 $\bar{\alpha}=\dfrac{I_C}{I_E}$。共射极直流电流放大系数与共基极直流电流放大系数的关系为 $\bar{\beta}=\dfrac{\bar{\alpha}}{1-\bar{\alpha}}$。

4. 共基极交流电流放大系数 α

共基极交流电流放大系数的定义是集电极电流变化量与发射极电流变化量之比，$\alpha=\dfrac{\Delta i_C}{\Delta i_E}$。同样，也可以认为 $\alpha \approx \bar{\alpha}$。

（二）极间反向电流

1. 集电极-基极反向饱和电流 I_{CBO}

发射极开路时，在其集电结上加反向电压，集电结反偏，此时的电流称为集电极基极间的反向饱和电流，用 I_{CBO} 表示，下标给出了 BJT 的 3 个电极的符号，在发射极的位置为 O，表示发射极开路（Open）。I_{CBO} 是 PN 结反偏时由少子漂移形成的漂移电流，其大小与温度有关。锗管的 I_{CBO} 为微安数量级，硅管的 I_{CBO} 为纳安数量级。

2. 集电极-发射极穿透电流 I_{CEO}

基极开路时，集电极到发射极间的电流称为集电极发射极间的穿透电流，用 I_{CEO} 表示，下标给出了 BJT 的 3 个电极的符号，在基极的位置为 O，表示基极开路（Open）。其大小与温度有关。穿透电流 I_{CEO} 与 I_{CBO} 的关系为

$$I_{CEO}=(1+\bar{\beta})I_{CBO}$$

（三）极限参数

1. 集电极最大允许电流 I_{CM}

I_C 增加时，$\bar{\beta}$ 下降。当 β 值下降到线性放大区 $\bar{\beta}$ 值的 70% 时，所对应的集电极电流称为集电极最大允许电流 I_{CM}。

2. 最大允许功率损耗 P_{CM}

最大允许功率损耗 P_{CM} 是集电极电流通过集电结时所产生的最大功率损耗，P_{CM} 决定于

BJT 的温度，超过 P_{CM} 会使 BJT 特性明显变坏，甚至烧坏。

3. 反向击穿电压

（1）$U_{(BR)EBO}$：集电极开路时，发射极与基极之间允许的最大反向电压，其值一般为几伏。

（2）$U_{(BR)CBO}$：发射极开路时，集电极与基极之间允许的最大反向电压，其值一般为几十伏。

（3）$U_{(BR)CEO}$：基极开路时，集电极与发射极之间允许的最大反向电压。

第二节 基本共射放大电路

一、放大电路在电子系统中的作用

自然界中的信号一般是模拟的非电信号，而现在广泛应用的信号处理系统一般都是电子系统，因此需要传感器将非电信号转换成电信号。传感器输出的电信号数值一般都很小，因此需要放大电路将传感器输出的电信号进行放大，这样信号处理系统才能进行处理。放大电路在电子系统中的作用如图 2-2-1 所示。

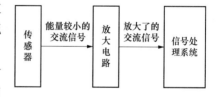

传感器输出的电信号数值一般都很小，这是一个任意的交流电信号，一定不是正弦信号，只有任意的交流信号才包含着信息，它与自然界中的信息有某种

图 2-2-1 放大电路在电子系统中的作用

对应关系。一定要注意它不是正弦交流信号，否则就没必要对这一信号进行处理了。但是在测试放大电路的性能时总是用正弦交流信号来实验。有了这样的一种理解后，才有可能对后面要讲到的放大电路的线性失真的概念做透彻地理解。

放大电路的输出信号的能量比输入信号增加了，根据能量守恒定律，增加的能量是由直流电源提供的，直流电源的能量在 BJT 的控制下，转换成与传感器输出的交流信号同样变化规律的信号，提供给后续的信号处理系统。

只有 BJT 才具有电流的控制作用，其他以前学过的任何元器件都不具有这种作用。用 BJT 组成的放大电路可以不失真地放大传感器输出的电信号。

二、设计一个放大电路的思路

（一）BJT 必须工作在放大状态

外加直流电压源保证 BJT 的发射结正偏、集电结反偏。这样的电路结构可以有很多种，图 2-2-2 给出了 7 种。当然，不同结构的电路性能有好有坏。图 2-2-2（a）为图 2-1-2 讲解 BJT 在放大状态时的工作原理的电路图，只不过把 BJT 的示意图换成了 BJT 的符号。图 2-2-2（a）中外加的直流电压源直接作用在发射结和集电结上，保证 BJT 的发射结正偏和集电结反偏，比较直观。图 2-2-2（b）中外加的直流电压源 U_{CC} 作用在集电极和发射极之间，相当于同时作用在集电结和发射结上，只要电路参数合适，最终还是可以保证 BJT 的发射结正偏和集电结反偏。图 2-2-2（c）中只采用了一个电源。一般情况下，在一个系统中采用多种不同大小的电源不是很方便。其他电路在后面的章节中会逐步学习，可以进一步比较它们的优缺点。

（二）交流输入信号能够进入 BJT 并从 BJT 输出

将来自传感器的小的交流信号接入电路，使 BJT 的电压电流跟随这个小的交流信号变化，然后从电路输出放大了的交流信号，送给后续的信号处理系统来处理。来自传感器的小

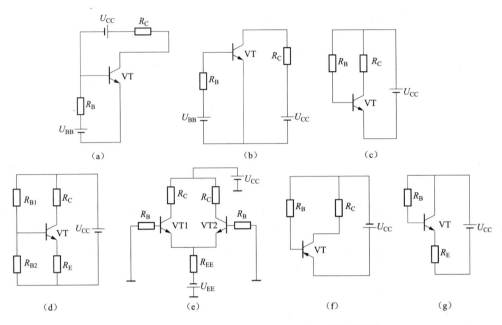

图 2-2-2　BJT 工作在放大状态的几种电路拓扑结构

交流信号用交流电压源和串联的电阻来等效代替，后续的信号处理系统用电阻 R_L 来代替，如图 2-2-3（a）、（b）所示。

在图 2-2-3（a）中，U_{BB} 和 R_B 使 BJT 的发射结正偏，U_{CC} 和 R_C 使 BJT 的集电结反偏；理想交流电压源 u_s 和电阻 R_s 的串联表示一个实际的交流电压信号源，用来表示从传感器来的交流信号；用负载电阻 R_L 来表示后续的信号处理系统；耦合电容（coupling capacitor）C_1、C_2 用来隔断 U_{BB} 和 U_{CC} 产生的直流电流，因为直流电流若流入传感器电路会造成传感器电路的损坏，传感器电路只需要提供要放大的交流信号即可。同理，直流电流若流入信号处理电路也会造成其损坏，信号处理电路只接收放大电路提供的交流信号，不需要直流电流。而 C_1、C_2 对交流信号视作短路，可允许交流输入信号进入 BJT 并从 BJT 输出。

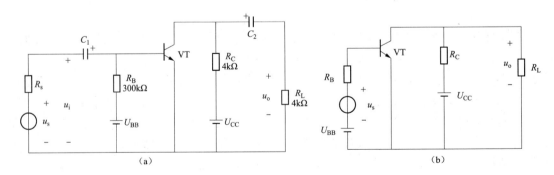

图 2-2-3　放大电路示意
（a）阻容耦合的基本放大电路；（b）直接耦合的基本放大电路

在图 2-2-3（b）中，传感器电路和负载电路可以承受来自放大电路的直流电流，所以没有采用电容来隔离直流，这种电路称为直接耦合的基本放大电路。

三、放大电路的简化画法

当电路选取一个电位参考点后，电路中的电压源可以省略不画，只标出其电位即可，这就是电路的简化画法。在电子技术领域中，经常采用这种电路的简化表示方法，在第一章中已经出现过二极管电路的简化画法。BJT电路的完整画法和简化画法如图2-2-4所示。一般取直流电压源的一个端子为电位参考点。

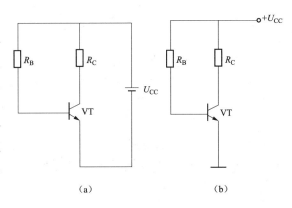

（a） （b）

图2-2-4 BJT电路的两种画法
（a）完整画法；（b）简化画法

四、放大电路的基本概念

基本共射放大电路如图2-2-5所示。

（一）放大电路中电压、电流的表示符号

在放大电路中，直流电压源和交流电压源同时存在，所以电路中的电压、电流既有直流量，又有交流量，表2-2-1规定了这些量的表示方法。

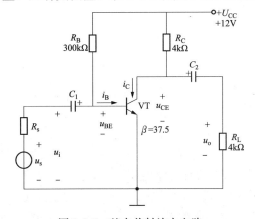

图2-2-5 基本共射放大电路

（二）直流通路

直流通路是直流电流流通的路径。一般来说，放大电路中的元器件不外乎如下七种，根据每种元器件对直流电流的反应，得出直流通路的画法如下：

（1）保留理想的直流电压源，因为直流电压源是产生直流电流的源泉。

（2）保留理想的直流电流源，因为直流电流源是产生直流电流的源泉。

（3）视电容为开路，因为电容不能流过直流电流。

（4）保留线性电阻，因为线性电阻可以流过直流电流。注意：从定义上讲此电阻为其直流电阻，但是，因为是线性电阻，所以电阻值是一样的。

（5）保留BJT，因为BJT可以流过直流电流，而且BJT在随后的分析中要采用其直流模型。

表2-2-1 放大电路中电压、电流的表示符号

名 称	静态值	交流分量			总电压或总电流的瞬时值
		瞬时值	有效值	正弦有效值相量	
基极电流	I_B	i_b	I_b	$\dot{I}_b$	i_B
集电极电流	I_C	i_c	I_c	$\dot{I}_c$	i_C
发射极电流	I_E	i_e	I_e	$\dot{I}_e$	i_E
基—射极电压	U_{BE}	u_{be}	U_{be}	$\dot{U}_{be}$	u_{BE}
集—射极电压	U_{CE}	u_{ce}	U_{ce}	$\dot{U}_{ce}$	u_{CE}

（6）理想的交流电压源短路，因为理想的交流电压源中可以流过直流电流，但是其两端无直流电压。

（7）理想的交流电流源开路，因为理想的交流电流源中不可以流过直流电流。

根据上述原则，对图 2-2-5 所示的基本共射放大电路进行处理，理想的交流电压源 u_s 短路，电容开路，保留线性电阻、BJT 和理想的直流电压源，得到对应的直流通路如图 2-2-6 所示。

对图 2-2-6 所示的直流通路进行整理，因为人们关注的是 BJT，要对 BJT 的各个电极中的电流和电极之间的电压进行计算，所以将没有直流电流流通的支路全部去除，得到更为简洁的电路，如图 2-2-7 所示。

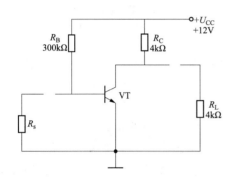

图 2-2-6　图 2-2-5 对应的直流通路的一种画法

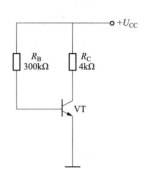

图 2-2-7　图 2-2-5 对应的直流通路

因为 BJT 是非线性的，所以图 2-2-7 所示的直流通路是一个非线性电路。

为了选取合适的电容参数，需要研究电容上的电压和电流，可以将图 2-2-6 所示的直流通路中的电容保留在电路中，将电阻 R_s、R_L 短路，因为没有直流电流流过，两端没有直流压降，相当于理想的导线，从而得到图 2-2-8 所示的形式。把两个电容也画在了直流通路中，电容不可以通过直流电流，但是其两端有直流压降。观察图 2-2-8 可以看出，C_1 电容两端的电压就是发射结的端电压，为 0.7V，且靠近基极的电极为电容的正极。C_2 电容两端的电压为 U_{CE}，且靠近集电极的电极为电容的正极。

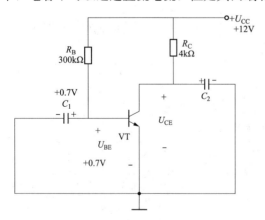

图 2-2-8　关注电容的直流通路

（三）交流通路

交流通路是交流电流流通的路径。放大电路中的元器件不外乎如下七种，根据每种元器件对交流电流的反应，得出交流通路的画法如下：

（1）理想的直流电压源短路，因为理想的直流电压源中可以流过交流电流，但是其两端无交流电压。

（2）理想的直流电流源开路，因为理想的直流电流源中不可以流过交流电流。

（3）视电容为短路，因为电容可以流过交流电流，当电容的容量够大，交流电流的频率够高，电容的容抗可以近似认为是零。

（4）保留线性电阻，因为线性电阻可以流过交流电流。注意：从定义上讲此电阻为其交流电阻，但是，因为是线性电阻，所以电阻值是一样的。

（5）保留 BJT，因为 BJT 可以流过交流电流，而且 BJT 在随后的分析中要采用其交流模型。

（6）保留理想的交流电压源，因为交流电压源是产生交流电流的源泉。

（7）保留理想的交流电流源，因为交流电流源是产生交流电流的源泉。

根据上述原则，图 2-2-5 所示的基本共射放大电路对应的交流通路如图 2-2-9 所示。

对图 2-2-9 所示的交流通路进行整理，使每个元器件连接到电位参考点的导线长度尽可能短，得到更为简洁的电路，如图 2-2-10 所示。

因为 BJT 是非线性的，所以交流通路是一个非线性电路。

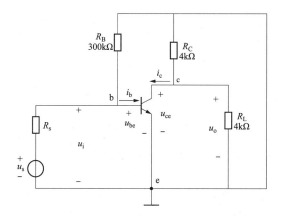

图 2-2-9 图 2-2-5 对应的交流通路

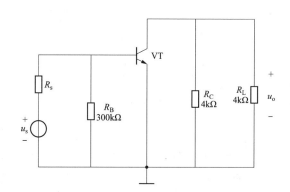

图 2-2-10 图 2-2-5 对应的交流通路

比较图 2-2-7 所示的直流通路和图 2-2-10 所示的交流通路。在图 2-2-7 所示的直流通路中，R_B 和 R_C 电阻均是直流电阻。在图 2-2-10 所示的交流通路中，R_B 和 R_C 电阻均是交流电阻。因为这两个电阻均是线性电阻，所以其直流电阻和交流电阻相等。但是对于非线性的 BJT 情况就不同了。在图 2-2-7 所示的直流通路中，若要进行计算，BJT 应该采用其直流模型；而在图 2-2-10 所示的交流通路中，BJT 则应该采用其交流小信号模型。BJT 的直流模型应该能反映两个数量关系，一个是 BJT 的发射结正偏时的发射结电压，发射结采用其直流恒压降模型。若是硅材料的 NPN 型 BJT，可以用一个 0.7V 的理想直流电压源来表示；若是锗材料的 NPN 型 BJT，可以用一个 0.2V 的理想直流电压源来表示。另一个是集电极电流与基极电流的 $\bar{\beta}$ 关系，可以用一个电流控制的受控电流源来表示，如图 2-2-11（a）所示。

在图 2-2-11（a）中，0.7V 的理想直流电压源等效于 BJT 的发射结，受控电流源等效于基极电流对集电极电流的控制作用。虽然图 2-2-11（a）给出了 BJT 的直流模型，但是因为比较简单，所以在实际应用中，一般在直流通路中仍然保留 BJT 的符号，并不用这个直流模型的电路代替。读者可以这样理解：直流通路中这个处于放大状态的 BJT 的发射结电压为 0.7V，集电极电流是基极电流的 $\bar{\beta}$ 倍即可。同时还要注意基极电流和集电极电流的真实方向为流向 BJT 内部，发射极电流的真实方向为流出 BJT。

（四）BJT 的直流模型

除了硅 NPN 型 BJT 以外，锗 NPN 型 BJT、硅 PNP 型 BJT、锗 PNP 型 BJT 的直流模型分别如图 2-2-11（b)～(d) 所示。

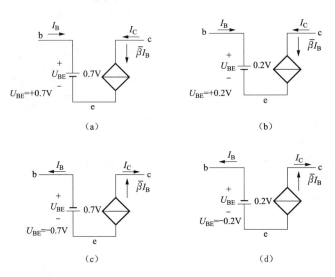

图 2-2-11　BJT 的直流模型

(a) 硅 NPN 型 BJT；(b) 锗 NPN 型 BJT；(c) 硅 PNP 型 BJT；(d) 锗 PNP 型 BJT

特别注意，图 2-2-11 中的电压方向和电流方向均为其参考方向，而不是真实方向。其真实方向可参考图 2-1-13 和图 2-1-14。

（五）BJT 的交流模型

BJT 的交流模型可以用图 2-2-12 所示的电路来表示。BJT 交流模型的推导过程在本章第四节中将有详细的叙述，此处直接给出结论的目的，主要是让读者认识到，非线性的 BJT 对直流量和交流量有不同的反应，从而 BJT 的直流模型和交流模型将不同。在交流模型中，BJT 的发射结用一个线性电阻 r_{be} 来表示，如果和第一章中二极管的交流模型来对比，相当于 r_d。BJT 的发射结可以看成是一个二极管，第一章中二极管的直流模型和交流模型在此完全适用。BJT 的电流控制作用可以用电流控制电流源来表示。

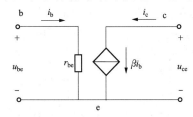

图 2-2-12　BJT 的交流模型

（六）放大电路的组态

放大电路的组态是描述 BJT 与交流输入信号源、负载的连接关系的。从交流通路来观察，放大电路分共射、共基、共集 3 种组态，不同组态的放大电路性能不同。

从图 2-2-10 所示的交流通路可以看出，交流信号输入回路和交流信号输出回路的共同端是 BJT 的发射极，所以称图 2-2-5 所示的放大电路为共射组态的放大电路，简称共射放大电路。在放大电路的交流通路中，如果交流信号输入回路和交流信号输出回路的共同端是 BJT 的集电极，放大电路称为共集组态的放大电路，简称共集放大电路；如果共同端是 BJT 的基极，放大电路称为共基组态的放大电路，简称共基放大电路。换句话说，可以这样来分析放大电路的组态，首先找到信号源和负载 R_L。信号源和负载 R_L 的一个端子是接地的。信

号源与负载 R_L 的另一端子与 BJT 的 b、c、e 有不同的接法。若信号源与 b 连、负载 R_L 与 c 连，称共射组态；若信号源与 b 连、负载 R_L 与 e 连，称共集组态；若信号源与 e 连、负载 R_L 与 c 连，称共基组态。

在不同组态的放大电路中，BJT 的工作状态完全相同，与组态无关。因为 BJT 之外的电路拓扑结构不同，从而导致不同组态的放大电路具有不同的特点。

（七）对直流通路和交流通路的思考

直流通路和交流通路是从整个放大电路中人为分解出来的两个子电路，是为了分析放大电路的性能而采取的一种分析手段。实际上，放大电路是在直流和交流下共同工作的，直流和交流同时存在，放大电路是不可分割的一个整体。

五、具有正常放大功能的放大电路的组成原则

（一）组成原则

一个放大电路要具有正常放大功能则必须满足如下 3 点：

（1）BJT 必须工作在放大状态，而不能工作在饱和状态或者截止状态，即外接直流电源必须保证 BJT 的发射结处于正偏状态，集电结处于反偏状态；

（2）被放大的交流输入信号可以进入放大电路，而不能被短路或者开路；

（3）被放大了的交流输入信号可以从放大电路输出，而不能被短路或者开路。

（二）判断方法

放大电路是否具有正常电压放大功能的判断方法如下：

（1）画直流通路，查看能否保证 BJT 的发射结正偏、集电结反偏，即 BJT 是否处于放大状态。若处于放大状态，就称为 Q 点合适；若处于饱和状态或截止状态，就称为 Q 点不合适。

（2）若 Q 点不合适，则放大电路不具有电压放大作用；若合适，继续进行判断，进入步骤（3）。

（3）画交流通路，看交流输入信号能否加到 BJT 上。若不行，则放大电路不具有电压放大作用；若合适，继续进行判断，进入步骤（4）。

（4）看交流输出信号能否从 BJT 输出。若能，则放大电路具有电压放大作用；否则，不具有电压放大作用。

例 2-2-1 判断图 2-2-13 所示的放大电路是否具有正常电压放大功能。若不能，修改电路，使放大电路具有正常电压放大功能。

解：（1）画直流通路，查看能否保证 BJT 的发射结正偏，集电结反偏，即能否处于放大状态。

画出直流通路，如图 2-2-14 所示。将 BJT 拿走，电路如图 2-2-15 所示。b 点的电位为正，e 点的电位为零，BJT 的发射结可以正偏，所以 BJT 不会处于截止状态，可能处于放大状态或饱和状态，进一步再做判断。将 BJT 再放回电路中，重画电路如图 2-2-16 所示，此处画出了完整的电路。因为已知条件中只是给出了电路

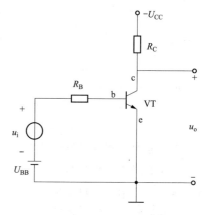

图 2-2-13 例 2-2-1 的电路

的结构，而没有给出具体的元器件参数，所以此处不能用前面例 2-1-1 的方法，不能通过具

体计算来判断 BJT 的状态。此处的方法是判断 BJT 的集电结的电压能否保证其处于反偏。在图 2-2-16 中 BJT 的集电极的电位为负值，而基极电位为正值，其值为 $+0.7\text{V}$，所以 BJT 的集电结处于正偏状态，所以 BJT 处于饱和状态。

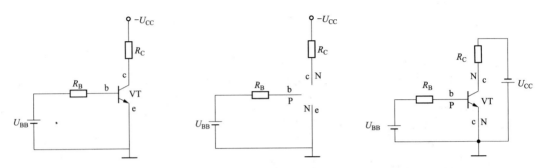

图 2-2-14　例 2-2-1 的直流通路　　图 2-2-15　断开 BJT 的图 2-2-14　　图 2-2-16　重画例 2-2-1 的
　　　直流通路

（2）修改直流通路，如图 2-2-17 所示。将直流电压源 U_{CC} 的正、负极互换。观察图 2-2-17，可知 Q 点是合适的。

（3）修改直流通路后的完整的放大电路如图 2-2-18 所示。

（4）画出交流通路，如图 2-2-19 所示，交流输入信号可以加到 BJT 的发射结上。

（5）观察图 2-2-19 可以看出，交流输出信号可以从 BJT 的集电极和发射极输出。

所以，放大电路具有电压放大作用。

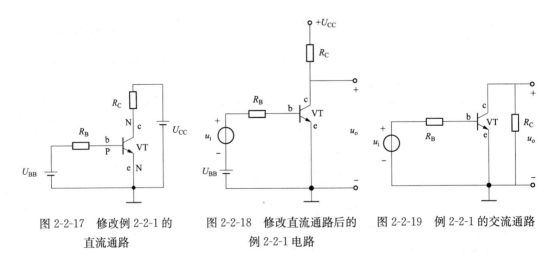

图 2-2-17　修改例 2-2-1 的　　图 2-2-18　修改直流通路后的　　图 2-2-19　例 2-2-1 的交流通路
　　　　直流通路　　　　　　　　　　　例 2-2-1 电路

六、放大电路的两种分析方法

放大电路的分析法有图解法和小信号等效电路法两种。图解法是用作图的方法对放大电路的整体工作情况进行分析，形象、直观，有助于全面认识放大电路的工作状态。图解分析法对于大信号、小信号都适用，小信号等效电路分析法只对于小信号适用。这两种分析方法将分别在第三节和第四节介绍。

第三节　基本共射放大电路的图解分析法

一、NPN基本共射放大电路的图解分析

NPN基本共射放大电路及其参量的参考方向如图2-3-1所示。

电压参考方向和电流参考方向如图2-3-1所示。约定电压参考方向以电位参考点为负，其他各点为正。约定电流参考方向与直流通路中3个电极中电流的真实方向一致，即基极电流和集电极电流的参考方向为流入BJT。

（一）用图解法分析放大电路的静态工作情况，求Q点

当放大电路没有交流输入信号时，电路中各处的电压和电流都是不变的直流，称为直流工作

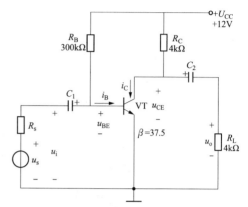

图2-3-1　NPN基本共射放大电路

状态或静态工作状态。在静态工作状态下，BJT各电极的直流电压和直流电流的数值，将在其伏安特性曲线上确定一点，即Q点。

（1）画出图2-3-1所示放大电路的直流通路，如图2-3-2所示。

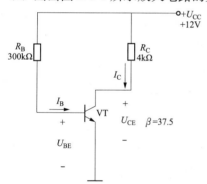

图2-3-2　NPN基本共射放大电路的直流通路

（2）在输入特性曲线上确定Q点的I_B和U_{BE}。在图2-3-2中，对U_{CC}、R_B和BJT的发射结组成的回路列写KVL方程，得到关于I_B和U_{BE}的约束关系的线性方程，即

$$I_B R_B + U_{BE} - U_{CC} = 0 \qquad (2\text{-}3\text{-}1)$$

根据式（2-3-1），画出对应的直线，如图2-3-3所示。BJT的I_B和U_{BE}要满足这条直线所给定的约束关系，同时还应满足BJT的输入特性曲线所给定的约束关系。只有交点才满足这两种约束关系，这两条线的交点称为静态工作点Q，如图2-3-3所示，直线与横轴的交点为U_{BE}电压，为后面叙述方便近似取此值为+0.7V；与纵轴的交点为I_B，值为$37.67\mu A$，为后面叙述方便，近似取$I_B = 40\mu A$。

（3）在输出特性曲线上确定Q点的I_C和U_{CE}。直流负载线的定义是，在直流通路中，由BJT的U_{CE}所在的回路中的线性部分所决定的一条直线。在图2-3-2所示的直流通路中，对U_{CC}、R_C和BJT的U_{CE}组成的回路列写KVL方程，得到关于I_C和U_{CE}的约束关系的线性方程，即

$$I_C R_C + U_{CE} - U_{CC} = 0 \qquad (2\text{-}3\text{-}2)$$

式（2-3-2）所对应的直线被称为直流负载

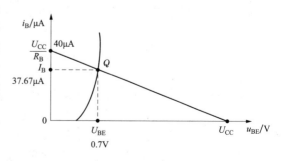

图2-3-3　在输入特性曲线上确定Q点

线，如图 2-3-4 所示。BJT 的 I_C 和 U_{CE} 要满足这条直线所给定的约束关系，同时还应满足
BJT $i_B = 40\mu A$ 的那条输出特性曲线所给定的约束关系。只有交点才满足这两种约束关系，
这两条线的交点称为静态工作点 Q，如图 2-3-4 所示。

（二）用图解法分析放大电路的动态工作情况

当放大电路输入信号后，电路中各处的电压、电流便处于变动状态，这时电路处于动态
工作状态。

分析放大电路动态工作情况的目的是，根据给定的 u_i 的波形，$u_i = 20\sin\omega t$（mV），求
出 u_o 的波形，从而确定相位关系和动态范围。

图 2-3-5 为图 2-3-1 所示的 NPN 基本共射放大电路的交流通路。

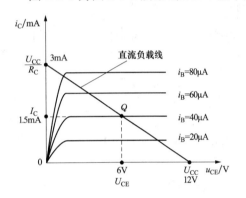

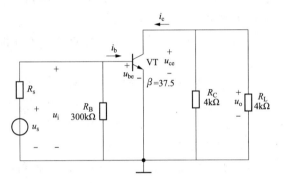

图 2-3-4　在输出特性曲线上确定 Q 点　　　图 2-3-5　NPN 基本共射放大电路的交流通路

从图 2-3-5 可知，BJT 的发射结的交流电压与输入电压相等，即

$$u_{be} = u_i \tag{2-3-3}$$

（1）根据 u_i 波形，画出 u_{BE} 的波形。根据图 2-3-1，BJT 发射结的总电压等于直流电压
和交流电压之和，即

$$u_{BE} = U_{BE} + u_{be} \tag{2-3-4}$$

将式（2-3-3）代入式（2-3-4）中，得

$$u_{BE} = U_{BE} + u_i = 700 + 20\sin\omega t (\text{mV}) \tag{2-3-5}$$

根据式（2-3-5），画出 u_{BE} 的波形，如图 2-3-6 所示。

（2）根据 u_{BE} 的波形，利用输入特性曲线，画出 i_B 的波形，如图 2-3-6 所示。

在图 2-3-6 中，AB 曲线段称为 BJT 的动态工作范围。在输入信号的一个周期之内，
BJT 的工作点将按 Q 点、A 点、Q 点、B 点、Q 点的顺序变化。若输入信号足够小，使 AB
曲线段的曲度可以忽略，能够用直线段近似代替，这样的输入信号就是小信号。

$$i_B = I_B + i_b = 40 + 20\sin\omega t (\mu A)$$

在 0.5π 时刻 i_B 为正峰值 $60\mu A$，在输入特性曲线上表示为 A 点。在 1.5π 时刻 i_B 为负
峰值 $20\mu A$，在输入特性曲线上表示为 B 点。

（3）根据 i_B 在输出特性曲线上求 i_C 和 u_{CE}，如图 2-3-7 所示。首先推导交流负载线方
程。交流负载线的定义是，在图 2-3-1 所示的完整的放大电路中，由放大电路输出回路的线
性部分决定的一条 i_C 和 u_{CE} 关系的直线。

根据图 2-3-5 所示的 NPN 基本共射放大电路的交流通路，定义 $R_L' = R_C /\!/ R_L$，对 R_L' 应用
欧姆定律，得

$$u_{\text{o}} = u_{\text{ce}} = -i_{\text{c}}R'_{\text{L}} \qquad (2\text{-}3\text{-}6)$$

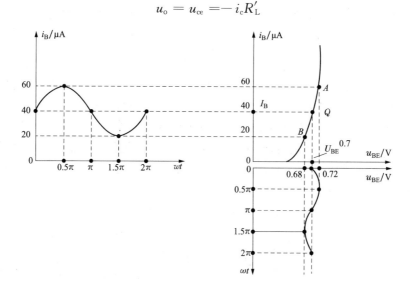

图 2-3-6 利用输入特性曲线画 i_{B} 波形

如果直接根据定义列写交流负载线方程并不容易，可以按如下方法进行推导，得到交流负载线方程，即

$$u_{\text{CE}} = U_{\text{CE}} + u_{\text{ce}} = U_{\text{CE}} + (-i_{\text{c}}R'_{\text{L}}) = U_{\text{CE}} - (i_{\text{C}} - I_{\text{C}})R'_{\text{L}}$$
$$= (U_{\text{CE}} + I_{\text{C}}R'_{\text{L}}) - i_{\text{C}}R'_{\text{L}} \qquad (2\text{-}3\text{-}7)$$

根据式 (2-3-7)，代入参数，得

$$u_{\text{CE}} = (6 + 1.5 \times 2) - i_{\text{C}} \times 2 = 9 - 2i_{\text{C}} \qquad (2\text{-}3\text{-}8)$$

根据式 (2-3-8)，若 $i_{\text{C}}=0$，得 $u_{\text{CE}}=9\text{V}$；若 $u_{\text{CE}}=0$，得 $i_{\text{C}}=\dfrac{9}{2}=4.5$（mA）。

图 2-3-7 是根据 i_{B} 在输出特性曲线上求 i_{C} 和 u_{CE} 的示意图。在 0 时刻，$i_{\text{B}}=40\mu\text{A}$，输出特性曲线与交流负载线的交点为 Q 点，Q 点在横轴上的投影为 u_{CE} 电压，并对应在 0 时刻，得到 u_{CE} 电压波形的一个点，Q 点在纵轴上的投影为 i_{C} 电流，并对应在 0 时刻，得到 i_{C} 波形的一个点。在 $\dfrac{\pi}{2}$ 时刻，$i_{\text{B}}=60\mu\text{A}$，输出特性曲线与交流负载线的交点为 A 点，A 点在横轴上的投影为 u_{CE} 电压，并对应在 $\dfrac{\pi}{2}$ 时刻，得到 u_{CE} 波形的一个点。A 点在纵轴上的投影为 i_{C} 电流，并对应在 $\dfrac{\pi}{2}$ 时刻，得到 i_{C} 波形的一个

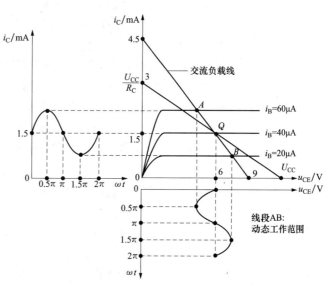

图 2-3-7 根据 i_{B} 在输出特性曲线上求 i_{C} 和 u_{CE}

点。同理可得到 π、$\dfrac{3\pi}{2}$、2π 时刻，u_{CE} 和 i_C 波形上的点。连接这些关键的点，可得到 u_{CE} 和 i_C 波形，如图 2-3-7 所示。

在图 2-3-7 中，在输入信号变化的一个周期之内，BJT 的动态工作点按照 Q、A、Q、B、Q 的顺序在交流负载线上变化一个周期。若输入信号再变化一个周期，BJT 的动态工作点沿 Q、A、Q、B、Q 再变化一个周期，所以以线段 AB 称为 BJT 的动态工作范围。只要 BJT 的动态工作范围 AB 段不超出放大区，这时的交流输入信号就可以认为是"小"信号。

从图 2-3-7 可以看出，交流负载线上 AB 段在横轴上的投影就是输出电压的峰峰值。u_{CE} 中的交流成分 u_{ce} 就是输出电压 u_o，在认为截止区在横轴上的理想情况下，若加大输入信号，u_{CE} 的最大值可以到达交流负载线与横轴的交点 9V，即 u_{ce} 的正峰值可以达到 $9-6=3$（V）。

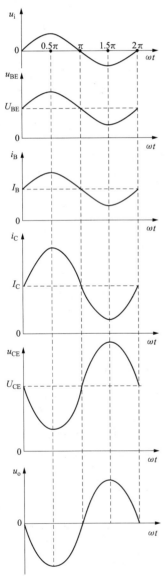

图 2-3-8　NPN 基本共射放大电路的电压和电流波形

在认为饱和区在纵轴上的理想情况下（认为饱和压降 U_{CES} 为零），若加大输入信号，u_{CE} 的最小值可以到达交流负载线与纵轴的交点 0V，即 u_{ce} 的负峰值可以达到 $6-0=6$（V）。不失真的正弦波正负半周是对称的，所以取 6V 和 3V 之中的较小值，即 3V，又因为 $u_o=u_{ce}$，所以图 2-3-7 所示的最大不失真输出正弦电压的幅值为 3V。

从图 2-3-7 可以看出，如果能使静态工作点的 $U_{CE}=4.5\text{V}$，u_{ce} 的正峰值可以达到 $9-4.5=4.5$（V），u_{ce} 的负峰值可以达到 $4.5-0=4.5$（V），正负半周对称，最大不失真输出正弦电压的幅值为 4.5V。所以放大电路要想获得最大不失真输出电压，应该将 Q 点设置在交流负载线的中央，这样 BJT 的动态工作范围 AB 段就能够以 Q 点对称，且全部落在放大区，这样输出的正弦波就能够正负半周对称。

另外，放大电路要想获得最大不失真输出电压，可以调整电路参数使交流负载线的斜率改变。例如，加大 R_C 电阻，交流负载线与横轴的交点将变大，即交流负载线在横轴上的投影变长，交流负载线在横轴上的投影就是输出电压的峰峰值。交流负载线越陡，在横轴上的投影就越短，输出电压的峰峰值就越小。

对于图 2-3-1 所示的 NPN 基本共射放大电路，可以用如下方法调整 Q 点使其在交流负载线的中央。加大输入正弦波的幅值，输出信号会出现失真，可能是底部失真，也可能是顶部失真。若是顶部失真，说明 Q 点过低，这时应该减小 R_B；若是底部失真，说明 Q 点过高，这时应该加大 R_B，使输出信号不失真。输出信号不失真后，接着再加大输入信号，输出信号又会出现失真，可能是底部失真，也可能是顶部失真。按上面的方法使失真消失，直到加大输入信号时，底部失真和顶部失真同时出现，这时的 Q 点就在交流负载线的中央了。

对于图 2-3-1 所示的 NPN 基本共射放大电路，输出电压 u_o 波形的底部失真是由于 BJT 的工作点进入饱和区而出现的，所以底部失真也称为饱和失真；输出电压 u_o 波形的顶部失真是由于 BJT 的工作点进入截止区而出现的，所以顶部失真也称为截止失真。

　　重画电压和电流波形如图 2-3-8 所示。从图 2-3-8 中可看出，在图 2-3-1 所示电压参考方向下，共射放大电路的输出电压 u_o 与输入电压 u_i 反相。

　　对于图 2-3-1 所示的电路，直流负载线比交流负载线平坦，在放大电路空载时直流负载线与交流负载线重合。

　　（三）波形的非线性失真

　　从图 2-3-7 可以看出，如果 BJT 的 Q 点设置的不合适（靠近饱和区或者靠近截止区，如图 2-3-9 和图 2-3-10 所示），或者输入信号的幅值过大，都会出现饱和失真和截止失真。

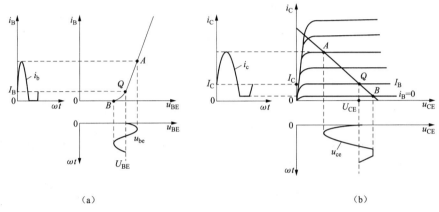

图 2-3-9　Q 点设置得靠近截止区

　　饱和失真是由于放大电路的工作点进入 BJT 的饱和区而引起的非线性失真。截止失真是由于放大电路的工作点进入 BJT 的截止区而引起的非线性失真。虽然静态工作点位置基本合适，但是交流输入信号过大使 BJT 的动态工作范围同时进入饱和区和截止区所引起的非线性失真，称为双向失真。

　　对图 2-3-1 所示的 NPN 基本共射放大电路而言，当出现截止失真时，输出正弦波的正半周的顶部被削去，如图 2-3-9 所示；当出现饱和失真时，输出正弦波的负半周的底部被削去，如图 2-3-10 所示。

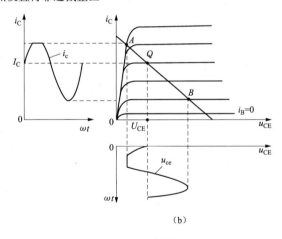

图 2-3-10　Q 点设置得靠近饱和区

　　二、PNP 基本共射放大电路的图解分析

　　PNP 基本共射放大电路的图解分析与 NPN 类似，此处将简略叙述。PNP 基本共射放大电路及其参量的参考方向如图 2-3-11 所示。

　　（一）用图解法分析放大电路的静态工作情况，求 Q 点

　　图 2-3-12 为 PNP 基本共射放大电路的直流通路。图 2-3-13 为 PNP 基本共射放大电路在输入特性曲线上确定 Q 点的示意图。图 2-3-14 为 PNP 基本共射放大电路在输出特性曲线

上确定 Q 点的示意图。

（二）用图解法分析放大电路的动态工作情况

已知输入信号 u_i 为正弦波，用图解法分析放大电路的动态工作情况，画出 u_o 的波形。

图 2-3-15 为图 2-3-11 所示的 PNP 基本共射放大电路的交流通路。

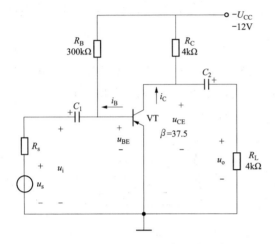

图 2-3-11　PNP 基本共射放大电路

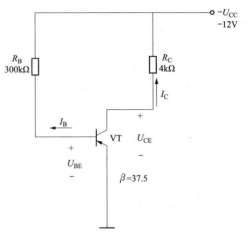

图 2-3-12　PNP 基本共射放大电路的直流通路

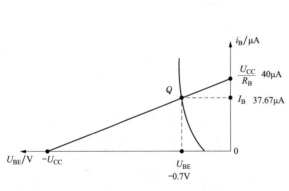

图 2-3-13　在输入特性曲线上确定 Q 点

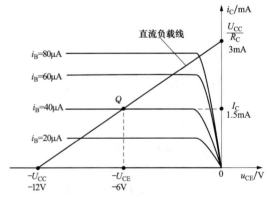

图 2-3-14　PNP 基本共射放大电路在
输出特性曲线上确定 Q 点

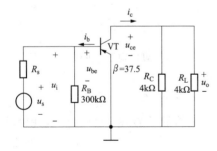

图 2-3-15　PNP 基本共射
放大电路的交流通路

从图 2-3-15 可知，BJT 的发射结的交流电压与输入电压相等，即 $u_{be}=u_i$。

（1）根据 u_i 波形，画出 u_{BE} 的波形，如图 2-3-16 所示。

已知 $u_i=20\sin\omega t$ （mV），$u_{BE}=U_{BE}+u_{be}=U_{BE}+u_i$，$u_{BE}=U_{BE}+u_{be}=-700+20\sin\omega t$ （mV），画出 u_{BE} 的波形，如图 2-3-16 所示。

（2）根据 u_{BE} 的波形，利用输入特性曲线，画出 i_B 的波形，如图 2-3-16 所示。

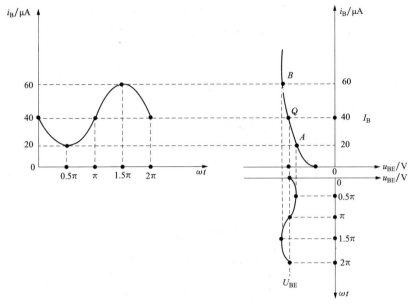

图 2-3-16　利用输入特性曲线画 i_B 波形

（3）根据 i_B 在输出特性曲线上求 i_C 和 u_{CE}，如图 2-3-17 所示。

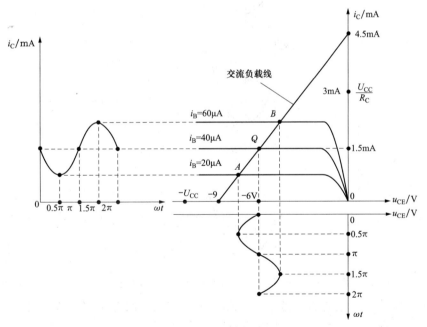

图 2-3-17　根据 i_B 在输出特性曲线上求 i_C 和 u_{CE}

交流负载线的推导过程与 NPN 基本共射放大电路类似。交流负载线方程如下：

$$u_{CE} = U_{CE} + u_{ce} = U_{CE} + (i_c R'_L) = U_{CE} + (i_C - I_C)R'_L = (U_{CE} - I_C R'_L) + i_C R'_L$$

代入参数，得到交流负载线方程为

$$u_{CE} = (-6 - 1.5 \times 2) + 2i_C = -9 + 2i_C$$

图 2-3-17 为 PNP 基本共射放大电路的图解法示意图（输出部分），线段 AB 是 PNP 型 BJT 的动态工作范围。从图 2-3-17 可以看出，输出电压 u_o 波形底部失真是截止失真，输出电压 u_o

波形顶部失真是饱和失真，与前面 NPN 基本共射放大电路相反。图 2-3-18 将 PNP 基本共射放大电路的输入信号和输出信号的波形重新画在一起，可以看出输出信号与输入信号反相。

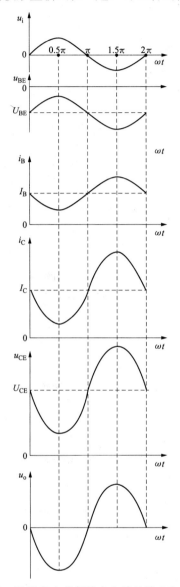

图 2-3-18　PNP 基本共射放大电路的输入和输出波形

在图 2-3-11 中，将电流的参考方向的标示全部相反，而电压的参考方向不变，请读者自行完成分析过程，为后面功率放大电路的学习做好准备。

第四节　基本共射放大电路的小信号等效电路分析法

一、BJT 的电路模型

当交流信号为小信号时，通常将放大电路分解成直流通路和交流通路，BJT 的电路模型包括直流模型和交流模型（又称小信号模型）。

（一）BJT 的直流模型

在本章第二节中已经给出了 BJT 的直流模型，其中的方向认为是参考方向，如图 2-2-11 所示。

因为直流模型描述的关系比较简单，如果深刻理解了 BJT 的工作原理，对于直流模型所描述的关系就很容易理解，所以在直流通路中，一般不画出上述模型，而是直接把 BJT 的符号保留在电路中。而在实际求解静态工作点 Q 时，必须按图 2-2-11 的关系来理解 BJT 的直流电压、直流电流关系。

（二）BJT 的小信号模型

由于 BJT 是非线性器件，这样就使得放大电路的分析非常困难。建立小信号模型（交流模型），就是将非线性器件做线性化处理，从而简化放大电路的分析和设计。

如前所述，只要 BJT 的动态工作范围不超出放大区，这时的交流输入信号就可以认为是"小"信号。当放大电路的交流输入信号可以认为是小信号时，就可以把 BJT 小范围内的特性曲线近似地用直线来代替，从而可以把 BJT 这个非线性器件所组成的电路当作线性电路来处理。BJT 双口网络如图 2-4-1 所示，图中电压和电流是直流量和交流量之和。

图 2-1-8 和图 2-1-10 分别是 NPN 型 BJT 共射接法输入特性曲线和输出特性曲线。BJT 的输入特性曲线可以写成

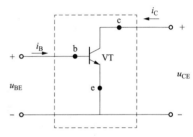

图 2-4-1 BJT 双口网络

$$u_{\mathrm{BE}} = f(i_{\mathrm{B}}, u_{\mathrm{CE}}) \tag{2-4-1}$$

BJT 的输出特性曲线可以写成

$$i_{\mathrm{C}} = f(i_{\mathrm{B}}, u_{\mathrm{CE}}) \tag{2-4-2}$$

对式（2-4-1）和式（2-4-2）取全微分，得

$$\mathrm{d}u_{\mathrm{BE}} = \left.\frac{\partial u_{\mathrm{BE}}}{\partial i_{\mathrm{B}}}\right|_{U_{\mathrm{CE}}} \mathrm{d}i_{\mathrm{B}} + \left.\frac{\partial u_{\mathrm{BE}}}{\partial u_{\mathrm{CE}}}\right|_{I_{\mathrm{B}}} \mathrm{d}u_{\mathrm{CE}} \tag{2-4-3}$$

$$\mathrm{d}i_{\mathrm{C}} = \left.\frac{\partial i_{\mathrm{C}}}{\partial i_{\mathrm{B}}}\right|_{U_{\mathrm{CE}}} \mathrm{d}i_{\mathrm{B}} + \left.\frac{\partial i_{\mathrm{C}}}{\partial u_{\mathrm{CE}}}\right|_{I_{\mathrm{B}}} \mathrm{d}u_{\mathrm{CE}} \tag{2-4-4}$$

式中 $\left.\dfrac{\partial u_{\mathrm{BE}}}{\partial i_{\mathrm{B}}}\right|_{U_{\mathrm{CE}}}$——输出端交流短路时的输入电阻，用 h_{ie} 表示，下标 i 是输入的意思，e 表示共射组态，即 b、e 是输入端，c、e 是输出端。

$\left.\dfrac{\partial u_{\mathrm{BE}}}{\partial u_{\mathrm{CE}}}\right|_{I_{\mathrm{B}}}$——输入端交流开路时的反向电压传输比，用 h_{re} 表示，下标 r 是反向的意思，e 表示共射组态，即 b、e 是输入端，c、e 是输出端。

$\left.\dfrac{\partial i_{\mathrm{C}}}{\partial i_{\mathrm{B}}}\right|_{U_{\mathrm{CE}}}$——输出端交流短路时的正向电流传输比或电流放大系数，用 h_{fe} 表示，下标 f 是正向的意思，e 表示共射组态，即 b、e 是输入端，c、e 是输出端。

$\left.\dfrac{\partial i_{\mathrm{C}}}{\partial u_{\mathrm{CE}}}\right|_{I_{\mathrm{B}}}$——输入端交流开路时的输出电导，用 h_{oe} 表示，下标 o 是输出的意思，e 表示共射组态，即 b、e 是输入端，c、e 是输出端。

如果交流信号是小信号，那么微变量就可以用交流成分完全代替，如 $\mathrm{d}u_{\mathrm{BE}}$ 可以用 u_{be} 代替，$\mathrm{d}i_{\mathrm{B}}$ 可以用 i_{b} 代替，$\mathrm{d}u_{\mathrm{CE}}$ 可以用 u_{ce} 代替，$\mathrm{d}i_{\mathrm{C}}$ 可以用 i_{c} 代替。

根据式（2-4-3）和式（2-4-4）分别可得

$$u_{be} = h_{ie}i_b + h_{re}u_{ce} \qquad\qquad (2\text{-}4\text{-}5)$$

$$i_c = h_{fe}i_b + h_{oe}u_{ce} \qquad\qquad (2\text{-}4\text{-}6)$$

其中，h_{ie}、h_{re}、h_{fe}、h_{oe} 是 BJT 的小信号模型参数，因为这 4 个参数的量纲不同，也称为混合小信号模型参数，简称 H 参数。它们的物理意义可以从图 2-4-2 来说明。

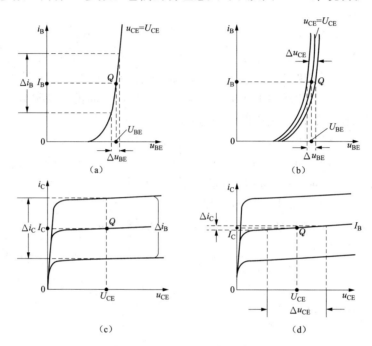

图 2-4-2　BJT 的小信号模型参数在特性曲线上的表示

图 2-4-2（a）中，因为 u_{CE} 为常数，即 u_{ce} 中的交流信号为零，所以 BJT 的输出端（c、e）相当于交流短路，则有 $h_{ie} = \dfrac{\partial u_{BE}}{\partial i_B}\bigg|_{U_{CE}} = \dfrac{\Delta u_{BE}}{\Delta i_B}\bigg|_{U_{CE}}$，发射结电压 u_{BE} 的变化量 Δu_{BE} 与基极电流 i_B 的变化量 Δi_B 之比是一个电阻，h_{ie} 是输出端交流短路时的输入电阻。

图 2-4-2（b）中因为 i_B 为常数，即 i_B 中的交流信号为零，所以 BJT 的输入端（b、e）相当于交流开路，则有 $h_{re} = \dfrac{\partial u_{BE}}{\partial u_{CE}}\bigg|_{I_B} = \dfrac{\Delta u_{BE}}{\Delta u_{CE}}\bigg|_{I_B}$，发射结电压 u_{BE} 的变化量 Δu_{BE} 与 u_{CE} 电压的变化量 Δu_{CE} 之比没有量纲，h_{re} 是输入端交流开路时的反向电压传输比。

图 2-4-2（c）中，因为 u_{CE} 为常数，即 u_{ce} 中的交流信号为零，所以 BJT 的输出端（c、e）相当于交流短路，则有 $h_{fe} = \dfrac{\partial i_C}{\partial i_B}\bigg|_{U_{CE}} = \dfrac{\Delta i_C}{\Delta i_B}\bigg|_{U_{CE}}$，集电极电流 i_C 的变化量 Δi_C 与基极电流 i_B 的变化量 Δi_B 之比没有量纲，h_{fe} 是输出端交流短路时的正向电流传输比，也称为电流放大系数。

图 2-4-2（d）中，因为 i_B 为常数，即 i_B 中的交流信号为零，所以 BJT 的输入端（b、e）相当于交流开路，则有 $h_{oe} = \dfrac{\partial i_C}{\partial u_{CE}}\bigg|_{I_B} = \dfrac{\Delta i_C}{\Delta u_{CE}}\bigg|_{I_B}$，集电极电流 i_C 的变化量 Δi_C 与 u_{CE} 电压的变化量 Δu_{CE} 之比是一个电导，h_{oe} 是输入端交流开路时的输出电导。

根据式（2-4-5）和式（2-4-6）可以画出对应的 BJT 小信号模型，如图 2-4-3 所示。

h_{ie}、h_{re}、h_{fe}、h_{oe} 可用物理意义比较明显的符号来代替，h_{ie} 用 r_{be} 代替，h_{re} 用 μ_r 代替，h_{fe} 用 β 代替，$\dfrac{1}{h_{oe}}$ 用 r_{ce} 代替，则图 2-4-3 变为图 2-4-4。

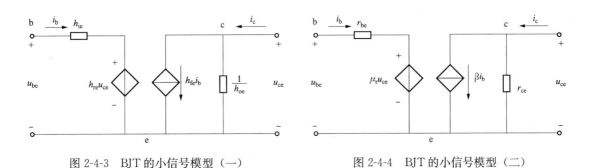

图 2-4-3　BJT 的小信号模型（一）　　　　图 2-4-4　BJT 的小信号模型（二）

图 2-4-4 所示的小信号模型只对小信号才成立，又因未计及 BJT 的结电容，故只对低、中频信号成立；只能来研究变化量，不能用来求 Q 点、总电压、总电流。等效电流源 βi_b 是受控源，大小和参考方向都受 i_b 控制。等效电压源 $\mu_r u_{ce}$ 是受控源，其大小和参考方向都受 u_{ce} 的控制。

图 2-1-9 所示的简化后的输入特性曲线中将 $u_{CE} \geqslant 1$V 时的所有曲线全部重合，即在图 2-4-2（b）中认为 u_{CE} 电压的变化量 Δu_{CE} 为零，$\mu_r = 0$。实际上，μ_r 一般为 $10^{-4} \sim 10^{-3}$，值很小，近似认为 $\mu_r = 0$ 引起的误差不大。

图 2-1-11 所示的简化后的输出特性曲线忽略基区宽度调制效应，认为曲线与横轴平行，即在图 2-4-2（d）中认为 i_C 电流的变化量 Δi_C 为零，r_{ce} 为无穷大，可认为开路。实际上，r_{ce} 值约为 100kΩ。

认为 $\mu_r = 0$，$r_{ce} = \infty$，得到 BJT 的简化小信号模型如图 2-4-5 所示。图中的电压和电流的方向为参考方向。

等效电流源 βi_b 是受电流 i_b 控制的电流源，大小和参考方向都受 i_b 控制。为了更好地解释这一点，图 2-4-6 给出了 NPN 型 BJT 的两个不同瞬间的交流电压和交流电流的真实方向。图 2-4-7 给出了四种可能的参考方向的标法。总之，电路模型必须反映 BJT 的真实工作情况，否则就是错误的模型。一般情况下选图 2-4-5 所示的模型。图 2-4-8 给出了 PNP 型 BJT 的两个不同瞬间的交流电压和交流电流的真实方向。与图 2-4-6 相比，可见 PNP 型与 NPN 型 BJT 对交流信号的反应没有任何区别。

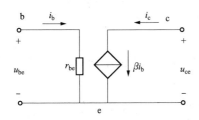

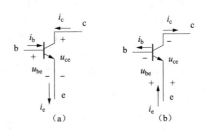

图 2-4-5　BJT 的简化小信号模型　　　图 2-4-6　NPN 型 BJT 的交流信号某瞬间真实方向

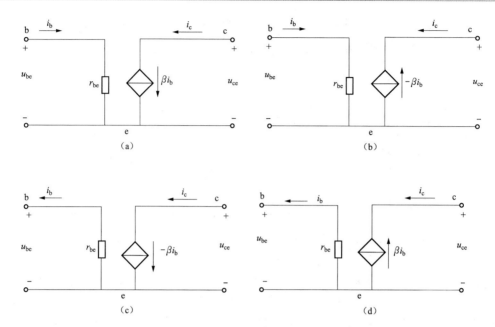

(a)　　　　　　　　　　　　　　　　(b)

(c)　　　　　　　　　　　　　　　　(d)

图 2-4-7　BJT 小信号模型受控电流源的四种画法

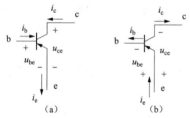

(a)　　　　(b)

图 2-4-8　PNP 型 BJT 的交流
信号某瞬间真实方向

（三）BJT 的小信号模型参数的确定

（1）电流放大系数 β 可以通过查数据手册得到，也可以用测试仪测出。

（2）计算电阻 r_{be} 的计算式为

$$r_{be} = r_{bb'} + r_{b'e} \tag{2-4-7}$$

b' 是假想的一个点，将 BJT 的基区和发射结分开，$r_{bb'}$ 为基区体电阻，$r_{b'e}$ 为发射结的交流电阻。

在式（2-4-7）中，$r_{b'e}$ 与第一章中二极管的交流电阻 r_d 的推导过程相同，即

$$r_{b'e} = \frac{U_T}{I_B} = \frac{U_T}{\dfrac{I_E}{1+\beta}} = (1+\beta)\frac{U_T}{I_E} \tag{2-4-8}$$

式中　U_T——温度的电压当量；

　　　I_B——BJT 静态工作点 Q 处的静态基极电流。

将式（2-4-8）代入式（2-4-7）中，得

$$r_{be} = r_{bb'} + \frac{U_T}{I_B} \tag{2-4-9}$$

在室温下，温度的电压当量 $U_T = 26\text{mV}$；不同的 BJT，其 $r_{bb'}$ 值不同，本书中取典型值 $200\,\Omega$，代入式（2-4-9），得

$$r_{be} = 200(\Omega) + \frac{26(\text{mV})}{I_B(\text{mA})} \tag{2-4-10}$$

若用 BJT 静态工作点 Q 处的静态发射极电流 I_E 来表示，则有

$$r_{\mathrm{be}} = 200(\Omega) + (1+\beta)\frac{26(\mathrm{mV})}{I_{\mathrm{E}}(\mathrm{mA})} \tag{2-4-11}$$

二、放大电路的小信号等效电路分析法

NPN 基本共射放大电路如图 2-4-9 所示。下面对其进行分析、计算，得到该放大电路的基本特性和指标。

（一）求静态工作点 Q

求静态工作点 Q 的含义是计算基极电流 I_{B}、集电极电流 I_{C} 和电压 U_{CE}。

画出放大电路的直流通路如图 2-4-10 所示，在其上标出电压、电流的参考方向，列 KCL、KVL 方程，求 Q 点。

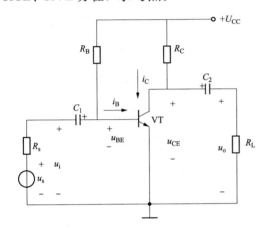
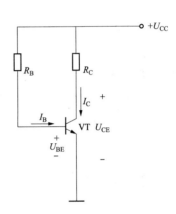

图 2-4-9　NPN 基本共射放大电路　　　　图 2-4-10　NPN 基本共射放大电路的直流通路

对电阻 R_{B} 列欧姆定律的方程，即 $(+U_{\mathrm{CC}})-U_{\mathrm{BE}}=+I_{\mathrm{B}}R_{\mathrm{B}}$，得

$$I_{\mathrm{B}} = \frac{U_{\mathrm{CC}}-U_{\mathrm{BE}}}{R_{\mathrm{B}}} \tag{2-4-12}$$

由 BJT 的工作原理可知，集电极电流是基极电流的 β 倍，所以为

$$I_{\mathrm{C}} = \beta \cdot I_{\mathrm{B}} \tag{2-4-13}$$

对 R_{C} 列欧姆定律方程，即 $(+U_{\mathrm{CC}})-U_{\mathrm{CE}}=+I_{\mathrm{C}}R_{\mathrm{C}}$，得

$$U_{\mathrm{CE}} = U_{\mathrm{CC}} - I_{\mathrm{C}}R_{\mathrm{C}} \tag{2-4-14}$$

（二）画出放大电路的小信号等效电路

首先画出交流通路，然后将 BJT 用它的小信号模型代替，得到放大电路的小信号等效电路，如图 2-4-11 所示。

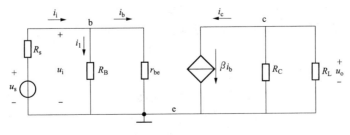

图 2-4-11　NPN 基本共射放大电路的小信号等效电路

（三）计算电压放大倍数

放大电路的电压放大倍数（voltage magnification）的定义是输出电压与输入电压之比，即

$$A_\mathrm{u} = \frac{u_\mathrm{o}}{u_\mathrm{i}} \qquad (2\text{-}4\text{-}15)$$

式中

u_o——输出电压的瞬时值；u_i——输入电压的瞬时值；A_u——电压放大倍数。

对电压放大倍数求常用对数再乘 20，则称为电压增益，单位为分贝，用 dB 表示。其表达式为

$$20\log_{10}A_\mathrm{u} = 20\log_{10}\frac{u_\mathrm{o}}{u_\mathrm{i}} = 20\lg\frac{u_\mathrm{o}}{u_\mathrm{i}}$$

对图 2-4-11 列方程，得欧姆定律方程 $u_\mathrm{i} = +i_\mathrm{b} \cdot r_\mathrm{be}$，其中正号"＋"表示关联；对 R_C 和 R_L 并联后的电阻 $R_\mathrm{C}//R_\mathrm{L}$ 应用欧姆定律，由于 $R_\mathrm{C}//R_\mathrm{L}$ 的端电压的参考方向和流过的电流的参考方向为非关联的，得欧姆定律方程为 $u_\mathrm{o} = -i_\mathrm{c} \cdot (R_\mathrm{C}//R_\mathrm{L})$，其中负号"－"表示非关联；对 BJT 来说，有 $i_\mathrm{c} = \beta \cdot i_\mathrm{b}$ 的关系存在。

将上述关系式代入式（2-4-15），得到电压放大倍数表达式

$$A_\mathrm{u} = \frac{u_\mathrm{o}}{u_\mathrm{i}} = \frac{-i_\mathrm{c}(R_\mathrm{C}//R_\mathrm{L})}{i_\mathrm{b}r_\mathrm{be}} = \frac{-\beta i_\mathrm{b}(R_\mathrm{C}//R_\mathrm{L})}{i_\mathrm{b}r_\mathrm{be}} = -\frac{\beta(R_\mathrm{C}//R_\mathrm{L})}{r_\mathrm{be}} \qquad (2\text{-}4\text{-}16)$$

（四）计算输入电阻

放大电路输入电阻的定义是输入电压与输入电流之比，即

$$R_\mathrm{i} = \frac{u_\mathrm{i}}{i_\mathrm{i}} \qquad (2\text{-}4\text{-}17)$$

式中，u_i 是输入电压的瞬时值；i_i 是输入电流的瞬时值。R_i 是一个交流电阻，本书用大写字母 R 表示。

根据图 2-4-11 列方程，r_be 的端电压的参考方向和流过的电流的参考方向为关联的，得欧姆定律方程为 $u_\mathrm{i} = +i_\mathrm{b} \cdot r_\mathrm{be}$，推导得 $i_\mathrm{b} = \dfrac{u_\mathrm{i}}{r_\mathrm{be}}$，$R_\mathrm{B}$ 的端电压的参考方向和流过的电流的参考方向为关联的，得欧姆定律方程为 $u_\mathrm{i} = +i_1R_\mathrm{B}$，推导得 $i_1 = \dfrac{u_\mathrm{i}}{R_\mathrm{B}}$；对 b 点列 KCL 方程，$+i_\mathrm{i} - i_1 - i_\mathrm{b} = 0$。将 $i_\mathrm{b} = \dfrac{u_\mathrm{i}}{r_\mathrm{be}}$ 和 $i_1 = \dfrac{u_\mathrm{i}}{R_\mathrm{B}}$ 代入 $+i_\mathrm{i} - i_1 - i_\mathrm{b} = 0$，求得输入电阻如式（2-4-18）所示。

$$R_\mathrm{i} = \frac{u_\mathrm{i}}{i_\mathrm{i}} = R_\mathrm{B}//r_\mathrm{be} \qquad (2\text{-}4\text{-}18)$$

（五）计算输出电阻

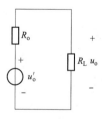

图 2-4-12　图 2-4-11 的等效电路

在图 2-4-11 中，将负载电阻 R_L 左边的所有电路（不包括 R_L）用戴维南定理等效，等效电路用一个理想的交流电压源 u_o' 和一个串联的电阻 R_o 来表示，如图 2-4-12 所示。其中电阻 R_o 就是放大电路的输出电阻。

输出电阻可用加压求流法求得。因为电路中含有受控源，采用加压求流法更易求解。

下面介绍加压求流法。在图 2-4-11 中，将交流电压源短路，去掉

负载电阻，在负载电阻的位置加测试电压 u_{T}，产生一个测试电流 i_{T}，测试电压 u_{T} 与测试电流 i_{T} 之比即为放大电路的输出电阻 R_{o}，其表达式为

$$R_{\mathrm{o}} = \frac{u_{\mathrm{T}}}{i_{\mathrm{T}}} \qquad (2\text{-}4\text{-}19)$$

求输出电阻的等效电路如图 2-4-13（a）所示，图 2-4-13（b）是简化后的电路。可见，输出电阻 $R_{\mathrm{o}} = R_{\mathrm{C}}$。$R_{\mathrm{o}}$ 是一个交流电阻，本书用大写字母表示。

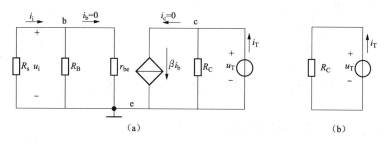

图 2-4-13　求输出电阻的等效电路
（a）加压求流法；（b）简化后的电路

（六）输入电阻和输出电阻的物理意义

用输入电阻和输出电阻来描述的放大电路的等效电路如图 2-4-14 所示。可以看出信号源的内阻与输入电阻、放大电路的输出电阻与负载都是串联关系。

根据图 2-4-14 得到放大电路的输入电压 u_{i} 与信号源电压 u_{s} 的关系式为

$$u_{\mathrm{i}} = \frac{R_{\mathrm{i}}}{R_{\mathrm{i}} + R_{\mathrm{s}}} u_{\mathrm{s}} \qquad (2\text{-}4\text{-}20)$$

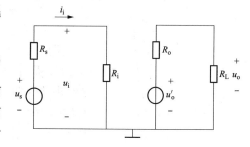

图 2-4-14　放大电路的等效电路

通过式（2-4-20）可以看出，放大电路的输入端要与信号源相连，它们之间要相互影响，输入电阻可定量描述这种影响，即放大电路对信号源的衰减程度。输入电阻越大，则衰减程度越小；输入电阻越小，则衰减程度越大。

根据图 2-4-14，得到放大电路的输出电压 u_{o} 与空载输出电压 u_{o}' 的关系式为

$$u_{\mathrm{o}} = \frac{R_{\mathrm{L}}}{R_{\mathrm{L}} + R_{\mathrm{o}}} u_{\mathrm{o}}' \qquad (2\text{-}4\text{-}21)$$

通过式（2-4-21）可以看出，放大电路的输出电阻可以衡量放大电路带负载的能力，输出电阻阻值越小，放大电路带负载的能力越强。放大电路的带负载能力可以这样理解：放大电路在空载时的输出电压和带负载时的输出电压是不同的，带负载时的输出电压小，二者之间有一个差值，这个差值越小，说明电路的带负载能力越强。

注意，前面所讲的放大电路，准确地应该称为电压放大电路，输入信号是电压信号，输出信号是电压信号。实际上，传感器电路的输出信号可能是电压信号，也可能是电流信号；信号处理电路需要的信号可能是电压信号，也可能是电流信号。因此，为了适应这些需要，放大电路共有 4 种，除电压放大电路外，还有电流放大电路（输入信号和输出信号均是电流）、互阻放大电路（输入信号是电流，输出信号是电压）、互导放大电路（输入信号是电压，输出信号是电流）。第六章中将会介绍另外三种放大电路。

对于电压放大电路而言，其输入电阻越大越好，输出电阻越小越好。

（七）源电压放大倍数

源电压放大倍数（source voltage magnification）为

$$A_{\mathrm{us}} = \frac{u_{\mathrm{o}}}{u_{\mathrm{s}}} = \frac{u_{\mathrm{o}}}{u_{\mathrm{i}}} \cdot \frac{u_{\mathrm{i}}}{u_{\mathrm{s}}} = A_{\mathrm{u}} \cdot \frac{R_{\mathrm{i}}}{R_{\mathrm{i}} + R_{\mathrm{s}}} \tag{2-4-22}$$

对源电压放大倍数求常用对数再乘 20，则称为源电压增益（small signal source voltage gain），单位为分贝，用 dB 表示。

$$20 \log_{10} A_{\mathrm{us}} = 20 \log_{10}\left(A_{\mathrm{u}} \cdot \frac{R_{\mathrm{i}}}{R_{\mathrm{i}} + R_{\mathrm{s}}}\right) = 20 \lg\left(A_{\mathrm{u}} \cdot \frac{R_{\mathrm{i}}}{R_{\mathrm{i}} + R_{\mathrm{s}}}\right)$$

第五节　放大电路的静态工作点稳定问题

一、温度变化对 BJT 特性曲线的影响

下面以 NPN 型 BJT 共射接法特性曲线为例，从三个角度来讨论温度变化对 BJT 的影响。

（一）温度变化对输入特性曲线的影响

温度为 25℃和 90℃时，NPN 型 BJT 输入特性曲线如图 2-5-1 所示。可见，在第一象限温度升高使输入特性曲线左移，温度下降使输入特性曲线右移。

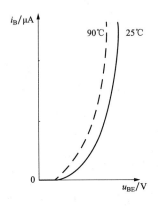

图 2-5-1　25℃和 90℃时
NPN 型 BJT 输入特性曲线

（二）温度变化对输出特性曲线的影响

1. 温度变化对 I_{CBO} 的影响

温度为 25℃和 90℃时，NPN 型 BJT 输出特性曲线如图 2-5-2 所示。可见，温度升高使输出特性曲线上移，温度下降使输出特性曲线下移。I_{CBO} 是集电极基极间反向饱和电流，是一个 PN 结的反向电流，其大小与温度有关。当温度升高时，I_{CBO} 增大，而 $I_{\mathrm{CEO}} = (1+\beta) I_{\mathrm{CBO}}$，所以当温度升高时，$I_{\mathrm{CEO}}$ 也增大。I_{CEO} 是基极开路时，集电极到发射极间的电流，在输出特性曲线上，就是基极电流为 0 时的那条曲线，所以 90℃下的输出特性曲线整体上移。

2. 温度变化对 β 的影响

温度每升高 1℃，β 要增加 0.5%～1.0%，所以随着温度升高输出特性曲线簇间距增大；随着温度下降输出特性曲线簇间距减小。在图 2-5-2 中，相邻两条虚线间的距离比相邻两条实线间的距离要大，表明 β 增加。

二、基本共射放大电路的 Q 点随温度变化的情况

对于图 2-3-2 所示的 NPN 基本共射放大电路的直流通路，当环境温度升高时，因为直流负载线只决定于 U_{CC} 和 R_{C}，与温度无关，所以位置不变；但是 BJT 的输出特性曲线要上升，而且基极电流也要升高，这样在双重作用下，当温度升高时，静态工作点 Q 沿直流负载线升高至 Q' 点，如图 2-5-3 所示。

从图 2-5-3 可以看出，静态工作点 Q 沿直流负载线向饱和区移动，U_{CE} 下降，I_{C} 升高。

要想温度升高后静态工作点的位置不变，可以想办法让 I_{B} 降下来，使得输出特性曲线

与直流负载线的交点 Q 下降。但是对于图 2-3-2 所示的 NPN 基本共射放大电路的直流通路来说，当温度升高后，I_B 不但不减小，反而上升，使 Q 点进一步升高。射极偏置电路可以解决这个问题。

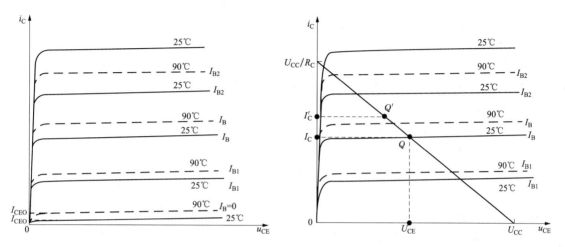

图 2-5-2　25℃和 90℃时 NPN 型 BJT 输出特性曲线　　　图 2-5-3　基本共射放大电路温度升高后的 Q 点

三、射极偏置电路稳定 Q 点的原理

为了克服温度变化对 BJT 静态工作点带来的影响，可以采用如图 2-5-4 所示的射极偏置电路。其与图 2-3-2 所示的 NPN 基本共射放大电路的直流通路相比，多了两个电阻。因为在 BJT 的发射极接有一个电阻 R_E 而被称为射极偏置。

图 2-5-4 所示电路中 R_{B1} 和 R_{B2} 的取值要能保证流过电阻 R_{B2} 的电流 I_1 远远大于基极电流 I_B，即 $I_1 \gg I_B$；另外，BJT 的基极电位 U_B 远远大于 BJT 的发射结电压 U_{BE}，即 $U_B \gg U_{BE}$，这样射极偏置电路才能稳定静态工作点，克服温度的影响。

为了求解基极电流，对图 2-5-4 进行戴维南等效变换，得到如图 2-5-5 所示的戴维南等效电路。

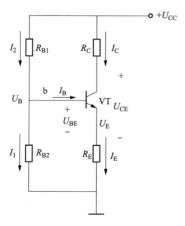

图 2-5-4　射极偏置电路

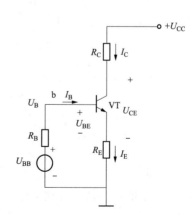

图 2-5-5　图 2-5-4 的等效电路

在图 2-5-5 中，戴维南等效的入端电阻和开路电压分别为

$$R_{\mathrm{B}} = R_{\mathrm{B1}} /\!/ R_{\mathrm{B2}} \tag{2-5-1}$$

$$U_{\mathrm{BB}} = \frac{R_{\mathrm{B2}}}{R_{\mathrm{B1}} + R_{\mathrm{B2}}} U_{\mathrm{CC}} \tag{2-5-2}$$

在图 2-5-5 中，对基极回路列方程，同时对电阻应用欧姆定律，得

$$I_{\mathrm{B}} R_{\mathrm{B}} + U_{\mathrm{BE}} + (1+\beta) I_{\mathrm{B}} R_{\mathrm{E}} - U_{\mathrm{BB}} = 0 \tag{2-5-3}$$

式（2-5-3）中，若 $I_{\mathrm{B}} = 0$，得到 $U_{\mathrm{BE}} = U_{\mathrm{BB}}$；若 $U_{\mathrm{BE}} = 0$，得到 $I_{\mathrm{B}} = \dfrac{U_{\mathrm{BB}}}{R_{\mathrm{B}} + (1+\beta) R_{\mathrm{E}}}$。

在 25℃时的 BJT 输入特性曲线上画出 Q 点，如图 2-5-6 所示。

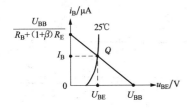

图 2-5-6　NPN 型 BJT 输入
特性曲线上的 Q 点

当温度从 25℃升高到 90℃时，BJT 的外围电路还没有起作用，所以发射结电压 U_{BE} 还没有来得及调整，从 25℃时的 Q 点跳变到 90℃时的 Q' 点，如图 2-5-7 所示。

图 2-5-7 中的 Q' 点是维持不住的，BJT 的外围电路还没有起作用。在图 2-5-5 所示电路的作用下，沿 90℃时的输入特性曲线下降，同时还要满足式（2-5-3），最后静态工作点 Q'' 如图 2-5-8 所示。可以看出，90℃时 BJT 的发射结电压 U''_{BE} 比 25℃时的发射结电压 U_{BE} 减小。

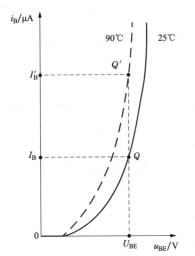

图 2-5-7　温度升高时 Q 点在
输入特性曲线上的改变

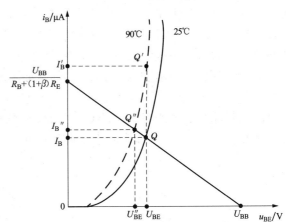

图 2-5-8　射极偏置电路强制静态
工作点下移到 Q''（输入特性曲线上）

根据图 2-5-5，得到直流负载线方程为

$$U_{\mathrm{CE}} = U_{\mathrm{CC}} - I_{\mathrm{C}} R_{\mathrm{C}} - I_{\mathrm{E}} R_{\mathrm{E}} \approx U_{\mathrm{CC}} - I_{\mathrm{C}} (R_{\mathrm{C}} + R_{\mathrm{E}}) \tag{2-5-4}$$

根据式（2-5-4），若 $I_{\mathrm{C}} = 0$，得到 $U_{\mathrm{CE}} \approx U_{\mathrm{CC}}$；若 $U_{\mathrm{CE}} = 0$，得到 $I_{\mathrm{C}} \approx \dfrac{U_{\mathrm{CC}}}{R_{\mathrm{C}} + R_{\mathrm{E}}}$。

在图 2-5-2 所示的输出特性曲线上得到静态工作点 Q''，如图 2-5-9 所示。Q'' 与 Q 比较接近，说明静态工作点基本稳定。

从图 2-5-8 可以看出，90℃时 BJT 的发射结电压 U''_{BE} 比 25℃时小。由于发射结电压的下降，导致基极电流减小，稳定在 Q'' 点，发射结电压下降多少与 R_{E} 电阻的大小有关，R_{E} 电

阻越大，发射结电压下降就越多，称 R_E 的这种调整作用为直流负反馈作用。但是 Q'' 与 Q 永远不可能重合，称射极偏置电路对 Q 点的调节是有差调节。

对图 2-5-5 所示的电路进行分析，发射结用 $0.7V$ 的直流电压源代替，将电阻 R_E 等效到基极回路，得到图 2-5-10。

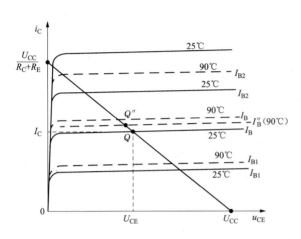

图 2-5-9　射极偏置电路强制静态工作点
基本不变（输出特性曲线上 Q''）

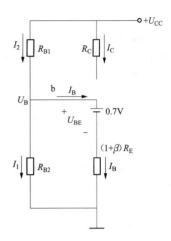

图 2-5-10　射极偏置电路基极
回路的等效电路

根据图 2-5-10，得到图 2-5-11。在图 2-5-11 中，对回路列方程，同时对电阻应用欧姆定律，得

$$I_B R_B + U_{BE} + I_B(1+\beta)R_E - U_{BB} = 0 \qquad (2\text{-}5\text{-}5)$$

根据式（2-5-5），得

$$I_B = \frac{U_{BB} - U_{BE}}{R_B + (1+\beta)R_E} = \frac{\dfrac{R_{B2}}{R_{B1}+R_{B2}}U_{CC} - U_{BE}}{(R_{B1}//R_{B2}) + (1+\beta)R_E} \qquad (2\text{-}5\text{-}6)$$

根据式（2-5-6），可知当 $(1+\beta)R_E \gg (R_{B1}//R_{B2})$ 时，有

$$I_B \approx \frac{\dfrac{R_{B2}}{R_{B1}+R_{B2}}U_{CC} - U_{BE}}{0 + (1+\beta)R_E} \qquad (2\text{-}5\text{-}7)$$

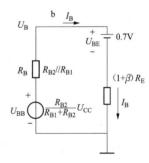

图 2-5-11　图 2-5-10 基极
回路的戴维南等效电路

式（2-5-7）给出了基极电流的近似求解公式。

在图 2-5-4 所示的射极偏置电路中，若电路参数满足 $(1+\beta)R_E \gg (R_{B1}//R_{B2})$，则基极电流比 R_{B1} 和 R_{B2} 电阻流过的电流要小很多，一般有 $I_1 = (5\sim 10)I_B$。为了简便求解基极电位 U_B，可将基极开路，R_{B1} 和 R_{B2} 电阻为串联关系，基极电位的计算式可简化为

$$U_B \approx \frac{R_{B2}}{R_{B1}+R_{B2}}U_{CC}$$

可见，若电源和电阻的温度稳定性好，则基极电位 U_B 基本上与温度无关，其值只决定于电路结构和参数。注意，基极电流不可能是零，否则 BJT 就处于截止状态，不能处于放大状态，因此只是在近似计算基极电位 U_B 时认为基极开路。

若 BJT 的基极电位 U_B 远远大于 BJT 的发射结电压 U_{BE}，一般有 $U_B = 3\sim 5V$，基极电流的计算式可进一步简化为

$$I_B \approx \frac{U_B}{(1+\beta)R_E} \tag{2-5-8}$$

集电极电流的计算式为

$$I_C \approx \frac{U_B}{R_E} \tag{2-5-9}$$

从式（2-5-9）可知，集电极电流不随温度改变而改变，其值只决定于电路结构和参数，因此射极偏置电路可克服温度的影响。静态工作点 Q 的位置基本不变。

射极偏置电路调整静态工作点 Q 的工作原理简单描述如下。当温度 T 升高到 90℃，BJT 的集电极电流 I_C 变大，发射极电流 I_E 也变大，导致发射极的电位 U_E（射极偏置电阻 R_E 的端电压）升高，而基极电位 U_B 不随温度的改变而改变，所以强制发射结电压 U_{BE} 减小，从而使基极电流 I_B 减小，最终可保证集电极电流 I_C 基本不变。

四、射极偏置放大电路的小信号等效电路分析

在射极偏置电路的基础上，加入交流输入信号，得到射极偏置放大电路，如图 2-5-12 所示。图中，用相量来表示正弦交流输入信号。

（一）**画出直流通路，标参考方向，列方程求静态工作点 Q**

根据前面描述的直流通路的画法，图 2-5-12 所示的射极偏置放大电路的直流通路如图 2-5-13 所示。

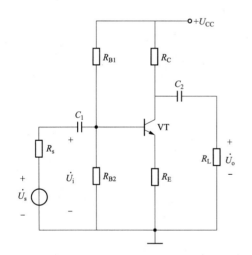 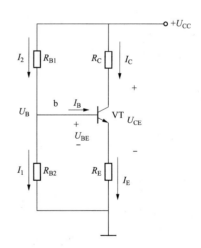

图 2-5-12　射极偏置放大电路　　　图 2-5-13　射极偏置放大电路的直流通路

图 2-5-13 即图 2-5-4 所示的射极偏置电路。

$$U_B \approx \frac{R_{B2}}{R_{B1} + R_{B2}} U_{CC} \tag{2-5-10}$$

对发射极电阻 R_E 应用欧姆定律，即

$$U_B - U_{BE} = + I_E R_E \tag{2-5-11}$$

所以 BJT 的发射极电流为

$$I_E = \frac{U_B - U_{BE}}{R_E} \tag{2-5-12}$$

下面计算 BJT 的静态工作点的数值，其中集电极电流为

$$I_\mathrm{C} \approx I_\mathrm{E} = \frac{U_\mathrm{B} - U_\mathrm{BE}}{R_\mathrm{E}} \tag{2-5-13}$$

基极电流为

$$I_\mathrm{B} = \frac{I_\mathrm{C}}{\beta} \tag{2-5-14}$$

集电极—发射极电压为

$$U_\mathrm{CE} = U_\mathrm{CC} - I_\mathrm{C}R_\mathrm{C} - I_\mathrm{E}R_\mathrm{E} \approx U_\mathrm{CC} - I_\mathrm{C}(R_\mathrm{C} + R_\mathrm{E}) \tag{2-5-15}$$

通过式（2-5-13）可以看出，集电极电流 I_C 的大小基本上与 BJT 的参数无关，因此即使 BJT 的特性不一样，电路的 Q 点也基本不变，这样可便于大批量生产或更换 BJT。

（二）交流通路

图 2-5-12 所示的射极偏置放大电路的交流通路如图 2-5-14 所示。尽管发射极经过电阻接地，但是发射极仍然是输入回路和输出回路的共同端，所以射极偏置放大电路是共射组态。换句话说，信号源的非接地端与 BJT 的基极相连，负载电阻 R_L 的非接地端与 BJT 的集电极相连，则为共射组态。

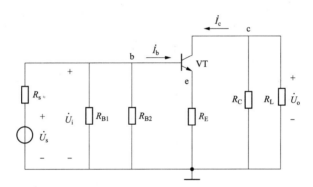

图 2-5-14　射极偏置放大电路的交流通路

（三）求电压放大倍数

图 2-5-12 所示的射极偏置放大电路的小信号等效电路如图 2-5-15 所示。

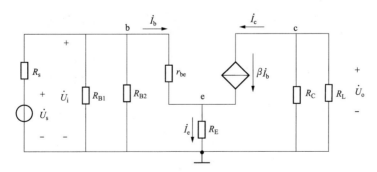

图 2-5-15　射极偏置放大电路的小信号等效电路

根据图 2-5-15，列 KVL 方程和欧姆定律的方程，即

$$\dot{U}_\mathrm{i} = \dot{I}_\mathrm{b}r_\mathrm{be} + \dot{I}_\mathrm{e}R_\mathrm{E} = \dot{I}_\mathrm{b}r_\mathrm{be} + \dot{I}_\mathrm{b}(1+\beta)R_\mathrm{E} \tag{2-5-16}$$

$$\dot{U}_o = -\beta \dot{I}_b (R_C /\!/ R_L) \tag{2-5-17}$$

电压放大倍数为

$$\dot{A}_u = \frac{\dot{U}_o}{\dot{U}_i} = \frac{-\beta \dot{I}_b (R_C /\!/ R_L)}{\dot{I}_b [r_{be} + (1+\beta)] R_E} = -\frac{\beta (R_C /\!/ R_L)}{r_{be} + (1+\beta) R_E} \tag{2-5-18}$$

式（2-5-18）中的负号说明输出电压与输入电压相位相反。

（四）求输入电阻

在图 2-5-15 中标参考方向，如图 2-5-16 所示。对 b 点列 KCL 方程，即

$$+ \dot{I}_i - \dot{I}_1 - \dot{I}_2 - \dot{I}_b = 0 \tag{2-5-19}$$

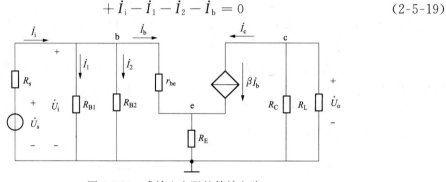

图 2-5-16 求输入电阻的等效电路

根据式（2-5-16）得

$$\dot{I}_b = \frac{\dot{U}_i}{r_{be} + (1+\beta) R_E} \tag{2-5-20}$$

对 R_{B1} 电阻应用欧姆定律，得

$$\dot{U}_i = + \dot{I}_1 R_{B1} \tag{2-5-21}$$

根据式（2-5-21）得

$$\dot{I}_1 = \frac{\dot{U}_i}{R_{B1}} \tag{2-5-22}$$

对 R_{B2} 电阻应用欧姆定律，得

$$\dot{U}_i = + \dot{I}_2 R_{B2} \tag{2-5-23}$$

根据式（2-5-23）得

$$\dot{I}_2 = \frac{\dot{U}_i}{R_{B2}} \tag{2-5-24}$$

将式（2-5-20）、式（2-5-22）、式（2-5-24）代入式（2-5-19），得

$$+ \dot{I}_i - \frac{\dot{U}_i}{R_{B1}} - \frac{\dot{U}_i}{R_{B2}} - \frac{\dot{U}_i}{r_{be} + (1+\beta) R_E} = 0 \tag{2-5-25}$$

根据式（2-5-25）得到输入电阻

$$R_i = \frac{\dot{U}_i}{\dot{I}_i} = \frac{1}{\dfrac{1}{R_{B1}} + \dfrac{1}{R_{B2}} + \dfrac{1}{r_{be} + (1+\beta) R_E}} = R_{B1} /\!/ R_{B2} /\!/ [r_{be} + (1+\beta) R_E] \tag{2-5-26}$$

（五）求输出电阻

根据输出电阻的定义，求输出电阻的小信号等效电路如图 2-5-17 所示。图中，BJT 的模型必须使用更复杂的模型，必须将电阻 r_{ce} 考虑进来，此时 $\dot{I}_c \neq \beta \dot{I}_b$。

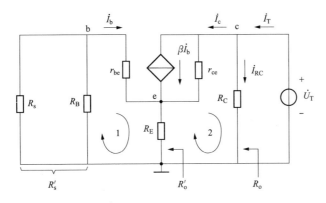

图 2-5-17　求输出电阻的小信号等效电路

记 $R'_s = R_s // R_B = R_s // R_{B1} // R_{B2}$，$R'_o = \dfrac{\dot{U}_T}{\dot{I}_c}$，则有 $R_o = R'_o // R_C$ 首先推导 R'_o。在图 2-5-17 中，对回路 1 列 KVL 方程，同时应用欧姆定律，推导得

$$\dot{I}_b(r_{be} + R'_s) + (\dot{I}_b + \dot{I}_c)R_E = 0$$

$$\dot{I}_b = -\dot{I}_c \frac{R_E}{r_{be} + R'_s + R_E} \tag{2-5-27}$$

在图 2-5-17 中，对回路 2 列 KVL 方程，同时应用欧姆定律，得

$$\dot{U}_T - (\dot{I}_c - \beta \dot{I}_b)r_{ce} - (\dot{I}_c + \dot{I}_b)R_E = 0$$

$$\dot{U}_T - \dot{I}_c(r_{ce} + R_E) + \dot{I}_b(\beta r_{ce} - R_E) = 0 \tag{2-5-28}$$

将式（2-5-27）代入式（2-5-28），推导得

$$\dot{U}_T = \dot{I}_c \left[r_{ce} + R_E + \frac{R_E}{r_{be} + R'_s + R_E}(\beta r_{ce} - R_E) \right]$$

$$R'_o = \frac{\dot{U}_T}{\dot{I}_c} = r_{ce} + R_E + \frac{R_E}{r_{be} + R'_s + R_E}(\beta r_{ce} - R_E)$$

$$= r_{ce}\left(1 + \frac{R_E}{r_{be} + R'_s + R_E}\beta\right) + \frac{r_{be} + R'_s}{r_{be} + R'_s + R_E}R_E \tag{2-5-29}$$

考虑到实际情况，$r_{ce} \gg R_E$，得

$$R'_o = \frac{\dot{U}_T}{\dot{I}_c} \approx r_{ce}\left(1 + \frac{\beta R_E}{r_{be} + R'_s + R_E}\right)$$

因为 r_{ce} 很大，所以 R'_o 也很大。可认为输出电阻

$$R_o = R_C // R'_o \approx R_C \tag{2-5-30}$$

发射极偏置电阻 R_E 具有直流负反馈作用，可以稳定静态工作点。反馈概念在第六章做详细介绍。发射极偏置电阻 R_E 越大，负反馈作用越强，静态工作点越稳定。从式（2-5-18）可以看出，发射极偏置电阻 R_E 在分母中，使电压放大倍数下降。为了进一步提高放大倍

数，又能稳定静态工作点，一般在发射极偏置电阻 R_E 的两端接旁路电容（bypass capacitor），用 C_E 表示，如图 2-5-18 所示。对于交流信号而言，旁路电容 C_E 做短路处理，请读者自行分析各种交流指标。

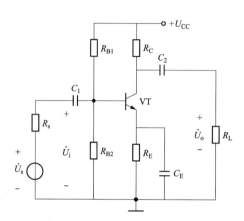

图 2-5-18　发射极偏置电阻带有旁路电容的射极偏置放大电路

第六节　共集电极放大电路

一、共集电极放大电路的小信号等效电路分析

NPN 共集电极放大电路如图 2-6-1 所示。

（一）求静态工作点 Q

图 2-6-1 所示的 NPN 共集电极放大电路的直流通路如图 2-6-2 所示，由图可列出如下方程：

$$+U_1 + U_{BE} + U_2 - U_3 = 0 \tag{2-6-1}$$

$$U_1 = +I_B R_B \tag{2-6-2}$$

$$U_2 = +I_E R_E \tag{2-6-3}$$

$$U_3 = +U_{CC} \tag{2-6-4}$$

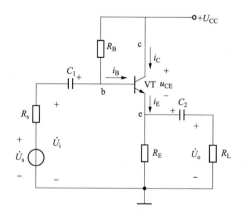

图 2-6-1　NPN 共集电极放大电路

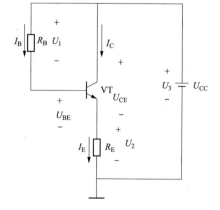

图 2-6-2　NPN 共集电极放大电路的直流通路

将式（2-6-2）~式（2-6-4）代入式（2-6-1），得

$$+(+I_B R_B) + U_{BE} + (+I_E R_E) - (+U_{CC}) = 0 \tag{2-6-5}$$

根据 BJT 的工作原理，有 $I_E = (1+\beta)I_B$，代入式（2-6-5），得

$$I_B = \frac{U_{CC} - U_{BE}}{R_B + (1+\beta)R_E} \tag{2-6-6}$$

根据 BJT 的工作原理，集电极电流 I_C 与基极电流 I_B 满足

$$I_C = \beta I_B \tag{2-6-7}$$

对 BJT、R_E、U_{CC} 所在的回路列 KVL 方程，有

$$+U_{CE} + U_2 - U_3 = 0 \tag{2-6-8}$$

将式（2-6-3）、式（2-6-4）代入式（2-6-8），得

$$+U_{CE} + (+I_E R_E) - (+U_{CC}) = 0 \tag{2-6-9}$$

根据式（2-6-9），得

$$U_{CE} = U_{CC} - I_E R_E \approx U_{CC} - I_C R_E \tag{2-6-10}$$

综上所述，得到由基极电流、集电极电流、集电极发射极电压描述的 Q 点。

（二）画交流通路

图 2-6-1 所示 NPN 共集电极放大电路的交流通路如图 2-6-3 所示。

从图 2-6-3 可看出，BJT 的集电极为交流信号输入回路和交流信号输出回路的共同端，所以称为共集电极放大电路。因为发射极是交流信号的输出端，所以共集电极放大电路又称为射极输出器。换句话说，信号源的非接地端与 BJT 的基极相连，负载电阻 R_L 的非接地端与 BJT 的发电极相连，则为共集组态。

（三）求电压放大倍数

图 2-6-3 对应的小信号等效电路如图 2-6-4 所示。

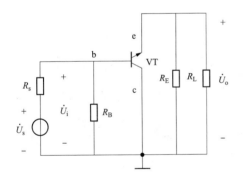

图 2-6-3　图 2-6-1 所示 NPN 共集电极
放大电路的交流通路

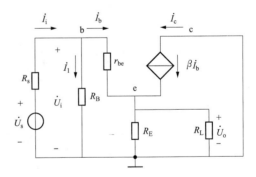

图 2-6-4　NPN 共集电极放大
电路的小信号等效电路

根据图 2-6-4，可列出如下方程：

$$R'_L = R_E /\!/ R_L$$

$$-\dot{U}_i + \dot{I}_b r_{be} + (\dot{I}_b + \beta \dot{I}_b)R'_L = 0 \tag{2-6-11}$$

根据式（2-6-11），得到输入电压 $\dot{U}_i$ 的表达式为

$$\dot{U}_i = \dot{I}_b r_{be} + (\dot{I}_b + \beta \dot{I}_b)R'_L = \dot{I}_b r_{be} + \dot{I}_b(1+\beta)R'_L \tag{2-6-12}$$

输出电压为
$$\dot{U}_o = +(\dot{I}_b + \beta \dot{I}_b)R'_L = +\dot{I}_b(1+\beta)R'_L \tag{2-6-13}$$

根据式（2-6-12）和式（2-6-13），可得到电压放大倍数的表达式为

$$\dot{A}_{\mathrm{u}} = \frac{\dot{U}_{\mathrm{o}}}{\dot{U}_{\mathrm{i}}} = \frac{\dot{I}_{\mathrm{b}}(1+\beta)R'_{\mathrm{L}}}{\dot{I}_{\mathrm{b}}[r_{\mathrm{be}}+(1+\beta)R'_{\mathrm{L}}]} = \frac{(1+\beta)R'_{\mathrm{L}}}{r_{\mathrm{be}}+(1+\beta)R'_{\mathrm{L}}} \approx 1 \tag{2-6-14}$$

从式（2-6-14）可以看出，电压放大倍数为正数，说明在图 2-6-4 所示的电压参考方向下，输出信号电压 $\dot{U}_{\mathrm{o}}$ 与输入信号电压 $\dot{U}_{\mathrm{i}}$ 同相；共集电极放大电路的电压放大倍数小于 1，但接近于 1，因此共集电极放大电路又称为电压跟随器。

（四）求输入电阻

根据图 2-6-4，可列出如下方程

$$+\dot{I}_{\mathrm{i}} - \dot{I}_{\mathrm{b}} - \dot{I}_{1} = 0 \tag{2-6-15}$$

$$\dot{U}_{\mathrm{i}} = +\dot{I}_{1}R_{\mathrm{B}} \tag{2-6-16}$$

根据式（2-6-12）和式（2-6-16），分别得

$$\dot{I}_{\mathrm{b}} = \frac{\dot{U}_{\mathrm{i}}}{r_{\mathrm{be}}+(1+\beta)R'_{\mathrm{L}}} \tag{2-6-17}$$

$$\dot{I}_{1} = \frac{\dot{U}_{\mathrm{i}}}{R_{\mathrm{B}}} \tag{2-6-18}$$

将式（2-6-17）、式（2-6-18）代入式（2-6-15），得

$$+\dot{I}_{\mathrm{i}} - \frac{\dot{U}_{\mathrm{i}}}{r_{\mathrm{be}}+(1+\beta)R'_{\mathrm{L}}} - \frac{\dot{U}_{\mathrm{i}}}{R_{\mathrm{B}}} = 0 \tag{2-6-19}$$

根据式（2-6-19），得到输入电阻

$$R_{\mathrm{i}} = \frac{\dot{U}_{\mathrm{i}}}{\dot{I}_{\mathrm{i}}} = \frac{1}{\dfrac{1}{R_{\mathrm{B}}}+\dfrac{1}{r_{\mathrm{be}}+(1+\beta)R'_{\mathrm{L}}}} = R_{\mathrm{B}}//[r_{\mathrm{be}}+(1+\beta)R'_{\mathrm{L}}] \tag{2-6-20}$$

（五）求输出电阻

将图 2-6-4 中的交流电压源短路，去掉负载电阻，在负载电阻的位置加测试电压 $\dot{U}_{\mathrm{T}}$，得至如图 2-6-5 所示等效电路。测试电压 $\dot{U}_{\mathrm{T}}$ 与测试电流 $\dot{I}_{\mathrm{T}}$ 之比即为放大电路的输出电阻 R_{o}。

有时为了方便观察，可将图 2-6-5 所示电路稍作整理，如图 2-6-6 所示。

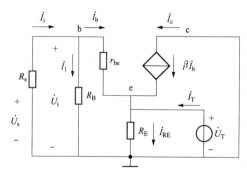 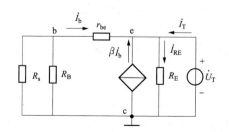

图 2-6-5　求输出电阻的等效电路　　　　图 2-6-6　整理后的求输出电阻的等效电路

记 $R'_{\mathrm{s}} = R_{\mathrm{s}}//R_{\mathrm{B}}$，根据图 2-6-6 列出如下方程

$$+\dot{I}_{\mathrm{T}} + \dot{I}_{\mathrm{b}} - \dot{I}_{\mathrm{RE}} + \beta\dot{I}_{\mathrm{b}} = 0 \tag{2-6-21}$$

$$\dot{U}_{\mathrm{T}} = +\dot{I}_{\mathrm{RE}}R_{\mathrm{E}} \tag{2-6-22}$$

$$\dot{U}_{\mathrm{T}} = -\dot{I}_{\mathrm{b}}(r_{\mathrm{be}} + R'_{\mathrm{s}}) \tag{2-6-23}$$

根据式（2-6-22）和式（2-6-23），分别得

$$\dot{I}_{\mathrm{RE}} = \frac{\dot{U}_{\mathrm{T}}}{R_{\mathrm{E}}} \tag{2-6-24}$$

$$\dot{I}_{\mathrm{b}} = -\frac{\dot{U}_{\mathrm{T}}}{r_{\mathrm{be}} + R'_{\mathrm{s}}} \tag{2-6-25}$$

将式（2-6-24）、式（2-6-25）代入式（2-6-21），得

$$\dot{I}_{\mathrm{T}} - (1+\beta)\frac{\dot{U}_{\mathrm{T}}}{r_{\mathrm{be}} + R'_{\mathrm{s}}} - \frac{\dot{U}_{\mathrm{T}}}{R_{\mathrm{E}}} = 0 \tag{2-6-26}$$

$$R_{\mathrm{o}} = \frac{\dot{U}_{\mathrm{T}}}{\dot{I}_{\mathrm{T}}} = \frac{1}{\dfrac{1}{\dfrac{r_{\mathrm{be}} + R'_{\mathrm{s}}}{1+\beta}} + \dfrac{1}{R_{\mathrm{E}}}} = \frac{r_{\mathrm{be}} + R'_{\mathrm{s}}}{1+\beta} /\!/ R_{\mathrm{E}} \tag{2-6-27}$$

在前面讲述 BJT 的小信号模型时提到，基极电流的参考方向和受控电流源的参考方向标注方法不是唯一的，为了深刻理解这一知识点，将图 2-6-6 中的 BJT 的小信号模型中的参考方向做一改变，如图 2-6-7 所示。采用这种参考方向标注方法推导出的输出电阻的公式不变，读者可自行分析。

共集电极放大电路的输出信号电压与输入信号电压同相的前提条件：①输出信号电压的参考方向和输入信号电压的参考方向如图 2-6-4 所示；②负载必须是纯电阻。只对中频信号而言是同相的；对低频和高频信号而言，就不再是同相的，二者之间有相位差，相位差值与电路参数有关。

共集电极放大电路的电压放大倍数小于 1，但接近于 1；输入电阻较大，一般比共射极放大电路的输入电阻大几十倍至几百倍，对电压信号源衰减小；输

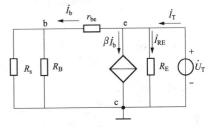

图 2-6-7 求输出电阻的等效电路
（采用另一种参考方向标注方法）

出电阻小，它一般比共射极放大电路的输出电阻小很多，负载能力强。

二、共集电极放大电路的图解分析

为了使读者对共集电极放大电路的工作原理有更深入的理解，为共集电极放大电路（射极输出器）实验做准备，另外，为第四章的功率放大电路中的 PNP 共集电极放大电路（射极输出器）的图解法提供基础，此处将 NPN 共集电极放大电路的图解法做一简单介绍。

（一）用图解法求 Q 点

根据图 2-6-2 所示的 NPN 共集电极放大电路的直流通路，得

$$I_{\mathrm{B}}R_{\mathrm{B}} + U_{\mathrm{BE}} + (1+\beta)I_{\mathrm{B}}R_{\mathrm{E}} - U_{\mathrm{CC}} = 0 \tag{2-6-28}$$

根据式（2-6-28）画出直线，如图 2-6-8 所示，其与 BJT 输入特性曲线的交点，即 Q 点。

根据图 2-6-2 和式（2-6-9），得

$$+U_{\mathrm{CE}} + (+I_{\mathrm{E}}R_{\mathrm{E}}) - (+U_{\mathrm{CC}}) = 0 \tag{2-6-29}$$

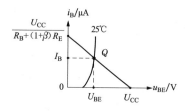

图 2-6-8　BJT 输入特性
曲线上的 Q 点

根据式（2-6-29），得到直流负载线方程为

$$U_{CE} + I_C R_E - U_{CC} = 0 \qquad (2\text{-}6\text{-}30)$$

根据式（2-6-30）画出直线，如图 2-6-9 所示，其与 BJT 输出特性曲线的交点，即 Q 点。

（二）用图解法求输出电压的波形

重画 NPN 共集电极放大电路的交流通路如图 2-6-10 所示。

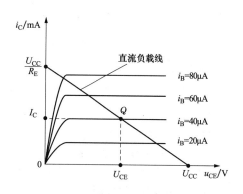

图 2-6-9　BJT 输出特性曲线上的 Q 点

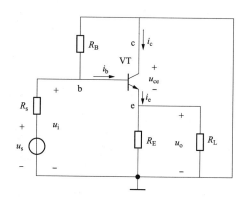

图 2-6-10　NPN 共集电极放大电路的交流通路

在图 2-6-10 中，观察输出回路，输出电压 u_o 与 u_{ce} 的关系为

$$u_o = -u_{ce} \qquad (2\text{-}6\text{-}31)$$

记 $R'_L = R_L // R_E$，应用欧姆定律，列出方程

$$u_o = +i_e R'_L \approx i_c R'_L \qquad (2\text{-}6\text{-}32)$$

交流负载线方程为

$$u_{CE} = U_{CE} + u_{ce} = U_{CE} - u_o = U_{CE} - i_c R'_L = U_{CE} - (i_C - I_C)R'_L$$
$$= U_{CE} + I_C R'_L - i_c R'_L \qquad (2\text{-}6\text{-}33)$$

根据式（2-6-33），可画出图 2-6-11。NPN 共集电极放大电路与 NPN 共射极放大电路不同的是，在 NPN 共射极放大电路中，输出交流电压与集射极电压中的交流成分相位相同，$u_o = u_{ce}$；而在 NPN 共集电极放大电路中，输出交流电压与集射极电压中的交流成分相位相反，$u_o = -u_{ce}$。因此，在 NPN 共集电极放大电路中，当 Q 点过低，出现截止失真时，输出正弦波形的底部被削去，这点与 NPN 共射极放大电路正好相反，希望读者注意体会。

NPN 共集电极放大电路调整 Q 点在交流负载线的中央的步骤如下：

（1）加大输入正弦波的幅值，输出信号会出现失真，可能是底部失真，也可能是顶部失真。若是底部失真，说明 Q 点过低，这时应该减小 R_B；若是顶部失真，说明 Q 点过高，这时应该加大 R_B，使输出信号不失真。

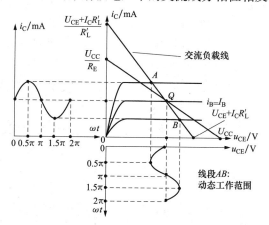

图 2-6-11　NPN 共集电极放大电路的图解法

（2）输出信号不失真后，接着再加大输入正弦波的幅值，输出信号又会出现失真，可能是底部失真，也可能是顶部失真，按上面的方法使失真消失。

（3）连续不断地调整。

（4）若再加大输入信号，底部失真和顶部失真同时出现，这时的 Q 点就在交流负载线的中央了。

请读者自行完成如下分析：①将 NPN 管换成 PNP 管，所有电压、电流参考方向不变，重复图解法分析过程；②将 NPN 管换成 PNP 管，电压的参考方向保持不变，但电流的参考方向全部相反，再次重复图解法分析过程。为后面功放电路的学习打下基础。

第七节　共基极放大电路

共基极放大电路如图 2-7-1 所示。

一、求静态工作点 Q

图 2-7-1 所示的共基极放大电路的直流通路如图 2-7-2 所示，与射极偏置电路的直流通路是一样的，可以稳定静态工作点。

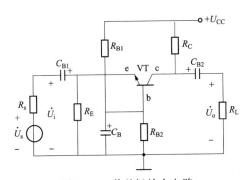
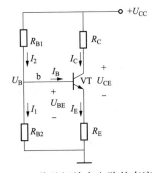

图 2-7-1　共基极放大电路　　　　　图 2-7-2　共基极放大电路的直流通路

共基极放大电路静态工作点 Q 各参数表达式为 BJT 基极的直流电位为

$$U_B \approx \frac{R_{B2}}{R_{B1}+R_{B2}}U_{CC}$$

$$I_C \approx I_E = \frac{U_B-U_{BE}}{R_E}$$

$$I_B = \frac{I_C}{\beta}$$

$$U_{CE} = U_{CC}-I_C R_C-I_E R_E \approx U_{CC}-I_C(R_C+R_E)$$

二、交流通路

图 2-7-1 所示电路交流通路如图 2-7-3 所示。从交流通路上可看出，BJT 的基极为交流信号输入回路和交流信号输出回路的共同端，所以称为共基极放大电路。换句话说，信号源的非接地端与 BJT 的发射极相连，负载电阻 R_L 的非接地端与 BJT 的

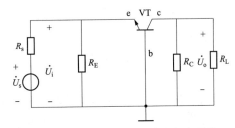

图 2-7-3　共基极放大电路的交流通路

集电极相连，称为共基组态。

三、求电压放大倍数

图 2-7-3 对应的小信号等效电路如图 2-7-4 所示。

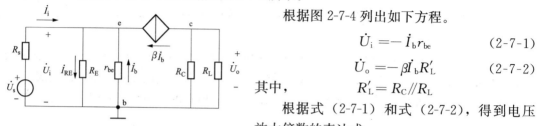

图 2-7-4　共基极放大电路的小信号等效电路

根据图 2-7-4 列出如下方程。

$$\dot{U}_i = -\dot{I}_b r_{be} \tag{2-7-1}$$

$$\dot{U}_o = -\beta\dot{I}_b R'_L \tag{2-7-2}$$

其中，　$R'_L = R_C /\!/ R_L$

根据式（2-7-1）和式（2-7-2），得到电压放大倍数的表达式

$$\dot{A}_u = \frac{\dot{U}_o}{\dot{U}_i} = \frac{-\beta\dot{I}_b R'_L}{-\dot{I}_b r_{be}} = \frac{\beta R'_L}{r_{be}} \tag{2-7-3}$$

从式（2-7-3）可以看出，共基极放大电路的输出信号电压与输入信号电压同相。

四、求输入电阻

在图 2-7-4 中，对 e 点列 KCL 方程，即

$$+\dot{I}_i - \dot{I}_{RE} + \dot{I}_b + \beta\dot{I}_b = 0 \tag{2-7-4}$$

根据式（2-7-1），得

$$\dot{I}_b = -\frac{\dot{U}_i}{r_{be}} \tag{2-7-5}$$

在图 2-7-4 中，对电阻 R_E 列欧姆定律的方程，即

$$\dot{U}_i = +\dot{I}_{RE} R_E \tag{2-7-6}$$

根据式（2-7-6），得

$$\dot{I}_{RE} = \frac{\dot{U}_i}{R_E} \tag{2-7-7}$$

将式（2-7-5）、式（2-7-7）代入式（2-7-4），得

$$+\dot{I}_i - \frac{\dot{U}_i}{R_E} + (1+\beta)\left(-\frac{\dot{U}_i}{r_{be}}\right) = 0 \tag{2-7-8}$$

根据式（2-7-8），得到输入电阻

$$R_i = \frac{\dot{U}_i}{\dot{I}_i} = \frac{\dot{U}_i}{\dfrac{\dot{U}_i}{R_E} + \dfrac{\dot{U}_i}{r_{be}}(1+\beta)} = R_E /\!/ \frac{r_{be}}{1+\beta} \tag{2-7-9}$$

由此可看出共基放大电路的输入电阻很小。

五、求输出电阻

根据定义，得到输出电阻

$$R_o \approx R_C \tag{2-7-10}$$

由此可看出，共基放大电路的输出电阻值较大。

在前面规定的电压参考方向下，负载若是纯电阻，对中频信号而言，输出电压与输入电压是同相的。但是对低频和高频信号而言，就不再是同相的关系，输出与输入之间有相位

差，相位差值取决于电路参数。此外此处只分析中频信号，对低频和高频信号将在本章第九节进行分析。

例 2-7-1　共基极放大电路如图 2-7-1 所示，已知 BJT 的电流放大系数 $\beta=50$，$U_{BE}=0.7V$，$U_{CC}=15V$，$R_s=500\Omega$，$R_{B1}=60k\Omega$，$R_{B2}=24k\Omega$，$R_C=3k\Omega$，$R_E=3.6k\Omega$，$R_L=3k\Omega$。试计算该放大电路的静态工作点、电压放大倍数、输入电阻、输出电阻和源电压放大倍数。

解：（1）求静态工作点。

BJT 的基极电位为

$$U_B \approx \frac{R_{B2}}{R_{B1}+R_{B2}}U_{CC} = \frac{24}{60+24} \cdot 15V \approx 4.3(V)$$

$$I_C \approx I_E = \frac{U_B-U_{BE}}{R_E} = \frac{4.3-0.7}{3.6} = 1(mA)$$

$$I_B = \frac{I_C}{\beta} = \frac{1}{50} = 0.02(mA)$$

$$U_{CE} = U_{CC} - I_C R_C - I_E R_E \approx U_{CC} - I_C(R_C+R_E)$$
$$= 15 - 1\times(3+3.6) = 8.4(V)$$

$$r_{be} = 200 + \frac{26}{I_B} = 200 + \frac{26}{0.02} = 1500(\Omega) = 1.5(k\Omega)$$

（2）电压放大倍数为

$$\dot{A}_u = \frac{\dot{U}_o}{\dot{U}_i} = \frac{-\beta\dot{I}_b R'_L}{-\dot{I}_b r_{be}} = \frac{\beta R'_L}{r_{be}} = \frac{50\times\frac{3\times3}{3+3}}{1.5} = 50$$

（3）根据式（2-7-9），得到输入电阻

$$R_i = \frac{\dot{U}_i}{\dot{I}_i} = \frac{\dot{U}_i}{\frac{\dot{U}_i}{R_E}+\frac{\dot{U}_i}{r_{be}}(1+\beta)} = R_E /\!/ \frac{r_{be}}{1+\beta} = 3.6 /\!/ \frac{1.5}{1+50}$$

$$\approx \frac{3.6\times0.0294}{3.6+0.0294} \approx 0.029(k\Omega) = 29(\Omega)$$

可见，共基放大电路的输入电阻小。

（4）根据式（2-7-10），得到输出电阻 $R_o \approx R_C = 3k\Omega$。可见，共基放大电路的输出电阻较大。

第八节　两级放大电路的计算

通过前面的分析可知，单级放大电路的放大倍数在 100 左右。如果需要更大的放大倍数，需要将两级或多级放大电路级联在一起。共集电极放大电路的输入电阻大，常用于输入级。共集电极放大电路的输出电阻小，常用于输出级。共基放大电路的频率特性好，经常用于高频或宽频带情况下；共射极输入放大倍数较大，常用于中间级。

例 2-8-1　如图 2-8-1 所示放大电路，VT1、VT2 为硅管，$U_{CC}=20V$，$R_{B11}=20k\Omega$，$R_{B12}=10k\Omega$，$R_{C1}=R_{E1}=R_{E2}=2k\Omega$，$\beta_1=40$，$\beta_2=50$，$R_{B2}=180k\Omega$，$R_s=200\Omega$，$R_L=3.9k\Omega$。

（1）说明 VT1 和 VT2 各组成什么电路组态。

（2）画出直流通路，求 VT1 和 VT2 的静态工作点。

（3）画出小信号等效电路。

（4）求两级放大电路的电压放大倍数 $\dot{A}_{\mathrm{u}}$。

（5）求两级放大电路的输入电阻 R_{i}。

（6）求两级放大电路的输出电阻 R_{o}。

（7）求源电压放大倍数 $\dot{A}_{\mathrm{us}}$。

解：（1）从交流通路来看组态，可知第一级为共射组态，第二级为共集组态。

（2）图 2-8-1 所示电路的直流通路如图 2-8-2 所示。

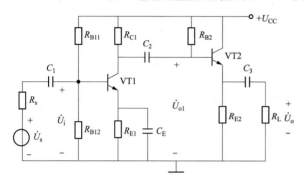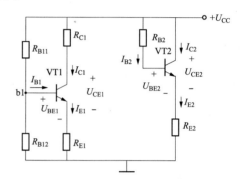

图 2-8-1　例 2-8-1 电路图　　　　图 2-8-2　图 2-8-1 所示电路的直流通路

VT1 基极直流电位为　$U_{\mathrm{B1}} \approx \dfrac{R_{\mathrm{B12}}}{R_{\mathrm{B11}} + R_{\mathrm{B12}}} U_{\mathrm{CC}} = \dfrac{10}{20 + 10} \times 20 \approx 6.67(\mathrm{V})$

$$I_{\mathrm{C1}} \approx I_{\mathrm{E1}} = \frac{U_{\mathrm{B1}} - U_{\mathrm{BE1}}}{R_{\mathrm{E1}}} = \frac{6.67 - 0.7}{2} = 2.985(\mathrm{mA})$$

$$I_{\mathrm{B1}} = \frac{I_{\mathrm{C1}}}{\beta_1} = \frac{2.985}{40} \approx 0.0746(\mathrm{mA})$$

$$U_{\mathrm{CE1}} = U_{\mathrm{CC}} - I_{\mathrm{C1}} R_{\mathrm{C1}} - I_{\mathrm{E1}} R_{\mathrm{E1}} = U_{\mathrm{CC}} - I_{\mathrm{C1}}(R_{\mathrm{C1}} + R_{\mathrm{E1}}) = 20 - 2.985 \times (2+2) = 8.06(\mathrm{V})$$

因为　　　　　　　　　$+ I_{\mathrm{B2}} R_{\mathrm{B2}} + U_{\mathrm{BE2}} + I_{\mathrm{E2}} R_{\mathrm{E2}} - (+U_{\mathrm{CC}}) = 0$

$$I_{\mathrm{E2}} = (1 + \beta_2) I_{\mathrm{B2}}$$

所以　　　$I_{\mathrm{B2}} = \dfrac{U_{\mathrm{CC}} - U_{\mathrm{BE2}}}{R_{\mathrm{B2}} + (1 + \beta_2) R_{\mathrm{E2}}} = \dfrac{20 - 0.7}{180 + (1+50) \times 2} \approx 0.0684(\mathrm{mA})$

$$I_{\mathrm{C2}} = \beta_2 I_{\mathrm{B2}} = 50 \times 0.0684 = 3.42(\mathrm{mA})$$

$$U_{\mathrm{CE2}} = U_{\mathrm{CC}} - I_{\mathrm{E2}} R_{\mathrm{E2}} \approx U_{\mathrm{CC}} - I_{\mathrm{C2}} R_{\mathrm{E2}} = 20 - 3.42 \times 2 = 13.16(\mathrm{V})$$

（3）图 2-8-1 所示电路的小信号等效电路如图 2-8-3 所示。

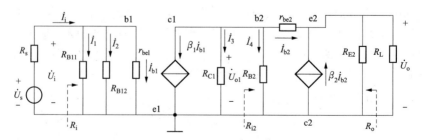

图 2-8-3　图 2-8-1 所示电路小信号等效电路

$$r_{be1} = 200 + \frac{26}{I_{B1}} = 200 + \frac{26}{0.0746} = 549(\Omega) = 0.549(k\Omega)$$

$$r_{be2} = 200 + \frac{26}{I_{B2}} = 200 + \frac{26}{0.0684} = 580(\Omega) = 0.58(k\Omega)$$

（4）求两级放大电路的电压放大倍数 $\dot{A}_u$。第一种方法是第一级与第二级统一考虑，根据电路定律列方程求解。第二种方法是利用等效的思想，第二级放大电路的输入电阻作为第一级的负载，分别求第一级和第二级的电压放大倍数，然后相乘即可。

1）第一种方法求电压放大倍数。

直接对图 2-8-3 所示的小信号等效电路列方程。根据电压放大倍数的定义，电压放大倍数为

$$\dot{A}_u = \frac{\dot{U}_o}{\dot{U}_i}$$

因此需要根据图 2-8-3 列出有关 $\dot{U}_o$ 和 $\dot{U}_i$ 的方程。

记 $R'_L = R_{E2}//R_L = \frac{2 \times 3.9}{2+3.9} \approx 1.322$ （kΩ）

$$\dot{U}_o = +(\dot{I}_{b2} + \beta_2 \dot{I}_{b2})R'_L = +\dot{I}_{b2}(1+\beta_2)R'_L$$

对 r_{be1} 电阻应用欧姆定律：　　　　$\dot{U}_i = +\dot{I}_{b1}r_{be1}$

电压放大倍数为　　　　$\dot{A}_u = \dfrac{\dot{U}_o}{\dot{U}_i} = \dfrac{+\dot{I}_{b2}(1+\beta_2)R'_L}{+\dot{I}_{b1}r_{be1}}$

需要进一步找出 $\dot{I}_{b1}$ 与 $\dot{I}_{b2}$ 之间的关系，在图 2-8-3 中，对 b2 点列 KCL 方程，对必要的支路标注参考方向，如图 2-8-3 所示。

$$+\beta_1\dot{I}_{b1} + \dot{I}_{b2} + \dot{I}_3 + \dot{I}_4 = 0$$

$$\dot{U}_{o1} = \dot{I}_{b2}r_{be2} + (\dot{I}_{b2} + \beta_2\dot{I}_{b2})R'_L = \dot{I}_{b2}r_{be2} + \dot{I}_{b2}(1+\beta_2)R'_L$$

对电阻 R_{B2} 应用欧姆定律：$\dot{U}_{o1} = +\dot{I}_4 R_{B2}$，得

$$\dot{I}_4 = \frac{\dot{U}_{o1}}{R_{B2}} = \frac{\dot{I}_{b2}r_{be2} + \dot{I}_{b2}(1+\beta_2)R'_L}{R_{B2}}$$

对电阻 R_{C1} 应用欧姆定律：$\dot{U}_{o1} = +\dot{I}_3 R_{C1}$，得

$$\dot{I}_3 = \frac{\dot{U}_{o1}}{R_{C1}} = \frac{\dot{I}_{b2}r_{be2} + \dot{I}_{b2}(1+\beta_2)R'_L}{R_{C1}}$$

将支路电流方程代入 b2 点的 KCL 方程：

$$+\beta_1\dot{I}_{b1} + \dot{I}_{b2} + \frac{\dot{I}_{b2}r_{be2} + \dot{I}_{b2}(1+\beta_2)R'_L}{R_{C1}} + \frac{\dot{I}_{b2}r_{be2} + \dot{I}_{b2}(1+\beta_2)R'_L}{R_{B2}} = 0$$

导出 $\dot{I}_{b1}$ 与 $\dot{I}_{b2}$ 之间的关系为 $\dot{I}_{b1} = -\dot{I}_{b2}\dfrac{1+\dfrac{r_{be2}+(1+\beta_2)\ R'_L}{R_{C1}} + \dfrac{r_{be2}+(1+\beta_2)\ R'_L}{R_{B2}}}{\beta_1}$

电压放大倍数为

$$\dot{A}_u = \frac{\dot{U}_o}{\dot{U}_i} = \frac{+\dot{I}_{b2}(1+\beta_2)R'_L}{+\dot{I}_{b1}r_{be1}} = -\frac{\beta_1(1+\beta_2)R'_L}{\left[1 + \frac{r_{be2}+(1+\beta_2)R'_L}{R_{C1}} + \frac{r_{be2}+(1+\beta_2)R'_L}{R_{B2}}\right]r_{be1}}$$

代入数值，求得总的电压放大倍数为

$$\dot{A}_{\mathrm{u}} = -\frac{40 \times (1+50) \times 1.322}{\left[1 + \dfrac{0.58 + (1+50) \times 1.322}{2} + \dfrac{0.58 + (1+50) \times 1.322}{180}\right] \times 0.549}$$

$$\approx -138.85$$

2）第二种方法求电压放大倍数。第二级放大电路的输入电阻 R_{i2} 作为第一级的负载，求第一级和第二级的电压放大倍数。将两者相乘得到总的放大倍数，即

$$\dot{A}_{\mathrm{u}} = \frac{\dot{U}_{\mathrm{o}}}{\dot{U}_{\mathrm{i}}} = \frac{\dot{U}_{\mathrm{o1}}}{\dot{U}_{\mathrm{i}}} \cdot \frac{\dot{U}_{\mathrm{o}}}{\dot{U}_{\mathrm{o1}}} = \dot{A}_{\mathrm{u1}}\dot{A}_{\mathrm{u2}}$$

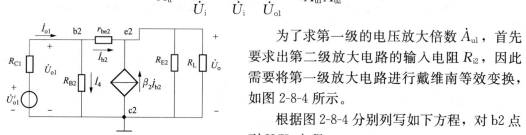

为了求第一级的电压放大倍数 $\dot{A}_{\mathrm{u1}}$，首先要求出第二级放大电路的输入电阻 R_{i2}，因此需要将第一级放大电路进行戴维南等效变换，如图 2-8-4 所示。

图 2-8-4　求第二级输入电阻的小信号等效电路

根据图 2-8-4 分别列写如下方程，对 b2 点列 KCL 方程：

$$+\dot{I}_{\mathrm{o1}} - \dot{I}_{\mathrm{b2}} - \dot{I}_4 = 0$$

$$\dot{U}_{\mathrm{o1}} = +\dot{I}_4 R_{\mathrm{B2}}$$

$$\dot{U}_{\mathrm{o1}} = \dot{I}_{\mathrm{b2}} r_{\mathrm{be2}} + (\dot{I}_{\mathrm{b2}} + \beta_2 \dot{I}_{\mathrm{b2}})R'_{\mathrm{L}} = \dot{I}_{\mathrm{b2}} r_{\mathrm{be2}} + \dot{I}_{\mathrm{b2}}(1+\beta_2)R'_{\mathrm{L}}$$

推导得

$$\dot{I}_{\mathrm{b2}} = \frac{\dot{U}_{\mathrm{o1}}}{r_{\mathrm{be2}} + (1+\beta_2)R'_{\mathrm{L}}}$$

$$\dot{I}_4 = \frac{\dot{U}_{\mathrm{o1}}}{R_{\mathrm{B2}}}$$

代入 KCL 方程得

$$+\dot{I}_{\mathrm{o1}} - \frac{\dot{U}_{\mathrm{o1}}}{r_{\mathrm{be2}} + (1+\beta_2)R'_{\mathrm{L}}} - \frac{\dot{U}_{\mathrm{o1}}}{R_{\mathrm{B2}}} = 0$$

得到第二级放大电路的输入电阻

$$R_{\mathrm{i2}} = \frac{\dot{U}_{\mathrm{o1}}}{\dot{I}_{\mathrm{o1}}} = \frac{1}{\dfrac{1}{R_{\mathrm{B2}}} + \dfrac{1}{r_{\mathrm{be2}} + (1+\beta_2)R'_{\mathrm{L}}}} = R_{\mathrm{B2}} /\!/ [r_{\mathrm{be2}} + (1+\beta_2)R'_{\mathrm{L}}]$$

代入数值有

$$R_{\mathrm{i2}} = R_{\mathrm{B2}} /\!/ [r_{\mathrm{be2}} + (1+\beta_2)(R_{\mathrm{E2}} /\!/ R_{\mathrm{L}})] = 180 /\!/ [0.58 + (1+50)(2/\!/3.9)] = 49.35(\mathrm{k\Omega})$$

求得第二级的输入电阻 R_{i2} 后，将其作为第一级的负载，求第一级电压放大倍数 $\dot{A}_{\mathrm{u1}}$，等效电路如图 2-8-5 所示。对 r_{be1} 电阻应用欧姆定律：$\dot{U}_{\mathrm{i}} = +\dot{I}_{\mathrm{b1}} r_{\mathrm{be1}}$

对 $(R_{\mathrm{C1}} /\!/ R_{\mathrm{i2}})$ 电阻应用欧姆定律：$\dot{U}_{\mathrm{o1}} = -\beta_1 \dot{I}_{\mathrm{b1}}(R_{\mathrm{C1}} /\!/ R_{\mathrm{i2}})$

$$\dot{A}_{\mathrm{u1}} = \frac{\dot{U}_{\mathrm{o1}}}{\dot{U}_{\mathrm{i}}} = -\frac{\beta_1(R_{\mathrm{C1}} /\!/ R_{\mathrm{i2}})}{r_{\mathrm{be1}}} = -\frac{40 \times (2/\!/49.35)}{0.549} \approx -140$$

为了求第二级的电压放大倍数 $\dot{A}_{\mathrm{u2}}$，如图 2-8-6 所示，将第一级放大电路进行戴维南等效变换，R_{C1} 是从 R_{B2} 向左看进去的入端电阻。

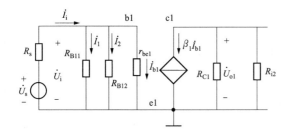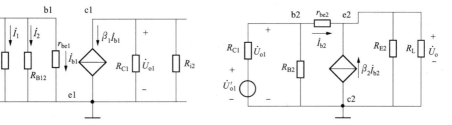

图 2-8-5　求第一级电压放大倍数的　　　图 2-8-6　求第二级电压放大倍数的
　　　　　小信号等效电路　　　　　　　　　　　小信号等效电路

$$R'_L = R_{E2} // R_L = \frac{2 \times 3.9}{2 + 3.9} = 1.322(\text{k}\Omega)$$

$$\dot{U}_o = +(\dot{I}_{b2} + \beta_2 \dot{I}_{b2})R'_L = +\dot{I}_{b2}(1 + \beta_2)R'_L$$

$$\dot{U}_{o1} = \dot{I}_{b2} r_{be2} + (\dot{I}_{b2} + \beta_2 \dot{I}_{b2})R'_L = \dot{I}_{b2} r_{be2} + \dot{I}_{b2}(1 + \beta_2)R'_L$$

$$\dot{A}_{u2} = \frac{\dot{U}_o}{\dot{U}_{o1}} = \frac{(1 + \beta_2)R'_L}{r_{be2} + (1 + \beta_2)R'_L} = \frac{(1 + 50) \times 1.322}{0.58 + (1 + 50) \times 1.322} \approx 0.991$$

两级电压放大倍数为

$$\dot{A}_u = \frac{\dot{U}_o}{\dot{U}_i} = \frac{\dot{U}_{o1}}{\dot{U}_i} \cdot \frac{\dot{U}_o}{\dot{U}_{o1}} = \dot{A}_{u1}\dot{A}_{u2} = -140 \times 0.991 = -138.74$$

（5）求整个放大电路的输入电阻。根据图 2-8-3 所示小信号等效电路，可得到如下方程

$$+\dot{I}_i - \dot{I}_1 - \dot{I}_2 - \dot{I}_{b1} = 0$$

$$\dot{I}_{b1} = \frac{\dot{U}_i}{r_{be1}}, \dot{I}_1 = \frac{\dot{U}_i}{R_{B11}}, \dot{I}_2 = \frac{\dot{U}_i}{R_{B12}}$$

所以有

$$\dot{I}_i - \frac{\dot{U}_i}{R_{B11}} - \frac{\dot{U}_i}{R_{B12}} - \frac{\dot{U}_i}{r_{be1}} = 0$$

$$R_i = \frac{\dot{U}_i}{\dot{I}_i} = \frac{1}{\dfrac{1}{R_{B11}} + \dfrac{1}{R_{B12}} + \dfrac{1}{r_{be1}}} = \frac{1}{\dfrac{1}{20} + \dfrac{1}{10} + \dfrac{1}{0.549}}$$

$$\approx \frac{1}{0.05 + 0.1 + 1.82} = \frac{1}{1.97} \approx 0.51(\text{k}\Omega)$$

（6）求整个放大电路的输出电阻 R_o。求输出电阻的等效电路如图 2-8-7 所示。

根据图 2-8-7，记 $R'_s = R_{C1} // R_{B2} = \dfrac{2 \times 180}{2 + 180} = 1.978$ （kΩ），分别列出如下方程

$$+\dot{I}_T - \dot{I}_{b2} - \beta_2 \dot{I}_{b2} - \dot{I}_{RE2} = 0$$

$$\dot{U}_T = +\dot{I}_{RE2} R_{E2}$$

$$\dot{U}_T = +\dot{I}_{b2}(r_{be2} + R'_s)$$

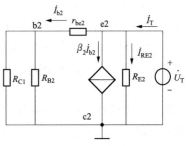

图 2-8-7　求输出电阻
的小信号等效电路

推导得

$$\dot{I}_{RE2} = \frac{\dot{U}_T}{R_{E2}}, \dot{I}_{b2} = \frac{\dot{U}_T}{r_{be2} + R'_s}$$

代入 KCL 方程得

$$\dot{I}_T - (1+\beta_2)\frac{\dot{U}_T}{r_{be2} + R'_s} - \frac{\dot{U}_T}{R_{E2}} = 0$$

输出电阻为

$$R_o = \frac{\dot{U}_T}{\dot{I}_T} = \frac{1}{\dfrac{1}{r_{be2} + R'_s} + \dfrac{1}{R_{E2}}} = \frac{r_{be2} + R'_s}{1+\beta_2} // R_{E2}$$

$$= \frac{1}{\dfrac{1}{\dfrac{0.58 + 1.978}{1+50}} + \dfrac{1}{2}} \approx \frac{1}{\dfrac{1}{0.05} + \dfrac{1}{2}} \approx 0.049(\text{k}\Omega) = 49(\Omega)$$

（7）求源电压放大倍数 $\dot{A}_{us}$。

$$\dot{A}_{us} = \frac{\dot{U}_o}{\dot{U}_s} = \frac{\dot{U}_o}{\dot{U}_i} \cdot \frac{\dot{U}_i}{\dot{U}_s} = \dot{A}_u \frac{R_i}{R_i + R_s} = -138.74 \times \frac{0.51}{0.51 + 0.2} \approx -99.66$$

例 2-8-1 是输出级采用共集电极电路的例子。两级之间用电容隔开，称为阻容耦合多级放大电路。如果不用电容隔开，而是用导线直接相连，称为直接耦合，在后边有详细的分析。另外还有变压器耦合和光电耦合等方式。

第九节 放大电路的频率响应

在实际应用中，电子电路所处理的信号（如语音信号、电视信号等）都不是简单的单一频率信号，都是由幅度及相位有固定比例关系的多频率分量组合而成的复杂信号，即具有一定的频谱。例如，音频信号的频率范围为 20Hz～20kHz，而视频信号从直流到几十 MHz。

由于放大电路中存在电抗元件（如 BJT 的极间电容，电路的负载电容、分布电容、耦合电容、射极旁路电容等），使得放大电路可能对不同频率信号分量的放大倍数和相移不同，引起幅度失真和相位失真。幅度失真和相位失真总称为频率失真。由于此失真是由电路的线性电抗元件（电容、电感等）引起的，故又称为线性失真。

为实现信号不失真放大，所以需要研究放大电路的频率响应。放大电路的放大倍数幅值的模随频率变化的曲线称为幅频响应，放大电路的放大倍数相位随频率变化的曲线称为相频响应。幅频响应和相频响应统称为频率响应。

一、放大电路的失真问题

（一）信号的非线性失真

波形的非线性失真包括饱和失真和截止失真两种，在图解法中已有详细介绍。饱和失真是由放大电路中 BJT 的工作点靠近饱和区而引起的输出信号失真。截止失真是由放大电路中 BJT 的工作点靠近截止区而引起的输出信号失真。如果输入信号过大，导致 BJT 的工作点同时进入饱和区和截止区，输出信号同时出现饱和失真和截止失真，这种失真称为双向失真。

（二）信号的线性失真

从传感器而来的交流输入信号中有很多的频率成分，如果放大电路不能对这些频率成分的信号放大同样的倍数，那么放大电路输出的波形与输入波形相比就会不同，这就是波形的线性失真。线性失真也称为频率失真。

线性失真和非线性失真都使输出信号产生畸变，但两者在实质上是不同的。线性失真是由电路中的线性电抗元件对不同信号频率的响应不同而引起的，非线性失真是由电路的非线性器件（BJT）引起的。

线性失真是针对放大电路输入信号中的所有频率成分而言的，放大电路对不同的频率成分信号的放大倍数不同，因此会使各频率成分的输出信号的比例关系和时间关系发生变化，或滤掉某些频率分量信号。非线性失真针对某一个频率成分的正弦波信号而言，输入的正弦波信号经过 BJT 放大后会输出非正弦波信号，使输出信号不仅包含输入信号的频率成分（基波），而且还产生许多新的频率成分，这些新的频率成分称为谐波。

二、研究放大电路的频率响应的原因

在前面对放大电路的分析中可知，对于交流信号而言，认为耦合电容、旁路电容是短路的，内部 PN 结的结电容是开路的，因此在小信号等效电路中没有电容元件出现，只有线性电阻、交流信号源、受控源。没有电抗元件出现。所以电压放大倍数与信号频率没有关系，电压放大倍数为实数，或者为正，或者为负，取决于放大电路的组态和参考方向的约定。

当信号频率比较低时，耦合电容、旁路电容的容抗较大，如果再做短路处理，误差会比较大，因此耦合电容、旁路电容应保留在小信号等效电路中，而 BJT 内部 PN 结的结电容仍然可以做开路处理。此时电压放大倍数是频率的函数，而且电压放大倍数的幅值随频率的下降而下降。

当信号频率比较高时，耦合电容、旁路电容的容抗较小，可以做短路处理，而 BJT 内部 PN 结的结电容的容抗较小，不能再做开路处理，应保留在小信号等效电路中。此时，电压放大倍数是频率的函数，而且电压放大倍数的幅值随频率的升高而下降。

放大电路的幅频响应曲线如图 2-9-1 所示。

在图 2-9-1 中，f 为信号频率，$\dot{A}$ 是两个相量之比，是一个复数。$|\dot{A}|$ 为放大倍数的模。信号的频率分为 3 段，以 f_L 和 f_H 为分界线，f_L 称为下限频率，f_H 称为上限频率；频率从零到 f_L 的区域称为低频区（low-frequency range），频率 $f_L \sim f_H$ 的区域称为中频区（midband

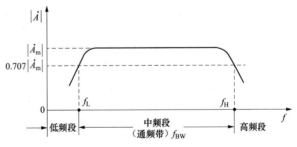

图 2-9-1　放大电路的幅频响应曲线

range），频率从 f_H 到无穷大的区域称为高频区（high-frequency range）。$|\dot{A}_m|$ 表示中频放大倍数的模，下限频率 f_L 定义为当放大倍数下降为中频放大倍数的 0.707 倍时的频率。上限频率 f_H 定义为当放大倍数下降为中频放大倍数的 0.707 倍时的频率。

在图 2-9-1 中，在下限频率 f_L 和上限频率 f_H 之间的中频区，放大倍数的模是固定不变的，与频率无关，中频区的范围称为频带宽度（band width），简称带宽，也称为通频带，

用 f_{BW} 表示。

利用 BJT 的低频小信号模型，得到放大电路的低频小信号等效电路，得到放大倍数的表达式，得出下限频率 f_L。

利用 BJT 的高频小信号模型，得到放大电路的高频小信号等效电路，得到放大倍数的表达式，得出上限频率 f_H。

利用 BJT 的中频小信号模型，得到放大电路的中频小信号等效电路，得出中频放大倍数。本章前面几节中的小信号分析就是针对中频小信号的分析。

为了保证放大电路不会出现线性失真，就必须保证放大电路对来自传感器的交流输入信号中的多种频率成分都放大同样的倍数，即来自传感器的小的交流输入信号中所有频率成分应该全部包含在放大电路的中频区之内。

三、BJT 的高频小信号模型

建立器件物理模型的方法大体有两种：一种是从分析器件物理特性的基础上来构造模型，称为物理模型；另一种是根据器件的输入输出外特性参数来构造模型，称为外特性模型，或者宏模型。在电路理论中学习过的运算放大器以及前面对 BJT 建立的低频、中频小信号模型都是用第二种方法建立的。下面用第一种方法对 BJT 建立高频小信号模型。

（一）BJT 的高频小信号模型

图 2-9-2（a）为 BJT 的结构示意图。图 2-9-2（b）为根据 BJT 的物理特性得出的高频小信号模型。图中，e′ 是发射区 e 内的假想的一个点，b′ 是基区 b 内的假想的一个点，c′ 是集电区 c 内的假想的一个点。

跨导 g_m 用来描述 BJT 电压控制电流的能力，通过后面的分析可知跨导 g_m 的值与信号频率无关，只与静态工作点的值有关。但在低、中频信号模型中为常数（与频率无关）的共射极电流放大系数 β 不再是常数，而是频率的函数，因此在高频小信号模型中用 g_m 代替 β 来描述控制能力。在本节中，为了区分低、中频区的共射极交流电流放大系数和高频区的共射极交流电流放大系数，用 β_0 来表示低、中频区的共射极交流电流放大系数，与频率无关；用 β 来描述全频率范围内的共射极交流电流放大系数，β 与频率有关。

根据 BJT 的实际结构特点，可以对图 2-9-2（b）所示的模型进行简化。由于发射区和集电区都是 N 型半导体，掺杂浓度都比基区高，因此发射区的体电阻 r_e 和集电区的体电阻 r_c 较小，可以忽略，认为是零。这样，e′ 和 e 退化成一个点，用 e 表示；c′ 和 c 退化成一个点，用 c 表示。重新排列各个元器件的位置，可以得到图 2-9-3 所示简化模型。

观察图 2-9-3，可以看出其形状与字母 Π 类似，所以称其

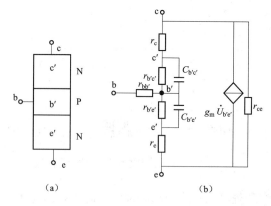

图 2-9-2　BJT 的结构示意图和高频小信号模型
（a）BJT 的结构示意图；（b）BJT 的高频小信号模型

$r_{b'e'}$—发射结电阻；$C_{b'e'}$—发射结电容；$r_{b'c'}$—集电结电阻；$C_{b'c'}$—集电结电容；$r_{bb'}$—基区的体电阻；r_e—发射区的体电阻；r_c—集电区的体电阻；r_{ce}—BJT 的高频交流输出电阻；$g_m\dot{U}_{b'e'}$—受发射结电压 $\dot{U}_{b'e'}$ 控制的电流源。

为混合Ⅱ型高频小信号模型。"混合"的含意是其中各元件的量纲不同。该混合Ⅱ型高频小信号模型对频率小于（1/3）f_T 的交流信号均成立，不适用于频率大于（1/3）f_T 的交流信号。f_T 称为 BJT 的特征频率，是当共射极交流电流放大系数的模下降到 1 时的频率。不难理解，混合Ⅱ型高频小信号模型当然也对低频和中频信号成立，此模型可以应用于前面几节中对放大电路交流指标的计算，数据更精确，只是运算过程更复杂。在满足误差要求的前提下可以采用更为简便的模型，也就是前面所学的交流小信号模型。

图 2-9-3 可进一步简化。BJT 的 r_ce 阻值很大，可以视作开路；BJT 的集电结电阻 $r_\mathrm{b'c}$ 的典型值在 4MΩ 左右，BJT 的集电结电容 $C_\mathrm{b'c}$ 的典型值在 3pF 左右，它们的阻抗基本上不在同一个数量级，集电结电阻 $r_\mathrm{b'c}$ 更大一些，所以可以将 $r_\mathrm{b'c}$ 视作开路。这样得到进一步简化的高频小信号模型，如图 2-9-4 所示。

注意到 BJT 的发射结电阻 $r_\mathrm{b'e}$ 和发射结电容 $C_\mathrm{b'e}$ 的典型值分别在 1kΩ 和 100pF 左右，它们的阻抗基本上在同一个数量级，都不能忽略，因此二者均保留在图 2-9-4 中。

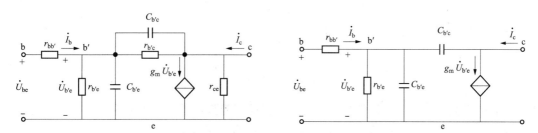

图 2-9-3　简化的 BJT 混合Ⅱ型高频小信号模型　　图 2-9-4　进一步简化的 BJT 混合Ⅱ型高频小信号模型

（二）BJT 的高频小信号模型参数的计算

图 2-9-4 中需要计算的小信号模型参数分别是基区电阻 $r_\mathrm{bb'}$、集电结电容 $C_\mathrm{b'c}$、发射结电阻 $r_\mathrm{b'e}$、跨导 g_m 和发射结电容 $C_\mathrm{b'e}$。

（1）通过查 BJT 的数据手册可以获得基区体电阻 $r_\mathrm{bb'}$。

（2）集电结电容 $C_\mathrm{b'c}$ 近似等于 C_ob，通过查 BJT 手册可获得参数 C_ob，C_ob 是 BJT 共基组态下且发射极开路时的 c-b 间的结电容。

（3）发射结电阻 $r_\mathrm{b'e}$ 计算公式为

$$r_\mathrm{b'e} = \frac{U_\mathrm{T}}{I_\mathrm{B}} = \frac{U_\mathrm{T}}{\dfrac{I_\mathrm{E}}{1+\beta_0}} = (1+\beta_0)\frac{U_\mathrm{T}}{I_\mathrm{E}} \tag{2-9-1}$$

式中，电压温度当量 U_T 在室温下是 26mV；I_E 是静态工作点发射极电流；I_B 是静态工作点基极电流；β_0 是低中频区的共射极交流电流放大系数。

图 2-9-4 所示的模型在低、中频交流信号作用下其中的集电结电容 $C_\mathrm{b'c}$、发射结电容 $C_\mathrm{b'e}$ 可以近似认为开路，得到图 2-9-5。

（4）跨导 g_m。将本章第四节中的图 2-4-5 所示的 BJT 的简化小信号模型中的瞬时量改用相量表示。因为已经引出了高频信号的概念，将图 2-4-5 所示的简化小信号模型称为 BJT 的低中频小信号模型，而将本节研究的模型称为高频小信号模型。

对比图 2-9-5 与本章第四节中的图 2-4-5，两者完全等价，有如下关系

$$g_\mathrm{m}\dot{U}_\mathrm{b'e} = \beta_0 \dot{I}_\mathrm{b} \tag{2-9-2}$$

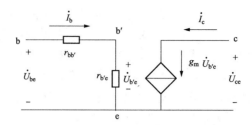

图 2-9-5 BJT 高频小信号模型针对低、中频信号的简化

将 $\dot{U}_{\mathrm{b'e}} = \dot{I}_{\mathrm{b}} r_{\mathrm{b'e}}$ 代入式（2-9-2）得

$$g_{\mathrm{m}} \dot{I}_{\mathrm{b}} r_{\mathrm{b'e}} = \beta_0 \dot{I}_{\mathrm{b}}$$

则跨导的表达式为

$$g_{\mathrm{m}} = \frac{\beta_0}{r_{\mathrm{b'e}}} \tag{2-9-3}$$

将式（2-9-1）代入式（2-9-3），得

$$g_{\mathrm{m}} = \frac{\beta_0}{r_{\mathrm{b'e}}} = \frac{\beta_0}{(1 + \beta_0) \dfrac{U_{\mathrm{T}}}{I_{\mathrm{E}}}} \approx \frac{1}{\dfrac{U_{\mathrm{T}}}{I_{\mathrm{E}}}} = \frac{I_{\mathrm{E}}}{U_{\mathrm{T}}} \tag{2-9-4}$$

式中，U_{T} 在室温（27℃）下是常数 26mV；I_{E} 是静态工作点的发射极电流。

跨导 g_{m} 的值与信号频率无关，与静态工作点的直流量有关。

（5）发射结电容 $C_{\mathrm{b'e}}$ 可以根据下式得到

$$C_{\mathrm{b'e}} = \frac{g_{\mathrm{m}}}{2\pi f_{\mathrm{T}}} - C_{\mathrm{b'c}} \tag{2-9-5}$$

式中：f_{T} 是 BJT 的特征频率，可以通过查手册获得。

四、BJT 共射极交流电流放大系数 β 的频率特性

共射极交流电流放大系数 β 的表达式为

$$\beta = h_{\mathrm{fe}} = \frac{\partial i_{\mathrm{C}}}{\partial i_{\mathrm{B}}}\bigg|_{U_{\mathrm{CE}}} \tag{2-9-6}$$

结合式（2-4-6）可得到 β 的表达式不同形式的表示方法，即

$$\beta = h_{\mathrm{fe}} = \frac{\partial i_{\mathrm{C}}}{\partial i_{\mathrm{B}}}\bigg|_{U_{\mathrm{CE}}} = \frac{\Delta i_{\mathrm{C}}}{\Delta i_{\mathrm{B}}}\bigg|_{U_{\mathrm{CE}}} = \frac{i_{\mathrm{c}}}{i_{\mathrm{b}}}\bigg|_{U_{\mathrm{CE}}} = \frac{\dot{I}_{\mathrm{c}}}{\dot{I}_{\mathrm{b}}}\bigg|_{U_{\mathrm{CE}}} = \frac{\dot{I}_{\mathrm{c}}}{\dot{I}_{\mathrm{b}}}\bigg|_{\dot{U}_{\mathrm{ce}}=0} \tag{2-9-7}$$

由于 PN 结电容的存在，集电极电流 $\dot{I}_{\mathrm{c}}$ 与基极电流 $\dot{I}_{\mathrm{b}}$ 之比为频率的函数，即 $\dot{\beta}$ 是复数。重写式（2-9-7），即

$$\dot{\beta} = \frac{\dot{I}_{\mathrm{c}}}{\dot{I}_{\mathrm{b}}}\bigg|_{\dot{U}_{\mathrm{ce}}=0} \tag{2-9-8}$$

根据式（2-9-8），将图 2-9-4 所示的混合 π 型高频小信号模型中的 $\dot{U}_{\mathrm{ce}}$ 短路，如图 2-9-6 所示。

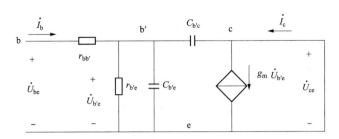

图 2-9-6 求解 BJT 共射极交流电流放大系数 β 频率特性的电路

在图 2-9-6 中，应用电路定律列出方程如下：

$$+\dot{I}_\text{c} - g_\text{m}\dot{U}_\text{b'e} + \frac{\dot{U}_\text{b'e}}{\dfrac{1}{\text{j}\omega C_\text{b'c}}} = 0 \tag{2-9-9}$$

$$\dot{U}_\text{b'e} = \dot{I}_\text{b}\left(r_\text{b'e}\,/\!/\,\frac{1}{\text{j}\omega C_\text{b'e}}\,/\!/\,\frac{1}{\text{j}\omega C_\text{b'c}}\right) \tag{2-9-10}$$

由式（2-9-9）和式（2-9-10）分别得到

$$\dot{I}_\text{c} = \dot{U}_\text{b'e}(g_\text{m} - \text{j}\omega C_\text{b'c}) \tag{2-9-11}$$

$$\dot{I}_\text{b} = \frac{\dot{U}_\text{b'e}}{\dfrac{r_\text{b'e}}{\text{j}\omega r_\text{b'e}(C_\text{b'c} + C_\text{b'e}) + 1}} \tag{2-9-12}$$

$$\dot{\beta} = \frac{\dot{I}_\text{c}}{\dot{I}_\text{b}} = (g_\text{m} - \text{j}\omega C_\text{b'c})\frac{r_\text{b'e}}{\text{j}\omega r_\text{b'e}(C_\text{b'c} + C_\text{b'e}) + 1} \tag{2-9-13}$$

由于 $\omega = 2\pi f$，所以

$$\dot{\beta}(\text{j}f) = (g_\text{m} - \text{j}2\pi f C_\text{b'c})\frac{r_\text{b'e}}{\text{j}2\pi f r_\text{b'e}(C_\text{b'c} + C_\text{b'e}) + 1} \tag{2-9-14}$$

对于实际的 BJT，在图 2-9-4 所示模型的有效频率范围内，有 $g_\text{m} \gg 2\pi f C_\text{b'c}$，由式（2-9-14）和式（2-9-3），得

$$\dot{\beta}(\text{j}f) \approx \frac{g_\text{m}r_\text{b'e}}{\text{j}2\pi f r_\text{b'e}(C_\text{b'c} + C_\text{b'e}) + 1} = \frac{\beta_0}{1 + \text{j}2\pi f r_\text{b'e}(C_\text{b'c} + C_\text{b'e})} \tag{2-9-15}$$

$$|\dot{\beta}(\text{j}f)| = \frac{\beta_0}{\sqrt{1 + [2\pi f r_\text{b'e}(C_\text{b'c} + C_\text{b'e})]^2}} \tag{2-9-16}$$

对式（2-9-16）做如下数学运算，得

$$\begin{aligned}
|\dot{\beta}(\text{j}f)|_\text{dB} &= 20\log_{10}|\dot{\beta}(\text{j}f)| = 20\log_{10}\left[\frac{\beta_0}{\sqrt{1 + [2\pi f r_\text{b'e}(C_\text{b'c} + C_\text{b'e})]^2}}\right] \\
&= 20\log_{10}\beta_0 - 20\log_{10}\sqrt{1 + [2\pi f r_\text{b'e}(C_\text{b'c} + C_\text{b'e})]^2} \\
&= |\dot{\beta}_1(\text{j}f)|_\text{dB} + |\dot{\beta}_2(\text{j}f)|_\text{dB}
\end{aligned} \tag{2-9-17}$$

式（2-9-17）有两项，分别画出这两项的波特图，然后叠加即可得到共射极交流电流放大系数 $\dot{\beta}$（jf）的幅频响应波特图。第一项 $|\dot{\beta}_1(\text{j}f)|_\text{dB}$ 为常数，其波特图是一条位于第一象限且平行于横轴的直线，如图 2-9-7（a）所示，第二项 $|\dot{\beta}_2(\text{j}f)|_\text{dB}$ 为形如 $-20\log_{10}\sqrt{1 + (2\pi f\tau)^2}$ 的标准形式，与其对应的波特图是，自 0dB 水平线出发，经 $f_\beta = \dfrac{1}{2\pi r_\text{b'e}}\dfrac{1}{(C_\text{b'c} + C_\text{b'e})}$ 转折成斜率为

（—20dB/decade）的直线，如图 2-9-7 （b）所示。

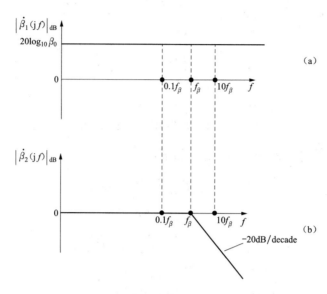

图 2-9-7　共射极交流电流放大系数 $\dot{\beta}$ （jf）的幅频响应渐进波特图分解

（a）第一项；（b）第二项

　　将图 2-9-7 （a）和（b）叠加，得到共射极交流电流放大系数 $\dot{\beta}$(jf) 的幅频响应渐进波特图，如图 2-9-8 所示。

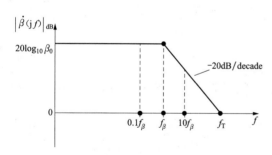

图 2-9-8　共射极交流电流放大系数 $\dot{\beta}$(jf) 的
幅频响应渐进波特图

　　通过图 2-9-8 可以看出，随着频率的升高，共射极电流放大系数的模 $|\dot{\beta}$(jf)$|$ 逐渐下降，可知在 f_β 频率处，$20\log_{10}|\dot{\beta}$(jf)$|$ 的值比中频时下降了 3dB，即 $|\dot{\beta}$(jf)$|$ 的值下降为中频时的 0.707 倍称 f_β 为共射极截止频率，$|\dot{\beta}$(jf)$|=1$ 时的频率称为特征频率 f_T。f_T 的大小与 BJT 的制造工艺有关，其值在器件数据手册中可以查到，一般为 $300\sim1000$MHz，采用先进工艺，目前已可高达几个 GHz。f_T 在前面计算 BJT 发射结电容 $C_{b'e}$ 的公式中已经使用。

　　根据特征频率 f_T 的定义，有

$$|\dot{\beta}(\mathrm{j}f_T)|=1 \tag{2-9-18}$$

在式（2-9-16）中，令 $f=f_T$，得

$$\frac{\beta_0}{\sqrt{1+[2\pi f_T r_{b'e}(C_{b'c}+C_{b'e})]^2}}=1 \tag{2-9-19}$$

在式（2-9-19）中，若忽略掉根号下的 1，得

$$\frac{\beta_0}{\sqrt{[2\pi f_T r_{b'e}(C_{b'c}+C_{b'e})]^2}}\approx1$$

$$\frac{\beta_0}{2\pi f_{\mathrm{T}} r_{\mathrm{b'e}}(C_{\mathrm{b'c}}+C_{\mathrm{b'e}})}=\frac{\beta_0}{f_{\mathrm{T}}}\frac{1}{2\pi r_{\mathrm{b'e}}(C_{\mathrm{b'c}}+C_{\mathrm{b'e}})}=\frac{\beta_0}{f_{\mathrm{T}}}f_\beta\approx 1$$

$$f_{\mathrm{T}}\approx \beta_0 f_\beta \tag{2-9-20}$$

式（2-9-20）描述了特征频率 f_{T} 与中频共射极交流电流放大系数 β_0 和共射极截止频率 f_β 之间的关系。

根据式（2-9-15），得到共射极交流电流放大系数 $\dot\beta(\mathrm{j}f)$ 的相角

$$\varphi(\mathrm{j}f)=-\arctan[2\pi f r_{\mathrm{b'e}}(C_{\mathrm{b'c}}+C_{\mathrm{b'e}})] \tag{2-9-21}$$

根据式（2-9-21）可画出共射极交流电流放大系数 $\dot\beta(\mathrm{j}f)$ 的相频响应，与图 2-9-8 结合在一起，得到完整的频率响应，其如图 2-9-9 所示。

在高频区，共基极交流电流放大系数也是频率的函数，有

$$\dot\alpha(\mathrm{j}f)=\frac{\dot\beta(\mathrm{j}f)}{1+\dot\beta(\mathrm{j}f)} \tag{2-9-22}$$

将式（2-9-15）代入式（2-9-22），得

$$\dot\alpha(\mathrm{j}f)=\frac{\dfrac{\beta_0}{1+\beta_0}}{1+\mathrm{j}\dfrac{\mathrm{j}2\pi f r_{\mathrm{b'e}}(C_{\mathrm{b'c}}+C_{\mathrm{b'e}})}{1+\beta_0}}$$

$$\approx\frac{1}{1+\mathrm{j}2\pi f\dfrac{r_{\mathrm{b'e}}(C_{\mathrm{b'c}}+C_{\mathrm{b'e}})}{1+\beta_0}} \tag{2-9-23}$$

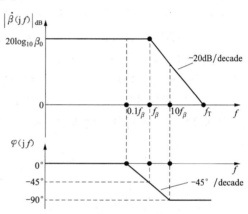

图 2-9-9　共射极交流电流放大系数 $\dot\beta(\mathrm{j}f)$ 的频率响应（渐进波特图）

对于形如式（2-9-23）的表达式，可以直接得到其模的渐进波特图，即自 0dB 水平线出发，经 $f_\alpha=\dfrac{1}{2\pi\dfrac{r_{\mathrm{b'e}}(C_{\mathrm{b'c}}+C_{\mathrm{b'e}})}{1+\beta_0}}$ 频率点转折成斜率

为（$-20\mathrm{dB/decade}$）的直线，如图 2-9-10 所示。

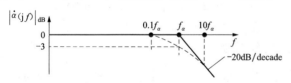

图 2-9-10　共基极交流电流放大系数 $|\dot\alpha(\mathrm{j}f)|$ 的幅频响应（渐进波特图）

通过图 2-9-10 可以看出，当频率升高时，共基极交流电流放大系数的模 $|\dot\alpha(\mathrm{j}f)|$ 下降，f_α 定义为共基极截止频率，用 f_α 来表示，即

共基极截止频率 f_α 与共射极截止频率 f_β 的关系为

$$f_\alpha=(1+\beta_0)\frac{1}{2\pi r_{\mathrm{b'e}}(C_{\mathrm{b'c}}+C_{\mathrm{b'e}})}=(1+\beta_0)f_\beta=f_\beta+\beta_0 f_\beta=f_\beta+f_{\mathrm{T}} \tag{2-9-24}$$

从式（2-9-24）可以看出，f_α 是 f_β 的（$1+\beta_0$）倍，说明共基极组态放大电路的带宽比共射极组态放大电路更宽，高频性能更好。

BJT 的 3 个频率参数分别是特征频率 f_{T}、共射极截止频率 f_β 和共基极截止频率 f_α。这 3 个频率参数在评价 BJT 的高频性能上是等价的，但是应用最广的是特征频率 f_{T}。通常，f_{T} 越高，BJT 的高频性能越好，构成的放大电路的上限频率越高。

BJT 的 3 个频率参数的大小关系如下：

$$f_\beta<f_{\mathrm{T}}<f_\alpha \tag{2-9-25}$$

五、放大电路的频率响应分析

以图 2-2-5 所示的 NPN 基本共射放大电路为例介绍放大电路的频率响应分析方法。频率响应分析的目的是获得中频区范围，从而判断传感器来的小信号的频率范围是否包含于放大电路的中频区之内，用于判断放大电路是否会出现线性失真。

若要获得放大电路的上限频率，就要分析其对高频交流信号的响应；若要获得放大电路的下限频率，就要分析其对低频交流信号的响应。前面对放大电路进行的分析都是针对中频交流信号进行的，针对中频交流信号的计算是一种最基本、也是最重要的计算。

（一）静态工作情况分析

BJT 的 Q 点要在放大区，分析方法与前面完全相同。画直流通路，标参考方向，列方程，求静态工作点。此处不再赘述，可参阅前面章节。

（二）分析放大电路对高频交流信号的频率响应得到上限频率

对于高频交流信号而言，耦合电容、旁路电容的容抗比中频信号更接近于零，因此对耦合电容、旁路电容做短路处理。其他元件的处理与中频交流信号相同。

本章第二节中图 2-2-5 所示的 NPN 基本共射放大电路的高频交流通路如图 2-9-11 所示。

对图 2-9-11，进行戴维南等效变换，以便于简化分析计算过程，得到图 2-9-12。

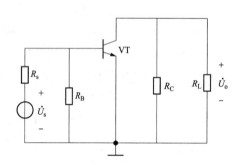
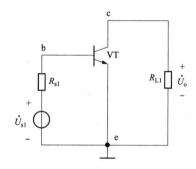

图 2-9-11　图 2-2-5 对应的高频交流通路　　　　图 2-9-12　图 2-9-11 的等效电路

图 2-9-12 中得开路电压 $\dot{U}_{s1}$ 和入端电阻 R_{s1} 分别为

$$\dot{U}_{s1} = \frac{R_B}{R_s + R_B}\dot{U}_s \tag{2-9-26}$$

$$R_{s1} = R_B /\!/ R_s = \frac{R_B R_s}{R_s + R_B} \tag{2-9-27}$$

$$R_{L1} = R_C /\!/ R_L = \frac{R_L R_C}{R_L + R_C} \tag{2-9-28}$$

根据式（2-9-26），得

$$\frac{\dot{U}_{s1}}{\dot{U}_s} = \frac{R_B}{R_s + R_B} \tag{2-9-29}$$

用图 2-9-4 所示的 BJT 混合 Π 型高频小信号模型代替图 2-9-12 中的 BJT，得到图 2-9-13 所示的高频小信号等效电路。

根据图 2-9-13，列出方程如下：

$$+ g_{\mathrm{m}}\dot{U}_{\mathrm{b'e}} + \dot{I}_{\mathrm{L1}} - \dot{I}_{\mathrm{C_{b'c}}} = 0 \tag{2-9-30}$$

$$\dot{U}_{\mathrm{b'e}} - \dot{U}_{\mathrm{o}} = + \frac{1}{\mathrm{j}\omega C_{\mathrm{b'c}}}\dot{I}_{\mathrm{C_{b'c}}} \tag{2-9-31}$$

$$\dot{U}_{\mathrm{o}} = + \dot{I}_{\mathrm{L1}}R_{\mathrm{L1}} \tag{2-9-32}$$

根据式（2-9-31）和式（2-9-32），得

$$\dot{I}_{\mathrm{C_{b'c}}} = (\dot{U}_{\mathrm{b'e}} - \dot{U}_{\mathrm{o}})\mathrm{j}\omega C_{\mathrm{b'c}} \tag{2-9-33}$$

$$\dot{I}_{\mathrm{L1}} = \frac{\dot{U}_{\mathrm{o}}}{R_{\mathrm{L1}}} \tag{2-9-34}$$

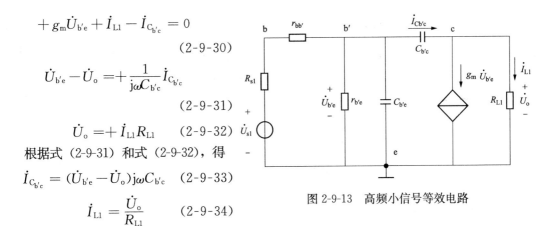

图 2-9-13　高频小信号等效电路

将式（2-9-33）和式（2-9-34）代入式（2--30），得

$$g_{\mathrm{m}}\dot{U}_{\mathrm{b'e}} + \frac{\dot{U}_{\mathrm{o}}}{R_{\mathrm{L1}}} - (\dot{U}_{\mathrm{b'e}} - \dot{U}_{\mathrm{o}})\mathrm{j}\omega C_{\mathrm{b'c}} = 0 \tag{2-9-35}$$

在图 2-9-13 中，集电结电容 $C_{\mathrm{b'c}}$ 跨越输入与输出两边，$C_{\mathrm{b'c}}$ 的存在使放大倍数的求解变得困难。如果能变换电路，像前面的中频小信号等效电路那样输入部分和输出部分分开，将利于列方程求解。

在图 2-9-13 中，从输入端方向看进去，将发射结电容 $C_{\mathrm{b'e}}$ 右边的 3 个元器件等效成一个复阻抗 Z_{M1}，电路如图 2-9-14 所示。在图 2-9-13 中，从输出端方向看进去，将受控电流源 $g_{\mathrm{m}}\dot{U}_{\mathrm{b'e}}$ 左边的所有元器件等效成一个复阻抗 Z_{M2}，电路如图 2-9-14 所示。将图 2-9-14 中的复阻抗 Z_{M1} 和 Z_{M2} 用电容代替，如图 2-9-15 所示。下面推导电容 C_{M1} 和 C_{M2} 的计算式。

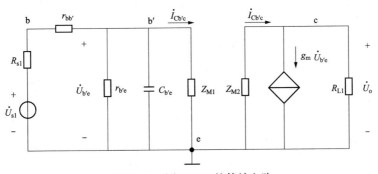

图 2-9-14　图 2-9-13 的等效电路

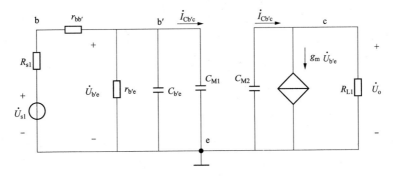

图 2-9-15　图 2-9-14 用密勒电容代替后的电路

因为 BJT 的集电结电容 $C_{b'c}$ 的典型值在 3pF 左右，$C_{b'c}$ 较小，$\omega C_{b'c}$ 较小，容抗 $\dfrac{1}{\omega C_{b'c}}$ 较大，另外两个支路是负载端的支路，与 BJT 集电极相连接，电流相对较大，因此流过集电结电容 $C_{b'c}$ 的电流与另外两个支路相比，相对较小，所以在式（2-9-35）所示的 c 点的 KCL 方程中，可以忽略流过集电结电容 $C_{b'c}$ 的电流，得

$$g_m \dot{U}_{b'e} + \frac{\dot{U}_o}{R_{L1}} \approx 0 \qquad (2\text{-}9\text{-}36)$$

根据式（2-9-36），得

$$\dot{U}_o \approx - R_{L1} g_m \dot{U}_{b'e} \qquad (2\text{-}9\text{-}37)$$

将式（2-9-37）代入式（2-9-33）得

$$\begin{aligned} \dot{I}_{C_{b'c}} &= [\dot{U}_{b'e} - (- R_{L1} g_m \dot{U}_{b'e})] j\omega C_{b'c} \\ &= \dot{U}_{b'e}(1 + R_{L1} g_m) j\omega C_{b'c} \end{aligned} \qquad (2\text{-}9\text{-}38)$$

根据式（2-9-38），得

$$\frac{\dot{U}_{b'e}}{\dot{I}_{C_{b'c}}} = \frac{1}{(1 + g_m R_{L1}) j\omega C_{b'c}} = \frac{1}{j\omega(1 + g_m R_{L1}) C_{b'c}} = Z_{M1} \qquad (2\text{-}9\text{-}39)$$

观察式（2-9-39）可知，Z_{M1} 相当于一个电容的容抗，相当于在 b′ 和 e 之间存在一个电容，称为密勒电容（Miller capacitance），符号用 C_{M1} 表示，电容的大小为

$$C_{M1} = (1 + g_m R_{L1}) C_{b'c} \qquad (2\text{-}9\text{-}40)$$

根据式（2-9-36），得

$$\dot{U}_{b'e} \approx - \frac{1}{R_{L1} g_m} \dot{U}_o \qquad (2\text{-}9\text{-}41)$$

将式（2-9-41）代入式（2-9-33），得

$$\begin{aligned} \dot{I}_{C_{b'c}} &= (\dot{U}_{b'e} - \dot{U}_o) j\omega C_{b'c} \\ &= (- \frac{1}{R_{L1} g_m} \dot{U}_o - \dot{U}_o) j\omega C_{b'c} \\ &= - \dot{U}_o (\frac{1}{R_{L1} g_m} + 1) j\omega C_{b'c} \end{aligned} \qquad (2\text{-}9\text{-}42)$$

根据式（2-9-42），得

$$\frac{\dot{U}_o}{\dot{I}_{C_{b'c}}} = - \frac{1}{j\omega(\frac{1}{R_{L1} g_m} + 1) C_{b'c}} = - Z_{M2} \qquad (2\text{-}9\text{-}43)$$

观察式（2-9-43）可知，Z_{M2} 相当于一个电容的容抗，相当于在 c 和 e 之间存在一个电容，也称为密勒电容，符号用 C_{M2} 表示，大小为

$$C_{M2} = (\frac{1}{R_{L1} g_m} + 1) C_{b'c} \approx (0 + 1) C_{b'c} = C_{b'c} \qquad (2\text{-}9\text{-}44)$$

将图 2-9-14 中的电抗元件用密勒电容代替，得到图 2-9-15。

在图 2-9-15 中，因为 C_{M2} 近似等于 $C_{b'c}$，对应的容抗较大，可以近似认为开路，简化后的电路如图 2-9-16 所示。

在图 2-9-16 中，发射结电容 $C_{b'e}$ 与密勒电容 C_{M1} 并联，用等效电容 C 表示，即

$$C = C_{b'e} + C_{M1} \tag{2-9-45}$$

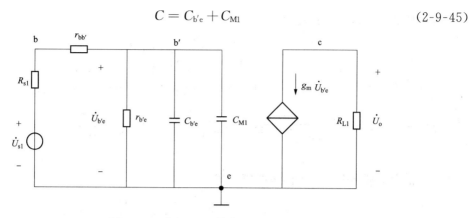

图 2-9-16   图 2-9-15 简化后的电路

对图 2-9-16 发射结电容 $C_{b'e}$ 左边的电路进行戴维南等效变换，如图 2-9-17 所示，入端电阻 R 和开路电压 $\dot{U}_{s2}$ 分别为

$$R = \frac{r_{b'e}(r_{bb'} + R_{s1})}{r_{b'e} + (r_{bb'} + R_{s1})} \tag{2-9-46}$$

$$\dot{U}_{s2} = \frac{r_{b'e}}{r_{b'e} + (r_{bb'} + R_{s1})} \dot{U}_{s1} \tag{2-9-47}$$

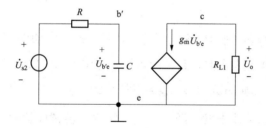

图 2-9-17   图 2-9-16 戴维南等效后的电路

根据图 2-9-17，列出如下方程

$$\dot{U}_{b'e} = \frac{\dfrac{1}{j\omega C}}{R + \dfrac{1}{j\omega C}} \dot{U}_{s2} = \frac{1}{j\omega RC + 1} \dot{U}_{s2} \tag{2-9-48}$$

$$\dot{U}_{o} = - g_m \dot{U}_{b'e} R_{L1} \tag{2-9-49}$$

根据式（2-9-47）、式（2-9-48）和式（2-9-49），得

$$\frac{\dot{U}_{s2}}{\dot{U}_{s1}} = \frac{r_{b'e}}{r_{b'e} + (r_{bb'} + R_{s1})} \tag{2-9-50}$$

$$\frac{\dot{U}_{b'e}}{\dot{U}_{s2}} = \frac{1}{j\omega RC + 1} = \frac{1}{1 + j2\pi f RC} \tag{2-9-51}$$

$$\frac{\dot{U}_{o}}{\dot{U}_{b'e}} = - g_m R_{L1} \tag{2-9-52}$$

源电压放大倍数 $\dot{A}_{uH}$ 的表达式为

$$\dot{A}_{uH} = \frac{\dot{U}_o}{\dot{U}_s} = \frac{\dot{U}_o}{\dot{U}_{b'e}} \frac{\dot{U}_{b'e}}{\dot{U}_{s2}} \frac{\dot{U}_{s2}}{\dot{U}_{s1}} \frac{\dot{U}_{s1}}{\dot{U}_s} \tag{2-9-53}$$

将式（2-9-52）、式（2-9-51）、式（2-9-50）和式（2-9-29）代入式（2-9-53），得

$$\dot{A}_{uH}(jf) = (-g_m R_{L1})\left[\frac{r_{b'e}}{r_{b'e} + (r_{bb'} + R_{s1})}\right]\left(\frac{R_B}{R_s + R_B}\right)\left(\frac{1}{1 + j2\pi fRC}\right) = -A_{uH0}\left(\frac{1}{1 + j2\pi fRC}\right) \tag{2-9-54}$$

式中，A_{uH0} 为中频源电压放大倍数的模，即

$$A_{uH0} = (g_m R_{L1})\left[\frac{r_{b'e}}{r_{b'e} + (r_{bb'} + R_{s1})}\right]\left(\frac{R_B}{R_s + R_B}\right) \tag{2-9-55}$$

根据式（2-9-54），得到源电压放大倍数 $\dot{A}_{uH}$（jf）的模为

$$|\dot{A}_{uH}(jf)| = \frac{A_{uH0}}{\sqrt{1 + (2\pi fRC)^2}} \tag{2-9-56}$$

对式（2-9-56）求常用对数，再乘 20，得到源电压增益

$$
\begin{aligned}
|\dot{A}_{uH}(jf)|_{dB} &= 20\log_{10}\frac{A_{uH0}}{\sqrt{1 + (2\pi fRC)^2}} \\
&= 20\log_{10} A_{uH0} - 20\log_{10}\sqrt{1 + (2\pi fRC)^2} \\
&= |\dot{A}_{uH1}(jf)|_{dB} + |\dot{A}_{uH2}(jf)|_{dB}
\end{aligned} \tag{2-9-57}
$$

式（2-9-57）有两项，分别画出这两项的波特图，然后叠加即可得到幅频响应的渐进波特图。第一项 $|\dot{A}_{uH1}(jf)|_{dB}$ 为常数，其波特图是一条位于第一象限且平行于横轴的直线，如图 2-9-18（a）所示，第二项 $|\dot{A}_{uH2}(jf)|_{dB}$ 为形如 $-20\log_{10}\sqrt{1 + (2\pi f\tau)^2}$ 的标准形式，与其对应的波特图是自 0dB 水平线出发，经 $f_H = \dfrac{1}{2\pi\tau}$ 频率点转折成斜率为（-20dB/decade）的直线，如图 2-9-18（b）所示。

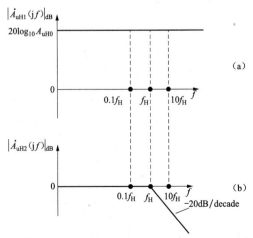

图 2-9-18　A_{uH}（jf）的幅频响应渐进波特图分解

(a) 第一项；(b) 第二项

将图 2-9-18（a）和（b）叠加，得到 $\dot{A}_{\text{uH}}（\text{j}f）$ 的幅频响应渐进波特图，如图 2-9-19 所示。

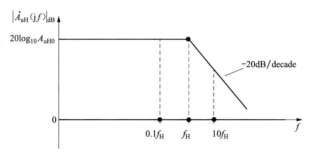

图 2-9-19　$\dot{A}_{\text{uH}}$（jf）的幅频响应渐进波特图

从图 2-9-19 可以看出，当频率升高时，$|\dot{A}_{\text{uH}}（\text{j}f）|_{\text{dB}}$ 下降，在 $f_{\text{H}}=\dfrac{1}{2\pi RC}$ 频率处比中频时下降了 3dB，因此，称 f_{H} 为上限频率。

根据式（2-9-54），得到相频响应的表达式

$$\varphi(\text{j}f) = -180° - \arctan(2\pi f RC) \tag{2-9-58}$$

根据式（2-9-58）得到 $\dot{A}_{\text{uH}}$（jf）的相频响应渐进波特图，与图 2-9-19 组合在一起，得到 $\dot{A}_{\text{uH}}$（jf）的频率响应渐进波特图，如图 2-9-20 所示。式（2-9-58）表明，$-180°$ 表示中频范围内共射放大电路的 $\dot{U}_{\text{o}}$ 与 $\dot{U}_{\text{s}}$ 反相，而 $-\arctan（2\pi f RC）$ 称为等效电容 C 在高频范围内引起的相位差，称为附加相位差。

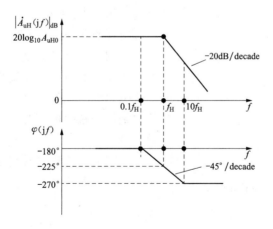

图 2-9-20　$\dot{A}_{\text{uH}}$（jf）的频率响应渐进波特图

上限频率 f_{H} 的计算式为

$$f_{\text{H}}=\frac{1}{2\pi RC}=\frac{1}{2\pi \dfrac{r_{\text{b}'\text{e}}(r_{\text{bb}'}+R_{\text{s1}})}{r_{\text{b}'\text{e}}+(r_{\text{bb}'}+R_{\text{s1}})}(C_{\text{b}'\text{e}}+C_{\text{M1}})} \approx \frac{1}{2\pi \dfrac{r_{\text{b}'\text{e}}(r_{\text{bb}'}+R_{\text{s}})}{r_{\text{b}'\text{e}}+(r_{\text{bb}'}+R_{\text{s}})}(C_{\text{b}'\text{e}}+C_{\text{M1}})}$$

$$\approx \frac{1}{2\pi(r_{\text{bb}'}+R_{\text{s}})(C_{\text{b}'\text{e}}+C_{\text{M1}})}=\frac{1}{2\pi(r_{\text{bb}'}+R_{\text{s}})[C_{\text{b}'\text{e}}+(1+g_{\text{m}}R_{\text{L1}})C_{\text{b}'\text{c}}]} \tag{2-9-59}$$

通过式（2-9-59）可以看出，要想提高上限频率 f_H，必须选择 $r_{bb'}$、$C_{b'c}$ 小而 f_T 高（$C_{b'e}$ 小）的 BJT，同时应选用内阻 R_s 小的信号源，此外还必须减小 $g_m R_{L1}$，以减小 $C_{b'c}$ 的密勒效应。而通过式（2-9-55）可以看出，减小 $g_m R_{L1}$ 必然会使中频源电压放大倍数的模 A_{uH0} 减小。可见，上限频率 f_H 的提高与中频源电压放大倍数的模 A_{uH0} 的增大是矛盾的，对于大多数放大电路而言，上限频率 f_H 远远大于下限频率 f_L，即带宽 $f_{BW} = f_H - f_L \approx f_H$，因此可以说带宽与增益是互相制约的。为综合考虑这两方面的性能，引出放大倍数－带宽积 $A_{uH0} f_H$ 这一参数，即

$$
\begin{aligned}
A_{uH0} f_H &= (g_m R_{L1}) \frac{r_{b'e}}{r_{b'e} + (r_{bb'} + R_{s1})} \left(\frac{R_B}{R_S + R_B} \right) \frac{1}{2\pi(r_{bb'} + R_s)[C_{b'e} + (1 + g_m R_{L1})C_{b'c}]} \\
&\approx (g_m R_{L1}) \frac{r_{b'e}}{r_{b'e} + (0 + 0)} \left(\frac{R_B}{0 + R_B} \right) \frac{1}{2\pi(r_{bb'} + R_s)[C_{b'e} + (1 + g_m R_{L1})C_{b'c}]} \\
&= \frac{g_m R_{L1}}{2\pi(r_{bb'} + R_s)[C_{b'e} + (1 + g_m R_{L1})C_{b'e}]}
\end{aligned}
\tag{2-9-60}
$$

通过式（2-9-60）可以看出，如果 BJT 的参数及电路参数都选定，那么放大倍数-带宽积基本上是个常数，即中频电压放大倍数要增大多少倍，其带宽就要变窄多少倍。因而选择电路参数时，如负载电阻 R_L，必须要兼顾 A_{uH0} 和 f_H 的要求。

增益带宽积定义为 $[20\lg(A_{uH0})] \cdot f_H$，增益与放大倍数这两个概念并不完全等效，若放大倍数-带宽积为常数，那么增益带宽积也为常数，大多数书中使用增益带宽积这一概念。

（三）分析放大电路对低频交流信号的频率响应得到下限频率

本章第二节针对中频交流信号给出了交流通路的画法，对耦合电容、旁路电容做短路处理，但是对于低频交流信号而言，耦合电容、旁路电容的容抗比较大，做短路处理引起的误差较大，所以耦合电容、旁路电容应保留在交流通路中，其他元器件的处理与中频交流通路相同。图 2-2-5 所示的 NPN 基本共射放大电路的低频交流通路如图 2-9-21 所示。

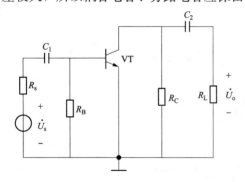

图 2-9-21 图 2-2-5 对应的低频交流通路

在图 2-9-21 中，BJT 采用低、中频小信号模型，图 2-9-21 对应的低频小信号等效电路如图 2-9-22 所示。图中有电容存在，所以电压放大倍数是信号频率的函数，下面推导电压放大倍数的表达式

将图 2-9-22 的受控电流源等效变换成受控电压源，得到图 2-9-23。

记 $R_{B1} = R_B /\!/ r_{be}$

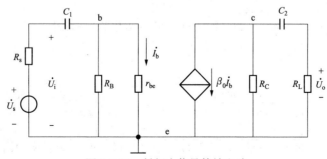

图 2-9-22 低频小信号等效电路

根据图 2-9-23，得

$$\dot{U}_\mathrm{o}=-\frac{R_\mathrm{L}}{\dfrac{1}{\mathrm{j}\omega C_2}+R_\mathrm{L}+R_\mathrm{C}}\beta_0\dot{I}_\mathrm{b}R_\mathrm{C}$$

$$=-\frac{\beta_0 R_\mathrm{C}R_\mathrm{L}}{(R_\mathrm{L}+R_\mathrm{C})}\cdot\frac{\mathrm{j}\omega C_2(R_\mathrm{L}+R_\mathrm{C})}{1+\mathrm{j}\omega C_2(R_\mathrm{L}+R_\mathrm{C})}\dot{I}_\mathrm{b}$$

$$(2\text{-}9\text{-}61)$$

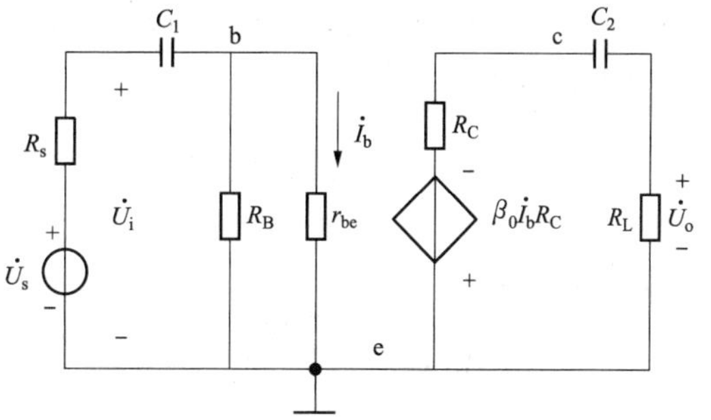

图 2-9-23　低频小信号等效电路（包含受控电压源）

$$\dot{U}_\mathrm{s}=\left(\frac{\dot{I}_\mathrm{b}r_\mathrm{be}}{R_\mathrm{B}}+\dot{I}_\mathrm{b}\right)\left(R_\mathrm{s}+\frac{1}{\mathrm{j}\omega C_1}+R_\mathrm{Bl}\right)$$

$$=\dot{I}_\mathrm{b}\left(\frac{r_\mathrm{be}}{R_\mathrm{B}}+1\right)\left(R_\mathrm{s}+\frac{1}{\mathrm{j}\omega C_1}+R_\mathrm{Bl}\right)$$

$$=\dot{I}_\mathrm{b}\left(\frac{r_\mathrm{be}+R_\mathrm{B}}{R_\mathrm{B}}\right)\left[\frac{1+\mathrm{j}\omega C_1(R_\mathrm{s}+R_\mathrm{Bl})}{\mathrm{j}\omega C_1}\right]\qquad(2\text{-}9\text{-}62)$$

根据式（2-9-61）和式（2-9-62），得

$$\dot{A}_\mathrm{uL}(\mathrm{j}f)=\frac{\dot{U}_\mathrm{o}}{\dot{U}_\mathrm{s}}$$

$$=-\frac{\beta_0 R_\mathrm{C}R_\mathrm{L}}{(R_\mathrm{L}+R_\mathrm{C})}\frac{R_\mathrm{B}}{r_\mathrm{be}+R_\mathrm{B}}\frac{1}{(R_\mathrm{s}+R_\mathrm{Bl})}\frac{\mathrm{j}\omega C_2(R_\mathrm{L}+R_\mathrm{C})}{1+\mathrm{j}\omega C_2(R_\mathrm{L}+R_\mathrm{C})}\frac{\mathrm{j}\omega C_1(R_\mathrm{s}+R_\mathrm{Bl})}{1+\mathrm{j}\omega C_1(R_\mathrm{s}+R_\mathrm{Bl})}$$

$$=-A_\mathrm{uL0}\frac{\mathrm{j}\omega C_2(R_\mathrm{L}+R_\mathrm{C})}{1+\mathrm{j}\omega C_2(R_\mathrm{L}+R_\mathrm{C})}\frac{\mathrm{j}\omega C_1(R_\mathrm{s}+R_\mathrm{Bl})}{1+\mathrm{j}\omega C_1(R_\mathrm{s}+R_\mathrm{Bl})}\qquad(2\text{-}9\text{-}63)$$

式中，A_uL0 为中频源电压放大倍数的模，即根据式（2-9-63），得

$$A_\mathrm{uL0}=\frac{\beta_0 R_\mathrm{C}R_\mathrm{L}}{(R_\mathrm{L}+R_\mathrm{C})}\frac{1}{R_\mathrm{Bl}}\frac{R_\mathrm{B}}{r_\mathrm{be}+R_\mathrm{B}}\frac{R_\mathrm{Bl}}{(R_\mathrm{s}+R_\mathrm{Bl})}$$

$$\approx\frac{\beta_0 R_\mathrm{C}R_\mathrm{L}}{(R_\mathrm{L}+R_\mathrm{C})}\frac{1}{r_\mathrm{be}}\frac{R_\mathrm{B}}{0+R_\mathrm{B}}\frac{r_\mathrm{be}}{(R_\mathrm{s}+r_\mathrm{be})}$$

$$=\frac{\beta_0(R_\mathrm{C}\;/\!/\;R_\mathrm{L})}{r_\mathrm{be}}\frac{r_\mathrm{be}}{(R_\mathrm{s}+r_\mathrm{be})}\qquad(2\text{-}9\text{-}64)$$

式（2-9-64）与前述得到的中频电压放大倍数的公式相同。

$$\dot{A}_\mathrm{uL}(\mathrm{j}f)=\frac{\dot{U}_\mathrm{o}}{\dot{U}_\mathrm{s}}$$

$$=-A_\mathrm{uL0}\frac{\mathrm{j}\omega C_2(R_\mathrm{L}+R_\mathrm{C})}{1+\mathrm{j}\omega C_2(R_\mathrm{L}+R_\mathrm{C})}\frac{\mathrm{j}\omega C_1(R_\mathrm{s}+R_\mathrm{Bl})}{1+\mathrm{j}\omega C_1(R_\mathrm{s}+R_\mathrm{Bl})}$$

$$=-A_\mathrm{uL0}\frac{\mathrm{j}\omega\tau_2}{1+\mathrm{j}\omega\tau_2}\frac{\mathrm{j}\omega\tau_1}{1+\mathrm{j}\omega\tau_1}$$

$$=-\mid A_\mathrm{uL0}\mid\underline{/\!\!-180^\circ}\cdot\left|\frac{\mathrm{j}\omega\tau_2}{1+\mathrm{j}\omega\tau_2}\right|\underline{/\!\!\left[90^\circ-\arctan(2\pi f\tau_2)\right]}\cdot\left|\frac{\mathrm{j}\omega\tau_1}{1+\mathrm{j}\omega\tau_1}\right|\underline{/\!\!\left[90^\circ-\arctan(2\pi f\tau_1)\right]}$$

$$=-\mid A_\mathrm{uL0}\mid\underline{/\!\!-180^\circ}\cdot\left|\frac{\mathrm{j}\omega\tau_2}{1+\mathrm{j}\omega\tau_2}\right|\underline{/\!\!\varphi_2(\mathrm{j}f)}\cdot\left|\frac{\mathrm{j}\omega\tau_1}{1+\mathrm{j}\omega\tau_1}\right|\underline{/\!\!\varphi_1(\mathrm{j}f)}\qquad(2\text{-}9\text{-}65)$$

式中，$\tau_2 = C_2 (R_L + R_C)$，$\tau_1 = C_1 (R_s + R_{B1})$，称为时间常数。

根据式（2-9-65），得

$$| \dot{A}_{uL}(jf) | = A_{uL0} \frac{2\pi f\tau_2}{\sqrt{1 + (2\pi f\tau_2)^2}} \frac{2\pi f\tau_1}{\sqrt{1 + (2\pi f\tau_1)^2}} \qquad (2\text{-}9\text{-}66)$$

根据式（2-9-66），得

$$| \dot{A}_{uL}(jf) |_{dB}$$

$$= 20\log_{10} | \dot{A}_{uL}(jf) |$$

$$= 20\log_{10} A_{uL0} + 20\log_{10} \frac{2\pi f\tau_2}{\sqrt{1 + (2\pi f\tau_2)^2}} + 20\log_{10} \frac{2\pi f\tau_1}{\sqrt{1 + (2\pi f\tau_1)^2}}$$

$$= | \dot{A}_{uL1}(jf) |_{dB} + | \dot{A}_{uL2}(jf) |_{dB} + | \dot{A}_{uL3}(jf) |_{dB} \qquad (2\text{-}9\text{-}67)$$

在图 2-9-23 中，C_1、C_2 引起的转折频率分别为

$$f_{L1} = \frac{1}{2\pi C_1 (R_s + R_{B1})} \qquad (2\text{-}9\text{-}68)$$

$$f_{L2} = \frac{1}{2\pi C_2 (R_L + R_C)} \qquad (2\text{-}9\text{-}69)$$

式（2-9-67）中的每项对应的波特图分别如图 2-9-24（a）、（b）、（c）所示。

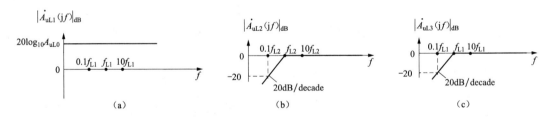

图 2-9-24　各项对应的渐进波特图
(a) 第一项；(b) 第二项；(c) 第三项

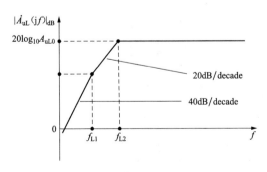

图 2-9-25　低频幅频响应渐进波特图

将图 2-9-24 中的三项叠加，得到完整的幅频响应渐进波特图，如图 2-9-25 所示。假定 $f_{L2} > f_{L1}$。

根据式（2-9-65），得到式（2-9-70）和式（2-9-71），画出第三项和第二项相频响应渐进波特图如图 2-9-26（a）和（b）所示。

$$\varphi_1(jf) = 90° - \arctan(2\pi f\tau_1) \qquad (2\text{-}9\text{-}70)$$

$$\varphi_2(jf) = 90° - \arctan(2\pi f\tau_2) \qquad (2\text{-}9\text{-}71)$$

将图 2-9-26（a）、（b）所示的第三项和第二项相频响应渐进波特图叠加，得到图 2-9-27。

根据式（2-9-65），得

$$\varphi(\mathrm{j}f) = -180° + \varphi_2(\mathrm{j}f) + \varphi_1(\mathrm{j}f)$$

$$= -180° + [90° - \arctan(2\pi f\tau_2)] + [90° - \arctan(2\pi f\tau_1)] \quad (2\text{-}9\text{-}72)$$

根据式（2-9-72），得到低频区的相频响应渐进波特图，如图 2-9-28 所示。

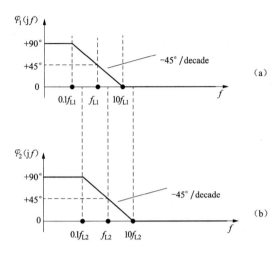

图 2-9-26　相频响应渐进波特图分解

（a）第三项；（b）第二项

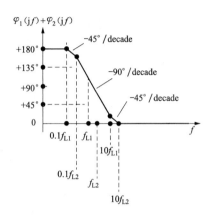

图 2-9-27　相频响应渐进波特图
第三项和第二项叠加

（四）计算放大电路的中频电压放大倍数

见本章第四节。

（五）综合得到频率响应

前面已分别讨论了电压放大倍数在中频段、低频段和高频段的频率响应，现在把它们加以综合，就可得到基本共射放大电路的完整频率响应。

六、多级放大电路的频率响应分析

在多级放大电路中含有多个 BJT，因而在高频小信号等效电路中就含有多个电容，就有多个一阶 RC 低通电路存在。在阻容耦合放大电路中，如有多个耦合电容和旁路电容，则在低频小信号等效电路中就含有多个一阶 RC 高通电路存在。

一个 N 级放大电路的放大倍数分别为 A_1、A_2、$\cdots$、A_N，则该放大电路的总放大倍数 A 为各级放大倍数的乘积，A 的表达式为

$$\dot{A}(\mathrm{j}f) = \prod_{k=1}^{N} \dot{A}_k(\mathrm{j}f) \quad (2\text{-}9\text{-}73)$$

放大电路的增益表达式为

$$20\log_{10} |\dot{A}(\mathrm{j}f)| = \sum_{k=1}^{N} 20\log_{10} |\dot{A}_k(\mathrm{j}f)| \quad (2\text{-}9\text{-}74)$$

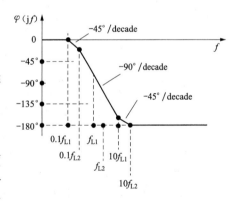

图 2-9-28　低频区相频响应渐进波特图

相频响应表达式为

$$\varphi(\mathrm{j}f) = \sum_{k=1}^{N} \varphi_k(\mathrm{j}f) \qquad (2\text{-}9\text{-}75)$$

从式（2-9-74）可以看出，N 级放大电路的增益为各级增益之和。从式（2-9-75）可以看出，N 级放大电路的相位差为各级相位差之和。

假设 $N=2$，放大电路有两级，且每级放大电路的频率特性完全相同，即每级的中频放大倍数相同，上限频率相同，下限频率相同。第一级的中频电压放大倍数用 A_{m1} 表示，下限频率用 f_{L1} 表示，上限频率用 f_{H1} 表示；第二级的中频电压放大倍数用 A_{m2} 表示，下限频率用 f_{L2} 表示，上限频率用 f_{H2} 表示，且有 $A_{m1}=A_{m2}$，$f_{L1}=f_{L2}$，$f_{H1}=f_{H2}$。

根据式（2-9-74），得

$$20\log_{10} \mid \dot{A}(\mathrm{j}f) \mid = \sum_{k=1}^{2} 20\log_{10} \mid \dot{A}_k(\mathrm{j}f) \mid$$

$$= 40\log_{10} \mid \dot{A}_1(\mathrm{j}f) \mid \qquad (2\text{-}9\text{-}76)$$

整个电路的中频增益的表达式为

$$20\log_{10} \mid \dot{A}_m \mid = \sum_{k=1}^{2} 20\log_{10} \mid \dot{A}_{mk} \mid$$

$$= 20\log_{10} \mid \dot{A}_{m1} \mid + 20\log_{10} \mid \dot{A}_{m2} \mid$$

$$= 40\log_{10} \mid \dot{A}_{m1} \mid \qquad (2\text{-}9\text{-}77)$$

根据下限频率的定义，当 $f=f_{L1}$ 时，有

$$\mid \dot{A}_1(\mathrm{j}f_{L1}) \mid = \mid \dot{A}_2(\mathrm{j}f_{L2}) \mid = \frac{\mid \dot{A}_{m1} \mid}{\sqrt{2}} \qquad (2\text{-}9\text{-}78)$$

根据式（2-9-76）、式（2-9-77）和式（2-9-78），得

$$20\log_{10} \mid \dot{A}(\mathrm{j}f_{L1}) \mid = 2 \times 20\log_{10} \mid \dot{A}_1(\mathrm{j}f_{L1}) \mid = 40\log_{10} \frac{\mid \dot{A}_{m1} \mid}{\sqrt{2}}$$

$$= 40\log_{10} \mid \dot{A}_{m1} \mid - 6.02 \approx 40\log_{10} \mid \dot{A}_{m1} \mid - 6 \qquad (2\text{-}9\text{-}79)$$

式（2-9-79）说明，当 $f=f_{L1}$ 时，整个放大电路的增益下降 6dB。因为每级有 $+45°$ 的附加相位差，整个放大电路的附加相位差为 $+90°$。

同理，当 $f=f_{H1}$ 时，整个放大电路的增益下降 6dB。因为每级有 $-45°$ 的附加相位差，整个放大电路的附加相位差为 $-90°$。

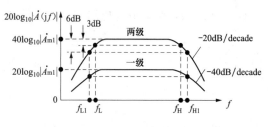

图 2-9-29　两级放大电路的幅频响应渐进波特图

两级放大电路的幅频响应渐进波特图如图 2-9-29 所示。

根据截止频率的定义，在幅频响应渐进波特图曲线中找到使增益下降 6dB 的频率，就是两级放大电路的下限频率 f_L 和上限频率 f_H。由图 2-9-29 可知，$f_L > f_{L1}(f_{L2})$，$f_H < f_{H1}(f_{H2})$，因此两级放大电路的带宽比每一级要窄。

小　结

BJT 是由两个 PN 结组成的三端有源器件。有 NPN 型和 PNP 型两大类，具有相同的结构特点，即基区宽度薄且掺杂浓度低，发射区掺杂浓度高，集电区面积大。这一结构上的特点是 BJT 具有电流放大作用的内部条件。

BJT 是一种电流控制器件，即用基极电流或发射极电流来控制集电极电流。所谓放大作用，实质上是一种能量控制作用。放大作用只有在 BJT 发射结正偏、集电结反偏以及静态工作点的设置合理时才能实现。

BJT 的特性曲线是指各极间电压与各极电流间的关系曲线，最常用的是输出特性曲线和输入特性曲线。它们是 BJT 内部载流子运动的外部表现，因而也称外部特性。

BJT 的参数直观地表明了器件性能的好坏和适应的工作范围，是人们选择和正确使用器件的依据。在 BJT 的众多参数中，电流放大系数、极间反向饱和电流和几个极限参数是 BJT 的主要参数，使用中应予以重视。

图解法和小信号等效电路分析方法是分析放大电路的两种基本方法。

图解法的要领是，先根据放大电路直流作出直流负载线，并确定静态工作点 Q，再根据完整放大电路作出交流负载线，并对应画出输入信号、输出信号（电压、电流）的波形，分析动态工作情况。

小信号等效电路分析方法的要领是，小信号工作是该方法的应用条件。它是用 H 参数小信号等效电路（一般只考虑 BJT 的输入电阻和电流放大系数）代替放大电路交流通路中的 BJT，再用线性电路原理分析、计算放大电路的动态性能指标，即电压放大倍数、输入电阻 R_i 和输出电阻 R_o 等。小信号等效电路只能用于电路的动态分析，不能用来求 Q 点，但 H 参数值与电路的 Q 点相关。

温度变化引起 BJT 的极间反向电流、发射结电压 U_{BE}、电流放大系数 β 的变化，从而导致静态电流 I_C 不稳定。因此，温度变化是引起放大电路静态工作点不稳定的主要原因，解决这一问题的办法之一是采用射极偏置电路。

BJT 按其交流通路连接方式不同，可以有 3 种组态，即共射、共集、共基 3 种。共射电路：较高电压和电流放大倍数，输入与输出电阻中等，输出电压与输入电压反相。共基电路：电流放大倍数小于或等于 1，电压放大倍数较大，输入电阻小，输出电阻大，输出电压与输入电压同相。共集电路：电压放大倍数小于或等于 1，电流放大倍数较大，输入电阻大，输出电阻小，输出电压与输入电压同相。

通过分析放大电路对低频交流信号的响应，可以得出下限频率；通过分析放大电路对高频交流信号的响应，可以得出上限频率。下限频率和上限频率是划分低频区、中频区、高频区的分界点。比中频区低的频率范围定义为低频区，比中频区高的频率范围定义为高频区。研究放大电路的频率响应的目的是得出放大电路的中频区的范围。从传感器来的小信号的频率范围必须包含在中频区之内，否则会出现线性失真（频率失真）。

习　题

2-1　电路如题 2-1 图所示，BJT 导通时发射结电压 $U_{BE}=+0.7V$，$\beta=50$。试分析 U_{BB}

为 0.3V、1V 和 1.6V 这 3 种情况下 BJT 的工作状态及输出电压 u_o 的值。

2-2　电路如题 2-2 图所示，PNP 型 BJT 的 $\beta=50$，$U_{BE}=-0.2V$，饱和管压降 $U_{CES}=-0.1V$；稳压管的稳定电压 $U_Z=5V$，稳压管的正向导通电压为 0.5V。试问：

（1）当 $u_i=0V$ 时 u_o 为多少？

（2）当 $u_i=-5V$ 时，u_o 为多少？

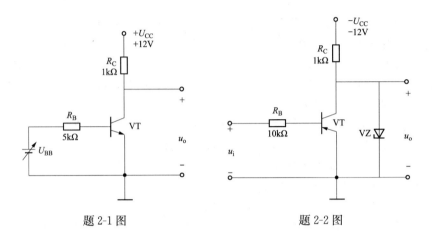

题 2-1 图　　　　　　　　　　　题 2-2 图

2-3　测得放大电路中 6 只 BJT 的直流电位如题 2-3 图所示。判断它们是硅管还是锗管，NPN 型还是 PNP 型，分辨 3 个电极。在圆圈中画出 BJT 的符号。

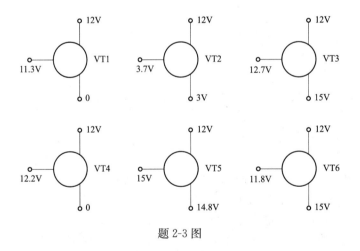

题 2-3 图

2-4　分别判断题 2-4 图所示各电路中 BJT 是否有可能工作在放大状态。

2-5　试分别画出题 2-5 图所示各电路的直流通路和交流通路。设所有的电容对交流信号视为短路。

2-6　判断题 2-6 图所示各两级放大电路中，VT1 和 VT2 构成的放大电路的组态（共射、共基、共集）。设所有电容对于交流信号均可视为短路。

2-7　分别改正题 2-7 图所示各电路中的错误，使它们有可能放大交流信号。要求做最小的改动，不能改变电路的组态。

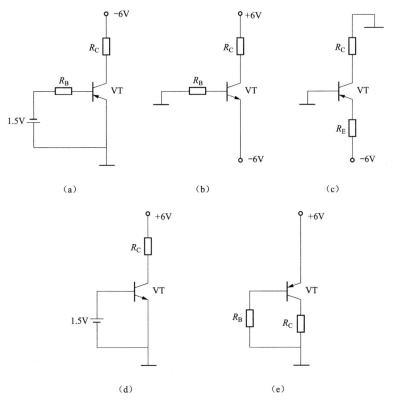

题 2-4 图

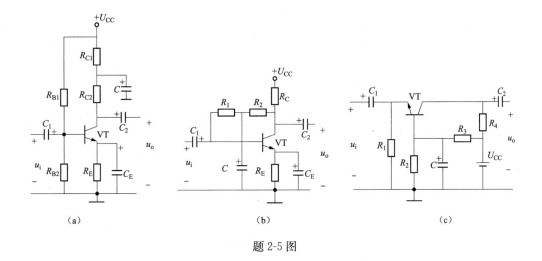

题 2-5 图

2-8 题 2-8 图（a）画出了 NPN 管基本共射放大电路，题 2-8 图（b）给出了 NPN 管的输出特性曲线、电路的交流负载线和直流负载线，试求：

（1）电源电压 U_{CC}、静态电流 I_B、静态电流 I_C、管压降 U_{CE} 的值。

（2）电阻 R_B、R_C 的值。

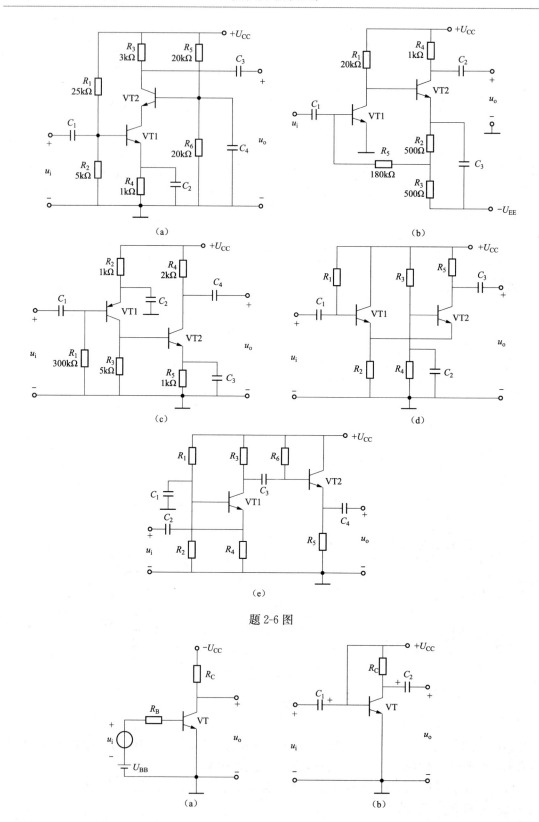

题 2-6 图

题 2-7 图（一）

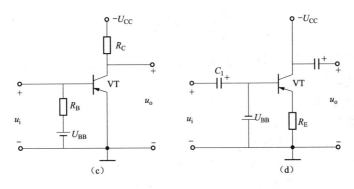

题 2-7 图（二）

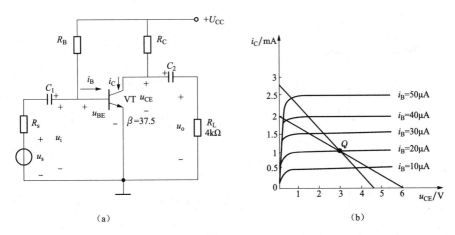

题 2-8 图

（3）最大不失真输出正弦电压的幅值。

（4）要使该电路能不失真地放大，基极正弦电流的最大幅值是多少？

2-9　电路如题 2-9 图（a）所示，BJT 的输出特性曲线如题 2-9 图（b）所示，静态时 $U_{BE} = +0.7V$。利用图解法分别求出 $R_L = 3k\Omega$ 和空载时的静态工作点和最大不失真输出正弦电压的幅值。

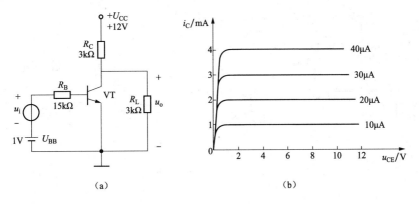

题 2-9 图

2-10 在题 2-10 图所示的基本共射放大电路中，已知 BJT 的 $\beta=80$，$U_{CC}=12V$。

（1）画直流通路，计算静态工作点。

（2）画小信号等效电路，求电压放大倍数 A_u。

（3）求输入电阻 R_i。

（4）求输出电阻 R_o。

2-11 电路如题 2-11 图所示，BJT 的 $\beta=60$。

（1）画出直流通路，求静态工作点。

（2）画出小信号等效电路，求 A_u、R_i 和 R_o。

（3）设输入电压 u_s 有效值为 10mV，求 u_i 及 u_o 有效值。

（4）若 C_3 开路，设输入电压 u_s 有效值为 10mV，求 u_i 及 u_o 的有效值。

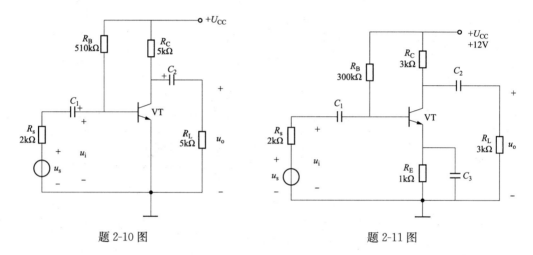

题 2-10 图　　　　　　　　　　题 2-11 图

2-12 电路如题 2-12 图所示，BJT 的 $\beta=80$，在 $R_L=\infty$ 和 $R_L=5k\Omega$ 两种情况下：

（1）画直流通路，计算静态工作点。

（2）画小信号等效电路，求电压放大倍数 A_u。

（3）求输入电阻 R_i。

（4）求输出电阻 R_o。

2-13 放大电路如题 2-13 图所示，已知 BJT 的 $\beta=50$，在下列情况下，用直流电压表测

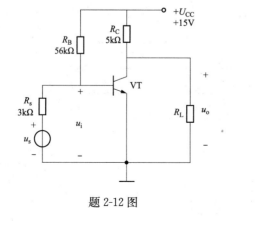

题 2-12 图

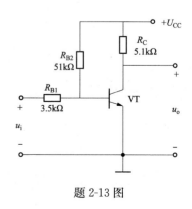

题 2-13 图

BJT 的集电极电位，应分别为多少？设 $U_{CC}=12V$，BJT 的饱和压降 $U_{CES}=0.3V$。

（1）正常情况。

（2）R_{B1} 短路。

（3）R_{B1} 开路。

（4）R_{B2} 开路。

（5）R_C 短路。

2-14　在题 2-14 图（a）所示电路中，由于电路参数不同，在信号源电压为正弦波时，测得输出波形如题 2-14 图（b）、（c）、（d）所示，试说明电路分别产生了什么失真，为什么？调整哪个电阻可以消除这些失真？

2-15　电路如题 2-15 图（a）所示。电路参数为：$U_{CC}=12V$、$R_C=2k\Omega$、$R_B=360k\Omega$；VT 为锗管，其 $\beta=60$，负载电阻 $R_L=2k\Omega$，$R_s=50\Omega$。试求：

（1）画出直流通路，标示参考方向，求电路的静态工作点 I_B、I_C 及 U_{CE} 值。

（2）画出小信号等效电路，求电压放大倍数 A_u。

（3）求输入电阻 R_i 及输出电阻 R_o。

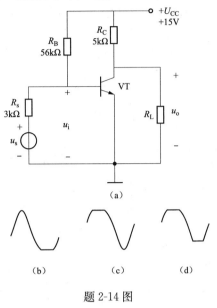

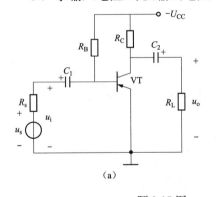

题 2-15 图

真输出正弦电压的峰峰值各为多少伏？

2-17　电路如题 2-17 图所示，已知 BJT 的电流放大系数 $\beta=50$，$U_{BE}=0.7V$，$U_{CC}=15V$，$R_s=500\Omega$，$R_{B1}=60k\Omega$，$R_{B2}=24k\Omega$，$R_C=3k\Omega$，$R_E=3.6k\Omega$，$R_L=3k\Omega$。

（1）画直流通路，求静态工作点。

（2）假定电容值足够大，画出小信号等效电路。

（3）求电压放大倍数 A_u、输入电阻和输出电阻。

（4）考虑信号源内阻 R_s 时，求信号源电压放大倍数 A_{us}。

（5）电路中的直流负载线和交流负载线有什么关系？

（4）求源电压增益 A_{us}。

（5）若 u_o 中的交流成分出现如题 2-15 图（b）所示的失真现象，问是截止失真还是饱和失真？为消除此失真，应调整电路中的哪个元件？如何调整？

2-16　在题 2-16 图所示电路中，集电极直流电流 $I_C=2mA$，BJT 饱和压降 $U_{CES}=0.3V$。试问：当负载电阻 $R_L=3k\Omega$ 和 $R_L=\infty$ 时电路的最大不失

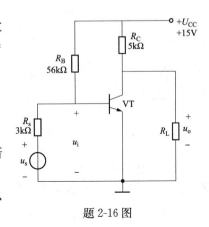

题 2-16 图

（6）如换上 β 为 100 的 BJT，放大电路的静态工作点将有什么变化？

2-18 电路如题 2-18 图所示，BJT 的 $\beta=100$。

（1）求电路的 Q 点、A_u、R_i 和 R_o。

（2）若电容 C_E 开路，则将引起电路的哪些动态参数发生变化？如何变化？

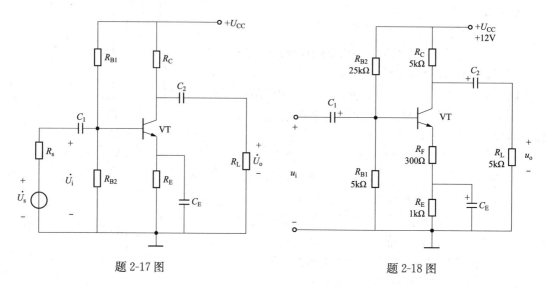

题 2-17 图　　　　　　　　　　题 2-18 图

2-19 电路如题 2-19 图所示。

（1）画出直流通路，求静态工作点。

（2）画出小信号等效电路，求 A_u、R_i 和 R_o；

2-20 已知题 2-20 图所示的共集电极放大电路中，BJT 的 $r_{bb'}=200\Omega$，$\beta=37.5$，$U_{CC}=12V$，$R_B=300k\Omega$，$R_E=4k\Omega$，$R_L=4k\Omega$，$R_s=50\Omega$。试计算该放大电路的静态工作点、电压放大倍数、输入电阻、输出电阻和源电压放大倍数。

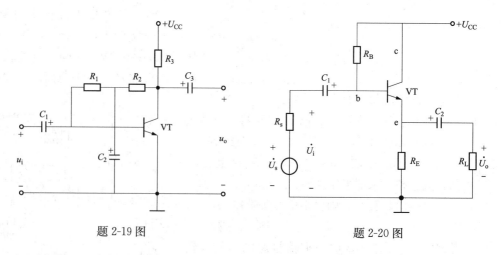

题 2-19 图　　　　　　　　　　题 2-20 图

2-21 在题 2-21 图（a）所示的共集电路中，输出电压波形如题 2-21 图（b）、（c）、（d）所示，则分别产生了什么失真？为什么？调整哪个电阻可以消除这些失真？

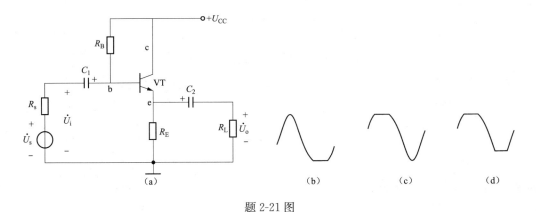

题 2-21 图

2-22 电路如题 2-22 图所示，已知 Q 点合适。求电压放大倍数、R_i 和 R_o。

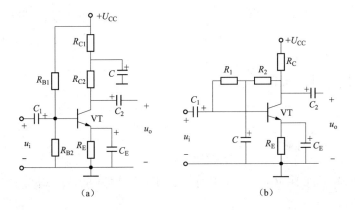

题 2-22 图

2-23 电路如题 2-23 图所示，要求：

（1）画直流通路，求 Q 点的表达式。设静态时 R_2 中的电流远大于 VT 的基极电流。

（2）画交流通路，说明电路的组态。

（3）画小信号等效电路，求电压放大倍数、输入电阻的表达式。

（4）画小信号等效电路，求输出电阻的表达式。

2-24 两级放大电路如题 2-24 图所示，设各电路的静态工作点均合适。（1）说明电路两级之间的耦合方式。

（2）分别画出它们的交流通路，说明每级放大电路的组态。

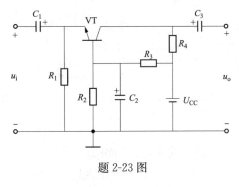

题 2-23 图

（3）分别画出它们的小信号电路，求电压放大倍数、输入电阻和输出电阻的表达式。

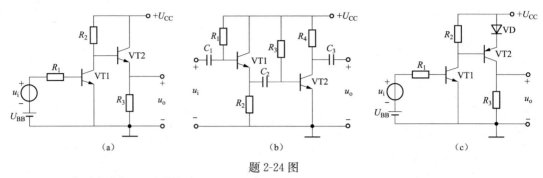

题 2-24 图

2-25 电路如题 2-25 图所示。

（1）说明 VT1、VT2 的组态及其具有的特点。

（2）写出电路的电压放大倍数表达式。

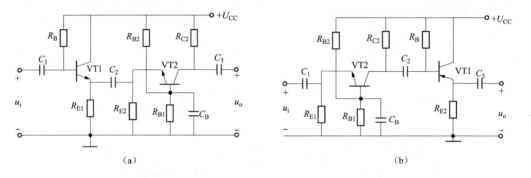

题 2-25 图

2-26 电路如题 2-26 图（a）、（b）所示，BJT 的 β 均为 80，r_{be} 均为 1.5kΩ，Q 点合适。求解 A_u、R_i 和 R_o。

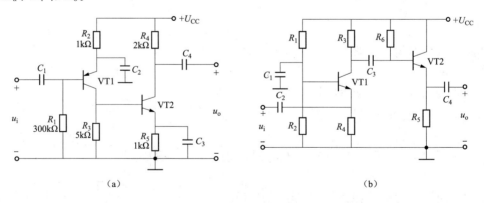

题 2-26 图

2-27 放大电路如题 2-27 图所示，VT 型号为 9011，查数据手册，得到电流放大系数 $h_{fe}=\beta=80$。按要求回答问题。

（1）若要求发射极的直流电位为 2.2V，求电位器 R_{P1} 的值。

（2）保持发射极的直流电位为 2.2V，用估算法求 Q 点。

（3）保持发射极的直流电位为 2.2V，带负载情况下，画交流通路和小信号等效电路，求 A_u、R_i 和 R_o。

（4）保持发射极的直流电位为 2.2V，负载开路，画交流通路和小信号等效电路，再求 A_u、R_i 和 R_o。

（5）保持发射极的直流电位为 2.2V，画直流负载线，求 Q 点。

（6）保持发射极的直流电位为 2.2V，负载开路，画交流负载线，求最大不失真输出正弦电压幅值。

（7）保持发射极的直流电位为 2.2V，接上负载电阻，再画交流负载线，求最大不失真输出正弦电压幅值。

（8）若发射极的直流电位为 6V，若加大输入信号，首先出现饱和失真还是截止失真？应如何调整电位器 R_{P1} 使此失真消失？

（9）若发射极的直流电位为 1V，若加大输入信号，首先出现饱和失真还是截止失真？应如何调整电位器 R_{P1} 使此失真消失？

（10）说明如何调整电位器 R_{P1} 的值使电路输出最大不失真电压，带负载情况下，求此电路最大不失真输出正弦电压的峰峰值，求此时的电位器 R_{P1} 的值。

（11）说明如何调整电位器 R_{P1} 的值使电路输出最大不失真电压，空载情况下，求此电路最大不失真输出正弦电压的峰峰值，求此时的电位器 R_{P1} 的值。

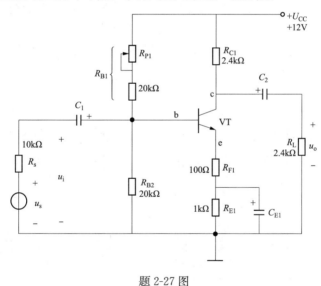

题 2-27 图

2-28 共集电极放大电路如题 2-28 图所示，参数如图所示。$R_B = R_{P3} + 4.7\text{k}\Omega$，取 $R_B = 25\text{k}\Omega$。

（1）画直流通路，估算 Q 点。

（2）用图解法在输入特性曲线和输出特性曲线上求 Q 点。

（3）画出交流负载线，求最大不失真输出正弦电压的幅值。

（4）求使电路具有最大不失真输出正弦电压的幅值的 Q 点。

（5）如何调节电路参数，使其 Q 点在交流负载线的中央。

（6）用小信号等效电路法求电压放大倍数、输入电阻和输出电阻，取 $R_B = 25\text{k}\Omega$。

2-29 两级基本放大电路如题 2-29 图所示，三极管 VT 型号为 9011，查数据手册，得到电流放大系数 $h_{fe} = \beta = 80$。按要求回答问题。

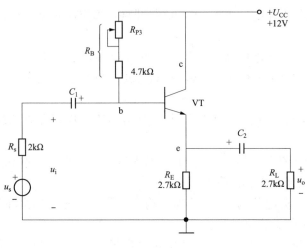

题 2-28 图

（1）若要求 VT1 的发射极的直流电位为 2.2V，求电位器 R_{P1} 的值。

（2）若要求 VT2 的发射极的直流电位为 2V，求电位器 R_{P2} 的值。

（3）保持 VT1 的发射极的直流电位为 2.2V，用估算法求 VT1 的 Q 点。

（4）保持 VT2 的发射极的直流电位为 2V，用估算法求 VT2 的 Q 点。

（5）保持 VT1 的发射极的直流电位为 2.2V，保持 VT2 的发射极的直流电位为 2V，带负载情况下，画小信号等效电路，求 A_u、R_i 和 R_o。

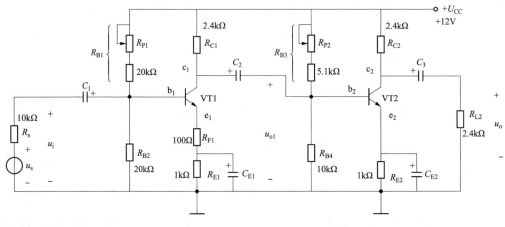

题 2-29 图

2-30　一共射放大电路的通频带为 $100\text{Hz} \sim 100\text{kHz}$，中频电压增益 $20\log_{10} |\dot{A}_{um}| = 40\text{dB}$，最大不失真交流输出电压范围为 $-4 \sim +4\text{V}$，试求：

（1）若输入一个 $u_i = 10\sin 4\pi \times 10^3 t$（mV）的正弦信号，输出波形是否会产生频率失真和非线性失真？若不失真，则输出电压的峰值是多大？$\dot{U}_o$ 与 $\dot{U}_i$ 间的相位差是多少？

（2）若 $u_i = 50\sin 4\pi \times 25 \times 10^3 t$（mV），重复回答（1）中的问题。

（3）若 $u_i = 10\sin 4\pi \times 60 \times 10^3 t$（mV），输出波形是否会失真？

2-31　一个高频 BJT，在发射极直流电流为 2mA 时，其低频 H 参数为 $r_{be} = 1.5\text{k}\Omega$，

$\beta_0 = 100$，BJT 的特征频率 $f_T = 100\text{MHz}$，$C_{b'c} = 3\text{pF}$，试求高频小信号模型参数：g_m、$r_{b'e}$、$r_{bb'}$、$C_{b'e}$。

2-32　电路如题 2-32 图所示。室温下，已知 BJT 的 $r_{bb'} = 100\Omega$，$\beta_0 = 80$，$C_{b'c} = 4\text{pF}$，$f_T = 50\text{MHz}$，$U_{CC} = 12\text{V}$，$R_B = 500\text{k}\Omega$，$R_C = 5\text{k}\Omega$，$R_s = 1000\Omega$，$C_1 = 5\mu\text{F}$。试计算：

（1）中频源电压放大倍数。

（2）密勒电容 C_{M1}。

（3）上限频率。

（4）下限频率。

（5）画出频率响应渐进波特图。

2-33　电路如题 2-33 图所示，VT 的参数 $\beta = 100$，求电路的下限频率。

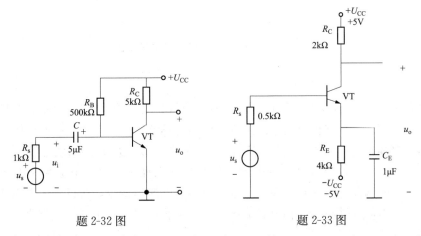

题 2-32 图　　　　　　　　　　題 2-33 图

2-34　题 2-34 图所示的电路中，室温下，已知 BJT 的 $r_{bb'} = 200\Omega$，$\beta_0 = 37.5$，$C_{b'c} = 0.5\text{pF}$，$f_T = 400\text{MHz}$，$U_{CC} = 12\text{V}$，$R_B = 300\text{k}\Omega$，$R_C = 4\text{k}\Omega$，$R_L = 4\text{k}\Omega$，$R_s = 50\Omega$，$C_1 = 30\mu\text{F}$，$C_2 = 1\mu\text{F}$。试计算该电路的中频源电压增益和上限频率。

2-35　放大电路与题 2-34 图相同，试计算该电路的下限频率。

2-36　放大电路与题 2-34 图相同，试画出该放大电路的幅频响应的渐进波特图，并求中频区的范围。

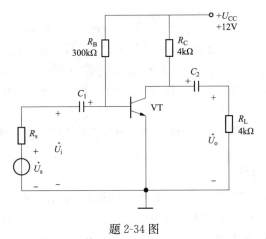

题 2-34 图

第三章　场效应管及其放大电路

本章提要

　　本章首先介绍结型场效应管的工作原理，同时介绍描述其功能的特性曲线。然后用同样的方法介绍绝缘栅场效应管的工作原理，同时介绍描述其功能的特性曲线。最后介绍场效应管放大电路。在学习场效应管的过程中，注意与双极型三极管对比学习。

第一节　场　效　应　管　概　述

　　1. 场效应管出现的历史背景

　　1947 年贝尔实验室的科学家发明的双极型三极管代替了真空管，解决了当时电话信号传输中的放大问题。但是这种放大电路的输入电阻还不够大，性能还不够好。因此，贝尔实验室的科学家继续研究新型的三极管，在 1960 年发明了场效应管。场效应管的工作原理与双极型三极管不同。场效应管是一种由输入信号电压来控制其输出电流大小的半导体三极管，所以是电压控制器件，它具有输入端基本上不取电流的特点，所以输入电阻非常大。此外，场效应管噪声低，受温度、辐射影响小，制造工艺简单，便于大规模集成，已被广泛应用于集成电路中。

　　2. 场效应管的 3 种作用

　　从第二章可以知道，双极型三极管有两种用途：一是当作电流控制电流器件用来组成放大电路；二是在数字电路中用作开关元件。

　　与双极型三极管相比，场效应管有 3 种用途：一是当作电压控制电流器件用来组成放大电路；二是在数字电路中用作开关元件；三是当作压控可变电阻，即非线性电阻来使用。

　　3. 场效应管的分类

　　场效应管有结型场效应管（Junction Field Effect Transistor，JFET）和绝缘栅场效应管（Insulated Gate Field Effect Transistor，IGFET）。JFET 又分 N 沟道 JFET 和 P 沟道 JFET。IGFET 主要是金属氧化物半导体场效应管（Metal-Oxide-Semiconductor FET，MOSFET），有 N 沟道增强型、N 沟道耗尽型、P 沟道增强型、P 沟道耗尽型共 4 种。

第二节　结型场效应管的结构和工作原理

一、JFET 的结构和符号

　　N 沟道 JFET 的结构如图 3-2-1（a）所示。在图 3-2-1（a）中，在一块 N 型半导体上制作两个高掺杂的 P 区，分别引出两个电极并将它们接在一起，称为栅极（gate），用 g 表示。N 型半导体的两端分别引出两个电极，一个称为漏极（drain），用 d 表示；一个称为源极

（source），用 s 表示。P 区与 N 区交界面形成两个 PN 结，用斜线阴影来表示，所以称为 JFET。两个 PN 结中间的位于漏极和源极之间的 N 型半导体区域，称为导电沟道（channel）。因为导电沟道是 N 型半导体，所以称为 N 沟道 JFET。N 沟道 JFET 的符号如图 3-2-1（b）所示，中间的竖线表示导电沟道，在栅极上有一个箭头，箭头指向导电沟道表示是 N 沟道的 JFET，与栅极相连的那个电极是源极，那么另外一个电极就是漏极。图 3-2-1（a）所示的场效应管的漏极和源极是可以互换的，从结构上看，漏极和源极没有区别。

P 沟道 JFET 的结构如图 3-2-2（a）所示。在图 3-2-2（a）中，在一块 P 型半导体上制作两个高掺杂的 N 区，分别引出两个电极并将它们接在一起，称为栅极，用 g 表示。P 型半导体的两端分别引出两个电极，一个称为漏极，用 d 表示；一个称为源极，用 s 表示。P 区与 N 区交界面形成两个 PN 结，用斜线阴影来表示，所以称为 JFET。两个 PN 结中间的位于漏极和源极之间的 P 型半导体区域，称为导电沟道。因为导电沟道是 P 型半导体，所以称为 P 沟道 JFET。P 沟道 JFET 的符号如图 3-2-2（b）所示，中间的竖线表示导电沟道，在栅极上有一个箭头，箭头背离导电沟道表示是 P 沟道的 JFET，与栅极相连的那个电极是源极，那么另外一个电极就是漏极。图 3-2-2（a）所示的场效应管的漏极和源极是可以互换的，从结构上看，漏极和源极没有区别。

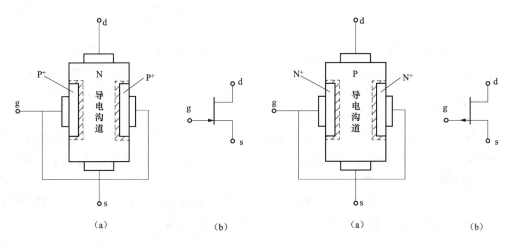

图 3-2-1 N 沟道 JFET 的结构和符号　　　图 3-2-2 P 沟道 JFET 的结构和符号
（a）结构；（b）符号　　　　　　　　　　　（a）结构；（b）符号

应注意比较场效应管与双极型三极管的相同点和不同点。可以这样类比：栅极与基极对应，漏极与集电极对应，源极与发射极对应。

二、N 沟道 JFET 的工作原理

电压参考方向和电流参考方向的约定如图 3-2-3 所示。N 沟道 JFET 和 P 沟道 JFET 的约定是一样的。栅源电压的参考方向以栅极为正，以源极为负；漏源电压的参考方向以漏极为正，以源极为负；漏极电流的参考方向以流进漏极为正。本书在无特别说明的情况下都采用这样的约定。

以 N 沟道 JFET 为例介绍 JFET 的工作原理，

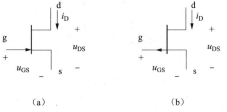

图 3-2-3　JFET 的电压参考方向和电流
参考方向的约定
（a）N 沟道 JFET 的参考方向的约定；
（b）P 沟道 JFET 的参考方向的约定

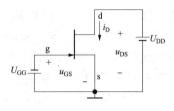

图 3-2-4　解释 N 沟道 JFET
工作原理的电路

与双极型三极管类似，场效应管也需要外接直流电源才能工作，所以场效应管也是有源器件。电路如图 3-2-4 所示，N 沟道 JFET 外接直流电压源 U_{GG} 和 U_{DD}，U_{GG} 和 U_{DD} 只是表示电压源的电压值，正负极连接情况如图所示。这种外接电压源的方法最直观，便于解释其内部导电沟道的变化情况。场效应管还有很多其他外接直流电源的电路结构，在后面的讲解中会涉及。

按照如下的思路来介绍 N 沟道 JFET 工作原理：

（1）电压源 U_{GG} 和电压源 U_{DD} 都不起作用，电压值均为 0。

（2）只有电压源 U_{GG} 起作用，电压源 U_{DD} 的电压值为 0。

（3）只有电压源 U_{DD} 起作用，电压源 U_{GG} 的电压值为 0。

（4）电压源 U_{GG} 和电压源 U_{DD} 同时起作用。

讨论各种情况下的 JFET 的工作状态的过程中，同时画出对应的输出特性曲线。

在图 3-2-4 中栅源电压用 u_{GS} 表示，参考方向如图所示，所以 u_{GS} 本身是负值。在图 3-2-4 中漏源电压用 u_{DS} 表示，参考方向如图所示，所以 u_{DS} 本身是正值。

（一）$U_{DD}=0V$、$U_{GG}=0V$ 时 JFET 的工作状态

如图 3-2-5 所示，为了更好地解释 JFET 的工作原理，用 JFET 的内部结构示意图代替了 JFET 的符号，以便于更好地观察导电沟道的情况。两个外接电压源的电压均为 0，这种情况下两个 PN 结处于零偏置状态，它们中间的区域是导电沟道，而且导电沟道从漏极到源极平行等宽。用画有黑色斜线的区域表示达到动态平衡时的 PN 结，这时导电沟道的等效电阻记为 R_1。

（二）当电压源 $U_{DD}=0V$ 时，电压源 U_{GG} 由小变大的过程中 JFET 的工作状态

1. $U_{DD}=0V$，U_{GG} 从 0 逐渐增加 1V

U_{GG} 为 1V 时 $u_{GS}=-1V$。如图 3-2-6 所示，画有黑色的左斜线的区域所表示的 PN 结是没有外加直流电压源 U_{GG} 时自然形成的。而外加电压源 U_{GG} 使两个 PN 结均处于反偏状态，PN 结反偏将使 PN 结的宽度增加，增加的这一部分如图 3-2-6 表示，用不同方向的斜线表示的阴影表示。此时导电沟道从漏极到源极平行等宽，但比没有电压源 U_{GG} 作用时的导电沟道要窄一些。这时的导电沟道的等效电阻用 R_2 表示。R_2 要大于 R_1。

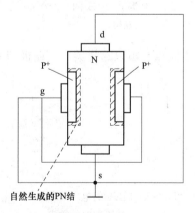

图 3-2-5　$U_{DD}=0V$、$U_{GG}=0V$ 时
JFET 的工作状态

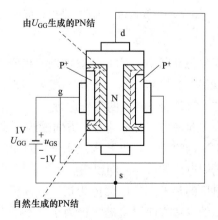

图 3-2-6　$U_{DD}=0V$、$U_{GG}=1V$ 时
JFET 的工作状态

需要注意的是，外接电压源 U_{GG} 始终使两个 PN 结均处于反偏状态，不可能处于正偏状态。

2. $U_{DD}=0V$，U_{GG} 增加使 $u_{GS}=U_p$

当 $u_{GS}=U_p$（夹断电压）时（不妨取 $U_p=-3V$），由外接电压源 U_{GG} 产生的两个 PN 结左右相接，使导电沟道完全被夹断。这时的 JFET 处于截止状态，如图 3-2-7 所示。U_p 是 JFET 的一个参数，称为夹断电压。不同 JFET 的夹断电压的值是不同的。在数字电路中，JFET 相当于一个无触点的开关，可以作为开关使用，漏极和源极相当于开关的两个点，处于截止状态的 JFET 相当于开关断开。

3. $U_{DD}=0V$，U_{GG} 继续增加，JFET 进入击穿状态

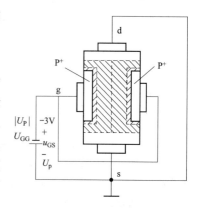

图 3-2-7 $U_{DD}=0V$、$U_{GG}=|U_p|$ 时 JFET 的工作状态

U_{GG} 增加使两个 PN 结上的反偏电压增加，当超过 PN 结的反向击穿电压 $U_{(BR)GS}$ 时，JFET 将进入反向击穿状态，不能正常工作，应避免进入这种状态。

（三）当 $U_{GG}=0V$ 时分别讨论 U_{DD} 由小变大的过程中 JFET 的几种工作状态

1. $U_{GG}=0V$，U_{DD} 的值比较小时

如图 3-2-8 所示，因为外接电压源 $U_{GG}=0V$，所以 U_{GG} 对 PN 结的宽度没有影响，如前所述，此时导电沟道最宽，相应导电沟道等效电阻为 R_1。

外接电压源 U_{DD} 给 PN 结施加的是一个反偏电压，而且外接电压源 U_{DD} 使电流沿导电沟道从漏极流向源极，此电流称为漏极电流 i_D，从而引起漏极到源极的导电沟道上有电位降，所以外接电压源 U_{DD} 给 PN 结施加的是一个反偏电压，而且靠近漏极的区域 PN 结的反偏电压大，靠近源极的区域 PN 结的反偏电压小，从而导致导电沟道从漏极到源极不再是上下平行等宽，而是上窄下宽，呈楔形，如图 3-2-8 所示。PN 结由两部分组成，一部分是 P 型、N 型半导体放到一起自然形成的 PN 结，一部分是外接电压源 U_{DD} 使原有 PN 结反偏使之加宽的部分，这一部分 PN 结从漏极到源极不是一样宽的。因为 PN 结的宽度不一样，所以导电沟道的宽度从漏极到源极不是平行等宽的。

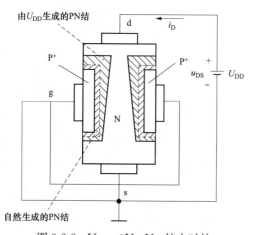

图 3-2-8 $U_{GG}=0V$，U_{DD} 较小时的 JFET 的工作状态

当 U_{DD} 比较小时，导电沟道虽然在漏极一端较窄，在源极一端较宽，电流仍然可以通过导电沟道。因为导电沟道的体积比 $U_{DD}=0V$ 时要小些，此时导电沟道的等效电阻要比 R_1 大些。为了简单起见，可以近似地认为此时导电沟道的电阻仍为 R_1，引起的误差是可以接受的。这时漏源电压 u_{DS} 和漏极电流 i_D 的关系为线性，此时导电沟道可以认为是一个线性电阻。在 U_{DD} 比较小的这一范围之内都有这种关系存在。

JFET 的输出特性是指在栅源电压 u_{GS} 一定的情况下，漏源电压 u_{DS} 和漏极电流 i_D 的关系。在坐标系中描述这一关系的曲线称为输出特性曲线，画出 JFET 在栅源电压 $u_{GS}=0$ 的

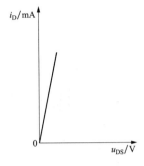

图 3-2-9　$u_{GS}=0V$ 的输出
特性曲线

情况下漏源电压 u_{DS} 和漏极电流 i_D 的关系曲线如图 3-2-9 所示，为一段过原点的直线段，直线段的斜率的倒数为 $u_{GS}=0V$ 时的导电沟道等效电阻 R_1。图 3-2-9 输出特性曲线上的这一段称为可变电阻区。

上述 JFET 的导电沟道由 N 型半导体构成。N 型半导体中自由电子是多数载流子，少数载流子空穴对电流的影响不大，主要是一种载流子参与导电，所以称为单极型三极管。因为是多子导电，因此受温度的影响小，这点与双极型三极管不同。双极型三极管因为多子、少子都要参与导电，受温度的影响大。

在数字电路中，JFET 相当于一个无触点的开关，可以作为开关使用，漏极和源极是开关的两个点，处于可变电阻状态的 JFET 相当于开关闭合，因为此时漏极和源极之间的电压是很小的。处于截止状态的 JFET 相当于开关断开，因为此时漏极和源极之间没有电流流过。

JFET 处于可变电阻状态时可以作为一个电阻来使用，漏极和源极相当于电阻的两个端点。而且这个电阻的值受栅源电压控制，相当于一个压控的可变电阻，这一点后面将要解释。

2. $U_{GG}=0V$，U_{DD} 的值增加至 $|U_p|$ 时

外接电压源 U_{DD} 增加，使 PN 结所承受的反偏电压增加，靠近漏极的区域 PN 结的反偏电压最大，靠近源极的区域 PN 结的反偏电压最小。当 U_{DD} 的值增加至 $|U_p|$ 时，两边的 PN 结在靠近漏极的一点最先相接，使导电沟道从漏极到源极不再是贯通的，称为导电沟道被夹断，而且是在靠近漏极的一点刚刚消失，这种情况称为导电沟道被预夹断，如图 3-2-10 所示。

导电沟道虽然被预夹断，但是从漏极到源极仍然有电流流通，即自由电子可以穿过靠近漏极的 PN 结（被夹断的导电沟道），此种情况对应图 3-2-11 所示的输出特性曲线中的 A 点，此时沟道中的电流称为饱和漏极电流，记作 I_{DSS}。I_{DSS} 下标中第一个 S 表示饱和 (saturation) 的意思，第二个 S 表示栅极和源极之间短路 (short)、$u_{GS}=0$ 的意思。I_{DSS} 为导电沟道可能流过的最大电流，饱和的意思就是最大，当施加外加电压源 U_{GG} 时，导电沟道中的电流比饱和漏极电流 I_{DSS} 小。

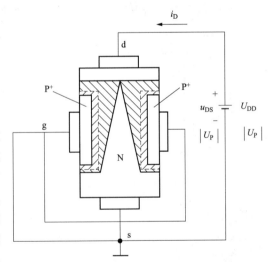

图 3-2-10　$U_{GG}=0V$、U_{DD} 增加至 $|U_p|$
时的 JFET 的工作状态

3. $U_{GG}=0V$，U_{DD} 继续增加

外接电压源 U_{DD} 继续增加，使 PN 结所承受的反偏电压继续增加，靠近漏极的区域 PN 结的反偏电压最大，靠近源极的区域 PN 结的反偏电压最小，当 U_{DD} 的值增加至超过夹断电压的值 $|U_p|$ 时，两边的 PN 结相接的点将向源极方向延伸，使导电沟道从漏极到源极不再是贯通的，导电沟道被夹断，如图 3-2-12 所示。

在图 3-2-12 中，导电沟道被夹断的这部分区域对应的电阻可以近似认为是无穷大，但是此时在靠近源极的区域导电沟道还存在，与被夹断的区域所呈现的电阻相比，此导电沟道对应的电阻比较小，所以当电压源 U_{DD} 增加时，可以近似认为漏极电流不随 U_{DD} 的增加而增加。可以这样来解释，电压源 U_{DD} 增加的部分几乎全部落在 PN 结上，导电沟道上的电压几乎不变，所以漏极电流几乎不变，此时的电流仍然是 I_{DSS}，称为处于恒流状态，也称为处于饱和状态。场效应管用作放大器件时就工作在这种状态，这种状态也称为放大状态。需要注意的是，在双极型三极管中，也使用饱和状态这个名词，它们的含义是不同的。

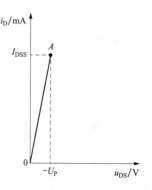

图 3-2-11　　$u_{GS}=0V$ 的输出特性曲线（预夹断点）

此时 JFET 的状态对应图 3-2-13 所示的输出特性曲线中的平行于横轴的一段。此区域称为恒流区（饱和区、放大区）。此时场效应管可当作电压控制电流器件组成放大电路，用来放大小信号。

导电沟道在预夹断之前，JFET 的状态对应输出特性曲线的可变电阻区；导电沟道在预夹断之后，JFET 管的状态对应输出特性曲线的放大区。

4. $U_{GG}=0V$，U_{DD} 继续增加至 $U_{(BR)DS}$

外接电压源 U_{DD} 继续增加使两边 PN 结上的反偏电压超过某值时，JFET 将进入反向击穿状态，靠近漏极的区域 PN 结所承受的反偏电压最大，在这一区域 PN 结最先被击穿。将前面所述的特性曲线全部放在一起，重画，如图 3-2-14 所示，此时的状态如图 3-2-14 中的 B 点所示。此时的 u_{DS} 为最大漏源电压，记为 $U_{(BR)DS}$。下标 BR 是击穿 break 的缩写。

若外接电压源 U_{DD} 继续增加，漏极电流将快速增长，如图 3-2-14 所示，场效应管被烧坏。

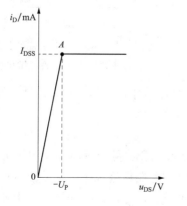

图 3-2-12　$U_{GG}=0V$，U_{DD} 继续增加时 JFET 的工作状态

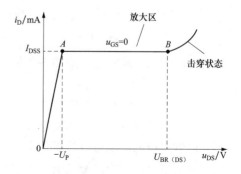

图 3-2-13　$u_{GS}=0V$ 的输出特性曲线（导电沟道夹断之后）　　　　图 3-2-14　$u_{GS}=0V$ 时的输出特性曲线

（四）当 $U_{GG}=1V$（即 $U_{GG}<|U_p|$ 的某个值）时 U_{DD} 由小变大时 JFET 的状态

若外接直流电压源 U_{GG} 不再为 0，不妨假设 $U_{GG}=1V$，在此前提下，再重复如前面在 $U_{GG}=0V$ 时的讨论。

1. $U_{GG}=1V$，U_{DD} 的值比较小时

如图 3-2-15 所示，如前所述，$U_{GG}=1V$ 时导电沟道的电阻为 R_2。电压源 U_{DD} 使电流沿导电沟道从漏极流向源极，从而引起漏极到源极的导电沟道上有电位降，U_{DD} 给 PN 结施加的是一个反偏电压，靠近漏极的区域反偏电压大，靠近源极的区域反偏电压小，导电沟道不再是上下平行等宽，而是上窄下宽。因为 U_{DD} 的值比较小，所以导电沟道还没有被夹断。在导电沟道没有被夹断之前，可以近似地认为导电沟道的电阻均为 R_2，导电沟道呈现线性电阻的性质。此时 JFET 的状态对应图 3-2-18 所示的输出特性曲线中过原点的直线段 OM。此时导电沟道可以等效成一个线性电阻。

栅极电流为 PN 结的反偏电流，可以近似认为是 0。

2. $U_{GG}=1V$，U_{DD} 的值增加至某值时开始出现预夹断

如图 3-2-16 所示，当 U_{DD} 的值增加至某值（此值比 $|U_p|$ 小）时，两边的 PN 结在靠近漏极的某点最先相接，导电沟道被预夹断，因为 U_{GG} 已经使 PN 结处于反偏状态，导电沟道被预夹断所对应的 U_{DD} 的值要小一些，此时 u_{DS} 的值有 $|u_{GS}|+u_{DS}=|U_p|$ 的关系存在。

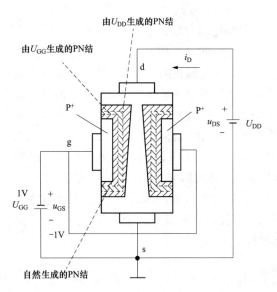

图 3-2-15　$U_{GG}=1V$，U_{DD} 比较小时的
JFET 的工作状态

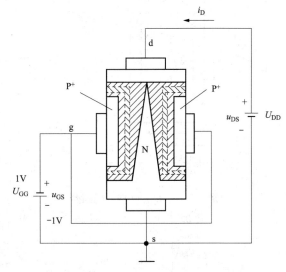

图 3-2-16　$U_{GG}=1V$，U_{DD} 的值增加至
预夹断时 JFET 的工作状态

此时 JFET 的状态对应图 3-2-18 所示输出特性曲线中的 M 点。M 点对应的 u_{DS} 值比 A 点对应的 u_{DS} 值小，因为 $u_{DS}=|U_p|-|u_{GS}|<|U_p|$。

3. $U_{GG}=1V$，U_{DD} 的值继续增加

如图 3-2-17 所示，当 U_{DD} 继续增加时，两边 PN 结相接的区域继续向源极方向扩展，这部分区域对应的电阻可以认为是无穷大。此时导电沟道在靠近源极的区域依然存在，导电沟道对应的电阻比较小。漏极电流不随 U_{DD} 的增加而增加，可以这样来解释，电压源 U_{DD} 增加的部分几乎全部落在前一部分上，导电沟道上的电压几乎不变。所以漏极电流几乎不变，处于

饱和状态。此时 JFET 的状态对应图 3-2-18 输出特性曲线中的 MN 段。此区域称为恒流区（饱和区、放大区）。此时 JFET 可当作电压控制电流器件用来组成放大电路。

4. $U_{GG}=1V$，U_{DD} 继续增加至出现 PN 结击穿

U_{GG} 和 U_{DD} 电压源分别使 PN 结反偏，它们共同作用使靠近漏极的 PN 结承受最大的反偏电压，U_{DD} 增加使 PN 结上的反偏电压过大时，在靠近漏极的区域首先出现反向击穿。JFET 进入反向击穿状态，此时的 u_{DS} 值比 $u_{GS}=0$ 时出现反向击穿的 u_{DS} 小，如图 3-2-18 所示。

（五）当 $U_{GG}\geqslant|U_P|$ 时 JFET 处于截止状态

当 $U_{GG}\geqslant|U_P|$ 时，导电沟道全部被夹断，JFET 处于截止状态，在数字电路中作为开关元件的一个状态，对应于开关断开，如图 3-2-18 所示的截止区。

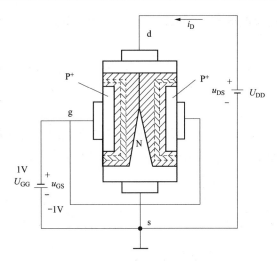

图 3-2-17　$U_{GG}=1V$，U_{DD} 继续增加时 JFET 的工作状态

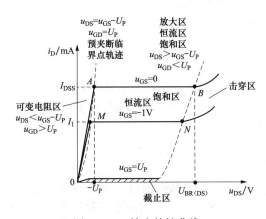

图 3-2-18　输出特性曲线

三、N 沟道 JFET 的输出特性曲线

在讲解 N 沟道 JFET 工作原理的过程中，同时得出了其输出特性曲线。图 3-2-18 给出了完整的 N 沟道 JFET 的输出特性曲线。

在图 3-2-18 所示的输出特性曲线中，不同 u_{GS} 下预夹断点相连成一条曲线，称为预夹断临界点轨迹。预夹断临界点轨迹与纵轴相夹的区域称为可变电阻区；预夹断临界点轨迹右侧的区域，称为放大区（饱和区、恒流区）；靠近横轴，$u_{GS}<U_P$ 的区域，称为截止区。

处于可变电阻区的场效应管可以当作压控可变电阻使用，即非线性电阻来使用。

处于可变电阻区、截止区的场效应管在数字电路中作为开关元件来使用，可变电阻区相当于开关闭合，截止区相当于开关打开。

处于放大区的场效应管在模拟电路中组成放大电路，后面将对这种情况进行深入分析。

在图 3-2-18 所示的输出特性曲线中，在预夹断临界点轨迹上，栅漏电压 u_{GD}、漏源电压 u_{DS}、栅源电压 u_{GS}、夹断电压 U_P 之间的关系如下：

$$u_{GD}=U_P \tag{3-2-1}$$

$$u_{GD}=u_{GS}+u_{SD}=u_{GS}-u_{DS}=U_P$$

$$u_{GS}-U_P=u_{DS}$$

$$u_{DS}=u_{GS}-U_P \tag{3-2-2}$$

在图 3-2-18 所示的输出特性曲线中，在可变电阻区内，栅漏电压 u_{GD}、漏源电压 u_{DS}、

栅源电压 u_{GS}、夹断电压 U_{P} 之间的关系如下：

$$u_{\mathrm{GD}} > U_{\mathrm{P}} \tag{3-2-3}$$

$$u_{\mathrm{GD}} = u_{\mathrm{GS}} + u_{\mathrm{SD}} = u_{\mathrm{GS}} - u_{\mathrm{DS}} > U_{\mathrm{P}}$$

$$u_{\mathrm{GS}} - U_{\mathrm{P}} > u_{\mathrm{DS}}$$

$$u_{\mathrm{DS}} < u_{\mathrm{GS}} - U_{\mathrm{P}} \tag{3-2-4}$$

在图 3-2-18 所示的输出特性曲线中，在放大区（恒流区、饱和区）内，栅电压 u_{GD}、漏源电压 u_{DS}、栅源电压 u_{GS}、夹断电压 U_{P} 之间的关系如下：

$$u_{\mathrm{GD}} < U_{\mathrm{P}} \tag{3-2-5}$$

$$u_{\mathrm{GD}} = u_{\mathrm{GS}} + u_{\mathrm{SD}} = u_{\mathrm{GS}} - u_{\mathrm{DS}} < U_{\mathrm{P}}$$

$$u_{\mathrm{GS}} - U_{\mathrm{P}} < u_{\mathrm{DS}}$$

$$u_{\mathrm{DS}} > u_{\mathrm{GS}} - U_{\mathrm{P}} \tag{3-2-6}$$

没有必要对 JFET 的输入特性曲线进行研究，因为其栅极为 PN 结的反偏电流，可以近似认为是 0，这点与双极型三极管不同，双极型三极管需要输入特性曲线来描述三极管的特性。

处于放大区的场效应管在模拟电路中组成放大电路，场效应管是一种电压控制电流的器件，因此有必要研究栅源电压对漏极电流的控制能力，这就是转移特性曲线。

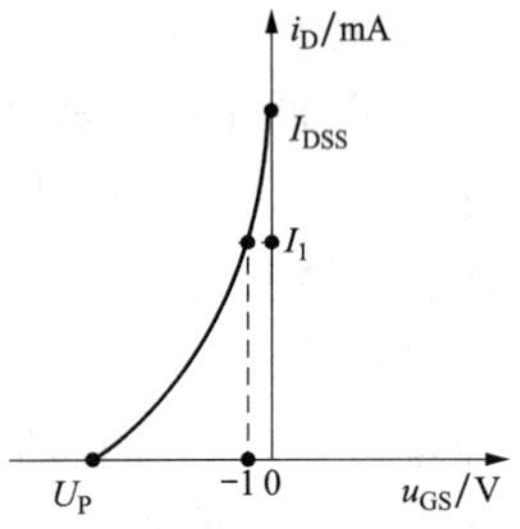

四、N 沟道 JFET 的转移特性曲线

图 3-2-19　N 沟道 JFET 转移特性曲线

在图 3-2-18 所示的输出特性曲线的放大区，对应画出一条垂线，可以得到一组 u_{GS} 和 i_{D} 的值，将这些点连成一条曲线，称为转移特性曲线，如图 3-2-19 所示。

转移特性曲线是针对放大区而言的，不是针对截止区和可变电阻区的。所以图 3-2-19 又称为放大区的转移特性曲线。放大区的转移特性曲线对应的方程式为

$$i_{\mathrm{D}} = I_{\mathrm{DSS}} \left(1 - \frac{u_{\mathrm{GS}}}{U_{\mathrm{P}}}\right)^2 \tag{3-2-7}$$

I_{DSS} 是 JFET 的一个参数，是当栅源电压 $u_{\mathrm{GS}} = 0$ 时对应的漏极电流，这是漏极电流的最大值，称为饱和漏极电流。I_{DSS} 本身只是一个数值，不带正负号。U_{P} 是 JFET 的另一个参数，称为夹断电压，其本身是代数量，对于 N 沟道 JFET 而言是负值，与参考方向的约定有关系。

转移特性曲线从另一个侧面描述了场效应管的栅源电压 u_{GS} 对漏极电流 i_{D} 的控制能力，控制能力用跨导 g_{m} 来描述。跨导 g_{m} 数值越大，说明控制能力越强。跨导 g_{m} 的大小与转移特性曲线上静态工作点的位置有关，转移特性曲线上任一点的切线的斜率即为此点的跨导 g_{m}。g_{m} 越大，说明 u_{GS} 对 i_{D} 的控制能力越强，g_{m} 是表征场效应管放大能力的一个重要参数。由式（3-2-7）得 $1 - \dfrac{u_{\mathrm{GS}}}{U_{\mathrm{P}}} = \sqrt{\dfrac{i_{\mathrm{D}}}{I_{\mathrm{DSS}}}}$。对式（3-2-7）求导，导函数如下式

$$g_{\mathrm{m}} = \frac{\mathrm{d}i_{\mathrm{D}}}{\mathrm{d}u_{\mathrm{GS}}} = 2I_{\mathrm{DSS}} \left(1 - \frac{u_{\mathrm{GS}}}{U_{\mathrm{P}}}\right)\left(-\frac{1}{U_{\mathrm{P}}}\right)$$

$$= -2\frac{I_{\mathrm{DSS}}}{U_{\mathrm{P}}}\left(1 - \frac{u_{\mathrm{GS}}}{U_{\mathrm{P}}}\right) = -2\frac{I_{\mathrm{DSS}}}{U_{\mathrm{P}}}\sqrt{\frac{i_{\mathrm{D}}}{I_{\mathrm{DSS}}}} = \frac{-2}{U_{\mathrm{P}}}\sqrt{i_{\mathrm{D}}I_{\mathrm{DSS}}} \tag{3-2-8}$$

将某点的直流栅源电压 U_{GS} 或者直流漏极电流 I_D 代入式 (3-2-8) 中，得到该点的跨导为

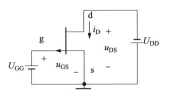

图 3-2-20　P 沟道 JFET 外接直流电压源的电路

$$g_m = \frac{di_D}{du_{GS}} = 2I_{DSS}\left(1 - \frac{U_{GS}}{U_P}\right)\left(-\frac{1}{U_P}\right)$$

$$= -2\frac{I_{DSS}}{U_P}\left(1 - \frac{U_{GS}}{U_P}\right) = -2\frac{I_{DSS}}{U_P}\sqrt{\frac{I_D}{I_{DSS}}} = \frac{-2}{U_P}\sqrt{I_D I_{DSS}}$$

$$(3-2-9)$$

五、P 沟道 JFET 的工作原理

电路如图 3-2-20 所示。P 沟道 JFET 外接直流电压源 U_{GG} 和 U_{DD}，U_{GG} 和 U_{DD} 只是表示电压源的电压值，正负极连接情况如图 3-2-20 所示。外接直流电压源 U_{GG} 和 U_{DD} 要使 PN 结处于反偏状态。这种外接电压源的方法最直观，便于解释其内部导电沟道的变化情况。在图 3-2-20 中栅源电压用 u_{GS} 表示，参考方向如图所示，所以 u_{GS} 本身是正值。在图 3-2-20 中漏源电压用 u_{DS} 表示，参考方向如图所示，所以 u_{DS} 本身是负值。P 沟道 JFET 的工作原理与 N 沟道 JFET 几乎完全相同，只不过导电沟道中传导电流的载流子是空穴，而不是自由电子。

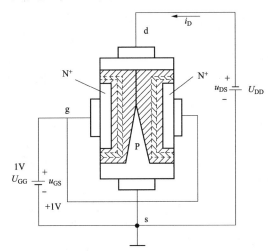

图 3-2-21　P 沟道 JFET 内部导电沟道被夹断示意图

图 3-2-21 给出了当 $U_{GG}=1V$，U_{DD} 的值较大使 P 沟道 JFET 内部导电沟道被夹断的情况，导电沟道由 P 型半导体构成，导电沟道靠近漏极的部分被夹断，P 沟道 JFET 处于放大状态。图 3-2-21 中所标方向为参考方向，漏极电流 i_D 的真实方向与参考方向相反，为流出漏极。栅源电压 u_{GS} 的真实方向与其参考方向相同。漏源电压 u_{DS} 的真实方向与其参考方向相反。

图 3-2-22 给出了 P 沟道 JFET 的输出特性曲线。可以看出，栅源电压 u_{GS} 是正值，漏源电压 u_{DS} 是负值，漏极电流 i_D 是负值，曲线画在第三象限。

与 N 沟道 JFET 类似，下面讨论在 3 个区域内的漏源电压与栅源电压、夹断电压之间的关系。

在图 3-2-22 中，在预夹断临界点轨迹上，栅漏电压 u_{GD}、漏源电压 u_{DS}、栅源电压 u_{GS}、夹断电压 U_P 之间的关系如下：

$$u_{GD} = U_P \qquad (3-2-10)$$

$$u_{GD} = u_{GS} + u_{SD} = u_{GS} - u_{DS} = U_P$$

$$u_{GS} - U_P = u_{DS}$$

$$u_{DS} = u_{GS} - U_P \qquad (3-2-11)$$

在图 3-2-22 中，在放大区内，栅漏电压 u_{GD}、漏源电压 u_{DS}、栅源电压 u_{GS}、夹断电压 U_P 之间的关系如下

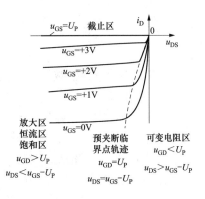

图 3-2-22　P 沟道 JFET 输出特性曲线

$$u_{GD} > U_P \tag{3-2-12}$$

$$u_{GD} = u_{GS} + u_{SD} = u_{GS} - u_{DS} > U_P$$

$$u_{GS} - U_P > u_{DS}$$

$$u_{DS} < u_{GS} - U_P \tag{3-2-13}$$

在图 3-2-22 中，在可变电阻区内，栅漏电压 u_{GD}、漏源电压 u_{DS}、栅源电压 u_{GS}、夹断电压 U_P 之间的关系如下

$$u_{GD} < U_P \tag{3-2-14}$$

$$u_{GD} = u_{GS} + u_{SD} = u_{GS} - u_{DS} < U_P$$

$$u_{GS} - U_P < u_{DS}$$

$$u_{DS} > u_{GS} - U_P \tag{3-2-15}$$

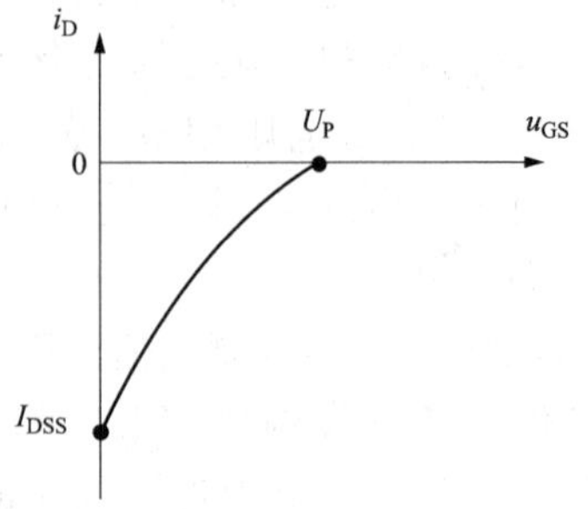

图 3-2-23 给出了 P 沟道 JFET 的放大区的转移特性曲线，可以看出，u_{GS} 是正值，i_D 是负值，曲线画在第四象限。

转移特性曲线是针对放大区而言的，不是针对截止区和可变电阻区的。所以图 3-2-23 又称为放大区的转移特性曲线。P 沟道 JFET 放大区的转移特性曲线对应的方程式为

$$i_D = - I_{DSS} \left(1 - \frac{u_{GS}}{U_P} \right)^2 \tag{3-2-16}$$

与 N 沟道的转移特性方程式相比，多了一个负号，这是因为参考方向约定的缘故。

图 3-2-23   P 沟道 JFET 放大区的转移特性曲线

I_{DSS} 是 JFET 的一个参数，称为饱和漏极电流，其本身只是一个数值，不带正负号。U_P 是 JFET 的另一个参数，称为夹断电压，其本身是代数量，对于 P 沟道 JFET 而言是正值，与参考方向的约定有关系。

由式（3-2-16）得 $1 - \dfrac{u_{GS}}{U_P} = \sqrt{\dfrac{-i_D}{I_{DSS}}}$。对式（3-2-16）求导，导函数如下式

$$g_m = \frac{di_D}{du_{GS}} = -2I_{DSS}\left(1 - \frac{u_{GS}}{U_P}\right)\left(-\frac{1}{U_P}\right) = 2\frac{I_{DSS}}{U_P}\left(1 - \frac{u_{GS}}{U_P}\right) = 2\frac{I_{DSS}}{U_P}\sqrt{\frac{-i_D}{I_{DSS}}} = \frac{2}{U_P}\sqrt{-i_D I_{DSS}} \tag{3-2-17}$$

将某点的直流栅源电压 U_{GS} 或者直流漏极电流 I_D 代入式（3-2-17）中，得到该点的跨导为

$$g_m = \frac{di_D}{du_{GS}} = -2I_{DSS}\left(1 - \frac{U_{GS}}{U_P}\right)\left(-\frac{1}{U_P}\right) = 2\frac{I_{DSS}}{U_P}\left(1 - \frac{U_{GS}}{U_P}\right) = 2\frac{I_{DSS}}{U_P}\sqrt{\frac{-I_D}{I_{DSS}}} = \frac{2}{U_P}\sqrt{-I_D I_{DSS}} \tag{3-2-18}$$

六、JFET 的主要参数

1. 直流参数

（1）夹断电压 U_P：是当导电沟道消失时所对应的栅源电压的值。

（2）饱和漏极电流 I_{DSS}：是当栅源电压 $u_{GS} = 0$ 时对应的漏极电流，这是漏极电流的最大值。

（3）直流输入电阻 R_{GS}：栅源间的等效电阻。由于 JFET 栅极和导电沟道之间的 PN 结永远处于反偏状态，所以栅极的电流是少子的漂移电流，很小，可以近似认为是零；栅源之间的等效输入电阻很大，输入电阻可达 $10^7 \Omega$。

2. 交流参数

（1）跨导 g_m

$$g_m = \frac{\mathrm{d}i_D}{\mathrm{d}u_{GS}}$$

跨导 g_m 是表征放大区（饱和区、恒流区）内栅源电压对漏极电流控制能力的一个参数，单位为 mS 或 μS。一般在十分之几到几 mS 的范围内，特殊的可达 100mS，甚至更高。跨导 g_m 随 JFET 工作点的不同而不同。

（2）输出电阻 r_{ds}

$$r_{ds} = \frac{\mathrm{d}u_{DS}}{\mathrm{d}i_D}$$

输出电阻 r_{ds} 是表征放大区（饱和区、恒流区）内漏源电压对漏极电流影响的一个参数，是放大区（饱和区、恒流区）内输出特性曲线上某一点的切线斜率的倒数。若输出特性曲线平行于横轴，则输出电阻 r_{ds} 为无穷大。

3. 极限参数

（1）最大漏极电流 I_{DM}：JFET 正常工作时漏极电流允许的上限值。

（2）最大耗散功率 P_{DM}：JFET 的耗散功率等于漏源电压与漏极电流的乘积，这些耗散在 JFET 中的功率将变成热能，使 JFET 的温度升高。为了使 JFET 的温度不要升得太高，就要使 JFET 的耗散功率不要超过最大耗散功率 P_{DM}。

（3）最大漏源电压 $U_{(BR)DS}$：指发生雪崩击穿、漏极电流急剧上升时的漏源电压值。

（4）最大栅源电压 $U_{(BR)GS}$：指栅源间反向电流开始急剧升高时的栅源电压值。

除以上参数外，还有极间电容、高频参数等其他参数，可查阅 JFET 的数据手册。

七、JFET 的电压控制电流作用

在放大状态下，栅源电压 u_{GS} 控制导电沟道的宽窄，从而改变导电沟道的电阻，再控制漏极电流 i_D 的大小，体现了电压对电流的一个控制作用，控制作用用跨导 g_m 来描述，跨导 g_m 的大小反映了栅源电压对漏极电流的控制能力。在放大区的转移特性曲线上，跨导 g_m 为曲线的某点的斜率。在输出特性曲线上也可求出跨导 g_m。

JFET 的符号、参考方向约定、特性曲线汇总表如表 3-2-1 所示。

表 3-2-1   **JFET 的符号和特性曲线汇总表**

结构种类	符号	输出特性	转移特性	参考方向约定
N 沟道 JFET	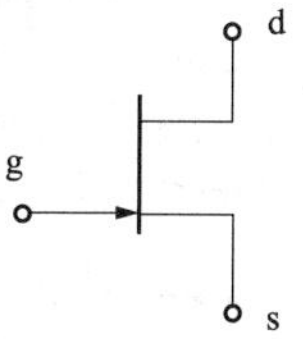	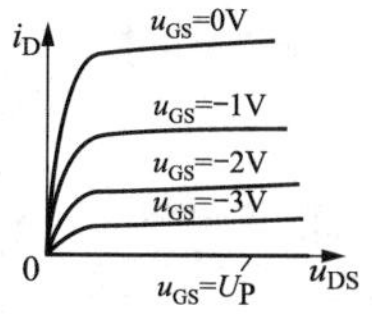	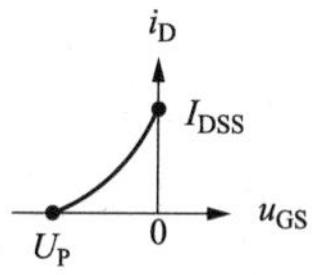	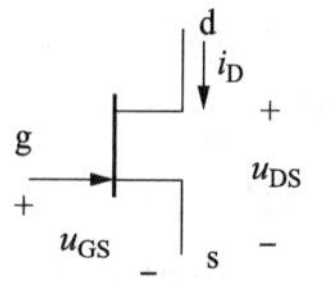
P 沟道 JFET	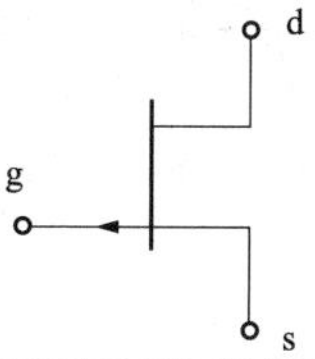	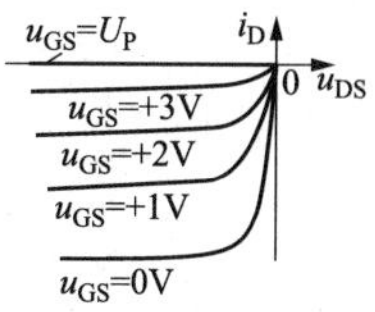	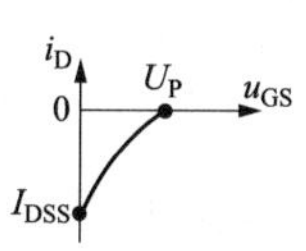	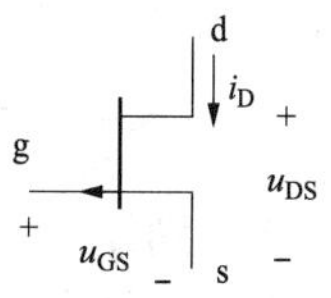

例 3-2-1 图 3-2-24 是某 JFET 处于放大区的转移特性曲线，参考方向的约定与前述一致。试回答下列问题：

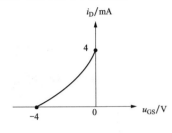

图 3-2-24 例 3-2-1 的
转移特性曲线

（1）从转移特性曲线上确定饱和漏电流 I_{DSS} 和夹断电压 U_P。

（2）写出该特性曲线的数学表达式。

（3）计算 $u_{GS}=-2V$ 时的漏极电流 i_D 和跨导 g_m。

（4）求栅源电压 $u_{GS}=-1.5V$ 时的漏极电流 i_D 和跨导 g_m。

解：（1）由图 3-2-24 可知，此 JFET 的饱和漏电流 $I_{DSS}=4mA$，夹断电压 $U_P=-4V$。

（2）因为夹断电压为负值，所以此 JFET 为 N 沟道，有

$$i_D = I_{DSS}\left(1-\frac{u_{GS}}{U_P}\right)^2 = 4\left(1-\frac{u_{GS}}{-4}\right)^2$$

（3）$u_{GS}=-2V$ 时的漏极电流为

$$i_D = 4\times\left(1-\frac{-2}{-4}\right)^2 = +1(mA)$$

根据式（3-2-9），$u_{GS}=-2V$ 时的跨导为

$$g_m = \frac{di_D}{du_{GS}} = 2I_{DSS}\left(1-\frac{U_{GS}}{U_P}\right)\left(-\frac{1}{U_P}\right)$$

$$= 2\times4\times\left(1-\frac{-2}{-4}\right)\times\left(-\frac{1}{-4}\right) = 1(mS)$$

（4）求栅源电压 $u_{GS}=-1.5V$ 时的跨导。

$u_{GS}=-1.5V$ 时的漏极电流为

$$i_D = 4\times\left(1-\frac{-1.5}{-4}\right)^2 = +1.5625(mA)$$

根据式（3-2-9），$u_{GS}=-1.5V$ 时的跨导为

$$g_m = \frac{di_D}{du_{GS}} = 2I_{DSS}\left(1-\frac{U_{GS}}{U_P}\right)\left(-\frac{1}{U_P}\right)$$

$$= 2\times4\times\left(1-\frac{-1.5}{-4}\right)\times\left(-\frac{1}{-4}\right) = 1.25(mS)$$

例 3-2-2 N 沟道 JFET 的输出特性曲线如图 3-2-25 所示。漏源电压 $u_{DS}=15V$，试确定其饱和漏极电流 I_{DSS} 和夹断电压 U_P，并近似估算 $u_{GS}=-2V$ 时的跨导 g_m。参考方向的约定与前述一致。

解：由图 3-2-25 可得饱和漏极电流 $I_{DSS}\approx 4mA$，夹断电压 $U_P\approx-4V$。

当 $u_{GS}=-2V$ 时，用作图法求得跨导近似为

$$g_m \approx \frac{2.6-1.4}{-1-(-2)} = 1.2(mS)$$

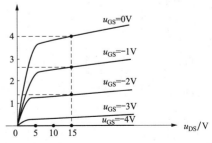

图 3-2-25 例 3-2-2 的输出特性曲线

八、判断 JFET 工作状态的思路

根据已知条件的不同，判断 JFET 工作状态的思路也有所不同。

参考方向的约定如前所述。夹断电压 U_P 本身是代数量，对 N 沟道 JFET，U_P 是负值；对 P 沟道 JFET，U_P 是正值。下面的比较是代数量的比较，不是纯数值的比较。

(1) 若已知 JFET 各个电极的电位或者任意两个电极之间的电压，判断思路如下：

1) 首先判断 JFET 是 N 沟道还是 P 沟道。

2) 求出栅源电压 u_{GS}。对 N 沟道 JFET，若 $u_{GS}<U_P$，则 JFET 工作在截止区。对 P 沟道 JFET，若 $u_{GS}>U_P$，则 JFET 工作在截止区。

若不在截止区，就可能工作在放大区或者可变电阻区，需要进一步判断。

3) 计算栅漏电压 u_{GD}。

4) 对 N 沟道 JFET，若 $u_{GD}<U_P$，导电沟道在漏极区域被夹断，则 N 沟道 JFET 工作在放大区；若 $u_{GD}>U_P$，导电沟道在漏极区域不能被夹断，则 N 沟道 JFET 工作在可变电阻区。

5) 对 P 沟道 JFET，若 $u_{GD}>U_P$，导电沟道在漏极区域被夹断，则 P 沟道 JFET 工作在放大区；若 $u_{GD}<U_P$，导电沟道在漏极区域不能被夹断，则 P 沟道 JFET 工作在可变电阻区。

(2) 若已知 JFET 电路结构和参数，判断思路如下：

1) 首先判断 JFET 是 N 沟道还是 P 沟道。

2) 把 JFET 从电路中拿走，根据剩下电路的结构，先求出栅源电压 u_{GS}。对 N 沟道 JFET，若 $u_{GS}<U_P$，则 JFET 工作在截止区。对 P 沟道 JFET，若 $u_{GS}>U_P$，则 JFET 工作在截止区。

若不在截止区，就可能工作在放大区或者可变电阻区，需要进一步判断。

3) 把 JFET 放回电路中，假定 JFET 处于放大区，利用放大区的转移特性曲线和电路定律方程，联立求解得到栅源电压 u_{GS} 和漏极电流 i_D，再根据电路定律求解得到漏源电压 u_{DS}。

4) 计算栅漏电压 u_{GD}。

5) 对 N 沟道 JFET，若 $u_{GD}<U_P$，导电沟道在漏极区域被夹断，则工作在放大区，否则就工作在可变电阻区。

6) 对 P 沟道 JFET，若 $u_{GD}>U_P$，导电沟道在漏极区域被夹断，则工作在放大区，否则就工作在可变电阻区。

例 3-2-3 JFET 的夹断电压 $U_P=-1.2V$，参考方向约定如前所述，栅源之间施加电压 $u_{GS}=-0.8V$，确定在下列条件下该 JFET 的工作状态。

(1) $u_{DS}=+0.4V$。

(2) $u_{DS}=+1V$。

(3) $u_{DS}=+0.2V$。

解：因为夹断电压为负值，所以 JFET 是 N 沟道。因为 $(-0.8V)>(-1.2V)$，所以 $u_{GS}>U_P$，则 JFET 不会工作在截止区，可能工作在放大区或者可变电阻区，需要进一步判断。计算 u_{GD}。

(1) $u_{GD}=u_{GS}-u_{DS}=-0.8-0.4=-1.2$ (V) $=U_P$，所以导电沟道在预夹断状态，处在临界放大区，或者处在临界可变电阻区。

(2) $u_{GD}=u_{GS}-u_{DS}=-0.8-1=-1.8$ (V) $<U_P$，所以导电沟道在夹断状态，处在放大区。

(3) $u_{GD}=u_{GS}-u_{DS}=-0.8-0.2=-1$ (V) $>U_P$，所以导电沟道还没有开始预夹断，处在可变电阻区。

第三节 绝缘栅场效应管的结构和工作原理

由于 JFET 栅极和源极间的 PN 结工作时处于反向偏置状态，所以其栅极和源极间的输入电阻高，可以达到 10MΩ，但是在有些条件下，还是不能满足要求。如果在高温环境下工作，由于 PN 结反向电流增大，其栅极和源极间的输入电阻会显著下降。另外，JFET 的集成化工艺比较复杂，从而使 JFET 的使用范围受到了一定的限制，而绝缘栅场效应管可以很好地解决这些问题。金属氧化物半导体绝缘栅场效应管的出现在 1970～1980 年之间掀起了电子技术领域的一场革命。这种场效应管体积小，使得集成电路的集成度显著提高，存储器芯片的集成度也明显提高，这直接导致了微处理器和功能强大的台式计算机的诞生。

一、绝缘栅场效应管的结构

绝缘栅场效应管（IGFET）通常用二氧化硅作为绝缘层，以二氧化硅作为绝缘层的 IG-FET 称为金属氧化物半导体场效应管（Metal-Oxide-Semiconductor FET，MOSFET），也有以三氧化二铝为绝缘层的 IGFET，但是二氧化硅作为绝缘层的 IGFET 应用范围更广，所以 MOSFET 几乎就成了 IGFET 的代名词。MOSFET 根据导电沟道种类的不同和栅源电压为零时导电沟道是否存在，分为 4 种类型，分别是 N 沟道增强型 MOSFET、P 沟道增强型 MOSFET、N 沟道耗尽型 MOSFET、P 沟道耗尽型 MOSFET。

图 3-3-1（a）是 N 沟道增强型 MOSFET 的结构示意图。在图 3-3-1（a）中，一块低掺杂的 P 型半导体作为衬底（substrate，body），并引出电极，用 B 表示。在 P 型半导体上利用扩散工艺制作两个高掺杂的 N 区，用 N^+ 表示，分别引出两个电极，分别称为漏极和源极，漏极用 d 表示，源极用 s 表示。半导体表面制作一层二氧化硅绝缘层，在二氧化硅绝缘层之上制作一层金属铝，引出电极，称为栅极，用 g 表示。P 型半导体和 N 型半导体的交界面有 PN 结存在。

当 MOSFET 栅极 g 和源极 s 之间的外加电压为零时漏极 d 和源极 s 之间不存在导电沟道，称为增强型；当 MOSFET 栅极 g 和源极 s 之间的外加电压为零时 MOSFET 漏极和源极之间存在导电沟道，称为耗尽型 MOSFET。

图 3-3-1（b）是 N 沟道增强型 MOSFET 的符号，虚竖线表示导电沟道，虚线表示增强型。从表示导电沟道的三段虚线段分别引出漏极 d、衬底电极 B、源极 s。衬底电极 B 上的箭头指向导电沟道表示是 N 沟道的。图 3-3-1（a）所示的 MOSFET 的漏极和源极是可以互换的，从结构上看，漏极和源极没有区别。

图 3-3-2（a）是 P 沟道增强型 MOSFET 的结构示意图。在图 3-3-2（a）中，一块低掺杂的 N 型半导体作为衬底并在其上引出电极，用 B 表示。在 N 型半导体上利用扩散工艺制作两个高掺杂的 P 区，用 P^+ 表示，并在其上分别引出两个电极，分别称为漏极和源极，漏极用 d 表示，源极用 s 表示。半导体表面制作一层二氧化硅绝缘层，在二氧化硅绝缘层之上制作一层金属铝，引出电极，称为栅极，用 g 表示。P 型半导体和 N 型半导体交界面有 PN 结存在。

图 3-3-2（b）是 P 沟道增强型 MOSFET 的符号，虚竖线表示导电沟道，虚线表示增强型，从表示导电沟道的三段虚线段分别引出漏极 d、衬底电极 B、源极 s。衬底电极 B 上的箭头背离导电沟道表示是 P 沟道的。

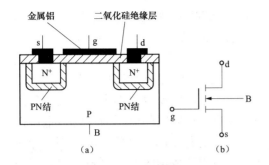

图 3-3-1　N 沟道增强型 MOSFET 的
结构和符号
(a) 结构；(b) 符号

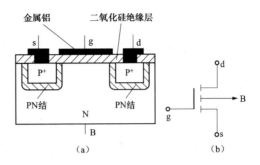

图 3-3-2　P 沟道增强型 MOSFET 的结构和符号
(a) 结构；(b) 符号

图 3-3-3 (a) 是 N 沟道耗尽型 MOSFET 的结构示意图。在图 3-3-3 (a) 中，一块低掺杂的 P 型半导体作为衬底，并引出一个电极，用 B 表示。在 P 型半导体上利用扩散工艺制

作两个高掺杂的 N 区，用 N^+ 表示，分别引出两个电极，分别称为漏极和源极，漏极用 d 表示，源极用 s 表示。P 型半导体和 N 型半导体交界面有 PN 结存在。半导体之上制作一层二氧化硅绝缘层，与增强型 MOSFET 不同的是，耗尽型 MOSFET 的二氧化硅绝缘层中在制作时已经事先掺入了大量正离子，在二氧化硅之上制作一层金属铝，引出电极，作为栅极，栅极用 g 表示。

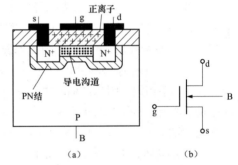

图 3-3-3　N 沟道耗尽型 MOSFET 的
结构和符号
(a) 结构；(b) 符号

　　由于二氧化硅绝缘层中事先掺入大量正离子，当栅极和源极之间的电压为零时，也可以将衬底 P 型半导体中的自由电子吸引到 P 型半导体的表面，将两个高掺杂的 N 区联系起来，在漏极和源

极之间就有一条由自由电子构成的可以导电的通道存在，称为导电沟道，导电沟道也称为反型层 (inversion layer)，由自由电子构成的反型层称为自由电子反型层 (electron inversion layer)，由自由电子构成的导电沟道称为 N 沟道 (N-channel)。

　　当栅极和源极之间没有外加电压，但是却存在导电沟道，称这样的 MOSFET 为耗尽型的 MOSFET。根据这个定义，JFET 当栅源电压为 0 时导电沟道就已经存在，所以 JFET 也是耗尽型的，并且 JFET 都是耗尽型的，没有增强型的，所以在第二节的叙述中没有提及耗尽型这一概念。

　　图 3-3-3 (b) 是 N 沟道耗尽型 MOSFET 的符号，中间的竖线表示导电沟道，此处竖线是一实线段，表示耗尽型，从表示导电沟道的实线段分别引出漏极 d、衬底电极 B、源极 s。在衬底电极 B 上有一个箭头，箭头指向导电沟道表示是 N 沟道的 MOSFET。

　　图 3-3-4 (a) 是 P 沟道耗尽型 MOSFET 的结构示意图。在图 3-3-4 (a) 中，一块低掺杂的 N 型半导体作为衬底，并引出电极，用 B 表示。在 N 型半导体上利用扩散工艺制作两个高掺杂的 P 区，用 P^+ 表示，分别引出两个电极，分别称为漏极和源极，漏极用 d 表示，源极用 s 表示。P 型半导体和 N 型半导体交界面有 PN 结存在。半导体之上制作一层二氧化

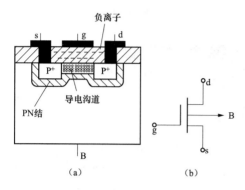

图 3-3-4　P 沟道耗尽型 MOSFET 的结构和符号

(a) 结构；(b) 符号

硅绝缘层，与增强型 MOSFET 不同的是，耗尽型 MOSFET 的二氧化硅绝缘层中在制作时已经事先掺入了大量负离子。在二氧化硅之上制作一层金属铝，引出电极，作为栅极，栅极用 g 表示。

由于二氧化硅绝缘层中事先掺入大量负离子，当栅极和源极之间的电压为零时，也可以将衬底 N 型半导体中的空穴吸引到 N 型半导体的表面，将两个高掺杂的 P 区联系起来，在漏极和源极之间就有一条由空穴构成的可以导电的通道存在，称为导电沟道，导电沟道也称为反型层，由空穴构成的反型层称为空穴反型层 (hole inversion layer)，由空穴构成的导电沟道称为 P 沟道 (P-channel)。

图 3-3-4 (b) 是 P 沟道耗尽型 MOSFET 的符号，中间的竖线表示导电沟道，此处竖线是一实线段，表示耗尽型，从表示导电沟道的实线段分别引出漏极 d、衬底电极 B、源极 s。在衬底电极 B 上有一个箭头，箭头背离导电沟道表示是 P 沟道的。

二、N 沟道增强型 MOSFET 的工作原理

MOSFET 的工作原理的分析过程与 JFET 的分析过程几乎相同，因为结构不同，导电沟道的形成原理稍有不同。电压参考方向和电流参考方向如图 3-3-5 所示，与 JFET 的约定是一样的。4 种类型的 MOSFET 的约定也是一样的。图中，栅源电压的参考方向约定以栅极为正、以源极为负；漏源电压的参考方向约定以漏极为正、以源极为负；漏极电流的参考方向约定以流进漏极为正。本书在无特别说明的情况下都默认采用这样的约定。

以 N 沟道增强型 MOSFET 为例，按照与 JFET 类似的思路来讲解 MOSFET 的工作原理。

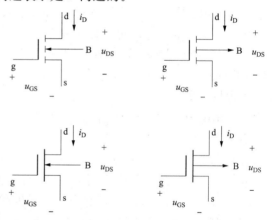

图 3-3-5　4 种类型的 MOSFET 电压参考方向和电流参考方向的约定

理。与双极型三极管和 JFET 类似，场效应管也需要外接直流电源才能工作，所以场效应管也是有源器件。电路如图 3-3-6 所示，N 沟道增强型 MOSFET 外接直流电压源 U_{GG} 和 U_{DD}，U_{GG} 和 U_{DD} 只表示电压源的电压值，正负极连接情况如图所示。这种外接电压源的方法最直观，便于解释其内部导电沟道的变化情况。场效应管还有很多其他外接直流电源的电路结构，在后面的讲解中会涉及。图 3-3-6 中衬底与源极相连。

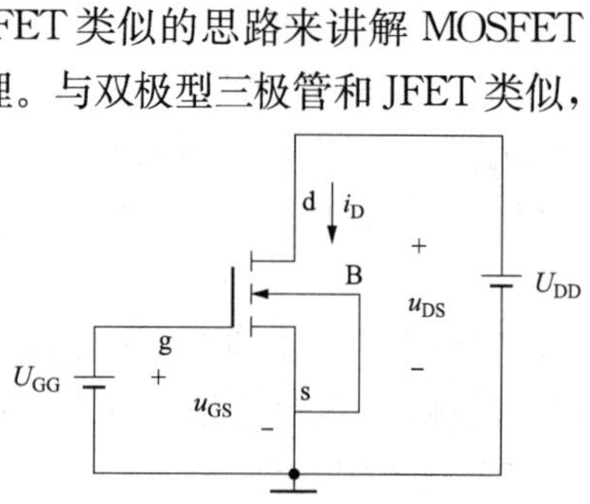

按照如下的思路来介绍 N 沟道增强型 MOSFET 的工作原理：

图 3-3-6　解释 N 沟道增强型 MOSFET 工作原理的电路

(1) 电压源 U_{GG} 和电压源 U_{DD} 均为零。

(2) 只有电压源 U_{GG} 起作用，电压源 U_{DD} 的电压值为零。

（3）只有电压源U_{DD}起作用，电压源U_{GG}的电压值为零。

（4）电压源U_{GG}和电压源U_{DD}同时起作用。

在讨论各种情况下的 N 沟道增强型 MOSFET 的工作状态的过程中，同时画出对应的输出特性曲线。

在图 3-3-6 中栅源电压用u_{GS}表示，参考方向如图所示，所以u_{GS}本身是正值。在图 3-3-6 中漏源电压用u_{DS}表示，参考方向如图所示，所以u_{DS}本身是正值。

（一）电压源U_{GG}和电压源U_{DD}均为 0 时 MOSFET 的工作状态

电压源U_{GG}为 0，没有导电沟道存在，称 MOSFET 为增强型的，内部结构与图 3-3-1（a）相同。

（二）$U_{DD}=0$V、U_{GG}较小且$u_{GS}<U_T$时 MOS-FET 的工作状态

当外接电压源U_{DD}为 0、外接电压源U_{GG}较小时，如图 3-3-7 所示，衬底与源极相连，衬底 P型半导体和 N 型半导体形成两个 PN 结，用阴影表示，水平的阴影部分表示二氧化硅绝缘层。外加电压源U_{GG}在栅极和 P 型衬底之间产生一个电场，电场的方向为从栅极指向 P 型衬底。此电场排斥 P 型衬底中的空穴（多子），而能够将 P 型衬底中的自由电子（少子）吸引到 P 型衬底的表面靠近二氧化硅绝缘层的地方。当u_{GS}较小，小于 N 沟道增强型 MOSFET 的开启电压U_T时，

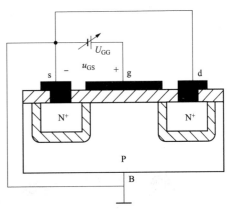

图 3-3-7　$U_{DD}=0$V、U_{GG}较小且$u_{GS}<U_T$时 MOSFET 的工作状态

产生的电场强度较小，还不能将 P 型衬底中的自由电子（少子）吸引过来，不能在 P型衬底的表面形成自由电子层，如图 3-3-7 所示，漏极和源极之间相当于两个背靠背的PN 结。

栅极位于二氧化硅绝缘层上，所以栅极是绝缘的，尽管栅源之间有电压，但是栅极电流是一个绝缘漏电流，可以认为是 0。与 JFET 的栅极 PN 结反偏电流相比，MOSFET 的栅极绝缘漏电流就更小。

（三）$U_{DD}=0$V、U_{GG}较大且$u_{GS}=U_T$时 MOSFET 的工作状态

当$U_{DD}=0$V、U_{GG}增加到等于某个电压时，电场开始将 P 型衬底中的自由电子（少子）吸引到 P 型衬底的表面靠近二氧化硅绝缘层的地方，在 P 型衬底表面开始形成一层自由电子层。此时的u_{GS}的值定义为开启电压（threshold voltage），用U_T表示。

（四）$U_{DD}=0$V、U_{GG}较大且$u_{GS}>U_T$时 MOSFET 的工作状态

如图 3-3-8 所示，当$U_{DD}=0$V、u_{GS}增加到大于开启电压U_T时，电场将 P 型衬底中的自由电子（少子）吸引到 P 型衬底的表面靠近二氧化硅绝缘层的地方，在 P 型衬底表面形成一层自由电子层，在漏极和源极之间就有一条由自由电子构成的可以导电的通道存在，称为导电沟道，为 N 沟道。在图 3-3-8 中，U_{GG}越大，在 P 型衬底表面形成的自由电子层越厚，导电沟道的等效电阻就越小，导电沟道从漏极到源极平行等宽。在图 3-3-8 中，没有外接电压源U_{DD}，所以漏极和源极之间没有电流。

栅极位于二氧化硅绝缘层上，所以栅极是绝缘的，尽管栅源之间电压增加了，但是栅极

电流还是 0。

（五）当 $u_{GS} > U_T$、U_{DD} 较小且 $u_{GD} > U_T$ 时 MOSFET 的工作状态

当外接电压源 U_{GG} 大于开启电压 U_T 时，导电沟道已经存在，如图 3-3-8 所示。若此时在漏极和源极之间外加电压源 U_{DD}，如图 3-3-9 所示，则在导电沟道中形成电流，称为漏极电流，用 i_D 表示。漏极电流 i_D 的真实方向从漏极穿过导电沟道流向源极，图 3-3-9 所示为其参考方向，所以漏极电流 i_D 的值为正。漏极电流 i_D 流过导电沟道，漏极到源极的导电沟道上有电位降，靠近漏极的区域电位高，靠近源极的区域电位低，外接电压源 U_{DD} 改变了二氧化硅绝缘层中电场的大小。栅极电位保持不变，而导电沟道中靠近漏极的区域电位高，靠近源极的区域电位低，所以靠近漏极的电场弱，靠近源极的电场强，因此，靠近漏极的区域自由电子反型层薄，靠近源极的区域自由电子反型层厚，所以，靠近漏极的区域导电沟道窄，靠近源极的区域导电沟道宽，导电沟道不再是平行等宽，而是漏极窄源极宽，呈楔形。

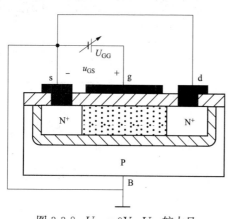

图 3-3-8 $U_{DD} = 0V$、U_{GG} 较大且 $u_{GS} > U_T$ 时 MOSFET 的工作状态

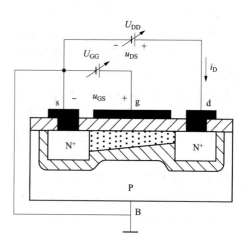

图 3-3-9 当 $u_{GS} > U_T$、U_{DD} 较小且 $u_{GD} > U_T$ 时 MOSFET 的工作状态

当 u_{DS} 比较小时，导电沟道虽然在漏极一端较窄，在源极一端较宽，电流仍然可以通过导电沟道。因为导电沟道的体积比 $u_{DS} = 0V$ 时要小些，为了简单起见，可以近似地认为此时导电沟道的电阻与平行等宽时是一样的，这种近似引起的误差是可以接受的。这时漏源电压 u_{DS} 和漏极电流 i_D 的关系为线性，此时导电沟道可以认为是一个线性电阻。在 u_{DS} 比较小的这一范围之内都有这种关系存在。

MOSFET 的输出特性是指在栅源电压 u_{GS} 一定的情况下，漏源电压 u_{DS} 和漏极电流 i_D 的关系。在坐标系中描述这一关系的曲线称为输出特性曲线，画出 N 沟道增强型 MOSFET 在栅源电压 u_{GS} 大于开启电压 U_T 的某一个固定值的情况下，漏源电压 u_{DS} 和漏极电流 i_D 的关系曲线如图 3-3-10 所示，为一段过原点的直线段。图 3-3-10 输出特性曲线上的这一段称为可变电阻区。

上述 N 沟道增强型 MOSFET 的导电沟道连接两块 N 型半导体而构成闭合回路。N 型半导体中自由电子是多数载流子，少数载流子空穴对电流的影响不大，主要是一种载流子参与导电，所以称为单极型三极管。因为是多子导电，因此受温度的影响小，

这点与双极型三极管不同。双极型三极管因为多子、少子都要参与导电,受温度的影响大。

在数字电路中,N 沟道增强型 MOSFET 相当于一个无触点的开关,可以作为开关使用,漏极和源极是开关的两个点,处于可变电阻状态的 N 沟道增强型 MOSFET 相当于开关闭合,因为此时漏极和源极之间的电压是很小的。处于截止状态的 N 沟道增强型 MOSFET 相当于开关断开,因为此时漏极和源极之间没有电流流过。

N 沟道增强型 MOSFET 处于可变电阻状态可以作为一个电阻来使用,漏极和源极相当于电阻的两个端点,而且这个电阻的值受栅源电压控制,相当于一个压控的可变电阻,这一点后面将要解释。

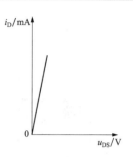

图 3-3-10 当 $u_{GS} > U_T$、U_{DD} 较小且 $u_{GD} > U_T$ 时 MOSFET 的输出特性曲线

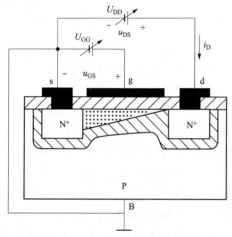

图 3-3-11 当 $u_{GS} > U_T$、U_{DD} 较大且 $u_{GD} = U_T$ 时的 MOSFET 的工作状态

(六)当 $u_{GS} > U_T$、U_{DD} 较大且 $u_{GD} = U_T$ 时的 MOSFET 的工作状态

如图 3-3-11 所示,随着外接电压源 U_{DD} 的值增加,漏极的电位逐渐增加,栅极和漏极之间的电压逐渐减小,当栅极和漏极之间的电压 u_{GD} 正好等于开启电压 U_T 时,导电沟道在漏极一点刚刚消失,称为导电沟道被预夹断。预夹断点如图 3-3-12 所示的输出特性曲线中的 A 点所示。

(七)当 $u_{GS} > U_T$、U_{DD} 较大且 $u_{GD} < U_T$ 时的 MOSFET 的工作状态

如图 3-3-13 所示,当 U_{DD} 继续增加时,导电沟道被夹断的区域继续向源极方向扩展,这部分区域对应的电阻可以认为是无穷大。此时导电沟道在靠近源极的区域依然存在,导电沟道对应的电阻比较小。漏极电流不随 u_{DS} 的增加而增加,可以这样来解释,电压源 U_{DD} 增加的部分几乎全部落在前一部分上,导电沟道上的电压几乎不变。所以漏极电流几乎不变,处于饱和状态。此区域称为恒流区(放大区、饱和区)。如图 3-3-14 所示的输出特性曲线中的 A 点之后的直线所示。此时 MOSFET 可当作电压控制器件用来组成放大电路。

(八)增加 U_{GG} 的值、U_{DD} 从 0 逐渐增加时的 MOSFET 的工作状态

增加 U_{GG} 的值、U_{DD} 从 0 逐渐增加时,分析过程同前,内部结构与图 3-3-13 所示的类似,U_{GG} 值增加,导电沟道更宽,在 U_{DD} 增加的过程中 N 沟道增强型 MOSFET 将从可变电阻区到放大区。在放大区时对应的漏极电流更大,在输出特性曲线上对应的点位置将向上移动。

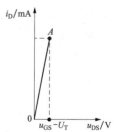

图 3-3-12 当 $u_{GS} > U_T$、U_{DD} 较大且 $u_{GD} = U_T$ 时的 MOSFET 的输出特性曲线(预夹断 A 点)

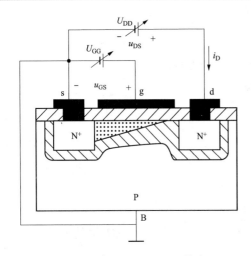

图 3-3-13 当 $u_{GS} > U_T$、U_{DD} 较大且 $u_{GD} < U_T$ 时的 MOSFET 的工作状态

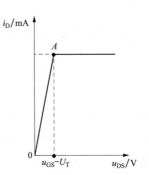

图 3-3-14 当 $u_{GS} > U_T$、U_{DD} 较大且 $u_{GD} < U_T$ 时的 MOSFET 的输出特性曲线（导电沟道夹断）

三、N 沟道增强型 MOSFET 的输出特性曲线

与 JFET 的分析方法类似，在分析 N 沟道增强型 MOSFET 工作原理的过程中，也同时

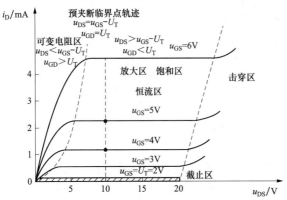

图 3-3-15 N 沟道增强型 MOSFET 的输出特性曲线

得出了其输出特性曲线。N 沟道增强型 MOSFET 的输出特性曲线如图 3-3-15 所示。在图 3-3-15 中，开启电压为 2V，栅源电压小于开启电压的区域为截止区，如图中的阴影部分表示。靠近纵轴的区域为可变电阻区。中间曲线平行于横轴的区域为放大区（恒流区、饱和区）。3 个区域在输出特性曲线上的分布与 JFET 完全相同。

输入特性曲线描述栅源电压与栅极电流之间的关系。因为栅极在绝缘层上，所以栅极的电流为 0，所以没有必要分析 MOSFET 的输入特性曲线。

在图 3-3-15 所示的输出特性曲线中，在预夹断临界点轨迹上，栅漏电压 u_{GD}、漏源电压 u_{DS}、栅源电压 u_{GS}、开启电压 U_T 之间的关系如下

$$u_{GD} = U_T \tag{3-3-1}$$

$$u_{GD} = u_{GS} + u_{SD} = u_{GS} - u_{DS} = U_T$$

$$u_{GS} - U_T = u_{DS}$$

$$u_{DS} = u_{GS} - U_T \tag{3-3-2}$$

在图 3-3-15 所示的输出特性曲线中，在可变电阻区内，栅漏电压 u_{GD}、漏源电压 u_{DS}、栅源电压 u_{GS}、开启电压 U_T 之间的关系如下

$$u_{GD} > U_T \tag{3-3-3}$$

$$u_{GD} = u_{GS} + u_{SD} = u_{GS} - u_{DS} > U_T$$

$$u_{GS} - U_T > u_{DS}$$

$$u_{DS} < u_{GS} - U_T \tag{3-3-4}$$

在图 3-3-15 所示的输出特性曲线中，在放大区（恒流区、饱和区）内，栅漏电压 u_{GD}、漏源电压 u_{DS}、栅源电压 u_{GS}、开启电压 U_T 之间的关系如下

$$u_{GD} < U_T \tag{3-3-5}$$

$$u_{GD} = u_{GS} + u_{SD} = u_{GS} - u_{DS} < U_T$$

$$u_{GS} - U_T < u_{DS}$$

$$u_{DS} > u_{GS} - U_T \tag{3-3-6}$$

外接漏源电压源 U_{DD} 使 MOSFET 中的 PN 结处于反偏状态，随着 U_{DD} 的增加，PN 结可能处于反向击穿状态，这是不允许的，在图 3-3-15 中画出了击穿区。

没有必要对 MOSFET 的输入特性曲线进行研究，因为其栅极在二氧化硅绝缘层上，栅极与其他部分绝缘，可以近似认为栅极电流是 0，栅极电流比 JFET 的栅极电流还要小。

处于放大区的 MOSFET 在模拟电路中组成放大电路，MOSFET 是一种电压控制电流的器件，因此有必要研究栅源电压对漏极电流的控制能力，这就是转移特性曲线。为了更好地研究漏极电流和栅源电压、漏源电压之间的关系，需要用数学公式来描述它们之间的关系。图 3-3-16 是 N 沟道增强型 MOSFET 的立体结构示意图，虽然没有给出外接电压源的符号，但是外接的栅源电压源已经使导电沟道形成，如图所示。导电沟道的长度用 L 表示，导电沟道的宽度用 W 表示，这些数值都取决于 MOSFET 的结构，导电沟道

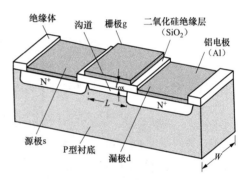

图 3-3-16 N 沟道增强型 MOSFET 的立体结构示意图

的厚度图中没有给出，二氧化硅绝缘层的厚度为 t_{ox}。长度单位用 $\mathring{A}$ 表示，$1\mathring{A} = 10^{-8}$ cm。

二氧化硅氧化物的介电常数（permittivity）用 ε_{ox} 表示，二氧化硅氧化物绝缘层的厚度（thickness）用 t_{ox} 表示，栅极与衬底间氧化层单位面积电容用 C_{ox} 表示，则计算栅极与衬底间氧化层单位面积电容的公式为

$$C_{ox} = \frac{\varepsilon_{ox}}{t_{ox}} \tag{3-3-7}$$

对于硅器件，$\varepsilon_{ox} = (3.9) \times (8.85 \times 10^{-14})$ F/cm。

自由电子反型层（导电沟道）中的自由电子迁移率（mobility）用 μ_n 表示，则定义 K'_n 为

$$K'_n = \mu_n C_{ox} \tag{3-3-8}$$

通常情况下，K'_n 为常数。

N 沟道 MOSFET 的电导参数（conduction parameter）用 K_n 表示，则计算 K_n 的公式为

$$K_n = \frac{\mu_n C_{ox} W}{2L} \tag{3-3-9}$$

整理式（3-3-9），得

$$K_n = \frac{\mu_n C_{ox} W}{2L} = \frac{\mu_n C_{ox}}{2} \cdot \frac{W}{L} = \frac{K'_n}{2} \cdot \frac{W}{L}$$

所以，N 沟道 MOSFET 的电导参数 K_n 为

$$K_n = \frac{K_n'}{2} \cdot \frac{W}{L} \tag{3-3-10}$$

K_n' 为常数，式（3-3-10）表明，电导参数 K_n 与 N 沟道的宽度和长度之比（简称宽长比）有关。

有了如上的这些定义，在图 3-3-15 中的可变电阻区和放大区，漏极电流 i_D 与栅源电压 u_{GS} 和漏源电压 u_{DS} 之间的依赖关系可以用下式来描述。

$$i_D = K_n [2(u_{GS} - U_T)u_{DS} - u_{DS}^2] \tag{3-3-11}$$

式中，U_T 是 N 沟道增强型 MOSFET 的开启电压。

分两种情况来讨论：

（1）原点附近，漏源电压 u_{DS} 很小。

在图 3-3-15 的原点附近，因为漏源电压 u_{DS} 很小，可以忽略 u_{DS} 的平方项 u_{DS}^2，式（3-3-11）简化为

$$i_D = K_n [2(u_{GS} - U_T)u_{DS}] = 2K_n(u_{GS} - U_T)u_{DS} \tag{3-3-12}$$

由式（3-3-12）可以看出，在栅源电压 u_{GS} 一定的情况下，漏极电流 i_D 是漏源电压 u_{DS} 的一次函数，成线性关系。整理式（3-3-12），得

$$u_{DS} = \frac{1}{2K_n(u_{GS} - U_T)} i_D \tag{3-3-13}$$

（2）放大区，漏源电压 u_{DS} 较大。

在图 3-3-15 的放大区（恒流区、饱和区），在理想情况下，可近似认为漏极电流 i_D 不随漏源电压 u_{DS} 变化，将式（3-3-2）所示的预夹断临界条件带入式（3-3-11），得到放大区的漏极电流 i_D 表达式

$$
\begin{aligned}
i_D &= K_n [2(u_{GS} - U_T)u_{DS} - u_{DS}^2] \\
&= K_n [2(u_{GS} - U_T)(u_{GS} - U_T) - (u_{GS} - U_T)^2] \\
&= K_n (u_{GS} - U_T)^2 \\
&= K_n U_T^2 \left(\frac{u_{GS}}{U_T} - 1 \right)^2 \\
&= I_{DO} \left(\frac{u_{GS}}{U_T} - 1 \right)^2
\end{aligned} \tag{3-3-14}
$$

式中 $I_{DO} = K_n U_T^2$。当 $u_{GS} = 2U_T$ 时，漏极电流 $i_D = I_{DO}$。

实际上，在放大区，漏极电流 i_D 随漏源电压 u_{DS} 增加而有所增加，即输出特性的每根曲线会向上倾斜，因此常用沟道长度调制参数（channel length modulation parameter）λ 对式（3-3-14）进行修正，即

$$i_D = K_n (u_{GS} - U_T)^2 (1 + \lambda u_{DS}) \tag{3-3-15}$$

对于典型器件，$\lambda = \frac{0.1}{L} \mathrm{V}^{-1}$，其中导电沟道长度 L 的单位为 μm。令式（3-3-15）中 $i_D = 0$，得

$$1 + \lambda u_{DS} = 0$$

$$u_{DS} = -\frac{1}{\lambda} \tag{3-3-16}$$

沟道长度调制效应（channel length modulation）如图 3-3-17 所示，在输出特性曲线的延长线与横轴的交点处，$i_D=0$。

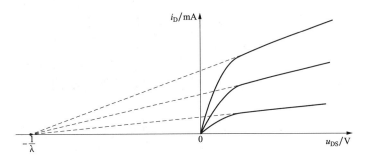

图 3-3-17　沟道长度调制效应

下面介绍交流电阻。

（1）可变电阻区的交流电阻。对式（3-3-13）求导，得到 MOSFET 在可变电阻区的漏极和源极之间的等效电阻，用 R_{dso} 表示

$$R_{dso}=\frac{\partial u_{DS}}{\partial i_D}=\frac{1}{2K_n(u_{GS}-U_T)} \tag{3-3-17}$$

式（3-3-17）中，因为 K_n、U_T 是常数，若改变栅源电压 u_{GS}，MOSFET 在可变电阻区是一个由 u_{GS} 控制的可变电阻，电阻的两个端子分别是源极和漏极，阻值为 R_{dso}。

（2）放大区的交流电阻。根据式（3-3-14），得到 MOSFET 在放大区的漏极和源极之间的等效电阻，用 r_{ds} 表示

$$r_{ds}=\frac{du_{DS}}{di_D}=\infty \tag{3-3-18}$$

因此，不考虑沟道长度调制效应情况下 r_{ds} 为无穷大，因为理想情况下，漏极电流 i_D 不随漏源电压 u_{DS} 变化。

根据式（3-3-15），得：

$$u_{DS}=\frac{1}{\lambda K_n\,(u_{GS}-U_T)^2}i_D-\frac{1}{\lambda} \tag{3-3-19}$$

考虑沟道调制效应后的 MOSFET 在放大区的漏极和源极之间的交流等效电阻 r_{ds} 为

$$r_{ds}=\frac{du_{DS}}{di_D}=\frac{1}{\lambda K_n\,(u_{GS}-U_T)^2}=\frac{1}{\lambda}\cdot\frac{1}{K_n\,(u_{GS}-U_T)^2}$$
$$=\frac{1}{\lambda}\cdot\frac{1}{i_D} \tag{3-3-20}$$

四、N 沟道增强型 MOSFET 放大区的转移特性曲线

在图 3-3-15 的输出特性曲线的放大区，对应画出一条 $u_{DS}=10V$ 的垂直于横轴的直线，可以得到一组 u_{GS} 和 i_D 的值，将这些点连成一条曲线，称为放大区转移特性曲线，如图 3-3-18 所示。

放大区的转移特性曲线从另一个侧面描述了 MOSFET 的栅源电压 u_{GS} 对漏极电流 i_D 的

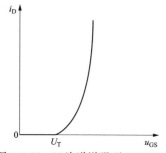

图 3-3-18　N 沟道增强型 MOSFET
放大区的转移特性曲线

控制能力。曲线上任一点的切线的斜率即为此点的跨导 g_m。跨导 g_m 的大小与点的位置有关。点的位置越高，对应的跨导 g_m 数值越大，说明栅源电压 u_{GS} 对漏极电流 i_D 的控制能力越强，跨导 g_m 是表征 MOSFET 控制（放大）能力的一个重要参数。

式（3-3-14）是图 3-3-18 对应的 N 沟道增强型 MOSFET 的放大区的转移特性曲线的表达式。对式（3-3-14）求导，得

$$g_m = \frac{di_D}{du_{GS}} = 2I_{DO}\left(\frac{u_{GS}}{U_T} - 1\right)\frac{1}{U_T}$$

$$= \frac{2I_{DO}}{U_T}\left(\frac{u_{GS}}{U_T} - 1\right)$$

$$= \frac{2I_{DO}}{U_T}\sqrt{\frac{i_D}{I_{DO}}} = \frac{2}{U_T}\sqrt{i_D I_{DO}} \tag{3-3-21}$$

将某点的直流栅源电压的值 U_{GS} 或者该点的直流漏极电流的值 I_D 代入式（3-3-21），可得该点的跨导。

例 3-3-1　设 N 沟道增强型 MOSFET 的开启电压 $U_T = +0.75V$，自由电子反型层中的自由电子迁移率 $\mu_n = 650\text{cm}^2/\text{V}-\text{s}$，二氧化硅氧化物绝缘层的厚度 $t_{ox} = 450Å$，$1Å = 10^{-8}\text{cm}$，二氧化硅氧化物的介电常数 $\varepsilon_{ox} = (3.9)\times(8.85\times10^{-14})\text{F/cm}$，导电沟道的宽度 $W = 40\mu m$，导电沟道的长度 $L = 4\mu m$。假设外加电压源已经使 N 沟道增强型 MOSFET 进入放大区，计算当栅源电压 $u_{GS} = 2U_T$ 时的漏极电流 i_D。参考方向约定如前所述。

解：栅极与衬底间氧化层单位面积电容

$$C_{ox} = \frac{\varepsilon_{ox}}{t_{ox}} = \frac{3.9\times(8.85\times10^{-14})}{450\times10^{-8}} = 7.67\times10^{-8}(\text{F/cm}^2)$$

首先对单位进行推导

$$K_n = \frac{\mu_n C_{ox} W}{2L} = \frac{\mu_n\left(\frac{\text{cm}^2}{\text{V}-\text{s}}\right)\times C_{ox}\left(\frac{\text{F}}{\text{cm}^2}\right)\times W(\text{cm})}{2\times L(\text{cm})} = \frac{\text{F}}{\text{V}-\text{s}} = \frac{\text{C/V}}{\text{V}-\text{s}} = \frac{\text{A}}{\text{V}^2}$$

N 沟道 MOSFET 的电导参数为

$$K_n = \frac{\mu_n C_{ox} W}{2L} = \frac{650\times7.67\times10^{-8}\times40\times10^{-4}}{2\times4\times10^{-4}} = 2.49275\times10^{-4}\left(\frac{\text{A}}{\text{V}^2}\right)$$

$$= 2.49275\times10^{-1}\left(\frac{\text{mA}}{\text{V}^2}\right) = 0.249275\left(\frac{\text{mA}}{\text{V}^2}\right)$$

漏极电流为

$$i_D = K_n(u_{GS} - U_T)^2 = 0.249275(1.5 - 0.75)^2 = 0.14022(\text{mA})$$

例 3-3-2　设 N 沟道增强型 MOSFET 的开启电压 $U_T = +1.6V$，参考方向约定如前所述，栅源之间施加电压 $u_{GS} = +3V$，确定在下列条件下该 MOSFET 的工作状态。

（1）$u_{DS} = +0.6V$。

（2）$u_{DS} = +1.6V$。

（3）$u_{DS} = +6V$。

解： MOSFET 是 N 沟道。因为（+3V）>（+1.6V），所以 $u_{GS}>U_T$，则 MOSFET 不会工作在截止区，可能工作在放大区或者可变电阻区，需要进一步判断。计算 u_{GD}。

（1）$u_{GD}=u_{GS}-u_{DS}=3-0.6=+2.4$（V）$>U_T$，所以在可变电阻区。

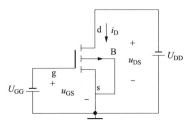

（2）$u_{GD}=u_{GS}-u_{DS}=3-1.6=+1.4$（V）$<U_T$，所以在放大区。

（3）$u_{GD}=u_{GS}-u_{DS}=3-6=-3$（V）$<U_T$，所以在放大区。

五、P 沟道增强型 MOSFET 的工作原理和特性曲线

（一）工作原理

电路如图 3-3-19 所示。P 沟道增强型 MOSFET 外接直流电压源 U_{GG} 和 U_{DD}，U_{GG} 和 U_{DD} 只是表示电压源的电

图 3-3-19　解释 P 沟道增强型 MOSFET 工作原理的电路

压值，正负极连接情况如图 3-3-19 所示，在图 3-3-19 中栅源电压用 u_{GS} 表示，参考方向如图所示，所以 u_{GS} 本身是负值。在图 3-3-19 中漏源电压用 u_{DS} 表示，参考方向如图所示，所以 u_{DS} 本身是负值。P 沟道增强型 MOSFET 的工作原理与 N 沟道增强型 MOSFET 基本相同，只是导电沟道中参与导电的载流子的种类不同，P 沟道增强型 MOSFET 参与导电的载流子是空穴。

图 3-3-20 给出了当 $u_{GS}<U_T$、U_{DD} 较大且 $u_{GD}>U_T$ 时的 MOSFET 内部导电沟道示意图，外接直流电压源 U_{GG} 的负极接栅极，正极接源极，产生的电场方向向上，可以将衬底中的空穴（少子）吸引到表面来。外接直流电压源 U_{DD} 的正极接源极，负极接漏极，外接直流电压源 U_{DD} 使内部的 PN 结处于反偏状态。导电沟道由空穴构成，沟道电流的真实方向从源极到漏极，源极电位高，漏极电位低，所以加在二氧化硅绝缘层上的电压在靠近源极的区域高些，在靠近漏极的区域低些，产生的电场靠近源极的区域高些，靠近漏极的区域低些，导致靠近漏极的区域导电沟道被夹断，P 沟道增强型 MOSFET 处于放大状态。图 3-3-20 所标漏极电流方向为参考方向，漏极电流的真实方向与参考方向相反，栅源电压和漏源电压的真实方向也与其参考方向相反。

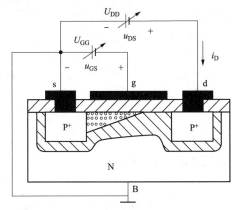

图 3-3-20　P 沟道增强型 MOSFET 内部
导电沟道被夹断示意图

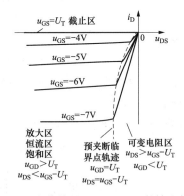

图 3-3-21　P 沟道增强型 MOSFET 的输出特性曲线

（二）输出特性曲线

P 沟道增强型 MOSFET 的输出特性曲线如图 3-3-21 所示，曲线在第三象限。在图 3-3-21 中，开启电压 U_T 为 -3V，栅源电压的绝对值小于开启电压的绝对值的区域为截止区，靠近图 3-3-21 的横轴。靠近纵轴的区域为可变电阻区，中间曲线平行于横轴的区域为放大区（恒流区、饱和区）。

在图 3-3-21 所示的输出特性曲线中，在预夹断临界点轨迹上，栅漏电压 u_{GD}、漏源电压 u_{DS}、栅源电压 u_{GS}、开启电压 U_T 之间的关系如下：

$$u_{GD} = U_T \tag{3-3-22}$$

$$u_{GD} = u_{GS} + u_{SD} = u_{GS} - u_{DS} = U_T$$

$$u_{GS} - U_T = u_{DS}$$

$$u_{DS} = u_{GS} - U_T \tag{3-3-23}$$

在图 3-3-21 所示的输出特性曲线中，在可变电阻区内，栅漏电压 u_{GD}、漏源电压 u_{DS}、栅源电压 u_{GS}、开启电压 U_T 之间的关系如下：

$$u_{GD} < U_T \tag{3-3-24}$$

$$u_{GD} = u_{GS} + u_{SD} = u_{GS} - u_{DS} < U_T$$

$$u_{GS} - U_T < u_{DS}$$

$$u_{DS} > u_{GS} - U_T \tag{3-3-25}$$

在图 3-3-21 所示的输出特性曲线中，在放大区，栅漏电压 u_{GD}、漏源电压 u_{DS}、栅源电压 u_{GS}、开启电压 U_T 之间的关系如下：

$$u_{GD} > U_T \tag{3-3-26}$$

$$u_{GD} = u_{GS} + u_{SD} = u_{GS} - u_{DS} > U_T$$

$$u_{GS} - U_T > u_{DS}$$

$$u_{DS} < u_{GS} - U_T \tag{3-3-27}$$

空穴反型层（导电沟道）中的空穴迁移率用 μ_p 表示，则定义 K_p' 为

$$K_p' = \mu_p C_{ox} \tag{3-3-28}$$

通常情况下，K_p' 为常数。P 沟道 MOSFET 的电导参数用 K_P 表示，则计算 K_P 的公式为

$$K_p = \frac{\mu_p C_{ox} W}{2L} = \frac{\mu_p C_{ox}}{2} \cdot \frac{W}{L} = \frac{K_p'}{2} \cdot \frac{W}{L} \tag{3-3-29}$$

式（3-3-29）表明，电导参数 K_p 与 P 沟道的宽度和长度之比（简称宽长比）有关。

P 沟道增强型 MOSFET 的漏极电流 i_D 与栅源电压 u_{GS} 和漏源电压 u_{DS} 之间的依赖关系可以用下式来描述。

$$i_D = -K_p[2(u_{GS} - U_T)u_{DS} - u_{DS}^2] \tag{3-3-30}$$

式中，U_T 是 P 沟道增强型 MOSFET 的开启电压。

分两种情况来讨论：

（1）原点附近，漏源电压 u_{DS} 很小。

在图 3-3-21 的原点附近，因为漏源电压 u_{DS} 很小，可以忽略 u_{DS} 的平方项 u_{DS}^2，式（3-3-30）简化为

$$i_D = -K_p[2(u_{GS} - U_T)u_{DS}] = -2K_p(u_{GS} - U_T)u_{DS} \tag{3-3-31}$$

由式（3-3-31）可以看出，在栅源电压 u_{GS} 一定的情况下，漏极电流 i_D 是漏源电压 u_{DS} 的一次函数，呈线性关系。整理式（3-3-31），得

$$u_{DS} = \frac{1}{-2K_p(u_{GS} - U_T)} i_D \tag{3-3-32}$$

（2）放大区，漏源电压 u_{DS} 较大。

在图 3-3-21 的放大区（恒流区、饱和区），理想情况下可近似认为漏极电流 i_D 不随漏源

电压 u_{DS}变化。将式（3-3-23）代入式（3-3-30），得到放大区的关系式

$$\begin{aligned} i_D &= -K_p[2(u_{GS}-U_T)(u_{GS}-U_T)-(u_{GS}-U_T)^2] \\ &= -K_p(u_{GS}-U_T)^2 \\ &= -K_p U_T^2\left(\frac{u_{GS}}{U_T}-1\right)^2 = -I_{DD}\left(\frac{u_{GS}}{U_T}-1\right)^2 \end{aligned} \tag{3-3-33}$$

当 $u_{GS}=2U_T$ 时，漏极电流 $i_D=-I_{DO}$。

实际上，在放大区，漏极电流 i_D 随漏源电压 u_{DS}增加而有所增加，即输出特性的每根曲线会向上倾斜，因此常用沟道长度调制参数 λ 对式（3-3-33）进行修正

$$i_D = -K_p(u_{GS}-U_T)^2(1+\lambda u_{DS}) \tag{3-3-34}$$

对于典型器件，$\lambda=\frac{0.1}{L}V^{-1}$，其中导电沟道长度 L 的单位为 μm。

下面介绍交流电阻。

（1）可变电阻区的交流电阻。对式（3-3-32）求导，得到 MOSFET 在可变电阻区的漏极和源极之间的等效电阻，用 R_{dso}表示

$$R_{dso} = \frac{du_{DS}}{di_D} = \frac{1}{-2K_p(u_{GS}-U_T)} \tag{3-3-35}$$

式中，K_p、U_T 是常数，R_{dso}是由 u_{GS}控制的可变电阻。

（2）放大区的交流电阻。根据式（3-3-33），得到 MOSFET 在放大区的漏极和源极之间的电阻等效 r_{ds}，即

$$r_{ds} = \frac{du_{DS}}{di_D} = \infty \tag{3-3-36}$$

根据式（3-3-34），得

$$u_{DS} = \frac{1}{-\lambda K_p(u_{GS}-U_T)^2}i_D - \frac{1}{\lambda} \tag{3-3-37}$$

考虑沟道长度调制效应后的 MOSFET 在放大区的漏极和源极之间的交流等效电阻 r_{ds}为

$$\begin{aligned} r_{ds} &= \frac{du_{DS}}{di_D} = -\frac{1}{\lambda K_p(u_{GS}-U_T)^2} = \frac{1}{\lambda}\cdot\frac{1}{-K_p(u_{GS}-U_T)^2} \\ &= \frac{1}{\lambda}\cdot\frac{1}{i_D} \end{aligned} \tag{3-3-38}$$

（三）放大区的转移特性曲线

在图 3-3-21 的输出特性曲线的放大区，对应画出一条垂直于横轴的直线，u_{DS}为某一恒定值，可以得到一组 u_{GS}和 i_D 的值，将这些点连成一条曲线，称为放大区的转移特性曲线，如图 3-3-22 所示。

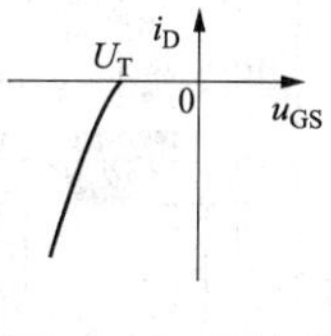

图 3-3-22　P 沟道增强型 MOSFET 的放大区转移特性曲线

式（3-3-33）是图 3-3-22 所示放大区的转移特性曲线对应的表达式，对式（3-3-33）求导，得跨导函数为

$$\begin{aligned} g_m &= \frac{di_D}{du_{GS}} = -2I_{DO}\left(\frac{u_{GS}}{U_T}-1\right)\frac{1}{U_T} = -\frac{2I_{DO}}{U_T}\left(\frac{u_{GS}}{U_T}-1\right) \\ &= -\frac{2I_{DO}}{U_T}\sqrt{-\frac{i_D}{I_{DO}}} = -\frac{2}{U_T}\sqrt{-i_D I_{DO}} \end{aligned} \tag{3-3-39}$$

将某点的直流栅源电压的值 U_{GS}或者该点的直流漏极电流 I_D 的值代入式（3-3-39），可得该点的跨导。

例 3-3-3 已知某 P 沟道增强型 MOSFET 的开启电压为 $U_T = -2V$，栅源之间施加电压 $u_{GS} = -3V$，确定在下列条件下该 MOSFET 的工作状态。参考方向约定如前所述。

(1) $u_{DS} = -0.5V$。

(2) $u_{DS} = -2V$。

(3) $u_{DS} = -5V$。

解：对于 P 沟道的 MOSFET，因为电流、电压均为负值，为了更直观地比较、分析，可对应输出特性曲线来分析。所以重画参考方向的约定如图 3-3-23（a）所示，在此参考方向下的输出特性曲线如图 3-3-23（b）所示。注意 U_T 本身是代数量，有正负号，与参考方向的约定有关系。

因为开启电压为负值，所以 MOSFET 是 P 沟道。因为（$-3V$）<（$-2V$），所以 $u_{GS} < U_T$，则 MOSFET 不会工作在截止区，可能工作在放大区或者可变电阻区，需要进一步判断。计算 u_{GD}。

(1) $u_{GD} = u_{GS} - u_{DS} = (-3) - (-0.5) = -2.5$（V）$< U_T$，所以在可变电阻区。

(2) $u_{GD} = u_{GS} - u_{DS} = (-3) - (-2) = -1$（V）$> U_T$，所以在放大区。

(3) $u_{GD} = u_{GS} - u_{DS} = (-3) - (-5) = +2$（V）$> U_T$，所以在放大区。

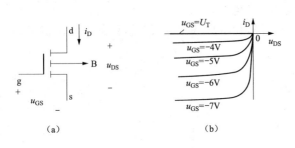

图 3-3-23　例 3-3-3 图

（a）参考方向；（b）特性曲线

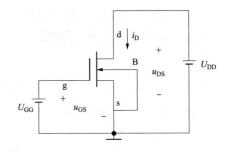

图 3-3-24　N 沟道耗尽型 MOSFET 的电路

六、N 沟道耗尽型 MOSFET 的工作原理和特性曲线

（一）工作原理

电路如图 3-3-24 所示。N 沟道耗尽型 MOSFET 外接直流电压源 U_{GG} 和 U_{DD}，U_{GG} 和 U_{DD} 只是表示电压源的电压值，正负极连接情况如图所示，图中栅源电压用 u_{GS} 表示，参考方向如图所示，所以 u_{GS} 本身是正值。图中漏源电压用 u_{DS} 表示，参考方向如图所示，所以 u_{DS} 本身是正值。

图 3-3-25 给出了处于放大状态的 N 沟道耗尽型 MOSFET 内部导电沟道示意图。外接直流电压源 U_{GG} 的正极接栅极，负极接源极，产生的电场方向向下，可以将衬底中的自由电子（少子）吸引到

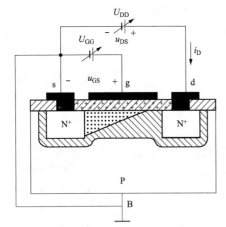

图 3-3-25　N 沟道耗尽型 MOSFET 内部导电沟道被夹断示意图

表面来。外接直流电压源 U_{DD} 的正极接漏极，负极接源极。外接直流电压源 U_{DD} 使内部的

PN 结处于反偏状态。当 $u_{GS}>U_P$、U_{DD} 较大且 $u_{GD}<U_P$ 时处于放大状态，导电沟道由自由电子构成，导电沟道电流的真实方向从漏极到源极，源极电位低，漏极电位高，栅极电位沿导电沟道从漏极到源极保持不变。所以加在二氧化硅绝缘层上的电压在靠近源极的区域高些，在靠近漏极的区域低些，产生的电场靠近源极的区域高些，靠近漏极的区域低些。靠近漏极的电场不足以吸引出自由电子，导致靠近漏极的区域导电沟道被夹断，N 沟道耗尽型 MOSFET 处于放大状态。图 3-3-25 所示漏极电流所标方向为参考方向，漏极电流的真实方向与参考方向相同，栅源电压和漏源电压的真实方向也与其参考方向相同。

（二）输出特性曲线

N 沟道耗尽型 MOSFET 的输出特性曲线如图 3-3-26 所示，曲线在第一象限。在图 3-3-26 中，夹断电压 U_P 大概为 $-3V$，图中没有表示出来。栅源电压的绝对值大于夹断电压的绝对值的区域为截止区，在图 3-3-26 的横轴上。靠近纵轴的区域为可变电阻区，中间曲线平行于横轴的区域为放大区（恒流区、饱和区）。

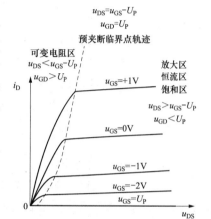

图 3-3-26 N 沟道耗尽型 MOSFET
的输出特性曲线

在图 3-3-26 所示的输出特性曲线中，在预夹断临界点轨迹上，栅漏电压 u_{GD}、漏源电压 u_{DS}、栅源电压 u_{GS}、夹断电压 U_P 之间的关系如下：

$$u_{GD} = U_P \tag{3-3-40}$$
$$u_{GD} = u_{GS} + u_{SD} = u_{GS} - u_{DS} = U_P$$
$$u_{GS} - U_P = u_{DS}$$
$$u_{DS} = u_{GS} - U_P \tag{3-3-41}$$

在图 3-3-26 所示的输出特性曲线中，在放大区内，栅漏电压 u_{GD}、漏源电压 u_{DS}、栅源电压 u_{GS}、夹断电压 U_P 之间的关系如下：

$$u_{GD} < U_P \tag{3-3-42}$$
$$u_{GD} = u_{GS} + u_{SD} = u_{GS} - u_{DS} < U_P$$
$$u_{GS} - U_P < u_{DS}$$
$$u_{DS} > u_{GS} - U_P \tag{3-3-43}$$

在图 3-3-26 所示的输出特性曲线中，在可变电阻区内，栅漏电压 u_{GD}、漏源电压 u_{DS}、栅源电压 u_{GS}、夹断电压 U_P 之间的关系如下：

$$u_{GD} > U_P \tag{3-3-44}$$
$$u_{GD} = u_{GS} + u_{SD} = u_{GS} - u_{DS} > U_P$$
$$u_{GS} - U_P > u_{DS}$$
$$u_{DS} < u_{GS} - U_P \tag{3-3-45}$$

在图 3-3-26 中的可变电阻区和放大区，N 沟道耗尽型 MOSFET 的漏极电流 i_D 与栅源电压 u_{GS} 和漏源电压 u_{DS} 之间的依赖关系与 N 沟道增强型 MOSFET 的类似，将式（3-3-11）中的开启电压 U_T 用夹断电压 U_P 代替，得

$$i_D = K_n\big[2(u_{GS} - U_P)u_{DS} - u_{DS}^2\big] \tag{3-3-46}$$

式中，U_P 是 N 沟道耗尽型 MOSFET 的夹断电压。

分两种情况来讨论：

（1）原点附近，漏源电压 u_{DS} 很小。

在图 3-3-26 的原点附近，因为漏源电压 u_{DS} 很小，可以忽略 u_{DS} 的平方项 u_{DS}^2，式（3-3-46）简化为

$$i_D = K_n[2(u_{GS} - U_P)u_{DS}] = 2K_n(u_{GS} - U_P)u_{DS} \qquad (3\text{-}3\text{-}47)$$

由式（3-3-47）可以看出，在栅源电压 u_{GS} 一定的情况下，漏极电流 i_D 是漏源电压 u_{DS} 的一次函数，呈线性关系。整理式（3-3-47），得

$$u_{DS} = \frac{1}{2K_n(u_{GS} - U_P)}i_D \qquad (3\text{-}3\text{-}48)$$

（2）放大区，漏源电压 u_{DS} 较大。

在图 3-3-26 的放大区（恒流区、饱和区），理想情况可近似认为漏极电流 i_D 不随漏源电压 u_{DS} 变化。将式（3-3-41）带入式（3-3-46），得到放大区的关系式

$$\begin{aligned} i_D &= K_n[2(u_{GS} - U_P)(u_{GS} - U_P) - (u_{GS} - U_P)^2] \\ &= K_n(u_{GS} - U_P)^2 = K_n U_P^2\left(\frac{u_{GS}}{U_P} - 1\right)^2 = I_{DSS}\left(1 - \frac{u_{GS}}{U_P}\right)^2 \end{aligned} \qquad (3\text{-}3\text{-}49)$$

当 $u_{GS} = 0$ 时，漏极电流 $i_D = I_{DSS} = K_n U_P^2$，$I_{DSS}$ 称为零栅源电压的漏极电流。

实际上，在放大区，漏极电流 i_D 随漏源电压 u_{DS} 增加而有所增加，即输出特性的每根曲线会向上倾斜，因此常用沟道长度调制参数 λ 对式（3-3-49）进行修正。

$$i_D = K_n(u_{GS} - U_P)^2(1 + \lambda u_{DS}) \qquad (3\text{-}3\text{-}50)$$

对于典型器件，$\lambda = \dfrac{0.1}{L}\text{V}^{-1}$，其中导电沟道长度 L 的单位为 μm。

下面介绍交流电阻。

（1）可变电阻区的交流电阻。对式（3-3-48）求导，得到 MOSFET 在可变电阻区的漏极和源极之间的等效电阻，用 R_{dso} 表示

$$R_{dso} = \frac{\mathrm{d}u_{DS}}{\mathrm{d}i_D} = \frac{1}{2K_n(u_{GS} - U_P)} \qquad (3\text{-}3\text{-}51)$$

式（3-3-51）中，K_n、U_P 是常数，R_{dso} 是由 u_{GS} 控制的可变电阻。

（2）放大区的交流电阻。根据式（3-3-49），得到 MOSFET 在放大区的漏极和源极之间的等效电阻，用 r_{ds} 表示

$$r_{ds} = \frac{\mathrm{d}u_{DS}}{\mathrm{d}i_D} = \infty \qquad (3\text{-}3\text{-}52)$$

理想情况下 r_{ds} 为无穷大，因为理想情况下，漏极电流 i_D 不随漏源电压 u_{DS} 变化。

根据式（3-3-50），得

$$u_{DS} = \frac{1}{\lambda K_n(u_{GS} - U_P)^2}i_D - \frac{1}{\lambda} \qquad (3\text{-}3\text{-}53)$$

考虑沟道长度调制效应后的 MOSFET 在放大区的漏极和源极之间的交流等效电阻 r_{ds} 为

$$\begin{aligned} r_{ds} &= \frac{\mathrm{d}u_{DS}}{\mathrm{d}i_D} = \frac{1}{\lambda K_n(u_{GS} - U_P)^2} = \frac{1}{\lambda} \cdot \frac{1}{K_n(u_{GS} - U_P)^2} \\ &= \frac{1}{\lambda} \cdot \frac{1}{i_D} \end{aligned} \qquad (3\text{-}3\text{-}54)$$

（三）放大区的转移特性曲线

在图 3-3-26 的输出特性曲线的放大区，对应画出一条垂直于横轴的直线，u_{DS} 为某一恒定值，可以得到一组 u_{GS} 和 i_D 的值，这些点连成的曲线称为放大区的转移特性曲线，如图 3-3-27 所示。

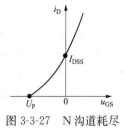

图 3-3-27　N 沟道耗尽型 MOSFET 的放大区转移特性曲线

式（3-3-49）是图 3-3-27 对应的表达式，对其求导，得到跨导函数为

$$g_m = \frac{\mathrm{d}i_D}{\mathrm{d}u_{GS}} = 2I_{DSS}\left(1 - \frac{u_{GS}}{U_P}\right)\left(-\frac{1}{U_P}\right)$$

$$= -2\frac{I_{DSS}}{U_P}\left(1 - \frac{u_{GS}}{U_P}\right) = -2\frac{I_{DSS}}{U_P}\sqrt{\frac{i_D}{I_{DSS}}} = \frac{-2}{U_P}\sqrt{i_D I_{DSS}} \tag{3-3-55}$$

将某点的直流栅源电压 U_{GS} 或者直流漏极电流 I_D 代入式（3-3-55），可得到该点的跨导。

例 3-3-4　设 N 沟道耗尽型 MOSFET 的参数为夹断电压 $U_P = -1.2\mathrm{V}$。参考方向约定如前所述，栅源之间施加电压 $u_{GS} = +2\mathrm{V}$，确定在下列条件下该 MOSFET 的工作状态。

（1）$u_{DS} = +0.4\mathrm{V}$。（2）$u_{DS} = +1\mathrm{V}$。（3）$u_{DS} = +5\mathrm{V}$。

解： 已知 MOSFET 是 N 沟道耗尽型。因为（+2V）>（−1.2V），所以 $u_{GS} > U_P$，则 MOSFET 不会工作在截止区，可能工作在放大区或者可变电阻区，需要进一步判断。计算 u_{GD}。

（1）$u_{GD} = u_{GS} - u_{DS} = 2 - 0.4 = 1.6$（V）$> U_P$，所以在可变电阻区。

（2）$u_{GD} = u_{GS} - u_{DS} = 2 - 1 = 1$（V）$> U_P$，所以在可变电阻区。

（3）$u_{GD} = u_{GS} - u_{DS} = 2 - 5 = -3$（V）$< U_P$，所以在放大区。

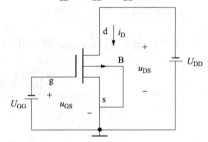

图 3-3-28　解释 P 沟道耗尽型 MOSFET 工作原理的电路

七、P 沟道耗尽型 MOSFET 的工作原理和特性曲线

（一）工作原理

电路如图 3-3-28 所示。P 沟道耗尽型 MOSFET 外接直流电压源 U_{GG} 和 U_{DD}，U_{GG} 和 U_{DD} 只是表示电压源的电压值，正负极连接情况如图所示。图中栅源电压用 u_{GS} 表示，参考方向如图所示，所以 u_{GS} 本身是负值。图中漏源电压用 u_{DS} 表示，参考方向如图所示，所以 u_{DS} 本身是负值。P 沟道耗尽型 MOSFET 的工作原理与 N 沟道耗尽型 MOSFET 基本相同，只是导电沟道中参与导电的载流子种类不同，P 沟道耗尽型 MOSFET 参与导电的载流子是空穴。

图 3-3-29 给出了处于放大状态的 P 沟道耗尽型 MOSFET 内部导电沟道示意图。外接直流电压源 U_{GG} 的负极接栅极，正极接源极，产生的电场方向向上，可以将衬底中的空穴（少子）吸引到表面来。外接直流电压源 U_{DD} 的正极接源极，负极接漏极。外接直流电压源 U_{DD} 使内部的 PN 结处于反偏状态。当 $u_{GS} < U_P$、U_{DD} 较大且 $u_{GD} > U_P$ 时处于放大状态，导电沟道由空穴构成，沟道电流的真实方向从源极到漏极，源极电位高，漏极电位低，所以加在二氧化硅绝缘层上的电压在靠近源极的区域高些，在靠近漏极的区域低些，产生的电场靠近源极的区域高些，靠近漏极的区域低些，导致靠近漏极的区域导电沟道被夹断，P 沟道耗尽型 MOSFET 处于放大状态。图 3-3-29 所标漏极电流方向为参考方向，漏极电流的真实方向与参考方向相反，栅源电压和漏源电压的真实方向也与其参考方向相反。

（二）输出特性曲线

P 沟道耗尽型 MOSFET 的输出特性曲线如图 3-3-30 所示，曲线在第三象限。在图 3-3-30 中，夹断电压 U_P 大概为 +3V，正值，图中没有将截止区表示出来，位于横轴上。栅源电压值大于夹断电压区域为截止区，在图 3-3-30 的横轴上。靠近纵轴的区域为可变电阻区，中间曲线平行于横轴的区域为放大区（恒流区、饱和区）。

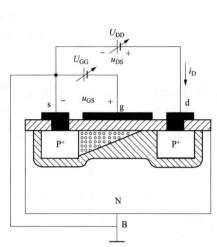

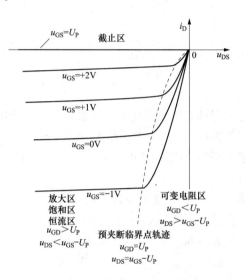

图 3-3-29　P 沟道耗尽型 MOSFET 内部导电沟道示意　　　图 3-3-30　P 沟道耗尽型 MOSFET 的输出特性曲线

在图 3-3-30 所示的输出特性曲线中，在预夹断临界点轨迹上，栅漏电压 u_{GD}、漏源电压 u_{DS}、栅源电压 u_{GS}、夹断电压 U_P 之间的关系如下：

$$u_{GD} = U_P \tag{3-3-56}$$
$$u_{GD} = u_{GS} + u_{SD} = u_{GS} - u_{DS} = U_P$$
$$u_{GS} - U_P = u_{DS}$$
$$u_{DS} = u_{GS} - U_P \tag{3-3-57}$$

在图 3-3-30 所示的输出特性曲线中，在放大区内，栅漏电压 u_{GD}、漏源电压 u_{DS}、栅源电压 u_{GS}、夹断电压 U_P 之间的关系如下：

$$u_{GD} > U_P \tag{3-3-58}$$
$$u_{GD} = u_{GS} + u_{SD} = u_{GS} - u_{DS} > U_P$$
$$u_{GS} - U_P > u_{DS}$$
$$u_{DS} < u_{GS} - U_P \tag{3-3-59}$$

在图 3-3-30 所示的输出特性曲线中，在可变电阻区内，栅漏电压 u_{GD}、漏源电压 u_{DS}、栅源电压 u_{GS}、夹断电压 U_P 之间的关系如下：

$$u_{GD} < U_P \tag{3-3-60}$$
$$u_{GD} = u_{GS} + u_{SD} = u_{GS} - u_{DS} < U_P$$
$$u_{GS} - U_P < u_{DS}$$
$$u_{DS} > u_{GS} - U_P \tag{3-3-61}$$

在图 3-3-30 所示的可变电阻区和放大区，P 沟道耗尽型 MOSFET 的漏极电流 i_D 与栅源

电压 u_{GS} 和漏源电压 u_{DS} 之间的依赖关系可以用下式来描述。

$$i_D = -K_p[2(u_{GS} - U_P)u_{DS} - u_{DS}^2] \tag{3-3-62}$$

式中，U_P 是 P 沟道耗尽型 MOSFET 的夹断电压。

分两种情况来讨论：

(1) 原点附近，漏源电压 u_{DS} 很小。

在图 3-3-30 的原点附近，因为漏源电压 u_{DS} 很小，可以忽略 u_{DS} 的平方项 u_{DS}^2，式 (3-3-62) 简化为

$$i_D = -K_p[2(u_{GS} - U_P)u_{DS}] = -2K_p(u_{GS} - U_P)u_{DS} \tag{3-3-63}$$

由式 (3-3-63) 可以看出，在栅源电压 u_{GS} 一定的情况下，漏极电流 i_D 是漏源电压 u_{DS} 的一次函数，成线性关系。整理式 (3-3-63) 得

$$u_{DS} = \frac{1}{-2K_p(u_{GS} - U_P)}i_D \tag{3-3-64}$$

(2) 放大区，漏源电压 u_{DS} 较大。

在图 3-3-30 的放大区（恒流区、饱和区），在理想情况下，可近似看成漏极电流 i_D 不随漏源电压 u_{DS} 变化。

将式 (3-3-57) 代入式 (3-3-62)，得到放大区的关系式

$$
\begin{aligned}
i_D &= -K_p[2(u_{GS} - U_P)(u_{GS} - U_P) - (u_{GS} - U_P)^2] \\
&= -K_p(u_{GS} - U_P)^2 \\
&= -K_p U_P^2 \left(\frac{u_{GS}}{U_P} - 1\right)^2 \\
&= -I_{DSS}\left(\frac{u_{GS}}{U_P} - 1\right)^2 \\
&= -I_{DSS}\left(1 - \frac{u_{GS}}{U_P}\right)^2
\end{aligned}
\tag{3-3-65}
$$

可知，当 $u_{GS} = 0$ 时，漏极电流 $i_D = -I_{DSS} = -K_p U_P^2$。

实际上，在放大区漏极电流 i_D 随漏源电压 u_{DS} 增加而有所增加，即输出特性的每根曲线会向上倾斜，因此常用沟道长度调制参数 λ 对式 (3-3-65) 进行修正。

$$i_D = -K_p(u_{GS} - U_P)^2(1 + \lambda u_{DS}) \tag{3-3-66}$$

对于典型器件，$\lambda = \dfrac{0.1}{L}V^{-1}$，其中导电沟道长度 L 的单位为 μm。

下面介绍交流电阻。

(1) 可变电阻区的交流电阻。对式 (3-3-64) 求导，得到 MOSFET 在可变电阻区的漏极和源极之间的等效电阻 R_{dso} 为

$$R_{dso} = \frac{du_{DS}}{di_D} = \frac{1}{-2K_p(u_{GS} - U_P)} \tag{3-3-67}$$

式 (3-3-67) 中，K_p、U_T 是常数，R_{dso} 是由 u_{GS} 控制的可变电阻。

(2) 放大区的交流电阻。根据式 (3-3-65)，得到 MOSFET 在放大区的漏极和源极之间的等效电阻，用 r_{ds} 表示

$$r_{ds} = \frac{du_{DS}}{di_D} = \infty \tag{3-3-68}$$

理想情况下 r_{ds} 为无穷大，因为理想情况下，漏极电流 i_D 不随漏源电压 u_{DS} 变化。
根据式（3-3-66），得

$$u_{DS} = \frac{1}{-\lambda K_p \left(u_{GS} - U_P\right)^2} i_D - \frac{1}{\lambda} \tag{3-3-69}$$

考虑沟道长度调制效应后的 MOSFET 在放大区的漏极和源极之间的交流等效电阻 r_{ds} 为

$$r_{ds} = \frac{\mathrm{d}u_{DS}}{\mathrm{d}i_D} = \frac{1}{\lambda} \cdot \frac{1}{-K_p \left(u_{GS} - U_P\right)^2} = \frac{1}{\lambda} \cdot \frac{1}{i_D} \tag{3-3-70}$$

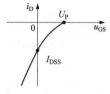

图 3-3-31　P 沟道耗尽型 MOSFET 的放大区转移特性曲线

（三）放大区的转移特性曲线

在图 3-3-30 所示的放大区，对应画出一条 u_{DS} 为某一恒定值的垂直于横轴的直线，得到一组 u_{GS} 和 i_D 的值，这些点连成的曲线称为放大区的转移特性曲线，如图 3-3-31 所示。

式（3-3-65）是图 3-3-31 对应的表达式，对其求导，得跨导函数，式中，系数 I_{DSS} 是当 $u_{GS}=0$ 时的 $|i_D|$。

$$g_m = \frac{\mathrm{d}i_D}{\mathrm{d}u_{GS}} = 2I_{DSS} \left(1 - \frac{u_{GS}}{U_P}\right) \left(-\frac{1}{U_P}\right)$$

$$= 2\frac{I_{DSS}}{U_P} \left(1 - \frac{u_{GS}}{U_P}\right) = 2\frac{I_{DSS}}{U_P} \sqrt{\frac{-i_D}{I_{DSS}}} = \frac{2}{U_P} \sqrt{-i_D I_{DSS}} \tag{3-3-71}$$

将某点的直流栅源电压 U_{GS} 的值或者直流漏极电流 I_D 代入式（3-3-71），可得该点的跨导。

八、判断 MOSFET 工作状态的思路

解题思路与 JFET 类似。根据已知条件的不同，判断 MOSFET 工作状态的思路也有所不同。参考方向的约定如前所述。

（一）已知 MOSFET 各个电极的电位或者任意两个电极之间的电压

（1）首先判断 MOSFET 是增强型还是耗尽型、N 沟道还是 P 沟道。

（2）求出栅源电压 u_{GS}。

若是 N 沟道增强型，若 $u_{GS}<U_T$，则 MOSFET 工作在截止区，否则就可能工作在放大区或者可变电阻区，需要进一步判断。

若是 P 沟道增强型，若 $u_{GS}>U_T$，则 MOSFET 工作在截止区，否则就可能工作在放大区或者可变电阻区，需要进一步判断。

若是 N 沟道耗尽型，若 $u_{GS}<U_P$，则 MOSFET 工作在截止区，否则就可能工作在放大区或者可变电阻区，需要进一步判断。

若是 P 沟道耗尽型，若 $u_{GS}>U_P$，则 MOSFET 工作在截止区，否则就可能工作在放大区或者可变电阻区，需要进一步判断。

（3）计算栅漏电压 u_{GD}。

（4）判断 u_{GD}。

若是 N 沟道增强型，若 $u_{GD}<U_T$，导电沟道在漏极区域被夹断，则工作在放大区，否则就工作在可变电阻区。

若是 P 沟道增强型，若 $u_{GD}>U_T$，导电沟道在漏极区域被夹断，则工作在放大区，否则就工作在可变电阻区。

若是 N 沟道耗尽型，若 $u_{GD}<U_P$，导电沟道在漏极区域被夹断，则工作在放大区，否则就工作在可变电阻区。

若是 P 沟道耗尽型，若 $u_{GD} > U_P$，导电沟道在漏极区域被夹断，则工作在放大区，否则就工作在可变电阻区。

（二）已知 MOSFET 电路结构和参数

（1）首先判断 MOSFET 是增强型还是耗尽型、N 沟道还是 P 沟道。

（2）把 MOSFET 从电路中拿走，根据剩下电路的结构，先求出栅源电压 u_{GS}。

若是 N 沟道增强型，若 $u_{GS} < U_T$，则 MOSFET 工作在截止区，否则就可能工作在放大区或者可变电阻区，需要进一步判断。

若是 P 沟道增强型，若 $u_{GS} > U_T$，则 MOSFET 工作在截止区，否则就可能工作在放大区或者可变电阻区，需要进一步判断。

若是 N 沟道耗尽型，若 $u_{GS} < U_P$，则 MOSFET 工作在截止区，否则就可能工作在放大区或者可变电阻区，需要进一步判断。

若是 P 沟道耗尽型，若 $u_{GS} > U_P$，则 MOSFET 工作在截止区，否则就可能工作在放大区或者可变电阻区，需要进一步判断。

（3）把 MOSFET 放回电路中，假定 MOSFET 处于放大区，利用放大区的转移特性曲线和电路定律方程，联立求解得到栅源电压 u_{GS} 和漏极电流 i_D，再根据电路定律求解得到漏源电压 u_{DS}。

（4）计算栅漏电压 u_{GD}。

（5）判断 u_{GD}。

若是 N 沟道增强型，若 $u_{GD} < U_T$，导电沟道在漏极区域被夹断，则工作在放大区，否则就工作在可变电阻区。

若是 P 沟道增强型，若 $u_{GD} > U_T$，导电沟道在漏极区域被夹断，则工作在放大区，否则就工作在可变电阻区。

若是 N 沟道耗尽型，若 $u_{GD} < U_P$，导电沟道在漏极区域被夹断，则工作在放大区，否则就工作在可变电阻区。

若是 P 沟道耗尽型，若 $u_{GD} > U_P$，导电沟道在漏极区域被夹断，则工作在放大区，否则就工作在可变电阻区。

例 3-3-5　已知某 P 沟道耗尽型 MOSFET 的夹断电压为 $U_P = +0.5V$，参考方向的约定如前所述，其电导参数为 $K_p = 0.2mA/V^2$，漏极电流 $i_D = -0.5mA$。若要使此 P 沟道耗尽型 MOSFET 进入放大状态，需要施加漏源电压 u_{DS} 的范围是多少？

解：由 $i_D = -K_p(u_{GS} - U_P)^2$，得 $u_{GS} = \sqrt{\dfrac{i_D}{-K_P}} + U_P$，求得此时的栅源电压 u_{GS} 为

$$u_{GS} = \sqrt{\frac{-0.5}{-0.2}} + (+0.5) \approx +2.08(V)$$

当 $u_{GD} > U_P$ 时 P 沟道耗尽型 MOSFET 的导电沟道处于夹断状态，进入放大区。

因为 $u_{GS} - u_{DS} > U_P$，所以有

$$u_{DS} < u_{GS} - U_P = 2.08 - 0.5 = 1.58(V)$$

例 3-3-6　已知某 P 沟道耗尽型 MOSFET 的夹断电压为 $U_P = +0.5V$，参考方向的约定如前所述，栅源之间施加电压 $u_{GS} = -3V$，确定在下列条件下该 MOSFET 的工作状态。

（1）$u_{DS} = -0.5V$。（2）$u_{DS} = -2V$。（3）$u_{DS} = -5V$。

解：为了便于分析、比较，重画参考方向的约定如图 3-3-32（a）所示，在此参考方向

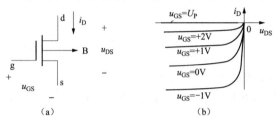

下的输出特性曲线如图 3-3-32（b）所示。注意 U_P 本身是代数量，有正负号，与参考方向的约定有关系。

已知 MOSFET 是 P 沟道。因为 $(-3V) < (+0.5V)$，所以 $u_{GS} < U_P$，则 MOSFET 不会工作在截止区，可能工作在放大区或者可变电阻区，需要进一步判断。计算 u_{GD}。

图 3-3-32　例 3-3-6 图

（1）$u_{GD} = u_{GS} - u_{DS} = (-3) - (-0.5) = -2.5$（V）$< U_P = +0.5V$，所以工作在可变电阻区。

（2）$u_{GD} = u_{GS} - u_{DS} = (-3) - (-2) = -1$（V）$< U_P = +0.5V$，所以工作在可变电阻区。

（3）$u_{GD} = u_{GS} - u_{DS} = (-3) - (-5) = +2$（V）$> U_P = +0.5V$，所以工作在放大区。

九、MOSFET 的简化符号

有时为了画图方便，也使用 MOSFET 的简化符号，4 种类型 MOSFET 的简化符号如图 3-3-33 所示。注意到，增强型 MOSFET 的简化符号与 JFET 的有点类似，区别是增强型 MOSFET 的栅极和源极不在一条直线段上，而 JFET 的栅极和源极在一条直线段上。耗尽型 MOSFET 的简化符号中的导电沟道用一条粗线段表示，含义是栅源电压为 0 时导电沟道已经存在。

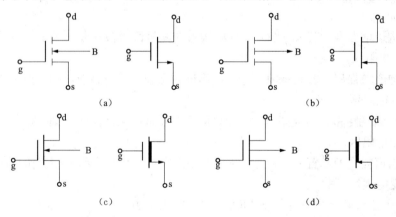

图 3-3-33　4 种类型 MOSFET 的简化符号

（a）N 沟道增强型 MOSFET 的常规符号和简化符号；（b）P 沟道增强型 MOSFET 的常规符号和简化符号；
（c）N 沟道耗尽型 MOSFET 的常规符号和简化符号；（d）P 沟道耗尽型 MOSFET 的常规符号和简化符号

十、MOSFET 的主要参数

（一）直流参数

（1）开启电压 U_T：开启电压 U_T 是增强型 MOSFET 的参数，是当导电沟道开始出现时所对应的栅源电压的值。

（2）夹断电压 U_P：夹断电压 U_P 是耗尽型 MOSFET 的参数，是当导电沟道消失时所对应的栅源电压的值。JFET 也具有夹断电压 U_P 这个参数。

（3）零栅源电压对应的漏极电流 I_{DSS}。对于耗尽型 MOSFET，当栅源电压为零时，漏极电流的大小称为 I_{DSS}。

（4）直流输入电阻 R_{GS}：直流输入电阻 R_{GS} 是栅源间的等效电阻。由于 MOSFET 栅源间

有二氧化硅绝缘层，输入电阻可达 $10^9 \sim 10^{15}\,\Omega$。

（二）交流参数

（1）跨导 g_m
$$g_m = \frac{\mathrm{d}i_D}{\mathrm{d}u_{GS}}$$

跨导 g_m 是表征放大区（饱和区、恒流区）内栅源电压对漏极电流控制能力的一个参数，单位为 mS 或 μS。一般在十分之几到几毫西的范围内，特殊的可达 100mS，甚至更高。跨导 g_m 随 MOSFET 工作点的不同而不同。

（2）输出电阻 r_{ds}
$$r_{ds} = \frac{\mathrm{d}u_{DS}}{\mathrm{d}i_D}$$

输出电阻 r_{ds} 是表征放大区（饱和区、恒流区）内漏源电压对漏极电流影响的一个参数，是放大区（饱和区、恒流区）内输出特性曲线上某一点的切线斜率的倒数。若输出特性曲线平行于横轴，则输出电阻 r_{ds} 为无穷大。

（三）极限参数

（1）最大漏极电流 I_{DM}：指 MOSFET 正常工作时漏极电流允许的上限值。

（2）最大耗散功率 P_{DM}：MOSFET 的耗散功率等于漏源电压与漏极电流的乘积，这些耗散在 MOSFET 中的功率将变成热能，使 MOSFET 的温度升高。为了限制 MOSFET 的温度不要升得太高，就要限制 MOSFET 的耗散功率不要超过最大耗散功率 P_{DM}。

（3）最大漏源电压 $U_{(BR)DS}$：指发生雪崩击穿、漏极电流急剧上升时的漏源电压值。加在 MOSFET 上的工作电压必须小于 $U_{(BR)DS}$。

（4）最大栅源电压 $U_{(BR)GS}$：指栅源间反向电流开始急剧升高时的栅源电压值。加在 MOSFET 上的工作电压必须小于 $U_{(BR)GS}$。

除以上参数外，还有极间电容、高频参数等其他参数，可查阅 MOSFET 的数据手册。

MOSFET 的栅极和衬底相当于一个平板电容器，如图 3-3-34 所示。此电容可作为存储芯片的基本单元电路，电容存储电荷与不存储电荷相当于二进制数码的 0 与 1。

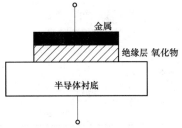

图 3-3-34 MOSFET 电容示意图

为了便于对比和查找，将 6 种 FET 的符号和特性曲线重画在一起，如表 3-3-1 所示。FET 的特性曲线和 3 个工作区的电压条件汇总如表 3-3-2 所示。6 种 FET 放大区的转移特性曲线和数学方程重画在一起，如表 3-3-3 所示。

表 3-3-1   **FET 的符号和特性曲线汇总**

结构种类	常规符号和简化符号	输出特性曲线	放大区的转移特性曲线	参考方向约定
N 沟道增强型 MOSFET				

续表

结构种类	常规符号和简化符号	输出特性曲线	放大区的转移特性曲线	参考方向约定
P 沟道增强型 MOSFET		$u_{GS}=U_T$　$u_{GS}=-4V$　$u_{GS}=-5V$　$u_{GS}=-6V$　$u_{GS}=-7V$	U_T	
N 沟道耗尽型 MOSFET		$u_{GS}=+1V$　$u_{GS}=0V$　$u_{GS}=-1V$　$u_{GS}=-2V$　$u_{GS}=U_P$	I_{DSS}　U_P	
P 沟道耗尽型 MOSFET		$u_{GS}=U_P$　$u_{GS}=+2V$　$u_{GS}=+1V$　$u_{GS}=0V$　$u_{GS}=-1V$	U_P　I_{DSS}	
N 沟道 JFET		$u_{GS}=0V$　$u_{GS}=-1V$　$u_{GS}=-2V$　$u_{GS}=-3V$　$u_{GS}=U_P$	I_{DSS}　U_P	
P 沟道 JFET		$u_{GS}=U_P$　$u_{GS}=+3V$　$u_{GS}=+2V$　$u_{GS}=+1V$　$u_{GS}=0V$	U_P　I_{DSS}	

表 3-3-2　　　　　　FET 的特性曲线和 3 个工作区的电压条件汇总

结构种类	参考方向约定	输出特性曲线	可变电阻区条件	预夹断临界点条件	放大区条件
N 沟道增强型 MOSFET		$u_{GS}=+6V$　$u_{GS}=+5V$　$u_{GS}=+4V$　$u_{GS}=+3V$　$u_{GS}=U_T$	$u_{GD}>U_T$　$u_{DS}<u_{GS}-U_T$	$u_{GD}=U_T$　$u_{DS}=u_{GS}-U_T$	$u_{GD}<U_T$　$u_{DS}>u_{GS}-U_T$
P 沟道增强型 MOSFET		$u_{GS}=U_T$　$u_{GS}=-4V$　$u_{GS}=-5V$　$u_{GS}=-6V$　$u_{GS}=-7V$	$u_{GD}<U_T$　$u_{DS}>u_{GS}-U_T$	$u_{GD}=U_T$　$u_{DS}=u_{GS}-U_T$	$u_{GD}>U_T$　$u_{DS}<u_{GS}-U_T$

续表

结构种类	参考方向约定	输出特性曲线	可变电阻区条件	预夹断临界点条件	放大区条件
N沟道耗尽型MOSFET		$u_{GS}=+1V$, $u_{GS}=0V$, $u_{GS}=-1V$, $u_{GS}=-2V$, $u_{GS}=U_P$	$u_{GD}>U_P$ $u_{DS}<u_{GS}-U_P$	$u_{GD}=U_P$ $u_{DS}=u_{GS}-U_P$	$u_{GD}<U_P$ $u_{DS}>u_{GS}-U_P$
P沟道耗尽型MOSFET		$u_{GS}=U_P$, $u_{GS}=+2V$, $u_{GS}=+1V$, $u_{GS}=0V$, $u_{GS}=-1V$	$u_{GD}<U_P$ $u_{DS}>u_{GS}-U_P$	$u_{GD}=U_P$ $u_{DS}=u_{GS}-U_P$	$u_{GD}>U_P$ $u_{DS}<u_{GS}-U_P$
N沟道JFET		$u_{GS}=0V$, $u_{GS}=-1V$, $u_{GS}=-2V$, $u_{GS}=-3V$, $u_{GS}=U_P$	$u_{GD}>U_P$ $u_{DS}<u_{GS}-U_P$	$u_{GD}=U_P$ $u_{DS}=u_{GS}-U_P$	$u_{GD}<U_P$ $u_{DS}>u_{GS}-U_P$
P沟道JFET		$u_{GS}=U_P$, $u_{GS}=+3V$, $u_{GS}=+2V$, $u_{GS}=+1V$, $u_{GS}=0V$	$u_{GD}<U_P$ $u_{DS}>u_{GS}-U_P$	$u_{GD}=U_P$ $u_{DS}=u_{GS}-U_P$	$u_{GD}>U_P$ $u_{DS}<u_{GS}-U$

表 3-3-3　FET 放大区的转移特性曲线和数学方程

结构种类	放大区的转移特性曲线	参考方向约定	放大区的转移特性曲线方程	u_{GS}放大区的极性	u_{DS}放大区的极性	i_D放大区的极性
N沟道增强型MOSFET			$i_D=I_{DO}\left(\dfrac{u_{GS}}{U_T}-1\right)^2$	正	正	正
P沟道增强型MOSFET			$i_D=-I_{DO}\left(\dfrac{u_{GS}}{U_T}-1\right)^2$	负	负	负
N沟道耗尽型MOSFET			$i_D=I_{DSS}\left(1-\dfrac{u_{GS}}{U_P}\right)^2$	可正可负	正	正

结构种类	放大区的转移特性曲线	参考方向约定	放大区的转移特性曲线方程	u_{GS}放大区的极性	u_{DS}放大区的极性	i_D放大区的极性
P 沟道耗尽型 MOSFET			$i_D = -I_{DSS}\left(1 - \dfrac{u_{GS}}{U_P}\right)^2$	可正可负	负	负
N 沟道 JFET			$i_D = I_{DSS}\left(1 - \dfrac{u_{GS}}{U_P}\right)^2$	负	正	正
P 沟道 JFET			$i_D = -I_{DSS}\left(1 - \dfrac{u_{GS}}{U_P}\right)^2$	正	负	负

例 3-3-7　已知放大电路中一只 N 沟道 FET 的 3 个电极的电位分别为+4V、+8V、+12V，参考方向与前面所述相同，管子工作在放大区。试判断它可能是哪种管子（JFET、MOSFET、增强型、耗尽型），并说明 3 个电极与 g、s、d 的对应关系。

解：放大电路中的 FET 一定处于放大区，不会处于截止区和可变电阻区。有可能是 N 沟道 JFET、N 沟道增强型 MOSFET、N 沟道耗尽型 MOSFET 这 3 种类型。

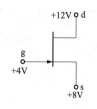

图 3-3-35　例 3-3-7 的解答（一）

假设是 N 沟道 JFET，根据前述我们已经知道，对于处于放大区的 N 沟道 JFET，漏极的电位最高，栅极的电位最低，源极的电位居于两者之间，所以+12V 的电极为漏极，+4V 的电极为栅极，+8V 的电极为源极，如图 3-3-35 所示。

假设是 N 沟道增强型 MOSFET，对于处于放大区的 N 沟道增强型 MOSFET，源极的电位最低，所以+4V 的电极为源极。漏极的电位和栅极的电位谁高取决于开启电压的大小，本题没有说明开启电压是多少，假如开启电压在+4V 和+8V 之间，则+12V 的电极为栅极，+8V 的电极为漏极。假如开启电压小于+4V，则+12V 的电极为漏极，+8V 的电极为栅极，如图 3-3-36 所示。

假设是 N 沟道耗尽型 MOSFET，对于处于放大区的 N 沟道耗尽型 MOSFET，漏极的电位最高，这是因为夹断电压为负值，所以 u_{GD} 比夹断电压小才能将导电沟道夹断，所以漏极的电位比栅极的电位高，漏极的电位比源极的电位要高，所以漏极的电位最高，+12V 的电极为漏极。源极的电位和栅极的电位谁高取决于夹断电压的大小，本题没有说明夹断电压是多少，假如夹断电压在 0V 和-4V 之间，则+8V 的电极为栅极，+4V 的电极为源极。假如夹断电压在-4V 和-8V 之间，则+8V 的电极为源极，+4V 的电极为栅极，如图 3-3-37 所示。

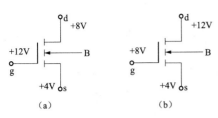

图 3-3-36 例 3-3-7 电位值的解答（二）

(a) 开启电压在 +4V 和 +8V 之间；

(b) 开启电压小于 +4V

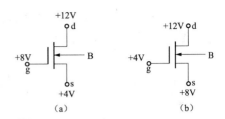

图 3-3-37 例 3-3-7 电位值的解答（三）

(a) 夹断电压在 0V 和 −4V 之间；

(b) 类断电压在 −4V 和 −8V 之间

第四节 场效应管放大电路

一、FET 放大电路中电压、电流的表示符号

与 BJT 放大电路类似，在 FET 放大电路中，直流电压源和交流电压源同时存在，所以电路中的电压、电流既有直流量，又有交流量。直流量用大写的字母、大写的下标表示，交流量的瞬时值用小写的字母、小写的下标表示，总电压或总电流的瞬时值用小写的字母、大写的下标表示。交流量的有效值用大写的字母、小写的下标表示。正弦有效值相量用大写的字母上面带点、小写的下标表示。

二、FET 放大电路的直流通路和交流通路

（一）直流通路

与 BJT 放大电路类似，一般来说，FET 放大电路中的元器件不外乎如下 7 种，根据每种元器件对直流电流的反应，得出直流通路的画法如下：

（1）保留理想的直流电压源，因为直流电压源是产生直流电流的源泉。

（2）保留理想的直流电流源，因为直流电流源是产生直流电流的源泉。

（3）视电容为开路，因为电容不能流过直流电流。

（4）保留线性电阻，因为线性电阻可以流过直流电流。注意从定义上讲此电阻为其直流电阻，但是，因为是线性电阻，所以电阻值是一样的。

（5）保留 FET，因为 FET 可以流过直流电流。但是 FET 在随后的分析中要采用其直流模型。

（6）理想的交流电压源短路，因为理想的交流电压源中可以流过直流电流，但是其两端不落直流压降。

（7）理想的交流电流源开路，因为理想的交流电流源中不可以流过直流电流。

（二）交流通路

根据 7 种元器件对交流电流的反应，得出交流通路的画法如下：

（1）理想的直流电压源短路，因为理想的直流电压源中可以流过交流电流，但是其两端不落交流压降。

（2）理想的直流电流源开路，因为理想的直流电流源中不可以流过交流电流。

（3）视电容为短路，因为电容可以流过交流电流，当电容的容量够大，交流电流的频率够高，电容的容抗可以近似认为是 0。

（4）保留线性电阻，因为线性电阻可以流过交流电流。注意从定义上讲此电阻为其交流

电阻，但是，因为是线性电阻，所以电阻值是一样的。

（5）保留 FET，因为 FET 可以流过交流电流。但是 FET 在随后的分析中要采用其交流模型。

（6）保留理想的交流电压源，因为交流电压源是产生交流电流的源泉。

（7）保留理想的交流电流源，因为交流电流源是产生交流电流的源泉。

三、FET 的直流模型和小信号模型

（一）直流模型

FET 的直流模型在前面讲述 JFET 和 MOSFET 的工作原理时已经得到，此处不再赘述。

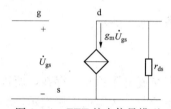

图 3-4-1　FET 的小信号模型

（二）小信号模型

FET 的小信号模型如图 3-4-1 所示。JFET 的 PN 结永远都处于反偏状态，栅极流过 PN 结的反偏电流主要是由少子的漂移电流形成的，数值很小，可以近似认为是 0。MOSFET 的栅极位于绝缘层上，栅极电流是绝缘层的漏电流，此电流比 JFET 的栅极电流还要小，更可以近似认为是 0。所以 FET 的栅极电流都认为是 0，在交流情况下是 0，在直流情况下也是 0。

图 3-4-1 所示为 FET 的小信号模型，因为栅极的交流电流是 0，用栅极开路来表示电流是 0，用电压控制的电流源来表示栅源电压对漏极电流的控制能力，r_{ds} 是 FET 的输出电阻，理想情况下可以认为开路。

四、FET 放大电路的设计思路

FET 的用途之一是当作电压控制器件用来组成放大电路。FET 要作为电压控制器件来使用，必须首先工作在放大区（恒流区，饱和区）。在此基础上，将来自传感器的小信号加入到放大电路的输入端，从放大电路的输出端可以得到放大了的信号。

FET 是电压控制器件，而 BJT 是电流控制器件，在只允许从信号源取较少电流的情况下，应选用 FET；而在信号电压较低，又允许从信号源取较多电流的情况下，应选用 BJT。

（一）直流通路的设计思路

直流通路也称为偏置电路。与 BJT 一样，FET 也是有源器件，首先要外加直流电源使 FET 工作在放大区，然后才能将从传感器来的小信号加入其中。

直流通路的关键问题是如何提供栅源电压 U_{GS}，从而避免使其工作在可变电阻区和截止区，保证使其工作在放大区。

在第二节讲述 JFET 的工作原理时，已经提到图 3-4-2 所示的电路，外加两个直流电压源 U_{GG} 和 U_{DD} 就可以使 JFET 工作在放大状态，这是最简单、也是最直观地使 JFET 导电沟道夹断、工作在放大区的直流电路。

图 3-4-2 所示的直流通路，使用了两个直流电压源。在实际应用电路中，使用两个直流电压源不是很方便，所以，改变电路的结构，使用一个直流电压

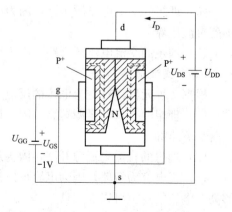

图 3-4-2　JFET 的直流通路

源。经常采用的电路有自偏压直流通路和分压式偏压直流通路，本章第五节对此有详细分析。

（二）交流通路的设计思路

传感器输出的小信号可以加入到 FET 放大电路的输入端，并可以从输出端输出。

例 3-4-1 判断图 3-4-3 所示的放大电路是否能够放大正弦交流信号，并简述理由。设图中所有电容对交流信号均可视为短路。有关 FET 的参考方向的约定如前所述。

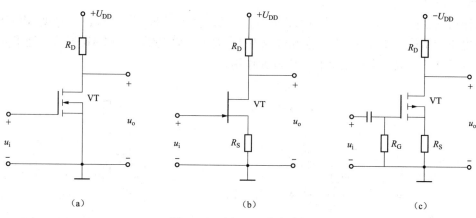

图 3-4-3 例 3-4-1 的电路图

解：一个放大电路要具有正常放大功能必须满足如下 3 点：

（1）FET 必须工作在放大状态（饱和状态、恒流状态），而不能工作在可变电阻区状态或者截止状态。

（2）被放大的交流输入信号可以进入放大电路，而不能被短路或者开路。

（3）被放大了的交流输入信号可以从放大电路输出，而不能被短路或者开路。

判断方法如下：

（1）画直流通路，判断 FET 能否工作在放大状态（饱和状态、恒流状态），即 Q 点是否合适。

（2）若 Q 点不合适，则放大电路不具有电压放大作用。若 Q 点合适，继续进行判断。

（3）画交流通路，看交流输入信号能否加到 FET 上。若不行，则放大电路不具有电压放大作用。若合适，继续进行判断。

（4）看交流输出信号能否从 FET 输出。若能，则放大电路具有电压放大作用；否则，不具有电压放大作用。

判断（a）图：

直流通路如图 3-4-4 所示。将 FET 从电路中拿走，此 FET 为 N 沟道增强型 MOSFET，因为栅源电压为 0，小于开启电压，所以处于截止状态，Q 点不合适，放大电路不具有电压放大作用。

判断（b）图：

直流通路如图 3-4-5 所示。将 FET 从电路中拿走，此 FET 为 N 沟道 JFET，JFET 为耗尽型，

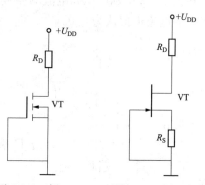

图 3-4-4 例 3-4-1
图（a）的直流通路

图 3-4-5 例 3-4-1 图
（b）的直流通路

栅源电压大于夹断电压，不可能处于截止状态。将 FET 放回电路中，如图 3-4-5 那样。当栅源电压为 0 时有导电沟道存在，所以有漏极电流。漏极电流在电阻 R_S 产生电压，若电阻值合适，可使栅漏电压小于夹断电压 U_P，使导电沟道夹断，处于放大状态，Q 点合适。

交流通路如图 3-4-6 所示。交流输入信号 u_i 可以加到 JFET 上，能够控制栅源电压 u_{gs}，从而可以控制导电沟道的宽窄随 u_i 而变，而且漏源电压 u_{ds} 能够输出。

判断（c）图：

直流通路如图 3-4-7 所示。将 FET 从电路中拿走，此 FET 为 P 沟道增强型 MOSFET，其开启电压为负值。图 3-4-7 中的栅源电压为 0，大于开启电压，所以 MOSFET 处于截止状态，Q 点不合适，放大电路不具有电压放大作用。

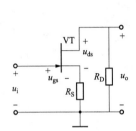

图 3-4-6　例 3-4-1 图（b）的交流通路

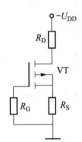

图 3-4-7　例 3-4-1 图（c）的直流通路

第五节　场效应管放大电路的小信号等效电路分析法

一、共源放大电路

（一）自偏压共源放大电路

图 3-5-1 是由 JFET 构成的自偏压共源放大电路。对此电路进行分析，求 Q 点、电压放大倍数、输入电阻和输出电阻。

与前面 BJT 放大电路的分析步骤完全相同，画直流通路求 Q 点，画小信号等效电路求电压放大倍数、输入电阻和输出电阻。

（1）图 3-5-1 所示的自偏压共源放大电路的直流通路如图 3-5-2 所示。

在图 3-5-2 中标电压和电流的参考方向，列电路定律方程，求 Q 点。计算过程中，注意到栅极的电流近似认为是 0。

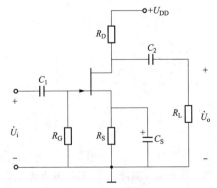

图 3-5-1　自偏压共源放大电路

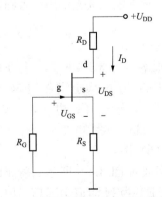

图 3-5-2　自偏压共源放大电路的直流通路

根据图 3-5-2，列出如下方程为

$$U_\text{G} = 0 \tag{3-5-1}$$

$$U_\text{S} = +I_\text{D}R_\text{S} \tag{3-5-2}$$

将式（3-5-1）减去式（3-5-2），得到栅源电压表达式为

$$U_\text{GS} = -I_\text{D}R_\text{S} \tag{3-5-3}$$

根据式（3-2-7）得到 N 沟道 JFET 的放大区转移特性方程为

$$I_\text{D} = I_\text{DSS}\left(1 - \frac{U_\text{GS}}{U_\text{P}}\right)^2 \tag{3-5-4}$$

式（3-5-3）和式（3-5-4）联立求解，得到栅源电压 U_GS 和漏极电流 I_D。

对回路列 KVL 方程，对电阻应用欧姆定律，得到漏源电压表达式为

$$U_\text{DS} = U_\text{DD} - I_\text{D}(R_\text{S} + R_\text{D}) \tag{3-5-5}$$

（2）图 3-5-1 对应的小信号等效电路如图 3-5-3 所示。标参考方向，列方程，求电压放大倍数、输入电阻和输出电阻。

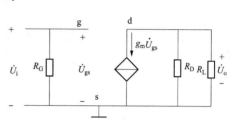

图 3-5-3　自偏压共源放大电路的小信号等效电路

电压放大倍数为

$$\dot{A}_\text{u} = \frac{\dot{U}_\text{o}}{\dot{U}_\text{i}} = -\frac{g_\text{m}\dot{U}_\text{gs}(R_\text{D}\mathbin{/\!/}R_\text{L})}{\dot{U}_\text{gs}} = -g_\text{m}(R_\text{D}\mathbin{/\!/}R_\text{L}) \tag{3-5-6}$$

输入电阻为

$$R_\text{i} = R_\text{G} \tag{3-5-7}$$

输出电阻为

$$R_\text{o} = R_\text{D} \tag{3-5-8}$$

例 3-5-1　电路如图 3-5-4 所示，$U_\text{DD} = 20\text{V}$，$R_\text{D} = 10\text{k}\Omega$，$R_\text{S1} = 1\text{k}\Omega$，$R_\text{G} = 1000\text{k}\Omega$，$R_\text{L} = 3.3\text{k}\Omega$，$C_1 = C_2 = C_\text{S} = 10\mu\text{F}$，信号源内阻 $R_\text{s} = 2\text{k}\Omega$，N 沟道耗尽型 MOSFET 的参数 $I_\text{DSS} = 3\text{mA}$，$U_\text{P} = -3\text{V}$，$g_\text{m} = 1.5\text{mS}$，$C_\text{gs} = C_\text{gd} = 5\text{pF}$。试求 Q 点、中频电压放大倍数、中频输入电阻和中频输出电阻。

解：（1）直流通路如图 3-5-5 所示。

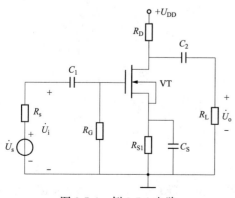

图 3-5-4　例 3-5-1 电路

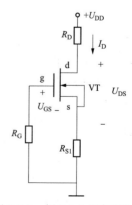

图 3-5-5　例 3-5-1 的直流通路

根据图 3-5-5 列方程

$$U_{GS} = -I_D R_{S1} = -I_D \times 1(V)$$

$$I_D = I_{DSS}\left(1 - \frac{U_{GS}}{U_P}\right)^2 = 3\left(1 - \frac{U_{GS}}{-3}\right)^2 = 3\left(1 + \frac{U_{GS}}{3}\right)^2(mA)$$

联立求解，得

$$\begin{cases} U_{GS1} = -1.15V \\ U_{GS2} = -7.85V \end{cases}$$

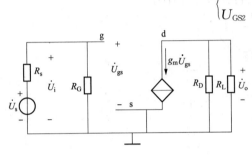

图 3-5-6　例 3-5-1 的中频小信号等效电路

舍去 $U_{GS2} = -7.85V$，所以有

$$\begin{cases} U_{GS1} = -1.15V \\ I_D = 1.15mA \end{cases}$$

$$U_{DS} = U_{DD} - I_D(R_{S1} + R_D)$$
$$= 20 - 1.15 \times (1 + 10) = 7.35(V)$$

（2）图 3-5-4 对应的中频小信号等效电路如图 3-5-6 所示。标参考方向，列方程，求中频电压放大倍数、中频输入电阻和中频输出电阻。

中频电压放大倍数为

$$\dot{A}_u = \frac{\dot{U}_o}{\dot{U}_i} = -\frac{g_m \dot{U}_{gs}(R_D /\!/ R_L)}{\dot{U}_{gs}} = -g_m(R_D /\!/ R_L) = -1.5 \times \frac{10 \times 3.3}{10 + 3.3} \approx -3.72$$

（3）中频输入电阻为

$$R_i = R_G = 1000k\Omega$$

（4）中频输出电阻为 $R_o = R_D = 10k\Omega$

（二）分压式偏压共源放大电路

图 3-5-7 是由 JFET 构成的分压式偏压共源放大电路，对此电路进行分析，求 Q 点、电压放大倍数、输入电阻和输出电阻。

（1）图 3-5-7 所示的 JFET 分压式偏压共源放大电路的直流通路如图 3-5-8 所示，标参考方向，列方程，求 Q 点。特别注意栅极的电流近似为 0。

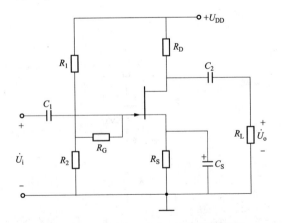

图 3-5-7　JFET 分压式偏压共源放大电路

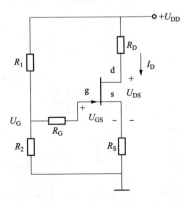

图 3-5-8　JFET 分压式偏压共源放大电路的直流通路

根据图 3-5-8，列出如下方程为

$$U_G = U_{DD} \frac{R_2}{R_1 + R_2} \tag{3-5-9}$$

$$U_S = + I_D R_S \tag{3-5-10}$$

$$U_{GS} = U_{DD} \frac{R_2}{R_1 + R_2} - (+ I_D R_S) \tag{3-5-11}$$

根据式（3-2-7）得到 N 沟道 JFET 的放大区转移特性方程为

$$I_D = I_{DSS} \left(1 - \frac{U_{GS}}{U_P}\right)^2 \tag{3-5-12}$$

式（3-5-12）和式（3-5-11）联立求解，得到栅源电压 U_{GS} 和漏极电流 I_D。

根据图 3-5-8，对回路列 KVL 方程，对电阻应用欧姆定律，得到漏源电压表达式

$$U_{DS} = U_{DD} - I_D (R_S + R_D) \tag{3-5-13}$$

（2）图 3-5-7 对应的小信号等效电路如图 3-5-9 所示，标参考方向，列方程，求电压放大倍数、输入电阻和输出电阻。

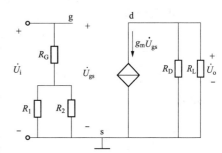

图 3-5-9　JFET 分压式偏压共源放大电路的小信号等效电路

电压放大倍数为

$$\dot{A}_u = \frac{\dot{U}_o}{\dot{U}_i} = - \frac{g_m \dot{U}_{gs}(R_D /\!/ R_L)}{\dot{U}_{gs}} = - g_m (R_D /\!/ R_L) \tag{3-5-14}$$

输入电阻为

$$R_i = R_G + R_1 /\!/ R_2 \tag{3-5-15}$$

输出电阻为

$$R_o = R_D \tag{3-5-16}$$

例 3-5-2　在图 3-5-10 所示的放大电路中，已知 $U_{DD} = 20V$，$R_D = 10k\Omega$，$R_{S1} = 10k\Omega$，$R_1 = 200k\Omega$，$R_2 = 51k\Omega$，$R_G = 1M\Omega$，$R_s = 1k\Omega$，并将其输出端接一负载电阻 $R_L = 10k\Omega$。所用的 MOSFET 为 N 沟道耗尽型，其参数 $I_{DSS} = 0.9mA$，$U_P = -4V$，$g_m = 1.5mS$。试求静态值、电压放大倍数、输入电阻和输出电阻。

解：（1）直流通路如图 3-5-11 所示。

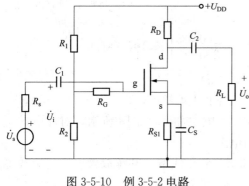

图 3-5-10　例 3-5-2 电路

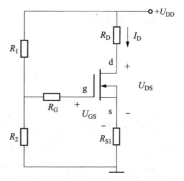

图 3-5-11　例 3-5-2 的直流通路

根据图 3-5-11，列出如下方程

$$U_{\mathrm{G}} = \frac{R_2}{R_1 + R_2} U_{\mathrm{DD}} = \frac{51}{200 + 51} \times 20 \approx 4(\mathrm{V})$$

$$U_{\mathrm{GS}} = U_{\mathrm{G}} - R_{\mathrm{S1}} I_{\mathrm{D}} = 4 - 10 \times 10^3 I_{\mathrm{D}}$$

N 沟道耗尽型 MOSFET 的转移特性方程为

$$I_{\mathrm{D}} = I_{\mathrm{DSS}} (1 - \frac{U_{\mathrm{GS}}}{U_{\mathrm{P}}})^2$$

联立求解两式

$$\begin{cases} U_{\mathrm{GS}} = 4 - 10 \times 10^3 I_{\mathrm{D}} \\ I_{\mathrm{D}} = 0.9 \times 10^{-3} \times \left(1 + \dfrac{U_{\mathrm{GS}}}{4}\right)^2 \end{cases}$$

解得

$$\begin{cases} I_{\mathrm{D}} = 0.5\mathrm{mA} \\ U_{\mathrm{GS}} = -1\mathrm{V} \end{cases}$$

$$U_{\mathrm{DS}} = U_{\mathrm{DD}} - (R_{\mathrm{D}} + R_{\mathrm{S1}}) I_{\mathrm{D}} = 20\mathrm{V} - (10 + 10) \times 10^3 \times 0.5 \times 10^{-3} = 10(\mathrm{V})$$

（2）画出图 3-5-10 的小信号等效电路，如图 3-5-12 所示。

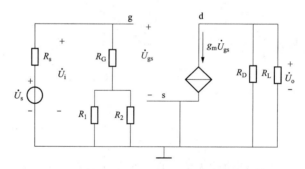

图 3-5-12　例 3-5-2 的小信号等效电路

电压放大倍数为

$$\dot{A}_{\mathrm{u}} = \frac{\dot{U}_{\mathrm{o}}}{\dot{U}_{\mathrm{i}}} = -\frac{g_{\mathrm{m}} \dot{U}_{\mathrm{gs}} (R_{\mathrm{D}} /\!/ R_{\mathrm{L}})}{\dot{U}_{\mathrm{gs}}} = -g_{\mathrm{m}} (R_{\mathrm{D}} /\!/ R_{\mathrm{L}}) = -1.5 \times \frac{10 \times 10}{10 + 10} = -7.5$$

（3）输入电阻为

$$R_{\mathrm{i}} = R_{\mathrm{G}} + R_1 /\!/ R_2 = 1000 + \frac{200 \times 51}{200 + 51} \approx 1041(\mathrm{k}\Omega)$$

（4）输出电阻为　　　　　　　　　$R_{\mathrm{o}} = R_{\mathrm{D}} = 10\mathrm{k}\Omega$

（三）N 沟道增强型 MOSFET 分压式偏压共源放大电路

N 沟道增强型 MOSFET 分压式偏压共源放大电路如图 3-5-13 所示，对此电路进行分析，求 Q 点、电压放大倍数、输入电阻和输出电阻。

（1）图 3-5-13 所示的 N 沟道增强型 MOSFET 分压式偏压共源放大电路的直流通路如图 3-5-14 所示，栅极的电流为 0。标参考方向，列方程如下。

$$U_G = U_{DD} \frac{R_2}{R_1 + R_2}$$

$$U_S = + I_D R_{S1}$$

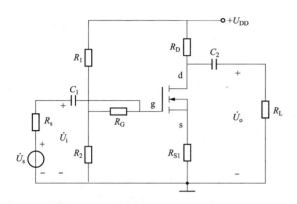

图 3-5-13 N 沟道增强型 MOSFET 分压式
偏压共源放大电路

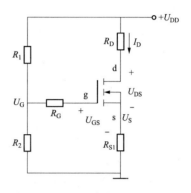

图 3-5-14 N 沟道增强型 MOSFET
分压式偏压直流通路

计算静态工作点 Q 的公式为

$$U_{GS} = U_{DD} \frac{R_2}{R_1 + R_2} - (+ I_D R_{S1}) \tag{3-5-17}$$

$$I_D = I_{DO} \left(\frac{U_{GS}}{U_T} - 1\right)^2 \tag{3-5-18}$$

$$U_{DS} = U_{DD} - I_D(R_{S1} + R_D) \tag{3-5-19}$$

计算静态工作点的公式为式
（3-5-17）～式（3-5-19）。

（2）图 3-5-13 对应的小信号等效电
路如图 3-5-15 所示，标参考方向，列方
程，求电压放大倍数、输入电阻和输出
电阻。

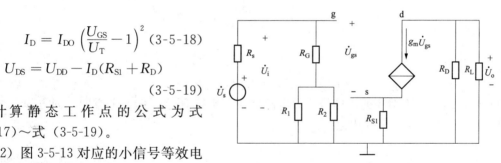

图 3-5-15 图 3-5-13 的小信号等效电路

电压放大倍数为

$$\dot{A}_u = \frac{\dot{U}_o}{\dot{U}_i} = - \frac{g_m \dot{U}_{gs}(R_D /\!/ R_L)}{\dot{U}_{gs} + g_m \dot{U}_{gs} R_{S1}} = \frac{-g_m(R_D /\!/ R_L)}{1 + g_m R_{S1}} \tag{3-5-20}$$

输入电阻为

$$R_i = R_G + (R_1 /\!/ R_2) \tag{3-5-21}$$

输出电阻为

$$R_o \approx R_D \tag{3-5-22}$$

二、共漏极放大电路

图 3-5-16 是由 N 沟道增强型 MOSFET 构成的分压式偏压共漏放大电路。共漏放大电路
又称为源极输出器、源极跟随器。其可以看出，组态为共漏组态。

对图 3-5-16 所示的电路进行分析，求 Q 点、电压放大倍数、输入电阻、输出电阻。

（1）图 3-5-16 所示的 N 沟道增强型 MOSFET 分压式偏压共漏放大电路的直流通路如图 3-5-17所示，栅极的电流为 0。标参考方向，列方程，求 Q 点。

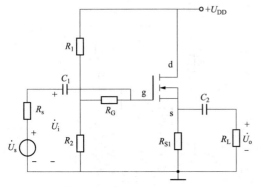

图 3-5-16　共漏放大电路

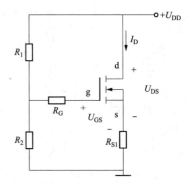

图 3-5-17　共漏放大电路的直流通路

根据图 3-5-17，得

$$U_G = U_{DD} \frac{R_2}{R_1 + R_2} \tag{3-5-23}$$

$$U_S = + I_D R_{Sl} \tag{3-5-24}$$

计算静态工作点 Q 的公式为

$$U_{GS} = U_{DD} \frac{R_2}{R_1 + R_2} - (+ I_D R_{Sl}) \tag{3-5-25}$$

$$I_D = I_{DO} \left(\frac{U_{GS}}{U_T} - 1 \right)^2 \tag{3-5-26}$$

$$U_{DS} = U_{DD} - I_D R_{Sl} \tag{3-5-27}$$

（2）图 3-5-16 对应的小信号等效电路如图 3-5-18 所示，标参考方向，列方程，求电压放大倍数、输入电阻和输出电阻。

电压放大倍数为

$$\dot{A}_u = \frac{\dot{U}_o}{\dot{U}_i} = \frac{g_m \dot{U}_{gs}(R_{Sl} /\!\!/ R_L)}{\dot{U}_{gs} + g_m \dot{U}_{gs}(R_{Sl} /\!\!/ R_L)} = \frac{g_m(R_{Sl} /\!\!/ R_L)}{1 + g_m(R_{Sl} /\!\!/ R_L)} \tag{3-5-28}$$

输入电阻为

$$R_i = R_G + (R_1 /\!\!/ R_2) \tag{3-5-29}$$

根据输出电阻的定义，求输出电阻的等级电路如图 3-5-19 所示。

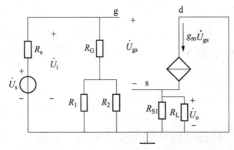

图 3-5-18　共漏放大电路的小信号等效电路

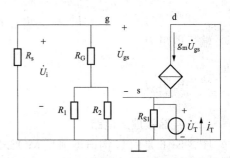

图 3-5-19　求输出电阻的等效电路

根据图 3-5-19，列出如下方程

$$\dot{U}_{gs} + \dot{U}_T = 0 \tag{3-5-30}$$

$$\frac{\dot{U}_T}{R_{Sl}} - \dot{I}_T - g_m \dot{U}_{gs} = 0 \tag{3-5-31}$$

整理得

$$\frac{\dot{U}_T}{R_{Sl}} - \dot{I}_T - g_m(-\dot{U}_T) = 0 \tag{3-5-32}$$

输出电阻为

$$R_o = \frac{\dot{U}_T}{\dot{I}_T} = \frac{1}{\left(\dfrac{1}{R_{Sl}} + g_m\right)} \tag{3-5-33}$$

共漏放大电路的输出电阻比共源放大电路小得多。

三、共栅放大电路

图 3-5-20 所示为共栅放大电路，图 3-5-21 所示是其直流通路。

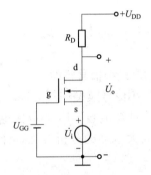

图 3-5-20 共栅放大电路　　图 3-5-21 共栅放大电路的直流通路

计算静态工作点的公式如下：

$$U_{GS} = U_{GG}$$

$$I_D = I_{DO}\left(\frac{U_{GS}}{U_T} - 1\right)^2$$

$$U_{DS} = U_{DD} - I_D R_D$$

共栅放大电路的小信号等效电路如图 3-5-22 所示。

根据图 3-5-22，列出如下方程

$$\dot{U}_i = -\dot{U}_{gs}$$

$$\dot{U}_o = -g_m \dot{U}_{gs} R_D$$

$$\dot{I}_i = -g_m \dot{U}_{gs}$$

电压放大倍数：
$$\dot{A}_u = \frac{\dot{U}_o}{\dot{U}_i} = \frac{-g_m \dot{U}_{gs} R_D}{-\dot{U}_{gs}} = g_m R_D$$

输入电阻为

$$R_i = \frac{\dot{U}_i}{\dot{I}_i} = \frac{-\dot{U}_{gs}}{-g_m \dot{U}_{gs}} = \frac{1}{g_m}$$

根据输出电阻的定义，求输出电阻的电路如图 3-5-23 所示。

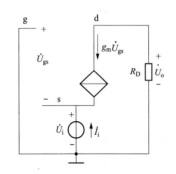

图 3-5-22　共栅放大电路的
小信号等效电路

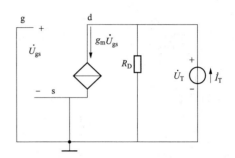

图 3-5-23　求输出电阻的等效电路

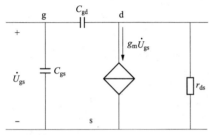

图 3-5-24　FET 的高频小信号模型

过程可参考配套习题解答。

输出电阻为

$$R_o = \frac{\dot{U}_T}{\dot{I}_T} = R_D$$

四、FET 的高频小信号模型

FET 的高频小信号模型如图 3-5-24 所示。C_{gd} 为栅漏电容，C_{gs} 为栅源电容。FET 放大电路的频率分析可参考 BJT 放大电路的分析方法。详细分析计算

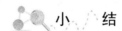
小　结

FET 是一种代替 BJT 的性能更好的三极管，所以在学习的过程中一定要与 BJT 来对比，不能当作一个全新的器件来学习。FET 的应用与 BJT 基本相同，只是 FET 的输入电阻比较大，性能指标更好些，学习中不要把 FET 与 BJT 割裂开来，应注意比较它们的相同点和不同点。可以这样类比：栅极与基极对应，漏极与集电极对应，源极与发射极对应。

FET 又称为单极型三极管，共有 3 种用途：一是当作压控可变电阻，即非线性电阻来使用；二是当作电压控制电流器件用来组成放大电路，即两个电极之间的电压可以控制另一个电极中的电流；三是在数字电路中用作开关元件。

习　题

3-1　题 3-1 图（a）和（b）为参考方向的约定，题 3-1 图（c）为某 JFET 处于放大区的转移特性曲线，试回答下列问题：（1）从转移特性曲线上确定饱和漏极电流 I_{DSS} 和夹断电

压 U_P。（2）写出该特性曲线的数学表达式。（3）计算 $u_\mathrm{GS}＝-2\mathrm{V}$ 时的漏极电流 i_D 和跨导 g_m。（4）求栅源电压 $u_\mathrm{GS}＝-1.5\mathrm{V}$ 时的漏极电流 i_D 和跨导 g_m。

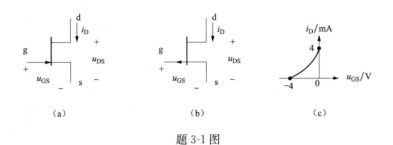

题 3-1 图

3-2　N 沟道 JFET 的输出特性如题 3-2 图所示。漏源电压 $u_\mathrm{DS}＝15\mathrm{V}$，试确定其饱和漏极电流 I_DSS 和夹断电压 U_P。并近似估算 $u_\mathrm{GS}＝-2\mathrm{V}$ 时的跨导 g_m。参考方向约定与题 3-1 相同。

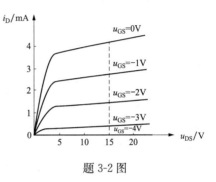

题 3-2 图

3-3　设 JFET 的参数为夹断电压 $U_\mathrm{P}＝+2\mathrm{V}$，参考方向约定与题 3-1 相同，栅源之间施加电压 $u_\mathrm{GS}＝+1.2\mathrm{V}$，确定在下列条件下该 JFET 的工作状态：（1）$u_\mathrm{DS}＝-0.4\mathrm{V}$。（2）$u_\mathrm{DS}＝-1\mathrm{V}$。（3）$u_\mathrm{DS}＝-5\mathrm{V}$。（4）$u_\mathrm{DS}＝-0.8\mathrm{V}$。

3-4　电路如题 3-4 图所示。已知电压源 $U_\mathrm{DD}＝12\mathrm{V}$，电压源 $U_\mathrm{GG}＝2\mathrm{V}$，$R_\mathrm{G}＝100\mathrm{k\Omega}$，$R_\mathrm{D}＝1\mathrm{k\Omega}$，场效应管的 $I_\mathrm{DSS}＝8\mathrm{mA}$、$U_\mathrm{P}＝-4\mathrm{V}$。判断该 JFET 的工作状态，求该管此状态下的 I_D 及 g_m 值。参考方向约定与题 3-1 相同。

3-5　电路如题 3-5 图所示。已知电压源 $U_\mathrm{DD}＝12\mathrm{V}$，$U_\mathrm{GG}＝2\mathrm{V}$，$R_\mathrm{D}＝1\mathrm{k\Omega}$，FET 的 $I_\mathrm{DSS}＝8\mathrm{mA}$、$U_\mathrm{P}＝+4\mathrm{V}$，参考方向约定与题 3-1 的约定相同，判断该 JFET 的工作状态，并求漏极电流。若 $R_\mathrm{D}＝10\mathrm{k\Omega}$，其他条件不变，再判断该 JFET 的工作状态。

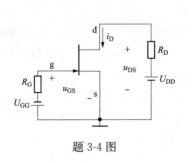

题 3-4 图

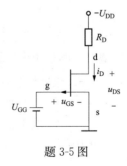

题 3-5 图

3-6　判断题 3-6 图所示电路中的场效应管是否有可能工作在放大区。

3-7　设 N 沟道增强型 MOSFET 的参数为开启电压 $U_\mathrm{T}＝+1.2\mathrm{V}$，参考方向约定与题 3-1 相同，自由电子反型层中的自由电子迁移率 $\mu_\mathrm{n}＝500\mathrm{cm^2/V\text{-}s}$，二氧化硅氧化物绝缘层的厚度 $t_\mathrm{ox}＝450\mathrm{\mathring{A}}$，$1\mathrm{\mathring{A}}＝10^{-8}\mathrm{cm}$，二氧化硅氧化物的介电常数 $\varepsilon_\mathrm{ox}＝(3.9)\times(8.85\times10^{-14})\mathrm{F/cm}$，导电沟

道的宽度 $W=100\mu m$，导电沟道的长度 $L=7\mu m$，栅源之间施加电压 $u_{GS}=+2V$，计算下列情况下的漏极电流 i_D。

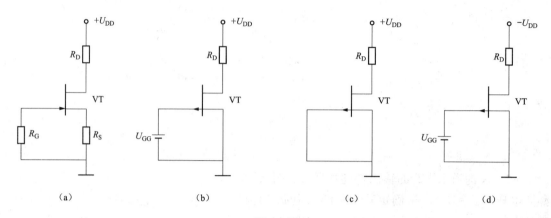

（a）　　　　　　　（b）　　　　　　　（c）　　　　　　　（d）

题 3-6 图

（1）$u_{DS}=+0.4V$。

（2）$u_{DS}=+1V$。

（3）$u_{DS}=+5V$。

3-8　设 N 沟道增强型 MOSFET 的参数为开启电压 $U_T=+1V$，参考方向约定与题 3-1 相同，当栅源之间施加电压 $u_{GS}=+3V$、漏源之间施加电压 $u_{DS}=+4.5V$ 时，有漏极电流 $i_D=+0.8mA$，确定在下列条件下该 MOSFET 的漏极电流。

（1）$u_{GS}=+2V$、$u_{DS}=+4.5V$。

（2）$u_{GS}=+3V$、$u_{DS}=+1V$。

3-9　设 N 沟道耗尽型 MOSFET 的参数为夹断电压 $U_P=-1.8V$，参考方向约定与题 3-1 相同，栅源之间施加电压 $u_{GS}=+4V$，确定在下列条件下该 MOSFET 的工作状态。

（1）$u_{DS}=+0.8V$。

（2）$u_{DS}=+3V$。

（3）$u_{DS}=+6V$。

3-10　设 N 沟道耗尽型 MOSFET 的参数为夹断电压 $U_P=-1.8V$，参考方向约定与题 3-1 相同，自由电子反型层中的自由电子迁移率 $\mu_n=500cm^2/V\text{-}s$，二氧化硅氧化物绝缘层的厚度 $t_{ox}=450\text{Å}$，$1\text{Å}=10^{-8}cm$，二氧化硅氧化物的介电常数 $\varepsilon_{ox}=3.9\times(8.85\times10^{-14})F/cm$，导电沟道的宽度 $W=100\mu m$，导电沟道的长度 $L=7\mu m$，栅源之间施加电压 $u_{GS}=+4V$，计算下列情况下的漏极电流 i_D。

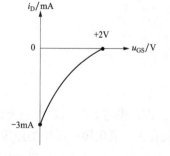

题 3-11 图

（1）$u_{DS}=+0.8V$。

（2）$u_{DS}=+3V$。

（3）$u_{DS}=+6V$。

3-11　题 3-11 图所示是某 FET 处于放大区的转移特性曲线，参考方向约定与题 3-1 相同。试回答下列问题：

（1）该转移特性曲线描述的是什么关系？

（2）该 FET 是 N 沟道还是 P 沟道？为什么？

（3）该 FET 是 JFET 还是 MOSFET？为什么？

（4）该 FET 是增强型还是耗尽型？为什么？

（5）从该 FET 的特性曲线中能得到什么参数？参数值是多少？

（6）写出该特性曲线的数学表达式。

（7）求栅源电压 $u_{GS}=+1V$ 时的跨导，再求栅源电压 $u_{GS}=+1.5V$ 时的跨导。两点的跨导相比，哪大哪小？为什么？

3-12　题 3-12 图（a）是某 FET 放大区的转移特性曲线，参考方向约定与题 3-1 相同。试回答下列问题：①该 FET 是结型还是绝缘栅型？为什么？②该 FET 是 N 沟道还是 P 沟道？为什么？③该 FET 是耗尽型还是增强型？为什么？④从该 FET 的转移特性曲线中能得到什么参数？参数值是多少？⑤写出转移特性数学表达式。

题 3-12 图（b）是某 FET 的输出特性曲线，参考方向约定与题 3-1 相同。试回答下列问题：①该 FET 是结型还是绝缘栅型？为什么？②该 FET 是 N 沟道还是 P 沟道？为什么？③该 FET 是耗尽型还是增强型？为什么？④从该 FET 的输出特性曲线中能得到什么参数？参数值是多少？⑤写出转移特性数学表达式。⑥题 3-12 图（b）与题 3-12 图（a）描述的是不是同一种 FET？

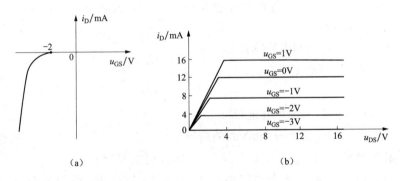

题 3-12 图

3-13　题 3-13 图为 MOSFET 处于放大区的转移特性曲线，参考方向约定与题 3-1 的约定相同。请分别说明各属于何沟道？若是增强型，求其开启电压 U_T；若是耗尽型，求其夹断电压 U_p。

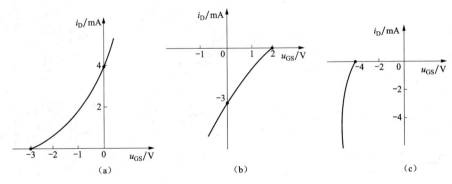

题 3-13 图

3-14 电路如题 3-14 图（a）所示，FET 的输出特性曲线和转移特性曲线如题 3-14 图（b）、（c）所示，电压和电流参考方向的约定与题 3-1 的约定相同。分析当 $u_i = +4V$、$+8V$、$+12V$ 三种情况下场效应管分别工作在什么区域。

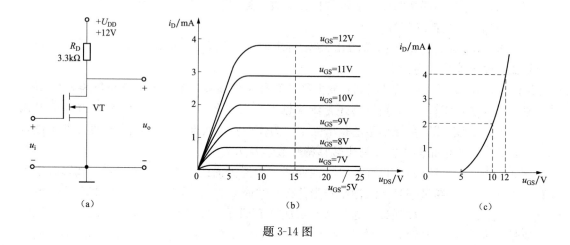

题 3-14 图

3-15 已知某 FET 的输出特性曲线如题 3-15 图所示。参考方向约定与题 3-1 的约定相同，试求 FET 的下列参数：

（1）判断 FET 是 6 种类型中的哪种？

（2）夹断电压 U_P 或开启电压 U_T。

（3）I_{DSS} 或 I_{DO}。

（4）$u_{GS} = +4V$ 时的漏源击穿电压 $U_{BR(DS)}$。

（5）观察 $u_{DS} = +10V$、$i_D = +3mA$ 时的跨导 g_m。

（6）用转移特性曲线求 $u_{DS} = +10V$、$i_D = +3mA$ 时的跨导 g_m。

3-16 在题 3-16 图所示的 4 个电路中，R_G 均为 $100k\Omega$，R_D 均为 $3.3k\Omega$，$U_{DD} = 10V$，$U_{GG} = 2V$。电压和电流参考方向的约定与题 3-1 的约定相同，又已知：VT1 的 $I_{DSS} = 3mA$、$U_P = -5V$；VT2 的 $U_T = +3V$；VT3 的 $I_{DSS} = 6mA$、$U_P = +4V$；VT4 的 $I_{DSS} = 2mA$、$U_P = +2V$。试分析各电路中的 FET 工作于放大区、截止区、可变电阻区中的哪一个工作区？

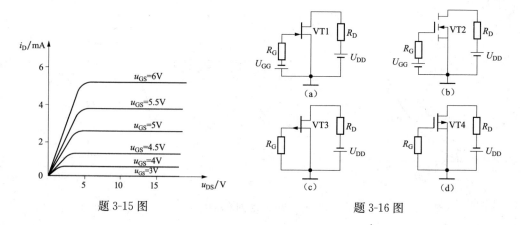

题 3-15 图

题 3-16 图

3-17 已知放大电路中一只 P 沟道 FET 的 3 个电极的电位分别为 -4V、-8V 和 -12V,FET 工作在放大区。试判断它可能是哪种 FET（JFET、MOSFET、增强型、耗尽型），并说明 3 个电极与 g、s、d 的对应关系。

3-18 测得某电路中 3 个 MOSFET 的 3 个电极的电位如题 3-18 表所示，它们的开启电压 U_T 也在表中。试分析各 MOSFET 的工作状态（截止区、放大区、可变电阻区），并填入表内。电压和电流参考方向的约定与题 3-1 的约定相同。

题 3-18 表

管 号	U_T/V	U_S/V	U_G/V	U_D/V	工作状态
VT1	4	-5	1	3	
VT2	-4	3	3	10	
VT3	-4	6	0	5	

3-19 试分析题 3-19 图所示各电路是否能够放大正弦交流信号，简述理由。设图中所有电容对交流信号均可视为短路。

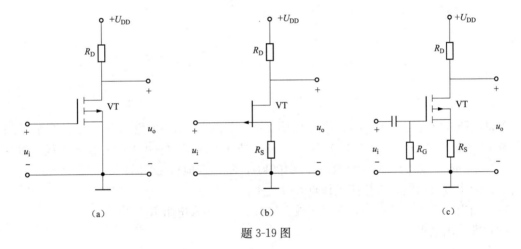

题 3-19 图

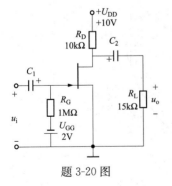

题 3-20 图

3-20 题 3-20 图所示电路中，FET 的 $I_{DSS}=5$mA，$U_P=-3$V，各电容都足够大，对交流信号可视为短路。

(1) 求静态工作点 I_D、U_{DS}。

(2) 画出小信号等效电路图。

(3) 求电压放大倍数 A_u、输入电阻 R_i 和输出电阻 R_o。

3-21 JFET 分压式偏压电路如题 3-21 图所示，试计算：

(1) 静态工作点 $Q(I_D$、U_{GS}、$U_{DS})$。

(2) 输入电阻 R_i。

(3) 电压放大倍数 A_u。

3-22 在题 3-22 图所示的放大电路中，已知 $U_{DD}=20$V，$R_D=20$kΩ，$R_{S1}=R_{S2}=5$kΩ，$R_1=200$kΩ，$R_2=51$kΩ，$R_G=1$MΩ，$R_s=1$kΩ，并将其输出端接一负载电阻 $R_L=10$kΩ。所用的 FET 为 N 沟道增强型 MOSFET，其放大区的转移特性曲线如题 3-22 图所示，参考方向约定与题 3-1 的约定相同。试求：静态值、电压放大倍数、输入电阻和输出电阻。

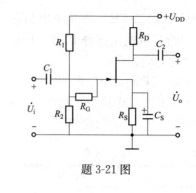

题 3-21 图

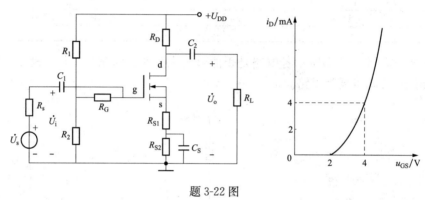

题 3-22 图

3-23 场效应管自偏压电路如题 3-23 图（a）所示，已知 VT 管为 N 沟道耗尽型 FET，其转移特性曲线如题 3-23 图（b）所示，参考方向的约定与题 3-1 的约定相同。其中，$U_{DD}=15V$，$R_D=15k\Omega$，$R_S=8k\Omega$，$R_G=100k\Omega$，$R_L=75k\Omega$。试计算：

（1）画出直流通路，求静态工作点 $Q(I_D、U_{GS}、U_{DS})$。

（2）画出小信号等效电路，求电压放大倍数 A_u 和输入电阻 R_i。

（3）求输出电阻 R_o。

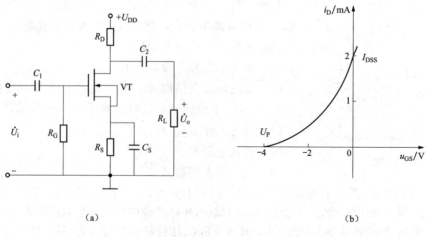

（a）　　　　　　　　　　　（b）

题 3-23 图

3-24　源极跟随器如题 3-24 图所示，$R_s = 4\text{k}\Omega$，$R_{S1} = 0.75\text{k}\Omega$，$R_1 = R_2 = 240\text{k}\Omega$，MOSFET 的 $g_m = 11.3\text{mS}$，$r_{ds} = 50\text{k}\Omega$，试求源极跟随器的源电压放大倍数、输入电阻 R_i 和输出电阻 R_o。

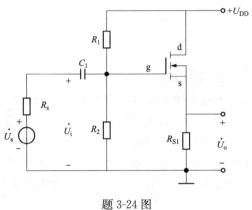

题 3-24 图

3-25　题 3-25 图所示为两级放大电路，画出直流通路，计算静态工作点，画出交流小信号等效电路，计算电压放大倍数 A_u、输入电阻 R_i 和输出电阻 R_o。

3-26　题 3-26 图所示的电路参数如下，$U_{DD} = 15\text{V}$，$R_D = 10\text{k}\Omega$，$R_{S1} = 1\text{k}\Omega$，$R_G = 1000\text{k}\Omega$，$R_L = 3.3\text{k}\Omega$，信号源内阻 $R_s = 2\text{k}\Omega$，$C_{gs} = C_{gd} = 5\text{pF}$，$g_m = 5\text{mS}$，$C_1 = C_2 = C_S = 10\mu\text{F}$。试求 f_H、f_L 各约为多少，并写出电压放大倍数的表达式。

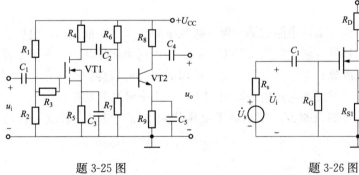

题 3-25 图　　　　　　　　　　题 3-26 图

第四章 功率放大电路

本章提要

实用放大电路一般是多级放大电路，分为输入级、中间放大级和输出级 3 个部分。前面讨论的放大电路主要用于增大电压幅度或电流幅度，一般位于多级放大电路的中间级。本章重点讨论多级放大电路的输出级。输出级要输出一定的功率，以驱动负载，这类主要用于向负载提供功率的放大电路称为功率放大电路。功率放大电路不是单纯追求电压或电流的放大，而是追求在电源电压确定的情况下输出尽可能大的功率给负载，因此，其组成和分析方法都与前面所讨论的小信号放大电路有所不同。

第一节 功率放大电路与电压放大电路的比较

1. 电路特点

电压放大电路要求在输出不失真的前提下提高输入信号的电压幅度，以驱动后面的功率放大电路，通常工作在小信号状态，讨论的主要指标是电压放大倍数、输入电阻和输出电阻。

功率放大电路作为整个实用电路的输出级，接收中间放大电路放大后的电压信号，并调整输出电流，使负载得到尽可能大的输出功率，通常工作在大信号状态。由于电源的输出功率有一部分要消耗在组成放大电路的元器件上，所以如何使负载得到的功率在电源输出的总功率中所占比例最高，或者说如何使电源输出功率的利用率最高是功率放大电路的任务。因此，功率放大电路在信号的失真方面要求低于电压放大电路，可以在轻度失真的条件下工作，以提高输出功率。

2. 分析方法

电压放大电路的主要任务是将输入的微弱信号进行放大，所以可以采用局部近似的线性分析方法即小信号模型分析法，也可以采用图解法。

功率放大电路的输出电压和输出电流都比较大，无法采用近似的线性分析方法，因此不能用小信号模型分析法，只能采用图解法进行分析。

第二节 功率放大电路的特殊问题

一、功率放大电路的特点

从能量控制和转换的角度来说，功率放大电路与其他放大电路在本质上没有什么区别，但由于功率放大电路任务的特殊性，有必要对它不同于电压放大电路的技术指标和存在的问题进行讨论。

1. 最大输出功率

功率放大电路提供给负载的信号功率称为输出功率，是交流功率。在输出基本不失真的情况下，输出功率 $P_\text{o} = U_\text{o} I_\text{o}$，式中 U_o 和 I_o 为输出交流电压和电流的有效值，最大输出功率 P_omax 是在电路参数确定的情况下，负载得到的最大交流功率。为了获得大的功率输出，BJT 的电压和电流都要有足够大的输出幅度，因此，BJT 往往要在接近极限的状态下运行。工作于此状态下的 BJT 也称为功率管。

2. 效率 η

负载得到的有用信号功率与电源供给的总功率的比值称为功率放大电路的效率或转换效率。电源提供的功率是直流功率，其值等于电源的输出电流平均值与电压平均值的乘积。

3. 非线性失真

功率放大电路在大信号状态下工作不可避免地会产生信号的非线性失真，而且输出功率越大，失真往往越严重，这就存在增大输出功率和减小信号失真之间的矛盾。电路中应采用适当的方法，尽可能地提高输出功率并减小非线性失真。

4. 功率管散热的问题

由于在功率放大电路中，功率管工作电流较大，所以有相当大的功率消耗在功率管的集电结上，使结温升高，为了保证功率管的安全工作，必须注意其散热条件，安装合适的散热片或者采取其他形式的保护措施。

二、功率放大电路提高效率的途径

在电压放大电路中，为了克服失真，静态工作点一般选在放大区的中间位置，BJT 在信号的整个周期内都是导通的，即使没有输入信号，电路的静态电流也比较大，这样就有很大一部分功率消耗在 BJT 和电阻上，这部分功率转化为热的形式耗散出去，只有一小部分功率输出到负载上，因此电压放大电路的效率是很低的。

如何才能提高功率放大电路的效率呢？从电压放大电路中知道，静态电流是造成功率消耗的主要因素，如果把静态工作点下移，靠近截止区，静态电流将变小，当静态工作点进入截止区后，电路的静态电流为零，没有信号输入的时候电源的输出功率也为零，这样，只有在有输入信号的情况下，电源才会供给功率，并分配到 BJT 和负载上。效率虽然提高了，但却会产生严重的非线性失真，后面将讨论如何从电路结构上弥补失真。为了进一步提高效率，电路中消耗功率的电阻应该尽可能的小，或者没有。例如，共射极放大电路中的集电极电阻就是消耗功率的电阻，如果将共射组态改为共集组态就节省了消耗在集电极电阻上的功率，不过，这是以牺牲放大倍数为代价的。

三、静态工作点的 3 种情况

1. 甲类放大

第二章中的电压放大电路，静态工作点位于放大区的中间，能够保证输入信号的整个周期内，BJT 始终导通，可以避免失真，这种工作方式通常称为甲类（class A）放大，如图 4-2-1 所示。

2. 乙类放大

为了提高效率，减小静态功率损耗，将静态工作点下移至截止区，BJT 在信号的一个周期内只能有半个周期是导通的，这种工作方式称为乙类（class B）放大，如图 4-2-2 所示。

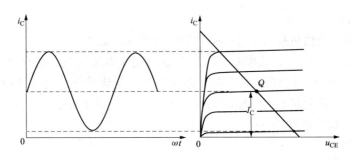

图 4-2-1　甲类放大

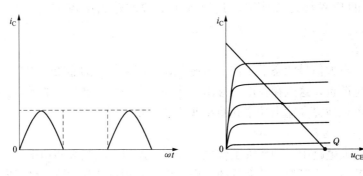

图 4-2-2　乙类放大

3. 甲乙类放大

　　BJT 的静态工作点在接近截止区的位置，处于微导通状态，在输入信号的一个周期内，BJT 的导通时间略大于半个周期，这种工作方式称为甲乙类（class AB）放大，如图 4-2-3 所示。

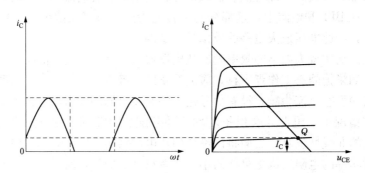

图 4-2-3　甲乙类放大

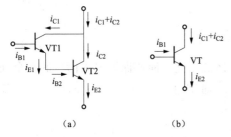

图 4-2-4　NPN 型复合管
(a) 两个 BJT 相连；(b) 等效 BJT

四、复合管

　　由于工艺的限制，单个 BJT 的电流放大系数 β 不会太大，为了增大 β，减小前级驱动电流，多只 BJT 合理连接等效成一只 BJT，称为复合管。复合管中的各个 BJT 均处于放大状态。只要熟悉 BJT 在放大状态下的各个电极中电流的真实方向，就很容易设计复合管。图 4-2-4 是由两只 NPN 管构成的复合管，复合管的类型仍然是 NPN 型。

在图 4-2-4 中，VT1 和 VT2 均处于放大状态，VT1 的发射极电流的真实方向为流出发射极，VT2 的基极电流的真实方向为流入基极，VT1 的发射极与 VT2 的基极相连，所以电流有合适的通路，$i_{E1}=i_{B2}$。对于 VT1，$i_{C1}=i_{B1}\beta_1$，$i_{E1}=i_{B1}$（$1+\beta_1$）。对于 VT2，$i_{C2}=i_{B2}\beta_2$，$i_{E2}=i_{B2}$（$1+\beta_2$）。所以有

$$i_{E2} = i_{B1}(1+\beta_1)(1+\beta_2) = i_{B1}(1+\beta_1+\beta_2+\beta_1\beta_2) \approx i_{B1}(\beta_1\beta_2)$$

$$i_{C1} + i_{C2} = i_{B1}\beta_1 + i_{B1}(1+\beta_1)\beta_2 = i_{B1}(\beta_1+\beta_2+\beta_1\beta_2) \approx i_{B1}(\beta_1\beta_2)$$

所以等效 BJT 的电流放大系数 β 为 $\beta\approx\beta_1\beta_2$。

图 4-2-5 是由一只 PNP 管和一只 NPN 管构成的复合管，复合管的类型仍然是 PNP 型。

在图 4-2-5 中，VT1 和 VT2 均处于放大状态，VT1 的集电极电流的真实方向为流出集电极，VT2 的基极电流的真实方向为流入基极，VT1 的集电极与 VT2 的基极相连，所以电流有合适的通路。对于 VT1，$i_{C1}=i_{B1}\beta_1$，$i_{C1}=i_{B2}$。对于 VT2，

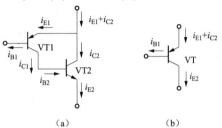

图 4-2-5　PNP 型复合管

(a) 两个 BJT 相连；(b) 等效 BJT

$i_{E2}=i_{B2}$（$1+\beta_2$）。所以有 $i_{E2}=i_{B1}\beta_1$（$1+\beta_2$）$=i_{B1}$（$\beta_1+\beta_1\beta_2$）$\approx i_{B1}$（$\beta_1\beta_2$）。所以等效 BJT 的电流放大系数为 $\beta\approx\beta_1\beta_2$。

第三节　乙类双电源互补对称功率放大电路

一、电路组成

乙类放大电路的静态工作点在截止区，直流功率损耗小、效率高，但电压存在严重的失真，在输入信号的一个周期内，BJT 只有半个周期导通，所以有一半的波形被削掉了。为了在负载

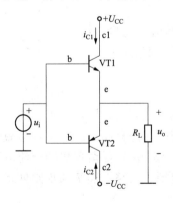

图 4-3-1　乙类双电源互补
对称功率放大电路

上得到完整的波形，可以采用这样一种电路结构来实现功率放大，电路由两个互补对称的 BJT 组成，分别是 NPN 型和 PNP 型，在输入信号的正半周 NPN 型 BJT 导通，在输入信号的负半周 PNP 型 BJT 导通。这样，负载上就可以得到一个完整的波形，以双倍的元器件个数为代价，解决了输出效率和波形失真之间的矛盾。这样的电路称为乙类双电源互补对称功率放大电路（class B push-pull amplifier），如图 4-3-1 所示。

在图 4-3-1 中，VT1 为 NPN 型，VT2 为 PNP 型，两管的基极和发射极分别相互连接在一起，交流信号从基极输入，从射极输出，R_L 为负载，为共集组态。由于有双电源且大小相等，VT1 和 VT2 互补对称，所以这种电路称为互补对称电路。

二、直流通路

画出图 4-3-1 的直流通路。直流通路的画法与第二章所介绍的 7 条规则相同：①保留理想的直流电压源；②保留理想的直流电流源；③视电容为开路；④保留线性电阻；⑤保留 BJT；⑥理想的交流电压源短路；⑦理想的交流电流源开路。按照上述 7 条规则处理后得到的直流通路如图 4-3-2 所示。

在图 4-3-2 中，由于有双电源且大小相等，VT1 和 VT2 互补对称，所以 VT1 和 VT2 的发射极电位为 0。负载电阻 R_L 中没有电流流过，$I_L = 0$，R_L 做短路处理。进一步简化的直流通路如图 4-3-3 所示。

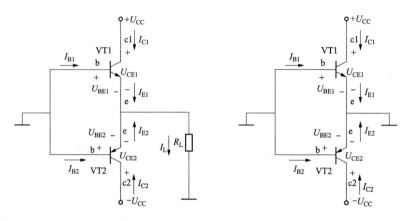

图 4-3-2　直流通路　　　　　　图 4-3-3　简化的直流通路

因为没有直流电流流过负载电阻 R_L，所以在图 4-3-1 所示的乙类双电源互补对称功率放大电路中，不需要利用隔直电容把放大电路中的直流量与负载 R_L 隔离开，而是可以采用直接耦合的连接方式，此种结构的电路又称为无输出电容的功放电路（Output CapacitorLess，OCL）。

观察图 4-3-3，判断 VT1、VT2 的状态。利用第二章中的判断方法，将 BJT 拿走，可知 VT1、VT2 的发射极均为 0 电压，所以 VT1、VT2 均处于截止状态，在输入特性曲线上，静态工作点位于横轴上。

根据图 4-3-3 所示的直流通路，得到 VT1 的静态工作点的数值，用 Q_1 表示

$$I_{B1} = 0, I_{C1} = 0, I_{E1} = 0, U_{BE1} = 0, U_{CE1} = +U_{CC} \tag{4-3-1}$$

根据图 4-3-3 所示的直流通路，得到 VT2 的静态工作点的数值，用 Q_2 表示

$$I_{B2} = 0, I_{C2} = 0, I_{E2} = 0, U_{BE2} = 0, U_{CE2} = -U_{CC} \tag{4-3-2}$$

由于集电极电流为 0，所以 VT1、VT2 的静态功耗均为 0。

三、交流通路

画出图 4-3-1 所示电路的交流通路，画法与第二章所介绍的 7 条规则相同：①理想的直流电压源短路；②理想的直流电流源开路；③视电容为短路；④保留线性电阻；⑤保留 BJT；⑥保留理想的交流电压源；⑦保留理想的交流电流源。按照上述 7 条规则处理后得到的交流通路如图 4-3-4 所示。

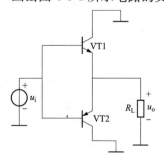

图 4-3-4　乙类双电源互补对称功率放大电路的交流通路

注意到，VT1、VT2 的发射结没有直流电压，所以 VT1、VT2 的发射结上的总电压就是交流电压。

1. 在 u_i 的正半周

在 u_i 的正半周，VT1 的发射结正偏，但是 VT2 的发射结反偏，在 u_i 的正半周内 VT2 处于截止状态，所以图 4-3-4 所示的交流通路在 u_i 的正半周简化成图 4-3-5。图 4-3-5 中所标方向均为参考方向，在 u_i 的正半周，真实方向与这些参考方向相同。

观察图 4-3-5，可知这是共集电极放大电路，也称为射极输出器。通过第二章的分析已经知道，共集电极放大电路的电压放大倍数小于 1，但是接近于 1。此时输出电压为

$$u_o \approx u_i \tag{4-3-3}$$

2. 在 u_i 的负半周

在 u_i 的负半周，VT1 的发射结反偏，但是 VT2 的发射结正偏，在 u_i 的负半周内 VT1 处于截止状态，所以图 4-3-4 所示的交流通路在 u_i 的负半周简化成图 4-3-6。图 4-3-6 中所标方向均为参考方向，在 u_i 的负半周，真实方向均与这些参考方向相反。

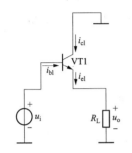
图 4-3-5　在 u_i 的正半周的交流通路

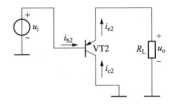
图 4-3-6　在 u_i 的负半周的交流通路

观察图 4-3-6，可知这是共集电极放大电路，也称为射极输出器。所以此时输出电压为

$$u_o \approx u_i \tag{4-3-4}$$

3. 在 u_i 的一个周期

综上所述，在 u_i 的正半周，VT1 将输入信号传输到负载电阻 R_L；在 u_i 的负半周，VT2 将输入信号传输到负载电阻 R_L。所以在 u_i 的一个周期内，负载电阻 R_L 上能够得到一个完整的与输入信号几乎相同的波形。假定输入信号为正弦电压，电路的工作波形如图 4-3-7 所示。图 4-3-7 中同时给出了 VT1、VT2 的集电极电流 i_{C1}、i_{C2} 的波形。因为直流电流为 0，所以 VT1、VT2 的集电极电流 i_{C1}、i_{C2} 就是其交流电流。

四、图解法

图解法是分析功率放大电路的有效方法。在图 4-3-1 中标注参考方向，如图 4-3-8 所示。

在图 4-3-8 中，对回路列方程，得到 VT1 的交流负载线方程，用来描述输入电压的正半周的电压、电流的关系，即

$$u_{CE1} + i_{C1} R_L - U_{CC} = 0 \tag{4-3-5}$$

在正半周，$i_{C1} \approx i_{E1} = i_L$。

根据式（4-3-5），得

$$i_{C1} = \frac{U_{CC} - u_{CE1}}{R_L} = \frac{U_{CC}}{R_L} - \frac{1}{R_L} u_{CE1} \tag{4-3-6}$$

参考第二章第六节，根据式（4-3-6）可以在输出特性曲线上画出 VT1 的交流负载线，如图 4-3-9 所示。

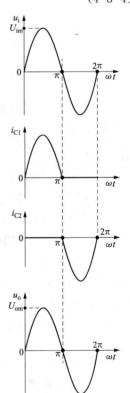
图 4-3-7　工作波形

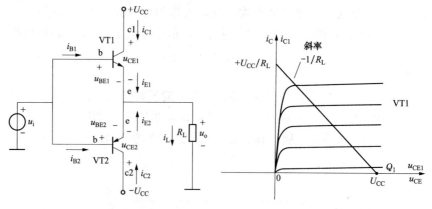

图 4-3-8　参考方向的标示　　　　　　图 4-3-9　VT1 的交流负载线

在图 4-3-8 中，对回路列方程，得到 VT2 的交流负载线方程，用来描述输入电压的负半周的电压、电流的关系，即

$$u_{CE2} + i_{C2}R_L - (-U_{CC}) = 0 \qquad (4-3-7)$$

在负半周，$i_{C2} \approx i_{E2} = i_L$。

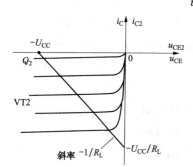

根据式（4-3-7），得

$$i_{C2} = \frac{-U_{CC} - u_{CE2}}{R_L} = -\frac{U_{CC}}{R_L} - \frac{1}{R_L}u_{CE2} \qquad (4-3-8)$$

根据式（4-3-8），可以在输出特性曲线上画出 VT2 的交流负载线，如图 4-3-10 所示。可参考第二章第六节。此处为 PNP 型 BJT，可参考第二章第三节中 PNP 型 BJT 图解法的分析过程，但是第二章第三节中 PNP 型 BJT 图解法针对的是共射放大电路，此处是共集电极放大电路。此

图 4-3-10　VT2 的交流负载线

处电压参考方向的标法与前一致，但是电流参考方向的标法与前相反，因此输出特性曲线在第三象限。

图 4-3-9 和图 4-3-10 二者合起来，画在同一坐标系下，得到图 4-3-11。

为了将 u_{CE1} 和 u_{CE2} 的波形画在一起，从而得到完整的 u_o 波形，可以将图 4-3-11 中 VT2 的特性曲线右移，使两管的静态工作点重合，如图 4-3-12 所示。注意到，在共集电极放大电路中，在规定的参考方向下，输出电压 u_o 与 u_{CE1} 中的交流分量是反相的，即 $u_o = -u_{ce1}$。输出电压 u_o 与 u_{CE2} 中的交流分量也是反相的，即 $u_o = -u_{ce2}$。

五、功率计算

对于功率放大电路而言，由于 BJT 工作在极限状态，所以输出功率、管耗、直流电源供给功率和效率是更为重要的

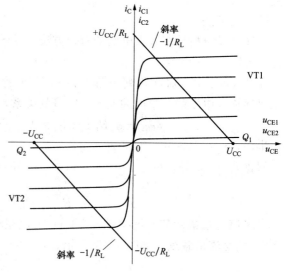

图 4-3-11　乙类双电源互补对称功率放大电路的图解法

交流指标。

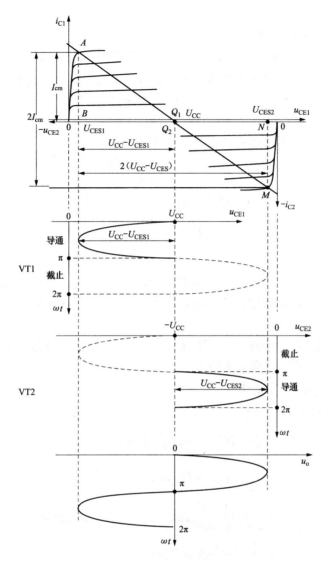

图 4-3-12 图解法中观察 u_o 波形

设输入信号电压为 $u_i = U_{im}\sin\omega t$（V），则输出信号电压为 $u_o = U_{om}\sin\omega t$（V）。

对于射极跟随器，有 $u_o = U_{om}\sin\omega t$（V）$\approx U_{im}\sin\omega t$（V）。

（一）输出功率 P_o 的计算

经过前面的分析可知，若输入信号为正弦电压，则负载电阻上也得到几乎同样的正弦电压。对于正弦电压而言，输出功率 P_o 的定义是输出交流电压有效值和输出交流电流有效值的乘积。

1. 一般情况下输出功率 P_o 的计算

一般情况是指输入信号 u_i 不是特别大，VT1、VT2 的动态工作范围没有到达图 4-3-12 中的 A 点和 M 点。一般情况下输出功率 P_o 的计算式为

$$P_o = U_o I_o = \frac{U_{om}}{\sqrt{2}} \cdot \frac{U_{om}}{\sqrt{2} \cdot R_L} = \frac{U_{om}^2}{2R_L} \tag{4-3-9}$$

式中，U_{om} 是输出正弦电压的幅值。输出功率 P_o 是输出正弦电压幅值 U_{om} 的二次函数，不是线性函数。

2. 最大不失真输出功率 P_{omax} 的计算

当输入正弦电压 u_i 足够大，使 VT1、VT2 的动态工作范围到达图 4-3-12 中的 A 点和 M 点，此时负载电阻上得到最大不失真输出正弦电压，此时输出正弦电压 u_o 具有最大的幅值，从图 4-3-12 可以看出最大不失真输出正弦电压的幅值，即

$$U_{om} = U_{CC} - U_{CES} \qquad (4\text{-}3\text{-}10)$$

负载上可得到的最大不失真输出功率 P_{omax} 为

$$P_{omax} = \frac{(U_{CC} - U_{CES})^2}{2R_L} \qquad (4\text{-}3\text{-}11)$$

若忽略 BJT 的 U_{CES}，则负载上可得到的最大不失真输出功率 P_{omax} 为

$$P_{omax} \approx \frac{U_{CC}^2}{2R_L} \qquad (4\text{-}3\text{-}12)$$

（二）管耗 P_T 的计算

因为工作在乙类状态，所以 BJT 的静态功率损耗为 0。此处管耗指的是由交流电流流过 BJT 引起的动态功率损耗，简称管耗，用 P_T 表示。管耗 P_T 包括 VT1 和 VT2 两个管的功率损耗。

由于 VT1 和 VT2 在信号的一个周期内各导通半个周期，又因为两个管子对称，所以只需要算出其中一个管子在一个周期内的平均管耗，再乘以 2 就能够得到总管耗。

1. 一般情况下管耗 P_T 的计算

先计算 VT1 的管耗 P_{T1}，即

$$\begin{aligned}
P_{T1} &= \frac{1}{2\pi}\int_0^\pi (U_{CC} - u_o)\frac{u_o}{R_L}\mathrm{d}(\omega t)\\
&= \frac{1}{2\pi}\int_0^\pi (U_{CC} - U_{om}\sin\omega t)\frac{U_{om}\sin\omega t}{R_L}\mathrm{d}(\omega t)\\
&= \frac{1}{2\pi}\int_0^\pi \left(\frac{U_{CC}U_{om}}{R_L}\sin\omega t - \frac{U_{om}^2}{R_L}\sin^2\omega t\right)\mathrm{d}(\omega t)\\
&= \frac{1}{R_L}\left(\frac{U_{CC}U_{om}}{\pi} - \frac{U_{om}^2}{4}\right) \qquad (4\text{-}3\text{-}13)
\end{aligned}$$

则 VT1、VT2 两管的总管耗 P_T 为 P_{T1} 的 2 倍，即

$$P_T = P_{T1} + P_{T2} = 2P_{T1} = \frac{2}{R_L}\left(\frac{U_{CC}U_{om}}{\pi} - \frac{U_{om}^2}{4}\right) \qquad (4\text{-}3\text{-}14)$$

由式（4-3-14）可知，管耗 P_T 是输出电压幅值 U_{om} 的二次函数，不是线性函数。当 VT1、VT2 具有最大动态工作范围、输出正弦电压的幅值达到最大的时候，即 $U_{om} = U_{CC} - U_{CES}$，管耗 P_T 并不是最大值，那么当输出正弦电压的幅值 U_{om} 为何值时管耗最大？最大管耗为多大？

2. 单个 BJT 最大管耗 P_{T1max} 的计算

根据函数求极值的方法，求单个 BJT 的最大管耗 P_{T1max}。对式（4-3-13）求导，并令导数等于零，有

$$\frac{\mathrm{d}P_{T1}}{\mathrm{d}U_{om}} = \frac{1}{R_L}\left(\frac{U_{CC}}{\pi} - \frac{U_{om}}{2}\right) = 0 \qquad (4\text{-}3\text{-}15)$$

根据式（4-3-15），得

$$U_{om} = \frac{2U_{CC}}{\pi} \approx 0.6U_{CC} \qquad (4\text{-}3\text{-}16)$$

从式（4-3-16）可知，当输出正弦电压的幅值 U_{om} 为 $0.6U_{CC}$ 时管耗最大，而不是当输出功率最大时管耗最大。

将式（4-3-16）代入式（4-3-13），得到最大管耗 P_{T1max}，即

$$
\begin{aligned}
P_{T1max} &= \frac{1}{R_L}\left(\frac{U_{CC}U_{om}}{\pi} - \frac{U_{om}^2}{4}\right) \\
&= \frac{1}{R_L}\left[\frac{U_{CC}\left(\frac{2U_{CC}}{\pi}\right)}{\pi} - \frac{\left(\frac{2U_{CC}}{\pi}\right)^2}{4}\right] \qquad (4\text{-}3\text{-}17) \\
&= \frac{2}{\pi^2}\frac{U_{CC}^2}{2R_L} \approx 0.2\frac{U_{CC}^2}{2R_L}
\end{aligned}
$$

将式（4-3-12）代入式（4-3-17）得到用最大输出功率 P_{omax}（忽略 BJT 饱和压降 U_{CES} 下的 P_{omax}）表示的单管最大管耗 P_{T1max}，见下式。这是选择 BJT 的依据之一。

$$P_{T1max} \approx 0.2P_{omax} \qquad (4\text{-}3\text{-}18)$$

（三）直流电源供给的总功率 P_U 的计算

直流电源供给的总功率 P_U 包括输出给负载的功率 P_o 和管耗 P_T 两个部分，即

$$P_U = P_o + P_T \qquad (4\text{-}3\text{-}19)$$

1. 一般情况下直流电源供给的总功率 P_U 的计算

将式（4-3-9）和式（4-3-14）代入式（4-3-19），得

$$P_U = P_o + P_T = \frac{U_{om}^2}{2R_L} + \frac{2}{R_L}\left(\frac{U_{CC}U_{om}}{\pi} - \frac{U_{om}^2}{4}\right) = \frac{2}{R_L}\frac{U_{CC}U_{om}}{\pi} \qquad (4\text{-}3\text{-}20)$$

由式（4-3-20）可知，直流电源供给的总功率 P_U 是输出正弦电压幅值 U_{om} 的线性函数。

2. 直流电源供给的最大总功率 P_{Umax} 的计算

当输出电压幅值为 $U_{om} = U_{CC} - U_{CES}$ 时，电源供给功率 P_U 也达到最大值 P_{Umax}。将式（4-3-10）代入式（4-3-20），得

$$P_{Umax} = \frac{2}{R_L}\frac{U_{CC}(U_{CC} - U_{CES})}{\pi} \qquad (4\text{-}3\text{-}21)$$

（四）效率的计算

对于功率放大电路，因为 BJT 工作在极限状态，功率损耗很大，所以要研究直流电压源的转换效率。BJT 的功率损耗越大，温度就越高，要想办法改善散热条件。效率 η 的定义为

$$\eta = \frac{P_o}{P_U} \qquad (4\text{-}3\text{-}22)$$

1. 一般情况下效率 η 的计算

将式（4-3-9）和式（4-3-20）代入式（4-3-22），得

$$\eta = \frac{P_o}{P_U} = \frac{\dfrac{U_{om}^2}{2R_L}}{\dfrac{2}{R_L}\dfrac{U_{CC}U_{om}}{\pi}} = \frac{\pi}{4}\cdot\frac{U_{om}}{U_{CC}} \qquad (4\text{-}3\text{-}23)$$

从式（4-3-23）可知，效率 η 是输出正弦电压幅值 U_{om} 的线性函数。

2. 最大效率 η_{max} 的计算

当输出正弦电压幅值为 $U_{om}=U_{CC}-U_{CES}$ 时，效率最大。

将式（4-3-10）代入式（4-3-23），得到最大效率 η_{max} 为

$$\eta_{max} = \frac{\pi}{4} \cdot \frac{U_{CC}-U_{CES}}{U_{CC}} \tag{4-3-24}$$

若忽略 BJT 的 U_{CES}，则最大效率 η_{max} 为

$$\eta_{max} \approx \frac{\pi}{4} \cdot \frac{U_{CC}}{U_{CC}} = \frac{\pi}{4} = 78.5\% \tag{4-3-25}$$

式（4-3-25）表明最大效率为 78.5%，这个结论是忽略了管子饱和压降 U_{CES} 的前提下得到的，实际的最大效率要比这个值低一些。

（五）计算直流电源供给的总功率 P_U 的第二种方法

对于任意电流 i，平均电流的定义为

$$I_{av} = \frac{1}{T}\int_0^T |i|\,\mathrm{d}t \tag{4-3-26}$$

对于正弦电流 $i=I_m\sin\omega t$，平均电流为

$$I_{av} = \frac{1}{T}\int_0^T |i|\,\mathrm{d}t = \frac{1}{T}\int_0^T |I_m\sin\omega t|\,\mathrm{d}t = \frac{2}{\pi}I_m \tag{4-3-27}$$

图 4-3-1 所示的乙类双电源互补对称功率放大电路中有两个直流电压源，$+U_{CC}$ 电压源在输入正弦电压正半周提供半个周期的正弦波电流，$-U_{CC}$ 电压源在输入正弦电压负半周提供半个周期的正弦波电流，所以电路的两个直流电压源可以等效成电压为 U_{CC} 在正、负半周都提供电流的一个等效电压源，等效电压源提供的电流是正弦电流，此等效电压源提供的功率为

$$P_U = U_{CC}I_{av} \tag{4-3-28}$$

将式（4-3-27）代入式（4-3-28），得

$$P_U = U_{CC}I_{av} = U_{CC}\frac{2}{\pi}I_m = U_{CC}\frac{2}{\pi}\frac{U_{om}}{R_L} = \frac{2U_{CC}U_{om}}{\pi R_L} \tag{4-3-29}$$

可见，按不同方法得到的式（4-3-29）与式（4-3-20）完全相同。

由式（4-3-9）可知，输出功率 P_o 是输出正弦电压幅值 U_{om} 的二次函数；由式（4-3-14）可知，管耗 P_{T1} 是输出正弦电压幅值 U_{om} 的二次函数；由式（4-3-20）可知，直流电源供给的总功率 P_U 是输出正弦电压幅值 U_{om} 的线性函数。将这 3 个功率分别按 $\frac{U_{CC}^2}{2R_L}$ 归一化后以 $P/\frac{U_{CC}^2}{2R_L}$ 作为纵坐标，将输出正弦电压幅值 U_{om} 按 U_{CC} 归一化后以 $\frac{U_{om}}{U_{CC}}$ 作为横坐

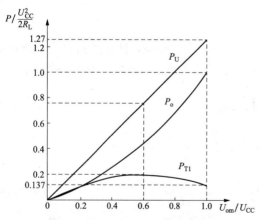

图 4-3-13　乙类双电源互补对称功率放大电路
的功率与电压关系曲线

标，画出曲线如图 4-3-13 所示。

六、BJT 的选择

由上面的分析可知，要想得到最大输出功率，功率放大电路中的 BJT 的参数必须满足下面 3 个条件：

（1）要求每个 BJT 的最大允许功率损耗 P_{CM} 必须大于 $P_{T1max}\approx0.2P_{omax}$。

（2）要求每个 BJT 的集电极与发射极之间允许的最大反向电压 $|U_{(BR)CEO}|\geqslant2U_{CC}$。

当在正半周的正峰值时刻，VT1 的工作点处在动态工作范围的最靠近饱和区的 A 点，此时 VT2 处于截止状态，其 U_{CE} 电压大约是 $2U_{CC}$（忽略饱和压降 U_{CES}）。

当在负半周的负峰值时刻，VT2 的工作点处在动态工作范围的最靠近饱和区的 M 点，此时 VT1 处于截止状态，其 U_{CE} 电压大约是 $2U_{CC}$（忽略饱和压降 U_{CES}）。

（3）要求每个 BJT 的集电极最大允许电流 $I_{CM}\geqslant\dfrac{U_{CC}}{R_L}$。

负载电阻上得到最大不失真输出正弦电压时输出信号电压 u_o 具有最大的幅值，$U_{om}=U_{CC}-U_{CES}$，忽略饱和压降 U_{CES}，$U_{om}\approx U_{CC}$，此时负载电阻流过最大的电流为 $\dfrac{U_{CC}}{R_L}$，BJT 也流过最大的电流 $\dfrac{U_{CC}}{R_L}$。

例 4-3-1　OCL 乙类双电源互补对称电路如图 4-3-1 所示，已知 VT1、VT2 的饱和压降 $U_{CES}=1V$，$U_{CC}=18V$，$R_L=8\Omega$。

（1）计算电路的最大不失真输出功率 P_{omax}。

（2）计算电路的最大效率 η_{max}。

（3）求每个 BJT 的最大管耗 P_{T1max}。

（4）为保证电路正常工作，所选 BJT 的 P_{CM}、$U_{(BR)CEO}$、I_{CM} 应为多大？

解：（1）根据式（4-3-11），得到最大不失真输出功率

$$P_{omax}=\frac{(U_{CC}-U_{CES})^2}{2R_L}=\frac{(18-1)^2}{2\times8}\approx18.1(W)$$

根据式（4-3-12），若忽略 BJT 的 U_{CES}，则负载上可得到的最大不失真输出功率 P_{omax} 为

$$P_{omax}\approx\frac{U_{CC}^2}{2R_L}=\frac{18^2}{2\times8}=20.25(W)$$

（2）根据式（4-3-24），得到最大效率为

$$\eta_{max}=\frac{\pi}{4}\cdot\frac{U_{CC}-U_{CES}}{U_{CC}}=\frac{\pi}{4}\times\frac{18-1}{18}\approx74.1\%$$

（3）$P_{T1max}=0.2\times\dfrac{U_{CC}^2}{2R_L}=0.2\times\dfrac{18^2}{2\times8}=0.2\times20.25=4.05$（W）

也可以根据式（4-3-18），得到单管最大管耗 P_{T1max}

$$P_{T1max}\approx0.2P_{omax}=0.2\times20.25=4.05(W)$$

（4）BJT 参数选择。

最大允许功率损耗 $P_{CM}>P_{T1max}=4.05W$

集电极与发射极之间允许的最大反向电压 $|U_{(BR)CEO}|\geqslant2U_{CC}=36$（V）

集电极最大允许电流 $I_{CM}\geqslant\dfrac{U_{CC}}{R_L}=\dfrac{18}{8}=2.25$（A）

第四节　乙类单电源互补对称功率放大电路

一、电路组成

乙类双电源互补对称功率放大电路很好地解决了功率放大电路输出效率和波形失真之间

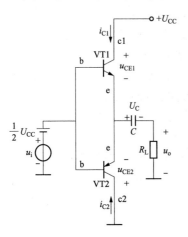

的矛盾。但是双电源中的负电源有时难以实现，并且成本较高。因此，需要单电源供电，乙类单电源互补对称功率放大电路如图 4-4-1 所示，b 点的电位中包含 $\dfrac{U_{CC}}{2}$ 大小的直流量。

二、直流通路

画出图 4-4-1 所示电路的直流通路。按照第二章所介绍的 7 条规则处理后得到的直流通路如图 4-4-2 所示。

在图 4-4-2 中，由于 VT1 和 VT2 互补对称，所以 VT1 和 VT2 的发射极 e 点的电位为 $\dfrac{U_{CC}}{2}$。

观察图 4-4-2，判断 VT1、VT2 的状态。利用第二章中的判断方法，将 BJT 拿走，可知 VT1、VT2

图 4-4-1　乙类单电源互补
对称功率放大电路

的发射结均为 0 电压，所以 VT1、VT2 均处于截止状态，在输入特性曲线上，静态工作点位于横轴上。

根据图 4-4-2 所示的直流通路，得到 VT1 的静态工作点的数值为

$$I_{B1}=0, I_{C1}=0, I_{E1}=0, U_{BE1}=0, U_{CE1}=+\frac{U_{CC}}{2}$$

$$(4\text{-}4\text{-}1)$$

根据图 4-4-2 所示的直流通路，得到 VT2 的静态工作点的数值为

$$I_{B2}=0, I_{C2}=0, I_{E2}=0, U_{BE2}=0, U_{CE2}=-\frac{U_{CC}}{2}$$

$$(4\text{-}4\text{-}2)$$

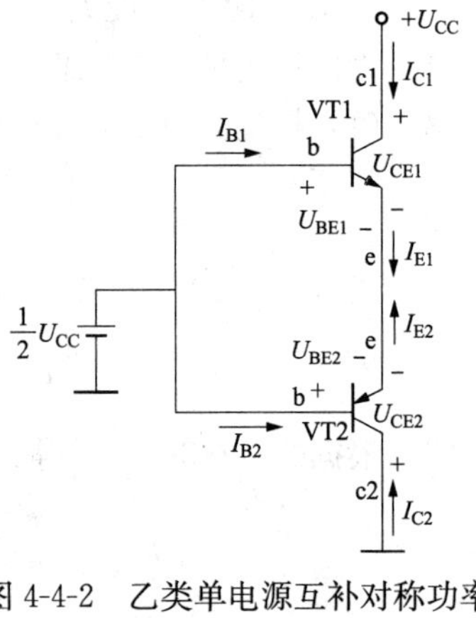

由于集电极电流为 0，所以 VT1、VT2 的静态功耗均为零。

图 4-4-2　乙类单电源互补对称功率
放大电路的直流通路

电容两端的直流电压 $U_{C}=+\dfrac{U_{CC}}{2}$。

因为 VT1 和 VT2 的发射极 e 点的电位为 $\dfrac{U_{CC}}{2}$。为保证直流电流不流过负载电阻 R_{L}，所以在图 4-4-1 所示的乙类单电源互补对称功率放大电路中，需要利用隔直电容把放大电路中的直流量与负载 R_{L} 隔离开。此种单电源结构的电路又称为无输出变压器的功放电路（Output TransformerLess，OTL）。

三、交流通路

画出图 4-4-1 的交流通路。按照第二章所介绍的 7 条规则处理后得到的交流通路如图 4-4-3 所示。

图 4-4-3 与图 4-3-4 所示的乙类双电源互补对称功率放大电路的交流通路完全相同。

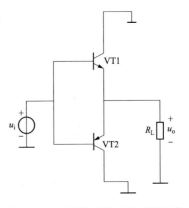

图 4-4-3　乙类单电源互补对称功率放大电路的交流通路

四、动态工作情况

当有输入信号 u_i 时，在 u_i 的正半周期，VT1 导通，VT2 截止，U_{CC} 给负载电阻 R_L 提供电流，同时向电容 C 充电，存储能量。

当有输入信号 u_i 时，在 u_i 的负半周期，VT2 导通，VT1 截止，电容 C 释放存储的能量给负载电阻 R_L 提供电流。由于电容 C 的数值较大，充放电时间常数 $R_L C$ 也较大，所以在 u_i 的半个周期内，电容两端的电压增减很少，可以近似认为电容 C 在整个周期内保持电容电压 $U_C = +\dfrac{U_{CC}}{2}$ 不变。这样，我们就可以用一个电源 U_{CC} 和一个电容 C 来替代乙类双电源互补对称功率放大电路中的两个电压源。

值得注意的是，由于采用单电源工作，与乙类双电源互补对称功率放大电路相比，输出正弦电压的幅值不再是 U_{CC}，而是 $\dfrac{U_{CC}}{2}$，所以在计算单电源电路的功率时，不能完全套用乙类双电源互补对称功率放大电路的公式，必须加以修正，用 $\dfrac{U_{CC}}{2}$ 代替乙类双电源互补对称功率放大电路公式中的 U_{CC} 即可。

五、功率计算

设输入信号电压为 $u_i = U_{im} \sin\omega t$ （V），则输出信号电压为 $u_o = U_{om} \sin\omega t$ （V）。

对于射极跟随器，有 $u_o = U_{om} \sin\omega t$ （V）$\approx U_{im} \sin\omega t$ （V）。

（一）输出功率 P_o 的计算

1. 一般情况下输出功率 P_o 的计算

一般情况下输出功率 P_o 的计算式为

$$P_o = U_o I_o = \frac{U_{om}}{\sqrt{2}} \cdot \frac{U_{om}}{\sqrt{2} \cdot R_L} = \frac{U_{om}^2}{2R_L} \tag{4-4-3}$$

式中，U_{om} 是输出正弦电压的幅值。

2. 最大不失真输出功率 P_{omax} 的计算

当输入信号 u_i 足够大，负载电阻上得到最大不失真输出正弦电压，此时输出正弦电压 u_o 具有最大的幅值，即

$$U_{om} = \frac{U_{CC}}{2} - U_{CES} \tag{4-4-4}$$

负载上可得到的最大不失真输出功率 P_{omax} 为

$$P_{omax} = \frac{\left(\dfrac{U_{CC}}{2} - U_{CES}\right)^2}{2R_L} \tag{4-4-5}$$

若忽略 BJT 的 U_{CES}，则负载上可得到的最大不失真输出功率 P_{omax} 为

$$P_{omax} \approx \frac{U_{CC}^2}{8R_L} \tag{4-4-6}$$

（二）管耗 P_T 的计算

1. 一般情况下管耗 P_T 的计算

先计算 VT1 的管耗 P_{T1}，即

$$
\begin{aligned}
P_{T1} &= \frac{1}{2\pi}\int_0^\pi u_{CE1} i_{C1} \mathrm{d}(\omega t) = \frac{1}{2\pi}\int_0^\pi \left(U_{CC} - \frac{1}{2}U_{CC} - u_o\right)\frac{u_o}{R_L}\mathrm{d}(\omega t) \\
&= \frac{1}{2\pi}\int_0^\pi \left(\frac{U_{CC}}{2} - u_o\right)\frac{u_o}{R_L}\mathrm{d}(\omega t) \\
&= \frac{1}{2\pi}\int_0^\pi \left(\frac{U_{CC}}{2} - U_{om}\sin\omega t\right)\frac{U_{om}\sin\omega t}{R_L}\mathrm{d}(\omega t) \\
&= \frac{1}{2\pi}\int_0^\pi \left(\frac{U_{CC}U_{om}}{2R_L}\sin\omega t - \frac{U_{om}^2}{R_L}\sin^2\omega t\right)\mathrm{d}(\omega t) \\
&= \frac{1}{R_L}\left(\frac{U_{CC}U_{om}}{2\pi} - \frac{U_{om}^2}{4}\right)
\end{aligned} \tag{4-4-7}
$$

则 VT1、VT2 的总管耗 P_T 为 P_{T1} 的 2 倍，即

$$P_T = P_{T1} + P_{T2} = 2P_{T1} = \frac{2}{R_L}\left(\frac{U_{CC}U_{om}}{2\pi} - \frac{U_{om}^2}{4}\right) \tag{4-4-8}$$

2. 单个 BJT 最大管耗 P_{T1max} 的计算

根据函数求极值的方法，求单个 BJT 的最大管耗 P_{T1max}。对式（4-4-7）求导，并令导数等于零。

$$\frac{\mathrm{d}P_{T1}}{\mathrm{d}U_{om}} = \frac{1}{R_L}\left(\frac{U_{CC}}{2\pi} - \frac{U_{om}}{2}\right) = 0 \tag{4-4-9}$$

根据式（4-4-9），得

$$U_{om} = \frac{U_{CC}}{\pi} \approx 0.3 U_{CC} \tag{4-4-10}$$

将式（4-4-10）代入式（4-4-7），得到最大管耗 P_{T1max} 为

$$
\begin{aligned}
P_{T1max} &= \frac{1}{R_L}\left(\frac{U_{CC}U_{om}}{2\pi} - \frac{U_{om}^2}{4}\right) \\
&= \frac{1}{R_L}\left[\frac{U_{CC}\left(\frac{U_{CC}}{\pi}\right)}{2\pi} - \frac{\left(\frac{U_{CC}}{\pi}\right)^2}{4}\right] = \frac{1}{R_L}\frac{U_{CC}^2}{4\pi^2} \\
&= \frac{2}{\pi^2}\frac{U_{CC}^2}{8R_L} \approx 0.2\frac{U_{CC}^2}{8R_L}
\end{aligned} \tag{4-4-11}
$$

将式（4-4-6）代入式（4-4-11）得到用最大输出功率 P_{omax}（忽略 BJT 饱和压降 U_{CES} 下的 P_{omax}）表示的单管最大管耗 P_{T1max}，见下式。这是选择 BJT 的依据之一。

$$P_{T1max} \approx 0.2 P_{omax} \tag{4-4-12}$$

（三）直流电源供给的总功率 P_U 的计算

1. 一般情况下直流电源供给的总功率 P_U 的计算

将式（4-4-3）和式（4-4-8）相加，得

$$P_{\mathrm{U}} = P_{\mathrm{o}} + P_{\mathrm{T}} = \frac{U_{om}^2}{2R_{\mathrm{L}}} + \frac{2}{R_{\mathrm{L}}}\left(\frac{U_{\mathrm{CC}}U_{om}}{2\pi} - \frac{U_{om}^2}{4}\right) = \frac{2}{R_{\mathrm{L}}}\frac{U_{\mathrm{CC}}U_{om}}{2\pi}$$

$$= \frac{1}{R_{\mathrm{L}}}\frac{U_{\mathrm{CC}}U_{om}}{\pi} \tag{4-4-13}$$

2. 直流电源供给的最大总功率 P_{Umax} 的计算

当输出正弦电压幅值为 $U_{om} = \frac{U_{\mathrm{CC}}}{2} - U_{\mathrm{CES}}$ 时，电源供给的总功率 P_{U} 也达到最大值 P_{Umax}，有

$$P_{\mathrm{Umax}} = \frac{1}{R_{\mathrm{L}}}\frac{U_{\mathrm{CC}}\left(\frac{U_{\mathrm{CC}}}{2} - U_{\mathrm{CES}}\right)}{\pi} \tag{4-4-14}$$

（四）效率的计算

1. 一般情况下效率 η 的计算

将式（4-4-3）和式（4-4-13）代入式（4-3-22），得

$$\eta = \frac{P_{\mathrm{o}}}{P_{\mathrm{U}}} = \frac{\dfrac{U_{om}^2}{2R_{\mathrm{L}}}}{\dfrac{1}{R_{\mathrm{L}}}\dfrac{U_{\mathrm{CC}}U_{om}}{\pi}} = \frac{\pi}{2}\cdot\frac{U_{om}}{U_{\mathrm{CC}}} \tag{4-4-15}$$

2. 最大效率 $\eta_{\max}$ 的计算

当输出正弦电压幅值为 $U_{om} = \frac{U_{\mathrm{CC}}}{2} - U_{\mathrm{CES}}$ 时，效率最大。最大效率 $\eta_{\max}$ 为

$$\eta_{\max} = \frac{\pi}{2}\cdot\frac{\dfrac{U_{\mathrm{CC}}}{2} - U_{\mathrm{CES}}}{U_{\mathrm{CC}}} \tag{4-4-16}$$

若忽略 BJT 的 U_{CES}，则最大效率 $\eta_{\max}$ 为

$$\eta_{\max} \approx \frac{\pi}{4} = 78.5\% \tag{4-4-17}$$

（五）计算直流电源供给的总功率 P_{U} 的第二种方法

图 4-4-1 所示的乙类单电源互补对称功率放大电路中的电压源可以等效成电压为 $\frac{U_{\mathrm{CC}}}{2}$、在正负半周都提供正弦电流的一个等效电压源。

$$P_{\mathrm{U}} = \frac{U_{\mathrm{CC}}}{2}I_{\mathrm{av}} \tag{4-4-18}$$

$$P_{\mathrm{U}} = \frac{U_{\mathrm{CC}}}{2}I_{\mathrm{av}} = \frac{U_{\mathrm{CC}}}{2}\frac{2}{\pi}I_{\mathrm{m}} = \frac{U_{\mathrm{CC}}}{2}\frac{2}{\pi}\frac{U_{om}}{R_{\mathrm{L}}} = \frac{U_{\mathrm{CC}}U_{om}}{\pi R_{\mathrm{L}}} \tag{4-4-19}$$

六、BJT 的选择

由上面的分析可知，要想得到最大输出功率，功率放大电路中的 BJT 的参数必须满足下面 3 个条件：

（1）要求每个 BJT 的最大允许功率损耗 P_{CM} 必须大于 $P_{\mathrm{T1max}} \approx 0.2P_{\mathrm{omax}}$。

（2）要求每个 BJT 的集电极与发射极之间允许的最大反向电压 $|U_{\mathrm{(BR)CEO}}| \geqslant U_{\mathrm{CC}}$。

（3）要求每个 BJT 的集电极最大允许电流 $I_{\mathrm{CM}} \geqslant \dfrac{U_{\mathrm{CC}}}{2R_{\mathrm{L}}}$。

当负载电阻上得到最大不失真输出正弦电压，此时输出正弦电压 u_{o} 具有最大的幅值，

$U_{om} = \dfrac{U_{CC}}{2} - U_{CES}$，忽略饱和压降 U_{CES}，$U_{om} \approx \dfrac{U_{CC}}{2}$，此时负载电阻流过最大的电流为 $\dfrac{U_{CC}}{2R_L}$，

BJT 也流过最大的电流 $\dfrac{U_{CC}}{2R_L}$。

例 4-4-1　OTL 乙类单电源互补对称电路如图 4-4-1 所示，已知 VT1、VT2 的饱和压降 $U_{CES} = 1V$，$U_{CC} = 18V$，$R_L = 8\Omega$。

（1）计算电路的最大不失真输出功率 P_{omax}。

（2）计算电路的最大效率 η_{max}。

（3）求每个 BJT 的最大管耗 P_{T1max}。

（4）为保证电路正常工作，所选 BJT 的 P_{CM}、$U_{(BR)CEO}$、I_{CM} 应为多大？

解：（1）根据式（4-4-5），得到最大不失真输出功率

$$P_{omax} = \frac{\left(\dfrac{U_{CC}}{2} - U_{CES}\right)^2}{2R_L} = \frac{\left(\dfrac{18}{2} - 1\right)^2}{2 \times 8} = 4 \, (\mathrm{W})$$

根据式（4-4-6），若忽略 BJT 的 U_{CES}，则负载上可得到的最大不失真输出功率 P_{omax} 为

$$P_{omax} \approx \frac{U_{CC}^2}{8R_L} = \frac{18^2}{8 \times 8} = 5.0625 \, (\mathrm{W})$$

（2）根据式（4-4-16），得到最大效率

$$\eta_{max} = \frac{\pi}{2} \cdot \frac{\dfrac{U_{CC}}{2} - U_{CES}}{U_{CC}} = \frac{3.14}{2} \times \frac{\dfrac{18}{2} - 1}{18} \approx 69.8\%$$

（3）根据式（4-4-12），得到单管最大管耗 P_{T1max} 为

$$P_{T1max} \approx 0.2 P_{omax} = 0.2 \times 5.0625 = 1.0125 \, (\mathrm{W})$$

（4）BJT 参数选择。

最大允许功率损耗　$P_{CM} > P_{T1max} = 1.0125\mathrm{W}$

集电极与发射极之间允许的最大反向电压　$|U_{(BR)CEO}| \geqslant U_{CC} = 18\mathrm{V}$

集电极最大允许电流　$I_{CM} \geqslant \dfrac{U_{CC}}{2R_L} = \dfrac{18}{2 \times 8} = 1.125 \, (\mathrm{A})$

第五节　甲乙类互补对称功率放大电路

一、乙类互补对称功率放大电路的交越失真

虽然乙类互补对称功率放大电路结构简单，效率高，但是因为 BJT 存在死区，在输出波形上存在交越失真。在乙类电路中，BJT 的发射结的直流电压为零。如果输入电压小于死区电压（硅管约为 0.5V，锗管约为 0.1V），BJT 实际上是截止的，没有电流，负载上的输出电压为 0。图 4-5-1（a）是乙类双电源互补对称功率放大电路，当输入电压较小、在 0V 附近时，输出电压为 0V 的现象称为交越失真，如图 4-5-1（b）所示。

为了克服交越失真，可以在静态时给管子提供一个临界的偏置电压，使其处于微导通状态，当有输入信号加入时，管子可以直接进入导通状态，这样的电路称为甲乙类互补对称功率放大电路（class AB push-pull amplifier）。

二、甲乙类双电源互补对称功率放大电路

（一）采用二极管克服死区

采用二极管克服死区的甲乙类双电源互补对称功率放大电路如图 4-5-2 所示。

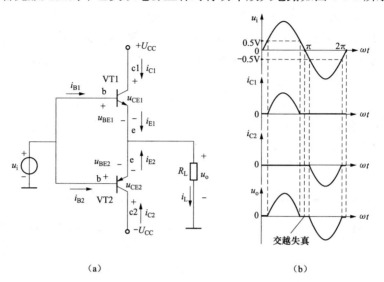

图 4-5-1　乙类双电源互补对称功率放大电路输出交越失真

（a）乙类双电源互补对称功率放大电路；（b）交越失真

　　画出图 4-5-2 的直流通路。直流通路的画法与第二章所介绍的 7 条规则相同。由于有双电源且大小相等，VT1 和 VT2 互补对称，所以 VT1 和 VT2 的发射极电位为 0，负载电阻 R_L 中没有电流流过，所以负载电阻 R_L 短路，直流通路如图 4-5-3 所示。

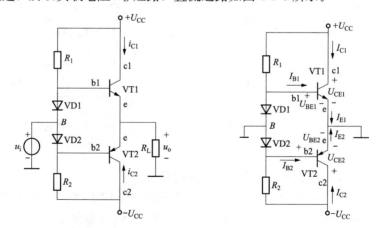

图 4-5-2　甲乙类双电源互补对称功率放大电路　　图 4-5-3　直流通路

　　观察图 4-5-3，判断 VT1、VT2 的状态。因为电路对称，所以 VT1 和 VT2 的发射极电位为 0。利用第二章中的判断方法，将 BJT 拿走，二极管 VD1、VD2 导通，可知 VT1、VT2 的发射结为二极管的端电压，所以 VT1、VT2 不可能处于截止状态，将 BJT 放回，VT1、VT2 的外加的发射结电压比死区电压 0.5V 稍微大一点。在输入特性曲线上，静态工作点位于横轴之上，但接近横轴，即在放大区与截止区的交界区域。

　　根据图 4-5-3 所示的直流通路，得到 VT1 的静态工作点的数值为

$$I_{B1} \approx 0, I_{C1} \approx 0, I_{E1} \approx 0, U_{BE1} = +0.5V, U_{CE1} = +U_{CC} \qquad (4\text{-}5\text{-}1)$$

根据图 4-5-3 所示的直流通路，得到 VT2 的静态工作点的数值为

$$I_{B2} \approx 0, I_{C2} \approx 0, I_{E2} \approx 0, U_{BE2} = +0.5V, U_{CE2} = -U_{CC} \qquad (4\text{-}5\text{-}2)$$

由于集电极电流近似为 0，所以 VT1、VT2 的静态功耗均近似为 0。

图 4-5-2 所示的甲乙类双电源互补对称功率放大电路的交流通路与图 4-3-4 所示的乙类双电源互补对称功率放大电路的交流通路完全相同，因此功率的计算也完全相同。甲乙类电路与乙类电路的区别就在于直流电路的不同。

（二）采用 U_{BE} 倍增电路克服死区

U_{BE} 倍增直流通路如图 4-5-4 所示。调节 R_3 的阻值可以调节 VT1、VT2 发射结的直流电压，使之处于微导通状态。

根据图 4-5-4，得到 VT3 的 U_{CE3} 为 VT1、VT2 的发射结提供的直流电压为 $U_{CE3} = U_{BE1} - U_{BE2}$，$R_3$、$R_4$ 可以近似认为是串联的关系。R_4 的端电压与 U_{BE3} 相等，$U_{CE3} \dfrac{R_4}{R_4 + R_3} = U_{BE3}$，$U_{CE3} = U_{BE3} \dfrac{R_4 + R_3}{R_4}$，可以看出，调节 R_3 的阻值可以调节 VT1、VT2 的发射结的直流电压，使之处于微导通状态。

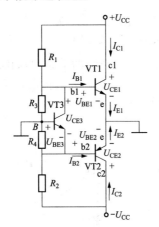

图 4-5-4 U_{BE} 倍增直流通路

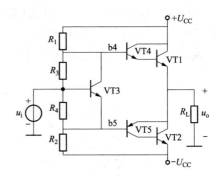

图 4-5-5 甲乙类双电源准互补
对称功率放大电路

三、甲乙类双电源准互补对称功率放大电路

由于互补对称功率放大电路的两个大功率管的管型不同，特性很难一致，采用复合管可以解决这一问题。如图 4-5-5 所示，VT4、VT1 组成 NPN 型复合管，VT5、VT2 组成 PNP 型复合管，与负载连接的 VT1 和 VT2 都是 NPN 型，所以称图 4-5-5 为准互补电路。

根据图 4-5-5 的直流通路，可以看出这是甲乙类电路，采用 U_{BE} 倍增电路，调整 R_3、R_4 电阻的值可以很好地消除交越失真。图 4-5-5 采用双电源，所以输出端不需要电容，称为 OCL 电路。图 4-5-5 的交流通路的画法是，将 R_3、R_4 和 VT3 简化成一个点，则输入信号与 b_4、b_5 点相连，若忽略 R_1、R_2 中的交流功率，可近似认为开路，则交流通路与第三节中的乙类双电源互补对称功率放大电路的交流通路相同，如图 4-3-4 所示。对于交流信号而言，甲乙类与乙类几乎没有区别。功率计算可参考乙类双电源互补对称功率放大电路。

四、甲乙类单电源互补对称功率放大电路

（一）电路结构

甲乙类单电源互补对称功率放大电路如图 4-5-6 所示。前面已经提到，双电源中的负电源有时难以实现，并且成本较高。因此，需要单电源供电。

（二）直流通路

图 4-5-6 的直流通路如图 4-5-7 所示。在图 4-5-7 中，R_1 和 VD1、VD2 的作用是为 VT1、VT2 的发射结提供直流电压，可以克服交越失真。

调节电位器 R_P，使 VT1、VT2 的基极 b_1、b_2 间有合适的电流 I_D 和电压 $U_{b_1 b_2}$，电压 $U_{b_1 b_2}$ 确保 VT1、VT2 在静态时处于微导通状态，另外调整 R_P 可使电容 C 两端的直流电压 U_C 为 $\frac{1}{2}U_{CC}$。

（三）功率计算

图 4-5-6 的交流通路的画法是，将 C_1 短路，将 R_1 和 VD1、VD2 短路，则输入信号与 b_1、b_2 点相连，将 C 短路，若忽略 R_P、R_2 中的交流功率，可近似认为开路，则交流通路与第四节中的乙类单电源互补对称功率放大电路的交流通路相同，如图 4-4-3 所示。对于交流信号而言，甲乙类与乙类几乎没有区别。功率计算可参考乙类单电源互补对称功率放大电路。

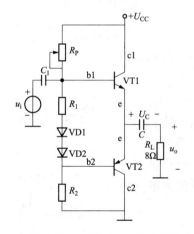　　　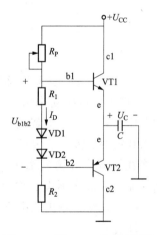

图 4-5-6　甲乙类双电源互补对称功率放大电路　　　图 4-5-7　图 4-5-6 的直流通路

第六节　集成功率放大器芯片 LM386

OTL、OCL 电路均有各种不同电压增益的多种型号的集成电路，只需外接少量元器件，就可成为实用电路。集成功率放大器温度稳定性好，电源利用率高，功耗较低，非线性失真较小，内部有各种保护电路。LM386 芯片是一种音频集成功率放大器，具有功耗小、电压增益可调节、电源电压范围大、外接元器件少和总谐波失真小等优点，广泛应用于录音机和收音机之中。

LM386 芯片引脚如图 4-6-1 所示。LM386 芯片的内部电路如图 4-6-2 所示。

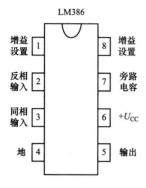

图 4-6-1 LM386 芯片引脚

从图 4-6-2 可以看出，LM386 内部共有 3 级放大电路，输入级为差动放大电路，差动放大电路将在第五章介绍。中间级为共射放大电路，恒流源（直流电流源 I）作有源负载，恒流源和有源负载的概念也将在第五章介绍。输出级为单电源甲乙类准互补对称 OTL 功率放大电路，这是本章的主要内容。现在介绍 LM386 集成芯片的目的是了解功率放大电路在多级放大电路中所处的位置。LM386 的输出端应外接输出电容后再接负载。LM386 芯片的输出级电路如图 4-6-3 所示。VD1、VD2 克服交越失真，对于交流信号可认为短路。

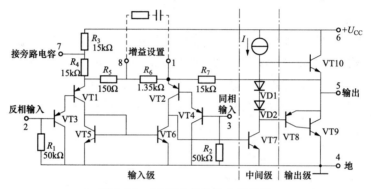

图 4-6-2 LM386 芯片的内部电路

在图 4-6-3 中，VT8、VT9 组成复合管，类型为 PNP 型，为准互补对称功率放大电路，单电源供电。假设电源电压 $U_{CC}=6V$，负载电阻 $R_L=8\Omega$，输入级和中间级可以获得的放大倍数为 $A_u=20$ 倍。放大倍数的计算方法将在第五章和第六章中详细介绍，本处直接使用结果。那么，最大不失真输出电压的峰-峰值为电源电压 $U_{CC}=6V$，最大输出功率 P_{omax} 为

$$P_{omax} \approx \frac{\left(\dfrac{U_{CC}/2}{\sqrt{2}}\right)^2}{R_L} = \frac{U_{CC}^2}{8R_L} = \frac{6^2}{8 \times 8} = 0.5625(\text{W})$$

为获得最大不失真输出电压，必须为输出级提供的输入正弦电压幅值 U_{im} 为

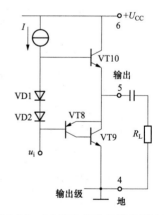

图 4-6-3 LM386 芯片的输出级电路

$$U_{im} = \frac{\dfrac{U_{CC}}{2}}{A_u} = \frac{\dfrac{6}{2}}{20} = 0.15(\text{V}) = 150(\text{mV})$$

假若 LM386 的输入正弦电压的幅值为 0.75mV，那么 LM386 的输入级和中间级就必须提供 200 倍的放大倍数。在第六章中将详细介绍放大倍数 A_u 的计算方法。

LM386 是美国国家半导体公司生产的音频功率放大器，主要应用于低电压消费类产品。为使外围元件最少，电压放大倍数内置为 20。但在 1 脚和 8 脚之间增加外接电阻和电容，便可将电压增益调为任意值，直至 200。输入端以地为参考，同时输出端被自动偏置到电源

电压的一半，在 6V 电源电压下，它的静态功耗仅为 24mW，使得 LM386 特别适用于电池供电的场合。

小　结

功率放大电路与电压放大电路的功能不同，所考虑的主要问题不是如何不失真地放大电压信号，而是如何使负载得到的功率最大、电路的功率输出效率最高。功率放大电路级联在电压放大电路之后，因此，功率放大电路工作在大信号环境下，只能用图解法分析。功率放大电路不工作在甲类状态下，而是工作在乙类或者甲乙类状态下。

乙类双电源互补对称功率放大电路的主要优点是效率高，在理想情况下，效率可以达到最大值 78.5%。为保证 BJT 安全工作，其极限参数必须满足要求。

乙类单电源互补对称电路的输出功率、效率、管耗和电源供给功率的计算公式可以借用乙类双电源电路的计算公式，但要用 $U_{CC}/2$ 代替原公式中的 U_{CC}。

由于 BJT 的输入特性存在死区，乙类互补对称功率放大电路的输出波形有交越失真现象。为了克服这种失真，可采用甲乙类互补对原功率放大电路，甲乙类互补对称电路相关参数的计算方法与乙类电路的计算方法完全相同。

掌握集成音频功率放大电路 LM386 的内部结构和使用方法，其放大倍数是可变的。

习　题

4-1　分析题 4-1 图中各复合管哪些接法是合理的，对合理的指出其等效 BJT 的类型。

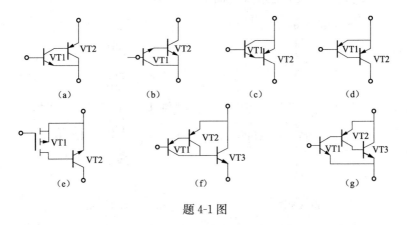

题 4-1 图

4-2　功率放大电路如题 4-2 图所示，管子在输入正弦波信号 u_i 作用下，在一周期内 VT1 和 VT2 轮流导通约半周，管子的饱和压降 U_{CES} 可忽略不计，电源电压 $U_{CC}=24V$，负载 $R_L=8\Omega$。

（1）在输入信号有效值为 10V 时，计算输出功率、总管耗、直流电源供给的功率和效率。

（2）计算最大不失真输出功率，并计算此时的各管管耗、直流电源供给的功率和效率。

4-3　题 4-3 图所示电路中，已知 $U_{CC}=16V$，$R_L=4\Omega$，VT1 和 VT2 的饱和压降 $U_{CES}=2V$，

输入电压足够大。试求：

（1）最大输出功率 P_{omax}。

（2）为了使输出功率达到 P_{omax}，输入电压的有效值为多少？

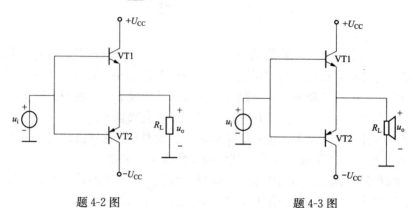

题 4-2 图　　　　　　　　　　题 4-3 图

4-4 在题 4-4 图中，已知 u_i 为正弦电压，$R_L = 16\Omega$，要求最大输出功率为 10W，设 BJT 的 $U_{\text{CES}} = 0$，试求：

（1）正负电源 U_{CC} 的最小值。

（2）当输出功率是 10W 时，电源供给的功率。

（3）求单管最大管耗 P_{T1max}。

（4）输出功率最大时的输入电压有效值。

4-5 题 4-5 图所示为一互补对称功率放大器。输入正弦信号时，设管子的 $U_{\text{CES}} = 0$，试求最大输出功率 P_{omax} 和此时两个电阻 R 上的损耗功率。

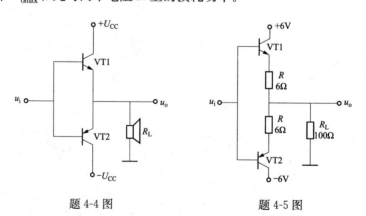

题 4-4 图　　　　　　　　　　题 4-5 图

4-6 单电源互补对称（OTL）电路如题 4-6 图所示。已知 $U_{\text{CC}} = 12\text{V}$，$R_L = 8\Omega$。

（1）说明电容 C 的作用。

（2）忽略管子饱和压降，试求该电路最大输出功率。

（3）求单管最大管耗 P_{T1max}。

4-7 互补对称电路如题 4-7 图所示。

（1）电位器 R_P 的调节可解决什么问题？

（2）若 R_P、VD1、VD2 支路中有一元器件因虚焊而开路，可能出现什么后果？

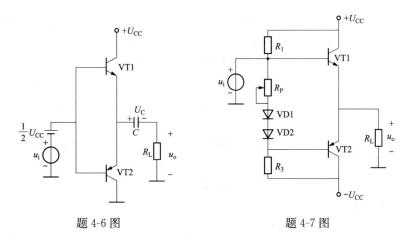

题 4-6 图   题 4-7 图

4-8 已知 OCL 互补对称功率放大电路及输出电压波形如题 4-8 图所示，试回答下述问题：

（1）电路在调整静态工作点时应注意什么问题，通常应调整电路中的哪个元器件？

（2）动态情况下，输出端 u_o 出现的图示失真为何种失真，应调整哪个元器件，怎样调整才能清除该失真？

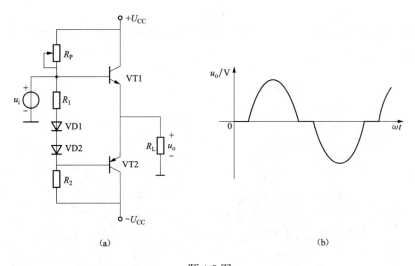

（a）   （b）

题 4-8 图

4-9 在题 4-9 图所示的甲乙类双电源互补对称功率放大电路中，已知 $U_{CC}=6\text{V}$，$R_L=8\Omega$，假设 BJT 的饱和管压降为 $U_{CES}=1\text{V}$。

（1）求电路的最大输出功率 P_{omax}。

（2）求电路中直流电源消耗的最大功率 P_{Umax}。

（3）求最大效率 η_{max}。

（4）求单管最大管耗 P_{T1max}。

（5）确定 BJT 参数。

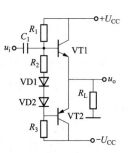

题 4-9 图

（6）为了在负载上得到最大功率 P_{omax}，输入端应加上的正弦波电压有效值大约等于多少？

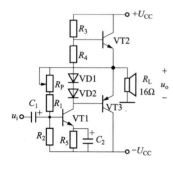

题 4-10 图

4-10　OCL 电路如题 4-10 图所示，已知负载上最大不失真功率为 800mW，管子饱和压降 $U_{CES}=0$。

（1）试计算电源 U_{CC} 的电压值。

（2）核算使用下列功率管是否满足要求：

VT2：3BX85A，$P_{CM}=300mW$，$I_{CM}=300mA$，$U_{(BR)CEO}=12V$。

VT3：3AX81A，$P_{CM}=300mW$，$I_{CM}=300mA$，$U_{(BR)CEO}=12V$。

4-11　电路如题 4-11 图所示，求最大输出功率和电源供给的最大功率。BJT 的 $\beta=200$。

4-12　题 4-12 图所示的由复合管组成的互补对称放大电路中，已知电源电压 $U_{CC}=16V$，负载电阻 $R_L=8\Omega$，设 VT3、VT4 的饱和压降 $U_{CES}=2V$，电阻 R_{E3}、R_{E4} 上的压降可以忽略。

（1）试估算电路的最大输出功率 P_{omax}。

（2）估算 VT3、VT4 的极限参数 I_{CM}、$U_{(BR)CEO}$ 和 P_{CM}。

（3）假设复合管总的 $\beta=600$，则要求前置放大级提供给复合管基极的电流最大值 I_{bmax} 等于多少？

（4）若本电路不采用复合管，而用 $\beta=20$ 的 BJT，此时要求前置放大级提供给 BJT 基极的电流最大值 I_{bmax} 等于多少？

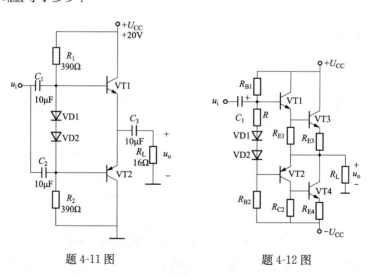

题 4-11 图　　　　　　　　　题 4-12 图

4-13　分析题 4-13 图所示的功率放大电路，要求：

（1）说明放大电路中共有几个放大级，各放大级包括哪几个 BJT，分别组成何种类型的电路。

（2）分别说明以下元器件的作用：R_1、VD1 和 VD2；R_3 和 C；R_F。

（3）若二极管 VD1 或 VD2 的极性接反，将产生什么后果？

（4）已知 $U_{CC}=15V$，$R_L=8\Omega$，VT6、VT7 的饱和管压降 $U_{CES}=1.2V$，当输出电流达到最大时，电阻 R_{E6} 和 R_{E7} 上的电压均为 $0.6V$，试估算电路的最大输出功率。

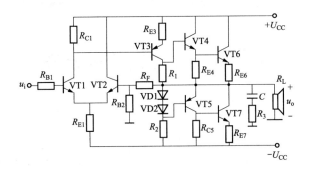

题 4-13 图

第五章　集成运算放大器

本章提要

　　首先介绍集成运算放大器的定义，讨论直接耦合方式引起的零点漂移问题，消除零点漂移的方法，定义了差模信号、共模信号。然后对长尾式差动放大电路、恒流源式差动放大电路的计算进行详细介绍，介绍了集成运算放大器中的直流电流源电路。最后以LM741芯片为例详细分析内部结构。

第一节　集成运算放大器概述

　　1. 集成运算放大器的基本概念

　　集成运算放大器是用集成电路工艺制成的高放大倍数的直接耦合的多级放大电路。集成运算放大器的原理框图如图 5-1-1 所示。集

图 5-1-1　集成运算放大器的原理框图

成运算放大器包括输入级、中间级、输出级和偏置电路。集成运算放大器经常简称为"运放"。

　　集成电路的工艺特点如下：

　　（1）元器件具有良好的一致性和同向偏差，因而特别有利于实现需要对称结构的电路。

　　（2）集成电路的芯片面积小，集成度高，所以功耗很小，在毫瓦以下。

　　（3）不易制造大电阻。需要大电阻时，往往使用有源负载。

　　（4）只能制作几十皮法以下的小电容。因此，集成运算放大器都采用直接耦合方式。如需大电容，只能外接。

　　（5）不能制造电感，如需电感，也只能外接。

　　（6）一般无二极管，需要时用 BJT 代替（b、c 极接在一起）。

　　输入级通常要求有尽可能低的零点漂移、较高的共模抑制能力、输入阻抗高及偏置电流小，因此一般采用差动放大电路。

　　中间级主要承担电压放大的任务，多采用共射或共源放大电路。为了提高电压放大倍数，经常采用复合管作为放大管，用恒流源作为有源负载。

　　输出级要求具有一定的带负载能力（即输出电阻小）和一定的输出电压及电流动态范围。因此输出级多采用射极输出器、互补对称电路。

　　偏置电路用于设置集成运算放大器各级放大电路的静态工作点。一般采用镜像电流源，以及由其演变而成的微电流源、多路输出电流源等。

　　2. 零点漂移

　　放大电路的输入信号为零时，输出端仍有缓慢变化的电压信号产生，这种现象称为零点

漂移，简称零漂。

产生零漂的主要原因是环境温度的变化，温度的变化引起放大电路中 BJT 的静态工作点随着温度的变化而移动。从放大电路的输出端来看有一个缓慢变化的电压信号，实际上是静态工作点的移动。这种缓慢变化的电压信号又因为是直接耦合方式而被逐级放大。

电源电压波动也是产生零漂的原因之一。

由温度变化所引起的零漂大小的指标是温度每升高 1℃，输出漂移电压按电压增益折算到输入端的等效输入漂移电压值，称为温漂。

减小零漂的措施主要有：①用非线性元器件进行温度补偿；②采用恒温环境；③采用差动放大电路。第一种方法中非线性元器件的特性很难做到与温度的变化相适应，因为温度的变化规律性不强。第二种方法中要制造一个恒温环境代价太大。第三种方法中采用差动放大电路，从电路的拓扑结构的角度来解决问题，比较简单易行。抑制第一级放大电路中的零漂是最关键的，因为第一级产生的零漂到达电路的输出端所经历的电路的级数最多，放大倍数也最大，所以第一级放大电路中的零漂小了，对抑制零漂的贡献也最大。

第二节　长尾式差动放大电路

一、差模输入双端输出长尾式差动放大电路

差模输入双端输出长尾式差动放大电路如图 5-2-1 所示。长尾式差动放大电路由两个结构完全对称的共射电路并联组成，通过射极公共电阻 R_{EE} 耦合，称为射极耦合的差动放大电路。在本章第五节介绍集成运算放大器芯片 LM741 的内部结构时读者会接触到集电极耦合的差动放大电路和基极耦合的差动放大电路。

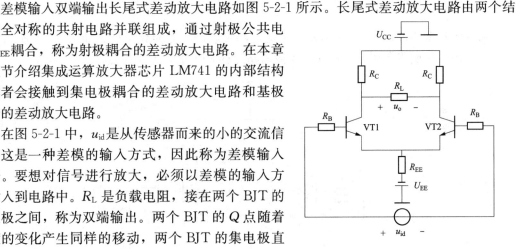

图 5-2-1　差模输入双端输出长尾式差动放大电路

在图 5-2-1 中，u_{id} 是从传感器而来的小的交流信号，这是一种差模的输入方式，因此称为差模输入信号。要想对信号进行放大，必须以差模的输入方式输入到电路中。R_L 是负载电阻，接在两个 BJT 的集电极之间，称为双端输出。两个 BJT 的 Q 点随着温度的变化产生同样的移动，两个 BJT 的集电极直流电位随温度做同样的变化，因为交流信号从两个 BJT 的集电极之间输出，Q 点的变化可以抵消，从而克服温度的影响，解决零漂问题。

（一）静态分析

按照第二章中所介绍的 7 条画直流通路的规则，对图 5-2-1 所示的差模输入双端输出长尾式差动放大电路画出直流通路，如图 5-2-2 所示。

另外，考虑到差动放大电路的对称性，可以从两个角度进一步简化图 5-2-2 所示的直流通路。

观察图 5-2-2 所示的电路可知是对称的，根据对称性这个特点，对 R_L 电阻可以做进一步的处理和简化，R_L 电阻接在两个 BJT 的集电极之间，两个 BJT 的集电极电位完全相同，

所以没有电流流过，R_L 电阻可以做开路处理。

　　观察图 5-2-2，在将差模信号交流电压源 u_{id} 做短路处理时，可以将交流电压源 u_{id} 分解成两个大小相等的串联连接的电压源，如图 5-2-3 所示，考虑到两个共射电路完全对称，串联连接的电压源的连接点是零电位，相当于接地。

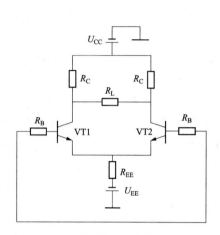

图 5-2-2　差模输入双端输出长尾式
差动放大电路的直流通路

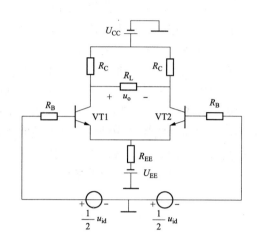

图 5-2-3　差模输入信号的分解

　　考虑上述两点后，图 5-2-2 所示的直流通路可以进一步简化，得到如图 5-2-4 所示的最简直流通路，后面将利用这个最简的直流通路计算 BJT 的静态工作点。

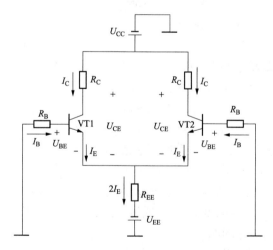

图 5-2-4　简化后的直流通路

　　针对图 5-2-4，静态工作点的计算过程如下。首先计算 BJT 的基极电流，对 R_B、发射结、R_{EE}、U_{EE} 所在的回路列 KVL 方程，标示元件的端电压的参考方向和符号如图 5-2-5 所示。

　　根据图 5-2-5，列出如下方程

$$+U_1 + U_{BE} + U_2 + U_3 = 0 \tag{5-2-1}$$

$$U_1 = +I_\text{B}R_\text{B} \tag{5-2-2}$$

$$U_2 = +2I_\text{E}R_\text{EE} \tag{5-2-3}$$

$$U_3 = -U_\text{EE} \tag{5-2-4}$$

$$U_\text{BE} = +0.7\text{V} \tag{5-2-5}$$

$$I_\text{E} = (1+\beta)I_\text{B} \tag{5-2-6}$$

将式（5-2-2）～式（5-2-6）代入式（5-2-1），整理得 BJT 的基极电流为

$$I_\text{B} = \frac{U_\text{EE} - 0.7\text{V}}{R_\text{B} + 2(1+\beta)R_\text{EE}} \tag{5-2-7}$$

集电极电流为

$$I_\text{C} = \beta I_\text{B} \tag{5-2-8}$$

下面计算集电极-发射极电压 U_CE。对 U_CC、R_C、BJT、R_EE、U_EE 所在的回路列 KVL 方程，标示元件的端电压参考方向和符号如图 5-2-6 所示。

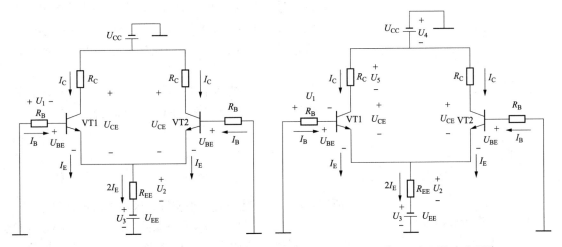

图 5-2-5　求基极电流的直流通路　　　　图 5-2-6　求 U_CE 电压的直流通路

根据图 5-2-6，列出如下方程

$$-U_3 - U_2 - U_\text{CE} - U_5 - U_4 = 0 \tag{5-2-9}$$

$$U_5 = +I_\text{C}R_\text{C} \tag{5-2-10}$$

$$U_2 = +2I_\text{E}R_\text{EE} \tag{5-2-11}$$

$$U_3 = -U_\text{EE} \tag{5-2-12}$$

$$U_4 = -U_\text{CC} \tag{5-2-13}$$

将式（5-2-10）～式（5-2-13）代入式（5-2-9），整理得 BJT 的 U_CE 电压

$$U_\text{CE} = U_\text{CC} + U_\text{EE} - I_\text{C}R_\text{C} - 2I_\text{E}R_\text{EE} \tag{5-2-14}$$

再利用 $I_\text{C} \approx I_\text{E}$，式（5-2-14）改写为

$$U_\text{CE} = U_\text{CC} + U_\text{EE} - I_\text{C}(R_\text{C} + 2R_\text{EE}) \tag{5-2-15}$$

计算 U_CE 时也可以对 U_CC、R_C、U_CE、U_BE、R_B 所在的回路列 KVL 方程。根据图 5-2-6，列出如下方程

$$+U_1 + U_\text{BE} - U_\text{CE} - U_5 - U_4 = 0 \tag{5-2-16}$$

$$U_1 = +I_\text{B}R_\text{B} \tag{5-2-17}$$

$$U_5 = + I_C R_C \tag{5-2-18}$$

$$U_{BE} = + 0.7\text{V} \tag{5-2-19}$$

$$U_4 = -U_{CC} \tag{5-2-20}$$

将式（5-2-17）～式（5-2-20）代入式（5-2-16），整理得 U_{CE} 电压

$$U_{CE} = U_{CC} - I_C R_C + I_B R_B + 0.7\text{V} \tag{5-2-21}$$

还可以用如下的方法求解 U_{CE} 电压。电路求解时，经常使用电位的概念，可以先求得集电极电位 $U_C = U_{CC} - I_C R_C$，再求得发射极电位 $U_E = -I_B R_B - 0.7\text{V}$，两者相减，得到 U_{CE} 电压为 $U_{CE} = U_C - U_E = U_{CC} - I_C R_C + I_B R_B + 0.7\text{V}$。

（二）差模交流信号指标的计算

按照第二章所介绍的 7 条画交流通路的规则对图 5-2-1 所示的差模输入双端输出长尾式差动放大电路画出差模交流通路，如图 5-2-7 所示。

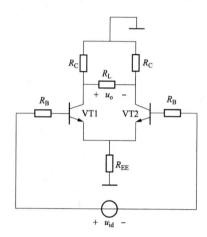

观察图 5-2-7，考虑到差动放大电路的对称性，可以将差模信号交流电压源 u_{id} 分解成两个大小相等的串联连接的电压源，如图 5-2-8 所示。考虑到两个共射电路完全对称，串联连接的电压源的连接点是零电位，相当于接地。

将图 5-2-8 中的两个电压源分别用 u_{id1}、u_{id2} 表示，如图 5-2-9 所示，将图 5-2-9 与图 5-2-8 做对比，得

$$u_{id1} = \frac{1}{2} u_{id} \tag{5-2-22}$$

$$u_{id2} = -\frac{1}{2} u_{id} \tag{5-2-23}$$

所以，u_{id1}、u_{id2} 是一对大小相等、极性相反的信号，即

$$u_{id1} = -u_{id2} \tag{5-2-24}$$

图 5-2-7　差模输入双端输出长尾式差动放大电路的差模交流通路
（还可以对 R_{EE} 电阻进一步处理）

考虑到差动放大电路的对称性，可以进一步简化图 5-2-9 所示的差模交流通路，思路是研究在某个瞬间电路中各种量的相对关系，u_{id} 的参考方向如图 5-2-7 所示，将时刻定格在 $u_{id} = +2\text{mV}$ 的瞬间，即 $u_{id1} = +1\text{mV}$、$u_{id2} = -1\text{mV}$ 的瞬间，u_{id1}、u_{id2} 的参考方向如图 5-2-9 所示，在此瞬间各电压的真实方向和各电流的真实方向如图 5-2-10 所示。

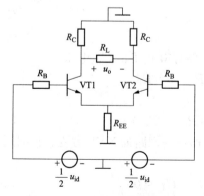

图 5-2-8　差模输入信号的分解

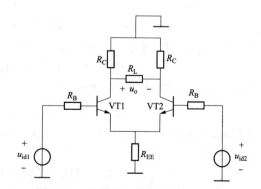

图 5-2-9　差模输入信号的另一种画法

在图 5-2-10 中，VT1 的基极电流和 VT2 的基极电流大小相等，VT1 的基极电流的真实方向为流入基极，VT2 的基极电流的真实方向为流出基极；VT1 的发射极电流和 VT2 的发射极电流大小相等，VT1 的发射极电流的真实方向为流出发射极，VT2 的发射极电流的真实方向为流入发射极。根据 KCL 定律，R_{EE} 电阻将没有电流流过，其两端没有差模交流信号产生的电压，所以对于差模交流信号而言，R_{EE} 电阻是短路的。VT1 的

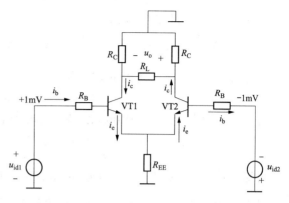

图 5-2-10　解释 R_{EE} 电阻差模交流短路的示意图

集电极对地的电位为负，VT2 的集电极对地的电位为正。R_L 电阻的中点的电位为 0。

在图 5-2-7 所示的差模输入双端输出长尾式差动放大电路的差模交流通路中，将 R_{EE} 电阻短路，得到简化后的差模交流通路，如图 5-2-11 所示。

为了计算差模电压放大倍数，将图 5-2-11 中的差模交流信号 u_{id} 和负载电阻 R_L 做分解，负载 R_L 电阻接在两个 BJT 的集电极之间，两个 BJT 的集电极电位大小相等，极性相反，将 R_L 电阻分为相等的两份，每份均是 $\dfrac{R_L}{2}$，R_L 电阻的中点接地。差模交流信号 u_{id} 的分解如图 5-2-9 所示。差模输入双端输出长尾式差动放大电路的差模交流通

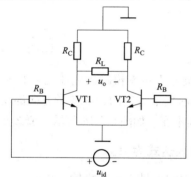

图 5-2-11　差模交流通路的简化电路

路的另一种画法如图 5-2-12 所示。

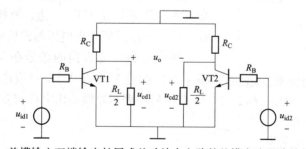

图 5-2-12　差模输入双端输出长尾式差动放大电路的差模交流通路的另一种画法

1. 求差模电压放大倍数

画出图 5-2-12 对应的差模小信号等效电路，如图 5-2-13 所示。

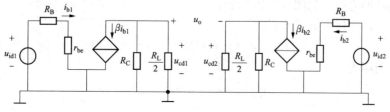

图 5-2-13　差模小信号等效电路

差模电压放大倍数的定义为

$$A_{ud} = \frac{u_o}{u_{id}} \tag{5-2-25}$$

因为图 5-2-13 所示的电路对称，有

$$u_{cd1} = -u_{cd2} \tag{5-2-26}$$

为了便于求解，对差模电压放大倍数的公式进行变换，利用式（5-2-24）和式（5-2-26），得

$$A_{ud} = \frac{u_o}{u_{id}} = \frac{u_{cd1} - u_{cd2}}{u_{id1} - u_{id2}} = \frac{2u_{cd1}}{2u_{id1}} = \frac{u_{cd1}}{u_{id1}} = \frac{-2u_{cd2}}{-2u_{id2}} = \frac{u_{cd2}}{u_{id2}} \tag{5-2-27}$$

可知，差模电压放大倍数的求解可以转换成对一个共射放大电路的求解。

设 $R'_L = R_C // \dfrac{R_L}{2}$。根据图 5-2-13，列出如下方程

$$u_{cd1} = -R'_L \beta i_{b1} \tag{5-2-28}$$

$$u_{id1} = +(R_B + r_{be})i_{b1} \tag{5-2-29}$$

差模电压放大倍数 A_{ud} 为

$$A_{ud} = \frac{u_o}{u_{id}} = \frac{u_{cd1}}{u_{id1}} = -\frac{\beta R'_L}{R_B + r_{be}} \tag{5-2-30}$$

从式（5-2-30）可以看出，差模电压放大倍数 A_{ud} 中的负号表示差模输出电压与差模输入电压反相，这是在 u_{id}、u_o 的参考方向如图 5-2-11 所示的前提下得出的，即参考方向的正号均在 VT1 一边。如果改变 u_o 的参考方向，而 u_{id} 的参考方向不变，如图 5-2-14 所示，那么差

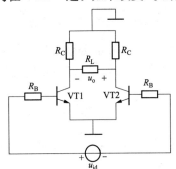

模电压放大倍数 A_{ud} 的表达式为 $A_{ud} = \dfrac{u_o}{u_{id}} = +\dfrac{\beta R'_L}{R_B + r_{be}}$，差模电压放大倍数 A_{ud} 中的正号表示差模输出电压与差模输入电压同相。读者可自行分析计算。

如果 u_{id} 的参考方向的正号在 VT2 一边，而 u_o 的参考方向的正号在 VT1 一边，差模电压放大倍数 A_{ud} 有正号，表示差模输出电压与差模输入电压同相。

如果 u_{id} 的参考方向的正号在 VT2 一边，而 u_o 的参考方向的正号也在 VT2 一边，差模电压放大倍数 A_{ud} 有负号，表示差模输出电压与差模输入电压反相。

图 5-2-14　差模输入电压和差模输出电压参考方向的另一种标示方法

2. 求差模输入电阻

差模输入电阻的定义为

$$R_{id} = \frac{u_{id}}{i_{id}} \tag{5-2-31}$$

求差模输入电阻的等效电路如图 5-2-15 所示，根据输入电阻的定义，选回路列写 KVL 方程和欧姆定律的方程，如图 5-2-16 所示。

根据图 5-2-16，列出如下方程：

$$i_{id}(R_B + r_{be}) + i_{id}(R_B + r_{be}) - u_{id} = 0$$

差模输入电阻为

$$R_{id} = \frac{u_{id}}{i_{id}} = 2(R_B + r_{be}) \tag{5-2-32}$$

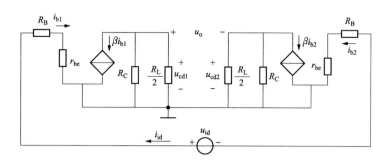

图 5-2-15　求差模输入电阻的等效电路

3. 求差模输出电阻

利用图 5-2-13 所示的差模输入双端输出长尾式差动放大电路的差模小信号等效电路，根据输出电阻的定义，求差模输出电阻的等效电路如图 5-2-17 所示。

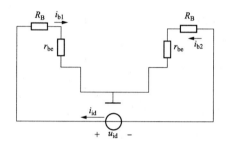

图 5-2-16　求差模输入电阻的回路

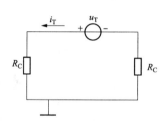

图 5-2-17　求差模输出电阻
（双端输出）的小信号等效电路

根据图 5-2-17，得到差模输出电阻为

$$R_{\mathrm{od}} = \frac{u_{\mathrm{T}}}{i_{\mathrm{T}}} = 2R_{\mathrm{C}} \tag{5-2-33}$$

二、差模输入单端输出长尾式差动放大电路

差模输入单端输出长尾式差动放大电路如图 5-2-18 所示。负载电阻接在 VT1 一侧。

在图 5-2-18 中，R_{L} 是负载电阻，接在 VT1 的集电极和地之间，称为单端输出。VT1 的 Q 点随着温度的变化产生移动，有零漂问题。u_{id} 是从传感器而来的小的交流信号，这是一种差模的输入方式，因此称为差模输入信号。因为两个共射电路在输入端是对称的，尽管输出端是不对称的，可以近似认为交流电压源 u_{id} 的中点接地，是零电位。

（一）静态分析

对图 5-2-18 所示的差模输入单端输出长尾式差动放大电路画出直流通路，如图 5-2-19 所示。

根据图 5-2-19，列出如下方程

$$I_{\mathrm{B}}R_{\mathrm{B}} + U_{\mathrm{BE}} + 2I_{\mathrm{E}}R_{\mathrm{EE}} - U_{\mathrm{EE}} = 0 \tag{5-2-34}$$

$$0 - U_{\mathrm{E}} = I_{\mathrm{B}}R_{\mathrm{B}} + U_{\mathrm{BE}} \tag{5-2-35}$$

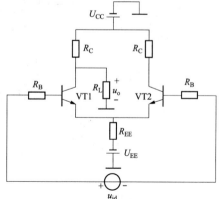

图 5-2-18　差模输入单端输出（VT1
输出）长尾式差动放大电路

整理得
$$I_B = \frac{U_{EE} - U_{BE}}{R_B + 2(1 + \beta)R_{EE}} \qquad (5\text{-}2\text{-}36)$$

$$U_E = -I_B R_B - U_{BE} \qquad (5\text{-}2\text{-}37)$$

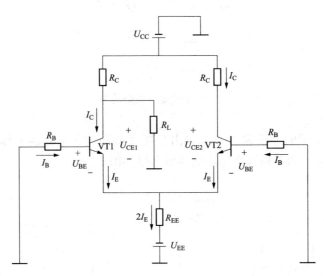

图 5-2-19　差模输入单端输出长尾式差动放大电路的直流通路

在图 5-2-19 中，两个 BJT 的 U_{CE1} 和 U_{CE2} 是不同的，先求 U_{CE2}。

VT2 集电极的电位为
$$U_{C2} = U_{CC} - I_C R_C \qquad (5\text{-}2\text{-}38)$$

根据式（5-2-38）和式（5-2-37），得
$$\begin{aligned} U_{CE2} &= U_{C2} - U_E \\ &= U_{CC} - I_C R_C + I_B R_B + U_{BE} \end{aligned} \qquad (5\text{-}2\text{-}39)$$

再求 U_{CE1}，将图 5-2-19 中的直流电源分开画，等效后的电路如图 5-2-20 所示。

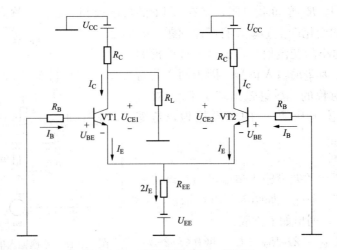

图 5-2-20　直流通路的另一种画法

对图 5-2-20 进行戴维南等效后的电路如图 5-2-21 所示。

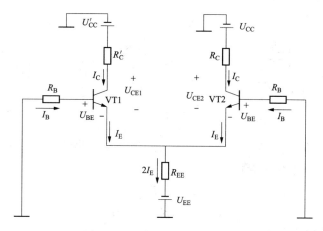

图 5-2-21　直流通路的等效电路

戴维南等效中的开路电压和入端电阻的表达式分别为

$$U'_{CC} = \frac{R_L}{R_C + R_L} \cdot U_{CC} \tag{5-2-40}$$

$$R'_C = R_C \; /\!/ \; R_L \tag{5-2-41}$$

VT1 集电极的电位为

$$U_{C1} = U'_{CC} - I_C R'_C = \frac{R_L}{R_C + R_L} \cdot U_{CC} - I_C (R_C \; /\!/ \; R_L) \tag{5-2-42}$$

根据式（5-2-42）和式（5-2-37），得

$$U_{CE1} = U_{C1} - U_E$$

$$= \frac{R_L}{R_C + R_L} \cdot U_{CC} - I_C (R_C \; /\!/ \; R_L) + I_B R_B + U_{BE} \tag{5-2-43}$$

（二）差模电压放大倍数

对图 5-2-18 所示的差模输入单端输出长尾式差动放大电路画出差模交流通路。对于差模交流信号而言，根据对称性，进一步将 R_{EE} 电阻做短路处理，最后得到的差模交流通路如图 5-2-22 所示。

为了方便计算差模电压放大倍数，考虑到差动放大电路输入端的对称性，如前所述，也可以将差模输入信号 u_{id} 分解成两个大小相等的串联连接的电压源，串联连接的电压源的连接点是零电位，相当于接地。按照上述原则处理后得到的差模交流通路如图 5-2-23 所示。

画出图 5-2-23 对应的差模小信号等效电路，如图 5-2-24 所示。记 $R'_L = R_L \; /\!/ R_C$。

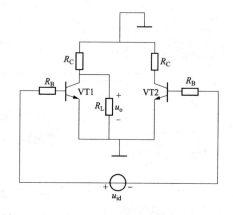

图 5-2-22　差模输入单端输出长尾式差动放大电路的差模交流通路

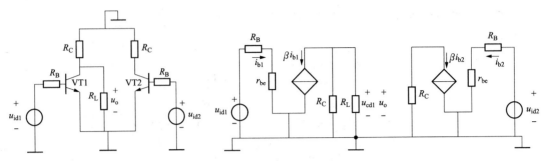

图 5-2-23　差模输入信号的分解　　　　图 5-2-24　差模小信号等效电路

根据图 5-2-24，列出如下方程

$$u_{cd1} = -R'_L \beta i_{b1}$$

$$u_{id1} = +(R_B + r_{be})i_{b1}$$

得到差模电压放大倍数的表达式为

$$A_{ud} = \frac{u_o}{u_{id}} = \frac{u_{cd1}}{u_{id1} - u_{id2}} = \frac{u_{cd1}}{2u_{id1}} = -\frac{1}{2} \frac{\beta R'_L}{R_B + r_{be}} = -\frac{1}{2} \frac{\beta(R_L /\!/ R_C)}{R_B + r_{be}} \quad (5\text{-}2\text{-}44)$$

从式（5-2-44）可以看出，带负载时，单端输出时的电压放大倍数近似为双端输出时的一半，空载时正好为一半，负号表示输出电压与输入电压反相。

特别注意，上述结论是在这样的电路参考方向的约定下得出的：差模输入电压 u_{id} 的参考方向的标法是 VT1 端为正，VT2 端为负，单端输出电压 u_o 的参考方向以电位参考点为负，另一端为正。

（三）差模输入电阻

差模输入电阻与输出方式无关，求输入电阻的等效电路如图 5-2-25 所示。

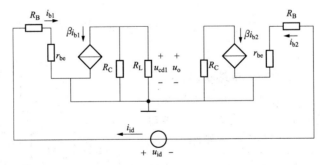

图 5-2-25　求输入电阻的小信号等效电路

差模输入电阻为

$$R_{id} = \frac{u_{id}}{i_{id}} = 2(R_B + r_{be}) \quad (5\text{-}2\text{-}45)$$

图 5-2-26　求输出电阻的
小信号等效电路

（四）差模输出电阻

根据差模输出电阻的定义，单端输出时求差模输出电阻的小信号等效电路如图 5-2-26 所示。

单端输出时的差模输出电阻为

$$R_{od} = \frac{u_T}{i_T} = R_C \quad (5\text{-}2\text{-}46)$$

（五）从 VT2 的集电极单端输出

将图 5-2-18 中的负载电阻接在 VT2 一侧，从 VT2 的集电极输出差模交流信号。静态工作点的计算与从 VT1 一侧输出时有所不同，从 VT2 的集电极输出差模交流信号的差模交流通路如图 5-2-27 所示。基极电流与集电极电流的计算与图 5-2-18 一样，不同的是 U_{CE1}、U_{CE2}，读者可自行分析。

将差模输入信号分解后的差模交流通路如图 5-2-28 所示。

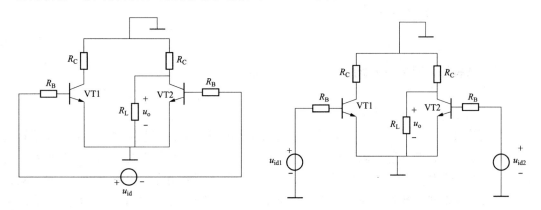

图 5-2-27　从 VT2 的集电极单端输出的差模交流通路　　　　图 5-2-28　差模输入信号的分解

根据图 5-2-28，得到差模小信号等效电路如图 5-2-29 所示。

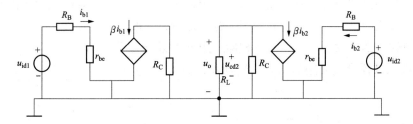

图 5-2-29　从 VT2 的集电极单端输出的差模小信号等效电路

记 $R'_L = R_L /\!/ R_C$。根据图 5-2-29，列出如下方程

$$u_{cd2} = - R'_L \beta i_{b2}$$

$$u_{id2} = + (R_B + r_{be}) i_{b2}$$

差模电压放大倍数的表达式为

$$A_{ud} = \frac{u_o}{u_{id}} = \frac{u_{cd2}}{-2u_{id2}} = -\frac{1}{2} \frac{-R'_L \beta i_{b2}}{(R_B + r_{be}) i_{b2}} = +\frac{1}{2} \frac{\beta R'_L}{R_B + r_{be}} \tag{5-2-47}$$

从式（5-2-47）中的正号可知，在图 5-2-27 所示的参考方向下，从 VT2 一侧输出时的差模输出电压与差模输入电压同相。

比较式（5-2-47）与式（5-2-44）可知，从 VT2 的集电极单端输出时的电压放大倍数大小与从 VT1 的集电极单端输出相同，与之不同的是，式（5-2-47）中为正号，正号表示差模输出电压与差模输入电压同相。

注意到，上述结论是在这样的电路参考方向的约定下得出的：差模输入电压 u_{id} 的参考方向是 VT1 端为正，VT2 端为负，单端输出电压 u_o 参考方向以电位参考点为负，另一端为正。

从 VT2 的集电极单端输出时的差模输入电阻与差模输出电阻与从 VT1 的集电极单端输出相同。

差模输入电阻为

$$R_{id} = \frac{u_{id}}{\dot{i}_{id}} = 2(R_B + r_{be}) \tag{5-2-48}$$

单端输出时的差模输出电阻为

$$R_{od} = \frac{u_T}{\dot{i}_T} = R_C \tag{5-2-49}$$

三、共模输入双端输出长尾式差动放大电路

温度变化或电源电压波动都将使集电极直流电流产生变化，且变化趋势是相同的，其效果可用在两个输入端加入共模信号来评价。

共模信号是人为引入的一个信号，是用来描述零漂大小的。直接描述、测量零漂的大小很麻烦，要先后测量两种不同环境温度下的静态工作点，求取它们的差值。获得两种不同的环境温度是需要代价的。共模信号可以从另一个角度来完成同样的功能。在同样的环境温度下，在输入端施加共模交流输入信号，测量输出端的共模交流输出信号，求取共模放大倍数。共模放大倍数越小，说明电路对共模交流输入信号的抑制能力越强，又说明电路的对称性越好，从而可以说明电路的抑制零漂的能力越强。

差动放大电路对共模信号有很强的抑制作用，这就意味着差放对由温度变化或电源电压波动所引起的输出漂移有很强的抑制作用，这就是研究共模信号的意义。

共模交流输入信号大小相等、极性相同，用 u_{ic} 表示。电路如图 5-2-30 所示。

图 5-2-30 的共模交流通路如图 5-2-31 所示。

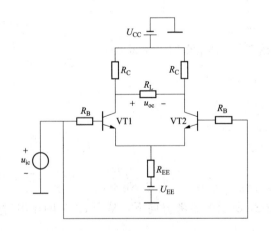

图 5-2-30　共模输入双端输出长尾式差动放大电路

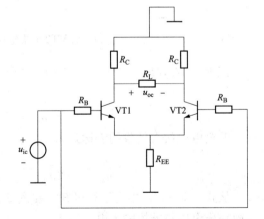

图 5-2-31　共模交流通路（双端输出）

因为电路完全对称，两管的集电极电位完全相同，所以，当双端输出时，共模电压放大倍数为 0。

$$A_{uc} = \frac{u_{oc}}{u_{ic}} = 0 \tag{5-2-50}$$

四、共模输入单端输出长尾式差动放大电路

共模输入单端输出的长尾式差动放大电路如图 5-2-32 所示，从 VT1 的集电极输出信号。

共模输入单端输出的长尾式差动放大电路的共模交流电路如图 5-2-33 所示。

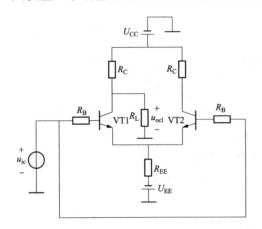

图 5-2-32　共模输入单端输出长尾式差动放大电路　　图 5-2-33　共模交流通路（单端输出）

为求共模电压放大倍数，将 VT2 侧部分电路省略，R_{EE} 电阻等效成 $2R_{EE}$，画出只有 VT1 的共模交流通路的等效电路如图 5-2-34 所示。此等效电路只对观察共模输出电压和共模输入电压而言等效，对其它关系则不等效。

图 5-2-34 对应的小信号等效电路如图 5-2-35 所示。

设 $R_L' = R_L /\!/ R_C$。

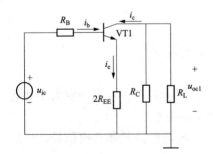

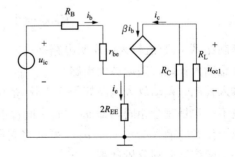

图 5-2-34　共模交流通路
（从 VT1 单端输出）的等效电路

图 5-2-35　图 5-2-34 的小信号等效电路

根据图 5-2-35，列出如下方程

$$u_{oc1} = -R_L' \beta i_b$$

$$u_{ic} = +(R_B + r_{be})i_b + (1+\beta)i_b(2R_{EE})$$

单端输出时的共模电压放大倍数为

$$A_{uc1} = \frac{u_{oc1}}{u_{ic}} = \frac{-\beta(R_C /\!/ R_L)}{R_B + r_{be} + 2(1+\beta)R_{EE}} \tag{5-2-51}$$

可见，当单端输出时，共模电压放大倍数不再是 0。

从式（5-2-51）可以看出，R_{EE} 在分母中，R_{EE} 值越大，共模电压放大倍数越小，R_{EE} 对

共模信号的负反馈作用越强，R_{EE} 对差模信号短路，没有任何作用。但 R_{EE} 值太大，为获得同样数值的 Q 点直流电流，要求直流电压源越大，电路不易实现。因此经常采用恒流源式差动放大电路。

求共模输入电阻的小信号等效电路如图 5-2-36 所示。与双端输出还是单端输出没有关系。

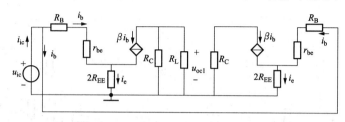

图 5-2-36　求共模输入电阻的小信号等效电路

根据图 5-2-36，对 R_B、r_{be} 和 $2R_{EE}$ 应用欧姆定律，得

$$u_{ic} = +(R_B + r_{be})i_b + (1+\beta)i_b(2R_{EE})$$

根据图 5-2-36，对节点应用 KCL 定律：

$$i_{ic} = 2i_b$$

共模输入电阻为

$$R_{ic} = \frac{u_{ic}}{i_{ic}} = \frac{R_B + r_{be} + 2(1+\beta)R_{EE}}{2} \qquad (5\text{-}2\text{-}52)$$

若从 VT2 集电极输出，与从 VT1 集电极输出完全相同。

共模电压放大倍数越小，说明电路抑制零漂的能力越好，但是还不全面，差模电压放大倍数与共模电压放大倍数之比，称为共模抑制比，能更好地描述这种能力。共模抑制比，用 K_{CMR} 表示，其表达式为

$$K_{CMR} = \left| \frac{A_{ud}}{A_{uc}} \right| \qquad (5\text{-}2\text{-}53)$$

共模抑制比 K_{CMR} 数值越大，说明电路抑制零漂的能力越强。

五、任意输入长尾式差动放大电路

任意输入长尾式差动放大电路如图 5-2-37 所示。输入信号 u_{i1}、u_{i2} 不一定大小相等、极性相反，也不一定是完全相同，即 u_{i1}、u_{i2} 之间没有固定的关系。

对于两个任意的输入信号 u_{i1}、u_{i2}，可以将它们分解成差模信号和共模信号，然后针对差模信号、共模信号分别分析计算，有

$$u_{id} = u_{i1} - u_{i2} \qquad (5\text{-}2\text{-}54)$$

$$u_{ic} = \frac{u_{i1} + u_{i2}}{2} \qquad (5\text{-}2\text{-}55)$$

根据式（5-2-54）和式（5-2-55），得

$$u_{i1} = u_{ic} + \frac{u_{id}}{2} = u_{ic} + u_{id1} \qquad (5\text{-}2\text{-}56)$$

$$u_{i2} = u_{ic} - \frac{u_{id}}{2} = u_{ic} + u_{id2} \qquad (5\text{-}2\text{-}57)$$

根据式（5-2-56）和式（5-2-57），将图 5-2-37 中的输入信号进行分解，如图 5-2-38 所示。

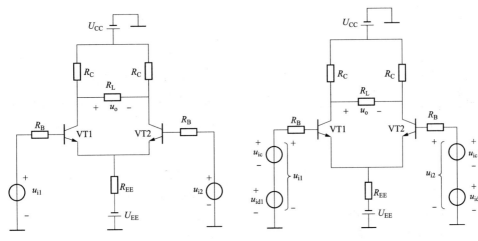

图 5-2-37　任意输入长尾式差动放大电路　　　　图 5-2-38　任意输入信号分解

利用叠加原理，差模信号和共模信号单独作用，利用前面介绍的方法求差模电压放大倍数和共模电压放大倍数，以及差模输出电压 u_{od} 和共模输出电压 u_{oc}。

差模输出电压为

$$u_{od} = A_{ud}u_{id} \tag{5-2-58}$$

共模输出电压为

$$u_{oc} = A_{uc}u_{ic} \tag{5-2-59}$$

总输出电压为

$$u_o = u_{od} + u_{oc} = A_{ud}u_{id} + A_{uc}u_{ic} \tag{5-2-60}$$

六、单端输入双端输出长尾式差动放大电路

单端输入双端输出长尾式差动放大电路如图 5-2-39 所示。

单端输入双端输出可被当作是任意输入的特例，有

$$u_{i1} = u_i \tag{5-2-61}$$
$$u_{i2} = 0 \tag{5-2-62}$$

对于两个任意的输入信号 u_{i1}、u_{i2}，将它们分解成差模信号和共模信号，然后针对差模信号、共模信号分别分析计算，有

$$u_{id} = u_{i1} - u_{i2} = u_i \tag{5-2-63}$$
$$u_{ic} = \frac{u_{i1} + u_{i2}}{2} = \frac{u_i}{2} \tag{5-2-64}$$

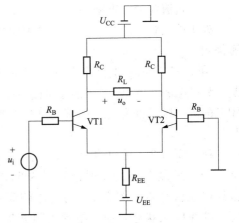

图 5-2-39　单端输入双端输出
长尾式差动放大电路

利用叠加原理，差模信号和共模信号单独作用，求差模输出电压 u_{od} 和共模输出电压 u_{oc}。利用式（5-2-60）可求总输出电压。

七、单端输入单端输出长尾式差动放大电路

单端输入单端输出长尾式差动放大电路如图 5-2-40 所示。

单端输入单端输出可被当作是任意输入的特例，有

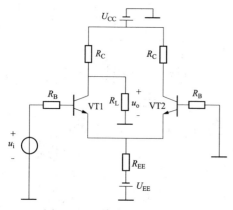

图 5-2-40　单端输入单端输出
长尾式差动放大电路

$$u_{i1} = u_i \qquad (5\text{-}2\text{-}65)$$

$$u_{i2} = 0 \qquad (5\text{-}2\text{-}66)$$

尽管输出电阻接在一侧，输入部分仍然可认为是对称的。对于两个任意的输入信号 u_{i1}、u_{i2}，将它们分解成差模信号和共模信号，然后针对差模信号、共模信号分别分析计算，有

$$u_{id} = u_{i1} - u_{i2} = u_i \qquad (5\text{-}2\text{-}67)$$

$$u_{ic} = \frac{u_{i1} + u_{i2}}{2} = \frac{u_i}{2} \qquad (5\text{-}2\text{-}68)$$

利用叠加原理，差模信号和共模信号单独作用，求差模输出电压 u_{od} 和共模输出电压 u_{oc}。利用式（5-2-60）可求总输出电压。

第三节　恒流源式差动放大电路

在长尾式差动放大电路中，R_{EE} 电阻对共模信号有极强的负反馈，R_{EE} 越大，共模抑制比越高，R_{EE} 电阻越大越好。但是，从静态工作点的角度看，R_{EE} 电阻越大，提供相同静态电流所要求的 U_{EE} 电源电压越大，在电子设备中很难做到提供如此大的直流电压源。恒流源式差动放大电路可以满足这两方面的要求。

恒流源式差动放大电路中，直流电流源是重要的单元电路，所以首先介绍几种直流电流源电路。

一、直流电流源电路

处于放大状态的 BJT 可以提供恒定的电流，可以作为电流源使用。

图 5-3-1 所示的电路中 BJT 的集电极可以提供直流电流，是一种简单的直流电流源电路。图 5-3-1 中 BJT 处在放大状态，

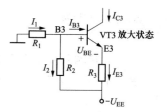

图 5-3-1　直流电流源电路

BJT 的集电极可以为与它连接的其他电路提供恒定的直流电流。图 5-3-1 中电路参数满足 $I_2 \gg I_{B3}$。

观察图 5-3-1 可以看出，此电路与第二章中可以稳定静态工作点的射极偏置电路非常类似，只是 BJT 的发射极经射极偏置电阻接直流电压源的负极，而直流电压源的正极接电位参考点，图 5-3-1 为电路的简化画法。图中所标电流的方向为参考方向。因为 BJT 处在放大状态，所以电流的真实方向与图 5-3-1 中所标的参考方向相同。假设 BJT 是硅管，即 U_{BE} 电压为 0.7V。注意 U_{EE} 本身不包括正负号，只是直流电压源的电压数值。

因为电路参数满足 $I_2 \gg I_{B3}$，所以 BJT 的基极可近似认为开路，电阻 R_1 和 R_2 为串联关系，对电阻 R_1 和 R_2 应用欧姆定律，得到 $0 - (-U_{EE}) = +I_1 (R_1 + R_2)$，得到 I_1 电流的表达式 $I_1 \approx \dfrac{0 - (-U_{EE})}{R_1 + R_2}$。对电阻 R_1 应用欧姆定律，得到 $0 - U_{B3} = +I_1 R_1$。由以上两式得到基极电位的表达式 $U_{B3} \approx -\dfrac{U_{EE}}{R_1 + R_2} R_1$。对电阻 R_3 应用欧姆定律，得 $U_{E3} - (-U_{EE}) = +I_{E3} R_3$，得到

发射极电流的表达式 $I_{E3}=\dfrac{U_{E3}-(-U_{EE})}{R_3}$。因为 $U_{BE}=U_{B3}-U_{E3}$，得到

$$U_{E3}=U_{B3}-U_{BE}\approx-\frac{U_{EE}}{R_1+R_2}R_1-0.7\text{V}$$

BJT 的发射极电流为

$$I_{E3}\approx\frac{-\dfrac{R_1}{R_1+R_2}\cdot U_{EE}-0.7\text{V}+U_{EE}}{R_3}=\frac{\dfrac{R_2}{R_1+R_2}\cdot U_{EE}-0.7\text{V}}{R_3}$$

BJT 的集电极电流与发射极电流近似相等，集电极电流的表达式为

$$I_{C3}\approx I_{E3}\approx\frac{\dfrac{R_2}{R_1+R_2}\cdot U_{EE}-0.7\text{V}}{R_3}$$

例 5-3-1　分析图 5-3-2 所示的直流电流源电路，图中 BJT 处在放大状态，其集电极可以为与它连接的其他电路提供恒定的直流电流，求 BJT 集电极的电流。图 5-3-2 中电路参数满足 $I_2\gg I_{B3}$。

解： 观察图 5-3-2 可以看出，此电路与图 5-3-1 类似，只是多了两个二极管。图 5-3-2 中所标电流的方向为参考方向，因为 BJT 处在放大状态，所以电流的真实方向与图 5-3-2 中所标的参考方向相同。二极管处在正偏状态，对二极管使用直流恒压降模型，题目中没有提及是硅管还是锗管，此处不妨认为是硅管，即 VD1、VD2 两端电压均为 0.7V。U_{EE} 本身不包括正负号，只是直流电压源的电压数值。

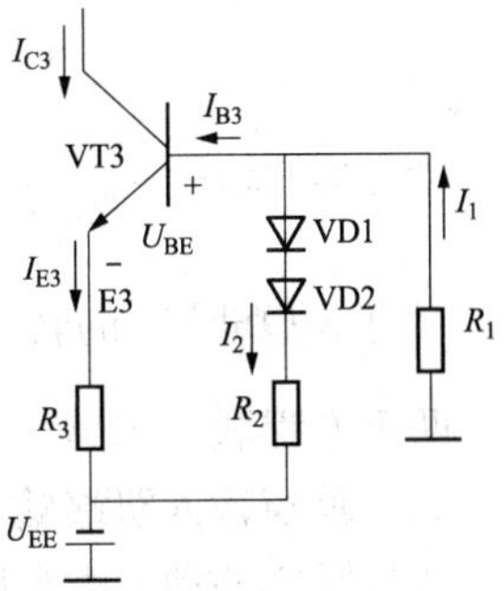

因为电路参数满足 $I_2\gg I_{B3}$，所以 BJT 的基极可近似认为开路，R_1、VD1、VD2、R_2 为串联关系，VD1、VD2 两端电压均为 0.7V，对 R_1 和 R_2 电阻应用欧姆定律，对回路应用 KVL 定律，得 $0-(-U_{EE})=+I_1(R_1+R_2)+0.7+0.7$，得到电流 I_1 为

图 5-3-2　例 5-3-1 的电路

$$I_1\approx\frac{0-(-U_{EE})-0.7-0.7}{R_1+R_2}$$

对 R_1 电阻应用欧姆定律，得到 $0-U_{B3}=+I_1R_1$。联立以上两式得到基极电位

$$U_{B3}\approx-\frac{U_{EE}-1.4}{R_1+R_2}R_1$$

又因为 $U_{BE}=U_{B3}-U_{E3}$，所以 $U_{E3}=U_{B3}-U_{BE}=-\dfrac{U_{EE}-1.4}{R_1+R_2}R_1-0.7$。对 R_3 电阻应用欧姆定律，得到 $U_{E3}-(-U_{EE})=+I_{E3}R_3$，求出 BJT 的发射极电流为

$$I_{E3}\approx\frac{-\dfrac{U_{EE}-1.4}{R_1+R_2}R_1-0.7+U_{EE}}{R_3}$$

因为 BJT 的集电极电流与发射极电流近似相等，所以直流电流源的电流为

$$I_{C3}\approx I_{E3}\approx\frac{\dfrac{R_2}{R_1+R_2}\cdot U_{EE}-0.7+\dfrac{1.4R_1}{R_1+R_2}}{R_3}$$

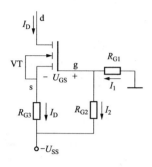

图 5-3-3　例 5-3-2 的电路

例 5-3-2　分析图 5-3-3 所示的直流电流源电路，图中 N 沟道增强型 MOSFET 处在恒流状态（放大状态），MOSFET 的漏极可以为与它连接的其他电路提供恒定的直流电流，求 MOSFET 的漏极电流。

解： 在图 5-3-3 中，MOSFET 的栅极电流为 0。R_{G1}、R_{G2} 为串联关系，对 R_{G1} 和 R_{G2} 电阻应用欧姆定律，得

$$0-(-U_{SS})=+I_1(R_{G1}+R_{G2})$$

整理得电流 $I_1=\dfrac{0-(-U_{SS})}{R_{G1}+R_{G2}}$。对 R_{G1} 电阻应用欧姆定律，得

$$0-U_G=+I_1R_{G1}$$

得到栅极电位 $U_G=-\dfrac{U_{SS}}{R_{G1}+R_{G2}}R_{G1}$。对 R_{G3} 电阻应用欧姆定律，得

$$U_S-(-U_{SS})=+I_DR_{G3}$$

得到源极电位 $U_S=I_DR_{G3}-U_{SS}$。又因为 $U_{GS}=U_G-U_S$，所以栅源电压为

$$U_{GS}=U_G-U_S=-\frac{U_{SS}}{R_{G1}+R_{G2}}R_{G1}-(I_DR_{G3}-U_{SS})$$

整理得 $U_{GS}=-\dfrac{U_{SS}}{R_{G1}+R_{G2}}R_{G1}-I_DR_{G3}+U_{SS}$。

又有 MOSFET 的转移特性曲线方程为 $I_D=I_{DO}\left(\dfrac{U_{GS}}{U_T}-1\right)^2$

两个方程联立求解，可得漏极电流。

二、差模输入双端输出恒流源式差动放大电路

在长尾式差动放大电路中，为了降低共模放大倍数，就要提高电阻 R_{EE} 的值，但是这会引起下列问题：在直流通路中，为了维持一定的 BJT 集电极电流，R_{EE} 阻值的提高会使 U_{EE} 直流电压源的值提高到无法承受的程度。为了弥补这个缺点，常用直流电流源（恒流源）代替 R_{EE} 电阻，得到恒流源式差动放大电路，如图 5-3-4 所示。图 5-3-4 中的 I_0 是直流电流源，而直流电流源可以使用电压值较小的直流电压源来构成。直流恒流源有两个应用，一是可以为 BJT 提供合适的直流电流，二是可以对交流信号提供非常大的交流电阻，正好可以解决长尾式差动放大电路的问题。

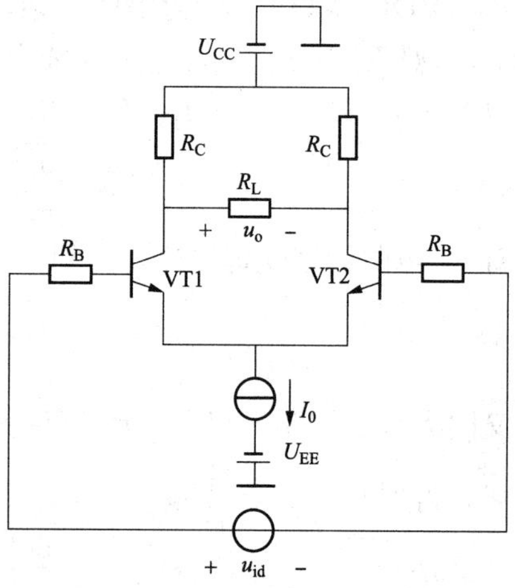

理想的直流电流源是不存在的，实际的直流电流源的内阻用 r_0 表示，r_0 很大。带有内阻 r_0 的恒流源式差动放大电路如图 5-3-5 所示。

图 5-3-4　差模输入双端输出恒流源式差动放大电路

（一）静态分析

画出图 5-3-5 所示电路的直流通路，为计算简便起见，认为 r_0 为无穷大，即直流电流源为理想直流电流源。如图 5-3-6 所示，求静态工作点。

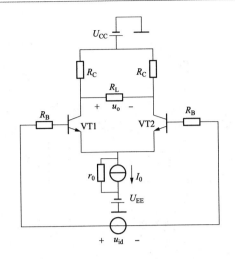

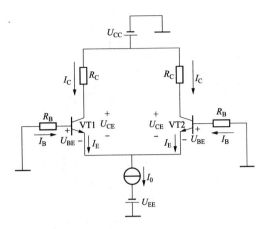

图 5-3-5　带有内阻 r_0 的恒流　　　　　图 5-3-6　差模输入双端输出恒流源式
源式差动放大电路　　　　　　　　　　差动放大电路的直流通路

根据图 5-3-6，电路对称，得到 BJT 的集电极电流为

$$I_C = I_E = \frac{1}{2} I_0 \tag{5-3-1}$$

BJT 的基极电流为

$$I_B = \frac{I_C}{\beta} \tag{5-3-2}$$

BJT 的集电极电位为

$$U_C = U_{CC} - I_C R_C \tag{5-3-3}$$

对基极电阻、BJT 的发射结所在的回路列 KVL 方程，有

$$0 - U_E = I_B R_B + U_{BE} \tag{5-3-4}$$

根据式（5-3-4），得到 BJT 的发射极电位为

$$U_E = -I_B R_B - U_{BE} \tag{5-3-5}$$

BJT 的 U_{CE} 电压为

$$U_{CE} = U_C - U_E = U_{CC} - I_C R_C + I_B R_B + U_{BE} \tag{5-3-6}$$

（二）差模交流指标计算

根据第二章介绍的 7 条规则，对图 5-3-5 所示的差模输入双端输出恒流源式差动放大电路画出交流通路，如图 5-3-7 所示。此处对理想的直流电流源做开路处理。

图 5-3-7 所示的交流通路，对于差模信号而言，可以进一步对内阻 r_0 做短路处理，得到图 5-3-8 所示的差模交流通路。图 5-3-8 对应的差模小信号等效电路与图 5-2-13 相同。利用式（5-2-30）、式（5-2-32）和式（5-2-33）可分别计算差模电压放大倍数、差模输入电阻和差模输出电阻。

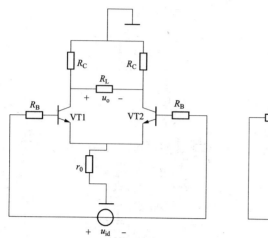

图 5-3-7　差模交流通路

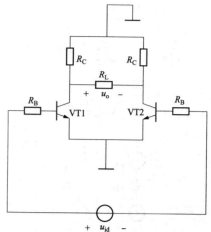

图 5-3-8　化简后的差模交流通路

三、差模输入单端输出恒流源式差动放大电路

差模输入单端输出恒流源式差动放大电路如图 5-3-9 所示。VT2 的集电极接负载电阻。

画出图 5-3-9 所示电路的直流通路，为简单起见，假定直流电流源的内阻为无穷大，如图 5-3-10 所示，求静态工作点。

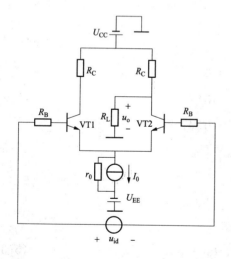

图 5-3-9　差模输入单端输出（VT2 输出）
恒流源式差动放大电路

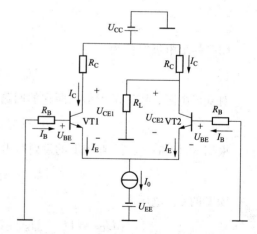

图 5-3-10　差模输入单端输出（VT2 输出）
恒流源式差动放大电路的直流通路

根据图 5-3-10，得到 BJT 的集电极电流为

$$I_{\mathrm{C}} = I_{\mathrm{E}} = \frac{1}{2} I_0 \tag{5-3-7}$$

BJT 的基极电流为

$$I_{\mathrm{B}} = \frac{I_{\mathrm{C}}}{\beta} \tag{5-3-8}$$

VT1 集电极的电位为

$$U_{C1} = U_{CC} - I_C R_C \tag{5-3-9}$$

根据图 5-3-10，对回路列方程，得

$$0 - U_E = I_B R_B + U_{BE} \tag{5-3-10}$$

所以 BJT 的发射极电位为

$$U_E = -I_B R_B - U_{BE} \tag{5-3-11}$$

根据式（5-3-9）和式（5-3-11），得

$$U_{CE1} = U_{C1} - U_E = U_{CC} - I_C R_C + I_B R_B + U_{BE} \tag{5-3-12}$$

再求 U_{CE2}，方法与前述类似，将图 5-3-10 中的直流电压源 U_{CC} 分开画，然后进行戴维南等效，如图 5-3-11 所示。

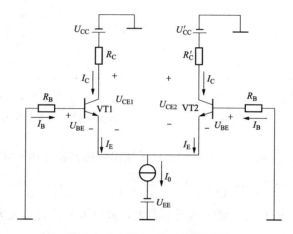

图 5-3-11　图 5-3-10 的等效电路

戴维南等效中的开路电压的表达式和入端电阻的表达式分别为

$$U'_{CC} = \frac{R_L}{R_C + R_L} \cdot U_{CC} \tag{5-3-13}$$

$$R'_C = R_C \mathbin{/\mkern-5mu/} R_L \tag{5-3-14}$$

VT2 集电极的电位为

$$U_{C2} = U'_{CC} - I_C R'_C = \frac{R_L}{R_C + R_L} \cdot U_{CC} - I_C (R_C \mathbin{/\mkern-5mu/} R_L) \tag{5-3-15}$$

根据式（5-3-15）和式（5-3-11），得到 VT2 的集-射电压，即

$$
\begin{aligned}
U_{CE2} &= U_{C2} - U_E \\
&= \frac{R_L}{R_C + R_L} \cdot U_{CC} - I_C (R_C \mathbin{/\mkern-5mu/} R_L) + I_B R_B + U_{BE}
\end{aligned} \tag{5-3-16}
$$

图 5-3-9 的差模小信号等效电路如图 5-2-29 所示。利用式（5-2-47）、式（5-2-48）和 (5-2-49) 可分别计算差模电压放大倍数、差模输入电阻和差模输出电阻。

四、共模输入恒流源式差动放大电路

（一）共模输入双端输出恒流源式差动放大电路

共模输入双端输出恒流源式差动放大电路的共模交流通路如图 5-3-12 所示。

双端输出时，因为电路对称，所以共模电压放大倍数 $A_{uc} = 0$。

（二）共模输入单端输出恒流源式差动放大电路

共模输入单端输出恒流源式差动放大电路的共模交流电路如图 5-3-13 所示。若将其中的 r_0 改成 R_{EE} 则其与图 5-2-33 相同。

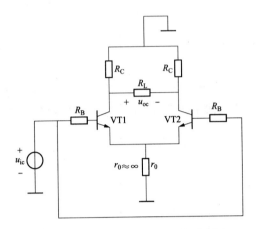

图 5-3-12　共模输入双端输出恒流源式
差动放大电路的共模交流通路

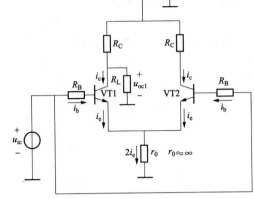

图 5-3-13　共模输入单端输出恒流源式差动
放大电路的共模交流通路（单端输出）

根据式（5-2-51），将 R_{EE} 改为 r_0，得到单端输出时的共模电压放大倍数为

$$A_{uc1} = \frac{u_{oc1}}{u_{ic}} = \frac{-\beta(R_C /\!/ R_L)}{(R_B + r_{be}) + 2(1+\beta)r_0} \approx \frac{-(R_C /\!/ R_L)}{2r_0} \tag{5-3-17}$$

对共模信号而言，恒流源的交流内阻非常大，可以近似认为是无穷大，$r_0 \approx \infty$。所以，当单端输出时，由式（5-3-17）可得，共模电压放大倍数 $A_{uc1} = \dfrac{u_{oc1}}{u_{ic}} = 0$。

综上所述，不管是双端输出，还是单端输出，共模电压放大倍数均为 0。

在差模输入单端输出情况下，恒流源式差动放大电路与长尾式差动放大电路没有任何区别。恒流源式差动放大电路的优势在于对共模信号有很强的抑制作用。

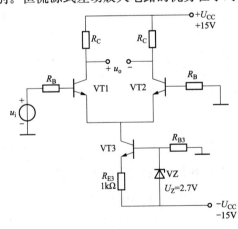

图 5-3-14　例 5-3-3 的电路

例 5-3-3　恒流源式差动放大电路如图 5-3-14 所示。$R_C = 5\text{k}\Omega$，$R_B = 1\text{k}\Omega$，$\beta = 100$。

（1）求恒流源的直流电流。

（2）设 VT1 和 VT2 参数相同，求静态工作点。

（3）求差模电压放大倍数、差模输入电阻和差模输出电阻。

（4）求共模电压放大倍数。

（5）已知 $u_i = 10\text{mV}$，求差模输入电压、共模输入电压和交流输出电压 u_o。

解： 直流通路如图 5-3-15 所示。稳压管处于反向击穿状态。

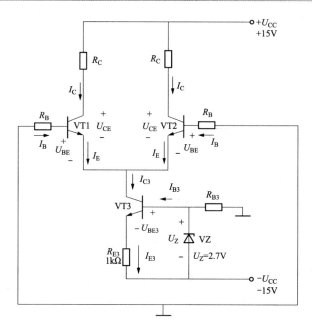

图 5-3-15　直流通路

（1）求恒流源的直流电流。$I_{E3}R_{E3}+U_{BE3}=U_Z$，$I_{E3}=\dfrac{U_Z-U_{BE3}}{R_{E3}}=\dfrac{2.7-0.7}{1}=2$（mA），$I_{C3}\approx I_{E3}=2\text{mA}$。可将恒流源电路用理想的直流电流源符号代替，其电流值为 2mA。

（2）求静态工作点。$I_C=\dfrac{1}{2}I_{C3}=1$（mA）。$I_B=\dfrac{I_C}{\beta}=0.01$（mA）。

$$0-U_E=I_BR_B+U_{BE}$$
$$U_E=-I_BR_B-U_{BE}=-0.01\times5-0.7=-0.75(\text{V})$$
$$U_C=U_{CC}-I_CR_C=15-1\times5=10(\text{V})$$
$$U_{CE}=U_C-U_E=10-(-0.75)=10.75(\text{V})$$

（3）求差模电压放大倍数。

$$r_{be}=200+\dfrac{26}{I_B}=200+\dfrac{26}{0.01}=2800(\Omega)=2.8(\text{k}\Omega)$$

差模输入信号做分解后的差模小信号等效电路如图 5-3-16 所示。

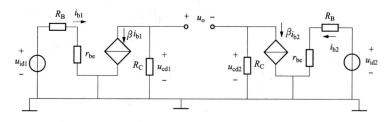

图 5-3-16　例 5-3-3 的差模小信号等效电路

根据图 5-3-16，列出如下方程，得

$$u_{cd1}=-R_C\beta i_{b1}$$
$$u_{id1}=+(R_B+r_{be})i_{b1}$$

差模电压放大倍数为

$$A_{\text{ud}} = \frac{u_o}{u_{\text{id}}} = \frac{u_{\text{cd1}} - u_{\text{cd2}}}{u_{\text{id1}} - u_{\text{id2}}} = \frac{2u_{\text{cd1}}}{2u_{\text{id1}}} = \frac{u_{\text{cd1}}}{u_{\text{id1}}} = -\frac{\beta R_C}{R_B + r_{\text{be}}} = -\frac{100 \times 5}{1 + 2.8} \approx -131.6$$

差模输入电阻为

$$R_{\text{id}} = \frac{u_{\text{id}}}{i_{\text{id}}} = 2(R_B + r_{\text{be}}) = 2 \times (1 + 2.8) = 7.6(\text{k}\Omega)$$

差模输出电阻为

$$R_{\text{od}} = 2R_C = 10(\text{k}\Omega)$$

（4）求共模电压放大倍数。

恒流源使 BJT 的 Q 点不随温度的变化而变化，共模电压放大倍数 $A_{\text{uc}} = 0$。

（5）令 $u_{\text{i1}} = u_i$，$u_{\text{i2}} = 0$。

差模输入电压为 $u_{\text{id}} = u_{\text{i1}} - u_{\text{i2}} = u_i = 10$ （mV）

共模输入电压为 $u_{\text{ic}} = \dfrac{u_{\text{i1}} + u_{\text{i2}}}{2} = \dfrac{u_i}{2} = 5$ （mV）

交流输出电压为 $u_o = u_{\text{od}} + u_{\text{oc}} = A_{\text{ud}} u_{\text{id}} + A_{\text{uc}} u_{\text{ic}} = -131.6 \times 10 + 0 \times 5 = -1316$ （mV）

第四节　集成运算放大器中的直流电流源（恒流源）电路

在第三节中，介绍了分立元件的直流电流源电路，对于模拟集成电路，有专用的直流电流源电路。因为直流电流源的等效交流电阻大，所以模拟集成电路中广泛地使用直流电流源电路的较大的等效交流电阻作为放大电路的有源负载使用，以提供较大的差模电压放大倍数。另外还使用直流电流源电路的较大的等效交流电阻为共模信号提供较强的负反馈，以降低共模信号的输出，稳定静态工作点，降低零漂。另外，从放大电路的直流通路来讲，直流电流源可以以较小的直流电压源的电压为三极管提供合适的静态工作点。

模拟集成电路中的直流电流源有镜像直流电流源（简称为镜像电流源）、比例直流电流源（简称为比例电流源）和微直流电流源（简称为微电流源）等。

一、镜像直流电流源

（一）NPN 管构成的镜像直流电流源

NPN 管构成的镜像电流源电路如图 5-4-1 所示，NPN 管 VT1、VT2 工作在放大状态。

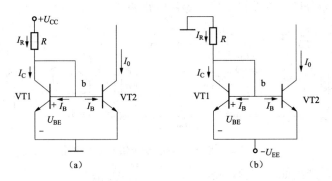

图 5-4-1　NPN 管构成的镜像电流源电路

(a) 镜像电流源电路之一；(b) 镜像电流源电路之二

已知在图 5-4-1（a）中，有 $\beta \gg 2$、$U_{CC} \gg U_{BE}$ 成立。

在图 5-4-1（a）中，对电阻应用欧姆定律，又因为有 $U_{CC} \gg U_{BE}$ 成立，可得

$$U_B = U_{BE}$$

$$(+U_{CC}) - U_B = +I_R R$$

$$I_R = \frac{U_{CC} - U_{BE}}{R} \approx \frac{U_{CC}}{R} \tag{5-4-1}$$

基极 b 点连接有 4 条支路，对基极 b 点应用 KCL 定律，得

$$-I_C + I_R - I_B - I_B = 0 \tag{5-4-2}$$

根据式（5-4-2）及 $\beta \gg 2$，得到集电极电流

$$I_C = I_R - 2I_B \approx I_R \tag{5-4-3}$$

在图 5-4-1（a）中，VT1 与 VT2 的发射结并联，电压相同，而且发射结的结构和面积相同，所以集电极电流也相等。VT2 的集电极作为输出，与其他电路相连，VT2 的集电极电流作为直流电流源的输出电流 I_0，即

$$I_0 = I_R \approx \frac{U_{CC}}{R} \tag{5-4-4}$$

I_0 与 I_R 相等，好像镜像一样，故称为镜像电流源。

改变图 5-4-1（a）中的电位参考点，将直流电压源的正极作为电位参考点，并将直流电压源改名为 U_{EE}，得到图 5-4-1（b）。已知在图 5-4-1（b）中，有 $\beta \gg 2$、$U_{EE} \gg U_{BE}$ 成立。

在图 5-4-1（b）中，根据电路定律，得到 BJT 的发射结电压和基极电位，有

$$U_{BE} = U_B - (-U_{EE})$$

$$U_B = U_{BE} + (-U_{EE}) \tag{5-4-5}$$

对电阻应用欧姆定律，得

$$0 - U_B = +I_R R$$

$$I_R = \frac{-U_B}{R} = \frac{-U_{BE} - (-U_{EE})}{R} = \frac{-U_{BE} + U_{EE}}{R} \tag{5-4-6}$$

因为有 $U_{EE} \gg U_{BE}$ 成立，得

$$I_R \approx \frac{U_{EE}}{R} \tag{5-4-7}$$

基极 b 点连接有 4 条支路，对基极 b 点应用 KCL 定律，得

$$-I_C + I_R - I_B - I_B = 0 \tag{5-4-8}$$

根据式（5-4-8）及 $\beta \gg 2$，得到集电极电流

$$I_C = I_R - 2I_B \approx I_R \tag{5-4-9}$$

在图 5-4-1（b）中，VT1 与 VT2 的发射结并联，电压相同，所以集电极电流也相等。VT2 的集电极作为输出，与其他电路相连，VT2 的集电极电流作为直流电流源的输出电流 I_0，即

$$I_0 = I_R \approx \frac{U_{EE}}{R} \tag{5-4-10}$$

I_0 与 I_R 相等，好像镜像一样，故称为镜像电流源。

（二）PNP 管构成的镜像电流源

PNP 管镜像电流源电路如图 5-4-2 所示，PNP 管 VT1、VT2 工作在放大状态。

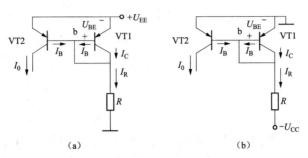

图 5-4-2   PNP 管构成的镜像电流源电路

(a) 镜像电流源电路之一；(b) 镜像电流源电路之二

已知在图 5-4-2 (a) 中，有 $\beta \gg 2$、$U_{EE} \gg |U_{BE}|$ 成立。根据电路定律，得到 BJT 的基极电位 $U_B = U_{BE} + (+U_{EE})$，对电阻应用欧姆定律，得到 $I_R = \dfrac{U_B}{R} = \dfrac{U_{BE} + (+U_{EE})}{R} = \dfrac{U_{BE} + U_{EE}}{R}$。因为有 $U_{EE} \gg |U_{BE}|$ 成立，得到 $I_R \approx \dfrac{U_{EE}}{R}$。基极 b 点连接有 4 条支路，对基极 b 点应用 KCL 定律，得到 $-I_C + I_R - I_B - I_B = 0$，所以 $I_C = I_R - 2I_B$。又因为有 $\beta \gg 2$ 成立，所以 $I_C \approx I_R$，得到 $I_C \approx \dfrac{U_{EE}}{R}$。在图 5-4-2 (a) 中，VT1 与 VT2 的发射结并联，电压相同，而且发射结的结构和面积相同，所以集电极电流也相等。VT2 的集电极作为输出，与其他电路相连，VT2 的集电极电流作为直流电流源的输出电流 $I_0 = I_R \approx \dfrac{U_{EE}}{R}$，$I_0$ 与 I_R 相等，好像镜像一样，故称为镜像电流源。

改变图 5-4-2 (a) 中的电位参考点，将直流电压源的正极作为电位参考点，并将直流电压源改名为 U_{CC}，得到图 5-4-2 (b)。按照同样的方法分析图 5-4-2 (b)，$I_0 = I_R \approx \dfrac{U_{CC}}{R}$。

镜像电流源电路简单，应用广泛。但是在电源电压 U_{CC} 一定的情况下，若要求输出电流 I_0 较大，则 I_R 要大，电阻 R 上的功耗增大，集成电路应避免功耗过大。若要求输出电流 I_0 较小，则 I_R 要小，电阻 R 的数值增大，集成电路中不易制造大电阻。

二、比例电流源

NPN 管构成的比例电流源电路如图 5-4-3 所示，NPN 管 VT0、VT1 工作在放大状态。

在图 5-4-3 中，VT1 的集电极作为输出，与其他电路相连。VT1 的集电极电流作为直流电流源的输出电流 I_0，即

$$I_0 = I_{C1} \approx I_{E1} = \frac{R_{E0}}{R_{E1}} I_R = \frac{R_{E0}}{R_{E1}} \cdot \frac{U_{CC} - U_{BE0}}{R + R_{E0}} \approx \frac{R_{E0}}{R_{E1}} \cdot \frac{U_{CC}}{R + R_{E0}} \qquad (5\text{-}4\text{-}11)$$

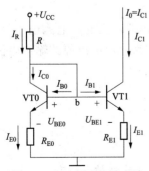

图 5-4-3   比例电流源电路

从式 (5-4-11) 可以看出，输出电流 I_0 可以大于 I_R，可以小于 I_R，取决于发射极两个电阻的比值，故称为比例电流源。详细分析过程可参见本章系统 5-12 的解答。

三、微电流源

模拟集成电路中，要求提供微安级的很小的直流电流，由于集成工艺的限制，无法制造大电阻，可以使用微直流电流源，简称微电流源。微电流源电路如图 5-4-4 所示。

在图 5-4-4 中，VT0 的发射极电流 I_{E0} 为已知量 $I_{E0} = I_{C0} = $

$I_{\mathrm{R}} \approx \dfrac{U_{\mathrm{CC}}}{R}$。经过推导可知 $U_{\mathrm{T}} \ln \dfrac{I_{\mathrm{E0}}}{I_{\mathrm{E1}}} = I_{\mathrm{E1}} R_{\mathrm{E}}$，可求出 I_{E1} 详细推导过程参见本章习题 5-12 的解答。

VT1 的集电极作为输出，与其他电路相连，VT1 的集电极电流作为直流电流源的输出电流 $I_0 = I_{\mathrm{C1}} \approx I_{\mathrm{E1}}$。$R_{\mathrm{E}}$ 电阻越大，则电流 I_{E1} 越小，与镜像电流源相比，数值更小，称为微电流源。

四、直流电流源的作用

（1）对于直流量，直流电流源电路相当于一个电流源。

（2）对于交流量，直流电流源电路相当于一个大电阻。

如前所述，直流电流源是由处于放大状态的 BJT 构成的。重画 BJT 的输出特性曲线，如图 5-4-5 所示。

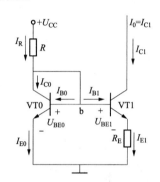

图 5-4-4 微电流源

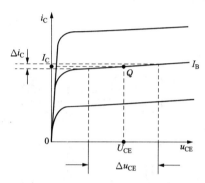

图 5-4-5 BJT 的输出特性曲线

在图 5-4-5 中，Q 点表示直流电流源中 BJT 的静态工作点。对于差模交流信号或者共模交流信号，其等效交流电阻的定义和计算方法在第二章第四节中已经给出，即 BJT 输入端（b、e）交流开路时的输出电导 h_{oe} 的倒数

$$r_{\mathrm{ce}} = \frac{1}{h_{\mathrm{oe}}} = \frac{\Delta u_{\mathrm{CE}}}{\Delta i_{\mathrm{C}}} \bigg|_{I_{\mathrm{B}}} \tag{5-4-12}$$

理想情况下，为 r_{ce} 无穷大。在恒流源式差动放大电路中，r_0 即 r_{ce}。

例 5-4-1 画出第四章中介绍的 LM386 集成功率放大器芯片的直流通路，画出 LM386 第一级的差模交流通路；在去掉电阻 R_7 引入的负反馈（负反馈的概念在第六章介绍）的前提下，推导第一级单端输出的差模电压放大倍数的计算公式。LM386 内部电路如第四章图 4-6-2 所示。

解：根据图 4-6-2，得到 LM386 集成功率放大器芯片的直流通路如图 5-4-6 所示。

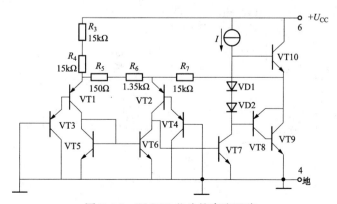

图 5-4-6 LM386 芯片的直流通路

LM386 芯片的第一级和第二级的差模交流通路如图 5-4-7 所示。VT5、VT6 组成的直流电流源对于差模信号来说相当于差动放大电路中两个 BJT 的集电极的大电阻，分别用接在 VT1 集电极和地之间的电阻 r_0 及接在 VT2 集电极和地之间的电阻 r_0 表示。VT2 集电极和地之间的电阻 r_0 两端的交流电压为差模输出电压，为单端输出，此差模输出电压送入中间级 VT7 的基极，进行第二级放大。第二级为共射放大电路。在图 4-6-2 中，在 LM386 芯片的 1 脚和 8 脚没有任何外接元件时，电阻 R_5 和电阻 R_6 接在 VT1 发射极和 VT2 发射极之间，因为电路对称，电阻 R_5 和电阻 R_6 串联后的总电阻为 $150\Omega + 1350\Omega = 1500\Omega = 1.5\text{k}\Omega$，将 1500Ω 的电阻等分为两部分，其中点为地电位。$1.5\text{k}\Omega$ 分为相等的两个电阻，每个电阻为 $0.75\text{k}\Omega$，用 R 表示，如图 5-4-7 所示。

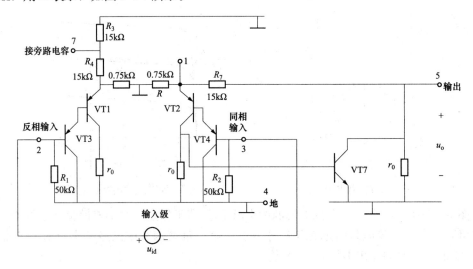

图 5-4-7　LM386 芯片内部差模交流通路

在图 5-4-7 中，电阻 R_7 将输出电压引回到输入回路，引入负反馈，这部分内容将在第六章中详细讨论，现在不考虑负反馈的情况，将电阻 R_7 去掉。将 VT7 构成的第二级共射放大电路用电阻 r_{i2} 等效代替，这样第一级的差模交流通路如图 5-4-8 所示。

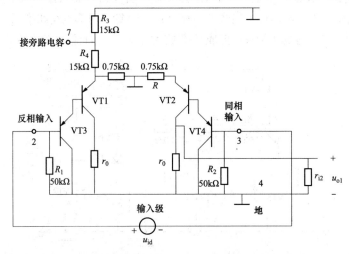

图 5-4-8　LM386 芯片内部第一级差动放大电路的差模交流通路

从图 5-4-8 可以看出，从 VT2 单端输出，为了计算差模电压放大倍数，画出 VT2、VT4 复合管一侧的差模交流通路，将差模输入信号分解为两个大小相等、极性相反的信号，VT2 侧的输入信号用 u_{id2} 表示。如图 5-4-9 所示。

在图 5-4-9 中，将复合管用中频小信号模型代替，得到差模小信号等效电路，如图 5-4-10 所示。输入信号画在了右侧。

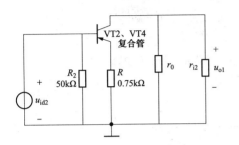

图 5-4-9　VT2、VT4 单侧差模交流通路

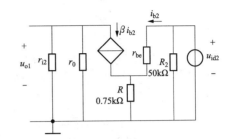

图 5-4-10　VT2、VT4 单侧小信号等效电路

根据图 5-4-10，列出如下方程

$$u_{o1} = -\beta i_{b2}(r_0 \mathbin{/\mkern-5mu/} r_{i2})$$

$$u_{id2} = r_{be}i_{b2} + (1+\beta)i_{b2}R$$

$$\frac{u_{o1}}{u_{id2}} = \frac{-\beta i_{b2}(r_0 \mathbin{/\mkern-5mu/} r_{i2})}{r_{be}i_{b2} + (1+\beta)i_{b2}R} = \frac{-\beta(r_0 \mathbin{/\mkern-5mu/} r_{i2})}{r_{be} + (1+\beta)R}$$

第一级的单端输出差模电压放大倍数为

$$A_{ud} = \frac{u_{o1}}{u_{id}} = \frac{u_{o1}}{-2u_{id2}} = -\frac{1}{2}\frac{u_{o1}}{u_{id2}} = -\frac{1}{2}\frac{-\beta(r_0 \mathbin{/\mkern-5mu/} r_{i2})}{r_{be} + (1+\beta)R} = +\frac{1}{2}\frac{\beta(r_0 \mathbin{/\mkern-5mu/} r_{i2})}{r_{be} + (1+\beta)R}$$

第五节　集成运算放大器简介

集成运算放大器是用集成电路工艺制成的高放大倍数的直接耦合的多级放大电路。集成运算放大器包括输入级、中间级、输出级和偏置电路。集成运算放大器的种类很多，有电压放大型、电流放大型、互阻放大型、互导放大型。尽管种类很多，内部结构不完全相同，但是基本组成原则类似，因此对典型电路的分析具有普遍意义。下面以 LM741 芯片为例分析集成运算放大器的基本结构。

一、LM741 集成运算放大器的引脚

LM741 芯片是美国国家半导体公司生产的一款集成运算放大器芯片。

图 5-5-1（a）所示是 LM741 芯片外形，为双列直插式封装。图 5-5-1（b）是其引脚图，其中引脚 2 是反相输入端（inverting input），引脚 3 是同相输入端（non-inverting input），引脚 6 是输出端，引脚 7、4 分别接正、负电源，引脚 1、5 两端外接调零（OFFSET NULL）电位器，调整静态时的输出电压为 0，引脚 8 悬空（NC，Not Connected）。

二、集成运算放大器 LM741 的内部电路

集成运算放大器 LM741 的内部电路如图 5-5-2 所示。LM741 运算放大器是应用极为广泛的一种高增益通用运算放大器。其主要特点是输入级采用了 NPN 和 PNP 两种类型 BJT 构成的共集-共基组态的差动放大电路，具有很宽的共模及差模电压范围。同时运算放大器

芯片的各级均采用有源负载，所以虽然只有两个放大级，却可获得高达 5 万～10 万倍的电压放大倍数。

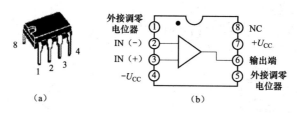

图 5-5-1　LM741 型集成运算放大器芯片的外形和引脚

（a）外形；（b）引脚

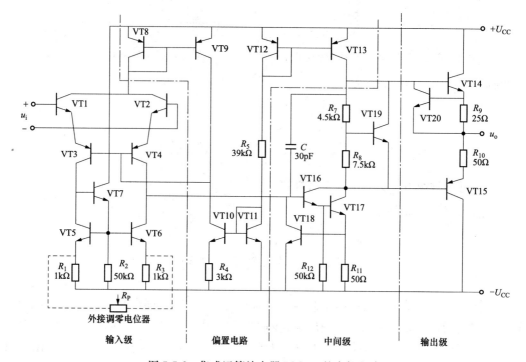

图 5-5-2　集成运算放大器 LM741 的内部电路

（一）偏置电路

1. VT12、VT13 组成镜像电流源

在图 5-5-2 中，对于直流通路，VT12、VT13 组成的镜像电流源为中间级 VT16、VT17 组成的共射放大电路和输出级 VT14、VT15 组成的甲乙类准互补对称功率放大电路提供偏置电流（提供合适的静态工作点）。流过 R_5 的电流为 $I_{REF} \approx \dfrac{(+U_{CC}) - (-U_{CC})}{R_5} = \dfrac{12+12}{39} \approx 0.62$ （mA），所以，VT13 的集电极电流 $I_{C13} = I_{REF} = 0.62\text{mA}$，可参考图 5-4-2 所示的由 PNP 管组成的镜像电流源的分析方法。

在图 5-5-2 中，对于差模交流通路，即对差模交流输入信号而言，VT12、VT13 组成的镜像电流源是中间级共射放大电路的有源负载（集电极大电阻，提供高放大倍数）。

2. VT10、VT11 组成微电流源

在图 5-5-2 中，对于直流通路，VT10 的集电极电流 I_{C10} 为输入级中 VT3、VT4 提供基极偏置电流。VT3、VT4 的基极同时与 VT9 的集电极和 VT10 的集电极相连，满足 KCL 定律，保证 VT3、VT4 的基极有合适的基极直流电流。

在图 5-5-2 中，对于差模交流通路，即差模交流输入信号而言，VT10、VT11 组成的微电流源作为有源负载使用，为 VT3 和 VT4 组成的基极耦合差动放大电路的基极大电阻，对于差模信号而言无作用，但是对于共模信号有很强负反馈作用，可以稳定静态工作点。

3. VT8、VT9 组成镜像电流源

在图 5-5-2 中，对于直流通路，VT8 的集电极电流 I_{C8} 为 VT1、VT2 提供合适的集电极直流电流（集电极偏置电流）。VT9 的集电极电流 I_{C9} 为输入级中 VT3、VT4 提供基极偏置电流（偏置电流）。

在图 5-5-2 中，对于差模交流通路，即对差模交流输入信号而言，VT8、VT9 组成的镜像电流源作为有源负载使用，为 VT1 和 VT2 组成的集电极耦合差动放大电路的集电极大电阻，对于差模信号而言无作用，但是对于共模信号有很强负反馈作用，可以稳定静态工作点。

综上所述，上述 3 个直流电流源在直流通路中作为电源使用，在交流通路中作为大电阻使用。对于差模信号，相当于短路；对于共模信号，相当于大电阻，因此对于共模信号有很强负反馈作用，可以稳定静态工作点。

将图 5-5-2 中的 3 个直流电流源用理想的直流电流源符号和一个大电阻 r_0 的并联来表示，如图 5-5-3 所示。

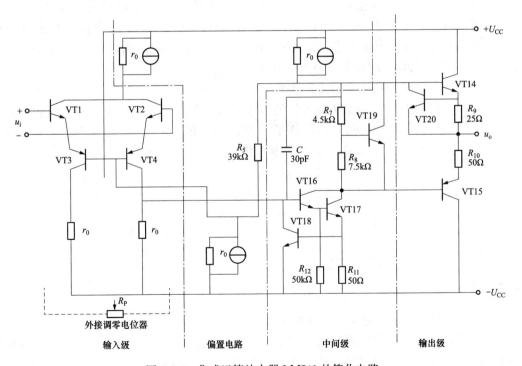

图 5-5-3　集成运算放大器 LM741 的简化电路

（二）输入级

1. VT5、VT6 组成有源负载

在图 5-5-2 中，VT5、VT6 组成比例电流源，但不是作为偏置电路使用，而是作为有源负载使用，作为上述差动放大电路中共基放大电路的集电极交流大电阻，如图 5-5-3 中的电阻 r_0，与 VT3 的集电极相连。

在图 5-5-2 中，VT5、VT6 组成比例电流源，但不是作为偏置电路使用，而是作为有源负载使用，作为上述差动放大电路中共基放大电路的集电极的交流大电阻，如图 5-5-3 中的电阻 r_0，与 VT4 的集电极相连，提高差模电压放大倍数，同时送入中间级的输入端（VT16 的基极）。

2. VT1、VT3 组成的共集-共基放大电路与 VT2、VT4 组成的共集-共基放大电路构成差动放大电路

在图 5-5-3 中，VT1、VT3 组成的共集-共基放大电路与 VT2、VT4 组成的共集-共基放大电路构成集电极耦合的、基极耦合的差动放大电路。

在图 5-5-3 中，差模输入信号从 VT1 的基极与 VT2 的基极这两个点之间加入，从 VT4 的集电极输出至中间级共射放大电路的 VT16 的基极，可见差动放大电路为单端输出。

在图 5-5-3 中，VT8、VT9 组成的镜像电流源接在 VT1、VT2 的集电极，因为理想的直流电流源对于交流信号而言相当于开路，而大电阻 r_0 接在 VT1、VT2 的集电极和直流电压源 $+U_{CC}$ 之间，所以对于差模交流信号而言相当于短路，所以对于差模信号而言 VT8、VT9 组成的镜像电流源相当于短路。又因为直流电压源对于交流信号而言相当于短路，所以 VT1、VT2 的集电极接地，组成共集电极放大电路。

在图 5-5-3 中，VT10、VT11 组成的微电流源接在 VT3、VT4 的基极，因为理想的直流电流源对于交流信号而言相当于开路，而大电阻 r_0 接在 VT3、VT4 的基极和直流电压源 $-U_{CC}$ 之间，所以对于差模交流信号而言相当于短路。总之，对于差模信号而言 VT10、VT11 组成的微电流源相当于短路。又因为直流电压源对于交流信号而言相当于短路，所以 VT3、VT4 的基极接地，组成共基极放大电路。

3. VT1、VT3 组成共集-共基放大电路

在图 5-5-3 中，从 VT1 的基极输入信号，从 VT1 的发射极输出信号，从 VT3 的发射极输入信号，从 VT3 的集电极输出信号。VT1、VT3 组成的共集-共基放大电路的差模交流通路如图 5-5-4 所示。在图 5-5-4 中，VT1 的集电极接地，VT3 的基极接地。

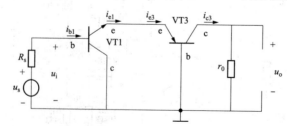

图 5-5-4 VT1、VT3 组成的共集-共基放大电路的差模交流通路

4. VT2、VT4 组成共集-共基放大电路

在图 5-5-3 中，从 VT2 的基极输入信号，从 VT2 的发射极输出信号，从 VT4 的发射极输入信号，从 VT4 的集电极输出信号。VT2、VT4 组成的共集-共基放大电路的差模交流通路如图 5-5-5 所示。在图 5-5-5 中，VT2 的集电极接地，VT4 的基极接地。

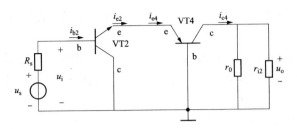

图 5-5-5　VT2、VT4 组成的共集-共基放大电路的差模交流通路

5. 外接调零电位器

在图 5-5-2 中，外接调零电位器 R_P 接在 VT5、VT6 的发射极之间，相当于可以调整 VT3 的发射极电阻和 VT4 的集电极电阻，使输入级中的差动放大电路的直流通路对称，保证差模交流输入信号为 0 时，交流输出信号为 0，称为调零。

6. VT7 为 VT5、VT6 提供直流电流（偏置电流）

在图 5-5-2 中，VT7 的基极与 VT3、VT5 的集电极相连，VT7 的集电极与直流电压源 $+U_{CC}$ 相连，VT7 的发射极与 R_2 电阻、VT5、VT6 的基极相连，可以保证 VT5、VT6 有合适的静态工作点，使 VT5、VT6 工作在放大区，也可以作为交流大电阻使用。

（三）中间级

1. VT16、VT17 组成复合管共射放大电路

在图 5-5-3 中，由 VT16、VT17 组成的复合管等效成一个 NPN 管，组成共射放大电路，其输入信号从差动放大电路的输出端（VT4 的集电极）而来，VT12、VT13 组成的镜像电流源是中间级共射放大电路的有源负载（集电极大电阻，提供高放大倍数），保证了本级可以获得很高的电压放大倍数。复合管的 β 值很高，因此中间级共射放大电路具有很高的输入电阻 r_{i2}，保证了差动放大电路输入级的电压放大倍数比较高。为了保证中间级在高放大倍数下工作而不产生自激振荡，电路中制作了一个 30pF 的补偿电容。

2. R_{11}、VT18 构成过电流保护电路

在图 5-5-3 中，R_{11}、VT18 构成过电流保护电路，正常工作情况下，VT18 处于截止状态。R_{11} 的端电压采集 VT17 的发射极电流 I_{E17}，当电流 I_{E17} 过大时，R_{11} 端电压将增大，从而使 VT18 由截止状态进入饱和状态，VT18 的集电极电位下降，使 VT16 的基极电位下降，限制 VT16 的基极电流，达到保护的目的。

（四）输出级

1. VT14、VT15 构成互补对称功率放大电路

在图 5-5-3 中，VT14、VT15 构成互补对称功率放大电路，VT14、VT15 分别构成共集电极放大电路，各导通半个周期，共集电极放大电路的输出电阻小，作为输出级带负载能力强。理论上双电源互补对称的最大不失真输出正弦电压的峰峰值最大可以到达正电源电压和负电源电压，如果输出电压的峰峰值能够到达直流电压源的值，就称为可以轨到轨（rail to rail）输出，LM741 不能达到轨到轨输出，查看数据手册，在 ±15V 电源供电的情况下，输出为 ±13V。

2. R_7、R_8、VT19 构成 U_{BE} 倍增电路

在图 5-5-3 中，R_7、R_8、VT19 构成的 U_{BE} 倍增电路为 VT14、VT15 的发射结提供直流

电压，近似等于其死区电压，使 VT14、VT15 工作在甲乙类工作状态，克服交越失真。

3. R_9、R_{10} 弥补输出级的非对称性

在图 5-5-3 中，对于直流通路而言，R_9、R_{10} 两个阻值不同的电阻用于弥补 VT14、VT15 的非对称性。对于交流通路而言，R_9、R_{10} 作为电流采样电阻，引入交流电流负反馈，稳定交流输出电流。

4. R_9、VT20 构成过电流保护电路

在图 5-5-3 中，R_9、VT20 构成过电流保护电路，监控 VT14 的发射极电流 I_{E14}。正常工作情况下，VT20 处于截止状态。R_9 的端电压采集 I_{E14}，当 I_{E14} 过大时，R_9 端电压将增大，使 VT20 由截止状态进入饱和状态，VT20 的集电极电位下降，从而限制 VT14 的基极电流，达到保护的目的。

（五）差模交流信号的计算

综上所述，对于差模信号而言，将各个部分进一步简化，得到 LM741 的差模交流通路，如图 5-5-6 所示。

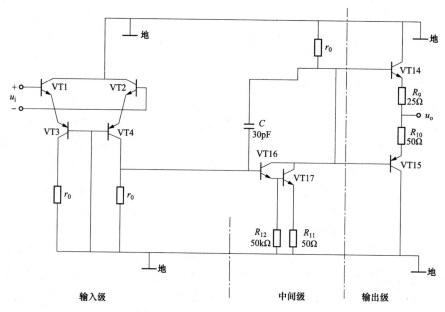

图 5-5-6　LM741 的差模交流通路

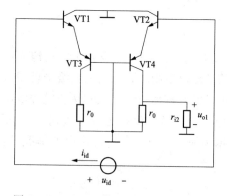

图 5-5-7　LM741 输入级的差模交流通路

将图 5-5-6 中的输入级差动放大电路单独画出，中间级共射放大电路用其输入电阻 r_{i2} 等效代替，作为差动放大电路的负载电阻，如图 5-5-7 所示。

在图 5-5-7 中，u_{id} 与图 5-5-6 中的 u_i 是一样的，换个名称是为了突出差模信号的概念，即 $u_{id} = u_i$。

输入级的差模电压放大倍数为

$$A_{ud} = \frac{u_{o1}}{u_{id}} = \frac{u_{o1}}{u_{id1} - u_{id2}} = \frac{u_{o1}}{-2u_{id2}} = -\frac{1}{2}\frac{u_{o1}}{u_{id2}}$$

(5-5-1)

画出 LM741 输入级的 VT2、VT4 一侧的差模小

信号等效电路，如图 5-5-8 所示，其中 r_{i2} 是中间级的输入电阻，r_0 是 VT5、VT6 组成的比例电流源的交流电阻，电阻值很大。

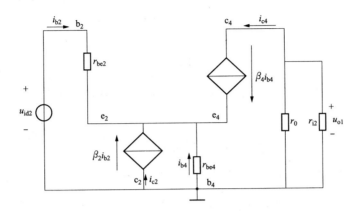

图 5-5-8　LM741 输入级的差模小信号等效电路（VT2、VT4 一侧）

根据图 5-5-8，列出如下方程

$$u_{o1} = -(r_0 /\!/ r_{i2})\beta_4 i_{b4} \tag{5-5-2}$$

$$i_{b2} + \beta_2 i_{b2} + i_{b4} + \beta_4 i_{b4} = 0 \tag{5-5-3}$$

$$+ u_{id2} + r_{be4} i_{b4} - r_{be2} i_{b2} = 0 \tag{5-5-4}$$

整理得

$$i_{b2} = -\frac{1+\beta_4}{1+\beta_2} i_{b4} \tag{5-5-5}$$

整理得

$$u_{id2} = r_{be2} i_{b2} - r_{be4} i_{b4} \tag{5-5-6}$$

将式（5-5-5）代入式（5-5-6），得

$$u_{id2} = r_{be2} i_{b2} - r_{be4} i_{b4} = r_{be2}\left(-\frac{1+\beta_4}{1+\beta_2} i_{b4}\right) - r_{be4} i_{b4} \tag{5-5-7}$$

将式（5-5-2）除以式（5-5-7）得到输入级中 VT2 单端输入单端输出差模电压放大倍数，即

$$A_{ud2} = \frac{u_{o1}}{u_{id2}} = \frac{-(r_0 /\!/ r_{i2})\beta_4 i_{b4}}{r_{be2}\left(-\dfrac{1+\beta_4}{1+\beta_2} i_{b4}\right) - r_{be4} i_{b4}} = +\frac{(r_0 /\!/ r_{i2})\beta_4}{r_{be2}\dfrac{1+\beta_4}{1+\beta_2} + r_{be4}} \tag{5-5-8}$$

式中，符号为正，说明输出与输入同相。

将式（5-5-2）和式（5-5-7）代入式（5-5-1），得到输入级的差模电压放大倍数为

$$A_{ud} = -\frac{1}{2}\frac{u_{o1}}{u_{id2}} = -\frac{1}{2}\frac{-(r_0 /\!/ r_{i2})\beta_4 i_{b4}}{r_{be2}\left(-\dfrac{1+\beta_4}{1+\beta_2} i_{b4}\right) - r_{be4} i_{b4}} = -\frac{1}{2}\frac{(r_0 /\!/ r_{i2})\beta_4}{r_{be2}\dfrac{1+\beta_4}{1+\beta_2} + r_{be4}} \tag{5-5-9}$$

求 LM741 的差模输入电阻。整理式（5-5-3），得

$$i_{b4} = -\frac{1+\beta_2}{1+\beta_4} i_{b2} \tag{5-5-10}$$

将式（5-5-10）代入式（5-5-6），得

$$u_{id2} = r_{be2}\,i_{b2} - r_{be4}\,i_{b4} = r_{be2}\,i_{b2} - r_{be4}\left(-\frac{1+\beta_2}{1+\beta_4}i_{b2}\right) \tag{5-5-11}$$

根据式（5-5-11），得到输入级的 VT2、VT4 侧的差模输入电阻为

$$\frac{u_{id2}}{i_{b2}} = \frac{r_{be2}\,i_{b2} - r_{be4}\left(-\frac{1+\beta_2}{1+\beta_4}i_{b2}\right)}{i_{b2}} = r_{be2} + r_{be4}\,\frac{1+\beta_2}{1+\beta_4} \tag{5-5-12}$$

根据式（5-5-12），得到输入级的差模输入电阻，输入级的差模输入电阻是 VT2、VT4 侧的差模输入电阻的 2 倍，即

$$R_{id} = \frac{u_{id}}{i_{id}} = 2\,\frac{u_{id2}}{i_{b2}} = 2\left(r_{be2} + r_{be4}\,\frac{1+\beta_2}{1+\beta_4}\right) \tag{5-5-13}$$

VT1、VT2 为纵向管，其电流放大系数大，即 β_2 值大；VT3、VT4 为横向管，其电流放大系数小，即 β_4 值小，但耐压高。所以，在式（5-5-13）中，$\frac{1+\beta_2}{1+\beta_4}$ 数值大，从而差模输入电阻大。查阅 LM741 的数据手册，可知其差模输入电阻可达 2MΩ。

三、集成运算放大器 LM741 输出与输入的相位关系

在图 5-5-2 中，输入差模电压的参考方向的标法是，VT1 的基极标正号，VT2 的基极标负号，从式（5-5-9）所示的差模电压放大倍数的公式可以看出，输入级差动放大电路的单端输出电压与差模输入电压相位相反。中间级是共射组态，所以中间级的输出电压与输入电压反相。输出级是共集电极放大电路，所以输出级的输出电压与输入电压同相。所以，图示参考方向下，集成运算放大器 LM741 的输出电压与差模输入电压同相，将差模输入电压分解为两个大小相等、方向相反的对地输入电压，参考方向为电位参考点为负，则输出电压与 VT1 一侧的输入电压同相，输出电压与 VT2 一侧的输入电压反相。因此，称 VT1 的基极为同相输入端，即图 5-5-1 所示的引脚图中的 3 脚，用 IN（＋）表示。称 VT2 的基极为反相输入端，即图 5-5-1 所示的引脚图中的 2 脚，用 IN（－）表示。

四、集成运算放大器的符号

集成运算放大器的符号如图 5-5-9 所示。三角形符号只表示了集成运算放大器的交流通路，其直流通路被忽略。

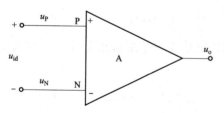

图 5-5-9　集成运算放大器的符号

在图 5-5-9 中，有两个输入端，分别标有 P 和 N，标有 P 的输入端为同相输入端，同时在三角符号的内部标有符号"＋"，P 是 Positive 的第一个字母，表示输出端的电位 u_o 与同相输入端的电位 u_P 极性相同。标有 N 的端为反相输入端，同时在三角符号的内部标有符号"－"，N 是 Negative 的第一个字母，表示输出端的电位 u_o 与反相输入端的电位 u_N 极性相反。

五、集成运算放大器的电压传输特性

集成运算放大器（运放）的电压传输特性曲线如图 5-5-10 所示，横轴为差模输入电压，为同相输入端的电位 u_P 与反相输入端的电位 u_N 之差；纵轴为输出电压 u_o。

在图 5-5-10 中，当差模输入电压 $|u_P - u_N|$ 的数值很小时，运放的输出电压还没有到达直流电压源的电压值，运放内部 BJT 的动态工作范围还没有到达饱和区和截止区，而是

在放大区，此时输出电压与差模输入电压成正比比例，称运放工作在线性区，处于线性工作状态。

在图 5-5-10 中，当差模输入电压 $|u_P - u_N|$ 的数值增加到一定程度时，运放内部 BJT 的动态工作点进入饱和区和截止区，输出电压波形的顶部和底部被削掉，输出电压的峰峰值最大为正负直流电压源的值（也可能小一些），此时输出电压与差模输入电压不再成正比关系，称运放工作在非线性区，处于非线性工作状态。

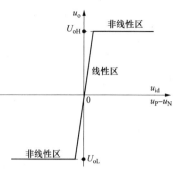

图 5-5-10　集成运放的
电压传输特性曲线

在图 5-5-10 中，当同相输入端的电位 u_P 高于反相输入端的电位 u_N 时，输出为正向饱和电压 U_{oH}，其数值接近运放的正电源电压。当同相输入端的电位小于反相输入端的电位时，输出为负向饱和电压 U_{oL}，其数值接近运放的负电源电压。

在低频区和中频区，集成运放可以用图 5-5-11 所示的等效电路来表示。R_{id} 为差模输入电阻，R_{od} 为输出电阻，$A_{ud}u_{id}$ 为电压控制的电压源，A_{ud} 为差模电压放大倍数。

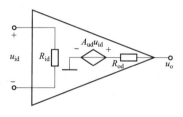

图 5-5-11　集成运放的
低频小信号等效电路

在第六章将详细介绍反馈的概念，此处只给出结论。

因为运放的电压放大倍数很大，在理想情况下可以认为是无穷大，现有的信号源的输出电压只要接在运放的输入端，运放的输出电压就到达直流电压源的值，处于非线性工作状态，运放只有引入了负反馈，运放才能工作在线性状态。运放引入的负反馈一定是深度负反馈，在深度负反馈情况下，净输入信号很小，可以近似认为是零。如果是串联负反馈，净输入信号为电压，即净输入电压为零，也就是说运放的同相输入端和反相输入端的电位近似相等，好像这两个输入端被短路了一样，但是不是真正的短路，是虚假的短路，所以经常简称"虚短"。从净输入电压近似为零可以推断出净输入电流也近似为零，即运放的同相输入端和反相输入端的电流近似为零，可以认为两个输入端断路，不是真正的断路，是虚假的断路，所以称为"虚断"。如果是并联负反馈，净输入电流近似为零，称为"虚断"，从"虚断"可以推出"虚短"。运放在线性工作状态下具有"虚断"和"虚短"的特点。

运放处于开环状态或者引入正反馈，运放将工作在非线性状态。运放工作在非线性状态时的特点如下：

（1）运放的同相输入端和反相输入端的电流近似为零，称为"虚断"。这是由于运放的输入电阻非常高，可以近似认为无穷大，输入端的电流可以近似认为是零。

（2）当同相输入端的电位高于反相输入端的电位时，输出为正向饱和电压 U_{oH}，其数值接近运放的正电源电压。当同相输入端的电位小于反相输入端的电位时，输出为负向饱和电压 U_{oL}，其数值接近运放的负电源电压。

六、集成运算放大器的参数

1. 输入失调电压 U_{i0}

对于理想的运放，当输入电压为 0 时，输出电压也是 0。对于实际的运放，当输入电压为 0 时，输出电压并不是 0。可以在输入端施加一个反方向的补偿电压，使输出电压为 0。

这个补偿电压就称为输入失调电压（Input Offset Voltage），用 U_{i0} 表示。换一种说法，当输入电压为 0 时，将测得的输出电压除以电压放大倍数，折算到输入端，就是输入失调电压 U_{i0}。不同温度下的输入失调电压 U_{i0} 是不同的。输入失调电压 U_{i0} 是表征运放内部直流通路对称性的指标。

在 25℃ 下，LM741 的输入失调电压 U_{i0} 是 1mV，LM324 的输入失调电压 U_{i0} 是 3mV。

2. 输入失调电压温漂 $\dfrac{\mathrm{d}U_{i0}}{\mathrm{d}T}$

用输入失调电压 U_{i0} 表征运放内部直流通路对称性不是很全面。输入失调电压温漂（Input Offset Voltage Drift Over Temperature）的定义是在规定工作温度范围内，输入失调电压 U_{i0} 的变化量与温度 T 的变化量之比，用 $\dfrac{\mathrm{d}U_{i0}}{\mathrm{d}T}$ 表示。

LM741 的输入失调电压温漂 $\dfrac{\mathrm{d}U_{i0}}{\mathrm{d}T}$ 是 $15\mu\mathrm{V}/℃$。

3. 输入偏置电流 I_{iB}

在运放的直流通路中，运放输入级的差动放大电路中的两个 BJT 的基极电流的平均值，定义为输入偏置电流（Input Bias Current），用 I_{iB} 表示，即

$$I_{iB} = \frac{1}{2}(I_{B1} + I_{B2}) \tag{5-5-14}$$

输入偏置电流 I_{iB} 用于衡量两个输入端的直流电流（常称为偏置电流）的大小。I_{iB} 越小，直流功耗越小，运放的性能越好。

LM741 的输入偏置电流 I_{iB} 是 80nA（NPN 管），LM324 的输入偏置电流 I_{iB} 是 $-20\mathrm{nA}$（PNP 管）。

4. 输入失调电流 I_{i0}

对于理想的运放，输入级的差动放大电路完全对称。实际上，无法做到完全对称。在直流通路中，输入级的差动放大电路中的两个 BJT 的基极直流电流之差，定义为输入失调电流（Input Offset Current），用 I_{i0} 表示，即

$$I_{i0} = |\,I_{B1} - I_{B2}\,| \tag{5-5-15}$$

不同温度下的输入失调电流 I_{i0} 是不同的。输入失调电流 I_{ic} 也是表征运放内部直流通路对称性的指标。

LM741 的输入失调电流 I_{i0} 是 20nA，LM324 的输入失调电流 I_{i0} 是 2nA。

5. 输入失调电流温漂 $\dfrac{\mathrm{d}I_{i0}}{\mathrm{d}T}$

用输入失调电流 I_{i0} 表征运放内部直流通路对称性不是很全面。输入失调电流温漂（Input Offset Current Drift Over Temperature）的定义是在规定工作温度范围内，输入失调电流 I_{i0} 的变化量与温度 T 的变化量之比，用 $\dfrac{\mathrm{d}I_{i0}}{\mathrm{d}T}$ 表示。

LM741 的输入失调电流温漂 $\dfrac{\mathrm{d}I_{i0}}{\mathrm{d}T}$ 是 $0.5\mathrm{nA}/℃$。

6. 最大差模输入电压 U_{idmax}

最大差模输入电压（Input Differential Mode Voltage Range）是运放同相输入端与反相

输入端之间能承受的差模输入电压的最大值，用 U_{idmax} 表示。超过此电压时，差动放大电路中的 BJT 将出现反向击穿现象。

LM741 的最大差模输入电压为 $\pm30\text{V}$，LM324 的最大差模输入电压为 $\pm32\text{V}$。

7. 最大共模输入电压 U_{icmax}

最大共模输入电压（Input Common Mode Voltage Range）是在保证运放正常工作条件下，允许的共模输入电压的最大值，用 U_{icmax} 表示。共模电压超过此值时，差动放大电路中的两个 BJT 进入饱和状态，放大器失去共模抑制能力。

8. 开环差模电压增益 A_{ud}

运放在无反馈时的差模电压放大倍数称为开环差模放电压大倍数（open-loop gain）。习惯上，称 $20\lg A_{\text{ud}}$ 为增益。一般运放的开环差模电压放大倍数在 10^5 以上，数值比较大，因此增益更适于来描述运放的放大能力。一般运放的 A_{ud} 为 $100\sim120\text{dB}$，高增益运放的 A_{ud} 可达 140dB 以上。

LM741 的开环差模放大倍数 A_{ud} 是 200 000，增益为 $20\lg A_{\text{ud}}=20\lg200\,000=107$（dB）；LM324 的开环差模放大倍数 A_{ud} 是 100 000，增益为 $20\lg A_{\text{ud}}=20\lg100\,000=100$（dB）。

9. 差模输入电阻 R_{id}

LM741 的差模输入电阻 $R_{\text{id}}=2\text{M}\Omega$。

10. 共模增益 A_{uc}

运放的共模输出电压与共模输入电压之比，称为共模电压放大倍数。习惯上，称 $20\lg A_{\text{uc}}$ 为共模增益。

11. 共模抑制比 K_{CMR}

共模抑制比 K_{CMR}（Common Mode Rejection Ratio）的定义如下：

$$K_{\text{CMR}} = 20\lg\left|\frac{A_{\text{ud}}}{A_{\text{uc}}}\right|$$

K_{CMR} 典型值在 80dB 以上，性能好的高达 180dB。

LM741 的共模抑制比 K_{CMR} 为 90dB，LM324 的共模抑制比 K_{CMR} 为 80dB。

12. -3dB 带宽 f_{H}

-3dB 带宽（-3dB Bandwidth）是运放的开环差模增益在高频段下降 3dB 时所对应的信号频率。

LM741 的 -3dB 带宽 f_{H} 为 1.2MHz。

13. 单位增益带宽 f_{c}

单位增益带宽（Unity Gain Bandnidth）是运放的开环差模放大倍数在高频段下降到 1 时所对应的信号频率。

LM324 的单位增益带宽为 1.2MHz。

14. 增益带宽积

增益带宽积是低中频差模电压增益与带宽的乘积，为一常数。若引入负反馈展宽低中频区，则低中频差模电压增益就要下降。

15. 转换速率 S_{R}

运放输出电压的转换速率（Slew Rate）为

$$S_{\text{R}} = \left|\frac{\mathrm{d}u_{\text{o}}}{\mathrm{d}t}\right|_{\max} \tag{5-5-16}$$

转换速率也称压摆率，反映的是一个运放在速度方面的指标，表示运放对信号变化速度的适应能力，是衡量运放在大幅度信号作用时工作速度的参数。当输入信号变化斜率的绝对值小于转换速率 S_R 时，输出电压才按线性规律变化。信号幅值越大、频率越高，要求运放的 S_R 也越大。

LM741 的转换速率 $S_R = 0.5\text{V}/\mu\text{s}$，LM324 的转换速率 $S_R = 0.5\text{V}/\mu\text{s}$。

转换速率的单位通常有 V/s、V/ms 和 V/μs 三种。LM741 的转换速率 $S_R = 0.5\text{V}/\mu\text{s}$，即 $1\mu\text{s}$ 时间内电压从 0V 上升到 0.5V。OP07 的转换速率 $S_R = 0.3\text{V}/\mu\text{s}$，SGM721 的转换速率 $S_R = 8.5\text{V}/\mu\text{s}$，OPA637 的转换速率 $S_R = 135\text{V}/\mu\text{s}$，明显比 OP07 快。

处理交流信号时，增益带宽积和转换速率是主要考虑的指标；处理直流（频率极低的交流信号）或低频交流信号时，主要考虑输入失调电压和输入失调电流。

一般来说，转换速率高的运放，其工作电流也大，即功耗也大。

七、理想集成运算放大器

为简化对集成运放应用电路的分析，常把集成运放视为理想器件，理想集成运放主要满足以下条件：

(1) 开环差模放大倍数 $A_{ud} = \infty$。

(2) 差模输入电阻 $R_{id} = \infty$。

(3) 输出电阻 $R_{od} = 0$。

(4) 共模抑制比 $K_{CMR} = \infty$。

(5) 开环带宽 $f_{BW} = \infty$。

(6) 输入失调电压、输入失调电流为零。

实际运放的技术指标与理想运放比较接近，因此用理想运放代替实际运放分析电路所产生的误差并不大，在工程计算中是允许的，由此带来了分析的大大简化。

八、集成运算放大器的种类

按供电方式分类，有正、负电源对称型和不对称型供电运放。

按集成度分类，有单运放、双运放和四运放。

按制造工艺分类，有双极型、CMOS 型和 BiCMOS 型运放。

按增益可控性分类，有电压控制开环差模增益型和利用数字编码信号来控制开环差模增益型运放。

按性能指标分类，有通用型和特殊型运放。特殊型运放有高阻型、高速型、高精度型、高增益型和低功耗型。

按工作原理分类，有电压放大型、电流放大型、跨导型和互阻型运放。

例如，VCA810 是电压控制开环差模增益型的运放，AD526 是数字控制开环差模增益型的运放，Max9939 是 SPI 控制开环差模增益型的运放。LM3900 是电流放大型的运放，称为诺顿电流差分型运放，可实现 4~32V 之间单电源供电或 ± (2~16) V 双电源供电，具有 30nA 的低偏置电流、70dB 的高开环增益、2.5MHz 单位增益带宽。

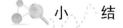 小　结

集成运算放大器是用集成电路工艺制成的高放大倍数的直接耦合的多级放大电路。放大

电路的交流输入信号为零时，输出端仍有缓慢变化的电压信号产生的现象称为零漂。抑制零漂的方法是第一级采用差动放大电路。

从传感器而来的小信号要以差模信号的方式接入放大电路，共模信号是用来测试电路对零漂的抑制能力的。

差动放大电路的直流通路的画法与第二章中的处理方法是一样的，但是因为差动放大电路是对称的，所以对于特殊位置的电阻还可以做进一步的处理，如双端输出电路中负载电阻可以再进一步做开路处理，因为对称，输入端的差模信号电压源短路并接地。差动放大电路的交流通路的画法与第二章中的处理方法是一样的，但是因为差动放大电路是对称的，差模交流通路中的发射极的公共电阻可以进一步做短路处理。差动放大电路的共模交流通路与差模交流通路是有所不同的，发射极的公共电阻在共模交流通路中应该保留。

直流电流源可以提供直流电流，也可以作为非常大的交流电阻来使用。集成运算放大器中的 BJT 的偏置电路与分立元件放大电路不同，是使用恒流源电路来为 BJT 提供直流电流的。

以 LM741 芯片为例学习集成运算放大器内部的电路结构，加深对参数的理解，为使用运算放大器设计各种应用电路做好理论上的准备。

差动放大电路由于结构上的特殊性，引入了差模信号、共模信号等新概念。差动放大电路由于结构上的复杂性，更应该注意基本分析方法的使用，要熟练掌握直流通路、差模交流通路和共模交流通路的画法，利用欧姆定律、KVL 和 KCL 电路定律来列方程求解。

集成运算放大器综合了前四章中的所有内容，所以学好本章的前提是熟练掌握前四章中的相关内容。

 习 题

5-1 题 5-1 图所示的差动放大电路参数理想对称，$\beta_1 = \beta_2 = \beta$，$r_{be1} = r_{be2} = r_{be}$。

（1）写出 R_P 的滑动端在中点时 A_{ud} 的表达式。

（2）写出 R_P 的滑动端在最右端时 A_{ud} 的表达式，并比较与（1）中结果有什么不同。

5-2 题 5-2 图所示的差动放大电路参数理想对称，BJT 的 β 均为 50，$U_{BE} \approx 0.7V$。试计算两个电位器 R_{P1} 和 R_{P2} 滑动端均在中点时 VT1 和 VT2 的发射极静态电流 I_E，以及差模电压放大倍数 A_{ud} 和差模输入电阻 R_{id}。

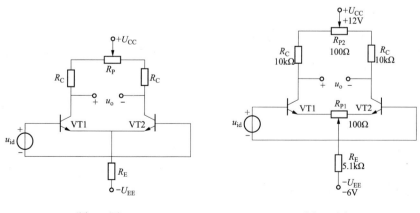

题 5-1 图　　　　　　　　　　　题 5-2 图

5-3　单端输出差动放大电路如题 5-3 图所示，已知 BJT 的 $\beta_1=\beta_2=\beta=100$，$r_{be1}=r_{be2}=r_{be}=1.5\text{k}\Omega$，$R_C=10\text{k}\Omega$，$R_L=10\text{k}\Omega$，$R_{EE}=10\text{k}\Omega$，$R_B=10\text{k}\Omega$，$U_{CC}=15\text{V}$，$U_{EE}=15\text{V}$，$U_{BE}=0.7\text{V}$，输入差模电压、输出电压的参考方向如题 5-3 图所示。

（1）计算电路的静态工作点。

（2）求差模电压放大倍数 A_{ud}。

（3）说明 R_{EE}、VT2 对提高共模抑制比的作用。

（4）计算共模电压放大倍数。

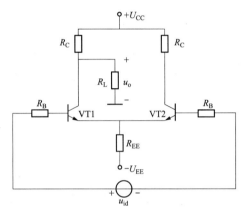

题 5-3 图

5-4　差动放大电路如题 5-4 图所示，BJT 的 $\beta=50$。

（1）计算静态时 VT1 和 VT2 的集电极电流和集电极电位。

（2）用直流表测得 $u_o=2\text{V}$，则 u_{id} 为多少？若 $u_{id}=10\text{mV}$，则 u_o 为多少？

5-5　差动放大电路如题 5-5 图所示，VT1、VT2 参数相同，$\beta_1=\beta_2=\beta=80$，$R_C=10\text{k}\Omega$，$R_B=10\text{k}\Omega$，$R_P=100\Omega$，R_P 滑动端位于中间位置。$U_{CC}=U_{EE}=12\text{V}$，$R_{EE}=10\text{k}\Omega$。求：

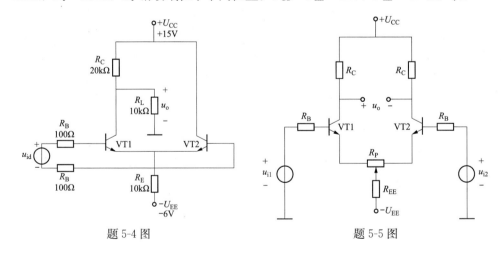

题 5-4 图　　　　　　　　　　　题 5-5 图

（1）画出直流通路，并计算静态工作点；说明 R_P 的作用。

（2）画出双端输出差模交流通路和双端输出差模小信号等效电路。

（3）计算双端输出差模电压放大倍数、差模输入电阻和双端输出差模输出电阻。

（4）画出双端输出共模交流通路和双端输出共模小信号等效电路。

（5）计算双端输出共模电压放大倍数和共模输入电阻。

（6）求从 VT1 一侧单端输出的差模电压放大倍数。

（7）求从 VT2 一侧单端输出的差模电压放大倍数。

（8）求从 VT1 一侧单端输出的共模电压放大倍数。

（9）求从 VT2 一侧单端输出的共模电压放大倍数。

5-6 恒流源式差动放大电路如题 5-6 图所示。

（1）设 VT1 和 VT2 参数相同，求静态时的 I_{C1}、I_{C2}。

（2）画出电路的差模小信号等效电路，求差模电压放大倍数、差模输入电阻和差模输出电阻。

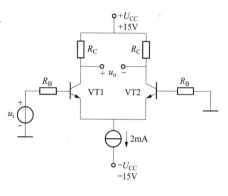

题 5-6 图

（3）用尽可能简单的语言说明电路抑制零点漂移的原理。

5-7 差动放大电路如题 5-7 图所示，$U_{CC}=12V$，$U_{EE}=12V$，VT1 和 VT2 的 β 均为 40，r_{be} 均为 3kΩ。若输入信号 $u_{i1}=20mV$，$u_{i2}=10mV$，试求：

（1）电路的共模输入电压 u_{ic}。

（2）差模输入电压 u_{id}。

（3）交流输出电压 u_o。

（4）若直流电流源的电流为 2mA，则总的输出电压为多少？

5-8 差动放大电路如题 5-8 图所示，VT1 和 VT2 的低频跨导 g_m 均为 2mS。试求差模电压放大倍数和差模输入电阻。

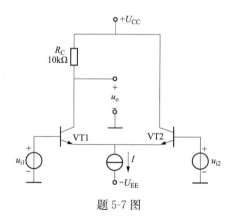

题 5-7 图

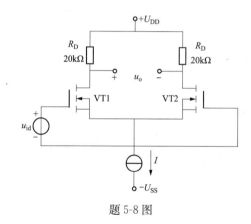

题 5-8 图

5-9 差动放大电路如题 5-9 图所示。$\beta_1=\beta_2=\beta_3=80$，$U_{CC}=U_{EE}=12V$，$R_B=R_E=R_C=10kΩ$，$R_P=100Ω$，电位器 R_P 的滑动端在中间位置。VT3 组成恒流源电路，$R_1=68kΩ$，$R_2=36kΩ$，$R_{E3}=5.1kΩ$。求：

（1）VT3 的集电极电流。

（2）求 VT1、VT2 的静态工作点。

（3）求双端输出差模电压放大倍数。

（4）求从 VT1 一侧单端输出的差模电压放大倍数。

（5）求从 VT2 一侧单端输出的差模电压放大倍数。

（6）求双端输出共模电压放大倍数。

（7）求从 VT1 一侧单端输出的共模电压放大倍数。

（8）求从 VT2 一侧单端输出的共模电压放大倍数。

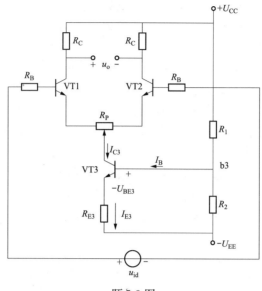

题 5-9 图

5-10 恒流源式差动放大电路如题 5-10 图所示。$R_C = 5k\Omega$，$R_B = 1k\Omega$，$\beta = 100$。$R_C = 5k\Omega$，$R_B = 1k\Omega$，$\beta = 100$。$R_P = 100\Omega$，电位器 R_P 的滑动端在中间位置。$R_L = 10k\Omega$，稳压管的稳定电压 $U_Z = 4.7V$。

（1）求恒流源的直流电流。说明 R_{B3} 电阻的作用。假设稳压管处于反向击穿状态。

（2）设 VT1 和 VT2 参数相同，求静态工作点。

（3）求差模电压放大倍数、差模输入电阻、差模输出电阻。

（4）求共模电压放大倍数。

（5）已知 $u_i = 10mV$，求差模输入电压、共模输入电压，求交流输出电压 u_o。

5-11 FET 差动放大电路如题 5-11 图所示，VT1、VT2 为 JFET，VT3、VT4 构成恒流源，以提高差动放大电路的共模抑制能力。求：

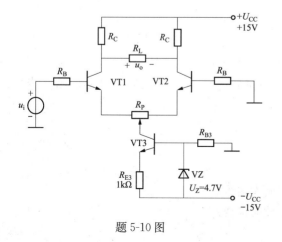

题 5-10 图

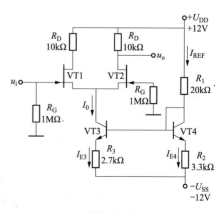

题 5-11 图

（1）直流电流源的电流 I_0。

（2）差模电压放大倍数。

5-12 （1）在题 5-12 图所示的 NPN 管构成的镜像电流源电路中，VT1、VT2 特性相同，且 β 足够大，$U_{BE}=0.6V$。试计算 I_{C2} 的值。

（2）对本章第四节中图 5-4-3 所示的比例电流源电路进行详细分析，并求直流电流源的值。

（3）对本章第四节中图 5-4-4 所示的微电流源电路进行详细分析，并求直流电流源的值。

5-13 PNP 管构成的镜像直流电流源电路如题 5-13 图所示。已知 VT1、VT2 特性相同，且 β 足够大，$U_{BE}=-0.6V$，电阻 $R_1=R_2=4.8k\Omega$，$R_3=54k\Omega$。

（1）估算 I_{C2}。

（2）VT2 的集电极电位 U_{C2} 大小有无限制？若有，有何限制？

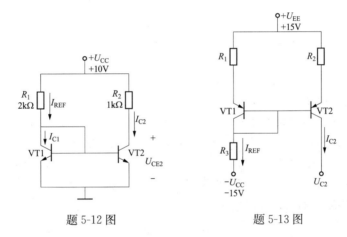

题 5-12 图 　　　　　　　　题 5-13 图

5-14 某集成运放的一个单元电路如题 5-14 图所示。VT1、VT2 特性相同且 β 足够大。

（1）指出由 VT1、VT2 和 R 组成的电路名称是什么。

（2）写出 I_{C2} 的近似表达式。

（3）求输出电压 u_o 与输入电压 u_i 之比的表达式。

5-15 威尔逊电流源是镜像电流源的一种改进电路，如题 5-15 图所示。分析其工作原理，并计算电流源的值 I_0。

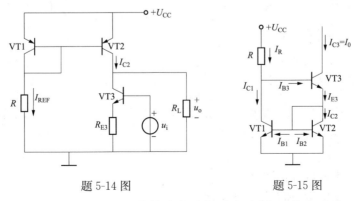

题 5-14 图 　　　　　　　　题 5-15 图

5-16 试导出题 5-16 图所示 PNP 管构成的威尔逊电流源 I_0 的表达式。

5-17 试求出题 5-17 图所示电路的 A_{ud}。设 VT1 与 VT3 的低频跨导 g_m 均为 2mS，VT2 和 VT4 的电流放大系数 β 均为 80，$r_{ke2}=r_{ke4}=r_{be}=1\text{k}\Omega$。

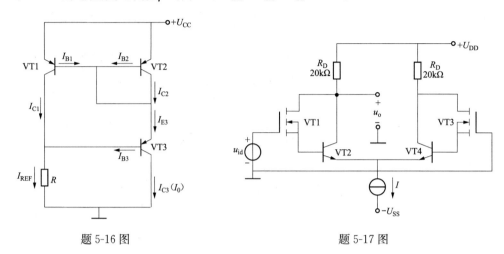

题 5-16 图　　　　　　　　　　　　题 5-17 图

5-18 试求出题 5-18 图所示电路的差模电压放大倍数 A_{ud}。设 VT1 与 VT3 的低频跨导 g_m 均为 2mS，VT2 和 VT4 的电流放大系数 β 均为 80，$r_{be2}=r_{be4}=r_{be}=1\text{k}\Omega$。

5-19 恒流源式差动放大电路如题 5-19 图所示。设 VT1、VT2、VT3、VT4 特性相同，$\beta=50$，$r_{be}=1.5\text{k}\Omega$，$U_{BE}=0.7\text{V}$，$R_P=100\Omega$，且其滑动端位于中点，$U_{CC}=U_{EE}=12\text{V}$，$R_{C1}=R_{C2}=R_C=5\text{k}\Omega$，$R_{B1}=R_{B2}=R_B=1\text{k}\Omega$，$R_L=10\text{k}\Omega$，$R_2=1\text{k}\Omega$，$R_1=R_3=5\text{k}\Omega$。试估算：

（1）静态时各管的 I_C 和 VT1、VT2 的 U_C。（2）差模电压放大倍数 $A_{ud}=u_o/(u_{i1}-u_{i2})$。

（3）差模输入电阻 R_{id} 和输出电阻 R_{od}。

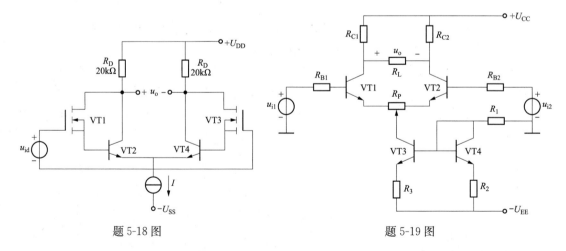

题 5-18 图　　　　　　　　　　　　题 5-19 图

5-20 两级直接耦合差动放大电路如题 5-20 图所示。设 VT1、VT2 的 g_m 均为 4mS，VT3～VT6 的 β 均为 20，U_{BE} 均为 0.6V，$r_{be3}=r_{be4}=1.6\text{k}\Omega$，电位器 R_{P1}、R_{P2} 的滑动端均位于中点。试估算：

（1）总的差模电压放大倍数 A_{ud}。

（2）差模输入电阻 R_{id} 和差模输出电阻 R_{od}。

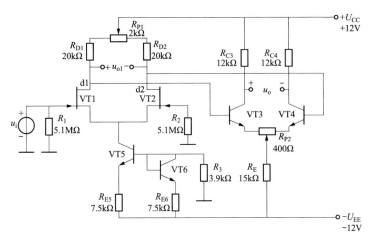

题 5-20 图

5-21 电路如题 5-21 图所示，VT1～VT5 的电流放大系数分别为 $\beta_1 \sim \beta_5$，be 间交流电阻分别为 $r_{be1} \sim r_{be5}$，写出 A_{ud}、R_{id} 和 R_{od} 的表达式。

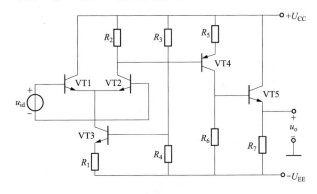

题 5-21 图

5-22 LM324 运放内部电路，如题 5-22 图所示，分析其工作原理，求差模电压放大倍数。从网上搜索其数据手册，进一步了解其参数。

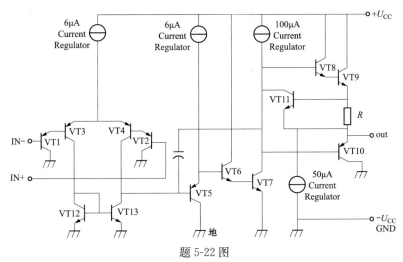

题 5-22 图

第六章　反　馈　放　大　电　路

📝 **本章提要**

　　反馈是电子技术和自动控制领域的一个重要概念，负反馈可以改善放大电路多方面的性能，在实用的放大电路中，几乎都采用了负反馈。本章首先介绍放大电路的 4 种类型、反馈的基本概念、反馈的分类、交流负反馈的 4 种类型和瞬时极性法；然后导出反馈放大电路的基本方程，讨论负反馈对放大电路性能的影响，介绍深度负反馈放大电路放大倍数的近似估算方法；最后介绍负反馈放大电路的稳定问题。

第一节　放大电路的 4 种类型

　　在前面的章节中，对电压放大电路分析计算比较多。实际上，除电压放大电路外，还有 3 种放大电路，所以放大电路共有 4 种类型，即电压放大电路、电流放大电路、互阻放大电路和互导放大电路，它们统称为广义放大电路，简称放大电路，又称为基本放大电路。放大电路的输入信号一般来自传感器，这个小的交流输入信号可能是电压，也可能是电流；放大电路的输出信号提供给信号处理系统，这个信号处理系统需要的信号可能是电压，也可能是电流。这样组合起来，放大电路就有 4 种类型，即电压放大电路（voltage amplifier）（输入和输出均是电压）、电流放大电路（current amplifier）（输入和输出均是电流）、互阻放大电路（transresistance amplifier）（输入是电流、输出是电压）和互导放大电路（transconductance amplifier）（输入是电压、输出是电流）。

　　电压放大电路如图 6-1-1 所示。电压放大电路的输入信号是电压，输出信号也是电压。对于电压放大电路，目标是要提高输入电阻，降低输出电阻。

　　电流放大电路如图 6-1-2 所示。电流放大电路的输入信号是电流，输出信号也是电流。对于电流放大电路，目标是要降低输入电阻，提高输出电阻。

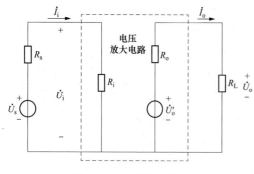

图 6-1-1　电压放大电路

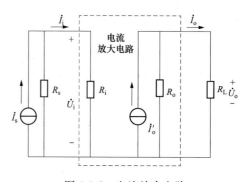

图 6-1-2　电流放大电路

互阻放大电路如图 6-1-3 所示。互阻放大电路的输入信号是电流，输出信号是电压。对于互阻放大电路，目标是要降低输入电阻，降低输出电阻。

互导放大电路如图 6-1-4 所示。互导放大电路的输入信号是电压，输出信号是电流。对于互导放大电路，目标是要提高输入电阻，提高输出电阻。

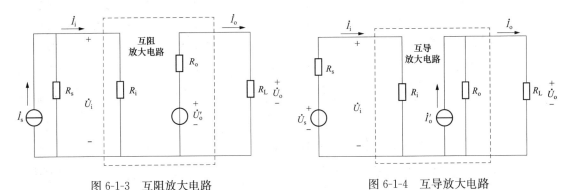

图 6-1-3　互阻放大电路　　　　　　　图 6-1-4　互导放大电路

针对 4 种类型的放大电路，必须分别引入相应类型的负反馈才能达到改善其性能指标的目的。电压放大电路只能引入电压串联（series-shunt）负反馈来改善其性能指标，使其输入电阻增大，输出电阻减小。电流放大电路只能引入电流并联（shunt-series）负反馈来改善其性能指标，使其输入电阻减小，输出电阻增大。互阻放大电路只能引入电压并联（shunt-shunt）负反馈来改善其性能指标，使其输入电阻减小，输出电阻减小。互导放大电路只能引入电流串联（series-series）负反馈来改善其性能指标，使其输入电阻增大，输出电阻增大。

第二节　反馈的定义与分类

一、反馈的定义

所谓反馈，就是将放大电路的输出信号（电压或电流）的部分或全部通过一定的方式，回送到放大电路的输入端，与原输入信号相加或相减后再作用到基本放大电路的输入端，并对放大电路造成影响。

具有反馈的放大电路称为反馈放大电路，是一个闭合系统，其框图如图 6-2-1 所示。图 6-2-1 中符号 X 既表示电压，也表示电流，这样图 6-2-1 就可表示 4 种类型的放大电路。反馈放大电路的输入信号用 $\dot{X}_i$ 表示，反馈放大电路的输出信号用 $\dot{X}_o$ 表示。信号可以用相量表示，也可以用瞬时值表示，只要配套即可。图 6-2-1 采用了相量表示。

图 6-2-1 包括基本放大电路 $\dot{A}$ 和反馈网络 $\dot{F}$ 两部分。基本放大电路是指本章之前所讲过的没有反馈的放大电路，为了与本章所讲具有反馈的放大电路相区别，加定语"基本"，而本章所讲的放大电路称为反馈放大电路，加定语"反馈"。基本放大电路的输入信号称为净输入信号，用 $\dot{X}_{id}$ 表示。反馈网络的输出信号称为反馈信号，用 $\dot{X}_f$ 表示。$\oplus$ 表示比较环节，输入信号 $\dot{X}_i$ 与反馈信号 $\dot{X}_f$ 在此比较。$\dot{X}_i$ 旁的正号表示前面加正号，$\dot{X}_f$ 旁的负号表示前面加负号，运算后得到 $\dot{X}_{id}$，即 $\dot{X}_{id} = +\dot{X}_i - \dot{X}_f$。比较环节是某种具体的电路结构，比较环节旁所标注的正负号是实际电路中的不同参考方向标示方法的体现。在第八章信号产生电路中反馈

放大电路的框图中比较环节使用＋、＋符号，即$\dot{X}_{id}=+\dot{X}_i+\dot{X}_f$，在本书第八章将要学习的信号产生电路中一般使用这种标注方法。

图 6-2-1 中，信号有两条传输途径，一条是正向传输途径，即从输入端到输出端的路

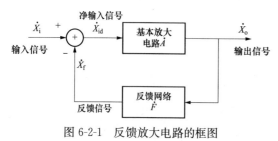

图 6-2-1　反馈放大电路的框图

径；另一条是反向传输途径，即从输出端到输入端的路径。输入信号$\dot{X}_i$主要通过正向传输途径传输到输出端，也有小部分从反向传输途径到达输出端。同样的，输出信号$\dot{X}_o$主要通过反向传输途径传输到输入端，也有小部分从正向传输途径到达输入端。为简单起见，本书假定输入信号$\dot{X}_i$全部通过正向传输途径到达输出端，输出信号$\dot{X}_o$全部通过反向传输途径到达输入端。如图 6-2-1 中的箭头所示，净输入信号$\dot{X}_{id}$全部经基本放大电路$\dot{A}$由输入端传向输出端，输出信号$\dot{X}_o$全部经反馈网络$\dot{F}$由输出端传向输入端。

二、反馈的分类

从不同的角度，反馈可以有不同的分类方法。

1. 直流反馈和交流反馈

根据反馈信号的交、直流性质，反馈可分为直流反馈和交流反馈。如果反馈信号中只有直流成分，则称为直流反馈；如果反馈信号中只有交流成分，则称为交流反馈。在一个实用放大电路中，往往同时存在直流负反馈和交流负反馈。直流负反馈的作用是稳定工作点，对动态性能无影响；交流负反馈的作用是改善电路的动态性能。

2. 电压反馈和电流反馈

根据反馈信号在输出端采样方式的不同，反馈可分为电压反馈和电流反馈。如果反馈信号取自输出电压，则称为电压反馈；如果反馈信号取自输出电流，则称为电流反馈。这里要注意的是，电压反馈和电流反馈并不是由反馈信号是电压还是电流决定的，而是由反馈信号的来源决定的。

3. 串联反馈和并联反馈

根据反馈信号与输入信号在输入端的连接形式，反馈可分为串联反馈和并联反馈。如果反馈信号与输入信号在输入端以所谓的串联形式（均为电压信号）叠加（满足 KVL），则为串联反馈；若以所谓的并联形式（均为电流信号）叠加（满足 KCL），则为并联反馈。由于不同的电压信号不能并联，只能串联，而不同的电流信号不能串联，只能并联，所以，对串联反馈，反馈信号是电压，对并联反馈，反馈信号是电流。此串联和并联只是借用了电阻串联和电阻并联的名称，其含义不同。

4. 正反馈和负反馈

正反馈是指在输入信号不变的情况下，引入反馈后输出信号变大了，或者说，使净输入信号变大了。负反馈是指在输入信号不变的情况下，引入反馈后输出信号变小了，或者说，使净输入信号变小了。

5. 本级反馈和级间反馈

本级反馈为只存在于某一级放大电路中的反馈。级间反馈是指跨越多级放大电路的反馈。

6. 人工反馈和寄生反馈

人工反馈是指人为引入的反馈。寄生反馈是指由于寄生参数的存在而引起的反馈。

三、判断交流反馈极性的方法

对于放大电路而言，人们更关心的是其交流指标，如输入电阻、输出电阻、放大倍数等，所以重点讨论交流反馈。交流反馈的极性是指正反馈还是负反馈。判断交流反馈的极性的方法是瞬时极性法，即将时刻定格在某个瞬间，那么交流通路中各点电位的极性和支路电流的真实方向就是确定的了，通过比较它们之间的相互关系来得出反馈的极性。

在利用瞬时极性法判断反馈的极性之前，应该先画出放大电路的交流通路，观察交流通路，找出交流信号源和负载电阻 R_L，找出反馈元件，观察反馈元件与负载电阻 R_L 的连接关系，判断出是电压反馈还是电流反馈；观察反馈元件与交流信号源的连接关系，判断出是串联反馈还是并联反馈。然后再用瞬时极性法进行极性的判断。

利用瞬时极性法进行判断的步骤如下：

（1）假设输入信号的频率处在放大电路的中频区，画出交流通路。

（2）假设放大电路输入端的交流输入信号在某一瞬间对地电位的极性为正，用（＋）表示，然后根据各级放大电路输出端与输入端信号的相位关系（同相或反相），沿基本放大电路从输入端走向输出端，标出电路中各点电位在此瞬间的极性，再沿反馈网络从输出端走向输入端，得到反馈信号（电压或电流）的极性。

（3）与没有引入反馈时的放大电路相比，判断有反馈时反馈信号与输入信号相互作用导致基本放大电路的净输入信号是被加强还是被削弱了。若被加强了，就是正反馈；若被削弱了，就是负反馈。

注意：在瞬时极性法中标出的是规定的那个瞬间的电压、电流的真实方向，而不是参考方向。因为在此只是判断反馈的极性，不需要进行计算，所以不标电压、电流的参考方向。如果假设放大电路输入端的交流输入信号在某一瞬间对地电位的极性为负也可以，用（－）表示，那么后续的判断都以此为基础进行，最后得出的结论与前面的方法是一样的。

负反馈：输入量不变时，引入反馈后输出量变小了。

正反馈：输入量不变时，引入反馈后输出量变大了。

四、交流负反馈的 4 种类型

针对放大电路的 4 种类型分别引入对应的 4 种类型的交流负反馈以改善放大电路的交流指标。下面通过举例来说明。

（一）针对电压放大电路，引入电压串联负反馈

例 6-2-1　判断图 6-2-2 中交流反馈的类型和极性。

解：画出图 6-2-2 的交流通路，如图 6-2-3 所示。注意在此图中，不要标注参考方向。

观察图 6-2-3，找到输入信号源和负载电阻 R_L。输入信号源是电压源，输出信号是负载电阻 R_L 的端电压，所以是一个电压放大电路。根据前面介绍的知识可知，要想改善电压放大电路的交流指标，即要提高电压放大电路的输入电阻，降低其输出电阻，就必须引入电压串联负反馈才可以。输入信号源的一端与负载电阻 R_L 的一端连接在一起，并接地，那么输入信号源的另一端和负载电阻 R_L 的另一端与反馈网络的输出点和输入点就有 4 种组合方式。在图 6-2-3 中，电阻 R_f 的右端与 R_L 的端子相连，为电压反馈；电阻 R_f 的左端不与输入信号源的端子相连，为串联反馈。

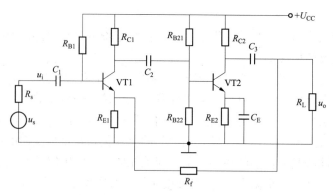

图 6-2-2　例 6-2-1 的电路

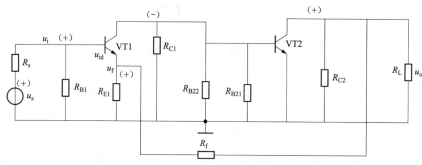

图 6-2-3　图 6-2-2 的交流通路

　　首先判断反馈是电压反馈还是电流反馈。判断是电压反馈还是电流反馈的方法是：将输出电压 u_o 置零，若反馈信号也为零，则为电压反馈；若反馈信号不为零，则为电流反馈。观察图 6-2-3，R_{E1} 的端电压是反馈电压 u_f，如果将输出电压 u_o 置零，则反馈电压 u_f 也为零，因此是电压反馈。也可以这样来观察，反馈网络的连接点在负载电阻 R_L 的一端，即负载电阻 R_L 的端电压作为反馈网络的输入，因此是电压反馈。

　　然后判断反馈是串联反馈还是并联反馈。判断是串联反馈还是并联反馈的方法是：根据反馈信号与输入信号在输入端的连接形式来区分。观察图 6-2-3，输入信号是电压，反馈信号也是电压，反馈信号和输入信号在输入回路中满足 KVL，类似串联，则称为串联反馈。也可以这样来观察，反馈网络的连接点不是输入电压源的一个端子，而是在 VT1 的发射极，因此是串联反馈。

　　最后判断反馈的极性，即是正反馈还是负反馈。采用瞬时极性法。在图 6-2-3 中，在中频信号范围内，假定输入电压 u_s 在某个瞬间的极性为正，将（＋）标注旁边，根据共射放大电路输出电压与输入电压反相的特点，第一级放大电路（共射组态）的输出电压为（－），第二级放大电路（共射组态）的输出电压 u_o 为（＋）。反馈网络 R_f、R_{E1} 将输出电压 u_o 送回到输入回路，电阻 R_{E1} 的端电压的一部分（即由输出电压 u_o 产生的那部分）为反馈电压 u_f，反馈电压 u_f（即电阻 R_{E1} 非接地端的电位）在此瞬间的极性也为正，用（＋）表示，也就是说反馈的作用将 VT1 发射极的电位抬高了。如果将整个放大电路中的反馈网络去掉（断开电阻 R_f），VT1 的发射极的电位为某一个值，这个值是多少不用关心，此时 VT1 的发射结电压（基极电位减去发射极电位），即放大电路的净输入电压 u_{id} 为某一个值。加入反馈网络（连接电阻 R_f）后，VT1 的发射极电位会在没有反馈时的基础上叠加上一个值，这个值即反

馈电压 u_f，而输入电压 u_i 无论有无反馈均保持不变（因为这是电压源，其端电压几乎不随外电路的改变而改变，若内阻是零，则其端电压永远不变），从而导致有反馈时的放大电路的净输入电压 u_{id} 减小，称为负反馈。

综上所述，图 6-2-2 中的反馈为电压串联负反馈。

例 6-2-2　判断图 6-2-4 中交流反馈的类型和极性。

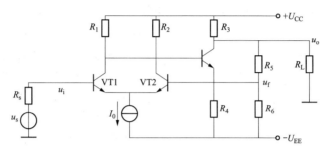

图 6-2-4　例 6-2-2 的电路

解：画出图 6-2-4 的交流通路，如图 6-2-5 所示。注意在此图中，不要标注参考方向。

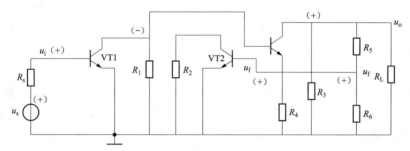

图 6-2-5　图 6-2-4 的交流通路

观察图 6-2-5，找到输入信号源和负载电阻 R_L，这是一个差动放大电路。输入信号源是电压源，输出信号是负载电阻 R_L 的端电压，所以是一个电压放大电路。

首先判断反馈是电压反馈还是电流反馈。观察图 6-2-5，R_5、R_6 是反馈网络，R_5 的端子与负载电阻 R_L 的一端相连，R_6 的端电压是反馈电压 u_f，是输出电压 u_o 的一部分，如果将输出电压 u_o 置零，则反馈电压 u_f 也为零，因此是电压反馈。也可以这样来观察，反馈网络的连接点（R_5 的一个端子）与负载电阻 R_L 的一端连接，即负载电阻 R_L 的端电压作为反馈网络的输入，因此是电压反馈。

然后判断反馈是串联反馈还是并联反馈。判断串联反馈和并联反馈的方法是：根据反馈信号与输入信号在输入端的连接形式来区分。观察图 6-2-5，输入信号是电压，从 VT1 的基极输入，反馈信号也是电压，连接到 VT2 的基极，输入信号与反馈信号不在同一个点。反馈信号电压和输入信号电压在输入回路中满足 KVL，以实现比较环节，类似电阻的串联连接，则称为串联反馈。也可以这样来观察，反馈网络的连接点不是输入电压源的一个端子，而是在差动放大电路的另一个输入端，因此是串联反馈。

最后判断反馈的极性，即是正反馈还是负反馈。采用瞬时极性法。在图 6-2-5 中，在中频信号范围内，假定输入电压 u_s 在某个瞬间的极性为正，将（＋）标注旁边，根据差动放大电路的特点，第一级放大电路的输出电压为（－），第二级放大电路的输出电压 u_o 为（＋），反馈网络 R_5、R_6 将输出电压 u_o 分压后送回到差动放大电路的另一个输入端，R_6 的

端电压为反馈电压 u_f，反馈电压 u_f 在此瞬间的极性也为正。如果将差动放大电路中的反馈网络去掉，即将 VT2 的基极接地，那么差动放大电路的净输入电压就等于 u_i，即 VT1 和 VT2 两个基极之间的电压等于 u_i；如果加入反馈网络，因为 u_i 保持不变，差动放大电路的净输入电压将减小，因此是负反馈。

综上所述，反馈为电压串联负反馈。

例 6-2-3　判断图 6-2-6 中交流反馈的类型和极性。

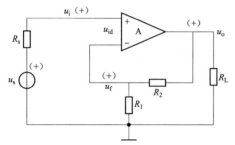

图 6-2-6　例 6-2-3 的电路

解：图 6-2-6 是一个运放电路，运放的符号表示的就是交流通路，其直流通路已被省略，所以图 6-2-6 本身就是交流通路。观察图 6-2-6，找到输入信号源和负载电阻 R_L。输入信号源是电压源，输出信号是负载电阻 R_L 的端电压，所以是一个电压放大电路。

首先判断反馈是电压反馈还是电流反馈。观察图 6-2-6，R_2 和 R_1 是反馈网络，R_2 的端子与负载电阻 R_L 的一端相连，R_1 的端电压是反馈电压 u_f，是输出电压 u_o 的一部分，如果将输出电压 u_o 置零，则反馈电压 u_f 也为零，因此是电压反馈。也可以这样来观察，反馈网络的连接点（R_2 的一个端子）与负载电阻 R_L 的一端连接在一起，即负载电阻 R_L 的端电压 u_o 作为反馈网络的输入，因此是电压反馈。

然后判断反馈是串联反馈还是并联反馈。判断串联反馈和并联反馈的方法是：根据反馈信号与输入信号在输入端的连接形式来区分。观察图 6-2-6，输入信号是电压，从运放的同相输入端输入，反馈信号也是电压，连接到运放的反相输入端，输入信号与反馈信号不在同一个点。反馈信号电压和输入信号电压在输入回路中满足 KVL，以实现比较环节，类似电阻的串联连接，则称为串联反馈。也可以这样来观察，反馈网络的连接点不是输入电压源的一个端子，因此是串联反馈。

最后判断反馈的极性。在图 6-2-6 中标注瞬时极性，注意在此图中，不要标注参考方向。在图 6-2-6 中，在中频信号范围内假定输入电压 u_s 在某个瞬间的极性为正，将（＋）标注旁边，因为从运放的同相端输入，所以，放大电路的输出电压 u_o 为（＋），反馈网络 R_2、R_1 将输出电压送回到输入端，R_1 的端电压为反馈电压 u_f，反馈电压 u_f 在此瞬间的极性也为正。如果将放大电路中的反馈网络去掉，即将运放的反相输入端接地，放大电路的净输入电压，即运放的差模输入电压 u_{id} 等于 u_i；如果加入反馈网络，u_i 保持不变，放大电路的净输入电压 $u_{id}＝u_i－u_f$，小于 u_i，即净输入电压减小了，因此是负反馈。

综上所述，反馈为电压串联负反馈。

（二）针对电流放大电路，引入电流并联负反馈

例 6-2-4　判断图 6-2-7 中交流反馈的类型和极性。

解：画出图 6-2-7 的交流通路，如图 6-2-8 所示。注意在此图中，不要标注参考方向。观察图 6-2-8，找到输入信号源和负载电阻 R_L。输入信

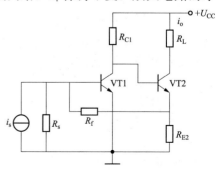

图 6-2-7　例 6-2-4 的电路

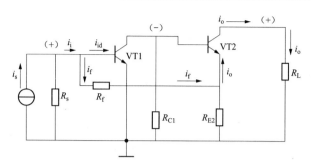

图 6-2-8 图 6-2-7 的交流通路

号源是电流源，输出信号是流过负载电阻 R_L 的电流，所以是一个电流放大电路。

首先判断反馈是电压反馈还是电流反馈。观察图 6-2-8，R_{E2} 和 R_f 是反馈网络，R_{E2} 和 R_f 的共同端子并没有与负载电阻 R_L 的一个端子相连，流过电阻 R_f 的电流是反馈电流 i_f。如果将负载电阻 R_L 的端电压置零，VT2 的集电极仍然有电流，反馈电流 i_f 不为零，因此是电流反馈。也可以这样来观察，反馈网络的连接点（R_{E2} 和 R_f 的共同端子）不是负载电阻 R_L 的一端，而是在输出级 VT2 的发射极，即负载电阻 R_L 的电流 i_o 作为反馈网络的输入，因此是电流反馈。将本例与例 6-2-1 中的连接关系做比较，可以观察到电流反馈与电压反馈的区别。

然后判断反馈是串联反馈还是并联反馈。判断串联反馈和并联反馈的方法是：根根据反馈信号与输入信号在输入端的连接形式来区分。观察图 6-2-8，输入信号是电流，反馈信号也是电流，反馈信号和输入信号在 VT1 的基极满足 KCL，好像并联一样，则称为并联反馈。也可以这样来观察，反馈网络的连接点（R_f 左侧端子）是输入电流源的一个端子，因此是并联反馈。

最后判断反馈的极性。尽管输入信号是电流，是并联反馈，但是还是假设输入电流源的端点的电位的极性。在图 6-2-8 中，在中频信号范围内，假定输入交流电流源的非接地端子的电位在某个瞬间的极性为正，将（+）标注在旁边，i_s 的真实方向向上，i_i 的真实方向向右，根据共射放大电路的特点，第一级放大电路的输出电压为（−），第二级放大电路中 VT2 集电极的电位为（+），负载电阻 R_L 的上侧端子的电位为（+），流过负载电阻 R_L 的输出电流 i_o 的真实方向向下，因此 VT2 集电极电流的真实方向为流出 BJT，VT2 发射极电流的真实方向为流入 BJT，大小近似为 i_o，反馈网络 R_f、R_{E2} 将输出电流 i_o 的一部分送回到输入端，流过 R_f 的电流为反馈电流 i_f，反馈电流 i_f 此瞬间的真实方向如图 6-2-8 所示。输入电流 i_i 此瞬间的真实方向也如图 6-2-8 所示。在 VT1 的基极，满足 KCL。如果将放大电路中的反馈网络去掉，放大电路的净输入电流 i_{id}，即 VT1 的基极电流，等于 i_i；加入反馈网络后，i_i 保持不变（因为输入信号为电流源），基本放大电路的净输入电流 $i_{id} = i_i - i_f$，即净输入电流减小了，因此是负反馈。

综上所述，反馈为电流并联负反馈。

将例 6-2-4 和例 6-2-1 做一比较，不难发现电压串联反馈和电流并联反馈的区别。比较图 6-2-8 和图 6-2-3 两个交流通路，首先观察输入端的连接，在图 6-2-3 中，反馈网络输出的连接点不是输入信号源的非接地端子；在图 6-2-8 中，反馈网络输出的连接点是输入信号源的非接地端子。这就是串联反馈和并联反馈的不同点。再观察输出端，在图 6-2-3 中，反馈网络输入的连接点是放大电路负载电阻 R_L 的一个端子；在图 6-2-8 中，反馈网络输入的连接点不是在负载电阻 R_L 的一个端子。

例 6-2-5 判断图 6-2-9 中交流反馈的类型和极性。

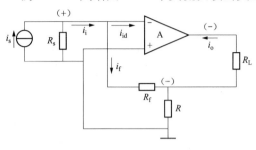

图 6-2-9 例 6-2-5 的电路

解：图 6-2-9 是一个运放电路，运放的符号表示的就是交流通路，其直流通路已被省略，所以图 6-2-9 本身就是交流通路。观察图 6-2-9，找到输入信号源和负载电阻 R_L。输入信号源是电流源，输出信号是流过负载电阻 R_L 的电流，所以是一个电流放大电路。

首先判断反馈是电压反馈还是电流反馈。观察图 6-2-9，R、R_f 是反馈网络，流过电阻 R_f 的电流是反馈电流 i_f。如果将负载电阻 R_L 的端电压置零，但是反馈电流 i_f 却不为零，因此是电流反馈。也可以这样来观察，反馈网络的连接点不在运放的输出端，而输出负载电阻 R_L 的一端连接运放的输出端，即负载电阻 R_L 的电流 i_o 作为反馈网络的输入，因此是电流反馈。将本例与例 6-2-3 中的连接关系做比较，可以观察到电流反馈与电压反馈的区别。

然后判断反馈是串联反馈还是并联反馈。判断串联反馈和并联反馈的方法是：根据反馈信号与输入信号在输入端的连接形式来区分。观察图 6-2-9，输入信号是电流，反馈信号也是电流，反馈信号和输入信号在运放的反相输入端满足 KCL，好像并联一样，则称为并联反馈。也可以这样来观察，反馈网络的连接点（R_f 的左端子）是输入电流源的一个端子，因此是并联反馈。

最后判断反馈的极性。图 6-2-9 中标有瞬时极性，注意在此图中，不要标注参考方向。在图 6-2-9 中，在中频信号范围内假定输入电流源的电位在某个瞬间的极性为正，将（＋）标注在旁边，i_s 的真实方向向上，i_i 的真实方向向右，因为从运放的反相端输入，所以，运放的输出端电位为（一），流过负载电阻 R_L 的输出电流 i_o 的真实方向向上，流入运放的输出端，反馈网络 R、R_f 将输出电流 i_o 送回到输入端，流过 R_f 的电流为反馈电流 i_f，反馈电流 i_f 此瞬间的真实方向如图 6-2-9 所示。如果将放大电路中的反馈网络去掉，运放的净输入电流 i_{id} 等于 i_i；加入反馈网络后，i_i 保持不变（因为输入信号为电流源），运放的净输入电流 $i_{id}=i_i-i_f$，即净输入电流减小了，因此是负反馈。

综上所述，反馈为电流并联负反馈。

（三）针对互阻放大电路，引入电压并联负反馈

例 6-2-6 判断图 6-2-10 中交流反馈的类型和极性。

解：画出图 6-2-10 的交流通路，如图 6-2-11 所示。注意在此图中，不要标注参考方向。观察图 6-2-11，找到输入信号源和负载电阻 R_L。输入信号源是电流源，输出信号是负载电阻 R_L 的端电压，所以是一个互阻放大电路。

首先判断反馈是电压反馈还是电流反馈。判断电压反馈和电流反馈的方法是：将输出电压置零，若反馈信号也为零，则为电压反馈；若反馈信号不为零，则为电流反馈。观察图 6-2-11，R_f 是反馈网络，R_f 的右侧端子与负载电阻 R_L 直接相连，流过

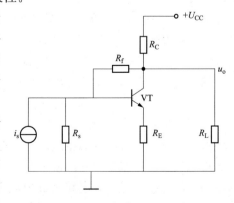

图 6-2-10 例 6-2-6 的电路

R_f 的电流是反馈电流 i_f。如果将输出电压 u_o 置零，则反馈电流 i_f 也为零，因此是电压反馈。也可以这样来观察，反馈网络的连接点是负载电阻 R_L 的一个端子，即负载电阻 R_L 的端电压作为反馈网络的输入，因此是电压反馈。

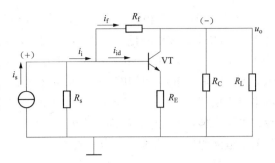

图 6-2-11　例 6-2-6 的交流通路

然后判断反馈是串联反馈还是并联反馈。判断串联反馈和并联反馈的方法是：根据反馈信号与输入信号在输入端的连接形式来区分。观察图 6-2-11，输入信号是电流，反馈信号也是电流，反馈信号和输入信号在 BJT 的基极满足 KCL，好像并联一样，则称为并联反馈。也可以这样来观察，反馈网络的连接点（R_f 的左侧端子）是输入电流源的一个端子，因此是并联反馈。

最后判断反馈的极性。在图 6-2-11 中，在中频信号范围内，假定输入交流电流源的非接地端子的电位在某个瞬间的极性为正，将（＋）标注在旁边，i_s 的真实方向向上，i_i 的真实方向向右，根据共射放大电路的特点，放大电路的输出电压为（－），反馈网络 R_f 将输出电压送回到输入端，流过 R_f 的电流为反馈电流 i_f，反馈电流 i_f 在此瞬间的真实方向如图 6-2-11 所示。输入电流 i_i 在此瞬间的真实方向也如图 6-2-11 所示。在 BJT 的基极，满足 KCL。如果将放大电路中的反馈网络去掉，放大电路的净输入电流 i_{id}，即 BJT 的基极电流，等于 i_i；加入反馈网络后，i_i 保持不变（因为输入信号为电流源），放大电路的净输入电流 $i_{id} = i_i - i_f$，即净输入电流减小了，因此是负反馈。

综上所述，反馈为电压并联负反馈。

例 6-2-7　判断图 6-2-12 中交流反馈的类型和极性。

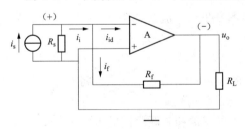

图 6-2-12　例 6-2-7 的电路

解：图 6-2-12 是一个运放电路，运放的符号表示的就是交流通路，其直流通路已被省略，所以图 6-2-12 本身就是交流通路。观察图 6-2-12，找到输入信号源和负载电阻 R_L。输入信号源是电流源，输出信号是负载电阻 R_L 的端电压，所以是一个互阻放大电路。

首先判断反馈是电压反馈还是电流反馈。观察图 6-2-12，R_f 是反馈网络，R_f 的右侧端子与负载电阻 R_L 直接相连，流过 R_f 的电流为反馈电流 i_f。如果将输出电压 u_o 置零，则反馈电流 i_f 也为零，因此是电压反馈。也可以这样来观察，反馈网络的连接点是负载电阻 R_L 的一个端子，即负载电阻 R_L 的端电压 u_o 作为反馈网络的输入，因此是电压反馈。本例与例 6-2-3 中的连接关系是相同的。

然后判断反馈是串联反馈还是并联反馈。判断串联反馈和并联反馈的方法是：根据反馈信号与输入信号在输入端的连接形式来区分。观察图 6-2-12，输入信号是电流，反馈信号也是电流，反馈信号和输入信号在运放的反相输入端满足 KCL，好像并联一样，则称为并联反馈。也可以这样来观察，反馈网络的连接点（R_f 的左侧端子）是输入电流源的一个端子，因此是并联反馈。

最后判断反馈的极性。图 6-2-12 中标有瞬时极性。注意在此图中，不要标注参考方向。在图 6-2-12 中，在中频信号范围内，假定输入电流源的非接地端子的电位在某个瞬间的极性为正，将（＋）标注在旁边，i_s 的真实方向向上，i_i 的真实方向向右，因为从运放的反相端输入，所以，放大电路的输出端的电位为（－），反馈网络 R_f 将输出电压送回到输入端，流过 R_f 的电流为反馈电流 i_f，反馈电流 i_f 在此瞬间的真实方向如图 6-2-12 所示。如果将放大电路中的反馈网络去掉，放大电路的净输入电流 i_{id} 等于 i_i；如果加入反馈网络，i_i 保持不变（因为输入信号为电流源），放大电路的净输入电流 $i_{id}=i_i-i_f$，即净输入电流减小了，因此是负反馈。

综上所述，反馈为电压并联负反馈。

（四）针对互导放大电路，引入电流串联负反馈

例 6-2-8 判断图 6-2-13 中交流反馈的类型和极性。

解：画出图 6-2-13 的交流通路，如图 6-2-14 所示。注意在此图中，不要标注参考方向。观察图 6-2-14，找到输入信号源和负载电阻 R_L。输入信号源是电压源，输出信号是流过负载电阻 R_L 的电流，所以是一个互导放大电路。

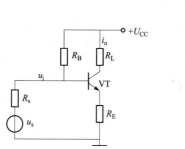
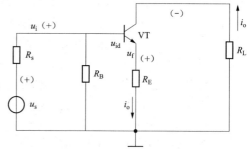

图 6-2-13 例 6-2-8 的电路　　　　图 6-2-14 图 6-2-13 的交流通路

首先判断反馈是电压反馈还是电流反馈。观察图 6-2-14，流过电阻 R_E 的电流近似为输出电流 i_o。如果将负载电阻 R_L 的端电压置零，但是输出电流 i_o 却不为零，因此是电流反馈。也可以这样来观察，反馈网络的连接点在输出级 BJT 的发射极，不与负载电阻 R_L 的一端连接，即负载电阻 R_L 的电流 i_o 作为反馈网络的输入，因此是电流反馈。将本例与例 6-2-1 中的连接关系做比较，可以观察到电流反馈与电压反馈的区别。

然后判断反馈是串联反馈还是并联反馈。判断串联反馈和并联反馈的方法是：根据反馈信号与输入信号在输入端的连接形式来区分。观察图 6-2-14，输入信号是电压，R_E 的端电压为反馈电压 u_f，反馈信号 u_f 也是电压，反馈信号和输入信号在输入回路中满足 KVL，类似串联，则称为串联反馈。也可以这样来观察，反馈网络的连接点（R_E 的一个端子）不是输入电压源的一个端子，因此是串联反馈。

最后判断反馈的极性。在图 6-2-14 中，在中频信号范围内，假定输入电压 u_s 在某个瞬间的极性为正，将（＋）标注在旁边，根据共射放大电路的特点，放大电路的输出电压为（－），流过负载电阻 R_L 的输出电流 i_o 的真实方向向上，流入 BJT 的集电极。BJT 发射极电流的真实方向为流出 BJT，大小近似为 i_o，反馈网络 R_E 将输出电流 i_o 送回到输入端，R_E 的端电压为反馈电压 u_f，反馈电压 u_f 在此瞬间的极性也为正。如果将放大电路中的反馈网络去掉，放大电路的净输入电压，即 BJT 的发射结电压 u_{id} 等于 u_i；加入反馈网络后，u_i 保持不变（因为输入信号为电压源），放大电路的净输入电压 $u_{id}=u_i-u_f$，小于 u_i，即净输入电压减小了，因

此是负反馈。综上所述，反馈为电流串联负反馈。

例 6-2-9　判断图 6-2-15 中交流反馈的类型和极性。

解：图 6-2-15 是一个运放电路，运放的符号表示的就是交流通路，其直流通路已被省略，所以图 6-2-15 本身就是交流通路。观察图 6-2-15，找到输入信号源和负载电阻 R_L。输入信号源是电压源，输出信号是流过负载电阻 R_L 的电流，所以是一个互导放大电路。

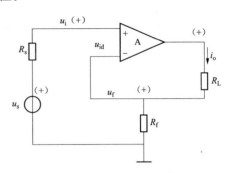

图 6-2-15　例 6-2-9 的电路

首先判断反馈是电压反馈还是电流反馈。观察图 6-2-15，电阻 R_f 两端的电压是反馈电压 u_f。如果将负载电阻 R_L 的端电压置零，流过负载电阻 R_L 输出电流 i_o 不为 0，i_o 流过 R_f 产生反馈电压，R_f 常称为采样电阻，但是反馈电压 u_f 却不为零，因此是电流反馈。也可以这样来观察，反馈网络的连接点不在运放的输出端，而输出负载电阻 R_L 的一端连接运放的输出端，即负载电阻 R_L 的电流 i_o 作为反馈网络的输入，因此是电流反馈。

然后判断反馈是串联反馈还是并联反馈。判断串联反馈和并联反馈的方法是：根据反馈信号与输入信号在输入端的连接形式来区分。观察图 6-2-15，输入信号是电压，从运放的同相输入端输入，反馈信号也是电压，连接到运放的反相输入端，输入信号与反馈信号不在同一个点。反馈信号电压和输入信号电压在输入回路中满足 KVL，以实现比较环节，类似电阻的串联连接，则称为串联反馈。

最后判断反馈的极性。图 6-2-15 是标有瞬时极性的交流通路。注意在此图中，不要标注参考方向。在图 6-2-15 中，在中频信号范围内假定输入电压 u_s 在某个瞬间的极性为正，将（＋）标注在旁边，因为从运放的同相端输入，所以，放大电路输出端电位为（＋），流过负载电阻 R_L 的输出电流 i_o 的真实方向向下，反馈网络 R_f 将输出电流送回到输入端，R_f 的端电压为反馈电压 u_f，反馈电压 u_f 在此瞬间的极性也为正。如果将放大电路中的反馈网络去掉，放大电路的净输入电压，即运放的差模输入电压 u_{id} 等于 u_i；加入反馈网络后，u_i 保持不变（因为输入信号为电压源），放大电路的净输入电压 $u_{id} = u_i - u_f$，小于 u_i，即净输入电压减小了，因此是负反馈。

综上所述，反馈为电流串联负反馈。

第三节　反馈放大电路闭环放大倍数的一般表达式

一、闭环放大倍数的一般表达式

观察图 6-2-1 所示的反馈放大电路的框图可以看出，基本放大电路的输出信号 $\dot{X}_o$ 与净输入信号 $\dot{X}_{id}$ 之比，称为开环放大倍数，用 $\dot{A}$ 表示。反馈信号 $\dot{X}_f$ 与输出信号 $\dot{X}_o$ 之比，称为反馈系数，用 $\dot{F}$ 表示。而整个反馈放大电路的输出信号 $\dot{X}_o$ 与输入信号 $\dot{X}_i$ 之比称为闭环放大倍数，用 $\dot{A}_F$ 表示，即

$$\dot{A}_F = \frac{\dot{X}_o}{\dot{X}_i} \tag{6-3-1}$$

输出信号的表达式为

$$\dot{X}_{\mathrm{o}} = \dot{A}\,\dot{X}_{\mathrm{id}} \tag{6-3-2}$$

开环放大倍数的定义和记号见下式

$$\dot{A} = \frac{\dot{X}_{\mathrm{o}}}{\dot{X}_{\mathrm{id}}} = |\dot{A}|\ \underline{/\varphi_{\mathrm{A}}} = A\ \underline{/\varphi_{\mathrm{A}}} \tag{6-3-3}$$

式中，φ_{A} 是基本放大电路输出信号与输入信号之间的相位差。

反馈信号的表达式为

$$\dot{X}_{\mathrm{f}} = \dot{F}\,\dot{X}_{\mathrm{o}} \tag{6-3-4}$$

反馈系数的定义和记号见下式

$$\dot{F} = \frac{\dot{X}_{\mathrm{f}}}{\dot{X}_{\mathrm{o}}} = |\dot{F}|\ \underline{/\varphi_{\mathrm{F}}} = F\ \underline{/\varphi_{\mathrm{F}}} \tag{6-3-5}$$

式中，φ_{F} 是反馈信号与输出信号之间的相位差。

净输入信号的表达式为

$$\dot{X}_{\mathrm{id}} = +\dot{X}_{\mathrm{i}} - \dot{X}_{\mathrm{f}} \tag{6-3-6}$$

输入信号的表达式为

$$\dot{X}_{\mathrm{i}} = \dot{X}_{\mathrm{id}} + \dot{X}_{\mathrm{f}} \tag{6-3-7}$$

根据式（6-3-1）～式（6-3-7），得到闭环放大倍数表达式为

$$\dot{A}_{\mathrm{F}} = \frac{\dot{X}_{\mathrm{o}}}{\dot{X}_{\mathrm{i}}} = \frac{\dot{A}\,\dot{X}_{\mathrm{id}}}{\dot{X}_{\mathrm{id}} + \dot{X}_{\mathrm{f}}} = \frac{\dot{A}\,\dot{X}_{\mathrm{id}}}{\dot{X}_{\mathrm{id}} + \dot{F}\,\dot{X}_{\mathrm{o}}} = \frac{\dot{A}\,\dot{X}_{\mathrm{id}}}{\dot{X}_{\mathrm{id}} + \dot{F}\dot{A}\,\dot{X}_{\mathrm{id}}} = \frac{\dot{A}}{1 + \dot{A}\dot{F}} \tag{6-3-8}$$

所以，反馈放大电路的闭环放大倍数表达式为

$$\dot{A}_{\mathrm{F}} = \frac{\dot{A}}{1 + \dot{A}\dot{F}} \tag{6-3-9}$$

在式（6-3-9）中，分母中的 $\dot{A}\dot{F}$ 定义为环路放大倍数，记号见下式。环路的意思是，净输入信号进入基本放大电路的输入端，再经过反馈网络，又回到基本放大电路的输入端，形成了一个闭合的环路。

$$\dot{A}\dot{F} = (|\dot{A}|\ \underline{/\varphi_{\mathrm{A}}})(|\dot{F}|\ \underline{/\varphi_{\mathrm{F}}})$$

$$= |\dot{A}\dot{F}|\ \underline{/(\varphi_{\mathrm{A}} + \varphi_{\mathrm{F}})} = AF\ \underline{/(\varphi_{\mathrm{A}} + \varphi_{\mathrm{F}})} \tag{6-3-10}$$

式中，$(\varphi_{\mathrm{A}} + \varphi_{\mathrm{F}})$ 是基本放大电路和反馈网络所引起的净输入信号与反馈信号之间的相位差。

二、对反馈放大电路闭环放大倍数表达式的分析

根据式（6-3-9），得到闭环放大倍数的模的表达式为

$$|\dot{A}_{\mathrm{F}}| = \left|\frac{\dot{A}}{1 + \dot{A}\dot{F}}\right| = \frac{|\dot{A}|}{|1 + \dot{A}\dot{F}|} \tag{6-3-11}$$

在式（6-3-11）中，分母 $|1 + \dot{A}\dot{F}|$ 定义为反馈深度。数值越大，反馈越深，基本放大

电路的净输入信号越小。

从式（6-3-11）可以看出：

（1）若分母 $|1+\dot{A}\dot{F}|>1$，则 $|\dot{A}_F|<|\dot{A}|$，即引入反馈后使闭环放大倍数减小，为负反馈。

（2）若分母 $|1+\dot{A}\dot{F}|<1$，则 $|\dot{A}_F|>|\dot{A}|$，即引入反馈后使闭环放大倍数增大，为正反馈。

（3）若分母 $|1+\dot{A}\dot{F}|=0$，则 $|\dot{A}_F|\to\infty$，即引入反馈后使闭环放大倍数为无穷大，即没有输入信号也可以产生输出信号，称为自激振荡。这时由于产生附加相位差，相位上满足自激振荡条件，产生自激。

因为 $|1+\dot{A}\dot{F}|=0$，所以 $\dot{A}\dot{F}=-1$。$\dot{A}\dot{F}=-1$ 是产生自激振荡的条件。

三、深度负反馈的定义相关结论

（一）深度负反馈的定义

在式（6-3-11）中，分母 $|1+\dot{A}\dot{F}|$ 被定义为反馈深度，数值越大，称为反馈越深。若放大电路中引入的负反馈，使 $|1+\dot{A}\dot{F}|\gg1$ 成立，则定义为深度负反馈。反馈深度为深度时，反馈信号很大，几乎与输入信号相等，使净输入信号近似为 0。

（二）深度负反馈条件下的结论

当 $|1+\dot{A}\dot{F}|\gg1$ 时，反馈是深度负反馈，那么闭环放大倍数的表达式式（6-3-9）可简化为

$$\dot{A}_F=\frac{\dot{A}}{1+\dot{A}\dot{F}}\approx\frac{\dot{A}}{\dot{A}\dot{F}}=\frac{1}{\dot{F}} \tag{6-3-12}$$

从式（6-3-12）可以看出，在深度负反馈条件下，闭环放大倍数近似等于反馈系数的倒数。

在深度负反馈条件下，净输入信号 $\dot{X}_{id}$ 近似为 0，如下式，称为虚短或者虚断。对于串联负反馈，为虚短；对于并联负反馈，为虚断。

$$\dot{X}_{id}\approx0 \tag{6-3-13}$$

在深度负反馈条件下，反馈信号 $\dot{X}_f$ 近似等于输入信号 $\dot{X}_i$，即

$$\dot{X}_f\approx\dot{X}_i \tag{6-3-14}$$

第四节 负反馈对放大电路性能的影响

一、提高闭环放大倍数的稳定性

（一）一般深度的负反馈情况

为了求得闭环放大倍数的相对变化量，根据式（6-3-9），把 $\dot{A}_F$ 看作 $\dot{A}$ 的函数，求导，有

$$\frac{\mathrm{d}\dot{A}_{\mathrm{F}}}{\mathrm{d}\dot{A}} = \frac{(1+\dot{A}\dot{F})-\dot{A}\dot{F}}{(1+\dot{A}\dot{F})^2} = \frac{1}{(1+\dot{A}\dot{F})^2} \tag{6-4-1}$$

根据式（6-4-1），得到$\dot{A}_{\mathrm{F}}$的微分，即

$$\mathrm{d}\dot{A}_{\mathrm{F}} = \frac{1}{(1+\dot{A}\dot{F})^2}\mathrm{d}\dot{A} \tag{6-4-2}$$

求式（6-4-2）与式（6-3-9）之比，即$\dot{A}_{\mathrm{F}}$的变代$\mathrm{d}\dot{A}_{\mathrm{F}}$与$\dot{A}_{\mathrm{F}}$之比，得到闭环放大倍数的相对变化量，

$$\frac{\mathrm{d}\dot{A}_{\mathrm{F}}}{\dot{A}_{\mathrm{F}}} = \frac{\mathrm{d}\dot{A}}{(1+\dot{A}\dot{F})^2} \cdot \frac{1+\dot{A}\dot{F}}{\dot{A}} = \frac{1}{1+\dot{A}\dot{F}} \cdot \frac{\mathrm{d}\dot{A}}{\dot{A}} \tag{6-4-3}$$

式（6-4-3）说明，引入负反馈以后闭环放大倍数的变化是没有反馈时的开环放大倍数变化的$\dfrac{1}{1+\dot{A}\dot{F}}$倍，所以负反馈增加了闭环放大倍数的稳定性。

如果在中频区，则$\dot{F}$、$\dot{A}$、$\dot{A}_{\mathrm{F}}$均为实数，式（6-4-3）变为

$$\frac{\mathrm{d}A_{\mathrm{F}}}{A_{\mathrm{F}}} = \frac{1}{1+AF} \cdot \frac{\mathrm{d}A}{A} \tag{6-4-4}$$

（二）深度负反馈情况

由式（6-3-12）可知，如果在中频区，深度负反馈情况下$A_{\mathrm{F}} \approx \dfrac{1}{F}$，而反馈系数$F$只决定于反馈网络，与放大电路无关。反馈网络一般由无源元件组成，这些元件的参数受环境温度影响较小，所以从此角度也可看出闭环放大倍数比开环放大倍数稳定。

二、扩展频带

假设基本放大电路的中频开环放大倍数为$\dot{A}_{\mathrm{M}}$，开环上限频率为f_{H}，开环下限频率为f_{L}，反馈网络为纯电阻网络，反馈系数为实数F。

（一）高频段

基本放大电路的高频开环放大倍数表达式为

$$\dot{A}_{\mathrm{H}} = \frac{\dot{A}_{\mathrm{M}}}{1+\mathrm{j}\dfrac{f}{f_{\mathrm{H}}}} \tag{6-4-5}$$

引入反馈后，反馈放大电路的中频闭环放大倍数为$\dot{A}_{\mathrm{MF}}$，闭环上限频率为f_{HF}，闭环下限频率为f_{LF}。

根据式（6-3-9），得到反馈放大电路的中频闭环放大倍数表达式为

$$\dot{A}_{\mathrm{MF}} = \frac{\dot{A}_{\mathrm{M}}}{1+\dot{A}_{\mathrm{M}}F} \tag{6-4-6}$$

根据式（6-3-9），得到反馈放大电路的高频闭环放大倍数表达式为

$$\dot{A}_{HF} = \frac{\dot{A}_H}{1 + \dot{A}_H F} \tag{6-4-7}$$

将式（6-4-5）代入式（6-4-7），整理得

$$\dot{A}_{HF} = \frac{\dfrac{\dot{A}_M}{1 + \dot{A}_M F}}{1 + j\dfrac{f}{(1 + \dot{A}_M F)f_H}} = \frac{\dot{A}_{MF}}{1 + j\dfrac{f}{f_{HF}}} \tag{6-4-8}$$

式中，闭环上限频率 f_{HF} 为

$$f_{HF} = (1 + \dot{A}_M F)f_H \tag{6-4-9}$$

由式（6-4-9）可知，闭环上限频率 f_{HF} 是开环上限频率 f_H 的 $(1 + \dot{A}_M F)$ 倍。

（二）低频段

利用高频段的推导方法，可得到反馈放大电路的低频闭环频率响应表达式。

根据式（6-3-9），得到反馈放大电路的低频闭环放大倍数表达式为

$$\dot{A}_{LF} = \frac{\dot{A}_L}{1 + \dot{A}_L F} \tag{6-4-10}$$

而基本放大电路的低频开环放大倍数表达式为

$$\dot{A}_L = \dot{A}_M \frac{j\dfrac{f}{f_L}}{1 + j\dfrac{f}{f_L}} \tag{6-4-11}$$

将式（6-4-11）代入式（6-4-10），整理得

$$\dot{A}_{LF} = \frac{\dot{A}_M}{1 + \dot{A}_M F} \cdot \frac{j\dfrac{f}{\dfrac{1}{1 + \dot{A}_M F}f_L}}{1 + j\dfrac{f}{\dfrac{1}{1 + \dot{A}_M F}f_L}} \tag{6-4-12}$$

式中，闭环下限频率 f_{LF} 为

$$f_{LF} = \frac{1}{1 + \dot{A}_M F}f_L \tag{6-4-13}$$

由式（6-4-13）可知，闭环下限频率 f_{LF} 是开环下限频率 f_L 的 $\dfrac{1}{1 + \dot{A}_M F}$ 倍。

引入负反馈后，上限频率 f_{HF} 提高了，下限频率 f_{LF} 降低了，所以带宽变宽。

当放大电路幅频响应的波特图中有多个极点，而且反馈网络不是纯电阻时，问题将复杂得多，但是带宽展宽的趋势不会变。

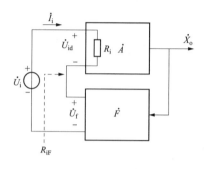

图 6-4-1　反馈放大电路输入端的串
联连接框图

三、负反馈对输入电阻、输出电阻的影响

（一）负反馈对输入电阻的影响

1. 串联负反馈提高输入电阻

图 6-4-1 是反馈放大电路输入端的串联连接框图，输入信号为电压，反馈信号为电压，净输入信号为电压。图中所标方向为参考方向，这与图 6-2-1 中比较环节参考方向的标法是一致的。在中频区，所有各量均为实数，输入阻抗是纯电阻，输出阻抗也是纯电阻。

在中频区，开环输入电阻 R_i 和闭环输入电阻 R_{iF} 的定义见下式分别为

$$R_i = \frac{\dot{U}_{id}}{\dot{I}_i} \tag{6-4-14}$$

$$R_{iF} = \frac{\dot{U}_i}{\dot{I}_i} \tag{6-4-15}$$

根据式（6-4-14），得输入电流为

$$\dot{I}_i = \frac{\dot{U}_{id}}{R_i} \tag{6-4-16}$$

根据图 6-4-1，得输入电压表达式为

$$\dot{U}_i = \dot{U}_{id} + \dot{U}_f \tag{6-4-17}$$

因为是中频区，所以环路电压放大倍数为

$$\dot{A}\dot{F} = (|\dot{A}| \underline{/\varphi_A})(|\dot{F}| \underline{/\varphi_F})$$

$$= |\dot{A}\dot{F}| \underline{/(\varphi_A + \varphi_F)} = AF \underline{/0°} = AF \tag{6-4-18}$$

根据图 6-4-1，得反馈电压为

$$\dot{U}_f = \dot{A}\dot{F}\dot{U}_{id} = AF\dot{U}_{id} \tag{6-4-19}$$

将式（6-4-16）、式（6-4-17）和式（6-4-19）代入式（6-4-15）中，得闭环输入电阻为

$$R_{iF} = \frac{\dot{U}_i}{\dot{I}_i} = \frac{\dot{U}_{id} + \dot{U}_f}{\dfrac{\dot{U}_{id}}{R_i}} = (1 + AF)R_i \tag{6-4-20}$$

从式（6-4-20）可见，引入串联负反馈后输入电阻增加，闭环输入电阻是开环输入电阻的（1+AF）倍。

2. 并联负反馈降低输入电阻

图 6-4-2 是反馈放大电路输入端的并联连接框图，输入信号为电流，反馈信号为电流，净输入信号为电流。图中所标方向为参考方向，这与图 6-2-1 中比较环节参考方向的标法是一致的。在中频区，所有各量均为实数，输入阻抗是纯电阻，输出阻抗也是纯电阻。

在中频区，闭环输入电阻定义为 $R_{iF}=\dfrac{\dot{U}_i}{\dot{I}_i}$。开

环输入电阻定义为 $R_i=\dfrac{\dot{U}_{id}}{\dot{I}_{id}}$，得到净输入电流为

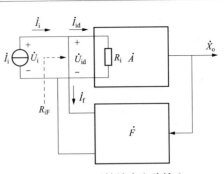

图 6-4-2 反馈放大电路输入
端的并联连接框图

$\dot{I}_{id}=\dfrac{\dot{U}_{id}}{R_i}$。根据图 6-4-2，输入电流表达式为

$$\dot{I}_i=\dot{I}_{id}+\dot{I}_f$$

输入电压为 $\dot{U}_i=\dot{U}_{id}$。中频区环路电压放大倍数可记为

$$\dot{A}\dot{F}=(|\dot{A}|\underline{/\varphi_A})(|\dot{F}|\underline{/\varphi_F})=|\dot{A}\dot{F}|\underline{/(\varphi_A+\varphi_F)}=AF\underline{/0°}=AF$$

根据图 6-4-2，反馈电流为

$$\dot{I}_f=\dot{A}\dot{F}\dot{I}_{id}=AF\dot{I}_{id}$$

闭环输入电阻为

$$R_{iF}=\dfrac{\dot{U}_i}{\dot{I}_i}=\dfrac{\dot{U}_{id}}{\dot{I}_{id}+\dot{I}_f}=\dfrac{\dot{U}_{id}}{\dot{I}_{id}+AF\dot{I}_{id}}=\dfrac{1}{1+AF}\dfrac{\dot{U}_{id}}{\dot{I}_{id}}=\dfrac{1}{1+AF}R_i \qquad (6\text{-}4\text{-}21)$$

从式（6-4-21）可见，引入并联负反馈后输入电阻减小，闭环输入电阻是开环输入电阻的 $\dfrac{1}{1+AF}$ 倍。

（二）负反馈对输出电阻的影响

1. 电压负反馈降低输出电阻

电压负反馈使输出电压稳定，输出电压稳定相当于输出电阻减小，反馈放大电路可以看作一个电压源，电压源的内阻越小越好。所以电压负反馈使输出电阻减小，闭环输出电阻是开环输出电阻的 $\dfrac{1}{1+AF}$ 倍。

2. 电流负反馈提高输出电阻

电流负反馈使输出电流稳定，输出电流稳定相当于输出电阻增大，反馈放大电路可以看作一个电流源，电流源的内阻越大越好。所以电流负反馈使输出电阻增大，闭环输出电阻是开环输出电阻的 $(1+AF)$ 倍。

四、减小非线性失真

基本放大电路引入负反馈时，基本放大电路的净输入信号较小，从而使 BJT 的动态工作范围减小，远离饱和区和截止区，从而减小非线性失真。改善非线性失真只能在反馈环内，负反馈对于输入信号源的失真则无能为力。

第五节 深度负反馈放大电路的计算

负反馈放大电路的分析，可用电路理论中熟悉的分析方法，但这些方法没有突出负反馈的特点，分析也较麻烦。可以把负反馈放大电路变换成小信号等效电路，再用电路理论来分

析。常采用的负反馈电路分析方法有深度负反馈情况下的近似分析法和小信号分析法。这里只介绍深度负反馈条件下的近似分析。

一、电压串联负反馈情况下的计算

例 6-5-1　假定例 6-2-1 中的反馈为深度负反馈，计算其闭环放大倍数。

解：图 6-5-1 是例 6-2-1 的交流通路。与图 6-2-3 不同的是，现在不仅仅是判断，因为要列电路定律的方程，所以图 6-5-1 中标有参考方向，因为参考方向可以任意规定，为方便起见，此处参考方向的选取与图 6-2-3 中的真实方向一致。

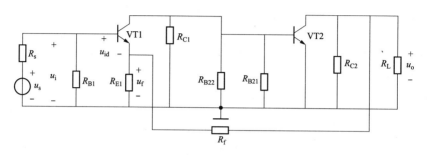

图 6-5-1　例 6-5-1 的交流通路

在图 6-5-1 中，因为是串联反馈，所以在深度负反馈的情况下，VT1 的发射结电压，即净输入电压 u_{id} 几乎为 0，称为虚短，即虚假的短路，虚短不是真正的短路，只是净输入电压 u_{id} 非常接近 0。VT1 的发射结电压（净输入电压）u_{id} 几乎为 0，因此 VT1 的基极电流（净输入电流）几乎为 0，称为虚断，即虚假的断路，虚断不是真正的断路，只是净输入电流非常接近 0。因为 VT1 的基极电流几乎为 0，对应的发射极电流也几乎为 0，在这种情况下，可以认为电阻 R_f、R_{E1} 为串联连接的关系，如图 6-5-2（a）所示，整理后的电路，如图 6-5-2（b）所示。

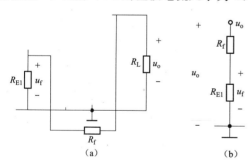

图 6-5-2　例 6-5-1 的反馈网络

反馈电压为 $u_f = \dfrac{R_{E1}}{R_{E1} + R_f} u_o$，反馈系数为 $F = \dfrac{u_f}{u_o} = \dfrac{R_{E1}}{R_{E1} + R_f}$，闭环放大倍数为 $A_{uF} = \dfrac{u_o}{u_i} = \dfrac{1}{F} = \dfrac{R_{E1} + R_f}{R_{E1}}$。例 6-5-1 中闭环放大倍数无量纲，为闭环电压放大倍数，用 A_{uF} 表示，下标 u 表示电压放大电路。

例 6-5-2　假定例 6-2-2 中的反馈为深度负反馈，计算其闭环放大倍数。

解：图 6-5-3 是例 6-2-2 的交流通路。与图 6-2-5 不同的是，现在不仅仅是判断，因为要列电路定律的方程，所以图 6-5-3 中所标为参考方向，因为参考方向可以任意规定，为方便起见，此处参考方向的选取与图 6-2-5 中的真实方向一致。u_{id} 的参考方向的正号在 VT1 的基极，其负号在 VT2 的基极，u_{id} 为差模输入电压。

在图 6-5-3 中，因为是串联反馈，所以在深度负反馈的情况下，差动放大电路 VT1 的基极 b_1 和 VT2 的基极 b_2 之间的电压 u_{id}（差模输入电压）近似为 0，u_{id} 参考方向如图所示，正号标在基极 b_1，负号标在基极 b_2。净输入电压 u_{id} 几乎为 0，称为虚短，即虚假的短路，

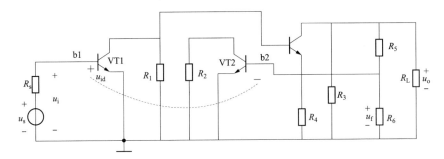

图 6-5-3 例 6-5-2 的交流通路

虚短不是真正的短路，只是净输入电压 u_{id} 非常接近 0。净输入电压 u_{id} 几乎为 0，因此 VT1 的基极电流和 VT2 的基极电流也几乎为 0，称为虚断，即虚假的断路，虚断不是真正的断路，只是净输入电流非常接近 0。因为 VT2 的基极电流几乎为 0，在这种情况下，可以认为电阻 R_5、R_6 为串联连接的关系，如图 6-5-4（a）所示，整理后的电路，如图 6-5-4（b）所示。

反馈电压为 $u_f = \dfrac{R_6}{R_6 + R_5} u_o$，反馈系数为 $F = \dfrac{u_f}{u_o} = \dfrac{R_6}{R_6 + R_5}$，闭环放大倍数为 $A_{uF} = \dfrac{u_o}{u_i} = \dfrac{1}{F} = \dfrac{R_6 + R_5}{R_6}$。例 6-5-2 中闭环放大倍数无量纲，为闭环电压放大倍数，用 A_{uF} 表示，下标 u 表示电压放大电路。

例 6-5-3 计算例 6-2-3 的闭环放大倍数。

解：运放引入的负反馈一定为深度负反馈，为简单起见，不妨将参考方向的选取与例 6-2-3 的真实方向一致，如图 6-5-5 所示。

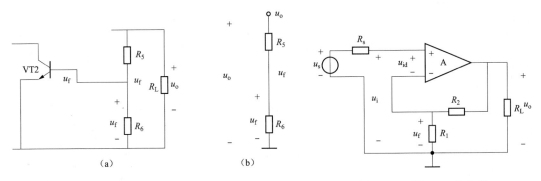

图 6-5-4 例 6-5-2 的反馈网络　　　　　　图 6-5-5 例 6-5-3 的电路

因为是电压串联负反馈，所以在深度反馈的情况下，净输入电压 u_{id} 为 0（虚短），因此运放的反相输入端的电流也为 0（虚断），可以认为电阻 R_2、R_1 为串联连接的关系。

反馈电压为 $u_f = \dfrac{R_1}{R_1 + R_2} u_o$，反馈系数为 $F = \dfrac{u_f}{u_o} = \dfrac{R_1}{R_1 + R_2}$，闭环放大倍数为 $A_{uF} = \dfrac{u_o}{u_i} = \dfrac{1}{F} = \dfrac{R_1 + R_2}{R_1} = 1 + \dfrac{R_2}{R_1}$。例 6-5-3 中闭环放大倍数无量纲，为闭环电压放大倍数，用 A_{uF} 表示，下标 u 表示电压放大电路。

二、电流并联负反馈情况下的计算

例 6-5-4 假定例 6-2-4 的反馈为深度负反馈，计算其闭环放大倍数。

解：图 6-5-6 是例 6-2-4 的交流通路。与图 6-2-8 不同的是，现在不仅仅是判断，因为要列电路定律的方程，所以图 6-5-6 中所标电流方向为其参考方向，因为参考方向可以任意规定，为方便起见，此处参考方向的选取不妨与图 6-2-8 中的真实方向一致。

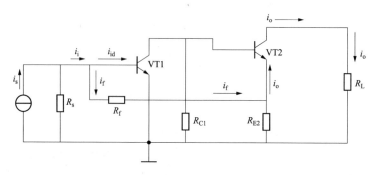

图 6-5-6　例 6-5-4 的交流通路

因为是并联反馈，所以在深度负反馈的情况下，净输入电流 i_{id} 几乎为 0，称为虚断，即 VT1 的基极电流几乎为 0，因此 VT1 的发射结电压也为 0，相当于 VT1 的基极电位为 0（接地），可以认为电阻 R_f、R_{E2} 为并联连接的关系，如图 6-5-7（a）所示，整理后的电路，如图 6-5-7（b）所示。

反馈电流为 $i_f = \dfrac{R_{E2}}{R_{E2} + R_f} i_o$，反馈系数为 $F = \dfrac{i_f}{i_o} = \dfrac{R_{E2}}{R_{E2} + R_f}$，闭环放大倍数为

$$A_{iF} = \frac{i_o}{i_i} = \frac{1}{F} = \frac{R_{E2} + R_f}{R_{E2}}$$

例 6-5-4 中闭环放大倍数无量纲，为闭环电流放大倍数，用 A_{iF} 表示，下标 i 表示电流放大电路。

例 6-5-5　计算例 6-2-5 的闭环放大倍数。

解：运放引入的负反馈一定为深度负反馈，为简单起见，不妨将参考方向的选取与例 6-2-5 的真实方向一致，如图 6-5-8 所示。

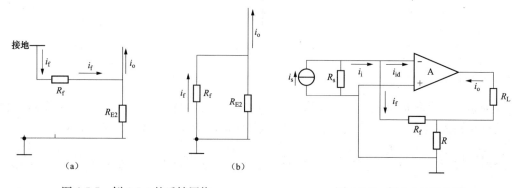

图 6-5-7　例 6-5-4 的反馈网络　　　　图 6-5-8　例 6-5-5 的电路

因为是并联反馈，所以在深度负反馈的情况下，净输入电流 i_{id} 为 0（虚断），因此运放的差模输入电压也为 0（虚短），运放的反相输入端电位为 0（接地），可以认为电阻 R_f、R 为并联连接的关系。

反馈电流为 $i_f = \dfrac{R}{R+R_f} i_o$，反馈系数为 $F = \dfrac{i_f}{i_o} = \dfrac{R}{R+R_f}$，闭环放大倍数为

$$A_{iF} = \frac{i_o}{i_i} = \frac{1}{F} = \frac{R+R_f}{R} = 1 + \frac{R_f}{R}$$

例 6-5-5 中闭环放大倍数无量纲，为闭环电流放大倍数，用 A_{iF} 表示，下标 i 表示电流放大电路。

三、电压并联负反馈情况下的计算

例 6-5-6 假定例 6-2-6 的反馈为深度负反馈，计算其闭环放大倍数。

解：图 6-5-9 是例 6-2-6 的交流通路。与图 6-2-11 不同的是，现在不仅仅是判断，因为要列电路定律的方程，所以图 6-5-9 中所标电流方向为其参考方向，因为参考方向可以任意规定，为方便起见，此处参考方向的选取不妨与图 6-2-11 中的真实方向一致。

因为是并联反馈，所以在深度负反馈的情况下，净输入电流 i_{id} 为 0，因此 VT 的发射极电流也为 0，R_E 两端无压降，相当于 VT 的发射极电位为 0，VT 的基极电位也为 0（接地），如图 6-5-10 所示。

反馈电流为 $i_f = -\dfrac{u_o}{R_f}$，反馈系数为 $F = \dfrac{i_f}{u_o} = -\dfrac{1}{R_f}$，闭环广义放大倍数为 $A_{RF} = \dfrac{u_o}{i_i} = \dfrac{1}{F} = -R_f$。

例 6-5-6 中闭环放大倍数量纲为欧姆，为闭环互阻放大倍数，用 A_{RF} 表示，下标 R 表示互阻放大电路。

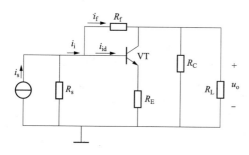

图 6-5-9 例 6-5-6 的交流通路

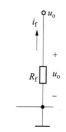

图 6-5-10 例 6-5-6 的反馈网络

例 6-5-7 计算例 6-2-7 的闭环放大倍数。

解：运放引入的负反馈一定为深度负反馈，为简单起见，不妨将参考方向的选取与图 6-2-12 中的真实方向一致，如图 6-5-11 所示。

因为是并联反馈，所以在深度负反馈的情况下，净输入电流 i_{id} 为 0，因此运放的差模输入电压也为 0（虚短），运放的反相输入端电位为 0（接地）。R_f 的左端接地，R_f 的端电压为输出电压，借用图 6-5-10 来推导闭环放大倍数。

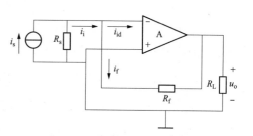

图 6-5-11 例 6-5-7 的电路

反馈电流为 $i_f = -\dfrac{u_o}{R_f}$，反馈系数为 $F = \dfrac{i_f}{u_o} = -\dfrac{1}{R_f}$，闭环放大倍数为 $A_{RF} = \dfrac{u_o}{i_i} = \dfrac{1}{F} = -R_f$。

例 6-5-7 中闭环放大倍数量纲为欧姆，为闭环互阻放大倍数，用 A_{RF} 表示，下标 R 表示互阻放大电路。

四、电流串联负反馈情况下的计算

例 6-5-8 假定例 6-2-8 的反馈为深度负反馈，计算其闭环放大倍数。

解：图 6-5-12 是例 6-2-8 的交流通路。与图 6-2-14 不同的是，现在不仅仅是判断，因为要列电路定律的方程，所以图 6-5-12 中所标电流方向为其参考方向，因为参考方向可以任意规定，为方便起见，此处参考方向的选取不妨与图 6-2-14 中的真实方向一致。

在图 6-5-12 中，因为是串联反馈，所以在深度负反馈的情况下，VT 的发射结电压，即净输入电压 u_{id} 几乎为 0，称为虚短，即虚假的短路，虚短不是真正的短路，只是净输入电压 u_{id} 非常接近 0。VT 的发射结电压（净输入电压）u_{id} 几乎为 0，因此 VT 的基极电流（净输入电流）几乎为 0，称为虚断，即虚假的断路，虚断不是真正的断路，只是净输入电流非常接近 0。因为 VT 的基极电流几乎为 0，对应的发射极电流也几乎为 0，在这种情况下，可以认为流过 R_E 的电流全部是输出电流反馈回来的电流。

因为是串联反馈，所以在深度负反馈的情况下，净输入电压 u_{id} 为 0。

反馈电压为 $u_f = +i_o R_E$，反馈系数为 $F = \dfrac{u_f}{i_o} = R_E$，因此闭环放大倍数为 $A_{GF} = \dfrac{i_o}{u_i} = \dfrac{1}{F} = \dfrac{1}{R_E}$。

例 6-5-8 中闭环放大倍数量纲为西门子，为闭环互导放大倍数，用 A_{GF} 表示，下标 G 表示互导放大电路。

例 6-5-9 计算例 6-2-9 的闭环放大倍数。

解：运放引入的负反馈一定为深度负反馈，为简单起见，不妨将参考方向的选取与例 6-2-9 的真实方向一致，如图 6-5-13 所示。

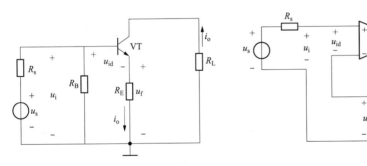

图 6-5-12 例 6-5-8 的交流通路　　　　　图 6-5-13 例 6-5-9 的电路

因为是串联反馈，所以在深度负反馈的情况下，净输入电压 u_{id} 为 0（虚短），因此运放的输入端的电流也为 0（虚断），可以认为电阻 R_L、R_F 为串联连接的关系。

反馈电压为 $u_f = +i_o R_f$，反馈系数为 $F = \dfrac{u_f}{i_o} = R_f$，闭环放大倍数为 $A_{GF} = \dfrac{i_o}{u_i} = \dfrac{1}{F} = \dfrac{1}{R_f}$。

例 6-5-9 中闭环放大倍数量纲为西门子，为闭环互导放大倍数，用 A_{GF} 表示，下标 G 表示互导放大电路。

例 6-5-10 判断第四章中介绍的 LM386 集成功率放大器中差模交流反馈的类型和极性，在深度负反馈条件下，估算 LM386 集成功率放大器的差模电压放大倍数，并在各种不同的外接元件情况下，估算差模电压放大倍数的调节范围。

解：LM386 集成功率放大器的差模交流通路如图 6-5-14 所示。

判断 LM386 差模交流反馈的类型和极性的电路如图 6-5-15 所示。

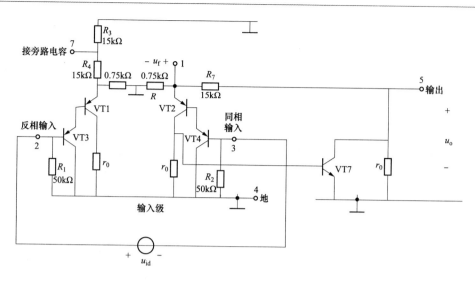

图 6-5-14 LM386 芯片的内部差模交流通路

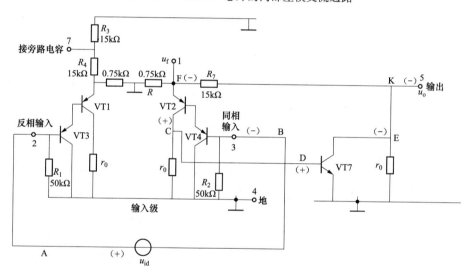

图 6-5-15 LM386 芯片的瞬时极性

在图 6-5-15 中，采用瞬时极性法。在中频信号范围内假定差模输入电压 u_{id} 在某个瞬间的极性为正，将差模输入电压分解为大小相等、极性相反的对地电压，将（＋）标注在 A 点旁边。根据差模信号的特点，VT4 的基极 B 点对地的电位为负，将（－）标注在 B 点旁边。根据差动放大电路的特点，第一级放大电路的输出 C 点的电位为正，将（＋）标注在 C 点旁边。将（＋）标注在 D 点旁边。第二级为共射放大电路，相位相反，将（－）标注在 E 点旁边。输出级为共集电极输出功率放大电路，输出与输入同相，图 6-5-15 将输出级电路省略掉了，将（－）标注在 K 点旁边，反馈网络 R_7、R 将输出电压 u_o 分压后送回到差动放大电路的 F 点，R 的端电压为反馈电压 u_f，将（－）标注在 F 点旁边，反馈电压 u_f 在此瞬间的极性也为负，将 F 点的电位拉低，前面已经假设 VT4 的基极 B 点对地的电位为负，所以反馈网络的存在使净输入电压（VT2、VT4 的发射结电压）减小，所以为负反馈。综上述，反馈为电压串联负反馈。

分析图 4-6-2 所示的 LM386 内部电路图可知，输入级为差动放大电路，由复合管构成，为 PNP 类型，组态为共射组态，恒流源作为有源负载，交流电阻为 r_0，相当于一个特别大的集电极电阻，所以放大倍数很大，因为差模输入单端输出，所以输入级反相。中间级也为共射组态，恒流源作为有源负载，交流电阻为 r_0，相当于一个特别大的集电极电阻，所以放大倍数也很大。

R_5 和 R_6 串联后的总电阻的中点为 0 电位。如图 6-5-14 所示，电阻 R_7 从输出端连接到 VT2 的发射极形成反馈通道，引入电压串联负反馈，因为使用恒流源作为有源负载，相当于一个特别大的集电极电阻，所以输入级和中间级的电压放大倍数都很大，引入的反馈一定是深度负反馈。

下面几种外接元件的方法可以改变电压放大倍数。

(1) 当 1 脚和 8 脚之间开路时：

第五章的图 5-4-9 是第一级差动放大电路的 VT2、VT4 侧交流通路，现在将反馈电阻 R_7 接入，利用瞬时极性法，可知所引入的反馈是电压串联负反馈，而且是深度负反馈，如图 6-5-16 所示。各电压的参考方向如图所示。在深度负反馈情况下，反馈电压与输入电压近似相等，即 $u_f = u_{id2}$。

$$R = \frac{R_5 + R_6}{2} = \frac{0.15 + 1.35}{2} = 0.75(\text{k}\Omega)$$

$$F = \frac{u_f}{u_o} = \frac{R}{R + R_7}$$

$$A_{ud2} = \frac{u_o}{u_{id2}} = \frac{u_o}{u_f} = \frac{1}{F} = \frac{R + R_7}{R} = \frac{0.75 + 15}{0.75} = +21$$

$$A_{ud} = \frac{u_o}{u_{id}} = \frac{u_o}{-2u_{id2}} = -\frac{1}{2}\frac{u_o}{u_{id2}} = -\frac{1}{2}A_{ud2} = -\frac{1}{2} \times 21 = -10.5$$

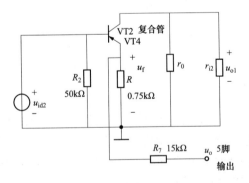

图 6-5-16　当 1 脚和 8 脚之间开路时 LM386 芯片内部的反馈网络

其中差模输入电压 u_{id} 的参考方向如图 6-5-14 所示，VT1、VT3 复合管一侧标有正号，VT2、VT4 复合管一侧标有负号。输出电压 u_o 的参考方向如图 6-5-14 所示，5 脚标有正号，电位参考点标有负号。

(2) 当 1 脚和 8 脚之间外接电容和电阻 R_{18} 时：

参考第四章中介绍的图 4-6-2 所示的 LM386 的内部电路图，当 1 脚和 8 脚之间外接电容和电阻 R_{18} 时，外接电容对于交流而言相当于短路，外接电阻 R_{18} 与 R_6 是并联的关系，所以电阻 R 的值为

$$R = \frac{R_5 + (R_6 \,/\!/\, R_{18})}{2}$$

根据图 6-5-14 和图 6-5-16，得到反馈系数为

$$F = \frac{u_\mathrm{f}}{u_\mathrm{o}} = \frac{R}{R + R_7} = \frac{\dfrac{R_5 + (R_6 \ // \ R_{18})}{2}}{\dfrac{R_5 + (R_6 \ // \ R_{18})}{2} + R_7}$$

$$A_\mathrm{ud2} = \frac{u_\mathrm{o}}{u_\mathrm{id2}} = \frac{u_\mathrm{o}}{u_\mathrm{f}} = \frac{1}{F} = \frac{\dfrac{R_5 + (R_6 \ // \ R_{18})}{2} + R_7}{\dfrac{R_5 + (R_6 \ // \ R_{18})}{2}}$$

$$A_\mathrm{ud} = \frac{u_\mathrm{o}}{u_\mathrm{id}} = \frac{u_\mathrm{o}}{-2u_\mathrm{id2}} = -\frac{1}{2} \frac{u_\mathrm{o}}{u_\mathrm{id2}} = -\frac{1}{2} \frac{\dfrac{R_5 + (R_6 \ // \ R_{18})}{2} + R_7}{\dfrac{R_5 + (R_6 \ // \ R_{18})}{2}}$$

若外接电阻 $R_{18} = 1.2\mathrm{k\Omega}$，则有

$$R = \frac{R_5 + (R_6 \ // \ R_{18})}{2} = \frac{0.15 + \dfrac{1.35 \times 1.2}{1.35 + 1.2}}{2} = 0.393(\mathrm{k\Omega})$$

$$A_\mathrm{ud2} = \frac{u_\mathrm{o}}{u_\mathrm{id2}} = \frac{u_\mathrm{o}}{u_\mathrm{f}} = \frac{1}{F} = \frac{R + R_7}{R} = \frac{0.393 + 15}{0.393} = +39.17$$

（3）当 1 脚和 8 脚之间只有外接电容时：

外接电容对交流信号相当于短路。

$$R = \frac{R_5 + (R_6 \ // \ 0)}{2} = \frac{R_5}{2} = 0.075(\mathrm{k\Omega})$$

$$F = \frac{u_\mathrm{f}}{u_\mathrm{o}} = \frac{R}{R + R_7}$$

$$A_\mathrm{ud2} = \frac{u_\mathrm{o}}{u_\mathrm{id2}} = \frac{u_\mathrm{o}}{u_\mathrm{f}} = \frac{1}{F} = \frac{R + R_7}{R} = \frac{0.075 + 15}{0.075} = +201$$

$$A_\mathrm{ud} = \frac{u_\mathrm{o}}{u_\mathrm{id}} = \frac{u_\mathrm{o}}{-2u_\mathrm{id2}} = -\frac{1}{2} \frac{u_\mathrm{o}}{u_\mathrm{id2}} = -\frac{1}{2} A_\mathrm{ud2} = -\frac{1}{2} \times 201 = -100.5$$

（4）在 1 脚和 5 脚之间外接电容和外接电阻 R_{70}：

外接电容对交流信号相当于短路。

$$R = \frac{R_5 + R_6}{2} = \frac{0.15 + 1.35}{2} = 0.75(\mathrm{k\Omega})$$

当 1 脚和 5 脚之间外接电阻 R_{70} 时，R_{70} 与 R_7 是并联的关系，所以反馈电阻为（$R_7 \ // \ R_{70}$），反馈系数的表达式为

$$F = \frac{u_\mathrm{f}}{u_\mathrm{o}} = \frac{R}{R + (R_7 \ // \ R_{70})}$$

$$A_\mathrm{ud2} = \frac{u_\mathrm{o}}{u_\mathrm{id2}} = \frac{u_\mathrm{o}}{u_\mathrm{f}} = \frac{1}{F} = \frac{0.75 + (15 \ // \ R_{70})}{0.75}$$

$$A_\mathrm{ud} = \frac{u_\mathrm{o}}{u_\mathrm{id}} = \frac{u_\mathrm{o}}{-2u_\mathrm{id2}} = -\frac{1}{2} \frac{u_\mathrm{o}}{u_\mathrm{id2}} = -\frac{1}{2} \frac{0.75 + (15 \ // \ R_{70})}{0.75}$$

（5）1 脚通过电阻和电容接地：

读者自行分析。

综上所述，在 2 脚或者 3 脚对地单端输入交流信号的情况下，LM386 芯片的电压放大

倍数可以调节的范围为 $21\sim201$。5 脚上的输出电压与 3 脚上的输入电压之间的相位关系为同相，所以称 3 脚为同相输入端。5 脚上的输出电压与 2 脚上的输入电压之间的相位关系为反相，所以称 2 脚为同相输入端。若在 2 脚和 3 脚之间输入差模电压，LM386 芯片的差模电压放大倍数可以调节的范围为 $10.5\sim100.5$。

第六节 负反馈放大电路的稳定问题

负反馈放大电路中，反馈深度能影响放大电路的各种性能，且反馈越深，放大电路的性能就越好，但是如果反馈深度过深，也可能会出现输入信号为零时，放大电路产生自激振荡，使放大电路工作不稳定。

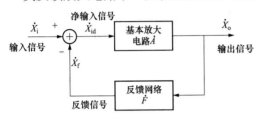

图 6-6-1 反馈放大电路的框图

一、负反馈放大电路产生自激振荡的原因和条件

重画图 6-2-1 所示的反馈放大电路的框图，如图 6-6-1 所示。

首先回忆几个名词。开环放大倍数的定义和记号见下式

$$\dot{A} = \frac{\dot{X}_o}{\dot{X}_{id}} = |\dot{A}| \underline{/\varphi_A} = A \underline{/\varphi_A} \tag{6-6-1}$$

式中，φ_A 是基本放大电路输出信号与输入信号之间的相位差。

反馈系数的定义和记号见下式

$$\dot{F} = \frac{\dot{X}_f}{\dot{X}_o} = |\dot{F}| \underline{/\varphi_F} = F \underline{/\varphi_F} \tag{6-6-2}$$

式中，φ_F 是反馈信号与输出信号之间的相位差。

$\dot{A}\dot{F}$ 为环路放大倍数，定义和记号见下式

$$\dot{A}\dot{F} = (|\dot{A}| \underline{/\varphi_A})(|\dot{F}| \underline{/\varphi_F}) = |\dot{A}\dot{F}| \underline{/(\varphi_A+\varphi_F)} = AF \underline{/(\varphi_A+\varphi_F)} \tag{6-6-3}$$

式中，$(\varphi_A+\varphi_F)$ 是基本放大电路和反馈网络所引起的净输入信号与反馈信号之间的相位差。

重写式（6-3-11）

$$|\dot{A}_F| = \left|\frac{\dot{A}}{1+\dot{A}\dot{F}}\right| = \frac{|\dot{A}|}{|1+\dot{A}\dot{F}|} \tag{6-6-4}$$

在式（6-6-4）中，若分母 $|1+\dot{A}\dot{F}| = 0$ 则 $|\dot{A}_F| \to \infty$，即闭环放大倍数为无穷大，即便没有输入信号，反馈放大电路的输出端也有信号输出，称为发生了自激振荡。

由 $|1+\dot{A}\dot{F}| = 0$，推出反馈放大电路产生自激振荡的条件为

$$\dot{A}\dot{F} = -1 \tag{6-6-5}$$

将式（6-6-5）代入式（6-6-3），得

$$\dot{A}\dot{F} = (|\dot{A}| \underline{/\varphi_A})(|\dot{F}| \underline{/\varphi_F}) = |\dot{A}\dot{F}| \underline{/(\varphi_A + \varphi_F)} = AF \underline{/(\varphi_A + \varphi_F)} = -1$$

$$(6\text{-}6\text{-}6)$$

式（6-6-6）分解成两个表达式，分别是幅值表达式和相位表达式，即

$$|\dot{A}\dot{F}| = 1 \tag{6-6-7}$$

$$\varphi_A + \varphi_F = 2n\pi \pm \pi (n = 0,1,2\cdots) \tag{6-6-8}$$

式（6-6-7）称为自激振荡的幅值条件，式（6-6-8）称为自激振荡的相位条件。

（一）在中频区范围内

对于中频区范围内的交流输入信号而言，基本放大电路的各种电抗元件做理想化处理，要么开路，要么短路，电路中的反馈一定是负反馈，根据式（6-6-3），得

$$\dot{A}\dot{F} = |\dot{A}\dot{F}| \underline{/(\varphi_A + \varphi_F)} = AF \underline{/(2n\pi)} \tag{6-6-9}$$

在中频区范围内，环路放大倍数的大小取决于反馈的深度，但是相位差一定是 $2n\pi$，所以有

$$\varphi_A + \varphi_F = 2n\pi \quad (n = 0,1,2\cdots) \tag{6-6-10}$$

根据式（6-6-10）可知，在中频区范围内，反馈信号 $\dot{X}_f$ 和净输入信号 $\dot{X}_{id}$ 同相位。

根据图 6-6-1，有

$$+\dot{X}_i - \dot{X}_f = \dot{X}_{id} \tag{6-6-11}$$

根据式（6-6-11），得

$$\dot{X}_i = \dot{X}_{id} + \dot{X}_f \tag{6-6-12}$$

如果没有反馈，$\dot{X}_i = \dot{X}_{id}$，输入信号就是净输入信号，二者同相。负反馈引入了一个与输入信号同相的反馈信号，而反馈连接的拓扑结构使输入信号中减去一部分再送入基本放大电路的输入端，而 $\dot{X}_i$ 是反馈放大电路的输入信号，是永远不变的。所以，有了负反馈以后，净输入信号被强制减小，有 $|\dot{X}_{id}| < |\dot{X}_i|$，闭环放大倍数下降。

（二）在低频区或者高频区范围内

在低频区范围内，耦合电容、旁路电容的容抗不能忽略。在高频区范围内，BJT 的结电容的容抗不能忽略。这些容抗都是频率的函数。所以电路中各种电抗性元件的影响不能再被忽略。$\dot{A}$、$\dot{F}$ 是频率的函数，它们的幅值和相位都会随频率而变化。环路放大倍数的相位差不再是 $2n\pi$，即

$$\varphi_A + \varphi_F \neq 2n\pi \quad (n = 0,1,2\cdots) \tag{6-6-13}$$

改写式（6-6-13）如下式

$$\varphi_A + \varphi_F = 2n\pi + (\Delta\varphi_A + \Delta\varphi_F) \quad (n = 0,1,2\cdots) \tag{6-6-14}$$

式中，$(\Delta\varphi_A + \Delta\varphi_F)$ 称为高频区或者低频区产生的附加相位差。在中频区内，$(\Delta\varphi_A + \Delta\varphi_F) = 0$；在高频区内，$(\Delta\varphi_A + \Delta\varphi_F)$ 为负值；在低频区内，$(\Delta\varphi_A + \Delta\varphi_F)$ 为正值。

根据式（6-6-8）所示的自激振荡的相位条件，在高频区内，若 $(\Delta\varphi_A + \Delta\varphi_F) = -180°$，则自激振荡的相位条件满足。根据式（6-6-8）所示的自激振荡的相位条件，在低频区内，若 $(\Delta\varphi_A + \Delta\varphi_F) = +180°$，则自激振荡的相位条件满足。

以电压放大电路为例，假设图 6-6-1 所示的负反馈放大电路的输入信号和输出信号均为电压信号，如图 6-6-2 所示。

在图 6-6-2 中，对于处于高频区或者低频区的某一个频率的噪声信号，若同时满足式（6-6-7）自激振荡的幅值条件和式（6-6-8）自激振荡的相位条件，则在反馈放大电路的输出端就会出现这个频率的电压信号，但是在反馈放大电路的输入端并没有这个频率的信号输入，这个对于放大电路而言是致命的。但是在第八章中，人为制造自激振荡的条件，可以产生人们所需要的正弦波信号。图 6-6-2 可以画成图 6-6-3，去掉了输入信号，比较环节用符号圆圈中加一 −1 来表示，−1 表示 180°的附加相位差，（$\Delta\varphi_A + \Delta\varphi_F$）＝±180°。注意，图 6-6-1、图 6-6-2 和图 6-6-3 所描述的放大电路的拓扑结构一定是对于中频而言是负反馈。所以，有的教材中直接称这种框图是负反馈放大电路的框图，意思就是指中频负反馈。读者请注意，在第八章中的反馈放大电路却是中频正反馈，即人为引入基本放大电路中频区中的正反馈。从反馈的角度来说，两种框图没有本质的区别，只是强调的重点不同。

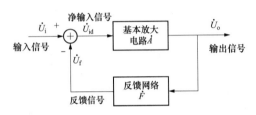 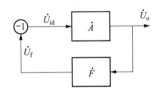

图 6-6-2　反馈放大电路（电压放大电路）的框图　　　图 6-6-3　电压放大电路自激振荡情况下的框图

二、负反馈放大电路的稳定判据和稳定裕度

为应用方便，式（6-6-7）所示的自激振荡的幅值条件可以改写为式（6-6-15），用环路增益来表示。重写相位条件如式（6-6-16）。

$$20\lg|\dot{A}\dot{F}| = 0 \tag{6-6-15}$$

$$\varphi_A + \varphi_F = 2n\pi \pm \pi \quad (n = 0,1,2\cdots) \tag{6-6-16}$$

为了突出附加相位差，相位条件也常改写为

$$(\Delta\varphi_A + \Delta\varphi_F) = \pm\pi \tag{6-6-17}$$

（一）稳定判据

要使电路不产生自激，必须破坏自激振荡的条件，使自激振荡的幅值条件和相位条件不能同时满足即可。满足以下两条之一，则负反馈放大电路就是稳定的。

（1）当 $|\Delta\varphi_A + \Delta\varphi_F| = \pi$ 时满足 $20\lg|\dot{A}\dot{F}| < 0$。

（2）当 $20\lg|\dot{A}\dot{F}| = 0$ 时满足 $|\Delta\varphi_A + \Delta\varphi_F| < \pi$。

换个角度想，如果当 $|\Delta\varphi_A + \Delta\varphi_F| = \pi$ 时满足 $20\lg|\dot{A}\dot{F}| > 0$，则使 $|\Delta\varphi_A + \Delta\varphi_F| = \pi$ 的那个频率的噪声在环路中逐渐放大，产生自激振荡。

下面重点讨论高频区的自激振荡。因为运放应用较广，而运放是直接耦合的，在低频区不会产生自激振荡，所以以高频区的自激振荡判断为主。

图 6-6-4 所示为某个负反馈放大电路的环路放大倍数高频区频率响应的波特图。可见，为直接耦合放大电路，在中频区，$\varphi_A + \varphi_F$ 记作 0°。在高频区，环路增益 $20\lg|\dot{A}\dot{F}|$ 随频率

升高单调下降。

在图 6-6-4 中，环路增益 $20\lg\mid\dot{A}\dot{F}\mid$ 为 0 时的信号频率用 f_0 来表示。相位差 $(\varphi_A+\varphi_F)$ 达到$-180°$时的信号频率用 f_{180} 来表示。

在已知环路放大倍数的频率响应波特图的前提下，判断负反馈放大电路是否稳定的方法如下：

（1）若不存在 f_0，则负反馈放大电路就是稳定的。

（2）若存在 f_0，且 $f_0<f_{180}$，则负反馈放大电路就是稳定的。

（3）若存在 f_0，且 $f_0>f_{180}$，则负反馈放大电路就是不稳定的。

在图 6-6-4 中，$f_0<f_{180}$，则负反馈放大电路就是稳定的。

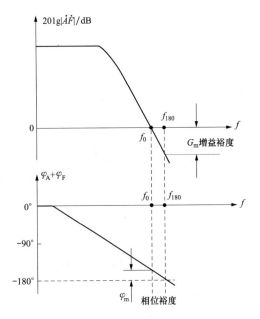

图 6-6-4　环路放大倍数高频区频率响应的波特图

（二）稳定裕度

稳定裕度包括增益裕度和相位裕度。

增益裕度定义为 $f=f_{180}$ 时的环路增益 $20\lg\mid\dot{A}\dot{F}\mid$ 值，用 G_m 表示。要使负反馈放大电路工作稳定可靠，一定要留有增益裕度，一般取 $G_m\leqslant-10$dB。

相位裕度定义为 $f=f_0$ 时的 $180°-\mid(\Delta\varphi_A+\Delta\varphi_F)\mid$，用 φ_m 表示，φ_m 为正值。要使负反馈放大电路工作稳定可靠，一定要留有相位裕度，一般取相位裕度 $\varphi_m\geqslant45°$。

在图 6-6-4 中，标示出了增益裕度 G_m 和相位裕度 φ_m。图 6-6-4 所示的负反馈放大电路是稳定的。

应当注意，以上所讨论的负反馈放大电路的稳定性是假定基本放大电路是稳定的。

读者可自行分析阻容耦合放大电路中低频区自激振荡的判断方法。

例 6-6-1 已知负反馈放大电路的环路放大倍数的表达式如下，要求：

$$\dot{A}\dot{F}(\mathrm{j}f)=\frac{10000}{\left(1+\dfrac{\mathrm{j}f}{10^2}\right)\left(1+\dfrac{\mathrm{j}f}{10^4}\right)\left(1+\dfrac{\mathrm{j}f}{10^5}\right)}$$

（1）画出环路放大倍数的频率响应渐进波特图。

（2）判断负反馈放大电路是否稳定。

解：（1）环路放大倍数的频率响应渐进波特图如图 6-6-5 所示。

（2）在图 6-6-5 中，存在 f_0，$f_0=10^5$ Hz，且 $f_0>f_{180}$，则负反馈放大电路不稳定。

三、纯电阻反馈网络构成的负反馈放大电路的稳定判断

当负反馈放大电路中的反馈网络由纯电阻构成时，反馈系数为一实常数 F，同时有 $\varphi_F=0°$。这种情况下，可以利用基本放大电路的开环放大倍数的频率响应来判别负反馈放大电路的稳定性。

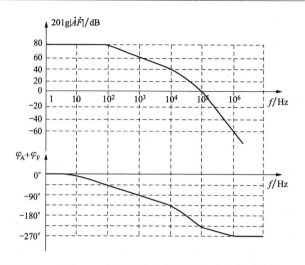

图 6-6-5　例 6-6-1 环路放大倍数的频率响应渐进波特图

环路增益的表达式为

$$20\lg|\dot{A}\dot{F}| = 20\lg|\dot{A}F| = 20\lg|\dot{A}| + 20\lg F = 20\lg|\dot{A}| - 20\lg\frac{1}{F} \quad (6\text{-}6\text{-}18)$$

环路放大倍数的相位差的表达式为

$$\varphi_{A} + \varphi_{F} = \varphi_{A} + 0° = \varphi_{A} \quad (6\text{-}6\text{-}19)$$

自激振荡的条件变形为

$$20\lg|\dot{A}| = 20\lg\frac{1}{F} \quad (6\text{-}6\text{-}20)$$

$$\varphi_{A} = 2n\pi \pm \pi (n = 0,1,2\cdots) \quad (6\text{-}6\text{-}21)$$

判断步骤如下:

(1) 作出开环增益 $20\lg|\dot{A}|$ 的频率响应波特图。

(2) 画 $20\lg\left|\dfrac{1}{F}\right|$ 水平线。

(3) 找到 $20\lg|\dot{A}|$ 与 $20\lg\left|\dfrac{1}{F}\right|$ 的交点。

(4) 在高频区,若该点的 $\varphi_{A} \geqslant -135°$,则满足相位裕度,电路稳定,否则就是不稳定的。

(5) 在低频区,若该点的 $\varphi_{A} \leqslant +135°$,则满足相位裕度,电路稳定,否则就是不稳定的。

例 6-6-2 已知负反馈放大电路中基本放大电路的开环放大倍数的频率响应表达式,反馈网络由纯电阻构成,分别判断 $F=0.0001$、$F=0.001$、$F=0.01$ 时的负反馈放大电路是否稳定?

$$\dot{A}(\mathrm{j}f) = \frac{100000}{\left(1 + \dfrac{\mathrm{j}f}{10^4}\right)\left(1 + \dfrac{\mathrm{j}f}{10^6}\right)\left(1 + \dfrac{\mathrm{j}f}{10^7}\right)}$$

解: (1) 开环放大倍数的频率响应渐进波特图如图 6-6-6 所示。

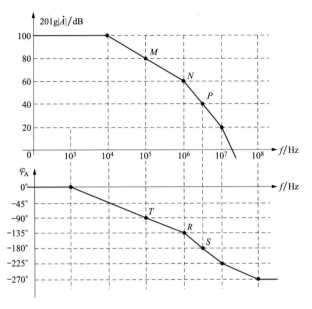

图 6-6-6 例 6-6-2 高频区开环放大倍数的频率响应渐进波特图

(2) $F=0.0001$ 时，$20\lg\left|\dfrac{1}{F}\right|=80$，与 $20\lg\left|\dot{A}\right|$ 的交点为 M 点，该点的 $\varphi_A=-90°>$ $-135°$，满足相位裕度，电路稳定。

(3) $F=0.001$ 时，$20\lg\left|\dfrac{1}{F}\right|=60$，与 $20\lg\left|\dot{A}\right|$ 的交点为 N 点，该点的 $\varphi_A=-135°$，满足相位裕度，电路稳定。

(4) $F=0.01$ 时，$20\lg\left|\dfrac{1}{F}\right|=40$，与 $20\lg\left|\dot{A}\right|$ 的交点为 P 点，该点的 $\varphi_A=-180°<$ $-135°$，不满足相位裕度，电路不稳定。

在反馈网络由纯电阻构成的前提下，放大电路为直接耦合形式。对于单管放大电路，因为具有一个极点的基本放大电路的相位差 φ_A 极限情况为 $\varphi_A=-90°$，永远满足 $\varphi_A<-135°$，没有满足相位条件的频率，故引入负反馈后不可能振荡。

在反馈网络由纯电阻构成的前提下，放大电路为直接耦合形式。对于 2 级放大电路，具有两个极点的基本放大电路的相位差 φ_A 的极限情况为 $\varphi_A=-180°$，因没有满足幅值条件的频率，故引入负反馈后不可能振荡。

在反馈网络由纯电阻构成的前提下，放大电路为直接耦合形式。对于 3 级放大电路，对于产生 $-180°$ 附加相移的信号频率，有可能满足幅值条件，故引入负反馈后可能振荡。

3 级或 3 级以上的直接耦合放大电路引入负反馈后有可能产生高频振荡；同理，耦合电容、旁路电容等为 3 个或 3 个以上的放大电路，引入负反馈后有可能产生低频振荡。

放大电路的级数越多，耦合电容、旁路电容越多，引入的负反馈越深，产生自激振荡的可能性越大。

四、消除自激振荡的方法

发生在负反馈放大电路中的自激振荡是有害的，必须设法消除，最简单的方法是减小反馈深度。但这又不利于改善负反馈放大电路的其他交流指标。为解决此矛盾，通常采用修正环路放大倍数频率响应的方法，称为频率补偿法。人为地将环路放大倍数频率响应中的各个转折频率间距拉开，特别是使主转折频率与其他相近的转折频率的间距拉大，从而可以按预定目标改善频率响应，可以在反馈环路内增加一些电抗性元件，主要使用电容元件。

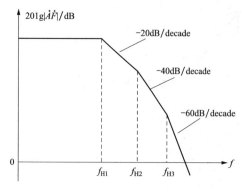

图 6-6-7　环路放大倍数的幅频响应
渐进波特图

设基本放大电路为直接耦合方式，反馈网络为电阻网络。环路放大倍数的表达式为

$$\dot{A}\dot{F} = \frac{\dot{A}_m \dot{F}_m}{\left(1+j\dfrac{f}{f_{H1}}\right)\left(1+j\dfrac{f}{f_{H2}}\right)\left(1+j\dfrac{f}{f_{H3}}\right)}$$

$$(6-6-22)$$

环路放大倍数的幅频响应渐进波特图如图 6-6-7 所示。

从图 6-6-7 可知，基本放大电路为 3 级直接耦合放大电路，有 3 个转折频率，分别为 f_{H1}、f_{H2}、f_{H3}，其中 A_1 的转折频率 f_{H1} 最低。3 级基本放大电路的等效电路分别用 A_1、A_2、A_3 表示，如图 6-6-8 所示。

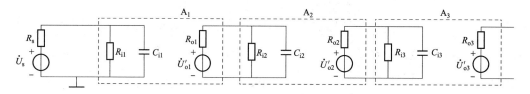

图 6-6-8　3 级直接耦合放大电路等效电路

（一）简单滞后补偿

因为补偿后环路放大倍数的相位差更加滞后，所以称为滞后补偿。

1. 增加一个转折频率的简单滞后补偿

补偿后的环路放大倍数的表达式见式（6-6-23），增加了一个新的转折频率 f_H。新的转折频率 f_H 比转折频率 f_{H1} 小，与转折频率 f_{H1} 间距较大，这样环路增益在较长频率段内以 -20dB/decade 下降，相应的环路放大倍数的相位差变化的斜率也会小一些，从而使环路增益为 0dB 时，附加相位差还没有到达 $-180°$，破坏自激振荡的条件。

$$\dot{A}\dot{F} = \frac{\dot{A}_m \dot{F}_m}{\left(1+j\dfrac{f}{f_{H}}\right)\left(1+j\dfrac{f}{f_{H1}}\right)\left(1+j\dfrac{f}{f_{H2}}\right)\left(1+j\dfrac{f}{f_{H3}}\right)} \qquad (6-6-23)$$

2. 改变主转折频率的简单滞后补偿

A_1 的转折频率 f_{H1} 最低。在最低的上限频率所在回路加补偿电容 C，补偿电容 C 加在信号源和第一级输入之间，补偿电容 C 一端接地。等效电路如图 6-6-9 所示。从图 6-6-9 可以看出，补偿电容 C 与第一级放大电路的等效电容并联，二者直接相加，用 C_0 表示，表达式见下式。第一级放大电路的时间常数增加，转折频率下降。A_1 的转折频率 f_{H1} 变成 f_H。

$$C_0 = C + C_{i1} \qquad (6-6-24)$$

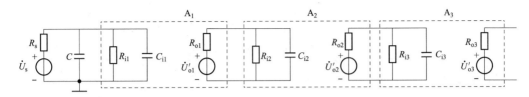

图 6-6-9　简单滞后补偿

补偿后的环路放大倍数的表达式为

$$\dot{A}\dot{F} = \frac{\dot{A}_{\mathrm{m}}\dot{F}_{\mathrm{m}}}{\left(1 + \mathrm{j}\dfrac{f}{f_{\mathrm{H}}}\right)\left(1 + \mathrm{j}\dfrac{f}{f_{\mathrm{H2}}}\right)\left(1 + \mathrm{j}\dfrac{f}{f_{\mathrm{H3}}}\right)} \tag{6-6-25}$$

加补偿电容 C 后的环路放大倍数的幅频响应渐进波特图如图 6-6-10 所示。实线为加补偿电容 C 后的波特图，虚线为加补偿电容 C 前的波特图。

从图 6-6-10 可知，环路增益 $20\lg|\dot{A}\dot{F}|$ 为 0 时的信号频率为 f_{H2}。若 f_{H2} 大于 $10f_{\mathrm{H}}$，则附加相位差可达最大，为 $-135°$；其他情况下在 $-90° \sim -135°$ 之间，具有 $45°$ 的相位裕度，故电路稳定。滞后补偿法是以频带变窄为代价来消除自激振荡的。

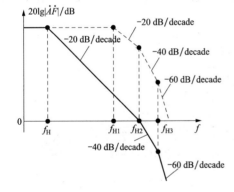

图 6-6-10　简单滞后补偿后的环路放大倍数的
幅频响应渐进波特图

（二）密勒补偿

在最低的上限频率所在回路加补偿电容 C。与简单滞后补偿不同，补偿电容 C 不是加在信号源与第一级输入之间，而是跨在在第一级的输入和第一级输出之间，称为密勒补偿，如图 6-6-11 所示。

图 6-6-11 的等效电路如图 6-6-12 所示。

密勒电容的大小为

$$C_{\mathrm{M}} = (1 + |k|)C \tag{6-6-26}$$

式中，k 是第一级放大电路的放大倍数。

在获得同样补偿的情况下，密勒补偿的优势是补偿电容比简单滞后补偿的电容小得多。

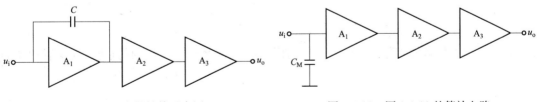

图 6-6-11　密勒补偿示意图　　　　图 6-6-12　图 6-6-11 的等效电路

（三）RC 滞后补偿

在最低的上限频率所在回路加 RC 串联电路进行频率补偿。RC 串联电路加在信号源和第一级输入之间，等效电路如图 6-6-13 所示。

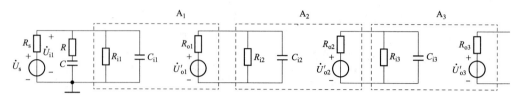

图 6-6-13　RC 滞后补偿等效电路示意图

$R_{i1} C_{i1}$ 并联电路的复阻抗表达式为

$$Z_{i1} = \frac{R_{i1} \times \dfrac{1}{j\omega C_{i1}}}{R_{i1} + \dfrac{1}{j\omega C_{i1}}} = \frac{R_{i1}}{j\omega C_{i1} R_{i1} + 1} \tag{6-6-27}$$

RC 串联电路和 $R_{i1} C_{i1}$ 并联电路并联后的复阻抗表达式为

$$Z = \frac{\left(R + \dfrac{1}{j\omega C}\right) \times \dfrac{R_{i1}}{j\omega C_{i1} R_{i1} + 1}}{\left(R + \dfrac{1}{j\omega C}\right) + \dfrac{R_{i1}}{j\omega C_{i1} R_{i1} + 1}} = \frac{(1 + j\omega CR) R_{i1}}{(1 + j\omega CR)(j\omega C_{i1} R_{i1} + 1) + j\omega CR_{i1}} \tag{6-6-28}$$

第一级放大电路的输入电压与信号源电压之比如下式。其中体现了 RC 滞后补偿后新的转折频率。

$$
\begin{aligned}
\frac{\dot{U}_{i1}}{\dot{U}_s} = \frac{Z}{R_s + Z} &= \frac{\dfrac{(1 + j\omega CR) R_{i1}}{(1 + j\omega CR)(j\omega C_{i1} R_{i1} + 1) + j\omega CR_{i1}}}{R_s + \dfrac{(1 + j\omega CR) R_{i1}}{(1 + j\omega CR)(j\omega C_{i1} R_{i1} + 1) + j\omega CR_{i1}}} \\
&= \frac{R_{i1}}{R_s - \omega CR\omega C_{i1} R_{i1} R_s + R_{i1}} \cdot \frac{1 + j\omega CR}{1 + j\omega \dfrac{CRR_s + C_{i1} R_{i1} R_s + CR_{i1} R_s + CRR_{i1}}{R_s - \omega CR\omega C_{i1} R_{i1} R_s + R_{i1}}} \\
&= \frac{R_{i1}}{R_s - \omega CR\omega C_{i1} R_{i1} R_s + R_{i1}} \cdot \frac{1 + j\omega \tau'_2}{1 + j\omega \tau} \\
&= \frac{R_{i1}}{R_s - \omega CR\omega C_{i1} R_{i1} R_s + R_{i1}} \cdot \frac{1 + j\dfrac{f}{f'_{H2}}}{1 + j\dfrac{f}{f_H}}
\end{aligned}
\tag{6-6-29}
$$

在环路放大倍数的表达式（6-6-22）中用 $\dfrac{1 + j\dfrac{f}{f'_{H2}}}{1 + j\dfrac{f}{f_H}}$ 代替 $\dfrac{1}{1 + j\dfrac{f}{f_{H1}}}$。得到 RC 补偿后的新的

环路放大倍数的表达式为

$$\dot{A}\dot{F} = \frac{1 + j\dfrac{f}{f'_{H2}}}{1 + j\dfrac{f}{f_H}} \cdot \frac{\dot{A}_m \dot{F}_m}{\left(1 + j\dfrac{f}{f_{H2}}\right)\left(1 + j\dfrac{f}{f_{H3}}\right)} \tag{6-6-30}$$

若 $f'_{H2} = f_{H2}$，则 RC 滞后补偿后的环路放大倍数的表达式为

$$\dot{A}\dot{F} = \frac{\dot{A}_\mathrm{m}\dot{F}_\mathrm{m}}{\left(1 + \mathrm{j}\dfrac{f}{f_\mathrm{H}}\right)\left(1 + \mathrm{j}\dfrac{f}{f_\mathrm{H3}}\right)} \quad (6\text{-}6\text{-}31)$$

RC 滞后补偿后的环路放大倍数的幅频响应渐进波特图如图 6-6-14 所示。实线为 RC 滞后补偿后的曲线，左边的虚线为简单滞后补偿后的曲线，右边的虚线为补偿前的曲线。

从图 6-6-14 可以看出，RC 滞后补偿的最大附加相位差为 $-180°$，不满足起振条件，闭环后一定不会产生自激振荡，电路稳定。滞后补偿法消振均以频带变窄为代价，RC 滞后补偿比简单滞后补偿对带宽的影响小一些。

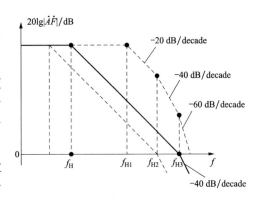

图 6-6-14　RC 滞后补偿后的环路放大倍数的幅频响应渐进波特图

小　结

反馈是电子技术和自动控制领域的一个重要概念，负反馈可以改善放大电路多方面的性能。本章主要介绍有关反馈的一些基本概念及分析方法：把输出量（电压或电流）馈送到输入回路的过程称为反馈。首先判断反馈的类型，然后应用瞬时极性法判断其反馈极性。讨论负反馈对放大电路性能的影响：负反馈可以提高放大倍数的稳定性、减小非线性失真、抑制噪声、扩展频带和控制输入和输出电阻。这些性能的改善与反馈深度有关，反馈愈深，改善得程度愈好。介绍深度负反馈放大电路放大倍数的近似估算方法。负反馈放大电路中，反馈深度或环路增益能影响放大电路的各种性能，且反馈越深，放大电路的性能越好，但是反馈深度过深，可能会出现自激振荡，使放大电路工作不稳定。因此在设计反馈放大电路时需要采取适当的补偿措施。

习　题

6-1　判断题 6-1 图所示的电路中有无反馈，判断反馈类型和极性。

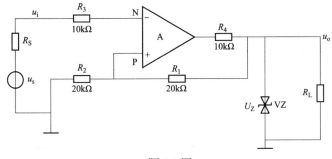

题 6-1 图

6-2　电路如题 6-2 图所示，图中耦合电容和射极旁路电容的容量足够大，在中频范围内，它们的容抗近似为零。试判断电路中反馈的类型和极性（说明各电路中的反馈是正、负、直流、交流、电压、电流、串联、并联反馈）。

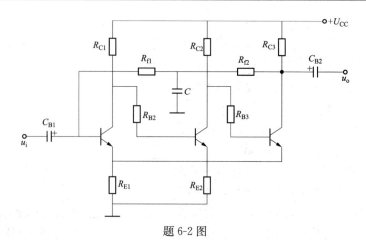

题 6-2 图

6-3　电路如题 6-3 图所示。

（1）判断反馈类型和极性。

（2）求出反馈网络的反馈系数。

6-4　电路如题 6-4 图所示，电容均可视为交流短路。

（1）电路中有哪些级间交流反馈？试判断级间反馈的类型和极性。

（2）在深度负反馈的条件下，计算闭环放大倍数。

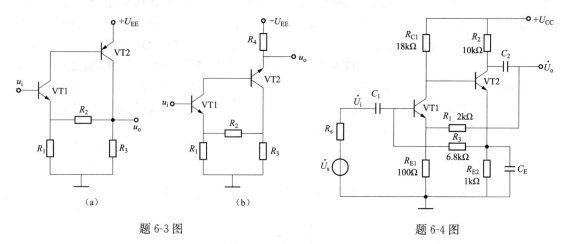

题 6-3 图　　　　　　　　　　　　　题 6-4 图

6-5　电路如题 6-5 图所示，试判断反馈的类型和极性。

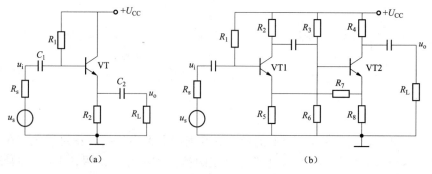

题 6-5 图

6-6　试判断题 6-6 图所示电路中是否引入了反馈；若引入了反馈，则判断是正反馈还是负反馈，是直流反馈还是交流反馈；若引入了交流负反馈，则判断是哪种类型的负反馈。设图中所有电容对交流信号均可视为短路。

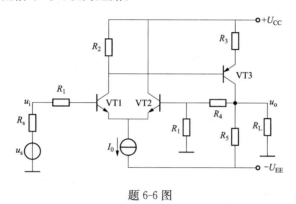

题 6-6 图

6-7　电路如题 6-7 图所示。画出交流通路，判断有没有交流反馈？若有交流反馈，交流反馈的类型和极性是什么？

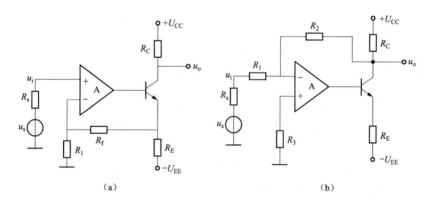

（a）　　　　　　　　　　　　　（b）

题 6-7 图

6-8　判断题 6-8 图给出的放大电路中的反馈的类型和极性。若是负反馈的话，假定负反馈是深度负反馈，估算闭环放大倍数。

6-9　判断题 6-9 图所示各电路中是否引入了反馈；若引入了反馈，则判断是正反馈还是负反馈；若引入了交流负反馈，则判断是哪种类型的负反馈，并指出反馈系数是哪两个量的比值。

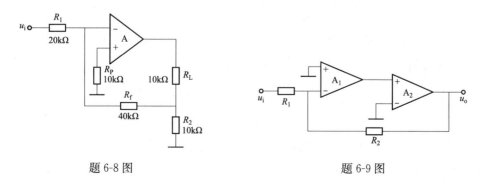

题 6-8 图　　　　　　　　　　　　　题 6-9 图

6-10 电路 6-10 图所示，R_f、C_f 引入电压串联负反馈，$R_f = 8.2\text{k}\Omega$，$C_f = 20\mu\text{F}$，假定所引入的反馈为深度负反馈，估算闭环电压放大倍数。去掉 R_f、C_f 支路，保持 VT1 的发射极直流电位为 2.2V，保持 VT2 的发射极直流电位为 2V，求电压放大倍数、输入电阻、输出电阻。

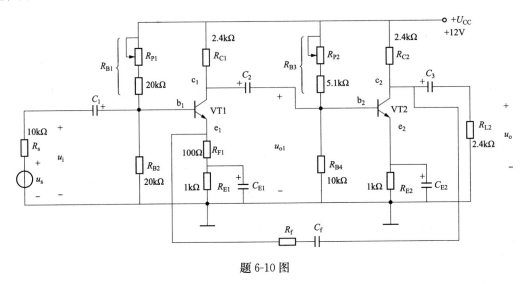

题 6-10 图

6-11 放大电路如题 6-11 图所示，设电容对交流信号均可视为短路。

（1）指出电路中所有的反馈支路，并判断其反馈类型和极性。

（2）试写出闭环电压放大倍数 $A_{\text{usF}} = \dfrac{u_o}{u_s}$ 的近似表达式。

6-12 反馈放大电路如题 6-12 图所示。请回答下列问题：

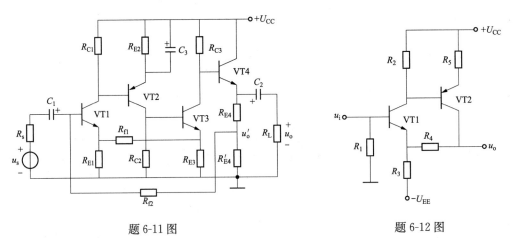

题 6-11 图　　　　　　　　　　　　题 6-12 图

（1）指出级间交流反馈支路、反馈类型和极性。

（2）若是负反馈，写出深度负反馈条件下 $A_{\text{uF}} = \dfrac{u_o}{u_i}$ 的表达式，负反馈对输入电阻、输出电阻的影响。

6-13 反馈放大电路如题 6-13 图所示。设电容对交流信号可视为短路。

（1）指出级间反馈支路，判断其反馈类型和极性。

（2）按深度负反馈估算 $A_{uF} = u_o / u_i$、R_{iF} 和 R_{oF}。

6-14 反馈放大电路如题 6-14 图所示。设电容对交流信号均可视为短路。

（1）指出级间交流反馈支路、反馈类型和极性及其对输入电阻和输出电阻的影响。

（2）在深度负反馈条件下估算 $A_{uF} = u_o / u_i$、输入电阻 R_{iF} 和输出电阻 R_{oF}。

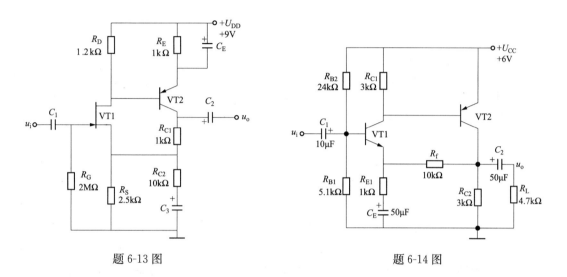

题 6-13 图　　　　　　　　　　　题 6-14 图

6-15 两级电压串联负反馈放大电路如题 6-15 图所示。已知电阻 $R_{E1} = 200\Omega$，$R_{B11} = 10k\Omega$，$R_{B12} = 30k\Omega$，$R_{C2} = 3k\Omega$，$R_f = 9.8k\Omega$，设所有电容对交流信号均可视为短路。试按深度负反馈估算闭环电压放大倍数 $A_{uF} = u_o / u_i$，并计算输入电阻 R_{iF} 和输出电阻 R_{oF}。

6-16 由集成运放 A_1、A_2、A_3 等元器件组成的反馈放大电路如题 6-16 图所示。设 A_1、A_2、A_3 均为理想运放。试写出：

（1）闭环电压放大倍数 $A_{uF} = u_o / u_i$ 的表达式。

（2）R_{iF} 和 R_{oF} 的值。

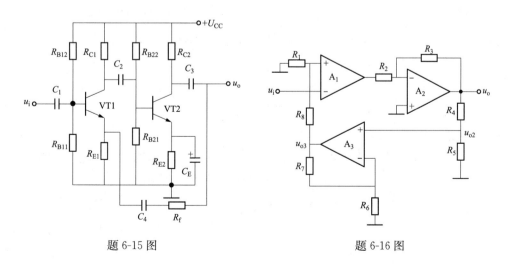

题 6-15 图　　　　　　　　　　　题 6-16 图

6-17　由理想集成运放 A 和 VT1、VT2 组成的反馈放大电路如题 6-17 图所示。试计算电路的闭环源电压放大倍数 $A_{usF}=u_o/u_i$。

6-18　电路如题 6-18 图所示。以稳压管的稳定电压 U_Z 作为输入电压 U_i，电路中引入何种反馈？当 R_P 的滑动端位置变化时，输出电压 U_O 的调节范围为多少？

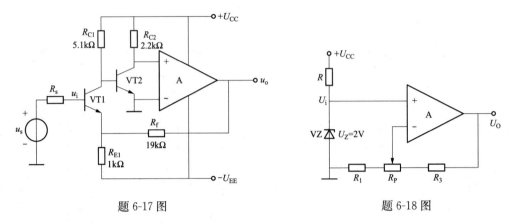

题 6-17 图　　　　　　　　　　　　　　题 6-18 图

6-19　某放大电路的频率响应如题 6-19 图所示。

（1）该电路的下限频率 f_L 和上限频率 f_H 各为多少？中频电压放大倍数是多少？

（2）若希望通过负反馈使通频带展宽为 10Hz～1MHz，问所需要的反馈深度是多少？反馈系数是多少？闭环中频电压放大倍数又是多少？

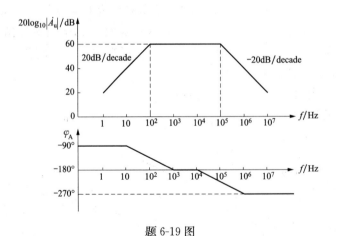

题 6-19 图

6-20　电路如题 6-20 图所示。

（1）试通过电阻引入合适的交流负反馈，使输入电压 u_i 转换成稳定的输出电流 i_L。

（2）若 $u_i=0～5V$ 时，$i_L=0～10mA$，则反馈电阻 R_f 应取多少？

6-21　已知负反馈放大电路的开环放大倍数表达式为 $\dot{A}=\dfrac{10^4}{\left(1+\mathrm{j}\dfrac{f}{10^4}\right)\left(1+\mathrm{j}\dfrac{f}{10^5}\right)^2}$。反馈网络为纯电阻，试分析：为了使放大电路能够稳定工作（即不产生自激振荡），反馈系数的上限值为多少？

6-22　已知某多级放大电路的开环电压放大倍数 $\dot{A}$ 的表达式为

$$\dot{A}=\dfrac{10^3}{\left(1+\mathrm{j}\dfrac{f}{0.1}\right)\left(1+\mathrm{j}\dfrac{f}{0.5}\right)\left(1+\mathrm{j}\dfrac{f}{2}\right)}\quad（f\text{ 单位为 MHz}）$$

（1）画出 $\dot{A}$ 的开环增益幅频响应渐进波特图。

（2）采用电阻对该放大电路引入电压串联负反馈，反馈系数 $F=0.1$，问闭环后电路能否可靠稳定工作？

6-23　题 6-23 图是开环电压放大倍数 $\dot{A}$ 的幅频响应渐进波特图，且中频区的电压增益为 $20\lg|\dot{A}|=60\mathrm{dB}$。

反馈网络为纯电阻网络，试问电路闭环后会产生自激振荡吗？使电路不产生自激振荡的 F 的上限值为多少？

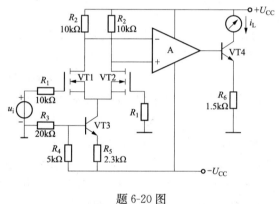

题 6-20 图

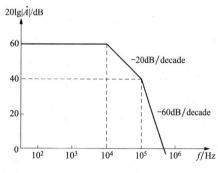

题 6-23 图

第七章　集成运算放大器的线性应用和非线性应用

　　本章首先介绍了集成运放的线性应用电路，包括比例、加法、减法、微分、积分等基本运算电路和有源滤波电路；然后介绍了集成运放的非线性应用之一——电压比较器，包括单门限电压比较器、双门限电压比较器和窗口电压比较器。

第一节　集成运算放大器的线性应用之一

　　分析运放应用电路的工作原理时，首先要分清运放工作在线性状态还是非线性状态。

　　如果运放引入了负反馈，运放就工作在线性状态。运放引入的负反馈一定是深度负反馈，在深度负反馈情况下，净输入信号很小，可以近似认为是零。如果是串联负反馈，净输入信号为电压，即净输入电压为零，也就是说运放的同相输入端和反相输入端的电位近似相等，好像这两个输入端被短路了一样，但不是真正的短路，是虚假的短路，所以经常简称"虚短"。从净输入电压近似为零可以推断出净输入电流也近似为零，即运放的同相输入端和反相输入端的电流近似为零，可以认为两个输入端断路，但不是真正的断路，是虚假的断路，所以称为"虚断"。如果是并联负反馈，净输入电流近似为零，称为"虚断"，从"虚断"可以推出"虚短"。运放在线性工作状态下具有"虚断"和"虚短"的特点。

　　如果运放引入正反馈或者处于开环状态，运放将工作在非线性状态。运放工作在非线性状态下的特点如下：

　　（1）运放的同相输入端和反相输入端的电流近似为零，称为"虚断"。

　　（2）运放的输出只有正向饱和电压和负向饱和电压两种可能，取决于同相输入端的电位和反相输入端的电位的高低。若同相输入端的电位高，则输出为正向饱和电压，否则反之。

　　本节讲解运放的线性应用之一，即运算电路。

一、反相比例运算电路

反相比例运算电路如图 7-1-1（a）所示，u_i 和其旁的小圈表示这是电路的简化画法，此处

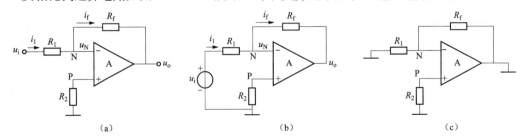

图 7-1-1　反相比例运算电路和求平衡电阻 R_2 的电路

（a）反相比例运算电路；（b）图 7-1-1（b）的另一种画法；（c）求平衡电阻 R_2 的电路

省略了输入电压源的符号，但是 u_o 旁的小圈与此意义不同，只是表示此点引出了一个端子而已，负载电阻将接在此点和地之间，两个小圈的不同含义是由 u_i 和 u_o 的下标的含义来决定的，下标 i 表示输入的意思，下标 o 表示输出的意思。此处两个小圈的含义完全不同，请读者注意理解体会。图 7-1-1（b）是图 7-1-1（a）的另一种画法。输入电压 u_i 通过电阻 R_1 连接到运放的反相输入端，同相输入端通过 R_2 接地，R_2 为平衡电阻。R_f 引入电压并联负反馈，所以运放处在线性工作状态，可以应用"虚断"和"虚短"来计算。因为"虚断"，流过 R_2 电阻的电流为 0，所以 R_2 两端没有电压，P 点的电位为 0。因为"虚短"，所以 N 点的电位与 P 点相等，也为 0，$u_N = 0$，反相输入端的电位近似为 0，与电位参考点（地）的电位近似相等，但并不是真正的接地，而是虚假的接地，称为"虚地"。

对节点 N 列写 KCL 方程。节点 N 共有 3 条支路，其中运放的反相输入端的电流为 0。在 R_1 和 R_f 支路上标注其电流和参考方向，参考方向可任意标注，如图 7-1-1（a）所示。取电流的参考方向指向节点为正，节点 N 的 KCL 方程为

$$+ i_1 - i_f = 0 \tag{7-1-1}$$

分别对 R_1 和 R_f 应用欧姆定律，得

$$u_i - u_N = + R_1 i_1 \tag{7-1-2}$$

$$u_N - u_o = + R_f i_f \tag{7-1-3}$$

根据式（7-1-2）和式（7-1-3），整理得支路电流方程如下

$$i_1 = \frac{u_i - u_N}{R_1} = \frac{u_i}{R_1} \tag{7-1-4}$$

$$i_f = \frac{u_N - u_o}{R_f} = -\frac{u_o}{R_f} \tag{7-1-5}$$

将式（7-1-4）和式（7-1-5）代入式（7-1-1）整理得输出电压 u_o 的表达式为

$$u_o = -\frac{R_f}{R_1} u_i \tag{7-1-6}$$

式（7-1-6）说明输出电压 u_o 与输入电压 u_i 之间具有比例关系，比例系数为 $-\dfrac{R_f}{R_1}$，负号表示输出电压 u_o 与输入电压 u_i 相位相反，称图 7-1-1（a）所示的电路为反相比例运算电路。

在式（7-1-6）中，当 $R_1 = R_f$ 时，有 $u_o = -u_i$。

在图 7-1-1（a）所示的反相比例运算电路中，运放的反相输入端和同相输入端的电位为 0，所以没有共模输入信号进入运放的输入端，对运放的共模抑制比 K_{CMR} 要求较低。

在运放内部，直流通路是对称的，但是在图 7-1-1（a）所示的反相比例运算电路中运放的外部接入了 R_1 和 R_f，它们接在反相输入端，如果同相输入端不连接相应阻值的电阻，会引起直流通路的不对称。如果不对称，集成运放的偏置电流通过两个输入端的外接电阻，在两个输入端之间会产生差模输入电压，结果会使 $u_o \neq 0$。在图 7-1-1（a）的同相输入端所接入的保证对称性的电阻称为平衡电阻。求平衡电阻的电路如图 7-1-1（c）所示，R_1 和 R_f 为并联关系。为保证直流通路对称，必须使 $R_2 = R_1 // R_f$。

图 7-1-1（a）所示的反相比例运算电路的输入电阻为 $R_i = \dfrac{u_i}{i_1} = R_1$，因为运放引入的是并联负反馈，所以，尽管理想运放的输入电阻为无穷大，反相比例运算电路的输入电阻并不大。因为理想运放的输出电阻为 0，所以图 7-1-1（a）的输出电阻 R_o 为 0。

二、同相比例运算电路

同相比例运算电路如图 7-1-2（a）所示，电路中引入了电压串联负反馈。

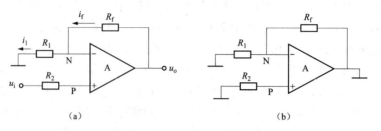

(a)　　　　　　　　　　　　　(b)

图 7-1-2　同相比例运算电路和求平衡电阻 R_2 的电路

（a）同相比例运算电路；（b）求平衡电阻 R_2 的电路

因为"虚断"，流过 R_2 电阻的电流为 0，所以 R_2 两端没有电压，P 点的电位为 u_i。因为"虚短"，所以 N 点的电位与 P 点相等，也为 u_i，即 $u_N = u_i$。

对节点 N 列写 KCL 方程。节点 N 共有 3 条支路，其中运放的反相输入端的电流为 0。在 R_1 和 R_f 支路上标注其电流和参考方向，参考方向可任意标注，如图 7-1-2（a）所示。取电流的参考方向指向节点为正，节点 N 的 KCL 方程为

$$-i_1 + i_f = 0 \tag{7-1-7}$$

分别对 R_1 和 R_f 应用欧姆定律，得

$$0 - u_N = -R_1 i_1 \tag{7-1-8}$$

$$u_N - u_o = -R_f i_f \tag{7-1-9}$$

根据式（7-1-9）和式（7-1-10），整理得支路电流方程如下

$$i_1 = -\frac{0 - u_N}{R_1} = \frac{u_N}{R_1} \tag{7-1-10}$$

$$i_f = -\frac{u_N - u_o}{R_f} \tag{7-1-11}$$

将式（7-1-10）和式（7-1-11）代入式（7-1-7），整理得到输出电压 u_o 的表达式为

$$u_o = \left(1 + \frac{R_f}{R_1}\right) u_i \tag{7-1-12}$$

式（7-1-12）说明输出电压 u_o 与输入电压 u_i 之间具有比例关系，比例系数为 $\left(1 + \frac{R_f}{R_1}\right)$，比例系数永远 ≥ 1，且为正数，符号为正表明输出电压 u_o 与输入电压 u_i 相位相同，称图 7-1-2（a）所示的电路为同相比例运算电路。由于 $u_N = u_P = u_i$，运放的两个输入端的电位不为 0，有共模输入信号，要求运放的共模抑制比 K_{CMR} 较大。求平衡电阻的电路如图 7-1-2（b）所示，平衡电阻 $R_2 = R_1 /\!/ R_f$。图 7-1-2（a）所示的同相比例运算电路的输入电阻为 $R_i = \frac{u_i}{0} = \infty$。因为

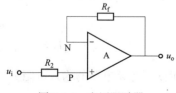

图 7-1-3　电压跟随器

理想运放的输出电阻为 0，所以图 7-1-2（a）的输出电阻 R_o 为 0。将图 7-1-2（a）所示的同相比例运算电路中的 R_1 开路，如图 7-1-3 所示。电路的输出电压 u_o 与输入电压 u_i 的关系为

$$u_o = u_i \tag{7-1-13}$$

输出电压 u_o 与输入电压 u_i 相等，称图 7-1-3 所示的电

路为电压跟随器。与分立元件构成的共集电极放大电路（射极输出器）相比，此电压跟随器的输出电阻小，具有更好的电压跟随特性。

例 7-1-1　电路如图 7-1-4 所示，求闭环放大倍数 $A_u = \dfrac{u_o}{u_i}$ 的表达式，求运放同相输入端的平衡电阻 R 的表达式。若电压放大倍数为 -10 倍，确定各电阻的阻值。再用图 7-1-1 所示的反相比例运算电路设计电压放大倍数为 -10 倍的放大电路，比较这两种方法中的电阻的阻值大小。

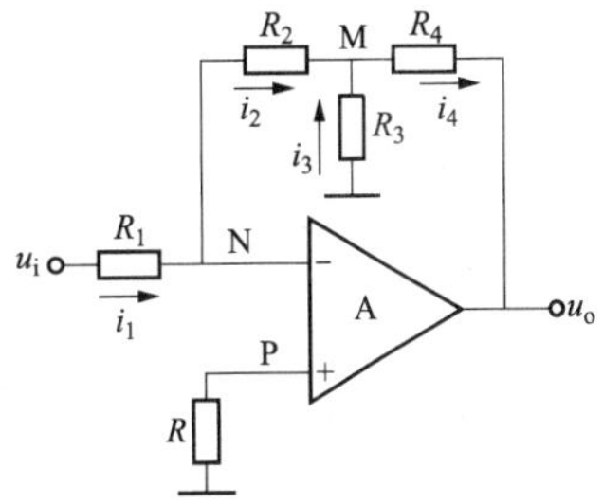

图 7-1-4　例 7-1-1 的电路

解：在图 7-1-4 中，R_2、R_3、R_4 引入电压并联负反馈，所以运放处在线性工作状态，可以应用"虚断"和"虚短"来计算。因为"虚短"，所以 N 点的电位与 P 点相等，也为 0，$u_N = 0$，称为"虚地"。因为"虚断"，流入运放反相输入端的电流为 0。

标出电流的参考方向如图 7-1-4 所示。对节点 N 列 KCL 方程：$+i_1 - i_2 = 0$。

对 R_1 应用欧姆定律，得 $u_i - 0 = +R_1 i_1$，整理得到支路电流方程 $i_1 = \dfrac{u_i}{R_1}$。

对 R_2 应用欧姆定律，得 $0 - u_M = +R_2 i_2$，整理得到支路电流方程 $i_2 = -\dfrac{u_M}{R_2}$。

将各支路电流方程代入节点 N 的 KCL 方程，得 $\dfrac{u_i}{R_1} - \left(-\dfrac{u_M}{R_2}\right) = 0$，整理得 $u_M = -\dfrac{R_2}{R_1} u_i$。

对节点 M 列 KCL 方程，为 $+i_2 + i_3 - i_4 = 0$。对 R_3 应用欧姆定律，列出方程为 $0 - u_M = +R_3 i_3$，整理得电流为 $i_3 = -\dfrac{u_M}{R_3}$。对 R_4 应用欧姆定律，列出方程为 $u_M - u_o = +R_4 i_4$，整理得电流为 $i_4 = \dfrac{u_M - u_o}{R_4}$。将前面得到的各支路电流方程代入节点 M 的 KCL 方程得

$$\left(-\dfrac{u_M}{R_2}\right) + \left(-\dfrac{u_M}{R_3}\right) - \left(\dfrac{u_M - u_o}{R_4}\right) = 0$$

输出电压表达式为

$$u_o = \dfrac{R_3 R_4 u_M + R_2 R_4 u_M + R_2 R_3 u_M}{R_2 R_3} = \dfrac{R_3 R_4 + R_2 R_4 + R_2 R_3}{R_2 R_3} u_M$$

将 $u_M = -\dfrac{R_2}{R_1} u_i$ 代入上式，得

$$u_o = \dfrac{R_3 R_4 + R_2 R_4 + R_2 R_3}{R_2 R_3} \left(-\dfrac{R_2}{R_1} u_i\right)$$

则电压放大倍数为

$$A_u = \dfrac{u_o}{u_i} = -\dfrac{R_3 R_4 + R_2 R_4 + R_2 R_3}{R_2 R_3} \dfrac{R_2}{R_1}$$

$$= -\dfrac{R_3 R_4 + R_2 R_4 + R_2 R_3}{R_3 R_1}$$

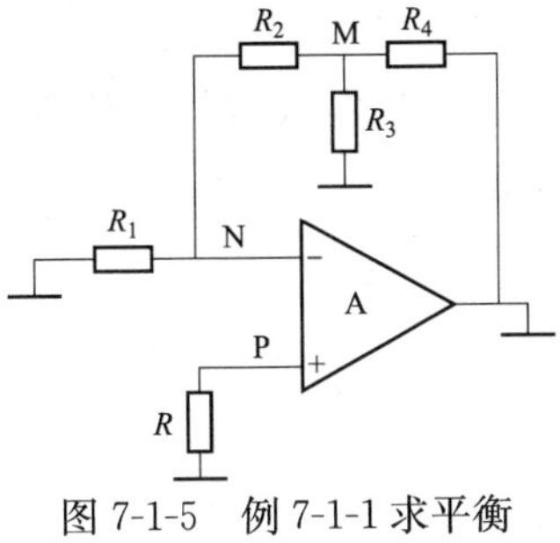

图 7-1-5　例 7-1-1 求平衡
电阻的电路

求平衡电阻的电路如图 7-1-5 所示。平衡电阻的表达式为 $R = R_1 // (R_2 + R_3 // R_4)$。

图 7-1-4 所示的电路称为 T 形网络反相比例运算电路，

电阻 R_2、R_3、R_4 构成英文字母 T，故称为 T 形网络反相比例运算电路。与反相比例运算电路相比，这种电路可以使用较小阻值的电阻得到较大的电压放大倍数。

$$A_u = \frac{u_o}{u_i} = -\frac{R_3R_4 + R_2R_4 + R_2R_3}{R_3R_1} = -\left(\frac{R_4}{R_1} + \frac{R_2R_4}{R_3R_1} + \frac{R_2}{R_1}\right)$$

若用图 7-1-4 所示的 T 形网络反相比例运算电路设计电压放大倍数为 -10 倍的放大电路，不妨取 $A_u = \dfrac{u_o}{u_i} = -$ （3＋4＋3）。若取 $R_1 = 10\text{k}\Omega$，则取 $R_4 = 30\text{k}\Omega$，取 $R_2 = 30\text{k}\Omega$，取 $\dfrac{R_2R_4}{R_3} = 40$ （kΩ），则 $R_3 = \dfrac{R_2R_4}{40} = \dfrac{30\times30}{40} = 22.5$ （kΩ）。若用图 7-1-1 所示的反相比例运算电路设计电压放大倍数为 -10 倍的放大电路，则参数取 $R_1 = 10\text{k}\Omega$，则 $R_f = 100\text{k}\Omega$，反馈电阻 $R_f = 100\text{k}\Omega$ 较大。

例 7-1-2 试用运放实现 $u_o = 0.5u_i$ 的运算电路，要求画出电路原理图。

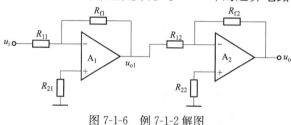

图 7-1-6　例 7-1-2 解图

解： 一级同相比例运算电路的比例系数是大于 1 的，不满足题目要求。一级反相比例运算电路的比例系数为负，所以可以用两级反相比例运算电路的级联来实现，电路如图 7-1-6 所示。

图 7-1-6 中，第一级运放实现 $u_{o1} = -0.5u_i$ 的运算关系，第二级运放实现 $u_o = -u_{o1}$ 的运算关系，得到 $u_o = -u_{o1} = -(-0.5u_i) = 0.5u_i$。电阻参数取值如下：

$$R_{11} = 10\text{k}\Omega, R_{f1} = 5\text{k}\Omega, R_{21} = \frac{10\times5}{10+5} = 3.33(\text{k}\Omega)$$

$$R_{12} = 10\text{k}\Omega, R_{f2} = 10\text{k}\Omega, R_{22} = \frac{10\times10}{10+10} = 5(\text{k}\Omega)$$

三、加法运算电路

（一）反相加法运算电路

反相加法运算电路如图 7-1-7 所示，两个输入信号均加在运放的反相输入端。

图 7-1-7 中，R_f 引入电压并联负反馈，所以运放处在线性工作状态，可以应用"虚断"和"虚短"来计算。因为"虚断"，流过 R_3 电阻的电流为 0，所以 R_3 两端没有电压，P 点的电位为 0。因为"虚短"，所以 N 点的电位与 P 点相等，也为 0，$u_N = 0$，称为"虚地"。

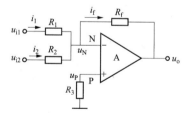

图 7-1-7　反相加法运算电路

对节点 N 列写 KCL 方程。节点 N 共有 4 条支路，其中运放的反相输入端的电流为 0。在 R_1、R_2 和 R_f 支路上标注其电流和参考方向，参考方向可任意标注，如图 7-1-7 所示。取电流的参考方向指向节点为正，节点 N 的 KCL 方程为

$$+i_1 + i_2 - i_f = 0 \tag{7-1-14}$$

分别对 R_1、R_2 和 R_f 应用欧姆定律，得

$$u_{i1} - 0 = +R_1i_1 \tag{7-1-15}$$

$$u_{i2} - 0 = +R_2i_2 \tag{7-1-16}$$

$$0 - u_o = +R_f i_f \tag{7-1-17}$$

根据式（7-1-15）～式（7-1-17），整理得到支路电流方程为

$$i_1 = \frac{u_{i1}}{R_1} \tag{7-1-18}$$

$$i_2 = \frac{u_{i2}}{R_2} \tag{7-1-19}$$

$$i_f = -\frac{u_o}{R_f} \tag{7-1-20}$$

将式（7-1-18）～式（7-1-20）代入式（7-1-14），整理得到输出电压 u_o 的表达式为

$$u_o = -\left(\frac{R_f}{R_1} u_{i1} + \frac{R_f}{R_2} u_{i2} \right) \tag{7-1-21}$$

当 $R_1 = R_2 = R_f$ 时，式（7-1-21）变为

$$u_o = -(u_{i1} + u_{i2}) \tag{7-1-22}$$

式（7-1-22）表明输出电压 u_o 为输入电压 u_{i1} 和 u_{i2} 瞬时值相加后再取反，负号表示输出电压 u_o 与输入电压 u_{i1}、u_{i2} 之和之间的相位差为 $180°$。图 7-1-7 所示的电路称为反相加法运算电路，输出电压的瞬时值为两个输入电压瞬时值的和，但是相位相反。

在图 7-1-7 所示的反相加法运算电路中，运放的反相输入端和同相输入端的电位为 0，所以没有共模输入信号，对运放的共模抑制比 K_{CMR} 要求较低。

求平衡电阻的电路如图 7-1-8 所示。平衡电阻的表达式为 $R_3 = R_1 /\!/ R_2 /\!/ R_f$。

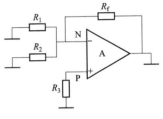

图 7-1-8　图 7-1-7 求平衡电阻的电路

（二）同相加法运算电路

除了反相加法运算电路外，还有同相加法运算电路，做加法运算的两个输入信号均加在运放的同相输入端，如图 7-1-9 所示。

在图 7-1-9 中，因为"虚短"，所以 N 点的电位与 P 点相等，$u_N = u_P$。

在图 7-1-9 中，对反相输入端节点 N 列写 KCL 方程。节点 N 共有 3 条支路，其中运放的反相输入端的电流为 0。在 R_3 和 R_f 支路上标注其电流和参考方向，参考方向可任

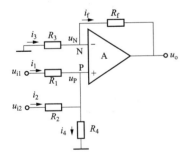

图 7-1-9　同相加法运算电路

意标注，如图 7-1-9 所示。取电流的参考方向指向节点为正，节点 N 的 KCL 方程为

$$+i_3 - i_f = 0 \tag{7-1-23}$$

在图 7-1-9 中，分别对 R_3 和 R_f 应用欧姆定律，得

$$0 - u_N = +R_3 i_3 \tag{7-1-24}$$
$$u_N - u_o = +R_f i_f \tag{7-1-25}$$

根据式（7-1-24）和式（7-1-25），整理得到支路电流方程为

$$i_3 = \frac{0 - u_N}{R_3} = -\frac{u_N}{R_3} \tag{7-1-26}$$

$$i_f = \frac{u_N - u_o}{R_f} \tag{7-1-27}$$

将式（7-1-26）和式（7-1-27）代入式（7-1-23），整理得到反相输入端电位的表达式为

$$u_N = \frac{R_3}{R_3 + R_f} u_o \tag{7-1-28}$$

在图 7-1-9 中，对节点 P 列写 KCL 方程，得

$$+ i_1 + i_2 - i_4 = 0 \tag{7-1-29}$$

分别对 R_1、R_2 和 R_4 应用欧姆定律，列出方程如下式

$$u_{i1} - u_P = + R_1 i_1 \tag{7-1-30}$$

$$u_{i2} - u_P = + R_2 i_2 \tag{7-1-31}$$

$$u_P - 0 = + R_4 i_4 \tag{7-1-32}$$

根据式（7-1-30）～式（7-1-32），整理得到支路电流方程如下式

$$i_1 = \frac{u_{i1} - u_P}{R_1} \tag{7-1-33}$$

$$i_2 = \frac{u_{i2} - u_P}{R_2} \tag{7-1-34}$$

$$i_4 = \frac{u_P}{R_4} \tag{7-1-35}$$

将式（7-1-33）～式（7-1-35）代入式（7-1-29）整理得到同相输入端电位 u_P 的表达式为

$$u_P = \frac{1}{\frac{1}{R_1} + \frac{1}{R_2} + \frac{1}{R_4}} \left(\frac{u_{i1}}{R_1} + \frac{u_{i2}}{R_2} \right) \tag{7-1-36}$$

因为虚短 $u_N = u_P$，令式（7-1-28）与式（7-1-36）相等，整理得输出电压 u_o 为

$$u_o = \frac{R_3 + R_f}{R_3 R_f} R_f \frac{1}{\frac{1}{R_1} + \frac{1}{R_2} + \frac{1}{R_4}} \left(\frac{u_{i1}}{R_1} + \frac{u_{i2}}{R_2} \right) \tag{7-1-37}$$

记 $R_N = R_3 /\!/ R_f$，则有 $\dfrac{R_3 + R_f}{R_3 R_f} = \dfrac{1}{\dfrac{R_3 R_f}{R_3 + R_f}} = \dfrac{1}{R_N}$。

记 $R_P = R_1 /\!/ R_2 /\!/ R_4$，则有 $\dfrac{1}{\dfrac{1}{R_1} + \dfrac{1}{R_2} + \dfrac{1}{R_4}} = R_P$。

则输出电压 u_o 的表达式为

$$u_o = \frac{1}{R_N} R_f R_P \left(\frac{u_{i1}}{R_1} + \frac{u_{i2}}{R_2} \right) \tag{7-1-38}$$

若取 $R_N = R_P$，则输出电压 u_o 的表达式为

$$u_o = R_f \left(\frac{u_{i1}}{R_1} + \frac{u_{i2}}{R_2} \right) \tag{7-1-39}$$

若取 $R_f = R_1 = R_2$，则输出电压 u_o 的表达式为

$$u_o = u_{i1} + u_{i2} \tag{7-1-40}$$

式（7-1-14）表明输出电压实现了任一时刻的两个输入电压的相加运算。

四、减法运算电路

（一）减法运算电路之一

实现两个电压瞬时值相减的减法运算电路如图 7-1-10 所示。

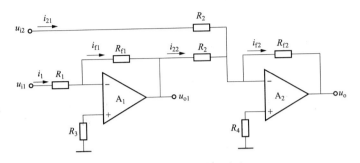

图 7-1-10　减法运算电路之一

图 7-1-10 中，第一级为反相比例运算电路，根据前面的分析，得

$$u_{o1} = -\frac{R_{f1}}{R_1} u_{i1} \tag{7-1-41}$$

图 7-1-10 中，第二级为反相加法运算电路，根据前面的分析，得

$$u_o = -R_{f2}\left(\frac{u_{o1}}{R_2} + \frac{u_{i2}}{R_2}\right) = -\frac{R_{f2}}{R_2}(u_{o1} + u_{i2}) \tag{7-1-42}$$

将式（7-1-41）代入式（7-1-42），得

$$u_o = -\frac{R_{f2}}{R_2}\left(-\frac{R_{f1}}{R_1} u_{i1} + u_{i2}\right) = \frac{R_{f2}}{R_2}\left(\frac{R_{f1}}{R_1} u_{i1} - u_{i2}\right) \tag{7-1-43}$$

在式 7-1-43 中，若取 $R_1 = R_{f1}$，得

$$u_o = \frac{R_{f2}}{R_2}(u_{i1} - u_{i2}) \tag{7-1-44}$$

在式（7-1-44）中，若取 $R_2 = R_{f2}$，得

$$u_o = u_{i1} - u_{i2} \tag{7-1-45}$$

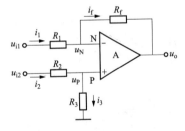

图 7-1-11　减法运算电路之二

式（7-1-45）表明，在任一时刻，输出电压 u_o 的瞬时值等于两个输入电压 u_{i1}、u_{i2} 瞬时值的减法运算。

（二）减法运算电路之二

图 7-1-11 所示的电路也可以实现两个电压信号瞬时值的减法运算。

根据图 7-1-11 列出如下方程

$$u_N = u_P \tag{7-1-46}$$

在图 7-1-11 中，对节点 N 列 KCL 方程，对电阻应用欧姆定律，得

$$+i_1 - i_f = 0 \tag{7-1-47}$$

$$u_{i1} - u_N = +R_1 i_1 \tag{7-1-48}$$

$$u_N - u_o = +R_f i_f \tag{7-1-49}$$

整理得到反相输入端电位的表达式为

$$u_N = \frac{R_f}{R_f + R_1} u_{i1} + \frac{R_1}{R_f + R_1} u_o \tag{7-1-50}$$

根据图 7-1-11 列出如下方程得

$$+i_2 - i_3 = 0 \tag{7-1-51}$$

$$u_{i2} - u_P = +R_2 i_2 \tag{7-1-52}$$

$$u_P - 0 = +R_3 i_3 \tag{7-1-53}$$

整理得到同相输入端电位的表达式为

$$u_P = \frac{R_3}{R_2 + R_3} u_{i2} \tag{7-1-54}$$

因为虚短，$u_N = u_P$，令式（7-1-50）与式（7-1-54）相等，整理得输出电压 u_o 的表达式为

$$u_o = \frac{R_f + R_1}{R_1} \frac{R_3}{R_2 + R_3} \frac{R_1}{R_f} \frac{R_f}{R_1} u_{i2} - \frac{R_f}{R_1} u_{i1} \tag{7-1-55}$$

在式（7-1-55）中，令 $\dfrac{R_f + R_1}{R_1} \dfrac{R_3}{R_2 + R_3} \dfrac{R_1}{R_f} = 1$，则式（7-1-55）变为

$$u_o = \frac{R_f}{R_1}(u_{i2} - u_{i1}) \tag{7-1-56}$$

根据 $\dfrac{R_f + R_1}{R_1} \dfrac{R_3}{R_2 + R_3} \dfrac{R_1}{R_f} = 1$ 推出 $(R_f + R_1) R_3 = (R_2 + R_3) R_f$，得到 $R_1 R_3 = R_2 R_f$，由此可得

$$\frac{R_1}{R_f} = \frac{R_2}{R_3} \tag{7-1-57}$$

若图 7-1-11 所示减法运算电路中的参数满足式（7-1-57），则输出电压 u_o 的表达式见式（7-1-56）。

在式（7-1-56）中，若取电路参数 $R_1 = R_f$，则输出电压 u_o 的表达式为

$$u_o = u_{i2} - u_{i1} \tag{7-1-58}$$

综上所述，在图 7-1-11 中，若取电路参数 $R_1 = R_2 = R_3 = R_f$，则输出电压 u_o 为两个输入电压瞬时值相减。

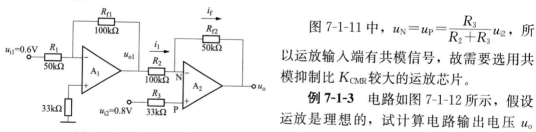

图 7-1-12　例 7-1-3 电路

图 7-1-11 中，$u_N = u_P = \dfrac{R_3}{R_2 + R_3} u_{i2}$，所以运放输入端有共模信号，故需要选用共模抑制比 K_{CMR} 较大的运放芯片。

例 7-1-3　电路如图 7-1-12 所示，假设运放是理想的，试计算电路输出电压 u_o 的值。

解：第一级运放 A_1 组成反相比例运算电路，第一级的输出电压 u_{o1} 为

$$u_{o1} = -\frac{R_{f1}}{R_1} u_{i1} = -\frac{100}{50} \times 0.6 = -1.2 (V)$$

运放 A_2 的节点 N 的 KCL 方程为 $i_1 - i_f = 0$。

分别对 R_2 和 R_{f2} 应用欧姆定律，列出如下方程：$u_{o1} - u_N = R_2 i_1$，$u_N - u_o = R_{f2} i_f$。整理得到支路电流方程为 $i_1 = \dfrac{u_{o1} - u_N}{R_2}$，$i_f = \dfrac{u_N - u_o}{R_{f2}}$。

将上述支路电流方程代入运放 A_2 的节点 N 的 KCL 方程，得 $u_o = \dfrac{R_{f2} + R_2}{R_2} u_N - \dfrac{R_{f2}}{R_2} u_{o1}$。

因为"虚短"，所以运放 A_2 的 N 点电位与 P 点电位相等，有 $u_N = u_P = u_{i2}$。

输出电压为

$$u_o = \frac{R_{f2} + R_2}{R_2}u_{i2} - \frac{R_{f2}}{R_2}u_{o1} = \frac{50 + 100}{100} \times 0.8 - \frac{50}{100}(-1.2) = 1.2 + 0.6 = 1.8\text{(V)}$$

五、积分运算电路

将反相比例运算电路中的反馈电阻 R_f 换成电容 C 就构成了反相积分运算电路。反相积分运算电路如图 7-1-13 所示。

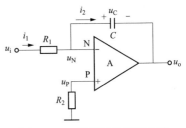

图 7-1-13　反相积分运算电路

在图 7-1-13 中，电容 C 引入电压并联负反馈，所以运放处在线性工作状态，可以应用"虚断"和"虚短"来计算。因为"虚断"，流过 R_2 电阻的电流为 0，所以 R_2 两端没有电压，P 点的电位为 0。因为"虚短"，所以 N 点的电位与 P 点相等，也为 0，$u_N = 0$，称为"虚地"。

在图 7-1-13 所示的参考方向下，流过电容 C 的电流和其端电压（为关联参考方向）的关系为

$$i_2 = +C\frac{\mathrm{d}u_C}{\mathrm{d}t} \tag{7-1-59}$$

根据图 7-1-13 列出如下方程

$$u_C = u_N - u_o = 0 - u_o = -u_o \tag{7-1-60}$$

将式（7-1-60）代入式（7-1-59），得

$$i_2 = -C\frac{\mathrm{d}u_o}{\mathrm{d}t} \tag{7-1-61}$$

根据图 7-1-13 列出如下方程

$$i_1 - i_2 = 0 \tag{7-1-62}$$

$$u_i - 0 = +R_1 i_1 \tag{7-1-63}$$

整理得到输出电压 u_o 的表达式为

$$u_o = -\frac{1}{R_1 C}\int u_i \mathrm{d}t \tag{7-1-64}$$

从式（7-1-64）可以看出，输出电压 u_o 是输入电压 u_i 的积分运算，负号表示反相。

在图 7-1-13 中，当输入电压 u_i 为阶跃电压时，即 $u_i(t) = E$，假设电容 C 没有初始的电荷，电容 C 两端的初始电压为 0，则输出电压 u_o 为

$$u_o(t) = -\frac{1}{R_1 C}\int_0^t u_i \mathrm{d}t = -\frac{1}{R_1 C}\int_0^t E \mathrm{d}t = -\frac{1}{R_1 C}Et \tag{7-1-65}$$

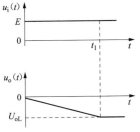

图 7-1-14　反相积分电路的
阶跃响应

当输入电压 u_i 为阶跃电压时，输入电压波形与输出电压波形如图 7-1-14 所示，输出 $u_o(t)$ 按负斜率下降，最终在 t_1 时刻达到运放的负向饱和电压 U_{oL}，输出电压不再增加，运放进入非线性工作状态，输出电压与输入电压之间不再是积分关系。

当输入电压 u_i 为方波时，输出电压为三角波，波形如图 7-1-15 所示，方波的周期为 T。

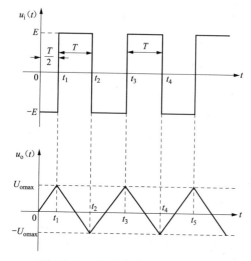

图 7-1-15　输入为方波时反相积分
电路的三角波输出

假设电容 C 没有初始的电荷，所以电容 C 两端的初始电压为 0，假设 $t_1 = \dfrac{1}{2}T$，计算过程如下：

在 $0 \sim t_1$ 时间段，输入电压 $u_i(t) = -E$，有

$$u_o(t) = -\frac{1}{R_1 C}\int_0^t u_i \mathrm{d}t = -\frac{1}{R_1 C}\int_0^t (-E)\mathrm{d}t = \frac{1}{R_1 C}Et$$

在 t_1 时刻，$u_o(t_1) = \dfrac{E}{R_1 C}t_1 = +U_{\mathrm{omax}}$，$U_{\mathrm{omax}}$ 不应超过运放的正向饱和电压 U_{oH}，此电压接近于运放的正电源电压的值。

在 $t_1 \sim t_2$ 时间段，输入电压 $u_i(t) = +E$，有

$$u_o(t) = u_o(t_1) - \frac{1}{R_1 C}\int_{t_1}^t u_i \mathrm{d}t$$
$$= +U_{\mathrm{omax}} - \frac{1}{R_1 C}(+E)(t - t_1)$$

在 t_2 时刻，$u_o(t_2) = +U_{\mathrm{omax}} - \dfrac{E}{R_1 C}(t_2 - t_1) = -U_{\mathrm{omax}}$，$-U_{\mathrm{omax}}$ 不应超过运放的负向饱和电压 U_{oL}。

在 $t_2 \sim t_3$ 时间段，输入电压 $u_i(t) = -E$，有

$$u_o(t) = u_o(t_2) - \frac{1}{R_1 C}\int_{t_2}^t u_i \mathrm{d}t = -U_{\mathrm{omax}} - \frac{1}{R_1 C}(-E)(t - t_1)$$

在 t_3 时刻 $u_o(t_3) = -U_{\mathrm{omax}} + \dfrac{E}{R_1 C}(t_3 - t_2) = +U_{\mathrm{omax}}$

六、微分运算电路

将图 7-1-13 所示的反相积分运算电路中的电阻和电容互换，得到反相微分运算电路，如图 7-1-16 所示。

在图 7-1-16 中，电阻 R 引入电压并联负反馈，所以运放处在线性工作状态，可以应用"虚断"和"虚短"来计算。因为"虚断"，流过 R_2 电阻的电流为 0，所以 R_2 两端没有电压，P 点的电位为 0。因为"虚短"，所以 N 点的电位与 P 点相等，也为 0，$u_N = 0$，称为"虚地"。

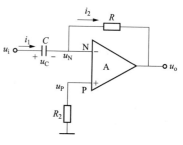

图 7-1-16　反相微分运算电路

在图 7-1-16 所示的参考方向下，流过电容 C 的电流和其端电压（为关联参考方向）的关系可描述为 $i_1 = +C\dfrac{\mathrm{d}u_C}{\mathrm{d}t}$，又因为 $u_C = u_i - 0$，所以有 $i_1 = C\dfrac{\mathrm{d}u_i}{\mathrm{d}t}$。

节点 N 的 KCL 方程为 $i_1 - i_2 = 0$。

对 R 应用欧姆定律，列出方程为 $0 - u_o = +Ri_2$，整理得支路电流方程为 $i_2 = -\dfrac{u_o}{R}$。将 i_1、i_2 电流方程代入节点 N 的 KCL 方程，得 $C\dfrac{\mathrm{d}u_i}{\mathrm{d}t} - \left(-\dfrac{u_o}{R}\right) = 0$，整理得输出电压的表达式为

$$u_o = -RC\frac{\mathrm{d}u_i}{\mathrm{d}t} \tag{7-1-66}$$

式（7-1-66）说明，输出电压 u_o 与输入电压 u_i 成微分关系，负号表示输出电压与输入电压的反相。

例 7-1-4　在图 7-1-17 所示运放电路中，已知电容 C 的初始电压为零，求输出电压 u_o 的表达式。

解：第一级运放电路为反相加法运算电路，其输出为 $u_{o1}=-\dfrac{R_3}{R_1}u_1-\dfrac{R_3}{R_2}u_2$。

第二级运放电路为微分电路，其输出为 $u_o=-RC\dfrac{du_{o1}}{dt}=RR_3C\left[\dfrac{1}{R_1}\dfrac{du_1}{dt}+\dfrac{1}{R_2}\dfrac{du_2}{dt}\right]$。

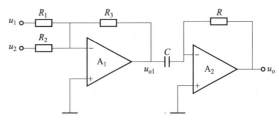

图 7-1-17　例 7-1-4 电路

七、对数运算电路

从第一章已经知道，在图 7-1-18 所示参考方向下，流过正偏状态 PN 结的电流与端电压呈指数的关系，见下式

$$i = I_S e^{\frac{u}{U_T}} \tag{7-1-67}$$

对于处于放大状态的 BJT 而言，发射结是一个处于正偏状态的 PN 结。由 BJT 构成的对数运算电路如图 7-1-19 所示。

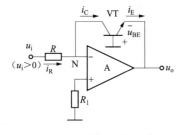

图 7-1-19　对数运算电路

在图 7-1-19 中，BJT 对运放引入深度电压并联负反馈。BJT 必须处于放大状态，不能处于饱和状态或者截止状态。图 7-1-19 中的 BJT 处于放大区和饱和区的临界区域，集电结几乎是零偏。参考方向如图 7-1-19 所示，在放大状态，BJT 的发射结电压与集电极电流有近似指数的关系，见下式

$$i_E = I_S e^{\frac{u_{BE}}{U_T}} \tag{7-1-68}$$

在放大状态，BJT 的发射极电流与集电极电流近似相等，即

$$i_C \approx i_E = I_S e^{\frac{u_{BE}}{U_T}} \tag{7-1-69}$$

根据图 7-1-19，列出如下方程

$$-i_C + i_R = 0 \tag{7-1-70}$$

$$u_i - 0 = +i_R R \tag{7-1-71}$$

整理，得

$$i_C = \frac{u_i}{R} \tag{7-1-72}$$

$$\frac{u_i}{R} = I_S e^{\frac{u_{BE}}{U_T}} \tag{7-1-73}$$

对式（7-1-73）两边求自然对数，整理得到 BJT 的发射结电压表达式为

$$u_{BE} = U_T \ln\frac{u_i}{RI_S} \tag{7-1-74}$$

在图 7-1-19 中，对 BJT 的基极、发射结、发射极、运放的输出端所在的回路列 KVL 方

程，得

$$+u_o + u_{BE} = 0 \tag{7-1-75}$$

根据式（7-1-74）和式（7-1-75），得输出电压 u_o 的表达式为

$$u_o = -U_T \ln \frac{u_i}{I_S R} \tag{7-1-76}$$

从式（7-1-76）可以看出，输出电压 u_o 是输入电压 u_i 的对数运算结果。

在式（7-1-76）中，输入电压 u_i 必须是正值。这是因为输入电压 u_i 为正值才能保证 BJT 处于放大状态，而 BJT 的放大状态才是实现对数运算的前提。

在式（7-1-76）中，输入电压 u_i 值不能太大，要保证 BJT 的发射结处于合适的工作状态。

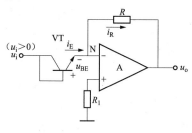

图 7-1-20　指数运算电路

在式（7-1-76）中，I_S 是 PN 结的反向饱和电流，受温度的影响较大，温度的电压当量 $U_T = kT/q$ 也与温度有关。实际电路中常常采取措施消除 I_S 对运算关系的影响。

八、指数运算电路

将图 7-1-19 所示的对数运算电路中的 BJT 与电阻 R 互换位置，得到指数运算电路，如图 7-1-20 所示。

根据图 7-1-20，列出如下方程

$$-i_E + i_R = 0 \tag{7-1-77}$$

$$0 - u_o = +i_R R \tag{7-1-78}$$

处于放大状态的 BJT 发射结电压与集电极电流有近似指数的关系，即

$$i_E = I_S e^{\frac{u_{BE}}{U_T}} \tag{7-1-79}$$

根据式（7-1-77）、式（7-1-78）和式（7-1-79），整理得

$$u_o = -RI_S e^{\frac{u_{BE}}{U_T}} \tag{7-1-80}$$

在图 7-1-20 中，对输入端、BJT 的基极、发射极、N 点所在的回路列 KVL 方程，得

$$-u_i + u_{BE} = 0 \tag{7-1-81}$$

根据式（7-1-80）和式（7-1-81），整理得

$$u_o = -RI_S e^{\frac{u_i}{U_T}} \tag{7-1-82}$$

从式（7-1-82）可以看出，输出电压 u_o 是输入电压 u_i 的指数运算结果。

在式（7-1-82）中，输入电压 u_i 必须是正值。这是因为输入电压 u_i 为正值才能保证 BJT 处于放大状态，而 BJT 的放大状态才是实现对数运算的前提。

在式（7-1-82）中，输入电压 u_i 值不能太大，要保证 BJT 的发射结处于合适的工作状态。

在式（7-1-82）中，I_S 是 PN 结的反向饱和电流，受温度的影响较大，温度的电压当量 $U_T = kT/q$ 也与温度有关。实际电路中常常采取措施消除 I_S 对运算关系的影响。

九、乘法电路

（一）对数指数运算实现模拟乘法运算

乘法运算电路是用来实现两个模拟量的相乘运算的电路，计算式如下

$$u_o = u_{i1} \times u_{i2} \tag{7-1-83}$$

对式（7-1-83）两边求对数，得

$$\ln u_o = \ln u_{i1} + \ln u_{i2} \qquad (7\text{-}1\text{-}84)$$

从式（7-1-84）可以看出，乘法运算电路可以用对数运算电路、指数运算电路和加法运算电路的组合来实现。图 7-1-21 是用对数和指数运算电路实现的乘法运算的框图。

图 7-1-21　模拟乘法运算框图

（二）变跨导型二象限模拟乘法电路

利用差动放大电路实现的模拟乘法电路如图 7-1-22 所示。u_X 是差模输入电压，u_Y 控制直流电流源 I_0 的数值，I_0 的改变可以改变差动 BJT（VT1、VT2）的静态工作点，以改变 BJT 的交流跨导 g_m，从而改变输出电压 u_o，所以称为变跨导乘法电路。

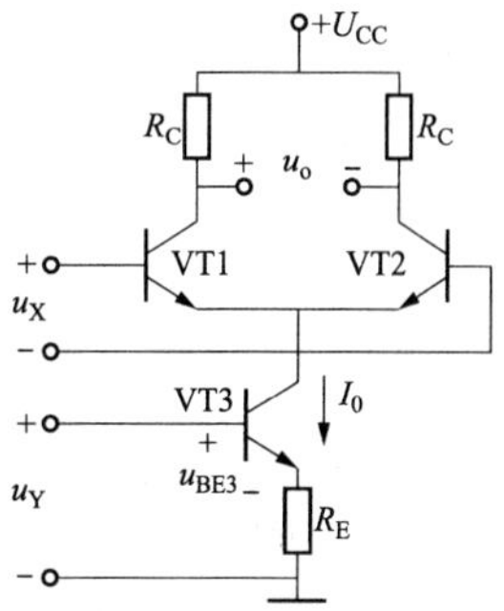

根据图 7-1-22，VT3 的发射极电流 I_0 为

$$I_0 = \frac{u_Y - u_{BE3}}{R_E} \qquad (7\text{-}1\text{-}85)$$

若 $u_Y \gg u_{BE3}$，则有

$$I_0 \approx \frac{u_Y}{R_E} \qquad (7\text{-}1\text{-}86)$$

根据图 7-1-22 差动放大电路的对称性，VT1 和 VT2 的发射极直流电流 I_E 为

图 7-1-22　变跨导型二象限
模拟乘法电路电路

$$I_E = \frac{I_0}{2} = \frac{\dfrac{u_Y}{R_E}}{2} \qquad (7\text{-}1\text{-}87)$$

在第二章第九节中推导出了图 2-9-5 所示的用跨导表示的低中频小信号模型。本处将使用这种发射结电压控制集电极电流的 BJT 低中频小信号模型。将相量改为瞬时值。

下面推导 Q 点的交流跨导 g_m。在图 7-1-22 中，VT1 和 VT2 处于放大状态，VT1 或 VT2 的发射极电流与发射结电压的关系见下式

$$i_E = I_S e^{\frac{u_{BE}}{U_T}} \qquad (7\text{-}1\text{-}88)$$

求导，得 VT1 或 VT2 在 Q 点的交流电导 g_m 为

$$g_m = \frac{di_E}{du_{BE}}\bigg|_Q = \frac{1}{U_T} I_S e^{\frac{u_{BE}}{U_T}}\bigg|_Q = \frac{1}{U_T} I_E \qquad (7\text{-}1\text{-}89)$$

将式（7-1-87）代入式（7-1-89），得

$$g_m = \frac{1}{U_T} \frac{\dfrac{u_Y}{R_E}}{2} = \frac{u_Y}{2R_E U_T} \qquad (7\text{-}1\text{-}90)$$

图 7-1-22 对应的差动放大电路的差模小信号等效电路如图 7-1-24 所示。

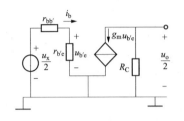

图 7-1-23　差动放大电路的
差模小信号等效电路

在图 7-1-23 中，对 R_C 应用欧姆定律，得

$$\frac{u_o}{2} = -g_m u_{b'e} R_C \tag{7-1-91}$$

在图 7-1-23 中，忽略 BJT 的基区体电阻 $r_{bb'}$，得

$$u_{b'e} \approx \frac{u_X}{2} \tag{7-1-92}$$

将式（7-1-92）代入式（7-1-93），整理得

$$u_o = -2\left(g_m \frac{u_X}{2} R_C\right) = -g_m R_C u_X \tag{7-1-93}$$

将式（7-1-90）代入式（7-1-93），得

$$u_o = -\frac{u_Y}{2R_E U_T} R_C u_X = -\frac{R_C}{2R_E U_T} u_X u_Y \tag{7-1-94}$$

将式（7-1-94）表示成

$$u_o = k u_X u_Y \tag{7-1-95}$$

从式（7-1-95）可以看出，输出电压 u_o 是两个输入电压 u_X 和 u_Y 的乘积的函数，系数取决于电阻参数和温度的电压当量 U_T。温度的电压当量 U_T 是温度的函数。实际电路需在多方面改进，如线性度、温度的影响、输入电压的极性等方面。输入电压 u_Y 必须是正值，才能保证 VT3 工作在放大状态，作为直流电流源使用。对输入电压 u_X 没有极性要求，可正可负，但是输入电压 u_X 必须是小信号，幅值不能太大。所以图 7-1-22 所示的乘法电路只能用来实现一个正数与一个实数的相乘运算，因为乘法运算的结果只能落在两个象限中，在坐标系中只能占据二个象限，称为二象限乘法电路。图 7-1-21 所示的模拟乘法运算框图，用指数和对数来实现的乘法运算，每个数的符号只能取一种，称为一象限乘法电路，因为乘法运算的结果只能落在一个象限中。

（三）变跨导型四象限乘法电路

变跨型四象限乘法电路如图 7-1-24 所示，其中 VT1、VT2 和 VT3、VT4 为两个并联的差动放大电路，输入为差模信号 u_X，VT5 为 VT1、VT2 构成的差动放大电路提供合适的静态电流，VT6 为 VT3、VT4 构成的差动放大电路提供合适的静态电流。VT5、VT6 构成的直流电流源为压控的可变直流电流源，大小受 u_Y 控制。直流电流源 I_{EE} 为 VT5、VT6 提供合适的直流电流。

在图 7-1-24 中，VT5 和 VT6 构成的差动放大电路作为压控的可变直流电流源电路使用，直流电流源的大小受 u_Y 控制。在 $u_Y = 0$ 的情况下，VT5 和 VT6 构成的差动放大电路的直流通路如图 7-1-25 所示。

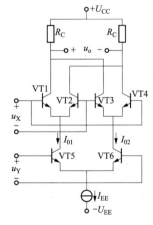

图 7-1-24　变跨导型
四象限乘法电路

在图 7-1-25 中，根据对称性，可知 VT5 和 VT6 构成的差动放大电路的 Q 点的集电极直流电流为 $I_{C5} = I_{C6} = \frac{1}{2} I_{EE}$。

VT5 或者 VT6 在静态工作点处（集电极直流电流为 $\frac{1}{2} I_{EE}$）的跨导均用 g_{m56} 表示。

在图 7-1-24 中,求受 u_Y 控制的 VT5 集电极电流的变化量 i_{c5},画出小信号等效电路如图 7-1-26 所示。

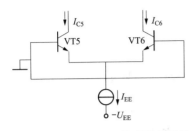

图 7-1-25 VT5 和 VT6 构成的差动放大
电路的直流通路

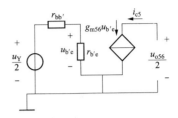

图 7-1-26 受 u_Y 变化控制的 VT5 集电极
电流的变化量 i_{c5} 的电路

根据图 7-1-26,列出方程

$$i_{c5} = g_{m56} u_{b'e} = g_{m56} \frac{u_Y}{2} \tag{7-1-96}$$

同理,受 u_Y 控制的 VT6 集电极电流的变化量 i_{c6} 的表达式见下式,注意其中有一个负号。

$$i_{c6} = - g_{m56} \frac{u_Y}{2} \tag{7-1-97}$$

在图 7-1-24 中,VT5 集电极电流的总量 I_{01} 等于直流电流源 I_{EE} 的一半与变化量 i_{c5} 之和,即

$$I_{01} = \frac{I_{EE}}{2} + i_{c5} = \frac{I_{EE}}{2} + g_{m56} \frac{u_Y}{2} \tag{7-1-98}$$

在图 7-1-24 中,VT6 集电极电流的总量 I_{02} 为由直流电流源 I_{EE} 的一半与变化量 i_{c6} 之和,即

$$I_{02} = \frac{I_{EE}}{2} + i_{c6} = \frac{I_{EE}}{2} - g_{m56} \frac{u_Y}{2} \tag{7-1-99}$$

图 7-1-24 所示的变跨导型四象限乘法电路的等效电路如图 7-1-27 所示。

图 7-1-27 所示的变跨导型四象限乘法电路等效电路的直流通路如图 7-1-28 所示。

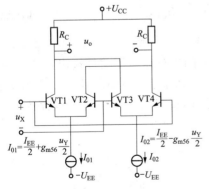

图 7-1-27 变跨导型四象限乘法
电路的等效电路

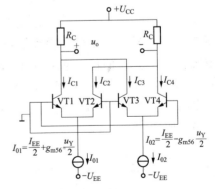

图 7-1-28 变跨导型四象限乘法
电路的直流通路

在图 7-1-28 中,VT1、VT2、VT3 和 VT4 的 Q 点的集电极直流电流分别为

$$I_{C1} = \frac{1}{2} I_{01} = \frac{1}{2} \left(\frac{I_{EE}}{2} + g_{m56} \frac{u_Y}{2} \right)$$

$$I_{C2} = \frac{1}{2}I_{01} = \frac{1}{2}\left(\frac{I_{EE}}{2} + g_{m56}\frac{u_Y}{2}\right)$$

$$I_{C3} = \frac{1}{2}I_{02} = \frac{1}{2}\left(\frac{I_{EE}}{2} - g_{m56}\frac{u_Y}{2}\right)$$

$$I_{C4} = \frac{1}{2}I_{02} = \frac{1}{2}\left(\frac{I_{EE}}{2} - g_{m56}\frac{u_Y}{2}\right)$$

根据式（7-1-89），得到 VT1 或者 VT2 在其 Q 点的交流跨导 g_{m12} 为

$$g_{m12} = \frac{1}{U_T}I_{E1} = \frac{1}{U_T}I_{C1} = \frac{1}{U_T}\frac{1}{2}I_{01} = \frac{1}{U_T}\frac{1}{2}\left(\frac{I_{EE}}{2} + g_{m56}\frac{u_Y}{2}\right) \qquad (7\text{-}1\text{-}100)$$

根据式（7-1-89），得到 VT3 或者 VT4 在其 Q 点的交流跨导 g_{m34} 为

$$g_{m34} = \frac{1}{U_T}I_{E3} = \frac{1}{U_T}I_{C3} = \frac{1}{U_T}\frac{1}{2}I_{02} = \frac{1}{U_T}\frac{1}{2}\left(\frac{I_{EE}}{2} - g_{m56}\frac{u_Y}{2}\right) \qquad (7\text{-}1\text{-}101)$$

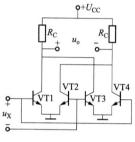

图 7-1-29　变跨导型四象限乘法电路的差模交流通路

图 7-1-24 所示的变跨导型四象限乘法电路的差模交流通路如图 7-1-29 所示。

图 7-1-29 的 VT1 一侧的差模小信号等效电路如图 7-1-30 所示。u_{o1} 是 VT1 一侧的对地差模信号输出，注意到电阻 R_C 前系数为 2，因为从图 7-1-29 可以看出，对 VT1 集电极节点列 KCL 方程，VT1 和 VT3 的集电极电流相加后流过电阻 R_C，电流为 $2g_{m12}u_{b'e}$，而图 7-1-31 中的受控源的电流为 $g_{m12}u_{b'e}$，所以等效电阻为 $2R_C$。

在图 7-1-30 中，对 $2R_C$ 应用欧姆定律，得

$$u_{o1} = -g_{m12}u_{b'e}2R_C \qquad (7\text{-}1\text{-}102)$$

在图 7-1-30 中，若忽略 BJT 的基区体电阻 $r_{bb'}$，得

$$u_{b'e} \approx \frac{u_X}{2} \qquad (7\text{-}1\text{-}103)$$

将式（7-1-103）代入式（7-1-102），得到 VT1 一侧的对地差模信号输出 u_{o1}，即

$$u_{o1} = -g_{m12}\frac{u_X}{2}2R_C = -g_{m12}R_C u_X \qquad (7\text{-}1\text{-}104)$$

图 7-1-29 的 VT4 一侧的差模小信号等效电路如图 7-1-31所示，与图 7-1-30类似，只需将跨导 g_{m12} 改为 VT4 的跨导 g_{m34} 即可。u_{o2} 是 VT4 一侧的对地差模信号输出，注意到电阻 R_C 前系数为 2，因为从图 7-1-29 可以看出，对 VT4 集电极节点列 KCL 方程，VT2 和 VT4 的集电极电流相加后流过电阻 R_C，电流为 $2g_{m34}u_{b'e}$，而图 7-1-31 中的受控源的电流为 $g_{m34}u_{b'e}$，所以等效电阻为 $2R_C$。

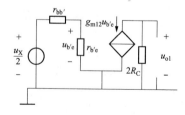

图 7-1-30　差动放大电路的 VT1 一侧的小信号等效电路

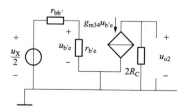

图 7-1-31　差动放大电路的 VT4 一侧的小信号等效电路

根据图 7-1-31，得到 VT4 一侧的对地差模信号输出 u_{o2}，即

$$u_{o2} = -g_{m34}u_{b'e}2R_C = -g_{m34}\frac{u_X}{2}2R_C = -g_{m34}R_Cu_X \tag{7-1-105}$$

在图 7-1-24 中，差模信号输出 u_o 的参考方向标法为：VT1 的集电极标正号，VT4 的集电极标负号，因此，得到 u_o 的表达式为

$$u_o = u_{o1} - u_{o2} = -g_{m12}R_Cu_X - (-g_{m34}R_Cu_X) = (g_{m34} - g_{m12})R_Cu_X \tag{7-1-106}$$

将式（7-1-100）和式（7-1-101）所示的跨导的表达式代入式（7-1-106），得

$$u_o = \left[\frac{1}{U_T}\frac{1}{2}\left(\frac{I_{EE}}{2} - g_{m56}\frac{u_Y}{2}\right) - \frac{1}{U_T}\frac{1}{2}\left(\frac{I_{EE}}{2} + g_{m56}\frac{u_Y}{2}\right)\right]R_Cu_X$$

$$= -\frac{1}{U_T}g_{m56}\frac{u_Y}{2}R_Cu_X \tag{7-1-107}$$

根据式（7-1-89），得到 VT5 和 VT6 在其 Q 点的跨导 g_{m56}，即

$$g_{m56} = \frac{1}{U_T}\frac{1}{2}I_{EE} \tag{7-1-108}$$

将式（7-1-108）代入式（7-1-107），得到差模信号输出 u_o 的表达式为

$$u_o = -\frac{1}{U_T}\left(\frac{1}{U_T}\frac{1}{2}I_{EE}\right)\frac{u_Y}{2}R_Cu_X = -\frac{R_CI_{EE}}{4U_T^2}u_Xu_Y = ku_Xu_Y \tag{7-1-109}$$

由分析过程可知，输入电压 u_X 和输入电压 u_Y 是差模交流输入信号，所以可为正值也可为负值，它们的数值不可太大，不可使 BJT 的动态工作范围超出放大区。

模拟乘法电路的符号如图 7-1-32 所示。

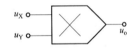

图 7-1-32　模拟乘法电路的符号

第二节　集成运算放大器的线性应用之二

一、滤波器的基本概念

集成运放的线性应用除了运算电路外，还有有源滤波器。

滤波器是一种能使有用频率信号通过而同时抑制无用频率信号的电路。工程上常用它来作信号处理、数据传送和抑制干扰等。滤波器根据工作信号的频带可分为低通滤波器（Low Pass Filter，LPF）、高通滤波器（High Pass Filter，HPF）、带通滤波器（Band Pass Filter，BPF）、带阻滤波器（Band Elimination Filter，BEF）和全通滤波器（All Pass Filter，APF）。

无源滤波器是仅由电阻、电容和电感这样的无源元件构成的滤波电路。无源滤波器的通带放大倍数小于或等于 1，带负载能力和频率特性都较差，所以通常的做法是将无源滤波器的输出与运放同时使用，因为运放被称为有源器件，所以这种滤波器被称为有源滤波器。和无源滤波器相比，有源滤波器具有带负载能力强、频率特性好等优点，还能将信号有效放大。

信号能通过的频率范围称为通带，信号不能通过的频率范围称为阻带，通带和阻带之间的频率范围称为过渡带。

（一）低通滤波器

低通滤波器的理想幅频响应如图 7-2-1 所示。

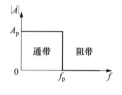

图 7-2-1　低通滤波器的
理想幅频响应

在图 7-2-1 中，$\dot{A}$ 是滤波器的输出信号与输入信号之比。f_p 称为低通滤波器的通带截止频率。小于 f_p 的频率范围称为通带。在通带内，$|\dot{A}|$ 是一个固定的值，称为通带放大倍数，用 A_p 表示，下标 p 是通带的意思。大于 f_p 的频率范围称为阻带。在阻带内，$|\dot{A}|$ 是 0。

在通带内，所有频率的信号全部放大 A_p 倍，通带内的信号全部通过。在阻带内，所有频率的信号全部放大 0 倍，阻带内的信号全部被阻止。

在图 7-2-1 中，通带和阻带之间没有过渡带，低通滤波器是理想的。我们的目标是要设计一个理想的滤波器。实际的低通滤波器是有过渡带的，低通滤波器的实际幅频响应如图 7-2-2 所示。

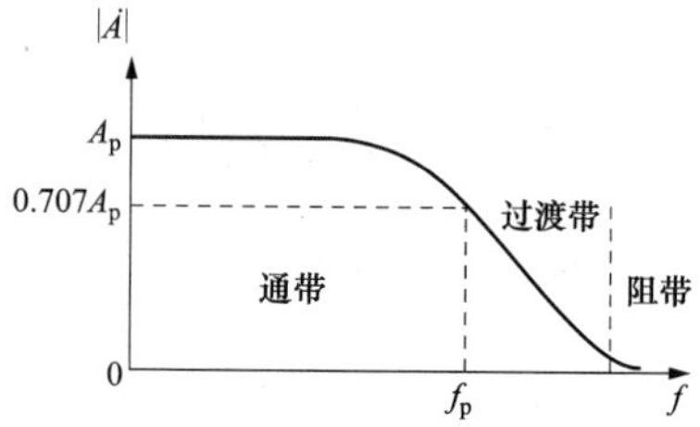

在图 7-2-2 中，通带和阻带之间有过渡带，低通滤波器的放大倍数的模 $|\dot{A}|$ 下降为通带放大倍数 A_p 的 0.707 倍时的频率定义为通带截止频率 f_p。

图 7-2-2　低通滤波器的
实际幅频响应

（二）高通滤波器

高通滤波器的理想幅频响应如图 7-2-3 所示。

在图 7-2-3 中，$\dot{A}$ 是滤波器的输出信号与输入信号之比。f_p 称为高通滤波器的通带截止频率。大于 f_p 的频率范围称为通带。在通带内，$|\dot{A}|$ 是一个固定的值，称为通带放大倍数，用 A_p 表示，下标 p 是通带的意思。小于 f_p 的频率范围称为阻带。在阻带内，$|\dot{A}|$ 是 0。

在通带内，所有频率的信号全部放大 A_p 倍，通带内的信号全部通过。在阻带内，所有频率的信号全部放大 0 倍，阻带内的信号全部被阻止。

在图 7-2-3 中，通带和阻带之间没有过渡带，高通滤波器是理想的。实际的高通滤波器是有过渡带的，高通滤波器的实际幅频响应如图 7-2-4 所示。

在图 7-2-4 中，通带和阻带之间有过渡带，高通滤波器的放大倍数的模 $|\dot{A}|$ 下降为通带放大倍数 A_p 的 0.707 倍时的频率定义为通带截止频率 f_p。

（三）带通滤波器

带通滤波器的理想幅频响应如图 7-2-5 所示。

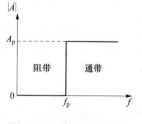

图 7-2-3　高通滤波器的
理想幅频响应

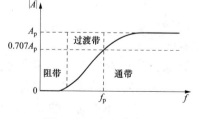

图 7-2-4　高通滤波器
的实际幅频响应

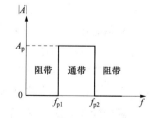

图 7-2-5　带通滤波
器的理想幅频响应

在图 7-2-5 中，$\dot{A}$ 是滤波器的输出信号与输入信号之比。f_{p1} 称为带通滤波器的通带下限

截止频率。f_{p2} 称为带通滤波器的通带上限截止频率。f_{p1} 与 f_{p2} 之间的频率范围称为通带。通带带宽 f_{BW} 为 $f_{p2}-f_{p1}$。在通带内，$|\dot{A}|$ 是一个固定的值，称为通带放大倍数，用 A_p 表示，下标 p 是通带的意思。小于 f_{p1} 的频率范围和大于 f_{p2} 的频率范围称为阻带。在阻带内，$|\dot{A}|$ 是 0。

在通带内，所有频率的信号全部放大 A_p 倍，通带内的信号全部通过。在阻带内，所有频率的信号全部放大 0 倍，阻带内的信号全部被阻止。

在图 7-2-5 中，通带和阻带之间没有过渡带，带通滤波器是理想的。实际的带通滤波器是有过渡带的，带通滤波器的实际幅频响应如图 7-2-6 所示。

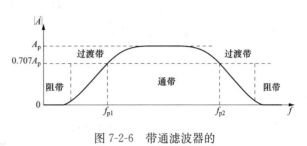

图 7-2-6　带通滤波器的
实际幅频响应

（四）带阻滤波器

带阻滤波器的理想幅频响应如图 7-2-7 所示。

在图 7-2-7 中，$\dot{A}$ 是滤波器的输出信号与输入信号之比。f_{p1} 称为带阻滤波器的阻带下限截止频率。f_{p2} 称为带阻滤波器的阻带上限截止频率。f_{p1} 与 f_{p2} 之间的频率范围称为阻带。阻带带宽 f_{BW} 为 $f_{p2}-f_{p1}$。在阻带内，$|\dot{A}|$ 是 0。在通带内，$|\dot{A}|$ 是一个固定的值，称为通带放大倍数，用 A_p 表示，下标 p 是通带的意思。小于 f_{p1} 的频率范围和大于 f_{p2} 的频率范围称为通带。

在通带内，所有频率的信号全部放大 A_p 倍，通带内的信号全部通过。在阻带内，所有频率的信号全部放大 0 倍，阻带内的信号全部被阻止。

在图 7-2-7 中，通带和阻带之间没有过渡带，带阻滤波器是理想的。实际的带阻滤波器是有过渡带的。带阻滤波器的实际幅频响应如图 7-2-8 所示。

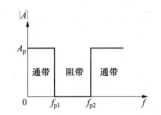

图 7-2-7　带阻滤波器的理想幅频响应

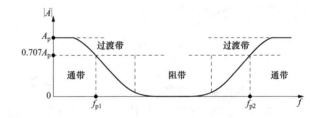

图 7-2-8　带阻滤波器的实际幅频响应

二、有源低通滤波器

（一）同相输入一阶有源低通滤波器

将无源一阶 RC 低通滤波器的输出送入同相比例运算电路的输入端，如图 7-2-9 所示，得到同相输入一阶低通滤波器。

图 7-2-9 中，引入了负反馈，构成同相比例运算电路，利用"虚短"和"虚断"的特点，求解输出电压与输入电压的关系。

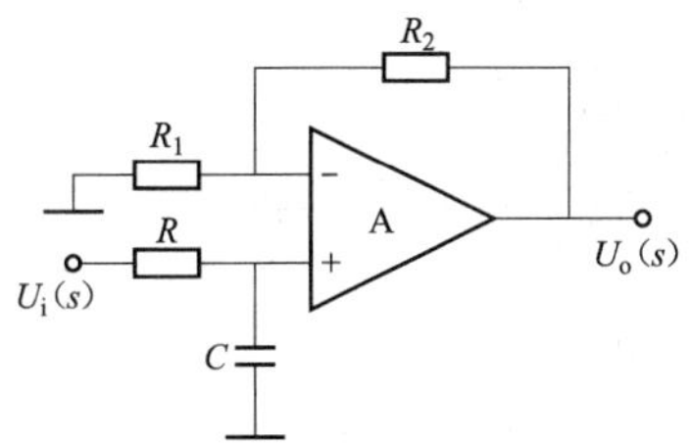

图 7-2-9　同相输入一阶
有源低通滤波器

$$A(s) = \frac{U_o(s)}{U_i(s)} = \left(1 + \frac{R_2}{R_1}\right)\frac{\frac{1}{sC}}{R + \frac{1}{sC}}$$

$$= \left(1 + \frac{R_2}{R_1}\right) \cdot \frac{1}{1 + sRC} \tag{7-2-1}$$

在式（7-2-1）中，用 $j\omega$ 代替 s，见下式。记 $\omega_c = \frac{1}{RC}$，ω_c 称为一阶 RC 电路的截止角频率。

$$\dot{A}(j\omega) = \left(1 + \frac{R_2}{R_1}\right) \cdot \frac{1}{1 + j\omega R_C}\left(1 + \frac{R_2}{R_1}\right) \cdot \frac{1}{1 + j\frac{\omega}{\omega_c}} \tag{7-2-2}$$

在式（7-2-2）中，用频率 f 代替角频率 ω，$\omega = 2\pi f$，见下式。记 $f_c = \frac{1}{2\pi RC}$，f_c 称为一阶 RC 电路的截止频率。

$$\dot{A}(jf) = \left(1 + \frac{R_2}{R_1}\right) \cdot \frac{1}{1 + j2\pi fRC} = \frac{A_p}{1 + j\frac{f}{f_c}} \tag{7-2-3}$$

对式（7-2-3）求模，得到放大倍数的模为

$$|\dot{A}(jf)| = \frac{A_p}{\left|1 + j\frac{f}{f_c}\right|} \tag{7-2-4}$$

在式（7-2-4）中，求 $f = 0$ 时的放大倍数，$|\dot{A}(j0)| = A_p = 1 + \frac{R_2}{R_1}$，$A_p$ 称为通带放大倍数。

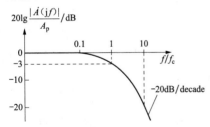

图 7-2-10　同相输入一阶有源低通滤波器的归一化增益幅频响应波特图

对式（7-2-4）两边同除以通带放大倍数 A_p 进行归一化，再求增益，得

$$20\lg\frac{|\dot{A}(jf)|}{A_p} = 20\lg\frac{1}{\left|1 + j\frac{f}{f_c}\right|} \tag{7-2-5}$$

根据式（7-2-5），得到归一化增益 $20\lg\dfrac{|\dot{A}(jf)|}{A_p}$ 的幅频响应的波特图，如图 7-2-10 所示。横坐标对一阶 RC 电路截止频率 f_c 进行归一化。归一化处理有利于观察滤波器的指标。

在图 7-2-10 中，当 $f = f_c$ 时：

$$\frac{|\dot{A}(jf_c)|}{A_p} = \frac{1}{\left|1 + j\frac{f_c}{f_c}\right|} = \frac{1}{\sqrt{2}} = 0.707$$

$$20\lg\frac{|\dot{A}(jf_c)|}{A_p} = 20\lg 0.707 = -3\text{dB}$$

低通滤波器的放大倍数的模 $|\dot{A}(jf)|$ 下降为通带放大倍数 A_p 的 0.707 倍时的频率定义

为低通滤波器的通带截止频率 f_p，$\dfrac{|\dot{A}(jf_p)|}{A_p} = \dfrac{1}{\sqrt{2}}$。

一阶 RC 电路的截止频率 f_c 是由 RC 参数决定的，与低通滤波器的通带下限截止频率 f_p 是两个概念，但是对于一阶低通滤波器而言，二者的值相同。

根据式（7-2-3），可以求得同相输入一阶有源低通滤波器的相频响应，此处不做深入分析。

从图 7-2-10 可以看出，同相输入一阶有源低通滤波器在过渡带内的衰减速度为 -20dB/decade，衰减速度不够快。为了使过渡带变窄，需采用多阶滤波器，即增加 RC 环节，二阶滤波器可使过渡带内的衰减速度为 -40dB/decade，三阶滤波器可使过渡带内的衰减速度为 -60dB/decade。

（二）压控电压源二阶有源低通滤波器

压控电压源二阶有源低通滤波器如图 7-2-11 所示。在图 7-2-11 中，利用瞬时极性法，可以判断出，电容 C_1 引入电压并联正反馈。当信号频率 f 趋于 0 时，电容 C_1 断路，正反馈断开，放大倍数为通带放大倍数。当信号频率 f 趋于无穷大时，电容 C_2 短路，正反馈不起作用，放大倍数趋于 0。所以此电路对于不同频率的信号正反馈的强弱不同，因而有可能使信号频率等于一阶 RC 电路截止频率 f_c 时的放大倍数等于或大于通带放大倍数。

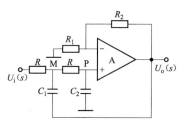

图 7-2-11 压控电压源二阶有源低通滤波器

电路中引入正反馈的目的是使 $f_p = f_c$，且在 $f = f_c$ 时幅频响应按 -40dB/decade 下降。

在图 7-2-11 中，对 M 点列 KCL 方程，同时应用欧姆定律，得

$$\frac{U_i(s) - U_M(s)}{R} + \frac{U_P(s) - U_M(s)}{R} + \frac{U_o(s) - U_M(s)}{\dfrac{1}{sC_1}} = 0 \tag{7-2-6}$$

根据式（7-2-6）得到电压 $U_M(s)$ 的表达式为

$$U_M(s) = \frac{U_i(s) + U_P(s) + sRC_1 U_o(s)}{2 + sRC_1} \tag{7-2-7}$$

根据图 7-2-11，得到电压 $U_P(s)$ 的表达式为

$$U_P(s) = U_M(s) \frac{\dfrac{1}{sC_2}}{R + \dfrac{1}{sC_2}} = U_M(s) \frac{1}{sC_2 R + 1} \tag{7-2-8}$$

将式（7-2-7）代入式（7-2-8），得

$$U_P(s) = \frac{U_i(s) + U_P(s) + sRC_1 U_o(s)}{2 + sRC_1} \frac{1}{sC_2 R + 1} \tag{7-2-9}$$

整理式（7-2-9）得到电压 $U_P(s)$ 的表达式为

$$U_P(s) = \frac{U_i(s) + sRC_1 U_o(s)}{(2 + sRC_1)(sC_2 R + 1) - 1} \tag{7-2-10}$$

根据图 7-2-11，得到输出电压 $U_o(s)$ 的表达式为

$$U_o(s) = U_P(s) \left(1 + \frac{R_2}{R_1}\right) \tag{7-2-11}$$

将式（7-2-10）代入式（7-2-11），得

$$U_o(s) = \frac{U_i(s) + sRC_1 U_o(s)}{(2 + sRC_1)(sC_2 R + 1) - 1}\left(1 + \frac{R_2}{R_1}\right) \tag{7-2-12}$$

整理式（7-2-12），得到输出电压 $U_o(s)$ 与输入电压 $U_i(s)$ 之比的表达式

$$\frac{U_o(s)}{U_i(s)} = \frac{\left(1 + \frac{R_2}{R_1}\right)}{(2 + sRC_1)(sC_2 R + 1) - 1 - sRC_1\left(1 + \frac{R_2}{R_1}\right)} \tag{7-2-13}$$

记 $A_p = \left(1 + \frac{R_2}{R_1}\right)$ 为通带放大倍数。放大倍数 $A(s)$ 的表达式为

$$A(s) = \frac{U_o(s)}{U_i(s)} = \frac{A_p}{s^2 R^2 C_2 C_1 + s(2C_2 R + RC_1 - RC_1 A_p) + 1} \tag{7-2-14}$$

在图 7-2-11 中，若取电路参数 $C_1 = C_2 = C$，则式（7-2-14）变为

$$A(s) = \frac{A_p}{s^2 R^2 C^2 + s(3 - A_p)RC + 1} \tag{7-2-15}$$

观察式（7-2-15）可知，分母中 s 的系数 $(3 - A_p)RC$ 必须为负数，滤波器才能稳定工作。

在式（7-2-15）中，用 $j\omega$ 代替 s，见下式。记 $\omega_c = \frac{1}{RC}$，ω_c 称为一阶 RC 电路的截止角频率。

$$\dot{A}(j\omega) = \frac{A_p}{-\omega^2 R^2 C^2 + j\omega(3 - A_p)RC + 1}$$

$$= \frac{A_p}{-\left(\frac{\omega}{\omega_c}\right)^2 + j\frac{\omega}{\omega_c}(3 - A_p) + 1} \tag{7-2-16}$$

在式（7-2-16）中，用 f 代替 ω，见式（7-2-17）。记 $f_c = \frac{1}{2\pi RC}$，f_c 称为一阶 RC 电路的截止频率。一阶 RC 电路的截止频率 f_c 是由 RC 参数决定的，与低通滤波器的通带截止频率 f_p 是两个概念，对于二阶有源低通滤波器，两者的值不同。

$$\dot{A}(jf) = \frac{A_p}{-\left(\frac{f}{f_c}\right)^2 + j\frac{f}{f_c}(3 - A_p) + 1} \tag{7-2-17}$$

对式（7-2-17）求模，得

$$|\dot{A}(jf)| = \frac{A_p}{\left|1 - \left(\frac{f}{f_c}\right)^2 + j(3 - A_p)\frac{f}{f_c}\right|} \tag{7-2-18}$$

在式（7-2-18）中，当 $f = 0$ 时，$|\dot{A}(j0)| = A_p = 1 + \frac{R_2}{R_1}$，$A_p$ 为通带放大倍数。

在式（7-2-18）中，等式两边同除以通带放大倍数 A_p 进行归一化，得

$$\frac{|\dot{A}(jf)|}{A_p} = \frac{1}{\left|1 - \left(\frac{f}{f_c}\right)^2 + j(3 - A_p)\frac{f}{f_c}\right|} \tag{7-2-19}$$

当 $f=f_c$ 时，根据式（7-2-19）得

$$\frac{|\dot{A}(jf_c)|}{A_p} = \frac{1}{\left|1-\left(\frac{f_c}{f_c}\right)^2+j(3-A_p)\frac{f_c}{f_c}\right|} = \frac{1}{3-A_p} \tag{7-2-20}$$

当 $f=f_c$ 时的滤波器放大倍数与通带放大倍数之比 $\dfrac{|\dot{A}(jf_c)|}{A_p}$ 定义为品质因数，用 Q 表示

$$Q = \frac{|\dot{A}(jf_c)|}{A_p} \tag{7-2-21}$$

根据式（7-2-21），得

$$|\dot{A}(jf_c)| = QA_p \tag{7-2-22}$$

根据式（7-2-20），得

$$Q = \frac{1}{3-A_p} \tag{7-2-23}$$

根据式（7-2-23），如果给定品质因数 Q，可求得通带放大倍数 A_p 为

$$A_p = 3 - \frac{1}{Q} \tag{7-2-24}$$

观察式（7-2-15）可知，分母中 s 的系数 $(3-A_p)RC$ 必须为负数，滤波器才能稳定工作。所以必须保证通带放大倍数 $A_p<3$。为了使滤波效果好，必须使 $|\dot{A}(jf_c)|>A_p$，即 $\dfrac{|\dot{A}(jf_c)|}{A_p}>1$，即品质因数 Q 要大于 1，为了使品质因数 Q 大于 1，还必须保证 $A_p>2$。综合起来必须保证通带放大倍数满足 $2<A_p<3$。

根据式（7-2-24），可求得不同品质因数 Q 下的通带放大倍数 A_p 及 f_c 处的归一化增益。

当 $Q=10$ 时，$A_p=3-\dfrac{1}{Q}=2.9$，$20\lg\dfrac{|\dot{A}(jf_c)|}{A_p}=20\lg Q=20\lg10=20\text{dB}$。

当 $Q=5$ 时，$A_p=3-\dfrac{1}{Q}=2.8$，$20\lg\dfrac{|\dot{A}(jf_c)|}{A_p}=20\lg Q=20\lg5=14\text{dB}$。

当 $Q=2.5$ 时，$A_p=3-\dfrac{1}{Q}=2.6$，$20\lg\dfrac{|\dot{A}(jf_c)|}{A_p}=20\lg Q=20\lg2.5=8\text{dB}$。

当 $Q=2$ 时，$A_p=3-\dfrac{1}{Q}=2.5$，$20\lg\dfrac{|\dot{A}(jf_c)|}{A_p}=20\lg Q=20\lg2=6\text{dB}$。

当 $Q=1$ 时，$A_p=3-\dfrac{1}{Q}=2$，$20\lg\dfrac{|\dot{A}(jf_c)|}{A_p}=20\lg Q=20\lg1=0\text{dB}$。

当 $Q=0.6$ 时，$A_p=3-\dfrac{1}{Q}=1.33$，$20\lg\dfrac{|\dot{A}(jf_c)|}{A_p}=20\lg Q=20\lg0.6=-4.44\text{dB}$。

可见，只有当通带放大倍数 A_p 在 2 和 3 之间时，一阶 RC 电路截止频率 f_c 对应的放大倍数才不会比通带放大倍数 A_p 小。

如前所述，低通滤波器的放大倍数的模 $|\dot{A}(jf)|$ 下降为通带放大倍数 A_p 的 0.707 倍时的频

率定义为通带截止频率 f_p。根据此定义得到式 7-2-25，求通带截止频率 f_p。

$$\frac{|\dot{A}(\mathrm{j}f_p)|}{A_p} = \frac{1}{\left|1-\left(\dfrac{f_p}{f_c}\right)^2 + \mathrm{j}(3-A_p)\dfrac{f_p}{f_c}\right|} = \frac{1}{\sqrt{2}} \qquad (7\text{-}2\text{-}25)$$

用品质因数 Q 重写式（7-2-25），得

$$\frac{|\dot{A}(\mathrm{j}f_p)|}{A_p} = \frac{1}{\left|1-\left(\dfrac{f_p}{f_c}\right)^2 + \mathrm{j}\left(\dfrac{1}{Q}\right)\dfrac{f_p}{f_c}\right|} = \frac{1}{\sqrt{2}} \qquad (7\text{-}2\text{-}26)$$

记 $x=\dfrac{f_p}{f_c}$，x 的大小表明了通带截止频率 f_p 与一阶 RC 电路截止频率 f_c 之间的距离，改写式（7-2-26），得

$$\sqrt{(1-x^2)^2 + \left(\dfrac{1}{Q}\right)^2 x^2} = \sqrt{2} \qquad (7\text{-}2\text{-}27)$$

舍去不合理值，得 $x=\sqrt{\dfrac{-\left[\left(\dfrac{1}{Q}\right)^2-2\right] + \sqrt{\left[\left(\dfrac{1}{Q}\right)^2-2\right]^2+4}}{2}}$

当 $Q=10$ 时，$x=1.55$；当 $Q=5$ 时，$x=1.54$；当 $Q=2.5$ 时，$x=1.51$；当 $Q=1$ 时，$x=1.27$；当 $Q=0.707$ 时，$x=1$；当 $Q=0.6$ 时，$x=0.82$；当 $Q=0.56$ 时，$x=0.75$。

可以看出，当 $Q=0.707$ 时，$x=1$，此时 $f_p=f_c$。与简单二阶有源低通滤波器 $f_p=0.37f_c$ 相比，压控电压源二阶有源低通滤波器有更理想的特性。

用品质因数 Q 重写式（7-2-19），得

$$\frac{|\dot{A}(\mathrm{j}f)|}{A_p} = \frac{1}{\left|1-\left(\dfrac{f}{f_c}\right)^2 + \mathrm{j}\dfrac{1}{Q}\dfrac{f}{f_c}\right|} \qquad (7\text{-}2\text{-}28)$$

根据式（7-2-28），求增益，得

$$20\lg\frac{|\dot{A}(\mathrm{j}f)|}{A_p} = 20\lg\frac{1}{\left|1-\left(\dfrac{f}{f_c}\right)^2 + \mathrm{j}\dfrac{1}{Q}\dfrac{f}{f_c}\right|} \qquad (7\text{-}2\text{-}29)$$

根据式（7-2-29），得到不同 Q 值下的归一化增益 $20\lg\dfrac{|\dot{A}(\mathrm{j}f)|}{A_p}$ 的幅频响应的波特图，横坐标以一阶 RC 电路截止频率 f_c 为标准进行归一化，如图 7-2-12 所示。

从图 7-2-12 可以看出，压控电压源二阶有源低通滤波器通带截止频率 f_p 与一阶 RC 电路截止频率 f_c 相

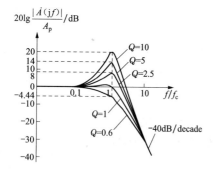

图 7-2-12 压控电压源二阶有源低通滤波器的归一化增益幅频响应波特图

距不远。当 $Q=1$ 时，$f_p=1.27f_c$。在过渡带内的衰减速度为 $-40\mathrm{dB/decade}$。

三、有源高通滤波器

有源高通滤波器与有源低通滤波器有对偶性，将有源低通滤波器的电阻和电容互换，就可得一阶有源高通滤波器和二阶有源高通滤波器。

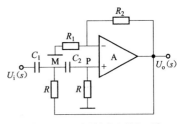

图 7-2-13　压控电压源二阶
有源高通滤波器

将图 7-2-11 所示的压控电压源二阶有源低通滤波器的电阻与电容位置互换，得到压控电压源二阶有源高通滤波器，如图 7-2-13 所示。分析电路得到传递函数为

$$A(s) = \frac{U_o(s)}{U_i(s)} = \frac{(1 + \frac{R_2}{R_1})sC_2RsRC_1}{[(1 + sRC_1 + sRC_2)(sC_2R + 1) - sC_2RsRC_2] - (1 + \frac{R_2}{R_1})sC_2R}$$

$$(7\text{-}2\text{-}30)$$

取电路参数 $C_1 = C_2 = C$，记 $A_p = 1 + \frac{R_2}{R_1}$。电路传递函数为

$$A(s) = \frac{U_o(s)}{U_i(s)} = \frac{A_p(sRC)^2}{(sRC)^2 + (3 - A_p)sRC + 1} \tag{7-2-31}$$

观察式（7-2-31）可知，分母中 s 的系数 $(3 - A_p)RC$ 必须为负数，滤波器才能稳定工作。

在式（7-2-31）中，用 jf 代替 s，记 $f_c = \dfrac{1}{2\pi RC}$，f_c 称为一阶 RC 电路的截止频率，则

$$\dot{A}(jf) = \frac{-\left(\dfrac{f}{f_c}\right)^2 A_p}{-\left(\dfrac{f}{f_c}\right)^2 + j\dfrac{f}{f_c}(3 - A_p) + 1} \tag{7-2-32}$$

对式（7-2-32）求模，得

$$|\dot{A}(jf)| = \frac{+\left(\dfrac{f}{f_c}\right)^2 A_p}{\left|1 - \left(\dfrac{f}{f_c}\right)^2 + j(3 - A_p)\dfrac{f}{f_c}\right|} \tag{7-2-33}$$

在式（7-2-33）中，当 $f = \infty$ 时，$|\dot{A}(j\infty)| = A_p = 1 + \dfrac{R_2}{R_1}$。

在式（7-2-33）中，等式两边同除以通带放大倍数 A_p 进行归一化，得

$$\frac{|\dot{A}(jf)|}{A_p} = \frac{+\left(\dfrac{f}{f_c}\right)^2}{\left|1 - \left(\dfrac{f}{f_c}\right)^2 + j(3 - A_p)\dfrac{f}{f_c}\right|} \tag{7-2-34}$$

当 $f = f_c$ 时，代入式（7-2-34），得

$$\frac{|\dot{A}(jf_c)|}{A_p} = \frac{+\left(\dfrac{f_c}{f_c}\right)^2}{\left|1 - \left(\dfrac{f_c}{f_c}\right)^2 + j(3 - A_p)\dfrac{f_c}{f_c}\right|} = \frac{1}{3 - A_p} \tag{7-2-35}$$

品质因数 $Q=\dfrac{1}{3-A_{\mathrm{p}}}$，如果给定品质因数 Q，可求得通带放大倍数 $A_{\mathrm{p}}=3-\dfrac{1}{Q}$。

观察式（7-2-31）可知，分母中 s 的系数 $(3-A_{\mathrm{p}})RC$ 必须为负数，滤波器才能稳定工作。

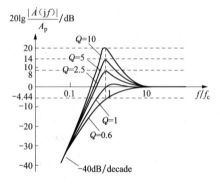

图 7-2-14   压控电压源二阶有源高通
滤波器的归一化增益幅频响应波特图

所以必须保证通带放大倍数 $A_{\mathrm{p}}<3$。为了使滤波效果好，必须使 $|\dot{A}(\mathrm{j}f_{\mathrm{c}})|>A_{\mathrm{p}}$，即 $\dfrac{|\dot{A}(\mathrm{j}f_{\mathrm{c}})|}{A_{\mathrm{p}}}>1$，即品质因数 Q 要大于 1，为了使品质因数 Q 大于 1，还必须保证 $A_{\mathrm{p}}>2$。综合起来必须保证通带放大倍数满足 $2<A_{\mathrm{p}}<3$。

根据式（7-2-35），得到归一化增益 $20\lg\dfrac{|\dot{A}(\mathrm{j}f)|}{A_{\mathrm{p}}}$ 的幅频响应的波特图，如图 7-2-14 所示。

四、有源带通滤波器

将低通滤波器和高通滤波器串联，如图 7-2-15 所示，可得带通滤波器。设低通滤波器的截止频率为 $f_{\mathrm{p}2}$，高通滤波器的截止频率为 $f_{\mathrm{p}1}$，$f_{\mathrm{p}2}$ 应大于 $f_{\mathrm{p}1}$，则带通滤波器的通带下限截止频率为 $f_{\mathrm{p}1}$，带通滤波器的通带上限截止频率为 $f_{\mathrm{p}2}$，通带带宽 f_{BW} 为 $f_{\mathrm{p}2}-f_{\mathrm{p}1}$。

压控电压源二阶有源带通滤波器如图 7-2-16 所示。

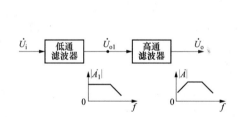

图 7-2-15   低通滤波器和高通滤波器
串联构成的带通滤波器

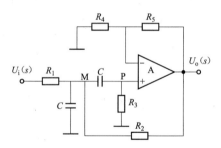

图 7-2-16   压控电压源二阶
有源带通滤波器

在图 7-2-16 中，输入信号从同相端输入，利用瞬时极性法，可以判断出，电阻 R_2 引入电压并联正反馈。对 M 点列 KCL 方程，同时应用欧姆定律，得到传递函数为

$$\frac{U_{\mathrm{o}}(s)}{U_{\mathrm{i}}(s)}=\frac{\left(1+\dfrac{R_5}{R_4}\right)sCR_3R_2}{(R_2+2R_1R_2sC+R_1)(sCR_3+1)-R_3R_1R_2s^2C^2-sCR_3R_1\left(1+\dfrac{R_5}{R_4}\right)}$$

$$(7\text{-}2\text{-}36)$$

记 $A_{\mathrm{f}}=\left(1+\dfrac{R_5}{R_4}\right)$，得到滤波器电压放大倍数的表达式为

$$A(s)=\frac{U_{\mathrm{o}}(s)}{U_{\mathrm{i}}(s)}=\frac{s\dfrac{A_{\mathrm{f}}}{R_1C}}{s^2+s\dfrac{1}{C}\left[\dfrac{1}{R_1}+\dfrac{2}{R_3}+\dfrac{1}{R_2}(1-A_{\mathrm{f}})\right]+\dfrac{1}{R_3C^2}\left(\dfrac{1}{R_1}+\dfrac{1}{R_2}\right)} \quad (7\text{-}2\text{-}37)$$

整理式（7-2-37），得到滤波器电压放大倍数的表达式为

$$A(s) = \cfrac{s\,\cfrac{A_f}{R_1C}\left[\cfrac{1}{\sqrt{\cfrac{1}{R_3C^2}\left(\cfrac{1}{R_1}+\cfrac{1}{R_2}\right)}}\right]^2}{s^2\left[\cfrac{1}{\sqrt{\cfrac{1}{R_3C^2}\left(\cfrac{1}{R_1}+\cfrac{1}{R_2}\right)}}\right]^2 + s\,\cfrac{1}{C}\left[\cfrac{1}{R_1}+\cfrac{2}{R_3}+\cfrac{1}{R_2}(1-A_f)\right]\left[\cfrac{1}{\sqrt{\cfrac{1}{R_3C^2}\left(\cfrac{1}{R_1}+\cfrac{1}{R_2}\right)}}\right]^2 + 1}$$

$$\text{(7-2-38)}$$

式（7-2-38）中用 $j2\pi f$ 代替 s，记 $f_0 = \cfrac{1}{2\pi}\sqrt{\cfrac{1}{R_3C^2}\left(\cfrac{1}{R_1}+\cfrac{1}{R_2}\right)}$，$f_0$ 是带通滤波器的中心频率，得

$$\dot{A}(jf) = \cfrac{j\left(\cfrac{f}{f_0}\right)\cfrac{A_f}{R_1C}\left[\cfrac{1}{\sqrt{\cfrac{1}{R_3C^2}\left(\cfrac{1}{R_1}+\cfrac{1}{R_2}\right)}}\right]}{-\left(\cfrac{f}{f_0}\right)^2 + j\left(\cfrac{f}{f_0}\right)\cfrac{1}{C}\left[\cfrac{1}{R_1}+\cfrac{2}{R_3}+\cfrac{1}{R_2}(1-A_f)\right]\left[\cfrac{1}{\sqrt{\cfrac{1}{R_3C^2}\left(\cfrac{1}{R_1}+\cfrac{1}{R_2}\right)}}\right]+1}$$

$$\text{(7-2-39)}$$

品质因数 Q 的表达式为

$$\frac{1}{Q} = \frac{1}{C}\left[\frac{1}{R_1}+\frac{2}{R_3}+\frac{1}{R_2}(1-A_f)\right]\left[\frac{1}{\sqrt{\cfrac{1}{R_3C^2}\left(\cfrac{1}{R_1}+\cfrac{1}{R_2}\right)}}\right] \tag{7-2-40}$$

根据式（7-2-39）和式（7-2-40），得

$$\dot{A}(jf) = \cfrac{j\left(\cfrac{f}{f_0}\right)\cfrac{1}{Q}\left[\cfrac{A_f}{R_1C}\cfrac{1}{\sqrt{\cfrac{1}{R_3C^2}\left(\cfrac{1}{R_1}+\cfrac{1}{R_2}\right)}}Q\right]}{-\left(\cfrac{f}{f_0}\right)^2 + j\left(\cfrac{f}{f_0}\right)\cfrac{1}{Q}+1} \tag{7-2-41}$$

记 $A_p = \cfrac{A_f}{R_1C}\cfrac{1}{\sqrt{\cfrac{1}{R_3C^2}\left(\cfrac{1}{R_1}+\cfrac{1}{R_2}\right)}}Q = \cfrac{A_f}{R_1C}\cfrac{1}{\omega_0}Q$，得到滤波器放大倍数的标准形式为

$$\dot{A}(jf) = \cfrac{j\left(\cfrac{f}{f_0}\right)\cfrac{1}{Q}A_p}{-\left(\cfrac{f}{f_0}\right)^2 + j\left(\cfrac{f}{f_0}\right)\cfrac{1}{Q}+1} \tag{7-2-42}$$

在式（7-2-42）中，当 $f=f_0$ 时，$|\dot{A}(jf_0)|=A_p$，A_p 为带通滤波器的中心频率对应的放大倍数，称为通带放大倍数。

当放大倍数下降为通带放大倍数的 0.707 倍时的频率定义为截止频率，记 f_{p1} 为带通滤波器的通带下限截止频率，f_{p2} 为带通滤波器的通带上限截止频率。根据定义，求 f_{p1} 和 f_{p2}。

令

$$\cfrac{|\dot{A}(jf)|}{A_p} = \left|\cfrac{j\left(\cfrac{f}{f_0}\right)\cfrac{1}{Q}}{-\left(\cfrac{f}{f_0}\right)^2 + j\left(\cfrac{f}{f_0}\right)\cfrac{1}{Q}+1}\right| = \cfrac{1}{\sqrt{2}} \tag{7-2-43}$$

解得
$$f_{p1} = \frac{-f_0 + f_0\sqrt{1+4Q^2}}{2Q}, f_{p2} = \frac{+f_0 + f_0\sqrt{1+4Q^2}}{2Q}$$

根据通带带宽的定义 $f_{BW} = f_{p2} - f_{p1}$，得通带带宽为

$$f_{BW} = f_{p2} - f_{p1} = \frac{+f_0 + f_0\sqrt{1+4Q^2}}{2Q} - \frac{-f_0 + f_0\sqrt{1+4Q^2}}{2Q} = \frac{f_0}{Q} \quad (7\text{-}2\text{-}44)$$

根据式（7-2-44），将带通滤波器的中心频率 f_0 和品质因数 Q 代入，得

$$f_{BW} = \frac{f_0}{Q} = \frac{1}{2\pi}\sqrt{\frac{1}{R_3 C^2}\left(\frac{1}{R_1} + \frac{1}{R_2}\right)} \times \frac{1}{C}\left[\frac{1}{R_1} + \frac{2}{R_3} + \frac{1}{R_2}(1-A_f)\right]\left[\frac{1}{\sqrt{\frac{1}{R_3 C^2}\left(\frac{1}{R_1} + \frac{1}{R_2}\right)}}\right]$$

$$= \frac{1}{2\pi} \times \frac{1}{C}\left[\frac{1}{R_1} + \frac{2}{R_3} + \frac{1}{R_2}(1-A_f)\right] \quad (7\text{-}2\text{-}45)$$

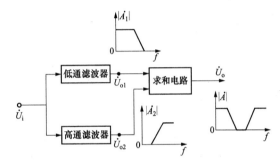

图 7-2-17　低通滤波器和高通滤波器
并联构成的带阻滤波器

五、有源带阻滤波器

带阻滤波器在检测仪表和电子系统中应用较多，常用于抑制 50Hz 交流电源引起的干扰信号。这时带阻滤波器的中心频率选为 50Hz，使对应于该中心频率的电压放大倍数为 0。

将低通滤波器和高通滤波器并联，如图 7-2-17所示，可得带阻滤波器。设低通滤波器的截止频率为 f_{p1}，高通滤波器的截止频率为 f_{p2}，f_{p2} 应大于 f_{p1}，则带阻滤波器的阻带下限截止频率为 f_{p1}，带阻滤波器的阻带上限截止频率为 f_{p2}，阻带带宽 f_{BW} 为 $f_{p2} - f_{p1}$。详细内容可参阅习题解答。

六、开关电容滤波器

以前介绍的有源滤波器，当截止频率较低时，采用的电阻、电容参数值比较大，而且精度较低，误差可达 ±（20%～30%），另外大电阻和大电容不可能做成集成电路。若采用开关电容滤波器（switched capacitor filter）可解决上述问题。

开关电容滤波器是利用工作于开关状态的 MOS 管和小电容组成的开关电容来获得的等效电阻来代替有源滤波器中的电阻元件。开关电容滤波器如图 7-2-18 所示。两个 N 沟道增强型 MOS 管 VT1、VT2 分别受时钟信号 CP1、CP2 控制，CP1、CP2 的波形如图 7-2-19 所示。CP1、CP2 不重叠，其时钟频率为 f_{cp}，则时钟周期为 $T_{cp} = \dfrac{1}{f_{cp}}$。

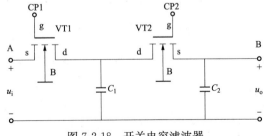

图 7-2-18　开关电容滤波器

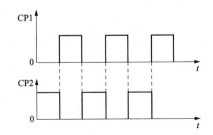

图 7-2-19　开关电容滤波器的两相时钟信号

当时钟信号 CP1 为高电平时，VT1 导通，此时时钟信号 CP2 为低电平，VT2 截止，则输入信号 u_i 向电容 C_1 充电，获得充电电荷 $Q_1 = C_1 u_i$，等效电路如图 7-2-20 所示。

当时钟信号 CP1 为低电平时，VT1 截止，此时时钟信号 CP2 为高电平，VT2 导通，则电容 C_1 向电容 C_2 放电，当电压到达 u_o 时电容 C_1 上的电荷量下降为 $Q_1 = C_1 u_o$，等效电路如图 7-2-21 所示。

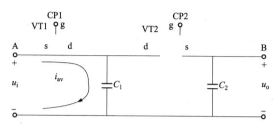

图 7-2-20　VT1 导通时的等效电路

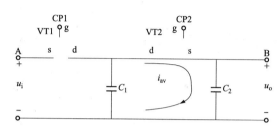

图 7-2-21　VT2 导通时的等效电路

之后时钟信号 CP1 又转为高电平，因此在时钟脉冲一个周期 T_{cp} 内，电容 C_1 上的传输平均电流 i_{av} 的表达式为

$$i_{av} = \frac{C_1(u_i - u_o)}{T_{cp}} = C_1(u_i - u_o)f_{cp} \qquad (7\text{-}2\text{-}46)$$

当时钟脉冲的频率 f_{cp} 远高于输入信号 u_i 的频率时，即 T_{cp} 时间足够短，可以认为传输平均电流 i_{av} 是连续的，因此在节点 A 和节点 B 之间相当于存在一个等效电阻 R_{eq}，见下式，等效电路如图 7-2-22 所示。

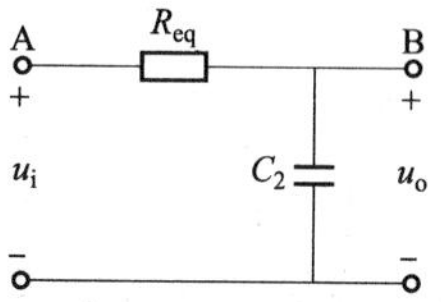

图 7-2-22　开关电容滤波器的等效电路

$$R_{eq} = \frac{(u_i - u_o)}{i_{av}} = \frac{T_{cp}}{C_1} \qquad (7\text{-}2\text{-}47)$$

对图 7-2-18 所示的开关电容滤波器来说，等效时间常数为

$$\tau = R_{eq}C_2 = \frac{T_{cp}}{C_1}C_2 = T_{cp}\frac{C_2}{C_1} \qquad (7\text{-}2\text{-}48)$$

所以开关电容滤波器的通带截止频率为

$$f_p = \frac{1}{2\pi\tau} = 2\pi f_{cp}\frac{C_1}{C_2} \qquad (7\text{-}2\text{-}49)$$

从式（7-2-49）可以看出，开关电容滤波器的通带截止频率 f_p 仅与时钟频率 f_{cp} 和电容比值 $\frac{C_1}{C_2}$ 有关。当电容比值 $\frac{C_1}{C_2}$ 一定时，只需改变时钟频率 f_{cp} 就可调节等效电阻 R_{eq} 的值，从而改变滤波器的通带截止频率 f_p。

开关电容滤波器已经制作成集成电路，使用非常方便。单片开关电容滤波器工作频率通常限制在音频范围，即从直流到 20kHz。与 RC 有源滤波器相比，开关电容滤波器的优点是无须精确控制电容和电阻的绝对值。

七、状态变量型有源滤波器

将比例、积分、求和等基本运算组合在一起，并能够对所构成的运算电路自由设置传递函数，实现各种滤波功能，称这种电路为状态变量型有源滤波器。以二阶有源滤波器为例来讲解。

二阶有源滤波器的传递函数为

$$A(s) = \frac{U_o(s)}{U_i(s)} = \frac{a_2 s^2 + a_1 s + a_0}{b_2 s^2 + b_1 s + b_0} \tag{7-2-50}$$

根据低通、高通、带通、带阻有源滤波器传递函数的特点，合理选择 a_2、a_1、a_0、b_2、b_1、b_0 的数值，即可实现任意传递函数。

当 $a_2 = 0$，$a_1 = 0$ 时，式（7-2-50）变为下式，电路实现二阶低通滤波。

$$A(s) = \frac{U_o(s)}{U_i(s)} = \frac{a_0}{b_2 s^2 + b_1 s + b_0} \tag{7-2-51}$$

当 $a_0 = 0$，$a_1 = 0$ 时，式（7-2-50）变为下式，电路实现二阶高通滤波。

$$A(s) = \frac{U_o(s)}{U_i(s)} = \frac{a_2 s^2}{b_2 s^2 + b_1 s + b_0} \tag{7-2-52}$$

当 $a_2 = 0$，$a_0 = 0$ 时，式（7-2-50）变为下式，电路实现二阶带通滤波。

$$A(s) = \frac{U_o(s)}{U_i(s)} = \frac{a_1 s}{b_2 s^2 + b_1 s + b_0} \tag{7-2-53}$$

当 $a_1 = 0$ 时，式（7-2-50）变为下式，电路实现二阶带阻滤波。

$$A(s) = \frac{U_o(s)}{U_i(s)} = \frac{a_2 s^2 + a_0}{b_2 s^2 + b_1 s + b_0} \tag{7-2-54}$$

由以上分析可知，如果能够根据式（7-2-50）组成电路，并能方便地改变电路参数，就能实现各种滤波功能。改变 a_2、a_1、a_0、b_2、b_1、b_0 的数值，不仅能改变滤波器的类型，而且能获得不同的通带放大倍数和通带截止频率。

状态变量型有源滤波器已有集成芯片产品，MAX260/261/262 芯片是美国 Maxim 公司开发的一种通用有源滤波器，可用微处理器控制，方便地构成各种低通、高通、带通、带阻及全通滤波器，不需外接元件。

第三节   集成运算放大器的非线性应用

运放处于开环状态或者引入正反馈将工作在非线性状态。运放工作在非线性状态下的特点如下：

（1）运放的同相输入端和反相输入端的电流近似为零，称为"虚断"。这是由于运放的输入电阻非常高，不高于电压源的一个有限的输入电压除以非常高的输入电阻得到一个近似为零的电流。

（2）当同相输入端的电位高于反相输入端的电位时，输出为正向饱和电压 U_{oH}，其数值接近运放的正电源电压。当同相输入端的电位小于反相输入端的电位时，输出为负向饱和电压 U_{oL}，其数值接近运放的负电源电压。

运放的非线性应用的典型电路为电压比较器，用来比较两个电压的大小，比较的结果用输出的两种电压值来表示。常用的电压比较器为单门限电压比较器和双门限电压比较器（迟滞电压比较器）。

一、单门限电压比较器

（一）同相过零电压比较器

同相过零电压比较器如图 7-3-1 所示，输入电压从同相输

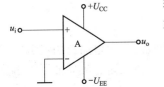

图 7-3-1   同相过零电压比较器 入端输入。运放工作在开环状态，所以运放工作在非线性状态，

运放的输出电压只有两种可能值。

当 $u_i > 0$ 时，$u_o = U_{oH} = +U_{CC}$；

当 $u_i < 0$ 时，$u_o = U_{oL} = -U_{EE}$。

当输出电压从 U_{oH} 跃变成 U_{oL} 或者从 U_{oL} 跃变成 U_{oH} 所对应的
输入电压的值，称为门限电压或阈值电压，用 U_{th} 表示。图 7-3-1
所示的电压比较器的门限电压 $U_{th} = 0V$。电压传输特性曲线描述
的是输出电压与输入电压的依赖关系。图 7-3-1 所示的电压比较

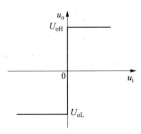

图 7-3-2　同相过零电压比较
器的电压传输特性曲线

器的电压传输特性曲线如图 7-3-2 所示。当输入电压为正时，输
出电压也为正，称为电压比较器为"同相"的，门限电压 $U_{th} = 0V$，称为"过零"。

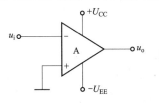

图 7-3-3　反相过零
电压比较器

（二）反相过零电压比较器

反相过零电压比较器如图 7-3-3 所示，输入电压从反相输入
端输入。

当 $u_i < 0$ 时，$u_o = U_{oH} = +U_{CC}$；

当 $u_i > 0$ 时，$u_o = U_{oL} = -U_{EE}$。

图 7-3-3 所示的电压比较器的门限电压 $U_{th} = 0V$，电压传输
特性曲线如图 7-3-4 所示。

（三）单门限非过零同相电压比较器

单门限非过零同相电压比较器如图 7-3-5 所示，其门限电压为 $U_{th} = U_{REF}$，电压传输特
性曲线如图 7-3-6 所示。

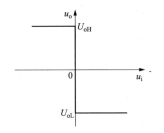

图 7-3-4　反相过零电压比
较器的电压传输特性曲线

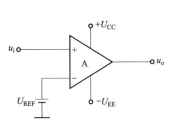

图 7-3-5　单门限非过零同
相电压比较器

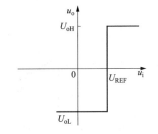

图 7-3-6　单门限非过零同相电
压比较器的电压传输特性曲线

例 7-3-1　当图 7-3-5 所示的单门限非过零同相电
压比较器的输入为正弦波时，试画出输出电压波形。

解：输入、输出波形如图 7-3-7 所示。

在实际应用中，为了与输出端所接负载的电压匹
配，需要限制输出电压的幅值，在电压比较器的输出
端接两个稳压管进行双向限幅。在图 7-3-8 所示的电
压比较器中，输出端连接两个稳压管，稳压管的稳压
值为 U_Z。当 $u_i > U_R$ 时，电压比较器输出为负向饱和
电压，稳压管 VZ2 正向导通，稳压管 VZ1 反向击穿，
输出电压被限定在 $u_o = -(U_{on} + U_Z)$，其中 U_{on} 为稳

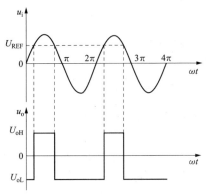

图 7-3-7　例 7-3-1 解图

压管的正向导通电压，此处忽略不计。当 $u_i < U_R$ 时，电压比较器输出为正向饱和电压，稳压管 VZ1 正向导通，稳压管 VZ2 反向击穿，输出电压被限定在 $u_o = U_{on} + U_Z$，U_{on} 忽略不计。电压传输特性曲线如图 7-3-9 所示。

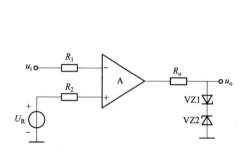

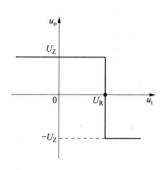

图 7-3-8　具有输出限幅的
单门限电压比较器

图 7-3-9　具有输出限幅的单限
电压比较器的传输特性曲线

　　单门限电压比较器存在一定的问题。某单门限电压比较器如图 7-3-10（a）所示，其输入信号中夹杂了一些干扰信号，如图 7-3-10（b）所示，那么由于在 $u_i = U_{th} = U_{REF}$ 附近出现干扰，输出电压 u_o 将时而为 U_{oH}，时而为 U_{oL}，导致电压比较器输出不稳定。如果用这个输出电压去控制电机，将出现频繁的起停现象，这种情况是不允许的。双门限电压比较器可以解决这个问题。

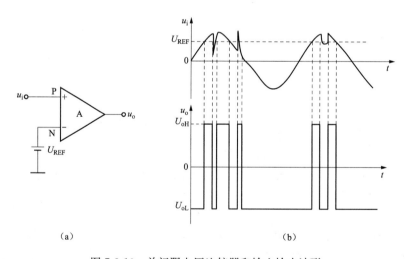

（a）　　　　　　　　　　　　　　　（b）

图 7-3-10　单门限电压比较器和输入输出波形

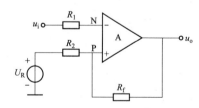

图 7-3-11　反相双门限电压比较器

二、双门限电压比较器

（一）反相双门限电压比较器

　　反相双门限电压比较器如图 7-3-11 所示，输入信号通过电阻 R_1 与反相输入端相连，U_R 为参考电压源，电阻 R_f 引入正反馈，所以运放工作在非线性状态，运放的同相输入端和反相输入端的电流近似为零，称为"虚断"，运放的输出电压只有两种可能值。

在图 7-3-11 中，因为"虚断"，流过 R_1 电阻的电流为 0，所以 R_1 两端没有电压，有 $u_N = u_i$。因为"虚断"，运放的同相输入端的电流为 0，电阻 R_2 和 R_f 可以看作串联的关系。

当输出 u_o 为正向饱和电压 U_{oH} 时，运放的同相输入端受到 U_{oH} 和 U_R 同时作用，电阻 R_2 和 R_f 可以看作串联的关系。根据叠加定理，运放的同相输入端的电位，用 U_{P1} 表示，即

$$U_{P1} = \frac{R_2 U_{oH}}{R_2 + R_f} + \frac{R_f U_R}{R_2 + R_f} \tag{7-3-1}$$

当输出 u_o 为负向饱和电压 U_{oL} 时，运放的同相输入端受到 U_{oL} 和 U_R 同时作用，根据叠加定理，运放的同相输入端的电位，用 U_{P2} 表示，即

$$U_{P2} = \frac{R_2 U_{oL}}{R_2 + R_f} + \frac{R_f U_R}{R_2 + R_f} \tag{7-3-2}$$

1. 上门限电压和下门限电压的定义

输入电压 u_i 与同相输入端的这两个可能的电位值 U_{P1}、U_{P2} 比较，决定输出 u_o 是正向饱和电压 U_{oH} 还是负向饱和电压 U_{oL}。当输出 u_o 发生跳变时，所对应的输入电压 u_i 的值称为门限电压。在输入电压增加的过程中，当输出 u_o 发生跳变时，所对应的输入电压 u_i 的值称为上门限电压，用 U_{th1} 表示。在输入电压减小的过程中，当输出 u_o 发生跳变时，所对应的输入电压 u_i 的值称为下门限电压，用 U_{th2} 表示。U_{th1} 的值比 U_{th2} 的值大。图 7-3-11 所示的反相双门限电压比较器的上门限电压 U_{th1} 和下门限电压 U_{th2} 分别为

$$U_{th1} = U_{P1} = \frac{R_2 U_{oH}}{R_2 + R_f} + \frac{R_f U_R}{R_2 + R_f} \tag{7-3-3}$$

$$U_{th2} = U_{P2} = \frac{R_2 U_{oL}}{R_2 + R_f} + \frac{R_f U_R}{R_2 + R_f} \tag{7-3-4}$$

假定图 7-3-11 所示的反相双门限电压比较器输出为正向饱和电压 U_{oH}，此时运放的同相输入端的电位为 $U_{th1} = \dfrac{R_2 U_{oH}}{R_2 + R_f} + \dfrac{R_f U_R}{R_2 + R_f}$，如果输入电压 u_i 比 U_{th1} 低，即运放的同相输入端的电位比反相输入端的电位高，输出维持正向饱和电压 U_{oH}。一旦输入电压 u_i 比 U_{th1} 高，即运放的同相输入端的电位比反相输入端的电位低，输出将从正向饱和电压 U_{oH} 跳变为负向饱和电压 U_{oL}。

假定图 7-3-11 所示的反相双门限电压比较器输出为负向饱和电压 U_{oL}，运放的同相输入端的电位为 $U_{th2} = \dfrac{R_2 U_{oL}}{R_2 + R_f} + \dfrac{R_f U_R}{R_2 + R_f}$，如果输入电压 u_i 比 U_{th2} 高，即运放的反相输入端的电位比同相输入端的电位高，输出维持负向饱和电压 U_{oL}。一旦输入电压 u_i 比 U_{th2} 低，即运放的同相输入端的电位比反相输入端的电位高，输出将从负向饱和电压 U_{oL} 跳变为正向饱和电压 U_{oH}。

2. 电压传输特性曲线

图 7-3-11 所示的反相双门限电压比较器的电压传输特性曲线如图 7-3-12 所示。通过箭头的方向可以看出，在输入电压增加的过程中，在上门限电压 U_{th1} 处输出发生从正向饱和电压 U_{oH} 到负向饱和电压 U_{oL} 的跳变；在输入电压减小的过程中，在下门限电压 U_{th2} 处输出发生从负向饱和电压 U_{oL} 到正向饱和电压 U_{oH} 的跳变。当输入电压小于上门限电压 U_{th1} 时，输出为正向饱和电压 U_{oH}，反

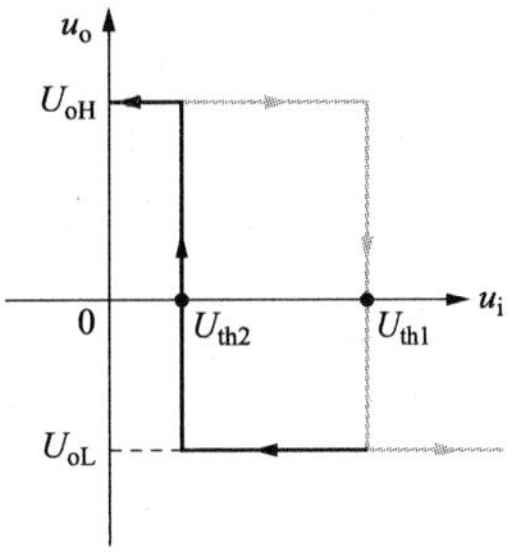

图 7-3-12 反相双门限电压比较器的传输特性曲线

相双门限电压比较器的"反相"即由此而来。

双门限电压比较器的电压传输特性曲线的形状与磁化曲线有些类似，所以也称为迟滞电压比较器。

3. 回差电压

两个门限电压之差定义为回差电压，用 ΔU_{th} 表示，见下式。门限电压宽度也称为回差电压。

$$\Delta U_{th} = U_{th1} - U_{th2} = \frac{R_2}{R_2 + R_f}(U_{oH} - U_{oL}) \qquad (7\text{-}3\text{-}5)$$

从式（7-3-5）可以看出门限电压宽度 ΔU_{th} 与电阻 R_2、R_f、正向饱和电压 U_{oH} 和负向饱和电压 U_{oL} 有关。改变参考电压源 U_R 的值可改变上门限电压 U_{th1} 和下门限电压 U_{th2}，但不影响门限电压宽度 ΔU_{th}。因此改变 U_R 的大小时，传输特性曲线只是向左或者向右平移，其门限电压宽度保持不变。实际应用时，只要适当设置双门限电压比较器的 3 个参数，使干扰信号落在回差范围内，就可构成具有抗干扰能力的电路。运放的输出端可通过加稳压管得到需要的电压值。

例 7-3-2　反相双门限电压比较器如图 7-3-13 所示。稳压管的稳压值为 10V。试求门限电压，并画出电压传输特性曲线。给定输入信号的波形如图 7-3-14 所示，要求画出对应的输出波形。

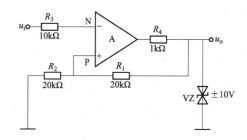

图 7-3-13　例 7-3-2 图

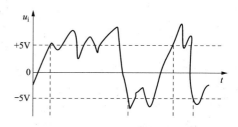

图 7-3-14　例 7-3-2 的输入波形

解：运放的同相输入端的电位为 $u_P = u_o \dfrac{R_2}{R_1 + R_2}$。

所以，上门限电压为 $U_{th1} = U_{oH} \dfrac{R_2}{R_1 + R_2} = 10 \times \dfrac{20}{20 + 20} = 5$ （V）

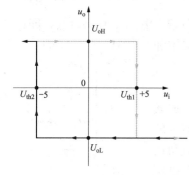

图 7-3-15　例 7-3-2 的电压
传输特性曲线

下门限电压为 $U_{th2} = U_{oL} \dfrac{R_1}{R_1 + R_2} = -10 \times \dfrac{20}{20 + 20} = -5$ （V）

电压传输特性曲线如图 7-3-15 所示。输入波形和输出波形如图 7-3-16 所示。

（二）同相双门限电压比较器

同相双门限电压比较器如图 7-3-17 所示，输入信号从同相输入端加入。

从图 7-3-17 可以看出，运放的反相输入端接地，所以有 $u_N = 0$。因为"虚断"，运放的同相输入端的电流为零，电阻 R_2 和 R_1 可以看作串联的关系。根据叠加定理，

运放的同相输入端的电位为

$$u_P = u_i \frac{R_2}{R_1 + R_2} + \frac{R_1}{R_1 + R_2} u_o \quad (7\text{-}3\text{-}6)$$

因为 $u_N = 0$，所以当 u_P 过零时，运放的输出将会发生跳变，据此可求得门限电压。令 $u_P = 0$，得

$$u_i \frac{R_2}{R_1 + R_2} + \frac{R_1}{R_1 + R_2} u_o = 0 \quad (7\text{-}3\text{-}7)$$

根据式（7-3-7），整理得

$$u_i = -\frac{R_1}{R_2} u_o$$

当输出 u_o 为 $+U_Z$，有 $u_i = -\frac{R_1}{R_2} u_o = -\frac{R_1}{R_2} U_Z$，求得下门限电压 U_{th2} 为

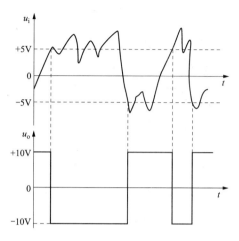

图 7-3-16　输入波形和输出波形

$$U_{th2} = -\frac{R_1}{R_2} U_Z \quad (7\text{-}3\text{-}8)$$

当输出 u_o 为 $-U_Z$，有 $u_i = -\frac{R_1}{R_2} u_o = -\frac{R_1}{R_2}(-U_Z)$，求得上门限电压 U_{th1} 为

$$U_{th1} = \frac{R_1}{R_2} U_Z \quad (7\text{-}3\text{-}9)$$

电压传输特性曲线如图 7-3-18 所示。

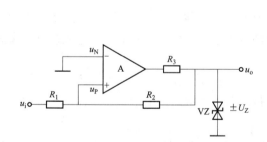

图 7-3-17　同相双门限电压比较器

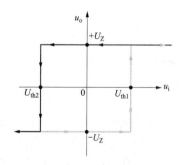

图 7-3-18　同相双门限电压
比较器的电压传输特性曲线

在图 7-3-18 中，通过箭头的方向可以看出，在输入电压 u_i 增加的过程中，当 u_i 略大于上门限电压 U_{th1} 时，输出 u_o 发生从负向饱和电压 U_{oL} 到正向饱和电压 U_{oH} 的跳变。在输入电压 u_i 减小的过程中，当 u_i 略小于下门限电压 U_{th2} 时，输出 u_o 发生从正向饱和电压 U_{oH} 到负向饱和电压 U_{oL} 的跳变。

当输入电压 u_i 比较低时，输出为负向饱和电压 U_{oL}，即输出也比较低。当输入电压 u_i 比较高时，输出为正向饱和电压 U_{oH}，即输出也比较高。同相双门限电压比较器的"同相"即由此而来。

三、窗口电压比较器

窗口电压比较器可以将两个数值之间的电位检测出来，称为窗口电压比较器，电路如

图 7-3-19所示，要求 $U_{th1}>U_{th2}$。U_{th1} 称为窗口上限电压，U_{th2} 称为窗口下限电压。

当 $u_i>U_{th1}$ 时，$u_{o1}=U_{oH}$，$u_{o2}=U_{oL}$，VD1 导通，VD2 截止，$u_o=+U_Z$。

当 $u_i<U_{th2}$ 时，$u_{o1}=U_{oL}$，$u_{o2}=U_{oH}$，VD1 截止，VD2 导通，$u_o=+U_Z$。

当 $U_{th2}<u_i<U_{th1}$ 时，$u_{o1}=u_{o2}=U_{oL}$，VD1 截止，VD2 截止，$u_o=0$。

电压传输特性曲线如图 7-3-20 所示。

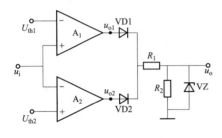

图 7-3-19　窗口电压比较器

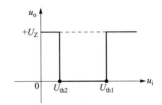

图 7-3-20　窗口电压比较器的
电压传输特性曲线

当输出为 U_Z 时，表明输入电位位于窗口 U_{th1} 和 U_{th2} 之外。当输出为零时，表明输入电位位于窗口 U_{th1} 和 U_{th2} 之内。

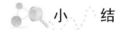 小　结

运放的线性区的特点是："虚断"和"虚短"。

运放的非线性区的特点如下：

（1）运放的同相输入端和反相输入端的电流近似为零，称为"虚断"。这是由于运放的输入电阻非常高，不高于电压源的一个有限的输入电压除以非常高的输入电阻得到一个近似为零的电流。

（2）当同相输入端的电位高于反相输入端的电位时，输出为正向饱和电压 U_{oH}，其数值接近运放的正电源电压。当同相输入端的电位小于反相输入端的电位时，输出为负向饱和电压 U_{oL}，其数值接近运放的负电源电压。

运放的线性应用之一是运算电路的实现，包括比例、加、减、积分、微分、对数、指数、乘法、除法、乘方、开方等运算电路，运放引入深度负反馈，有虚短、虚断的特点。

运放的线性应用之二是有源滤波器的实现，运放引入深度负反馈，有虚短、虚断的特点。有源滤波器包括有源低通滤波器、有源高通滤波器、有源带通滤波器、有源带阻滤波器等。

运放的非线性应用之一是电压比较器，有虚断的特点，没有虚短的特点。电压比较器有单门限电压比较器、双门限电压比较器和窗口电压比较器。单门限电压比较器和窗口电压比较器中运放处于开环状态，双门限电压比较器中引入正反馈，处于闭环状态。

 习　题

7-1　电路如图 7-1 所示，$R_1=10\text{k}\Omega$，$R_f=100\text{k}\Omega$。集成运放输出电压的最大幅值为

$\pm14\text{V}$，求当输入分别为 0.1V、0.5V、1.0V 和 1.5V 时的输出电压，并求平衡电阻的值。

7-2 电路如题 7-2（a）所示，$R_1=10\text{k}\Omega$，$R_\text{f}=100\text{k}\Omega$。集成运放输出电压的最大幅值为 $\pm14\text{V}$，求当输入分别为 0.1V、0.5V、1.0V 和 1.5V 时的输出电压，并求平衡电阻的值。

7-3 在题 7-3 图所示电路中，要求其输入电阻为 $20\text{k}\Omega$，比例系数为 -15，试求解 R_1、R_f 和 R_2 的阻值。

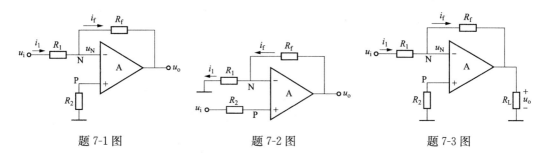

题 7-1 图   题 7-2 图   题 7-3 图

7-4 试写出题 7-4 图所示电路的输出电压 u_o1、u_o2 与输入电压 u_i 的关系式。若取电阻 $R_1=R_\text{f}$ 时，输出电压 u_o 为多少？

7-5 试写出题 7-5 图所示电路的输出电压 u_o 与输入电压 u_i 的关系式。

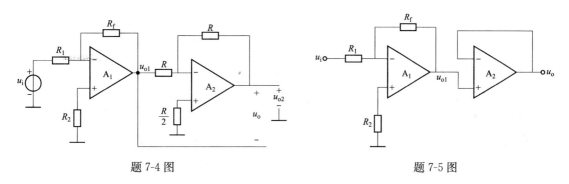

题 7-4 图   题 7-5 图

7-6 试用运放实现 $u_\text{o}=0.8u_\text{i}$ 的运算电路，要求画出电路原理图，并给出电路参数。

7-7 电路如题 7-7 图（a）所示，u_i1、u_i2 的波形如题 7-7 图（b）所示，试画出输出电压 u_o 的波形。

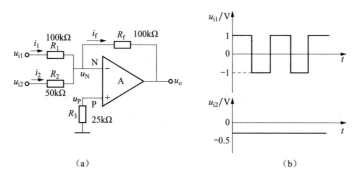

（a）

题 7-7 图

（a）电路图；（b）工作波形

7-8 题 7-8 图所示电路为同相加法运算电路，求输出电压的表达式。

7-9 试写出题 7-9 图所示电路的输出电压 u_{o2} 与输入电压 u_{i1} 和 u_{i4} 的关系式。

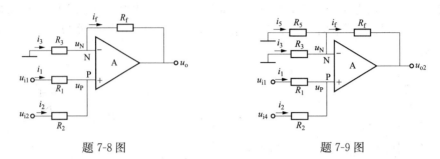

题 7-8 图　　　　　　　　　　　　题 7-9 图

7-10 试写出题 7-10 图所示电路的输出电压 u_o 与输入电压 u_i 的关系式。

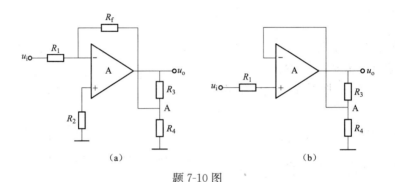

（a）　　　　　　　　　　　　（b）

题 7-10 图

7-11 试写出题 7-11 图所示电路的输出电压 u_o 与输入电压 u_{i1}、u_{i2} 的关系式。其中 $R_{f1}=R_1/K$，$R_{f2}=KR_2$。

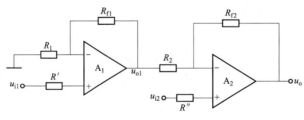

题 7-11 图

7-12 题 7-12 图所示的电路是应用运放测量电压的原理电路，输出端接有满量程 5V、$500\mu A$ 的电压表。若要得到 50V、10V、5V、1V 和 0.5V 五种量程，试计算电阻 R_1、R_2、R_3、R_4、R_5 的阻值。

7-13 写出题 7-13 图所示电路的输出电压 u_o 与输入电压 u_{i1}、u_{i2}、u_{i3}、u_{i4} 的关系式。

7-14 电压放大倍数可以调节的由三运放组成的精密仪表用放大电路如题 7-14 图所示，R_P 是调节增益的电位器，$A_1 \sim A_3$ 是理想运放。

（1）计算 R_P 的滑动端处于中点位置时的电压放大倍数 $A_u = \dfrac{u_o}{u_{i2}-u_{i1}}$。

（2）当输入电压 $u_{i1}=-5mV$、$u_{i2}=-8mV$，R_P 的滑动端在最上端位置和最下端位置之间滑动时问输出电压 u_o 的变化范围是多少？

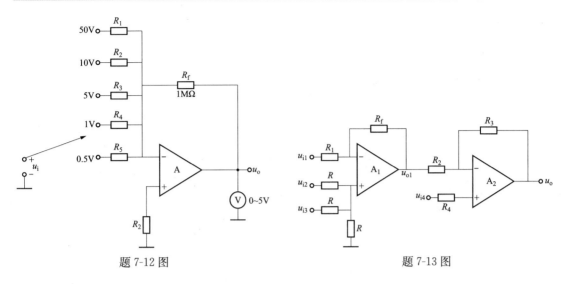

题 7-12 图　　　　　　　　　　　　题 7-13 图

7-15 电流-电流转换电路如题 7-15 图所示，A 为理想运放。

（1）写出电流放大倍数 $A_i = \dfrac{I_L}{I_S}$ 的表达式。若 $I_S = 10\text{mA}$，I_L 为多少？

（2）若电阻 R_F 短路，I_L 为多少？

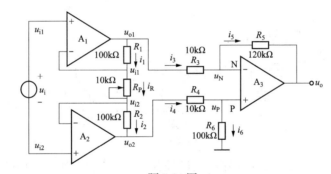

题 7-14 图

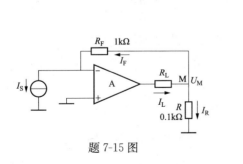

题 7-15 图

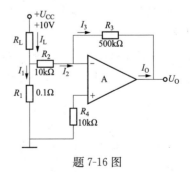

题 7-16 图

7-16 大电流的电流-电压转换器如题 7-16 图所示，A 为理想运放。

（1）导出输出电压 U_O 的表达式 $U_O = f\,(I_L)$。若 $I_L = 1\text{A}$，问 U_O 为多少？

（2）当 $I_L = 1\text{A}$ 时，集成运放 A 的输出电流 I_O 为多少？

7-17 题 7-17 图所示的交流放大电路中，已知两 BJT 特性对称，$\beta = 50$，$r_{be} = 2.95\text{k}\Omega$，

C 的容抗可忽略。

(1) 求电压放大倍数 $A_u = \dfrac{u_o}{u_i}$。

(2) 运放实现何种运算功能。

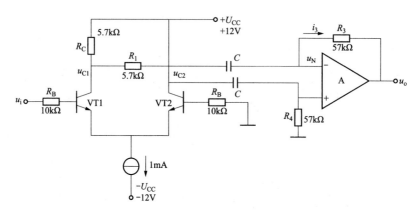

题 7-17 图

7-18 电压-电流转换器如题 7-18 图所示，$A_1 \sim A_3$ 为理想运放。

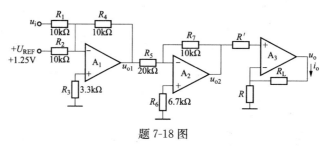

题 7-18 图

(1) 写出 i_o 的表达式。若要实现转换量程为 $(0 \sim 5)\text{V}$、$(4 \sim 20)\text{mA}$，问电阻 R 应为多少？画转换特性曲线 $i_o = f(u_i)$。

(2) 若集成运放 A_3 的最大输出电压为 $U_{OM} = 10\text{V}$，最大输出电流为 $I_{OM} = 20\text{mA}$，求最大负载电阻 $R_{L\max}$。

7-19 在题 7-19 图 (a) 所示的反相积分电路中，若 $R_1 = 10\text{k}\Omega$，$C = 1\mu\text{F}$，若输入电压 u_i 的波形如题 7-19 图 (b) 所示，画出输出电压 u_o 的波形。

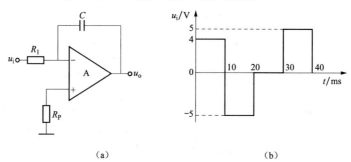

(a)　　　　　　　　　　　　(b)

题 7-19 图

7-20　求解题 7-20 图所示电路的输出电压 u_o 与输入电压 u_i 的关系式。

7-21　写出题 7-21 图所示同相积分电路的输出电压 u_o 与输入电压 u_i 的关系式。

7-22　写出题 7-22 图所示同相积分电路的输出电压 u_o 与输入电压 u_i 的关系式。

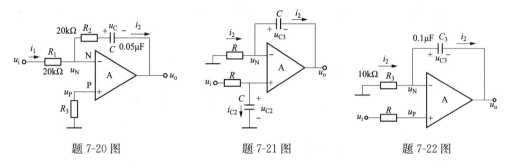

　　　　题 7-20 图　　　　　　　　　　题 7-21 图　　　　　　　　　　题 7-22 图

7-23　写出题 7-23 图所示电路的输出电压 u_o 与输入电压 u_{i1}、u_{i2} 的关系式。

7-24　题 7-24 图所示指数运算电路中，A 为理想运放。

（1）写出输出电压 u_o 的表达式。

（2）对 u_i 的极性有何限制？

7-25　试设计一个运算电路，要求实现 $u_o = 2u_{i1} - 3u_{i2} - 4u_{i3} + 5u_{i4}$ 的功能，画出电路原理图，给出元器件参数值。

7-26　题 7-26 图所示的运算电路能否实现 $u_o = 2u_{i1} - 3u_{i2} - 4u_{i3} + 5u_{i4}$ 的功能？

7-27　试分析题 7-27 图所示各电路输出电压与输入电压的函数关系。

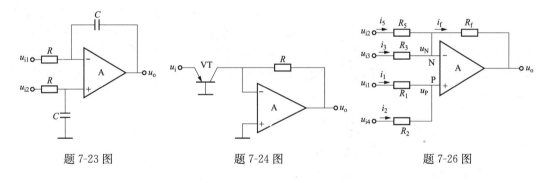

　　　题 7-23 图　　　　　　　　题 7-24 图　　　　　　　　题 7-26 图

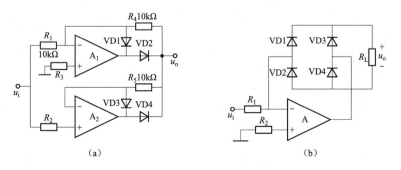

题 7-27 图

7-28 如题 7-28 图所示的电路，说明此电路的输出电压与输入电压之间的关系是绝对值运算关系。

7-29 分析题 7-29 图所示的模拟除法运算电路的工作原理，u_X 和 u_Y 为输入，u_o 为输出。并用瞬时极性法分析对于输入的极性要求。推导输出表达式。

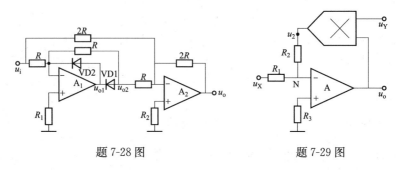

题 7-28 图   题 7-29 图

7-30 用乘法器实现 n 次乘方电路。

7-31 用乘法器实现开平方电路。

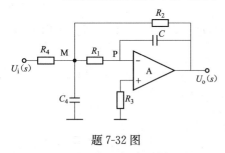

题 7-32 图

7-32 无限增益多路反馈二阶有源低通滤波器如题 7-32 图所示，分析该滤波器的归一化幅频特性曲线。

7-33 在无限增益多路反馈二阶有源低通滤波器的基础上，将电阻换成电容，电容换成电阻，如题 7-33 图所示，得到无限增益多路反馈二阶有源高通滤波器，分析该滤波器的归一化幅频特性曲线。

7-34 无限增益多路反馈二阶有源带通滤波器电路如题 7-34 图所示，利用瞬时极性法，可以判断出电阻 R_3 和电容 C 均引入负反馈，称为多路反馈。分析该滤波器的归一化幅频特性表达式。

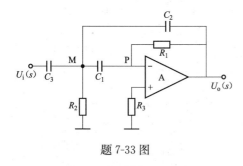

题 7-33 图

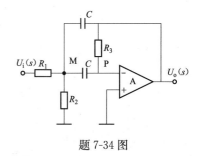

题 7-34 图

7-35 无限增益多路反馈二阶有源带阻滤波器如题 7-35 图所示，输入信号从反相输入端输入。由无限增益多路反馈二阶带通滤波器和一个反相加法器组成。分析该滤波器的归一化幅频特性表达式。

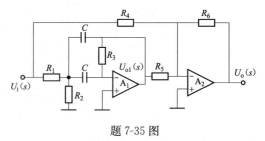

题 7-35 图

7-36　压控电压源二阶有源带阻滤波器如题 7-36 图所示，其低通和高通 RC 电路形成两个字母 T，并联而成双 T 网络，所以也称为双 T 带阻滤波器。分析该滤波器的归一化幅频特性表达式。

7-37　设计一个通带截止频率为 $f_p = 5\text{kHz}$ 的压控电压源二阶有源低通滤波器，要求分别使用压控电压源二阶有源低通滤波器结构和无限增益多路反馈二阶有源低通滤波器电路结构。

7-38　设计一个通带截止频率为 $f_p = 5\text{kHz}$ 的压控电压源二阶有源高通滤波器，要求分别使用压控电压源二阶有源高通滤波器结构和无限增益多路反馈二阶有源高通滤波器电路结构。

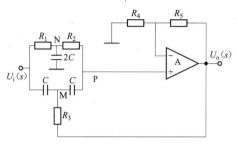

题 7-36 图

7-39　利用如图 7-2-16 所示的压控电压源二阶有源带通滤波器，设计一个中心频率为 1kHz、通带电压放大倍数为 2 的带通滤波器。其中电路参数具有如下约束：$R_1 = R$，$R_2 = R$，$R_3 = 2R$。试计算此时的品质因数为多少？

7-40　利用如图 7-2-16 所示的压控电压源二阶有源带通滤波器，其中电路参数没有约束，设计一个中心频率为 1kHz、品质因数为 2 的带通滤波器。此时的通带电压放大倍数能否设计为 2？

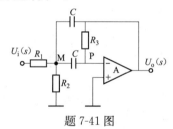

题 7-41 图

7-41　无限增益多路反馈二阶有源带通滤波器如题 7-41 图所示，使用此结构设计一个中心频率为 1kHz、品质因数为 2、通带电压放大倍数为 2 的带通滤波器。

7-42　设计一个中心频率为 5kHz、品质因数 $Q = 2$、通带电压放大倍数为 2 的带阻滤波器。要求：

（1）使用压控电压源二阶有源带阻滤波器电路结构来实现；（2）使用无限增益多路反馈二阶有源带阻滤波器电路结构来实现。

7-43　分析题 7-43 图所示电路的状态变量型滤波器类型。

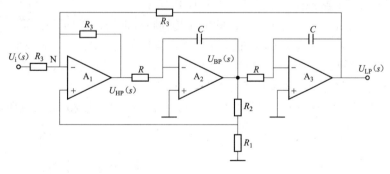

题 7-43 图

7-44　分析题 7-44 图所示电路的状态变量型滤波器类型。

7-45　在题 7-45 图所示电路中，已知 $u_i = 12\sin\omega t$ （V），当参考电压 U_R 分别为 3V 和 −3V 时，试分别画出电压传输特性曲线和输出电压 u_o 的波形。稳压管的稳压值 $U_Z = 6\text{V}$，最小稳定工作电流 $I_{zmin} = 5\text{mA}$，最大稳定工作电流 $I_{zmax} = 25\text{mA}$。运放的正向饱和电压和负向正向饱和电压分别为+15V和−15V，求与稳压管配套使用的限流电阻 R_3 的取值范围。

7-46 反相双门限电压比较器电路如题7-46图所示。

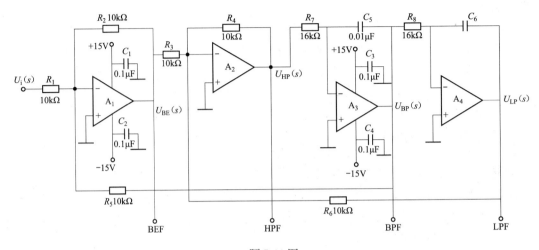

题 7-44 图

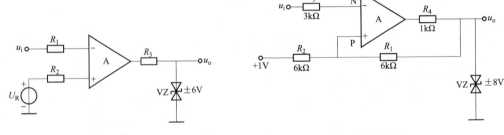

题 7-45 图　　　　　　　　　　　　　　　题 7-46 图

（1）试求门限电压，画出电压比较器的电压传输特性曲线。求回差电压。

（2）画出当输入 $u_i=6\sin\omega t$（V）的正弦信号所对应的输出电压 u_o 的波形。

7-47 同相双门限电压比较器电路如题7-47图所示。

（1）试求门限电压，画出电压比较器的电压传输特性曲线。求回差电压。

（2）画出当输入 $u_i=6\sin\omega t$（V）的正弦信号所对应的输出电压 u_o 的波形。

7-48 电路如题7-48图所示，设稳压管 VZ 的双向限幅值为±6V。

（1）试画出该电路的电压传输特性曲线。

（2）画出幅值为6V的正弦波信号电压 $u_i=6\sin\omega t$（V）所对应的输出电压 u_o 的波形。

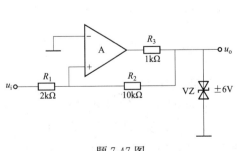

题 7-47 图

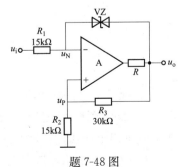

题 7-48 图

7-49　试分别画出题 7-49 图所示各电路的电压传输特性曲线。稳压管的稳定电压 $U_Z=6V$，最小稳定工作电流 $I_{zmin}=5mA$，最大稳定工作电流 $I_{zmax}=25mA$。运放的正向饱和电压和负向正向饱和电压分别为 $+10V$ 和 $-10V$，求与稳压管配套使用的限流电阻的取值范围。

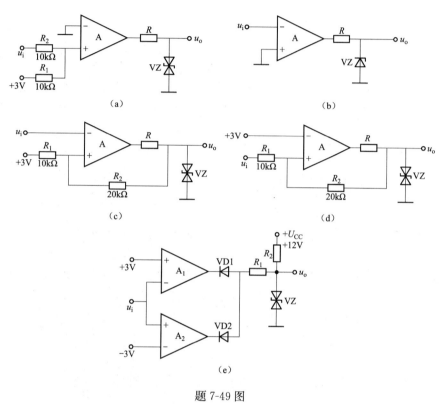

题 7-49 图

第八章 信号产生电路

本章提要

在生产实践中，广泛采用各种类型的信号产生电路，就信号的波形而言，可能是正弦波或非正弦波。在通信、广播、电视系统中，都需要射频（高频）发射，这里的射频波就是载波，把音频（低频）、视频信号或脉冲信号运载出去，这就需要能产生高频的正弦波信号产生电路。在工业、农业、生物医学等领域内，如高频感应加热、熔炼、淬火，超声波焊接，超声诊断，核磁共振成像等，都需要功率或大或小、频率或高或低的正弦波信号产生电路。可见，正弦波信号产生电路在各个科学技术领域的应用是十分广泛的。非正弦信号（方波、锯齿波等）产生电路在测量设备、数字系统及自动控制系统中的应用也日益广泛。

正弦波信号发生器有 RC、LC 和石英晶体等种类。非正弦信号发生器有矩形波、三角波和锯齿波等种类。

信号产生电路，也称为信号发生器、自激振荡电路，不用外加输入信号，只要通上直流电源，就能够输出需要的交流信号波形。交流信号的能量由直流电源提供，交流信号具有一定频率、一定幅度和一定波形（正弦波、非正弦波）。

第一节 产生正弦波振荡的条件

一、反馈放大电路中的自激振荡

在第六章中，已经知道，由于在低频区、高频区基本放大电路不可避免（考虑 BJT 的结电容、隔直电容、旁路电容的影响）地存在附加相位差，使负反馈放大电路中人为引入的对基本放大电路的中频区信号而言的交流负反馈，在低频区、高频区有可能转化为正反馈，当满足一定的幅值和相位条件时，就可能产生持续的自激振荡，破坏了系统的正常工作。这种自激振荡必须加以消除。

但是，从另一个方面考虑，利用这种自激振荡可以产生我们所需要的信号。在基本放大电路中人为引入对基本放大电路的中频区信号而言的正反馈，并使之满足一定的幅值和相位条件而产生自激振荡。利用这种原理，可以设计各种信号产生电路。在信号产生电路中，要创造条件使在基本放大电路的中频区产生自激振荡，从而产生正弦信号。

图 8-1-1 是习惯在负反馈放大电路中使用的反馈放大电路的框图。图 8-1-2 是习惯在正反馈放大电路中使用的反馈放大电路的框图。从本质上说，它们是一样的。图 8-1-1 中的反馈环节的参考方向为＋、－。而图 8-1-2 中的反馈环节的参考方向为＋、＋。

观察图 8-1-1 所示的反馈放大电路的框图可以看出，基本放大电路的输出信号 $\dot{X}_o$ 与净输入信号 $\dot{X}_{id}$ 之比，称为开环放大倍数，用 $\dot{A}$ 表示。反馈信号 $\dot{X}_f$ 与输出信号 $\dot{X}_o$ 之比，称为反馈

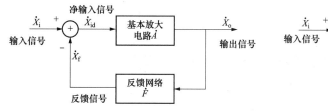

图 8-1-1　反馈放大电路的框图
（习惯在负反馈放大电路中使用）

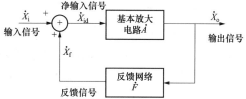

图 8-1-2　反馈放大电路的框图
（习惯在正反馈放大电路中使用）

系数，用 $\dot{F}$ 表示。

开环放大倍数的定义和记号如下式

$$\dot{A} = \frac{\dot{X}_o}{\dot{X}_{id}} = |\dot{A}| \underline{/\varphi_A} = A \underline{/\varphi_A} \tag{8-1-1}$$

式中，φ_A 是基本放大电路输出信号与输入信号之间的相位差。

反馈系数的定义和记号如下式。

$$\dot{F} = \frac{\dot{X}_f}{\dot{X}_o} = |\dot{F}| \underline{/\varphi_F} = F \underline{/\varphi_F} \tag{8-1-2}$$

式中，φ_F 是反馈信号与输出信号之间的相位差。净输入信号的表达式为

$$\dot{X}_{id} = +\dot{X}_i - \dot{X}_f \tag{8-1-3}$$

综上所述，图 8-1-1 所示的反馈放大电路的闭环放大倍数表达式为

$$\dot{A}_F = \frac{\dot{X}_o}{\dot{X}_i} = \frac{\dot{A}\dot{X}_{id}}{\dot{X}_{id} + \dot{X}_f} = \frac{\dot{A}\dot{X}_{id}}{\dot{X}_{id} + \dot{F}\dot{X}_o} = \frac{\dot{A}\dot{X}_{id}}{\dot{X}_{id} + \dot{F}\dot{A}\dot{X}_{id}} = \frac{\dot{A}}{1 + \dot{A}\dot{F}} \tag{8-1-4}$$

但是，对于图 8-1-2 而言，净输入信号的表达式如下式。与图 8-1-1 所示电路相比，$\dot{X}_f$ 前面符号不同。

$$\dot{X}_{id} = +\dot{X}_i + \dot{X}_f \tag{8-1-5}$$

所以，图 8-1-2 所示的反馈放大电路的闭环放大倍数表达式为

$$\dot{A}_F = \frac{\dot{X}_o}{\dot{X}_i} = \frac{\dot{A}\dot{X}_{id}}{\dot{X}_{id} - \dot{X}_f} = \frac{\dot{A}\dot{X}_{id}}{\dot{X}_{id} - \dot{F}\dot{X}_o} = \frac{\dot{A}\dot{X}_{id}}{\dot{X}_{id} - \dot{F}\dot{A}\dot{X}_{id}} = \frac{\dot{A}}{1 - \dot{A}\dot{F}} \tag{8-1-6}$$

比较式（8-1-6）和式（8-1-4），分母中差一个符号。图 8-1-1 所示的反馈放大电路，在中频区引入的是负反馈。图 8-1-2 所示的反馈放大电路，在中频区引入的是正反馈。这是两者的本质区别。对于图 8-1-1 所示的反馈放大电路，当有自激振荡现象产生时，$1+\dot{A}\dot{F}=0$，从而有 $\dot{A}\dot{F}=-1$，这就是图 8-1-1 所示的反馈放大电路产生自激振荡的条件。对于图 8-1-2 所示的反馈放大电路，当有自激振荡现象产生时，$1-\dot{A}\dot{F}=0$，从而有自激振荡的条件为

$$\dot{A}\dot{F} = 1 \tag{8-1-7}$$

在第六章中环路放大倍数记为

$$\dot{A}\dot{F} = (\mid \dot{A} \mid \underline{/\varphi_A})(\mid \dot{F} \mid \underline{/\varphi_F}) = \mid \dot{A}\dot{F} \mid \underline{/(\varphi_A + \varphi_F)} = AF \underline{/(\varphi_A + \varphi_F)}$$

所以式（8-1-7）可以分别用幅度平衡条件和相位平衡条件来表示，即

$$\mid \dot{A}\dot{F} \mid = AF = 1 \tag{8-1-8}$$

$$\varphi_A + \varphi_F = 2n\pi \quad (n = 0,1,2,\cdots) \tag{8-1-9}$$

本章要研究的是信号产生电路，因此，要创造条件使反馈放大电路在基本放大电路的中频区频率范围内产生自激振荡，这样才能产生正弦信号。所以本章将使用图 8-1-2 所示的反馈放大电路的表示方法。在图 8-1-2 中，若反馈回来的信号 $\dot{X}_f$ 与输入信号 $\dot{X}_i$ 无论在幅度和相位上都完全相等，此时可以撤销掉输入信号 $\dot{X}_i$，如图 8-1-3 所示。从结构上看，信号产生电路是一个没有输入信号的正反馈放大电路。

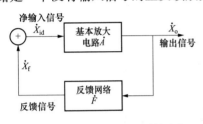

图 8-1-3 信号产生电路的框图
（没有输入信号）

综上所述，在反馈放大电路中，去掉输入信号，连接成闭环，如图 8-1-3 所示。若有很多频率的信号同时满足环路放大倍数的模 $\mid \dot{A}\dot{F} \mid$ 为 1、相位差 $\varphi_A + \varphi_F$ 等于 $2n\pi$，那么在输出端就会有这些频率信号的合成信号输出，波形可以为各种波形。若只有一种频率的信号满足环路放大倍数的模 $\mid \dot{A}\dot{F} \mid$ 为 1、相位差 $\varphi_A + \varphi_F$ 等于 $2n\pi$，则称为正弦波振荡电路，否则就称为非正弦波振荡电路。

二、正弦波电压振荡电路的 4 个组成部分

在图 8-1-3 中，将图中的信号 X 全部换成电压 U，即只考虑产生正弦波电压的情况，而不考虑产生正弦波电流的情况。自激振荡电路至少应该具有基本电压放大电路和正反馈网络两部分。一个电压反馈放大电路若能同时满足自激振荡的幅度和相位平衡条件，就一定能产生自激振荡，但并不见得一定能产生正弦波电压自激振荡，即输出信号不一定是正弦波电压。这是因为，若同时有多种频率的正弦波电压信号都满足自激振荡条件，则电压反馈放大电路就能够在多种频率下产生振荡。它的输出信号就是一个由多种频率的正弦波信号合成的非正弦波电压信号。

为了获得单一频率的正弦波电压振荡，可在电压反馈放大电路中引入选频网络（选择满足相位平衡条件的一个频率），使电压反馈放大电路对不同频率的正弦波电压信号产生不同的相位移和放大倍数，使电路只让某一特定频率的正弦波电压信号满足自激振荡条件，保证电路输出正弦波电压信号。选频网络由 R、C 和 L、C 等电抗性元件组成。正弦波电压振荡器的名称一般由选频网络来命名。若选频网络由电阻和电容构成，则称为 RC 正弦波电压振荡电路。若选频网络由电感和电容构成，则称为 LC 正弦波电压振荡电路。选频网络的位置可在闭环电路中的任何位置，但为简便起见，选频网络往往与正反馈网络合二为一或者与基本放大电路合二为一。

图 8-1-3 所示的自激振荡电路很难控制正反馈的量的大小。如果正反馈量大，则增幅，输出幅度越来越大，最后由 BJT 的非线性限幅，这必然产生非线性失真。反之，如果正反馈量不足，则减幅，可能停振，为此振荡电路要有一个稳幅环节。

综上所述，正弦波电压振荡电路由基本电压放大电路、正反馈网络、选频网络和稳幅环节 4 部分组成。

三、正弦波电压振荡电路的起振和稳幅

正弦波电压振荡电路的起振条件由幅度平衡条件所决定。式（8-1-8）所示的幅度平衡条件 $AF=1$ 是表示振荡电路已经达到稳幅振荡时的情况。但若要求振荡电路能够自行起振，开始时必须满足 $AF>1$ 的幅度条件。然后在振荡建立的过程中，随着振幅的增大，由于电路中的稳幅环节的作用，使 AF 的值逐渐下降，最后达到 $AF=1$，此时振荡电路就处于等幅振荡的状态。

电路一接上直流电源，电路中就有一个电冲击信号，这个电冲击信号含有丰富的谐波，其中有一个频率为 f_0 的正弦信号成分正好满足相位平衡条件和起振条件。频率为 f_0 的正弦信号一开始很弱，但是因为有 $AF>1$，每经历一个从输入到输出再到反馈的循环之后，输出信号就逐渐加大。而其他频率的正弦信号成分不满足起振条件，在循环的过程中被衰减消失。

从起振时的 $AF>1$ 到等幅振荡时的 $AF=1$，有两种手段，一是使 A 下降，二是使 F 下降。

由于电压放大电路的非线性特性，随着基本放大电路净输入电压 U_{id} 的增加，基本放大电路的电压放大倍数 A 在减小（因为 U_{id} 的增加使 BJT 的动态工作范围进入饱和区和截止区，输出波形被削顶、削底，电压放大倍数减小），当 $AF=1$ 时，输出达到稳定，这时输出波形有失真。

可以在基本电压放大电路中引入负反馈（由非线性电阻引入），使电压放大倍数可以根据输出变化而调整，而电压放大电路中的 BJT 的动态工作范围一直处在放大区，从而减小非线性失真。

四、正弦波电压振荡电路的振荡频率

正弦波电压振荡电路的振荡频率由选频网络所决定，应使环路放大倍数的相位差满足相位平衡条件。

第二节　RC 正弦波电压振荡电路

正弦波电压振荡电路由基本电压放大电路、正反馈网络、选频网络和稳幅环节 4 部分组成。若选频网络由电阻和电容构成，则称为 RC 正弦波电压振荡电路。电阻和电容构成的选频网络也有很多，常用的有 RC 串并联选频网络、RC 超前电路选频网络和 RC 滞后电路选频网络。下面介绍 RC 串并联选频网络正弦波电压振荡电路。

图 8-2-1（a）是 RC 串并联选频网络正弦波电压振荡电路，4 个组成部分是：①基本电压放大电路，包括运放 A 和 R_f、R_1 电阻，这 3 个元器件组成同相比例运算电路；②正反馈网络包括两个电阻 R 和两个电容 C 组成的 RC 串并联电路；③选频网络同样由前述的 RC 串并联电路完成；④稳幅环节由运放 A 中的 BJT 的动态工作范围进入饱和区和截止区导致运放 A 的放大倍数减少而实现，这样产生的正弦波电压有一定的失真现象。

图 8-2-1（a）中，Z_1、Z_2、R_1、R_f 正好形成一个四臂电桥，如图 8-2-1（b）所示，电桥的对角线接到运放的同相输入端和反相输入端，桥式振荡电路的名称由此而来。

一、RC 串并联选频网络的频率响应

RC 串并联选频网络如图 8-2-2 所示。

对图 8-2-2 所示的 RC 串并联选频网络做定量分析，其反馈系数的频率响应表达式为

$$F_u(s) = \frac{U_f(s)}{U_o(s)} = \frac{Z_2}{Z_1 + Z_2} = \frac{sCR}{1 + 3sCR + (sCR)^2} \tag{8-2-1}$$

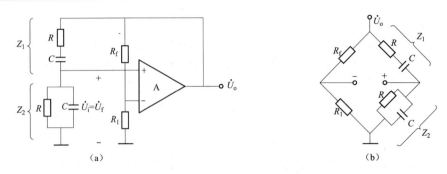

图 8-2-1　RC 串并联选频网络正弦波电压振荡电路

（a）振荡电路；（b）电桥

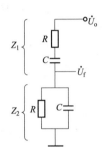

图 8-2-2　RC 串并联选频网络

令 $s = \mathrm{j}\omega$，定义 $\omega_0 = \dfrac{1}{RC}$，则反馈系数的频率响应表达式为

$$\dot{F}_\mathrm{u}(\mathrm{j}\omega) = \frac{1}{3 + \mathrm{j}\left(\dfrac{\omega}{\omega_0} - \dfrac{\omega_0}{\omega}\right)} \tag{8-2-2}$$

根据式（8-2-2），可得 RC 串并联选频网络的幅频响应表达式为

$$|\dot{F}_\mathrm{u}(\mathrm{j}\omega)| = \frac{1}{\sqrt{3^2 + \left(\dfrac{\omega}{\omega_0} - \dfrac{\omega_0}{\omega}\right)^2}} \tag{8-2-3}$$

根据式（8-2-2），可得 RC 串并联选频网络的相频响应表达式为

$$\varphi_\mathrm{F} = -\arctan \frac{\dfrac{\omega}{\omega_0} - \dfrac{\omega_0}{\omega}}{3} \tag{8-2-4}$$

在式（8-2-3）中，当 $\omega = \omega_0$ 时，得

$$|\dot{F}_\mathrm{u}(\mathrm{j}\omega_0)| = \frac{1}{\sqrt{3^2 + \left(\dfrac{\omega_0}{\omega_0} - \dfrac{\omega_0}{\omega_0}\right)^2}} = \frac{1}{3} \tag{8-2-5}$$

当 $\omega = \omega_0$ 时，反馈系数的模具有最大值，即 $|\dot{F}_\mathrm{u}(\mathrm{j}\omega_0)|_{\max} = \dfrac{1}{3}$。

当 $\omega \gg \omega_0$ 时　　　$|\dot{F}_\mathrm{u}(\mathrm{j}\omega)| = \dfrac{1}{\sqrt{3^2 + \left(\dfrac{\omega}{\omega_0} - \dfrac{\omega_0}{\omega}\right)^2}} = \dfrac{1}{\sqrt{3^2 + (\infty - 0)^2}} = 0$

当 $\omega \ll \omega_0$ 时　　　$|\dot{F}_\mathrm{u}(\mathrm{j}\omega)| = \dfrac{1}{\sqrt{3^2 + \left(\dfrac{\omega}{\omega_0} - \dfrac{\omega_0}{\omega}\right)^2}} = \dfrac{1}{\sqrt{3^2 + (0 - \infty)^2}} = 0$

在式（8-2-4）中，当 $\omega = \omega_0$ 时，得

$$\varphi_\mathrm{F} = -\arctan \frac{\dfrac{\omega_0}{\omega_0} - \dfrac{\omega_0}{\omega_0}}{3} = 0° \tag{8-2-6}$$

当 $\omega = \omega_0$ 时，反馈系数的相位差为 $\varphi_\mathrm{F} = 0°$。

当 $\omega \gg \omega_0$ 时，$\varphi_F = -\arctan\dfrac{\dfrac{\omega}{\omega_0}-\dfrac{\omega_0}{\omega}}{3} = -\arctan\dfrac{+\infty}{3} = -90°$

当 $\omega \ll \omega_0$ 时，$\varphi_F = -\arctan\dfrac{\dfrac{\omega}{\omega_0}-\dfrac{\omega_0}{\omega}}{3} = -\arctan\dfrac{-\infty}{3} = -（-90°）= +90°$

综上所述，根据式（8-2-3）和式（8-2-4），画出反馈系数的幅频响应和相频响应如图8-2-3所示。

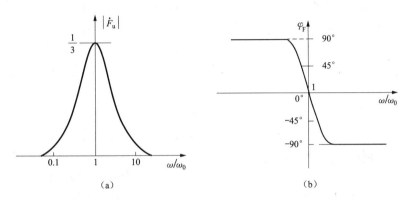

（a）　　　　　　　　　　　　（b）

图 8-2-3　RC 串并联选频网络的频率响应

（a）幅频响应；（b）相频响应

从图 8-2-3 可以看出，当 $\omega=\omega_0=\dfrac{1}{RC}$ 或 $f=f_0=\dfrac{1}{2\pi RC}$ 时，幅频响应有最大值 $|\dot{F}_{umax}|=\dfrac{1}{3}$，相频响应 $\varphi_F=0°$

在所有频率范围内，φ_F 的值在 $+90°$ 和 $-90°$ 之间，$|\dot{F}_u|$ 的值在 0 与 $\dfrac{1}{3}$ 之间。

二、判断电路是否满足相位平衡条件的步骤

（1）画出交流通路，找出基本电压放大电路的输入端和输出端，并在基本电压放大电路的输入端用×做个记号。

（2）对基本电压放大电路的中频区信号而言，计算 φ_A 的值；然后再计算 φ_F 的值，判断 $\varphi_A+\varphi_F=2n\pi$ 是否成立。若成立，则满足相位平衡条件，否则就不满足。

对图 8-2-1 而言，基本电压放大电路包括运放 A 和 R_f、R_1 电阻，这 3 个元器件组成同相比例运算电路。基本电压放大电路的电压信号输入端用 "×" 做个记号，如图 8-2-4 所示。基本电压放大电路的输入信号就是正反馈网络的输出信号。因为是同相比例运算电路，所以 $\varphi_A=0°$。RC 串并联电路在所有频率范围内，φ_F 的值在 $+90°$ 和 $-90°$ 之间，其中包括 0°。那么，对于 $f=\dfrac{1}{2\pi RC}$ 的正弦信号而言，$\varphi_A+\varphi_F=0°+0°=0°$，相位平衡条件可以成立，所以图 8-2-1 电路满足相位平衡条件。

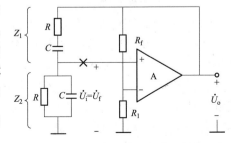

图 8-2-4　判断电路是否满足相位
平衡条件的电路

三、RC 正弦波电压振荡电路自激振荡的建立过程和振幅的稳定

式（8-1-8）是电路已经稳定时的幅度平衡条件，在信号建立之初，应保证环路放大倍数大于 1，才可以起振，即

$$|\dot{A}\dot{F}| = AF > 1 \tag{8-2-7}$$

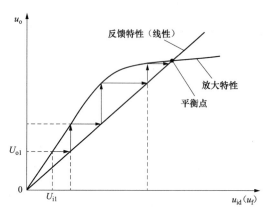

图 8-2-5　振荡的建立和稳定过程

图 8-2-5 用图示的方法给出了从输入到输出再到反馈的循环过程。横坐标为基本电压放大电路的输入电压信号 u_{id}，同时也是反馈网络输出的反馈电压信号 u_f。纵坐标为自激振荡电路的输出电压信号 u_o。过原点的直线表示反馈网络的输入电压信号 u_o 与输出电压信号 u_f 之间的关系，为线性关系。过原点的曲线表示基本电压放大电路的输入电压信号 u_{id} 与输出电压信号 u_o 之间的关系，当信号较小时为线性关系，当信号较大时为非线性关系，如弯曲的部分。直线和曲线有一个交点，即电路处于稳幅振荡时的工作点，称为平衡点。在平衡点上 $AF=1$；在平衡点的左侧，$AF>1$；在平衡点的右侧，$AF<1$。

电路一接上直流电源，电路中就有一个电冲击信号，这个电冲击信号含有丰富的谐波，其中有一个频率为 f_0 的正弦信号成分正好满足起振条件。频率为 f_0 的正弦信号一开始很弱，在图中表示为 U_{i1}，U_{i1} 接入基本电压放大电路的输入端，输出为 U_{o1}，U_{o1} 反馈回反馈网络的输入端，反馈网络的输出送入基本电压放大电路的输入端，完成一个循环，如图 8-2-5 所示完成若干个这样的循环后，达到一个平衡点。

在图 8-2-5 中，振幅的稳定靠运放中的 BJT 进入饱和状态和截止状态得到，正弦波电压的底部和顶部被削掉，波形失真严重。必须采用其他稳幅措施来减小正弦波的失真。

四、稳幅的其他措施

（一）采用热敏元件稳幅

图 8-2-1 所示的电路波形失真严重，这是因为采用基本电压放大电路 A 的下降从而使起振时的 $AF>1$ 到等幅振荡时的 $AF=1$，而 A 的下降是靠运放中的 BJT 进入饱和状态和截止状态得到的。如果 R_f 使用具有负温度系数的热敏电阻，或者 R_1 使用具有正温度系数的热敏电阻，从而使 A 下降，可以保证运放中的 BJT 不会进入饱和状态和截止状态，从而避免波形失真。

（二）采用场效应管稳幅

图 8-2-6 是采用场效应管稳幅的 RC 正弦波电压振荡电路。

在图 8-2-6 中，基本电压放大电路是同相比例运算电路，其中引入深度电压负反馈的元件包括一个 N 沟道结型场效应管 CS146。结型场效应管 CS146 工作在可变电阻区，其等效电阻随其栅源电压不同而变化。输出端的二极管 2CP11 在输出 u_o 处于负电位时导通，处于正电位时截止。结型场效应管 CS146 是 N 沟道的，栅源电压必须为负值时才能正常工作。输出电压 u_o 经过 R_4C_3 低通滤波，再经过电阻 R_{P4}、R_5 分压，为 N 沟道结型场效应管 CS146 的栅源之间提供一个负电压。刚开始起振时，输出电压 u_o 比较小，结型场效应管的栅源电压值较小，导电沟道等效电阻比较小，同相比例运算电路中的负反馈作用比较弱，A 比较

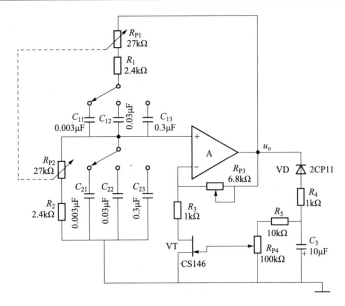

图 8-2-6　采用场效应管稳幅的 RC 正弦波电压振荡电路

大，$AF > 1$，输出电压逐渐增强，结型场效应管的导电沟道等效电阻逐渐增大，同相比例运算电路中的负反馈作用越来越强，A 越来越小，最终 $AF = 1$，输出正弦波电压的幅值不再增加。

（三）采用二极管稳幅

图 8-2-7 是采用二极管稳幅的 RC 正弦波电压振荡电路。

在图 8-2-7 中，当输出幅值很小时，二极管 VD1、VD2 接近开路，由 VD1、VD2 和 R_3 组成的并联支路的等效电阻近似为 2.7kΩ，A 约为 3.3，大于 3，有利于起振。

当输出幅值较大时，二极管 VD1 或 VD2 导通，由 VD1、VD2 和 R_3 组成的并联支路的等效电阻减小，A 随之下降，输出幅值趋于稳定。

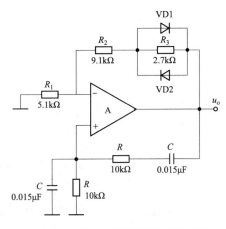

图 8-2-7　采用二极管稳幅的 RC 正弦波电压振荡电路

第三节　LC 正弦波电压振荡电路

正弦波电压振荡电路由基本电压放大电路、正反馈网络、选频网络和稳幅环节 4 部分组成。若选频网络由电感和电容构成，则称为 LC 正弦波电压振荡电路。电感和电容构成的选频网络也有很多，下面介绍 LC 并联谐振回路作为选频网络的振荡电路。根据反馈连接方式的不同，有变压器反馈式、电感反馈式、电容反馈式和石英晶体式 4 种电路。

一、LC 并联谐振回路的频率响应

LC 并联谐振回路如图 8-3-1 所示。其中，R 表示电感线圈的内阻，L 表示线圈的电感，有 $R \ll \omega L$。

在图 8-3-1 中，LC 并联谐振回路的复阻抗 Z 的表达式为

$$\frac{\dot{U}_\mathrm{o}}{\dot{I}_\mathrm{s}} = Z(\mathrm{j}\omega) = \mid Z \mid \angle \varphi$$

$$= \frac{\dfrac{1}{\mathrm{j}\omega C}(R + \mathrm{j}\omega L)}{\dfrac{1}{\mathrm{j}\omega C} + R + \mathrm{j}\omega L} = \frac{\dfrac{R}{\mathrm{j}\omega C} + \dfrac{\mathrm{j}\omega L}{\mathrm{j}\omega C}}{R + \left(\mathrm{j}\omega L + \dfrac{1}{\mathrm{j}\omega C}\right)} \tag{8-3-1}$$

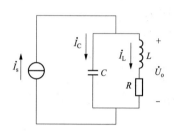

图 8-3-1　LC 并联谐振回路

因为在一般情况下有 $R \ll \omega L$，所以式（8-3-1）可以简化为

$$Z(\mathrm{j}\omega) \approx \frac{\dfrac{\mathrm{j}\omega L}{\mathrm{j}\omega C}}{R + \left(\mathrm{j}\omega L + \dfrac{1}{\mathrm{j}\omega C}\right)} = \frac{\dfrac{L}{C}}{R + \mathrm{j}\left(\omega L - \dfrac{1}{\omega C}\right)} \tag{8-3-2}$$

在式（8-3-2）中，使分母虚部为 0 的信号频率记为 ω_0

$$\omega_0 L = \frac{1}{\omega_0 C} \tag{8-3-3}$$

根据式（8-3-3），得

$$\omega_0 = \frac{1}{\sqrt{LC}} \tag{8-3-4}$$

称 $\omega_0 = \dfrac{1}{\sqrt{LC}}$ 为谐振角频率。

当 $\omega = \omega_0 = \dfrac{1}{\sqrt{LC}}$ 时，$Z(\mathrm{j}\omega_0) = \dfrac{\dfrac{L}{C}}{R + \mathrm{j}\left(\omega_0 L - \dfrac{1}{\omega_0 C}\right)} = \dfrac{L}{RC}$

LC 并联谐振回路发生谐振时的复阻抗称为谐振阻抗，用 Z_0 表示

$$Z_0 = \frac{L}{RC} \tag{8-3-5}$$

（一）LC 并联谐振回路发生谐振时的特点

LC 并联谐振回路发生谐振时，Z_0 为实数，即纯电阻，LC 并联谐振回路相当于一个纯电阻，称此种电路工作状态为谐振状态。此时 $\dot{U}_\mathrm{o}$ 与 $\dot{I}_\mathrm{s}$ 同相。

品质因数 Q 的定义为谐振时的感抗与电阻之比，即

$$Q = \frac{\omega_0 L}{R} \tag{8-3-6}$$

根据式（8-3-3），品质因数 Q 也可以用谐振时的容抗来定义，即

$$Q = \frac{1}{\omega_0 CR} \tag{8-3-7}$$

电抗不消耗能量，电阻消耗能量，电阻值越大，消耗的能量越多，Q 越小。所以品质因数 Q 是评价电路损耗大小的指标。Q 越小，电路的损耗越大。

根据式（8-3-6），得到用电路参数来描述的品质因数

$$Q = \frac{\omega_0 L}{R} = \frac{\frac{1}{\sqrt{LC}}L}{R} = \frac{1}{R}\sqrt{\frac{L}{C}} \tag{8-3-8}$$

根据式（8-3-6），得

$$R = \frac{\omega_0 L}{Q} \tag{8-3-9}$$

LC 并联谐振回路发生谐振时的复阻抗可以表示为

$$Z_0 = \frac{L}{RC} = \frac{1}{R}\frac{L}{C} = \frac{1}{\frac{\omega_0 L}{Q}}\frac{L}{C} = \frac{Q}{\omega_0 C} \tag{8-3-10}$$

根据式（8-3-7），得

$$R = \frac{1}{\omega_0 CQ} \tag{8-3-11}$$

LC 并联谐振回路发生谐振时的复阻抗可以表示为

$$Z_0 = \frac{L}{RC} = \frac{1}{R}\frac{L}{C} = \frac{1}{\frac{1}{\omega_0 CQ}}\frac{L}{C} = Q\omega_0 L \tag{8-3-12}$$

LC 并联谐振回路发生谐振时，Z_0 为实数，且数值最大，所以此时输出电压 $\dot{U}_{\mathrm{o}}$ 的模最大。谐振时流过电感的电流见下式。在一般情况下有 $R \ll \omega L$。

$$\dot{I}_{\mathrm{L}} = \frac{\dot{U}_{\mathrm{o}}}{R + \mathrm{j}\omega_0 L} \approx \frac{\dot{U}_{\mathrm{o}}}{\mathrm{j}\omega_0 L} \tag{8-3-13}$$

$$\dot{I}_{\mathrm{L}} = \frac{Z_0 \dot{I}_{\mathrm{s}}}{\mathrm{j}\omega_0 L} = \frac{Q\omega_0 L \dot{I}_{\mathrm{s}}}{\mathrm{j}\omega_0 L} = -\mathrm{j}Q\dot{I}_{\mathrm{s}} \tag{8-3-14}$$

对式（8-3-14）求模，得

$$|\dot{I}_{\mathrm{L}}| = Q|\dot{I}_{\mathrm{s}}| \tag{8-3-15}$$

因为品质因数数值较大，所以有

$$|\dot{I}_{\mathrm{L}}| \gg |\dot{I}_{\mathrm{s}}| \tag{8-3-16}$$

谐振时流过电容的电流为

$$\dot{I}_{\mathrm{C}} = \frac{\dot{U}_{\mathrm{o}}}{\frac{1}{\mathrm{j}\omega_0 C}} = \dot{U}_{\mathrm{o}}\mathrm{j}\omega_0 C = Z_0 \dot{I}_{\mathrm{s}}\mathrm{j}\omega_0 C = \frac{Q}{\omega_0 C}\dot{I}_{\mathrm{s}}\mathrm{j}\omega_0 C = \mathrm{j}Q\dot{I}_{\mathrm{s}} \tag{8-3-17}$$

对式（8-3-17）求模，得

$$|\dot{I}_{\mathrm{C}}| = Q|\dot{I}_{\mathrm{s}}| \tag{8-3-18}$$

因为品质因数数值较大，所以有

$$|\dot{I}_{\mathrm{C}}| \gg |\dot{I}_{\mathrm{s}}| \tag{8-3-19}$$

从式（8-3-16）和式（8-3-19）可以看出，LC 并联谐振回路发生谐振时，电流源支路可以近似认为开路，如图 8-3-2 所示。

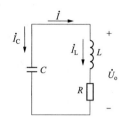

图 8-3-2　LC 并联谐振回路在
谐振时的等效电路

记 $\dot{I}_L = \dot{I}$。观察图 8-3-2，R、L、C 为串联关系，有

$$\dot{I}_C = -\dot{I}_L = -\dot{I} \qquad (8\text{-}3\text{-}20)$$

根据式（8-3-20），得

$$I_C = -I_L = -I \qquad (8\text{-}3\text{-}21)$$

（二）LC 并联谐振回路的频率响应

根据式（8-3-2），图 8-3-1 所示 LC 并联谐振回路的复阻抗为

$$Z(\mathrm{j}\omega) = \frac{\dfrac{L}{RC}}{1 + \mathrm{j}\,\dfrac{\omega L}{R}\left(1 - \dfrac{\omega_0^2}{\omega^2}\right)} = \frac{\dfrac{L}{RC}}{1 + \mathrm{j}\,\dfrac{\omega L}{R}\,\dfrac{(\omega + \omega_0)(\omega - \omega_0)}{\omega^2}} \qquad (8\text{-}3\text{-}22)$$

在式（8-3-22）中，如果所讨论的复阻抗只局限于 ω_0 附近，则可近似认为 $\omega \approx \omega_0$，$\dfrac{\omega L}{R} \approx \dfrac{\omega_0 L}{R} = Q$，$\omega + \omega_0 \approx 2\omega$，$\omega - \omega_0 \approx \Delta\omega$，则式（8-3-22）可改写为

$$Z(\mathrm{j}\omega) = \frac{Z_0}{1 + \mathrm{j}Q\,\dfrac{(2\omega)(\Delta\omega)}{\omega^2}} = \frac{Z_0}{1 + \mathrm{j}Q\,\dfrac{2\Delta\omega}{\omega}} = \frac{Z_0}{1 + \mathrm{j}Q\,\dfrac{2\Delta\omega}{\omega_0}} \qquad (8\text{-}3\text{-}23)$$

从式（8-3-23）求得 ω_0 附近复阻抗的模 $|Z|$ 为

$$|Z| = \frac{Z_0}{\sqrt{1 + \left(Q\,\dfrac{2\Delta\omega}{\omega_0}\right)^2}} \qquad (8\text{-}3\text{-}24)$$

将 ω_0 附近复阻抗的模 $|Z|$ 对谐振阻抗 Z_0 做归一化处理，式（8-3-24）可改写为

$$\frac{|Z|}{Z_0} = \frac{1}{\sqrt{1 + \left(Q\,\dfrac{2\Delta\omega}{\omega_0}\right)^2}} \qquad (8\text{-}3\text{-}25)$$

将式（8-3-1）重写为

$$\frac{\dot{U}_o}{\dot{I}_s} = Z(\mathrm{j}\omega) = |Z|\,\angle\varphi \qquad (8\text{-}3\text{-}26)$$

根据式（8-3-23），求得 ω_0 附近复阻抗的相角 φ，如下式。相角 φ 表达了 LC 并联谐振回路的输出电压与输入电流之间的相位差。

$$\varphi = -\arctan\left(Q\,\dfrac{2\Delta\omega}{\omega_0}\right) \qquad (8\text{-}3\text{-}27)$$

根据式（8-3-25），得到 LC 并联电路 ω_0 附近的幅频响应如图 8-3-3（a）所示，可见 Q 值越大，幅频响应越窄，即选择性越好。

根据式（8-3-27），得到 LC 并联电路 ω_0 附近的相频响应如图 8-3-3（b）所示。

从图 8-3-3 中的两条曲线可以得出如下结论：

（1）从幅频响应可见，当外加信号角频率 $\omega = \omega_0$ 时，产生并联谐振，谐振阻抗达到最大值 $Z_0 = \dfrac{L}{RC}$。当角频率 ω 偏离 ω_0 时，$|Z|$ 将减小，而 $\Delta\omega$ 愈大，$|Z|$ 愈小。

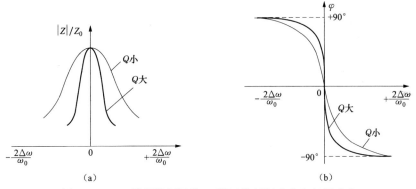

图 8-3-3　LC 并联谐振回路 ω_0 附近的幅频响应和相频响应

(a) 幅频响应；(b) 相频响应

（2）从相频响应可见，当 $\omega>\omega_0$ 时，$\dfrac{2\Delta\omega}{\omega_0}$ 为正，因此 Z 的相角 φ 为负值，复阻抗为容性，即 LC 并联谐振回路的输出电压 $\dot{U}_o$ 滞后于 $\dot{I}_s$。反之，当 $\omega<\omega_0$ 时，$\dfrac{2\Delta\omega}{\omega_0}$ 为负，因此 Z 的相角 φ 为正值，复阻抗为感性，即 LC 并联谐振回路的输出电压 $\dot{U}_o$ 超前于 $\dot{I}_s$。

（3）幅频响应曲线的形状与电路的 Q 值有密切的关系，Q 值愈大，幅频响应曲线愈尖锐。谐振回路具有选频特性。在 ω_0 附近 $|Z|$ 值变化更为急剧。

（4）相频响应曲线的形状与电路的 Q 值有密切的关系，Q 值愈大，相角 φ 变化愈快。在 ω_0 附近相角 φ 变化更为急剧。

根据 LC 并联谐振回路与基本放大电路连接方式的不同，LC 正弦波振荡电路分为变压器反馈式、电感反馈式和电容反馈式 3 种电路，由于 LC 正弦波振荡电路的振荡频率较高，所以基本电压放大电路多采用分立元件电路，必要时还应采用共基电压放大电路。这是由于共基电压放大电路的高频性能较好的缘故。

二、选频放大电路

（一）选频放大电路

将具有选频功能的 LC 并联谐振回路作为基本电压放大电路的负载，称为选频放大电路，如图 8-3-4所示。当 LC 并联谐振回路发生谐振时，谐振阻抗最大。要求谐振频率处于基本电压放大电路的中频区之内。

（二）选频放大电路的中频小信号等效电路

图 8-3-4 对应的中频小信号等效电路如图 8-3-5所示。C_1、C_2、C_E 对中品信号而言短路，电容 C 对中频信号而言不能短路，保留在电路中。

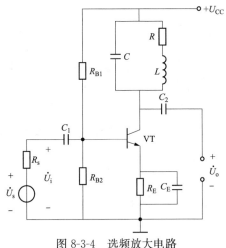

图 8-3-4　选频放大电路

根据图 8-3-5，得到电压放大倍数的表达式为

$$\dot{A}_u=\frac{\dot{U}_o}{\dot{U}_i}=\frac{-\beta\dot{I}_b Z}{\dot{I}_b r_{be}}=\frac{-\beta Z}{r_{be}}=\frac{-\beta}{r_{be}}\frac{\dfrac{L}{C}}{R+\mathrm{j}\left(\omega L-\dfrac{1}{\omega C}\right)} \tag{8-3-28}$$

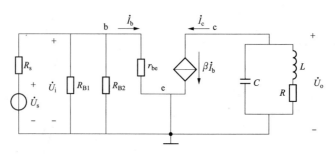

图 8-3-5   选频放大电路的中频小信号等效电路

（三）选频放大电路的频率响应

选频放大电路的电压放大倍数记为

$$\dot{A}_{u}(f) = \frac{\dot{U}_{o}(f)}{\dot{U}_{i}(f)} = |\dot{A}_{u}(f)| \underline{/\varphi_{A}(f)} \tag{8-3-29}$$

观察式（8-3-28），可知电压放大倍数与 LC 并联谐振回路的阻抗表达式只差一个常数，所以频率响应类似，得到选频放大电路的频率响应如图 8-3-6 所示。

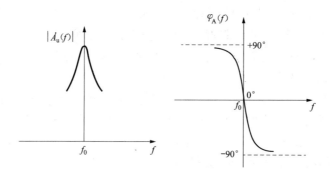

图 8-3-6   选频放大电路的频率响应

当频率 f 为谐振频率 f_0 时，选频放大电路电压放大倍数的模 $|\dot{A}_{u}(f)|$ 数值最大，且相位差 $\varphi_{A}(f)$ 为 0。

下面分析几种极限情况。

若图 8-3-4 中并联谐振回路的电阻 R 为 0，根据式（8-3-28），则电压放大倍数的表达式为

$$\dot{A}_{u} = \frac{\dot{U}_{o}}{\dot{U}_{i}} = \frac{-\beta \dot{I}_{b} \frac{\frac{1}{j\omega C}(j\omega L)}{\frac{1}{j\omega C} + j\omega L}}{\dot{I}_{b} r_{be}} = -j \frac{\beta \frac{\omega L}{1 - \omega^2 LC}}{r_{be}} \tag{8-3-30}$$

从式（8-3-30）可知，输出电压与输入电压的相位差为 $+90°$ 或者 $-90°$，与信号的频率、电感、电容的数值有关。

为方便理解 LC 并联谐振回路呈现为电容效应或者电感效应时的结论，将 LC 并联谐振回路用一个电容或者一个电感代替，如图 8-3-7 所示。

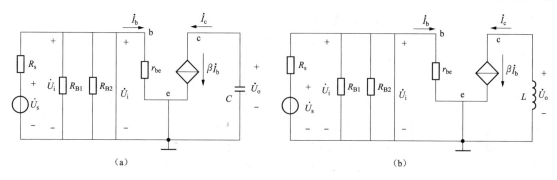

图 8-3-7 负载为电容或电感的小信号等效电路

（a）负载为电容；（b）负载为电感

对于图 8-3-7（a），电压放大倍数为

$$\dot{A}_u = \frac{\dot{U}_o}{\dot{U}_i} = \frac{-\beta \dot{I}_b \dfrac{1}{j\omega C}}{\dot{I}_b r_{be}} = j\frac{\dfrac{\beta}{\omega C}}{r_{be}} = j\frac{\beta}{\omega C r_{be}} = \frac{\beta}{\omega C r_{be}} \angle 90° \qquad (8-3-31)$$

可见在纯电容负载下，输出电压 $\dot{U}_o$ 比输入电压 $\dot{U}_i$ 超前 90°。电压参考方向如图所示。

对于图 8-3-7（b），电压放大倍数为

$$\dot{A}_u = \frac{\dot{U}_o}{\dot{U}_i} = \frac{-\beta \dot{I}_b (j\omega L)}{\dot{I}_b r_{be}} = \frac{\beta \omega L}{r_{be}} \angle -90° \qquad (8-3-32)$$

可见，在纯电感负载下输出电压 $\dot{U}_o$ 比输入电压 $\dot{U}_i$ 滞后 90°。电压参考方向如图所示。

三、变压器反馈式 LC 正弦波电压振荡电路

（一）电路组成

变压器反馈式 LC 正弦波电压振荡电路如图 8-3-8 所示。

图 8-3-8 所示的电路包含 4 部分，分别是基本电压放大电路、正反馈网络、选频网络和稳幅环节。基本电压放大电路由共射组态的放大电路组成，正反馈网络、选频网络由 LC 并联谐振回路组成，稳幅环节由 BJT 出现饱和失真和截止失真来实现。

因为 LC 正弦波电压振荡电路产生的正弦电压信号的频率较高，而通用型集成运放的上限频率太低，所以，不选用通用型集成运放作为 LC 正弦波振荡电路的基本电压放大电路，而是采用分立元件构成基本电压放大电路，精心设计分立元件构成的基本电压放大电路，可以使其上限频率满足要求。要求 LC 正弦波电压振荡电路产生的正弦电压信号的频率必须处在基本电压放大电路的中频区之内。

（二）工作原理

（1）画直流通路，保证基本电压放大电路中的 BJT 的静态工作点在放大区。

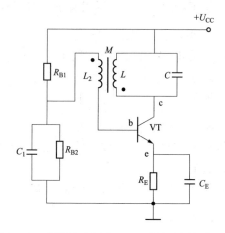

图 8-3-8 变压器反馈式 LC 正弦波电压振荡电路

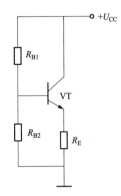

图 8-3-9　直流通路

图 8-3-8 所示的变压器反馈式 LC 正弦波电压振荡电路的直流通路如图 8-3-9 所示，根据第二章的知识可以判断出，BJT 可以处在放大状态。

（2）画中频交流通路，判断是否满足相位平衡条件。

判断相位平衡条件时，需要的是放大电路对中频交流信号而言的交流通路，不需要画低频信号或高频信号的交流通路。图 8-3-8 所示的变压器反馈式 LC 正弦波电压振荡电路的中频交流通路如图 8-3-10 所示。请读者要特别注意，图 8-3-8 中有 3 个电容，其中，电容 C_1、C_E 分别为基本电压放大电路的耦合电容和旁路电容，所以画中频交流通路时应该短路，而电容 C 是 LC 并联谐振电路的电容，此电容绝对不能做短路处理，而是应该保留在中频交流通路中，电容 C 的大小相对于电容 C_1、C_E 而言，容量比较小，容抗比较大。

LC 电路发生并联谐振的信号频率：$f_0 = \dfrac{1}{2\pi\sqrt{LC}}$。

从图 8-3-10 所示的交流通路可以看出，基本电压放大电路的组态为共射放大电路，在图 8-3-7（a）所示参考方向下，且 LC 电路发生并联谐振，呈现纯电阻时，基本电压放大电路的输出电压 $\dot{U}_o$ 与输入电压 $\dot{U}_i$ 反相。若 LC 电路不发生并联谐振，对于不同频率的交流信号，LC 电路可能

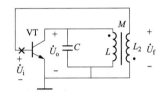

图 8-3-10　变压器反馈式 LC 正弦波电压振荡电路的交流通路

等效为电感或电容，那么这时基本电压放大电路的输出电压 $\dot{U}_o$ 与输入电压 $\dot{U}_i$ 不再是反相的关系，它们之间的相位差为 $+90°$ 和 $-90°$ 之间．当 LC 电路等效为电容时相位差为 $+90°$，当 LC 电路等效为电感时为 $-90°$。

回到对图 8-3-10 所示的交流通路的分析，对于任意频率的交流电压而言，基本电压放大电路的输出电压 $\dot{U}_o$ 与输出电压 $\dot{U}_i$ 之间的相位差在 $+90°$ 和 $-90°$ 之间。其中，对于可以使 LC 电路发生并联谐振的信号频率 f_0，输出电压 $\dot{U}_o$ 与输出电压 $\dot{U}_i$ 之间的相位差是 $+180°$。再观察变压器的同名端，可以看出，对于任意频率的交流电压而言，反馈电压 $\dot{U}_f$ 与输出电压 $\dot{U}_o$ 之间的相位差都是 $+180°$。

综上所述，对于 f_0 频率的正弦电压信号，有 $\varphi_A = 180°$，$\varphi_F = 180°$，所以有 $\varphi_A + \varphi_F = 360°$，满足相位平衡条件。而对于其他频率的正弦电压，不满足 $\varphi_A + \varphi_F = 360°$，所以不满足相位平衡条件。

在图 8-3-8 中，交换反馈线圈 L_2 的两个线头，可使反馈电压 $\dot{U}_f$ 的极性发生变化。调整反馈线圈 L_2 的匝数可以改变反馈电压的大小，从而改变反馈的深度，以使正反馈的幅度条件得以满足。

正弦波电压的频率与并联 LC 谐振回路相同，表达式为

$$f_0 = \frac{1}{2\pi\sqrt{LC}} \tag{8-3-33}$$

变压器反馈式 LC 正弦波电压振荡电路的特点是结构简单、容易起振，改变电容 C 的大

小可方便地调节振荡频率，在应用时要特别注意线圈 L 的极性不要接反。

四、电感反馈式 LC 正弦波电压振荡电路

（一）电路组成

在图 8-3-8 所示的变压器反馈式 LC 正弦波电压振荡电路中，变压器一次绕组和二次绕组分别在两个绕线柱上，耦合不紧密，为克服这个缺点，可以将一次绕组和二次绕组合并为一个绕组，得到电感反馈式 LC 正弦波电压振荡电路，如图 8-3-11 所示。

图 8-3-11 所示的电路包含 4 部分，分别是基本电压放大电路、正反馈网络、选频网络和稳幅环节。基本电压放大电路由共射组态的放大电路组成，正反馈网络、选频网络由 LC 并联谐振回路组成，稳幅环节由 BJT 出现饱和失真和截止失真来实现。电感线圈 L_1 和 L_2 是一个线圈，当然绕向相同，所以同名端可以省略。如果标注同名端，如图 8-3-11 所示，L_1 的上部和 L_2 的上部标注两个点，M 表示电感线圈 L_1 和 L_2 之间的互感。基本电压放大电路的集电极输出正弦波电压，LC 并联谐振回路作为 BJT 的负载，电感线圈 L_2 将反馈电压信号送入 BJT 的基极输入回路。

（二）工作原理

（1）画直流通路，保证基本电压放大电路中的 BJT 的静态工作点在放大区。

图 8-3-11 所示电路的直流通路如图 8-3-12 所示，根据第二章的知识可以判断出，BJT 可以工作在放大状态。

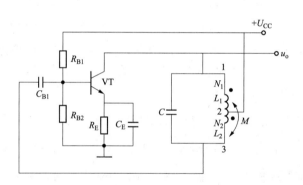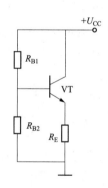

图 8-3-11　电感反馈式 LC 正弦波电压振荡电路　　　　图 8-3-12　直流通路

（2）画中频交流通路，判断是否满足相位平衡条件。

判断相位平衡条件时，需要的是放大电路对中频交流信号而言的交流通路，不需要画低频信号或高频信号的交流通路。电感反馈式 LC 正弦波电压振荡电路的中频交流通路如图 8-3-13 所示。请读者要特别注意，图 8-3-11 中有 3 个电容，其中，电容 C_{B1}、C_E 分别为基

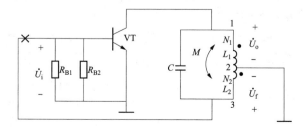

图 8-3-13　电感反馈式 LC 正弦波电压振荡电路的交流通路

本电压放大电路的耦合电容和旁路电容，所以画中频交流通路时应该短路，而电容 C 是 LC 并联谐振回路的电容，此电容绝对不能做短路处理，而是应该保留在中频交流通路中，电容 C 的大小相对于电容 C_{B1}、C_E 而言，容量比较小，容抗比较大。

从图 8-3-13 所示的交流通路可以看出，基本电压放大电路的组态为共射放大电路，在图示参考方向下，且 LC 电路发生并联谐振，呈现纯电阻时，基本电压放大电路的输出电压 $\dot{U}_o$ 与输入电压 $\dot{U}_i$ 反相。若 LC 电路不发生并联谐振，对于不同频率的交流信号，LC 电路可能等效为电感或电容，那么这时基本电压放大电路的输出电压 $\dot{U}_o$ 与输入电压 $\dot{U}_i$ 不再是反相的关系，它们之间的相位差为 $+90°$ 或 $-90°$。当 LC 电路等效为电容时相位差为 $+90°$。当 LC 电路等效为电感时相位差为 $-90°$。读者可以自行推出，若基本电压放大电路的负载不为纯电容或纯电感时，负载可等效为电阻和电容的串联，或者等效为电阻和电感的串联，那么，基本电压放大电路的输出电压 $\dot{U}_o$ 与输入电压 $\dot{U}_i$ 之间的相位差将在 $+90°$ 和 $-90°$ 之间变化，具体数值将取决于交流信号的频率值，变化的顺序为经过第二象限、经过 $+180°$、经过第三象限，到达 $+270°$，或者说是 $-90°$，本处取用 $-90°$。

对图 8-3-13 所示的交流通路进行分析，对于任意频率的交流电压而言，基本电压放大电路的输出电压 $\dot{U}_o$ 与输入电压 $\dot{U}_i$ 之间的相位差将在 $+90°$ 和 $-90°$ 之间。其中，对于可以使 LC 电路发生并联谐振的信号频率，输出电压 $\dot{U}_o$ 与输入电压 $\dot{U}_i$ 之间的相位差是 $+180°$。对于可以使 LC 电路发生并联谐振的信号频率，为了分析反馈电压 $\dot{U}_f$ 与输入电压 $\dot{U}_o$ 之间的相位差，只画出图 8-3-13 中的部分电路，如图 8-3-14 所示。在图 8-3-14 中，因为 LC 电路发生并联谐振，所以 LC 的外围电路可以认为是开路，那么，电感 L_1 和 L_2 可以认为是串联的关系，串联的两个电感流过同一个电流 $\dot{I}$，电感 L_1 两端电压 $\dot{U}_o$ 的参考方向和流过它的电流 $\dot{I}$ 的参考方向之间为关联的，所以 $\dot{U}_o$ 的相位超前 $\dot{I}$ 的相位 $90°$，而电感 L_2 两端电压 $\dot{U}_f$ 的参考方向和流过它的电流 $\dot{I}$ 的参考方向之间为非关联的，所以 $\dot{U}_f$ 比 $\dot{I}$ 滞后 $90°$，所以，电感 L_1 两端电压 $\dot{U}_o$ 与电感 L_2 两端电压 $\dot{U}_f$ 相比超前 $180°$。

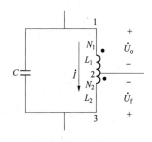

图 8-3-14　分析反馈电压 $\dot{U}_f$ 与输出电压 $\dot{U}_o$ 之间的相位差的电路

所以，对于可以使 LC 电路发生并联谐振的正弦电压信号，有 $\varphi_A = 180°$，$\varphi_F = 180°$，所以有 $\varphi_A + \varphi_F = 360°$，满足相位平衡条件。而对于其他频率的正弦电压，不满足 $\varphi_A + \varphi_F = 360°$，所以不满足相位平衡条件。

观察图 8-3-13 所示的电感反馈式 LC 正弦波电压振荡电路的交流通路，LC 并联谐振回路中有两个感抗、一个容抗。记电感 L_1 的两个端子为 1、2，记电感 L_2 的两个端子为 2、3，具有相同性质的电抗的 3 个引出端为 1、2、3，分别与 BJT 的集电极、发射极、基极相连，并且两个同性质电抗的公共点 2 与 BJT 的发射极相连，那么肯定满足相位平衡条件。

（三）振荡频率的计算

图 8-3-13 对应的小信号等效电路如图 8-3-15 所示。

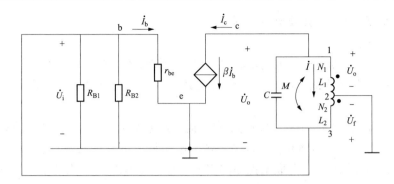

图 8-3-15　电感反馈式 LC 正弦波电压振荡电路的交流小信号等效电路

因为有互感 M，所以并联 LC 谐振回路的等效电感 L 为

$$L = L_1 + L_2 + 2M \tag{8-3-34}$$

输出正弦波电压信号 $\dot{U}_o$ 的频率与并联 LC 谐振回路的谐振频率 f_0 相同，表达式为

$$f_0 = \frac{1}{2\pi \sqrt{LC}} = \frac{1}{2\pi \sqrt{(L_1 + L_2 + 2M)C}} \tag{8-3-35}$$

（四）起振条件的分析

根据图 8-3-15，列出如下方程

$$\dot{U}_o = j\omega L_1 \dot{I} + j\omega M \dot{I} \tag{8-3-36}$$

$$\dot{U}_f = -(j\omega L_2 \dot{I} + j\omega M \dot{I}) \tag{8-3-37}$$

反馈系数为

$$\dot{F} = \frac{\dot{U}_f}{\dot{U}_o} = \frac{-(j\omega L_2 \dot{I} + j\omega M \dot{I})}{j\omega L_1 \dot{I} + j\omega M \dot{I}} = \frac{-(L_2 + M)}{L_1 + M} \tag{8-3-38}$$

通常 L_2 的匝数 N_2 为电感线圈总匝数的八分之一和四分之一之间，就能满足起振条件，抽头的位置一般通过调试决定。

基本电压放大电路的输入电阻 R_i 是正反馈网络（兼作选频网络）的负载，如图 8-3-16 所示。根据图 8-3-16，可以计算环路增益 AF，分析起振条件。

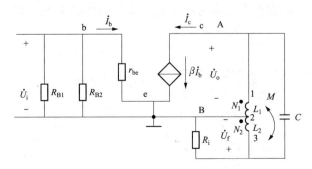

图 8-3-16　图 8-3-15 的等效电路

五、电容反馈式 LC 正弦波电压振荡电路

（一）电路组成

电感反馈式 LC 正弦波电压振荡电路输出电压的波形不是很好，为克服这个缺点，可以将电感换成电容，电容换成电感，得到电容反馈式 LC 正弦波电压振荡电路，如图 8-3-17 所示。

图 8-3-17 所示的电容反馈式 LC 正弦波电压振荡电路包含 4 部分，分别是基本电压放大电路、正反馈网络、选频网络和稳幅环节。基本电压放大电路由共射组态的放大电路组成，正反馈网络、选频网络由 LC 并联谐振回路组成，稳幅环节由 BJT 出现饱和失真和截止失真来实现。基本电压放大电路的集电极输出正弦波电压，LC 并联谐振电路作为 BJT 的负载，反馈电容 C_2 将反馈电压信号送入 BJT 的基极输入回路。

（二）工作原理

（1）画直流通路，保证基本电压放大电路中的 BJT 的静态工作点在放大区。

图 8-3-17 所示的电容反馈式 LC 正弦波电压振荡电路的直流通路如图 8-3-18 所示，根据第二章的知识可以判断出，BJT 可以处在放大状态。

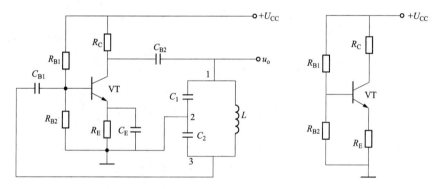

图 8-3-17　电容反馈式 LC 正弦波电压振荡电路　　　　　图 8-3-18　直流通路

（2）画中频交流通路，判断是否满足相位平衡条件。

判断相位平衡条件时，需要的是放大电路对中频交流信号而言的交流通路，不需要画低频信号或高频信号的交流通路。电容反馈式 LC 正弦波电压振荡电路的中频交流通路如图 8-3-19所示。请读者要特别注意，图 8-3-17 中有 5 个电容，其中，电容 C_{B1}、C_{B2}、C_E 分别为基本电压放大电路的耦合电容和旁路电容，所以画中频交流通路时应该短路，而电容

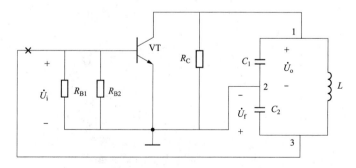

图 8-3-19　电容反馈式 LC 正弦波电压振荡电路的交流通路

C_1、C_2 是 LC 并联谐振电路的电容，这两个电容绝对不能做短路处理，而是应该保留在中频交流通路中，电容 C_1、C_2 的大小相对于电容 C_{B1}、C_{B2}、C_E 而言，容量比较小，容抗比较大。

从图 8-3-19 所示的交流通路可以看出，基本电压放大电路的组态为共射放大电路，在图示参考方向下，且 LC 电路发生并联谐振，呈现纯电阻时，基本电压放大电路的输出电压 $\dot{U}_o$ 与输入电压 $\dot{U}_i$ 反相。若 LC 电路不发生并联谐振，对于不同频率的交流信号，LC 电路可能等效为电感或电容，那么这时基本电压放大电路的输出电压 $\dot{U}_o$ 与输入电压 $\dot{U}_i$ 不再是反相的关系，它们之间的相位差为 $+90°$ 或 $-90°$。当 LC 电路等效为电容时相位差为 $+90°$，当 LC 电路等效为电感时为 $-90°$。读者可以自行推出，若基本电压放大电路的负载不为纯电容或纯电感时，负载可等效为电阻和电容的串联，或者等效为电阻和电感的串联，那么，基本电压放大电路的输出电压 $\dot{U}_o$ 与输入电压 $\dot{U}_i$ 之间的相位差将在 $+90°$ 和 $-90°$ 之间变化，具体数值将取决于交流信号的频率值。变化的顺序为经过第二象限、经过 $+180°$、经过第三象限，到达 $+270°$，或者说是 $-90°$，本处取用 $-90°$。

对图 8-3-19 所示的交流通路进行分析，对于任意频率的交流电压而言，基本电压放大电路的输出电压 $\dot{U}_o$ 与输入电压 $\dot{U}_i$ 之间的相位差将在 $+90°$ 和 $-90°$ 之间。其中，对于可以使 LC 并联电路发生谐振的信号频率，输出电压 $\dot{U}_o$ 与输入电压 $\dot{U}_i$ 之间的相位差是 $+180°$。对于可以使 LC 并联电路发生谐振的信号频率，为了分析反馈电压 $\dot{U}_f$ 与输出电压 $\dot{U}_o$ 之间的相位差，画出如图 8-3-20 所示的电路。在图中，因为 LC 并联电路发生谐振，所以 LC 的外围电路可以认为是开路，那么，电容 C_1 和 C_2 可以认为是串联的关系，串联的两个电容流过同一个电流 $\dot{I}$，电容 C_1 两端电压 $\dot{U}_o$ 的参考方向和流过它的电流 $\dot{I}$ 的参考方向之间为关联的，所以 $\dot{U}_o$ 比 $\dot{I}$ 滞后 $90°$，而电容 C_2 两端电压 $\dot{U}_f$ 的参考方向和流过它的电流 $\dot{I}$ 的参考方向之间为非关联的，所以 $\dot{U}_f$ 比 $\dot{I}$ 超前 $90°$，所以，电容 C_1 两端电压 $\dot{U}_o$ 比电容 C_2 两端电压 $\dot{U}_f$ 滞后 $180°$。

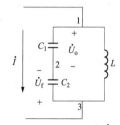

图 8-3-20　分析反馈电压 $\dot{U}_f$ 与输出电压 $\dot{U}_o$ 之间的相位的电路

所以，对于可以使 LC 并联电路发生谐振的正弦电压信号，有 $\varphi_A = 180°$，$\varphi_F = 180°$，所以有 $\varphi_A + \varphi_F = 360°$，满足相位平衡条件。而对于其他频率正弦电压，不满足 $\varphi_A + \varphi_F = 360°$，所以不满足相位平衡条件。

观察图 8-3-19 所示的电容反馈式 LC 正弦波电压振荡电路的交流通路，LC 谐振回路中有两个容抗、一个感抗，记电容 C_1 的两个端子为 1、2，记电容 C_2 的两个端子为 2、3，具有相同性质的电抗的 3 个引出端为 1、2、3，分别与 BJT 的集电极、发射极、基极相连，并且两个同性质电抗的公共点 2 与 BJT 的发射极相连，那么肯定满足相位平衡条件。

（三）振荡频率的计算

观察图 8-3-20，可以看出电容 C_1 与电容 C_2 是串联的关系，串联后的总电容为

$$C = \frac{C_1 C_2}{C_1 + C_2} \tag{8-3-39}$$

振荡频率的计算式为

$$f_0 = \frac{1}{2\pi \sqrt{LC}} = \frac{1}{2\pi \sqrt{L \dfrac{C_1 C_2}{C_1 + C_2}}} \tag{8-3-40}$$

综上所述,对于电感反馈式 LC 正弦波电压振荡电路和电容反馈式 LC 正弦波电压振荡电路,如果谐振回路的 3 个引出端分别与 BJT 的 3 个电极相连,并且其中两个同性质电抗的公共点与 BJT 的发射极相连,那么肯定满足相位平衡条件。

六、石英晶体正弦波振荡电路

对于振荡频率的稳定性要求高的电路,应选用石英晶体谐振器作为选频网络。石英晶体谐振器,简称石英晶体,具有非常稳定的固有频率。LC 谐振回路的 Q 值只有几百,而石英晶体谐振器的 Q 值可达 10^6。

(一)石英晶体的特点

将二氧化硅结晶体按一定的方向切割成很薄的晶片,再将晶片两个对应的表面抛光和涂敷银层,并作为两个极引出管脚,加以封装,就构成石英晶体谐振器。

在石英晶体的两个电极之间加一电场,晶片就会产生机械变形。反之,如果在晶片的两侧施加机械压力,在相应的方向会产生电场,这种物理现象称为压电效应。

在石英晶体的两个电极之间加一交变电压,晶片会产生机械变形振动,同时晶片的机械变形振动又会产生交变电场,在一般情况下,这种机械振动和交变电场的幅度都非常微小。当外加交变电压的频率与晶片的固有振荡频率相等时,机械振动和交变电场的幅度急剧增大,这种现象称为压电谐振。这种压电谐振效应可用来构成石英晶体谐振器,而石英晶体的谐振频率完全取决于晶片的切片方向及其尺寸和几何形状等。这个谐振频率称为石英晶体的标称频率。

石英晶体的压电谐振与 LC 并联谐振回路的谐振现象非常类似。石英晶体的符号如图 8-3-21 所示。石英晶体的等效电路如图 8-3-22 所示。

图 8-3-22 中,C_0 表示金属极板间的静态电容,为几皮法到几十皮法。电感 L 模拟晶片振动时的惯性,电感 L 数值很大,为几十毫亨到几百毫亨。电容 C 模拟晶片振动时的弹性,电容 C 很小,为 $0.002 \sim 0.1 \text{pF}$。R 用于模拟晶片振动时的摩擦损耗,数值很小。所以石英晶体的等效电路的品质因数 Q 很大,利用石英晶体构成的正弦波振荡电路有很高的频率稳定度。

石英晶体的电抗幅频响应特性如图 8-3-23 所示。纵坐标只反映了电抗 X,没有反映出

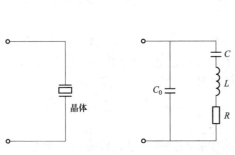

图 8-3-21　石英晶体
的符号

图 8-3-22　石英晶体的
等效电路

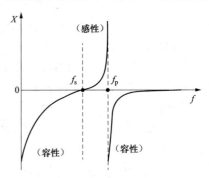

图 8-3-23　石英晶体的电抗幅频响应曲线

电阻部分。

当图 8-3-22 所示的等效电路中的 C、L、R 串联支路产生谐振时，该支路呈纯阻性，等效电阻为 R，电抗为 0。串联谐振频率用 f_s 表示，下标 s（serial）表示是串联谐振的意思，串联谐振频率 f_s 的表达式为

$$f_s = \frac{1}{2\pi \sqrt{LC}} \tag{8-3-41}$$

发生串联谐振时，等效电路的电抗等于电阻 R 和 C_0 并联后的阻抗，因为 C_0 很小，有 $R \ll \frac{1}{\omega_0 C_0}$，故可近似认为石英晶体也呈纯阻性，等效电阻为 R。

当 $f < f_s$ 时，C_0 和 C 电抗较大，起主导作用，石英晶体呈容性。

当 $f > f_s$ 时，L、C、R 支路呈感性，在某一频率下，呈感性的 L、C、R 支路将与 C_0 产生并联谐振，石英晶体呈纯阻性，并联谐振频率用 f_p 表示，下标 p（parallel）表示是并联谐振的意思。并联谐振频率 f_p 的表达式为

$$f_p = \frac{1}{2\pi \sqrt{L \dfrac{CC_0}{C+C_0}}} = \frac{1}{2\pi \sqrt{LC} \sqrt{\dfrac{C_0}{C+C_0}}}$$

$$= f_s \sqrt{1 + \frac{C}{C_0}} \tag{8-3-42}$$

在式（8-3-42）中，由于 $C \ll C_0$，所以有 $f_p \approx f_s$。

如图 8-3-23 所示，当 $f > f_p$ 时，电抗主要决定于 C_0，石英晶体呈容性。只有在 $f_s < f < f_p$ 的情况下，石英晶体才呈现感性，并且 C_0 和 C 的容量相差愈悬殊，f_s 和 f_p 愈接近，石英晶体呈感性的频带愈狭窄。

根据式（8-3-8），石英晶体的品质因数的表达式为

$$Q = \frac{1}{R} \sqrt{\frac{L}{C}} \tag{8-3-43}$$

由于 C 和 R 的数值都很小，L 数值很大，所以 Q 值高达 $10^4 \sim 10^6$，石英晶体振荡电路的频率稳定度 $\Delta f / f_0$ 可达 $10^{-6} \sim 10^{-8}$，f_0 表示谐振频率，采用稳频措施后频率稳定度 $\Delta f / f_0$ 可达 $10^{-10} \sim 10^{-11}$。而 LC 振荡电路的 Q 值只能达到几百，频率稳定度 $\Delta f / f_0$ 只能达到 10^{-5}。

（二）石英晶体正弦波电压振荡电路

1. 并联型石英晶体正弦电压波振荡电路

如果用石英晶体取代电容反馈式 LC 正弦波电压振荡电路中的电感，就得到并联型石英晶体正弦波振荡电路，如图 8-3-24 所示。

基本电压放大电路为共射放大电路，电容 C_E 为旁路电容，电容 C_B 为隔直电容，对交流信号可视为短路。并联型石英晶体正弦波电压振荡电路的交流通路如图 8-3-25 所示。

在图 8-3-25 中，若断开反馈，用×表示，给放大电路加输入电压，将此电路与图 8-3-19 相比，晶体的位置是电感。在 $f_s < f < f_p$ 的情况下，石英晶体呈现感性，晶体是可以作为电感使用的，将晶体看作电感，分析过程与电容反馈式 LC 正弦波电压振荡电路完全相同，电路的振荡频率等于石英晶体的并联谐振频率 f_p。在图 8-3-25 中晶体的旁边标注电感 L，表示晶体的作用为电感。

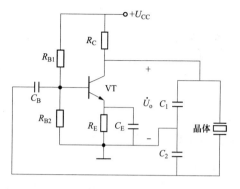 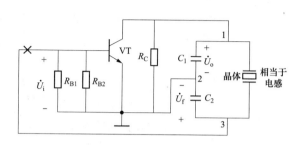

图 8-3-24 并联型石英晶体正弦波电压振荡电路   8-3-25 并联型石英晶体正弦波电压振荡电路的交流通路

2. 串联型石英晶体正弦波电压振荡电路

串联型石英晶体正弦波电压振荡电路如图 8-3-26 所示。

基本电压放大电路的第一级为共基放大电路，第二级为共集放大电路。反馈网络为晶体、电位器 R_f、电阻 R_{E1}。电容 C_1 为旁路电容，电容 C_2 为隔直电容，对交流信号可视为短路。串联型石英晶体正弦波电压振荡电路的交流通路如图 8-3-27 所示。

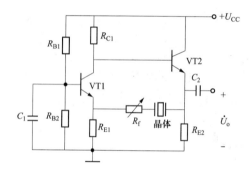 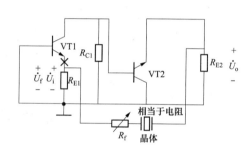

图 8-3-26 串联型石英晶体正弦波电压振荡电路   8-3-27 串联型石英晶体正弦波电压振荡电路的
                                                            交流通路

在图 8-3-27 中，若断开反馈，用×表示，给基本电压放大电路加输入电压，有 $\varphi_A=0°+0°=0°$，那么 φ_F 必须为 0°才能有 $\varphi_A+\varphi_F=0°$，才能满足相位平衡条件。只有在石英晶体呈纯阻性，即产生串联谐振时，φ_F 才能为 0°，在图 8-3-26 中晶体的旁边标注电阻 R，表示晶体的作用为电阻。电路的振荡频率为石英晶体的串联谐振频率 f_s。

调整 R_f 的阻值，可使电路满足正弦波振荡的起振条件。

第四节 非正弦波振荡电路

在实际应用电路中，除了常见的正弦波外，还有矩形波和锯齿波等常见的非正弦波。在反馈放大电路中，去掉输入信号，连接成闭环，若不止一种频率的信号同时满足环路放大倍数的模 $|\dot{A}\dot{F}|$ 为 1、相位差 $\varphi_A+\varphi_F=2n\pi$，那么在输出端就会有这些频率信号的合成信号输出，波形可以为各种波形，称为非正弦波振荡电路。常用的有方波、矩形波、三角波、锯齿波等非正弦波振荡电路。

一、方波产生电路

（一）工作原理

方波产生电路如图 8-4-1 所示。R_f 和 C 一阶电路组成无源积分电路，其余部分是一个反相双门限电压比较器，反相双门限电压比较器在第七章第三节中的运放非线性应用中有详细介绍。输出电压 u_o 经 R_fC 积分电路后产生一个变化的电压（即电容两端的电压 u_C）作为反相双门限电压比较器的输入信号，输出 u_o 是方波。

图 8-4-1 中，反相双门限电压比较器的上门限电压 U_{th1} 和下门限电压 U_{th2} 分别为

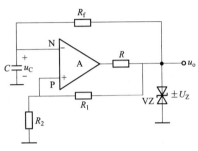

$$U_{th1} = +U_Z \frac{R_2}{R_1 + R_2} \qquad (8\text{-}4\text{-}1)$$

$$U_{th2} = -U_Z \frac{R_2}{R_1 + R_2} \qquad (8\text{-}4\text{-}2)$$

图 8-4-1　方波产生电路

在 0 时刻，电路刚开始接入电源时，假设电容 C 没有初始电荷，所以电容两端电压 u_C 为 0。假设电路刚开始接入电源的瞬间，运放的反相输入端的电位比同相输入端的电位高（这是随机的，也可以做相反的假设），运放的输出为负向饱和电压 U_{oL}，稳压管处于反向击穿状态，u_o 为 $-U_Z$。此处忽略稳压管的正向导通电压。

在 0 时刻，u_o 为 $-U_Z$，此时电容两端的电压 $u_C = 0\text{V}$，电容两端电压 u_C 的瞬时值表达式为 $u_C = -U_Z + (+U_Z)e^{-\frac{t}{R_fC}}$，$u_C$ 随时间逐渐下降，波形如图 8-4-2 所示。在 0 时刻，u_o 为 $-U_Z$，利用虚断，得到运放的同相输入端的电位 $u_P = -U_Z \frac{R_2}{R_1 + R_2}$，在 t_1 时刻，当电容两端的电压 u_C 低于 $u_P = -U_Z \frac{R_2}{R_1 + R_2}$，输出 u_o 跳变为 $+U_Z$，此处忽略稳压管的正向导通电压，运放的同相输入端的电位随之变为

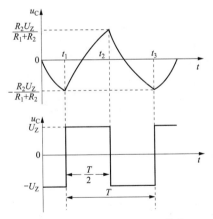

$$u_P = +U_Z \frac{R_2}{R_1 + R_2} \qquad (8\text{-}4\text{-}3)$$

在图 8-4-2 中，在 t_1 时刻，因为电容两端的电压 u_C 低于输出电压 $u_o = +U_Z$，输出电压 $u_o = +U_Z$ 通过 R_f 向 C 充电，u_C 随时间逐渐上升，在 t_2 时刻，当电容两端的电压 u_C 高于 $u_P = +U_Z \frac{R_2}{R_1 + R_2}$ 时，输出电压 u_o 从 $+U_Z$ 跳变为 $-U_Z$，运放的同相输入端的电位随之变为

$$u_P = -U_Z \frac{R_2}{R_1 + R_2} \qquad (8\text{-}4\text{-}4)$$

图 8-4-2　电容两端电压和输出电压的波形

在 t_2 时刻，此时电容两端的电压 u_C 大于 $u_o = -U_Z$，电容反向充电，u_C 随时间逐渐下降，此时 u_o 为 $-U_Z$，利用虚断，得到运放的同相输入端的电位 $u_P = -U_Z \frac{R_2}{R_1 + R_2}$，当电容两端的电压 u_C 低于 $u_P = -U_Z \frac{R_2}{R_1 + R_2}$，输出 u_o 跳变为 $+U_Z$，运放的同相输入端的电位立即变为 $u_P = +U_Z \frac{R_2}{R_1 + R_2}$。

如此周而复始，输出 u_o 得到方波。

（二）周期计算

根据图 8-4-2，利用三要素法，计算 t_1、t_2 两个时刻的时间差。时间常数 $\tau = R_f C$，起始值为 $u_C(t_1) = -U_Z \dfrac{R_2}{R_1 + R_2}$，终止值为 $u_C(\infty) = U_Z$，转换值 $u_C(t_2) = +U_Z \dfrac{R_2}{R_1 + R_2}$，代入 RC 过渡过程计算公式进行计算，即

$$t_2 - t_1 = \frac{T}{2} = \tau \ln \frac{u_C(\infty) - u_C(t_1)}{u_C(\infty) - u_C(t_2)} = R_f C \times \ln \frac{U_Z - \left(-U_Z \dfrac{R_2}{R_1 + R_2}\right)}{U_Z - U_Z \dfrac{R_2}{R_1 + R_2}} \qquad (8\text{-}4\text{-}5)$$

根据式（8-4-5），整理得

$$t_2 - t_1 = \frac{T}{2} = R_f C \ln \frac{R_1 + 2R_2}{R_1} \qquad (8\text{-}4\text{-}6)$$

根据式（8-4-6），求得周期 T 为

$$T = 2(t_2 - t_1) = 2 R_f C \ln \left(1 + 2 \frac{R_2}{R_1}\right) \qquad (8\text{-}4\text{-}7)$$

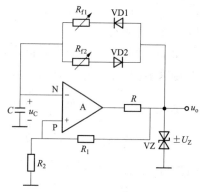

图 8-4-3　矩形波产生电路

二、矩形波产生电路

在图 8-4-1 的基础上，将电容的充电回路和放电回路的时间常数设置得不同，如图 8-4-3 所示，就可以得到矩形波。因为二极管具有单向导电性，当输出电压 u_o 为 $+U_Z$ 时，VD1 导通，经过 R_{f1} 向电容充电。当输出电压 u_o 为 $-U_Z$ 时，VD2 导通，电容经过 R_{f2} 放电（反向充电）。改变电阻 R_{f1} 和 R_{f2} 的参数，输出电压 u_o 就可以得到占空比可调的矩形波。此处忽略稳压管的正向导通电压。

求输出矩形波 u_o 的正半周的时间 T_1。参考图 8-4-2，输出矩形波 u_o 的正半周的时间为 $t_1 \sim t_2$。根据三要素法，已知时间常数为 $\tau_1 = R_{f1} C$，起始值为 $u_C(t_1) = -U_Z \dfrac{R_2}{R_1 + R_2}$，终止值为 $u_C(\infty) = U_Z$，转换值 $u_C(t_2) = +U_Z \dfrac{R_2}{R_1 + R_2}$，代入 RC 过渡过程计算公式进行计算，即

$$T_1 = t_2 - t_1 = \tau_1 \ln \frac{u_C(\infty) - u_C(t_1)}{u_C(\infty) - u_C(t_2)} = R_{f1} C \times \ln \frac{U_Z \dfrac{R_1 + 2R_2}{R_1 + R_2}}{U_Z \dfrac{R_1}{R_1 + R_2}} \qquad (8\text{-}4\text{-}8)$$

整理式（8-4-8），得到输出矩形波 u_o 的正半周的时间 T_1 的表达式为

$$T_1 = t_2 - t_1 = R_{f1} C \ln \frac{R_1 + 2R_2}{R_1} \qquad (8\text{-}4\text{-}9)$$

求输出矩形波 u_o 的负半周的时间 T_2。参考图 8-4-2，根据三要素法，输出矩形波的负半周的时间为 $t_2 \sim t_3$。已知时间常数为 $\tau_2 = R_{f2} C$，起始值为 $u_C(t_2) = +U_Z \dfrac{R_2}{R_1 + R_2}$，终止值为 $u_C(\infty) = -U_Z$，转换值 $u_C(t_3) = -U_Z \dfrac{R_2}{R_1 + R_2}$，代入 RC 过渡过程计算公式进行计算，即

$$T_2 = \tau_2 \ln \frac{u_C(\infty) - u_C(t_1)}{u_C(\infty) - u_C(t_2)} = R_{f2}C \times \ln \frac{-U_z - \left(+U_z\dfrac{R_2}{R_1+R_2}\right)}{-U_z - \left(-U_z\dfrac{R_2}{R_1+R_2}\right)}$$

$$= R_{f2}C \times \ln \frac{U_z\dfrac{R_1+2R_2}{R_1+R_2}}{U_z\dfrac{R_1}{R_1+R_2}} = R_{f2}C \times \ln \frac{R_1+2R_2}{R_1} \tag{8-4-10}$$

将式（8-4-9）和式（8-4-10）相加，求得输出矩形波 u_o 的周期 T 为

$$T = T_1 + T_2 = (R_{f1} + R_{f2})C\ln\left(1 + 2\frac{R_2}{R_1}\right) \tag{8-4-11}$$

三、三角波产生电路

（一）电路结构

三角波产生电路如图 8-4-4 所示。

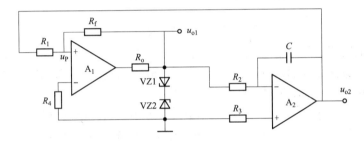

图 8-4-4　三角波产生电路

在图 8-4-4 中，运放 A_1 构成同相双门限电压比较器，其工作原理在第七章第三节运放的非线性应用中有详细介绍，R_o 为限流电阻，保证稳压管能够处于反向击穿状态，具有稳压作用。当运放 A_1 输出为正向饱和电压 U_{oH} 时，稳压管 VZ2 反向击穿，稳压管 VZ1 正向导通，u_{o1} 的值为 $u_{o1} = +U_z + U_{on}$，其中 U_{on} 为 VZ1 的正向导通电压。当运放 A_1 输出为负向饱和电压 U_{oL} 时，稳压管 VZ1 反向击穿，稳压管 VZ2 正向导通，u_{o1} 的值为 $u_{o1} = -U_z - U_{on}$，其中 U_{on} 为 VZ2 的正向导通电压。所以 u_{o1} 为方波信号。

在图 8-4-4 中，运放 A_2 构成反相积分电路，u_{o1} 为反相积分电路的输入信号，u_{o2} 为三角波信号。三角波 u_{o2} 同时作为同相双门限电压比较器的输入信号。

（二）工作原理

电路刚开始接入电源时，假定电容 C 没有初始电荷，所以电容两端初始电压为 0，u_{o2} 也为 0。假设电路刚开始接入电源的瞬间，运放 A_1 的同相输入端的电位比反相输入端的电位高（这是随机的，也可以做相反的假设）。

参考第七章第三节中对运放的非线性应用的介绍，根据叠加定理，运放 A_1 的同相输入端的电位 u_P 为

$$u_P = \frac{R_1}{R_1 + R_f}u_{o1} + \frac{R_f}{R_1 + R_f}u_{o2} \tag{8-4-12}$$

因为运放 A_1 的反相输入端的电位 $u_N = 0\text{V}$，所以当 u_P 过 0V 时，运放 A_1 的输出 u_{o1} 将会发生跳变，据此可求得上门限电压 U_{th1} 和下门限电压 U_{th2}。令 $u_P = 0\text{V}$，得

$$\frac{R_1}{R_1+R_f}u_{o1}+\frac{R_f}{R_1+R_f}u_{o2}=0 \tag{8-4-13}$$

根据式（8-4-13），整理得到输出 u_{o2} 的表达式为

$$u_{o2}=-\frac{R_1}{R_f}u_{o1} \tag{8-4-14}$$

为描述方便起见，此处假设稳压管正偏时的正向导通电压 $U_{on}=0$，根据式（8-4-14），当输出 u_{o1} 为 $+U_Z$ 时，有 $u_{o2}=-\frac{R_1}{R_f}u_{o1}=-\frac{R_1}{R_f}U_Z$，求得运放 A_1 构成的同相双门限电压比较器的下门限电压为

$$U_{th2}=-U_Z\frac{R_1}{R_f} \tag{8-4-15}$$

根据式（8-4-14），当输出 u_{o1} 为 $-U_Z$ 时，有 $u_{o2}=-\frac{R_1}{R_f}u_{o1}=-\frac{R_1}{R_f}(-U_Z)=+\frac{R_1}{R_f}U_Z$，求得运放 A_1 构成的同相双门限电压比较器的上门限电压为

$$U_{th1}=+U_Z\frac{R_1}{R_f} \tag{8-4-16}$$

运放 A_1 构成同相双门限电压比较器，其输出 u_{o1} 为 $-U_Z$ 和 $+U_Z$，所以 u_{o1} 为方波信号。运放 A_2 构成积分电路，其输出 u_{o2} 为三角波，输出波形如图 8-4-5 所示，u_{o1} 为方波，正峰值为 $+U_Z$，负峰值为 $-U_Z$。u_{o2} 为三角波，正峰值记为 U_{om2}，负峰值记为 U_{on2}。

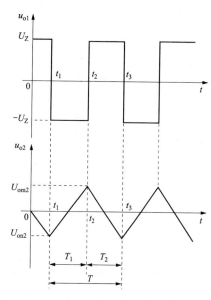

图 8-4-5　方波和三角波输出波形

在图 8-4-5 中，假设电路刚开始接入电源的瞬间，运放的反相输入端的电位比同相输入端的电位低（这是随机的，也可以做相反的假设），运放的输出为正向饱和电压 U_{oH}，稳压管处于反向击穿状态，u_{o1} 为 $+U_Z$。假设电容的初始电压为 0V，从 0 时刻开始，输出电压 u_{o2} 的表达式为

$$u_{o2}(t)=-\frac{1}{R_2C}\int_0^t u_{o1}\,dt=-\frac{1}{R_2C}(+U_Z)t \tag{8-4-17}$$

从式（8-4-17）可知，u_{o2} 是时间 t 的线性函数，在 $0\sim t_1$ 时间段内，u_{o2} 负向增长，当到达 t_1 时刻时，只要 u_{o2} 比下门限电压 U_{th2} 稍小，u_{o1} 就跳变为 $-U_Z$，在 t_1 时刻得到三角波 u_{o2} 的负峰值，用 U_{on2} 表示，即

$$U_{on2}=U_{th2}=-U_Z\frac{R_1}{R_f} \tag{8-4-18}$$

在图 8-4-5 中，在 t_1 时刻，输出 u_{o1} 为 $-U_Z$，从 t_1 时刻开始，输出电压 u_{o2} 的表达式为

$$u_{o2}(t)=u_{o2}(t_1)-\frac{1}{R_2C}\int_{t_1}^t u_{o1}\,dt=-U_Z\frac{R_1}{R_f}-\frac{1}{R_2C}(-U_Z)(t-t_1) \tag{8-4-19}$$

从式（8-4-19）可知，u_{o2} 是时间 t 的线性函数，在 $t_1\sim t_2$ 时间段内，输出电压 u_{o2} 向正向增长，当到达 t_2 时刻时，只要 u_{o2} 比上门限电压 U_{th1} 稍大时，u_{o1} 就跳变为 $+U_Z$，在 t_2 时刻得到三角波 u_{o2} 的正峰值，用 U_{om2} 表示，即

$$U_{om2} = U_{th2} = +U_z \frac{R_1}{R_f} \tag{8-4-20}$$

在 t_2 时刻，将式（8-4-20）代入式（8-4-19），得

$$+U_z \frac{R_1}{R_f} = -U_z \frac{R_1}{R_f} - \frac{1}{R_2 C}(-U_z)(t_2 - t_1) \tag{8-4-21}$$

整理求得时间 $t_2 - t_1$，即

$$t_2 - t_1 = 2\frac{R_1}{R_f} R_2 C \tag{8-4-22}$$

在图 8-4-5 中，在 t_2 时刻输出 u_{o1} 为 $+U_z$，从 t_2 时刻开始，输出电压 u_{o2} 的表达式为

$$u_{o2}(t) = u_{o2}(t_2) - \frac{1}{R_2 C}\int_{t_2}^{t} u_{o1}\,\mathrm{d}t = +U_z \frac{R_1}{R_f} - \frac{1}{R_2 C}U_z(t - t_2) \tag{8-4-23}$$

从式（8-4-23）可知，u_{o2} 是时间 t 的线性函数，随着时间的增长而负向变化。在 $t_2 \sim t_3$ 时间段内，u_{o2} 负向增长，当到达 t_3 时刻时，只要 u_{o2} 比下门限电压 U_{th2} 稍小，u_{o1} 就跳变为 $-U_z$，在 t_3 时刻得到三角波 u_{o2} 的负峰值 U_{on2}，即

$$U_{on2} = U_{th2} = -U_z \frac{R_1}{R_f} \tag{8-4-24}$$

在 t_3 时刻，将式（8-4-24）代入式（8-4-23），得

$$-U_z \frac{R_1}{R_f} = +U_z \frac{R_1}{R_f} - \frac{1}{R_2 C}(+U_z)(t_3 - t_2) \tag{8-4-25}$$

整理求得时间 $t_3 - t_2$，即

$$t_3 - t_2 = 2\frac{R_1}{R_f} R_2 C \tag{8-4-26}$$

电容不断地充电和放电，如此周而复始，可以同时得到 u_{o2} 三角波和 u_{o1} 方波。

（三）周期计算

u_{o2} 正向增长的时间 T_1 的表达式为

$$T_1 = t_2 - t_1 = 2\frac{R_1}{R_f} R_2 C = \frac{2R_1 R_2 C}{R_f} \tag{8-4-27}$$

u_{o2} 负向增长的时间 T_2 的表达式为

$$T_2 = t_3 - t_2 = 2\frac{R_1}{R_f} R_2 C = \frac{2R_1 R_2 C}{R_f} \tag{8-4-28}$$

T_2 与 T_1 相等，所以三角波 u_{o2} 的周期 T 的表达式，如下式。方波 u_{o1} 的周期与三角波 u_{o2} 的周期相同。周期 T 只与电阻和电容的值有关，与方波电压的值无关。

$$T = 2T_1 = \frac{4R_1 R_2 C}{R_f} \tag{8-4-29}$$

四、锯齿波产生电路

（一）电路结构

在图 8-4-4 所示的三角波产生电路的基础上，将积分电路中的电阻 R_2 支路变为如图 8-4-6 所示的 R_{21}、R_{22} 两条支路，使电容 C 的充电回路和放电回路采用不同的电阻，从而改变充电时间常数、放电时间常数，u_{o2} 三角波变为锯齿波，u_{o1} 方波变为矩形波。R_o 为限流电阻，保证稳压管能够处于反向击穿状态，具有稳压作用。当运放 A_1 输出为正向饱和电压 U_{oH} 时，稳压管 $VZ2$ 反向击穿，稳压管 $VZ1$ 正向导通，u_{o1} 的值为 $u_{o1} = +U_z + U_{on}$，其中 U_{on} 为 $VZ1$ 的正向

导通电压。当运放 A_1 输出为负向饱和电压 U_{oL} 时，稳压管 VZ1 反向击穿，稳压管 VZ2 正向导通，u_{o1} 的值为 $u_{o1} = -U_Z - U_{on}$，其中 U_{on} 为 VZ2 的正向导通电压。为描述方便起见，此处假设稳压管正偏时的正向导通电压 $U_{on} = 0$。

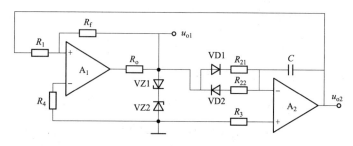

图 8-4-6 锯齿波产生电路

（二）工作原理

电路刚开始接入电源时，假定电容 C 没有初始电荷，所以电容两端初始电压为 0，u_{o2} 也为 0。假设电路刚开始接入电源的瞬间，运放 A_1 的同相输入端的电位比反相输入端的电位高（这是随机的，也可以假设相反），稳压管稳压后 u_{o1} 输出为 $+U_Z$，U_Z 为稳压管的反向击穿电压。根据第七章第三节运放的非线性应用的介绍，可计算出同相双门限电压比较器的上门限电压和下门限电压分别为

$$U_{th1} = +U_Z \frac{R_1}{R_f} \tag{8-4-30}$$

$$U_{th2} = -U_Z \frac{R_1}{R_f} \tag{8-4-31}$$

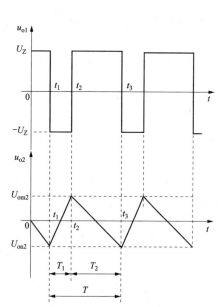

图 8-4-7 锯齿波输出波形

锯齿波产生电路的输出波形如图 8-4-7 所示。u_{o1} 为矩形波，正峰值为 $+U_Z$，负峰值为 $-U_Z$。u_{o2} 为锯齿波，正峰值为 U_{om2}，负峰值为 U_{on2}。

在图 8-4-7 中，假设在 0 时刻输出 u_{o1} 为 $+U_Z$，从 0 时刻开始，输出电压 u_{o2} 的表达式为

$$u_{o2}(t) = -\frac{1}{R_{21}C}\int_0^t u_{o1} \mathrm{d}t = -\frac{1}{R_{21}C}(+U_Z)t \tag{8-4-32}$$

从式（8-4-32）可知，u_{o2} 是时间 t 的线性函数，随着时间的增长而负向变化。在 $0 \sim t_1$ 时间段内，u_{o2} 负向增长，当到达 t_1 时刻时，只要 u_{o2} 比下门限电压 U_{th2} 稍小，u_{o1} 就跳变为 $-U_Z$，在 t_1 时刻得到锯齿波 u_{o2} 的负峰值，用 U_{on2} 表示，即

$$U_{on2} = U_{th2} = -U_Z \frac{R_1}{R_f} \tag{8-4-33}$$

在图 8-4-7 中，在 t_1 时间段内，输出 u_{o1} 为 $-U_Z$，从 t_1 时刻开始，输出电压 u_{o2} 的表达式为

$$u_{o2}(t) = u_{o2}(t_1) - \frac{1}{R_{22}C}\int_{t_1}^t u_{o1} \mathrm{d}t = -U_Z \frac{R_1}{R_f} - \frac{1}{R_{22}C}(-U_Z)(t-t_1) \tag{8-4-34}$$

从式（8-4-34）可知，u_{o2} 是时间 t 的线性函数，在 $t_1 \sim t_2$ 时间段内，输出电压 u_{o2} 向正向增长，当到达 t_2 时刻时，只要 u_{o2} 比上门限电压 U_{th1} 稍大，u_{o1} 就跳变为 $+U_Z$，在 t_2 时刻得到锯齿波 u_{o2} 的正峰值，用 U_{om2} 表示，即

$$U_{om2} = U_{th2} = +U_Z \frac{R_1}{R_f} \tag{8-4-35}$$

在 t_2 时刻，将式（8-4-35）代入式（8-4-34），得

$$+U_Z \frac{R_1}{R_f} = -U_Z \frac{R_1}{R_f} - \frac{1}{R_{22}C}(-U_Z)(t_2 - t_1) \tag{8-4-36}$$

整理求得时间 $t_2 - t_1$，即

$$t_2 - t_1 = 2 \frac{R_1}{R_f} R_{22} C \tag{8-4-37}$$

在图 8-4-7 中，在 t_2 时刻输出 u_{o1} 为 $+U_Z$，从 t_2 时刻开始，输出电压 u_{o2} 的表达式为

$$u_{o2}(t) = u_{o2}(t_2) - \frac{1}{R_{21}C} \int_{t_2}^{t} u_{o1} \, \mathrm{d}t = +U_Z \frac{R_1}{R_f} - \frac{1}{R_{21}C} U_Z(t - t_2) \tag{8-4-38}$$

从式（8-4-38）可知，u_{o2} 是时间 t 的线性函数，随时间增长而负向变化。在 $t_2 \sim t_3$ 时间段内，u_{o2} 负向增长，当到达 t_3 时刻时，只要 u_{o2} 比下门限电压 U_{th2} 稍小，u_{o1} 就跳变为 $-U_Z$，在 t_3 时刻得到锯齿波 u_{o2} 的负峰值 U_{on2}，即

$$U_{on2} = U_{th2} = -U_Z \frac{R_1}{R_f} \tag{8-4-39}$$

在 t_3 时刻，将式（8-4-39）代入式（8-4-38），得

$$-U_Z \frac{R_1}{R_f} = +U_Z \frac{R_1}{R_f} - \frac{1}{R_{21}C}(+U_Z)(t_3 - t_2) \tag{8-4-40}$$

整理求得时间 $t_3 - t_2$，即

$$t_3 - t_2 = 2 \frac{R_1}{R_f} R_{21} C \tag{8-4-41}$$

电容不断地充电和放电，如此周而复始，可以同时得到锯齿波 u_{o2} 和矩形波 u_{o1}。

（三）周期计算

u_{o2} 正向增长的时间 T_1 的表达式为

$$T_1 = t_2 - t_1 = 2 \frac{R_1}{R_f} R_{22} C \tag{8-4-42}$$

u_{o2} 负向增长的时间 T_2 的表达式为

$$T_2 = t_3 - t_2 = 2 \frac{R_1}{R_f} R_{21} C \tag{8-4-43}$$

得到锯齿波 u_{o2} 的周期 T 为

$$T = T_1 + T_2 = \frac{2R_1 R_{22} C}{R_f} + \frac{2R_1 R_{21} C}{R_f} = \frac{2R_1 C}{R_f}(R_{22} + R_{21}) \tag{8-4-44}$$

矩形波 u_{o1} 的周期与锯齿波 u_{o2} 的周期完全相同。

小 结

本章主要讲述了信号产生电路，包括正弦信号和非正弦信号。

　　正弦信号产生电路包括基本放大电路、正反馈网络、选频网络和稳幅环节 4 部分。从选频网络的角度，正弦信号产生电路可分为 RC 电路、LC 电路和石英晶体 3 类。在基本放大电路的中频区人为引入正反馈，而第六章的负反馈放大电路是在中频区人为引入负反馈，这两部分内容有相同点，也有不同点。相同点是都有反馈，电路中有闭环，可以利用环路放大倍数来分析问题；不同点是中频区的反馈极性不同。本章中要人为引入正反馈。要产生单一频率的正弦波，必须使用选频网络。选频网络有 RC、LC 和石英晶体 3 种。RC 选频网络有 RC 串并联选频网络、RC 超前电路选频网络、RC 滞后电路选频网络等类型。LC 选频网络主要是 LC 并联谐振回路。LC 并联谐振回路与基本放大电路的 3 种接法分别称为变压器反馈式、电感反馈式和电容反馈式 LC 正弦波产生电路。石英晶体可以构成频率非常稳定的 LC 正弦波产生电路。选频网络是使环路放大倍数的相频响应在某一个频率点满足振荡的相位平衡条件，所以正弦波信号的频率是由相位平衡条件来决定的。选频网络和正反馈网络可以由同一个电路来承担，也可以使用不同的电路。在起振阶段，环路放大倍数的模要大于 1，这样才能使某个频率的噪声信号的幅度逐渐加强，但是这个增强过程不是无限的。随着正弦信号的逐渐增大，基本放大电路的放大倍数下降，输出信号的幅度不再增大，趋于稳定。但是此时基本放大电路中的 BJT 的动态工作范围进入饱和区（场效应管称为可变电阻区）和截止区，正弦信号波形会出现饱和失真和截止失真。因此稳幅环节一般使用非线性元件来实现，如二极管，二极管的等效电阻会随着端电压的增加而减小，会随着端电压的减小而增加。工作在可变电阻区的场效应管也是一个由栅源电压控制的可变电阻。也可以使用热敏电阻来实现稳幅环节。

　　非正弦信号包括矩形波、方波、三角波和锯齿波，由双门限电压比较器和 RC 积分电路构成闭环，形成正反馈，实际上可以认为有很多频率的正弦信号都满足相位平衡条件，所以不需要选频网络。根据三要素法，计算信号的周期。

习　　题

8-1　如题 8-1 图所示电路是一个正弦波电压振荡电路，回答下列问题：

（1）指出基本电压放大电路、正反馈网络、选频网络和稳幅环节分别是电路的哪个部分。

（2）为保证电路正常的工作，节点 K、J、L、M 应该如何连接？

（3）R_2 应该选多大才能起振？（4）正弦波电压的频率是多少？

（5）若 R_2 使用热敏电阻来实现稳幅环节，应该具有正温度系数还是负温度系数？

8-2　正弦波电压振荡电路如题 8-2 图所示。

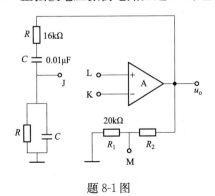

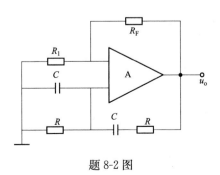

题 8-1 图　　　　　　　　　　　　　题 8-2 图

（1）为使电路产生正弦波电压振荡，标出集成运放的"＋"和"－"，并说明电路是哪种正弦波电压振荡电路（从选频网络来划分）。

（2）若 R_1 短路，则电路将产生什么现象？

（3）若 R_1 断路，则电路将产生什么现象？

（4）若 R_F 短路，则电路将产生什么现象？

（5）若 R_F 断路，则电路将产生什么现象？

8-3　RC 串并联选频网络正弦波电压振荡电路如题 8-3 图所示，试求：

（1）若要电路能起振，电位器 R_P 的取值范围。

（2）R_2 电阻是双联可变电阻，阻值可以同时变化，求输出端正弦波电压的频率范围。

（3）输出正弦波是否有失真？如何解决？

8-4　由运放构成的 RC 桥式正弦波电压振荡电路如题 8-4 图所示，$R = 10\text{k}\Omega$，$C = 0.1\mu\text{F}$。

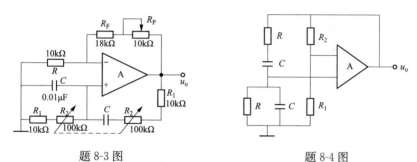

题 8-3 图　　　　　　　　题 8-4 图

（1）在运放符号中标出同相输入端和反相输入端，以使电路能满足自激振荡的相位平衡条件。

（2）电路若能起振，对 R_2 和 R_1 有何要求？

（3）计算电路的振荡频率 f_0。

8-5　根据相位平衡条件判断题 8-5 图所示电路能否产生正弦波振荡，并简要说明 R_P、VD1、VD2 的作用。

8-6　在题 8-6 图所示的 RC 桥式正弦波振荡电路中，已知 $R_F = 10\text{k}\Omega$，双联可变电容器可调范围是 $3 \sim 30\mu\text{F}$。要求电路正弦波输出电压 u_o 的频率为 $0.1 \sim 1\text{kHz}$。

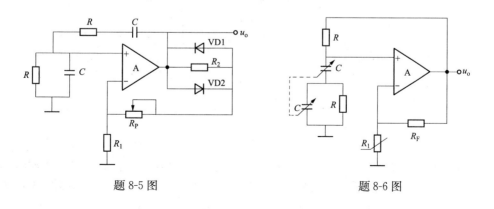

题 8-5 图　　　　　　　　题 8-6 图

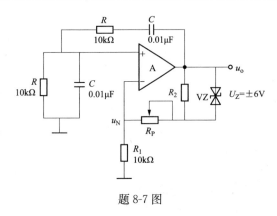

题 8-7 图

（1）电阻 R 应如何选？

（2）具有正温度系数的热敏电阻 R_1 应如何选？

8-7 题 8-7 图所示的电路为 RC 串并联正弦波电压振荡电路，设运放是理想的。

（1）为能起振，$R_P + R_2$ 应为多少？

（2）求电路的振荡频率 f_0。

（3）试证明电路稳定振荡时输出正弦波电压的幅值为 $U_{om} = \dfrac{3R_1}{2R_1 - R_P} U_Z$。

8-8 电路如题 8-8 图所示，合理连线，组成 RC 串并联选频网络正弦波电压振荡电路。

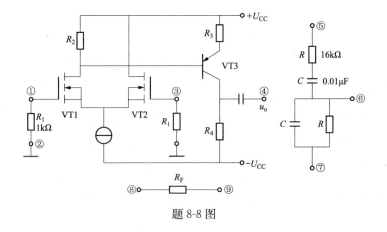

题 8-8 图

8-9 电路如题 8-9 图所示。

（1）要使 u_o 有波形输出，R_1、R_2 应有什么关系？

（2）画出 u_{o1}、u_o 的波形，并在图上标出波形的周期和幅值。

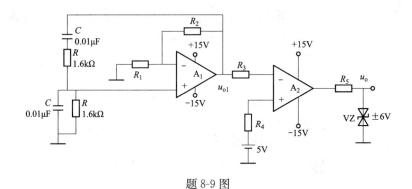

题 8-9 图

8-10 用相位平衡条件判断题 8-10 图所示电路能否产生正弦波振荡，并简述理由。

8-11 RC 超前电路选频网络正弦波电压振荡电路如题 8-11 图所示，选频网络采用三级 RC 超前电路。BJT 可以工作在放大状态。分析该电路的工作原理。

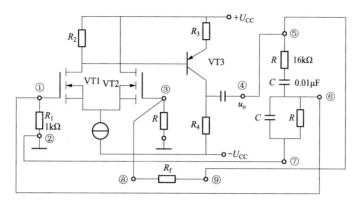

题 8-10 图

8-12 RC 滞后电路选频网络正弦波电压振荡电路如题 8-12 图所示，选频网络采用三级 RC 滞后电路。BJT 可以工作在放大状态。分析该电路的工作原理。

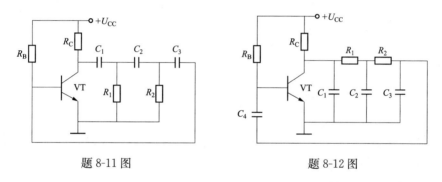

题 8-11 图   题 8-12 图

8-13 用相位平衡条件判断题 8-13 图所示电路能否产生正弦波振荡，并简述理由。

8-14 电路题 8-14 图所示，用相位平衡条件判断该电路能否产生正弦波振荡，要求画出其交流通路，并在交流通路中标出 $\dot{U}_i$、$\dot{U}_o$、$\dot{U}_f$。

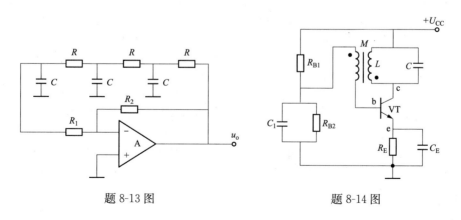

题 8-13 图   题 8-14 图

8-15 应用相位平衡条件判断题 8-15 图所示电路能否振荡？如果能振荡，请简要说明理由，对于不能振荡的电路，应如何改动才能振荡？图中 C_E、C_B 为大电容，对交流信号可视为短路。

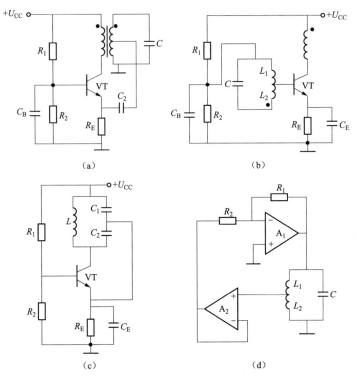

题 8-15 图

8-16 分别标出题 8-16 图所示各电路中变压器的同名端，使之满足正弦波电压振荡的相位平衡条件。要求画出交流通路。

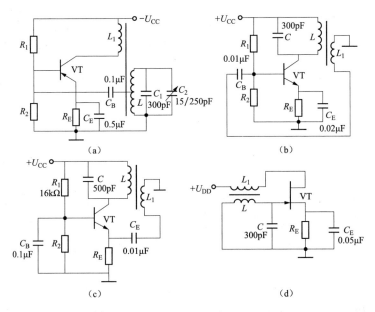

题 8-16 图

8-17 分别判断题 8-17 图所示各电路是否满足正弦波电压振荡的相位平衡条件。

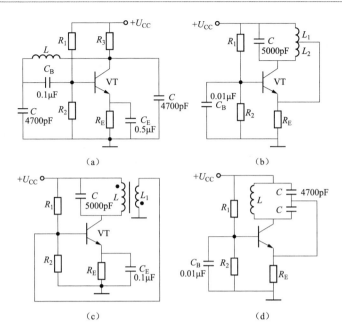

题 8-17 图

8-18　改正题 8-17 图（b）、（c）所示两电路中的错误，使之有可能产生正弦波电压振荡。

8-19　在题 8-19 图所示电路中，已知 $R_1=10\text{k}\Omega$，$R_2=20\text{k}\Omega$，$R_f=10\text{k}\Omega$，$C=0.01\mu\text{F}$，集成运放的输出正向饱和电压和负向饱和电压分别为 +12V 和 −12V，稳压管处于反向击穿状态，稳压管的稳定电压 U_Z 为 6.2V，最小稳定工作电流 I_{zmin} 为 10mA，最大稳定工作电流 I_{zmax} 为 30mA。

（1）画出 u_o 和 u_C 的波形。

（2）求出电路的振荡周期。

（3）计算限流电阻 R 的取值范围。

8-20　在题 8-20 图所示电路中，已知 $R_1=10\text{k}\Omega$，$R_2=20\text{k}\Omega$，$C=0.01\mu\text{F}$，集成运放的输出正向饱和电压和负向饱和电压为 +12V 和 −12V，二极管的交流电阻可忽略不计。

（1）画出 u_o 和 u_C 的波形。

（2）求出电路的振荡周期。

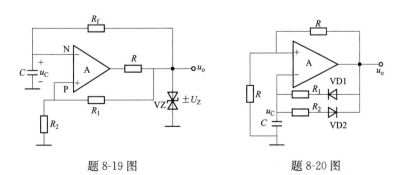

题 8-19 图　　　　　　　　题 8-20 图

8-21　题 8-21 图所示电路为一波形发生器。已知稳压管的稳定电压 $U_Z=6.2\text{V}$，稳压管正向导通电压为 0.7V，$R_1=R_f=20\text{k}\Omega$，$R_4=R_2=R_3=10\text{k}\Omega$，$C=0.047\mu\text{F}$。

（1）试画出 u_{o1}、u_{o2} 的波形。

（2）计算脉冲波形的周期。

（3）计算三角波的峰值。

（4）假定稳压管的最小稳定工作电流 I_{zmin} 为 10mA，最大稳定工作电流 I_{zmax} 为 30mA，计算限流电阻 R_o 的范围。

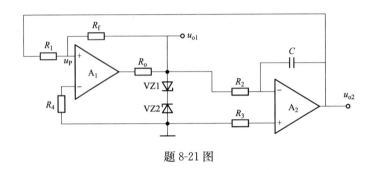

题 8-21 图

8-22 题 8-22 图所示电路为一波形发生器。已知 $U_R=1V$，稳压管的稳定电压 $U_Z=6V$，稳压管的正向导通电压为 0.7V，$R_1=20k\Omega$，$R_2=3.9k\Omega$，$R_3=150k\Omega$，$R_F=10k\Omega$，$R_{P1}=6.8k\Omega$，$R_{P2}=150k\Omega$，$C=0.1\mu F$。

（1）试画出 u_{o1}、u_{o2} 的波形。

（2）计算脉冲波形的周期和脉冲宽度。求 u_{o1} 的占空比。

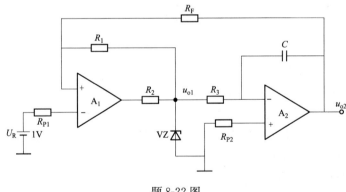

题 8-22 图

8-23 题 8-23 图所示电路为一波形发生器。已知参考电压源 $U_R=1V$，稳压管的稳定电压 $U_Z=6V$，忽略稳压管的正向导通电压，$R_1=20k\Omega$，$R_2=3.9k\Omega$，$R_3=150k\Omega$，$R_F=10k\Omega$，$R_{P1}=6.8k\Omega$，$R_{P2}=150k\Omega$，$C=0.1\mu F$。

（1）试画出 u_{o1}、u_{o2} 的波形。

（2）计算脉冲波形的周期和脉冲宽度。

8-24 题 8-24 图所示为方波-三角波发生器。已知稳压管的稳定电压 $U_Z=6V$，忽略稳压管的正向导通电压，$R_1=20k\Omega$，$R_2=10k\Omega$，$R_3=3.9k\Omega$，$R_{P1}=6.8k\Omega$，$R_{P2}=150k\Omega$，$R=150k\Omega$，$C=0.1\mu F$。

（1）试画出 u_{o1}、u_{o2} 的波形。

（2）分析 u_{o1}、u_{o2} 的波形随参考电压 U_R 变化的规律。

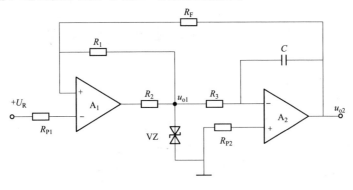

题 8-23 图

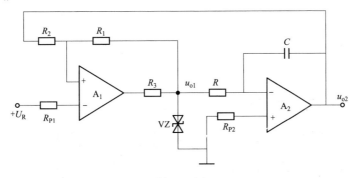

题 8-24 图

8-25　电路如题 8-25 图所示，已知集成运放的电源电压为 $\pm12V$，直流电压源 U_{REF} 的数值在 u_{o2} 的峰峰值之间。$R_1=15k\Omega$，$R_f=30k\Omega$，$R_2=100k\Omega$，$C=0.1\mu F$。

（1）求 A_1 组成的电压比较器的门限电压。

（2）求 A_2 组成的积分电路的输出电压 u_{o2} 的正峰值和负峰值。

（3）设 $U_{REF}=2.6V$，画出 u_{o1}、u_{o2} 和 u_{o3} 的波形。

（4）求 u_{o3} 的占空比。

（5）说明 U_{REF} 对 u_{o3} 的占空比的控制作用，求 U_{REF} 的取值范围。

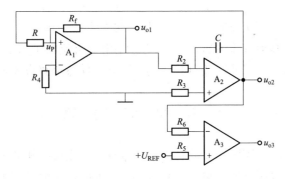

题 8-25 图

第九章　单相小功率直流稳压电源

本章提要

　　电子电路都需要稳定的直流电源供电。虽然在有些情况下（如便携设备）可用化学电池作为直流电源，但大多数情况是利用电网提供的交流电源经过转换而得到直流电源的。本章讲述单相小功率直流稳压电源的结构，包括电源变压器、整流、滤波和稳压4部分。对桥式整流电路、电容滤波电路进行详细计算。最后介绍线性稳压电路和开关稳压电路。

第一节　概　　述

　　单相小功率直流稳压电源的框图如图 9-1-1 所示。

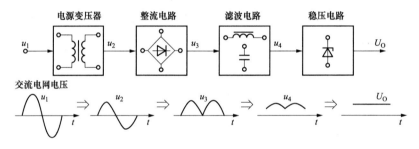

图 9-1-1　单相小功率直流稳压电源的框图

　　图 9-1-1 中的各环节的功能如下：

　　（1）电源变压器：将有效值为 220V、频率为 50Hz 的正弦交流电网电压 u_1 降压为幅值合适的交流电压 u_2。

　　（2）整流电路：将正弦交流电压 u_2 变为脉动的直流电压 u_3。

　　（3）滤波电路：将脉动直流电压 u_3 转变为较平滑的直流电压 u_4。

　　（4）稳压电路：清除电网波动及负载变化的影响，保持负载直流电压 U_O 的稳定。

第二节　整　流　电　路

　　整流电路的任务是将交流电压变成脉动直流电压。完成这一任务主要依靠二极管的单向导电性，因此二极管是构成整流电路的核心器件。常见的整流电路有单相半波整流、单相全波变压器中心抽头式整流和单相全波桥式整流电路。为了分析方便起见，电路中的二极管都视为理想二极管。下面介绍单相全波桥式整流电路的工作原理。

一、桥式整流电路

桥式整流电路如图 9-2-1（a）所示。T 为降压变压器，它将交流电网的电压 u_1 降压成 u_2，$u_2 = \sqrt{2}U_2\sin\omega t$，其中，$U_2$ 为变压器二次侧电压的有效值。4 个整流二极管彼此连接成电桥的形式，因此称为桥式整流电路。图 9-2-1（b）为简易画法，集成的桥式整流电路称为整流桥堆。整流桥堆一般采用简易画法。

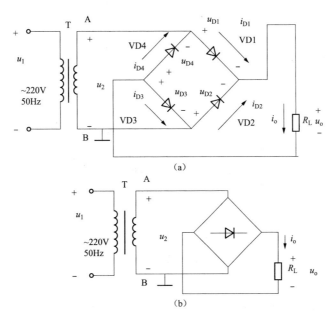

图 9-2-1　桥式整流电路

（a）一般画法；（b）简易画法

（一）桥式整流电路的工作原理

这是具有 4 个二极管的电路，尽管电路中 $u_2 = \sqrt{2}U_2\sin\omega t$ 是一个正弦波，这个信号在电路理论中称为是一个交流信号，但是在电子技术中的交流信号的定义与电路理论中有所不同。电子技术中所谓的交流信号是小信号，小信号的含义是二极管的非线性特性在所谓的小信号的前提下可以近似认为是线性的。因此，此处二极管的模型应该采用直流模型而非交流模型，为简单起见采用直流理想模型。

同时断开这 4 个二极管，二极管 VD1 的阳极电位是 $u_2 = \sqrt{2}U_2\sin\omega t$，二极管 VD4 的阴极电位是 $u_2 = \sqrt{2}U_2\sin\omega t$，二极管 VD2 的阳极电位是 0，二极管 VD3 的阴极电位是 0。

当 $u_2 > 0$ 时，A 点具有最高的电位，所以二极管 VD1 一定导通，二极管 VD4 一定截止，二极管 VD1 可以用理想的导线代替，这使得二极管 VD2 的阴极具有最高的电位，所以 VD2 一定截止，B 点的电位为 0，具有最低的电位，所以二极管 VD3 一定导通，二极管 VD3 可以用理想的导线代替。综上所述，有 $u_o = u_2$。

当 $u_2 < 0$ 时，A 点具有最低的电位，所以二极管 VD1 一定截止，二极管 VD4 一定导通，二极管 VD4 可以用理想的导线代替，这使得二极管 VD3 的阳极具有最低的电位，所以 VD3 一定截止，B 点的电位为 0，具有最高的电位，所以二极管 VD2 一定导通，二极管 VD2 可以用理想的导线代替。综上所述，有 $u_o = -u_2$。

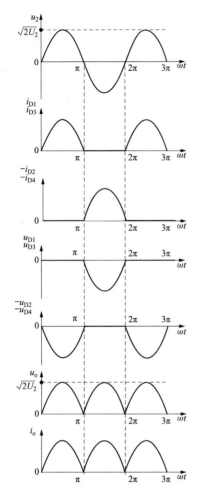

图 9-2-2　桥式整流电路波形

当 $u_2 > 0$ 时，即在 u_2 的正半周，二极管 VD1 和 VD3 导通，$u_{D1} = 0$，$u_{D3} = 0$，$i_{D1} = i_{D3} = i_o$。二极管 VD2 和 VD4 截止，$u_{D2} = -u_2$，$u_{D4} = -u_2$，$i_{D2} = i_{D4} = 0$。此时负载上的电压 $u_o = u_2$，回路中电流的真实方向与 i_{D1} 的参考方向和 i_{D3} 的参考方向一致，与负载电流 i_o 的参考方向也一致。

当 $u_2 < 0$ 时，即在 u_2 的负半周，二极管 VD2 和 VD4 导通，$u_{D2} = 0$，$u_{D4} = 0$，$i_{D2} = i_{D4} = i_o$。二极管 VD1 和 VD3 截止，$u_{D1} = u_2$，$u_{D3} = u_2$，$i_{D1} = i_{D3} = 0$。此时负载上的电压 $u_o = -u_2$，回路中电流的真实方向与 i_{D2} 的参考方向和 i_{D4} 的参考方向一致，与负载电流 i_o 的参考方向也一致。

这样无论在 u_2 的正半周还是负半周，流过负载的电流 i_o 的真实方向始终保持与 i_o 的参考方向一致，因此在负载上可以得到脉动直流电流 i_o 和脉动直流电压 u_o。各个电流和电压的波形如图 9-2-2 所示。

（二）桥式整流电路的直流电压和直流电流计算

1. 负载上的直流电压 U_O

负载上的直流电压就是负载电阻 R_L 上的电压 u_o 的平均值，计算式为

$$U_O = \frac{1}{2\pi}\int_0^{2\pi} u_o \mathrm{d}(\omega t) = \frac{2}{2\pi}\int_0^{\pi} \sqrt{2}U_2 \sin\omega t\, \mathrm{d}(\omega t)$$

$$= \frac{2\sqrt{2}U_2}{\pi} \approx 0.9U_2 \qquad (9\text{-}2\text{-}1)$$

由式（9-2-1）可知，桥式整流电路负载上直流电压 U_o 是变压器二次侧电压有效值 U_2 的 0.9 倍。

2. 负载的直流电流 I_O

根据式（9-2-1），利用欧姆定律，得到流过负载的直流电流 I_O，即

$$I_O = \frac{U_O}{R_L} \approx \frac{0.9U_2}{R_L} \qquad (9\text{-}2\text{-}2)$$

（三）桥式整流二极管的选择

1. 整流二极管的平均电流 I_D

观察图 9-2-1 可知，流过任意一个整流二极管的平均电流 I_D 是负载上直流电流 I_O 的一半，即

$$I_D = \frac{I_O}{2} \approx \frac{0.9U_2}{2R_L} = \frac{0.45U_2}{R_L} \qquad (9\text{-}2\text{-}3)$$

2. 整流二极管的反向电压 U_{Rmax}

在 u_2 的正半周，二极管 VD2、VD4 截止，在 u_o 的正峰值时刻，二极管 VD2、VD4 承受着最高反向电压，用 U_{Rmax} 表示，如下式；在 u_2 的负半周，二极管 VD1、VD3 截止，在 u_o 的负峰值时刻，二极管 VD1、VD3 承受着最高反向电压，用 U_{Rmax} 表示，如下式

$$U_{Rmax} = \sqrt{2}U_2 \qquad (9\text{-}2\text{-}4)$$

二极管最大整流电流 I_F、最大反向工作电压 U_{RM} 必须大于电路中实际所承受的值，考虑到电网电压的波动，取 $\pm 10\%$，因此得到整流二极管的参数选择原则

$$\begin{cases} I_F > 1.1 I_D = 1.1 \times \dfrac{0.45 U_2}{R_L} \\ U_{RM} > 1.1 U_{Rmax} = 1.1\sqrt{2} U_2 \end{cases} \tag{9-2-5}$$

桥式整流电路中的降压变压器在正负半周内都有电流供给负载，电源变压器得到了充分的应用，效率较高。桥式整流电路具有输出电压高、纹波电压小、整流管所承受的反向电压低、效率高等优点。

二、倍压整流电路

利用倍压整流电路（voltage doubler circuit）可以得到比输入交流电压高很多倍的直流电压。倍压整流电路如图 9-2-3 所示。

在图 9-2-3 中，所有电容的初始电压为 0。设电源变压器二次侧电压 $u_2 = \sqrt{2} U_2 \sin\omega t$。

当 u_2 为正半周时，二极管 VD1 正偏，处于导通状态；二极管 VD2 反偏，处于截止状态。u_2 通过 VD1 向电容 C_1 充电，在理想情况下，充电至 $u_{C1} = \sqrt{2} U_2$，极性为右正左负。

当 u_2 为负半周时，二极管 VD1 反偏截

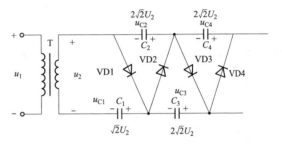

图 9-2-3　倍压整流电路

止，VD2 正偏导通，u_2 通过电容 C_1、VD2 向电容 C_2 充电，最高可充到 $u_{C2} = 2\sqrt{2} U_2$，极性为右正左负。

当 u_2 再次为正半周时，VD1、VD2 反偏截止，VD3 正偏导通，电容 C_3 充电，最高可充到 $u_{C3} = 2\sqrt{2} U_2$，极性右正左负。

当 u_2 再次为负半周时，VD1、VD2、VD3 反偏截止，VD4 正偏导通，u_2 通过电容 C_1、电容 C_3、VD4 向电容 C_4 充电，最高可充到 $u_{C4} = 2\sqrt{2} U_2$，极性为右正左负。

依此类推，若在图 9-2-3 所示的倍压整流电路中多增加几级，就可以得到近似几倍压的直流电压，此时只要将负载接至有关电容组的两端，就可以得到相应的多倍压的输出直流电压。

第三节　滤　波　电　路

整流电路输出的电压（电流）是脉动直流，其中含有很大的交流成分，不能够作为电子电路的直流电源，为了将脉动直流电变为比较平滑的直流电，需要在整流的基础上进行滤波，将脉动直流电压中的交流成分过滤掉。常用的滤波电路有电容滤波电路、电感滤波电路和 π 型滤波电路。下面主要介绍电容滤波电路和电感滤波电路。

一、电容滤波电路

为了抑制负载中的纹波，在整流电路和负载之间并接一个电容值很大的电容 C，称为电容滤波电路，如图 9-3-1 所示。

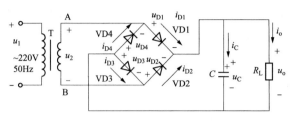

图 9-3-1　电容滤波电路

　　滤波电容的容量较大，因而一般均采用电解电容，在接线时要注意电解电容的正、负极不要接错。电容滤波电路利用电容的储能作用使脉动波形趋于平滑。

　　（一）电容滤波电路的工作原理

　　设电容 C 两端无初始电压，在 $t=0$ 时接入整流电路的输出端。

　　在 u_2 的正半周期，当 $u_2 > u_C$ 时，二极管 VD1、VD3 导通，电源给电容 C 充电，整流电路的内阻 R_D 近似认为是 0，充电时间常数为 $\tau_1 = R_D C \approx 0$，给电容 C 充电的同时给负载提供电流。当 $u_2 < u_C$ 时，二极管 VD1、VD3 截止，电容 C 向负载放电，放电时间常数为 $\tau_2 = R_L C$。

　　在 u_2 的负半周期，整流电路的输出与变压器二次侧电压相反。当 $|u_2| > u_C$ 时，二极管 VD2、VD4 导通，电源给电容 C 充电，$\tau_1 = R_D C \approx 0$，给电容 C 充电的同时给负载提供电流；当 $|u_2| < u_C$ 时，二极管 VD2、VD4 截止，电容 C 向负载放电，放电时间常数为 $\tau_2 = R_L C$。

　　在充电过程中，由于 R_D 近似认为是 0，所以电容 C 的充电时间为 0，电容 C 两端的电压 u_C 跟随 u_2 变化，u_C 与 u_2 完全相同。在放电过程中，电容 C 的放电时间常数是 $\tau_2 = R_L C$，由于 R_L 远大于 R_D，所以放电速度远小于充电速度，即电容 C 两端电压 u_C 的下降速度远小于上升速度。u_2、u_C、u_o 波形和二极管电流 i_D 的波形如图 9-3-2 所示。

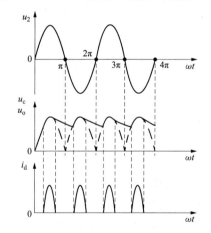

图 9-3-2　输出电压（电容电压）波形和
二极管电流波形

　　放电时间常数 $\tau_2 = R_L C$ 越大，电容放电速度越慢，则负载电压 u_o 波动越小，负载的直流电压 U_O 越高，因此，为了得到比较平滑的负载电压，对放电时间常数的要求如下式

$$\tau_2 = R_L C \geqslant (3 \sim 5) \frac{T}{2} \tag{9-3-1}$$

式中，T 为电网交流电压的周期，我国电网周期为 $T = 20\text{ms}$。所以，放电时间常数 τ_2 一般取 $30 \sim 50\text{ms}$。

　　在整流电路内阻 R_D 不太大（几欧姆）和放电时间常数满足式（9-3-1）时，电容滤波电路的负载直流电压 U_O 和交流电源电压有效值 U_2 满足的关系近似满足下式

$$U_O = (1.1 \sim 1.2) U_2 \tag{9-3-2}$$

　　为描述方便起见，本书中取 1.2 倍的关系，即

$$U_O = 1.2 U_2 \tag{9-3-3}$$

与式（9-2-1）所示的没有电容滤波时的负载直流电压 $0.9U_2$ 相比，有电容滤波时的负载直流电压 $1.2U_2$ 有所提高。

负载 R_L 越大，放电时间常数 τ_2 越大，负载电压曲线越平滑，脉动越小。

（二）整流二极管的导通角

所谓导通角，就是在交流电一个周期内（相角为 2π），二极管导通时所对应的相角 θ。桥式整流电路中（无滤波电容），每只二极管的导通角 $\theta=\pi$，而加了电容滤波后，每只二极管的导通角 $\theta<\pi$。由于负载直流电压 $U_O=(1.1\sim1.2)U_2$，比桥式整流电路 $U_O=0.9U_2$ 提高，而二极管的导通角却减小，因此在二极管导通时必然会流过较大的冲击电流，在选择二极管时应留有更大的余量，整流二极管的最大整流电流 I_F 应大于负载直流电流 I_O 的 $2\sim3$ 倍。

（三）桥式整流电容滤波电路中整流二极管的选择

1. 整流二极管的平均电流 I_D

负载直流电压为 $U_O=1.2U_2$，负载直流电流为 $I_O=\dfrac{U_O}{R_L}$，所以负载直流电流为

$$I_O=\frac{U_O}{R_L}=\frac{1.2U_2}{R_L} \tag{9-3-4}$$

前面计算流过任意一个整流二极管的平均电流 I_D 的目的是选取二极管，此时不再计算流过任意一个整流二极管的平均电流 I_D，而是直接选取整流二极管的最大整流电流大于负载直流电流 I_O 的 $2\sim3$ 倍，即

$$I_F>(2\sim3)I_O \tag{9-3-5}$$

2. 整流二极管的反向电压 U_{Rmax}

在 u_2 的正半周，二极管 VD2、VD4 截止，在 u_o 的正峰值时刻，二极管 VD2、VD4 承受着最高反向电压 U_{Rmax}，如下式；在 u_2 的负半周，二极管 VD1、VD3 截止，在 u_o 的负峰值时刻，二极管 VD1、VD3 承受着最高反向电压 U_{Rmax}，即

$$U_{Rmax}=\sqrt{2}U_2 \tag{9-3-6}$$

可见，有滤波电容时，与无滤波电容时的桥式整流电路中二极管承受的最高反向电压是一样的。

考虑到电网电压的波动，取 $\pm10\%$，因此整流二极管的最大反向工作电压 U_{RM} 为

$$U_{RM}>1.1U_{Rmax} \tag{9-3-7}$$

3. 整流二极管的选择

整流二极管选择条件如下

$$\begin{cases} I_F>(2\sim3)I_O \\ U_{RM}>1.1U_{Rmax}=1.1\sqrt{2}U_2 \end{cases} \tag{9-3-8}$$

（四）滤波电容的选择

1. 电容 C 的取值

根据式（9-3-1），得到电容 C 的取值为

$$C\geqslant\frac{(3\sim5)T}{2R_L} \tag{9-3-9}$$

2. 电容 C 的耐压值选取

电容 C 可以充电到变压器二次侧电压的幅值，考虑到电网电压的波动，取 $\pm 10\%$，电容 C 的耐压值选取如下式

$$U_{CM} > 1.1\sqrt{2}U_2 \tag{9-3-10}$$

总之，电容滤波电路的优点是电路简单、负载直流电压较高、纹波也较小。其缺点是输出特性较差，一般适用于负载电压较高、负载电流较小且变动不大的场合。

例 9-3-1　在图 9-3-1 所示桥式整流电容滤波电路中，$R_L = 100\Omega$，交流电源频率为 50Hz，要求输出电压 $U_O = 48V$，试选择整流二极管和滤波电容。

解：负载直流电压 $U_O = 1.2U_2$，所以变压器二次侧电压有效值为

$$U_2 = \frac{U_O}{1.2} = \frac{48}{1.2} = 40 \ (V)。$$

负载直流电流为

$$I_O = \frac{U_O}{R_L} = \frac{48}{100} = 0.48 \ (A)。$$

（1）选择整流二极管。

整流二极管的最大整流电流

$$I_F > (2 \sim 3)I_O = (2 \sim 3) \times 0.48 = 0.96 \sim 1.44(A)$$

整流二极管的最大反向工作电压

$$U_{RM} > 1.1U_{Rmax} = 1.1\sqrt{2}U_2 = 1.1 \times 1.414 \times 40 = 62.216(V)$$

（2）选择滤波电容电容。电容 C 的取值

$$C \geqslant \frac{(3 \sim 5)T}{2R_L} = \frac{(3 \sim 5) \times 0.02}{2 \times 100} = 0.0003 \sim 0.0005(F)$$
$$= 300 \sim 500(\mu F)$$

电容 C 的耐压值为

$$U_{CM} > 1.1\sqrt{2}U_2 = 1.1 \times 1.414 \times 40 = 62.216(V)$$

二、电感滤波电路

若想提高滤波电路的负载能力，减小整流二极管的冲击电流，可采用电感滤波电路，如图 9-3-3 所示。由于电感具有通直流、阻交流的作用，电感 L 应串联在桥式整流电路与负载电阻 R_L 之间。交流电压经整流后的脉动直流电压，其中含有直流分量和各次谐波分量。电感 L 的感抗 $X_L = \omega L$，对直流分量来说 $X_L = 0$，所以直流分量顺利通过电感加在负载之上；而对交流分量来说，谐波频率越高，感抗越大，如果电感的 L 值也很大，则感抗远大于负载阻抗，因此交流分量大部分都落在电感上。这样，在输出端就可以得到比较平滑的电压波形。

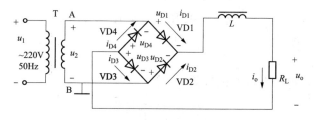

图 9-3-3　电感滤波电路

与电容滤波电路相比，电感滤波输出电压较低，为了增大电感量常采用带铁心的电感线圈，这使得设备体积大，比较笨重。一般适用于低电压、大电流及负载变化较大的场合。

三、其他形式的滤波电路

除了电容滤波、电感滤波外，还有 RC-π 型滤波电路、LC 型滤波电路和 LC-π 型滤波电路。RC-π 型滤波电路是在电容滤波后再接一级 RC 滤波电路，该电路可进一步改善电容滤波电路的性能，降低输出电压的脉动系数，但是仍然存在整流二极管冲击电流大、负载能力差的弱点，适用于小电流负载。LC 型滤波电路是在电感滤波后面再接一电容，LC 型滤波电路兼有电容滤波和电感滤波的特性，在负载电流较大或较小时均有较好的滤波效果，对负载的适应性较强，并且可以避免过大的冲击电流。LC-π 型滤波电路是在电容滤波后面再接 LC 型滤波电路，该滤波电路可以进一步改善 LC 滤波电路输出电压的脉动系数，使输出电压波形更平滑，但由于前面滤波电容的存在，使得整流二极管的导通角减小，冲击电流增大。

由于电感线圈体积大，因此在小型电子设备中不常被使用，而常采用电容滤波或者 RC-π 型滤波电路。

虽然整流滤波电路能够将正弦交流电压变换成比较平滑的直流电压，但输出电压仍然会随着交流电源电压的变化而产生波动。由于整流滤波电路内阻的存在，负载的变化也会引起输出电压的波动。这种不稳定的直流电压不能够作为电子电路的直流电压源。为了解决这个问题，在整流滤波电路之后加入稳压电路，使输出电压符合电子电路直流稳压电源的要求。

第四节　线性稳压电路

常用的稳压电路（voltage regulator）包括线性稳压电路和开关稳压电路。线性稳压电路包括稳压管稳压电路、串联反馈式稳压电路和集成稳压电路。

一、稳压管稳压电路

（一）稳压管稳压电路的组成及工作原理

稳压管稳压电路如图 9-4-1 所示。

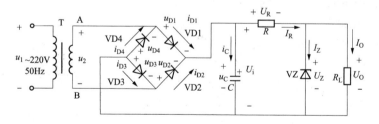

图 9-4-1　稳压管稳压电路

U_i 是来自整流滤波电路的输出电压，限流电阻 R 与稳压管 VZ 配合起到稳压作用，稳压管 VZ 与负载电阻并联。稳压管 VZ 的端电压 U_Z 是负载的端电压 U_O，即

$$U_Z = U_O \qquad\qquad (9\text{-}4\text{-}1)$$

根据图 9-4-1，列写 KVL 方程，得

$$U_i = U_R + U_O \qquad\qquad (9\text{-}4\text{-}2)$$

根据图 9-4-1，列写 KCL 方程，得

$$I_R = I_Z + I_O \tag{9-4-3}$$

小功率直流稳压电源是从交流电网获得能量的，它的输入来自交流电网，交流电网的电压总是有波动的。它的输出要提供给各种各样的负载，而不是只一种负载，所以负载电阻是有变化的。稳压电路的作用就是屏蔽这两方面的变化。

对任何稳压电路都应从两个方面考察其稳压特性，一是当电网电压波动时，研究其输出电压是否稳定；二是当负载变化时，研究其输出电压是否稳定。

若电网电压增加，假定负载电阻 R_L 保持不变，则整流滤波电路的输出电压 U_i 上升，根据式（9-4-2），输出电压 U_O 上升，根据式（9-4-1），稳压管 VZ 的端电压 U_Z 也上升，根据图 1-5-3 所示的稳压管伏安特性曲线，流过稳压管的反向电流 I_Z 急剧上升，根据式（9-4-3），使流过限流电阻 R 的电流 I_R 增加，其端电压 U_R 升高，根据式（9-4-2），输出电压 U_O 下降，从而维持输出电压 U_O 基本不变。可见电网电压的波动是靠限流电阻 R 来吸收的。限流电阻与稳压管必须配套使用。若电网电压降低，同理可分析稳压过程。

若负载电阻 R_L 减小，假定电网电压维持不变，即 U_i 不变，则负载电流 I_O 增大，根据式（9-4-3），使流过限流电阻 R 的电流 I_R 增加，其端电压 U_R 升高，根据式（9-4-2），输出电压 U_O 下降，根据式（9-4-1），稳压管 VZ 的端电压 U_Z 也下降，根据图 1-5-3 所示的稳压管伏安特性曲线，流过稳压管的反向电流 I_Z 急剧下降。如果参数选取得当，使 I_Z 的变化与 I_O 的变化相等，根据式（9-4-3），则流过限流电阻 R 的电流 I_R 保持不变，其端电压 U_R 保持不变，根据式（9-4-2），从而维持输出电压 U_O 基本不变。可见负载电流的波动是靠稳压管电流的变化来吸收的。若负载电阻增加，同理可分析稳压过程。

（二）限流电阻的计算

为了使稳压管实现正常稳压功能，流过稳压管的电流 I_Z 必须小于最大稳定工作电流 I_{zmax}，并且大于最小稳定工作电流 I_{zmin}，即

$$I_{zmin} < I_Z < I_{zmax} \tag{9-4-4}$$

根据式（9-4-4），可以求得限流电阻 R 的取值范围

$$\frac{U_{imax} - U_Z}{I_{Omin} + I_{zmax}} < R < \frac{U_{imin} - U_Z}{I_{Omax} + I_{zmin}} \tag{9-4-5}$$

详细推导过程参阅第一章习题 1-15、1-16、1-17 解答。

（三）稳压管的选择

稳压管的稳定电压 U_Z 的取值为

$$U_Z = U_O \tag{9-4-6}$$

稳压管最大稳定工作电流 I_{zmax} 的取值如下式

$$I_{zmax} = (1.5 \sim 3)I_{Omax} \tag{9-4-7}$$

式中，I_{Omax} 是负载允许的最大电流。

（四）稳压电路输入电压的选择

整流滤波电路的输出电压 U_i 与负载电压 U_O 要满足下式，并保证限流电阻不超过其功率限制。

$$U_i = (2 \sim 3)U_O \tag{9-4-8}$$

根据式（9-4-8），就可以选择整流滤波电路的元件参数。

二、串联反馈式稳压电路

稳压管稳压电路虽然电路简单，但由于稳压管的电流调节范围有限，限制了负载的变化

范围。由第六章反馈放大电路可知，采用电压负反馈可以稳定输出电压，如图 9-4-2 所示，称为基本调整管稳压电路。

图 9-4-2 中，稳压管的输出电压接入 BJT 的基极，电压从发射极输出，BJT 工作在放大状态，BJT 组成电压跟随器（共集电极放大电路），负载电阻 R_L 引入了电压负反馈，所以可以进一步稳定输出电压。稳压管稳压电路的输出电流作为 BJT 的基极电流，流过负载的电流是 BJT 的发射极电流，所以负载上的电流扩大了 β 倍。

根据图 9-4-2，列写 KVL 方程，得

$$U_i = U_{CE} + U_O \tag{9-4-9}$$

根据式（9-4-9），可知电网电压的波动及负载电阻的变化由 BJT 的 U_{CE} 来调整，称 BJT 为调整管。调整管工作在放大状态，这种电路称为线性稳压电路。

图 9-4-2 所示的基本调整管稳压电路的另一种画法如图 9-4-3 所示。

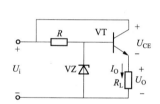

图 9-4-2　基本调整管稳压电路

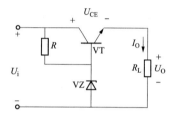

图 9-4-3　基本调整管稳压电路的另一种画法

若要进一步提高稳压电路的稳压性能，则应加大电路的负反馈深度。在图 9-4-2 所示电路的基础上，将稳压管的输出电压先经过运放电路放大，再接入电压跟随器，然后引入电压串联负反馈，如图 9-4-4 所示，称为串联反馈式稳压电路。

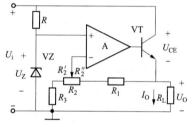

在图 9-4-4 中，U_i 是整流滤波电路的输出电压，稳压管的端电压与运放的同相输入端相连，运放 A 为同相比例电压放大电路，VT 为调整管，R_1、R_2 与 R_3 组成反馈网络，称为采样电阻，用来反馈输出电压的变化，电路的反馈组态是电压串联负反馈。

图 9-4-4　串联反馈式稳压电路

电路中的反馈属于深度负反馈，利用"虚短"和"虚断"，得

$$U_z = U_O \frac{R_2' + R_3}{R_1 + R_2 + R_3} \tag{9-4-10}$$

根据式（9-4-10），得到负载电压 U_O 的表达式为

$$U_O = U_z \frac{R_1 + R_2 + R_3}{R_2' + R_3} \tag{9-4-11}$$

从式（9-4-11）可以看出，调节采样电阻的比例，可以改变负载电压 U_O 的变化范围，不再受到稳压管稳压值的限制。

图 9-4-4 所示的串联反馈式稳压电路的另一种画法如图 9-4-5 所示。

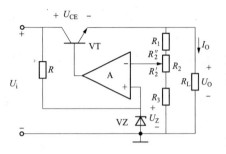

图 9-4-5 串联反馈式稳压电路
的另一种画法

三、集成稳压电路

由分立元件组成的串联反馈式稳压电路体积较大，使用不便。制作成集成电路后，通用性强，精度高，体积小，因此得到广泛的应用。

（一）输出电压固定的集成稳压电路

LM78×× 系列输出为正电压，输出电流可达 1.5A，输出电压分别为 5V、6V、8V、9V、10V、12V、15V、18V 和 24V 等 9 挡。LM78×× 符号中 "××" 表示稳压器的输出电压值，例如，输出 +5V 的 LM7805，输出 +9V 的 LM7809，输出 +12V 的 LM7812，输出 +15V 的 LM7815。78L×× 系列和 78M×× 系列的输出电流分别为 0.1A 和 0.5A。

LM78×× 系列的封装图和电路符号如图 9-4-6 所示。

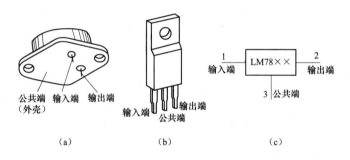

图 9-4-6 LM78×× 系列集成稳压器
(a) 金属菱形封装；(b) 塑料封装；(c) 电路符号

例 9-4-1 三端集成稳压器 LM78L12 构成的稳压电路如图 9-4-7 所示电路，求当 R_4 滑动头在最上端和最下端时输出电压 U_O 的表达式。

解： 运放 A 引入深度负反馈，利用虚短和虚断，R_2 与 R_3、R_4 的上侧部分相当于并联，R_2、R_1 串联，R_3、R_4、R_5 串联，2、3 点之间电压为 +12V。

$$U_R = \frac{R_2}{R_1 + R_2} \cdot 12$$

当 R_4 滑动头在最上端 $\quad U_R = \frac{R_3}{R_3 + R_4 + R_5} \cdot U_{Omax}$

当 R_4 滑动头在最下端 $\quad U_R = \frac{R_3 + R_4}{R_3 + R_4 + R_5} \cdot U_{Omin}$

$$U_{Omax} = \frac{R_3 + R_4 + R_5}{R_3} \cdot U_R$$

$$U_{Omin} = \frac{R_3 + R_4 + R_5}{R_3 + R_4} \cdot U_R$$

所以 $\dfrac{R_3 + R_4 + R_5}{R_3 + R_4} \cdot \dfrac{R_2}{R_1 + R_2} \cdot 12 \leqslant U_O \leqslant \dfrac{R_3 + R_4 + R_5}{R_3} \cdot \dfrac{R_2}{R_1 + R_2} \cdot 12$

（二）输出电压可调的集成稳压电路

LM117 的封装图和电路符号如图 9-4-8 所示。

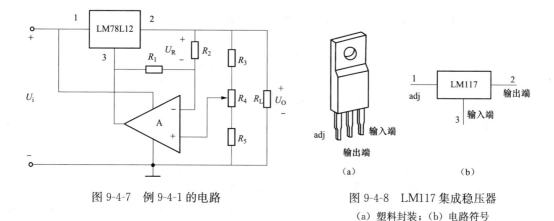

图 9-4-7　例 9-4-1 的电路　　　　　图 9-4-8　LM117 集成稳压器

（a）塑料封装；（b）电路符号

LM117 是输出电压可调的集成稳压电路，内部电路如图 9-4-9 所示，器件本身无接地端。内部有 1.25V 的基准电压源，有 3 个端子，3 脚为输入端、2 脚为输出端、1 脚为可调端（adj）。LM117 芯片的 $I_{adj}=50\mu A$，$U_{REF}=1.25V$。LM117 的应用电路如图 9-4-10 所示。

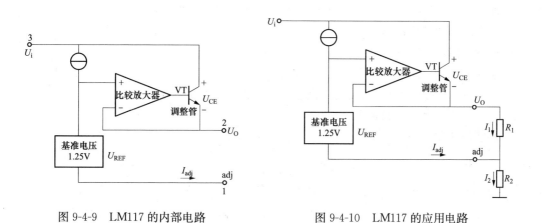

图 9-4-9　LM117 的内部电路　　　　　　图 9-4-10　LM117 的应用电路

在图 9-4-10 中，$I_{adj}\ll I_1$，故 I_{adj} 可以忽略，电阻 R_1 和 R_2 是串联的关系，得

$$1.25=\frac{R_1}{R_1+R_2}U_O \tag{9-4-12}$$

根据式（9-4-12），得到输出电压的表达式为

$$U_O=1.25\left(1+\frac{R_2}{R_1}\right) \tag{9-4-13}$$

LM117 电压调节范围为 1.25～37V。

线性稳压电源的优点是结构简单、调节方便、输出电压稳定性强、纹波电压小。缺点是调整管工作在甲类状态，其集电极电流和 U_{CE} 电压比较大，因而功耗大，效率低（20%～49%）；需加散热器，因而设备体积大、笨重、成本高。

四、稳压电源的技术指标

稳压电源的技术指标分为两种：一种是特性指标，包括允许的输入电压、允许的输出电压、输出电流、输出电压调节范围等；另一种是质量指标，用来衡量输出直流电压的稳定程度，包括稳压系数、输出电阻、温度系数、纹波电压等。

第五节 开关稳压电路

线性稳压电源中的调整管工作在放大状态，调整管的集电极电流和 U_{CE} 电压比较大，因而要消耗较大的功率，效率低（20%～49%），为了使调整管散热，需安装较大面积的散热器，从而使设备体积大、笨重、成本高。

若使调整管工作在开关（饱和和截止）状态，则势必大大减小功耗、提高效率，调整管工作在开关状态的电源称为开关稳压电源。优点是效率可达 70%～95%，体积小。

开关稳压电源的基本思路是将交流电经变压器、整流滤波得到直流电压，控制调整管按一定频率开关，得到矩形波，然后滤波，得到直流电压，再引入负反馈，控制占空比，使输出电压稳定。

开关稳压电源按调整管与负载的连接方式可分为串联型和并联型。按稳压的控制方式可分为脉冲宽度调制型（Pulse Width Modulation，PWM）、脉冲频率调制型（Pulse Frequency Modulation，PFM）、混合调制（脉宽-频率调制）型。按调整管是否参与振荡可分为自激式和他激式。按开关管的类型可分为 BJT、VMOS 管和晶闸管型。

一、串联开关稳压电路

（一）电路结构

串联开关稳压电路如图 9-5-1 所示。其中 VT 称为调整管，VD 称为续流二极管。

图 9-5-1 中，调整管 VT、续流二极管 VD 均工作在开关状态。

1. 当 $u_b = U_H$ 时（基极电位为高电平）

等效电路如图 9-5-2 所示。

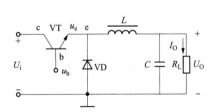

图 9-5-1 串联开关稳压电路

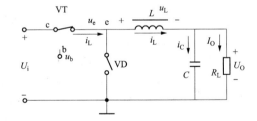

图 9-5-2 调整管饱和时的串联开关稳压电路

此时 VT 饱和，集电极和发射极之间相当于短路，所以 $u_e = U_i$。而 VD 反偏，处于截止状态，输入电压 U_i 使电感 L 储能，电流增加，电容 C 充电，向负载提供电流。电能储存于电感和电容中（同时也馈向负载）。

在图 9-5-2 所示参考方向下，$u_L = +L \dfrac{di_L}{dt}$，因为电流的数值增加，电感的端电压 u_L 为正值，u_L 的真实方向与所标参考方向一致。电路中所有电流、电压的真实方向与图中所标参考方向均一致。

根据图 9-5-2，得

$$U_i = U_O + u_L \tag{9-5-1}$$

根据式（9-5-1），可知，图 9-5-1 所示的串联开关稳压电路是降压型的，即输出电压比输入电压小。

调整管在饱和状态，尽管集电极电流比较大，但是 U_{CE} 电压很小，所以功耗很小。

2. 当 $u_b = U_L$ 时（基极电位为低电平）

等效电路如图 9-5-3 所示。

此时 VT 截止，集电极和发射极之间相当于开路。而 VD 正偏，处于导通状态，二极管采用直流理想模型，$u_e = 0$，储存于电感和电容中的能量继续供给负载，电感 L 释放能量，电容 C 放电，向负载提供电流。

二极管 VD 的存在使电感与负载电阻连接成回路，使电流得以继续流通，所以称 VD 为续流二极管。电感 L 释放能量，电流减小。

在图 9-5-3 所示参考方向下，$u_L = -L \dfrac{di_L}{dt}$，因为电流的数值减小，电感的端电压 u_L 为正值，u_L 的真实方向与所标参考方向一致。图 9-5-3 所示电路中所有电流、电压的真实方向与所标参考方向均一致。

调整管在截止状态，尽管 U_{CE} 电压比较大，但是集电极电流为 0，所以功耗为 0。

（二）输出电压

调整管的基极电位 u_b 的波形和发射极电位 u_e 的波形如图 9-5-4 所示。u_b 为矩形波，u_e 也是矩形波。

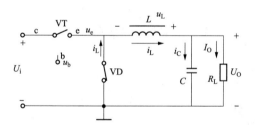

图 9-5-3　调整管截止时的串联开关稳压电路

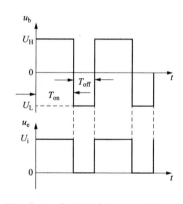

图 9-5-4　串联开关稳压电路的波形

调整管的基极电位 u_b 波形的占空比 q 的表达式为

$$q = \frac{T_{on}}{T} \tag{9-5-2}$$

输出电压 U_O 的表达式为

$$U_O \approx \frac{T_{on}}{T} \cdot U_i = qU_i \tag{9-5-3}$$

从式（9-5-3）可以看出，输出电压 U_O 的大小与 u_b 的占空比有关。在稳压电源中若因某种原因使输出电压 U_O 升高，则应减小 u_b 的占空比，使输出电压回复到原来的值。

串联开关稳压电路的输出电压比输入电压小，是降压型的。

（三）稳压原理

使用脉冲宽度调制（PWM）电路控制调整管的基极电位 u_b 的电路如图 9-5-5 所示。

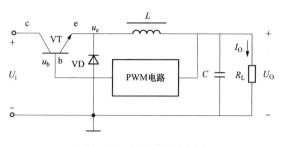

图 9-5-5　PWM 稳压控制

（四）PWM 稳压控制的串联开关稳压电源

PWM 稳压控制的串联开关稳压电源如图 9-5-6 所示。

在图 9-5-6 中，U_i 是交流电源经整流滤波电路的输出，PWM 电路包括比较基准电压模块、比较放大器 A、电压比较器 C、三角波发生器、采样电阻 R_1 和 R_2。

基准电压输出为 U_{REF}。比较放大器 A 的输出为 u_A，与电压比较器 C 的同相输入端相连，比较放大器 A（线性区）的电源为单电源。电压比较器 C 的输出为 u_b，电压比较器 C（非线性区）的电源为双电源，输出为接近于正电源、负电源的电压。三角波发生器的输出电压为 u_T，与电压比较器 C 的反相输入端相连。采样电阻 R_2 的端电压为反馈电压（采样电压）u_f。

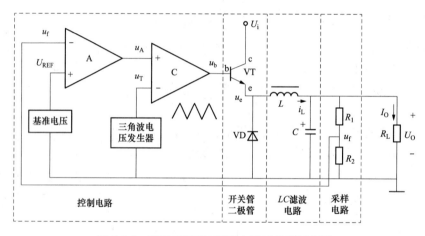

图 9-5-6　PWM 稳压控制的串联开关稳压电源

$$u_f = \frac{R_2}{R_1 + R_2} U_O \tag{9-5-4}$$

反馈电压 u_f 与基准电压 U_{REF} 通过 A 比较，输出为 u_A，u_A 与三角波发生器的输出电压 u_T 通过电压比较器 C 比较，输出矩形波电压 u_b，去控制调整管 VT 的基极。

在图 9-5-6 中，当 U_i 减小时，引起 U_O 减小，则采样电压 u_f 减小，加到比较放大器 A 的反相输入端，则比较放大器 A 的输出 u_A 增加，加到电压比较器 C 的同相输入端，与三角波比较，u_b 的低电平宽度减小，高电平宽度增加，占空比 q 增加，U_O 增加，使输出电压 U_O 基本稳定。

在图 9-5-6 中，当负载电阻 R_L 增加时，引起 U_O 增加，则采样电压 u_f 增加，加到比较放大器 A 的反相输入端，则比较放大器的输出 u_A 减小，加到电压比较器 C 的同相输入端，与三角波比较，u_b 的低电平宽度增加，高电平宽度减小，占空比 q 减小，U_O 减小，使输出电压 U_O 基本稳定。

二、并联开关稳压电路

并联开关稳压电路如图 9-5-7 所示。其中 VT 称为调整管，VD 称为续流二极管。调整管 VT 和续流二极管 VD 均工作在开关状态。

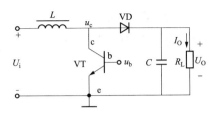

图 9-5-7　并联开关稳压电路

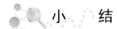

小　结

为了给电子电路提供稳定直流电压，需要将交流电网电压（我国 220V/50Hz）转换为直流稳压电源，一般通过整流、滤波和稳压 3 个环节来实现。

在单相全波桥式整流电路中，首先利用二极管的单向导电性将交流电压变成脉动直流电压，然后利用电容或者电感等储能元件对脉动直流电进行滤波处理，滤除其中的纹波电压，最后经过稳压电路输出稳定的直流电。

稳压电路可采用由分立元件构成的并联或串联反馈式稳压电路，也可采用三端集成稳压器电路。并联稳压电路结构简单，易实现，但输出电压范围受负载和稳压管参数的限制；串联反馈式稳压电路输出电压范围大，带载能力强，但体积较大，使用不便；三端集成稳压器体积小，使用方便，得到广泛的应用。

开关稳压电源中调整管工作在开关状态，效率高，体积小，在小型化电子产品中应用广泛。

习　题

9-1　判断题（若叙述正确，则在后面的括号中画"√"；若叙述错误，则在后面的括号中打"×"）。

（1）在变压器二次侧电压和负载电阻相同的情况下，单向桥式整流电路的输出电压平均值是半波整流电路的 2 倍（　　　），负载电流平均值是半波整流电路的 2 倍（　　　），二极管承受的最大反向电压是半波整流电路的 2 倍（　　　），二极管的正向平均电流是半波整流电路的 2 倍。（　　　）

（2）电容滤波适用于大电流负载，而电感滤波适用于小电流负载。（　　　）

（3）当输入电压 u_i 和负载电流 I_O 变化时，稳压电路的输出电压是绝对不变的。（　　　）

（4）在稳压管稳压电路中，稳压管的最大稳定电流与稳定电流之差应大于负载电流的变化范围。（　　　）

（5）在稳压管稳压电路中，稳压管动态电阻 r_z 越大，稳压性能越好。（　　　）

（6）开关型稳压电源中的调整管工作在开关状态。（　　　）

（7）开关型稳压电源比线性稳压电源效率低。（　　　）

（8）开关型稳压电源适用于输出电压调节范围小、负载电流变化不大的场合。（　　　）

9-2　单相半波整流电路如题 9-2 图所示，分析其工作原理，画输出电压波形，计算负载上的直流电压和直流电流，并给出二极管的选择原则。

9-3 在题 9-2 中，已知 $u_2 = 60\sin100\pi t$ （V），假设二极管为理想二极管，负载电阻 $R_L = 100\Omega$。

（1）求负载直流电压 U_O。

（2）求负载直流电流 I_O。

（3）选择整流二极管的参数。

9-4 单相全波整流电路如题 9-4 图所示，分析其工作原理，画输出电压波形，计算负载上的直流电压和直流电流，并给出二极管的选择原则。

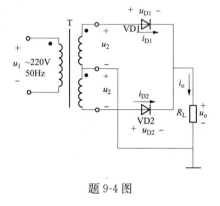

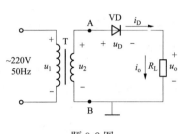

题 9-2 图

题 9-4 图

9-5 在题 9-4 图中，已知 $u_2 = 60\sin100\pi t$ （V），假设二极管为理想二极管，负载电阻 $R_L = 50\Omega$。

（1）求负载直流电压 U_O，负载直流电流 I_O，二极管承受的最高反向电压 U_{Rmax}，并画出 u_o 的波形。

（2）若二极管 VD2 断路，再求负载上直流电压 U_O、负载直流电流 I_O、二极管承受的最高反向电压 U_{Rmax}，并画出 u_o 的波形。

（3）若二极管 VD2 反接，会发生什么现象？

9-6 单相桥式整流电路如图 9-2-1 所示，已知 $u_2 = 36\sin100\pi t$ （V），假设二极管为理想二极管，负载电阻 $R_L = 50\Omega$。

（1）求负载直流电压 U_O。

（2）求负载直流电流 I_O。

（3）选择整流二极管的参数。

9-7 单相桥式整流电路如图 9-2-1 所示，已知 $u_2 = 60\sin100\pi t$ （V），假设二极管为理想二极管，负载电阻 $R_L = 50\Omega$。

（1）求负载直流电压 U_O、负载直流电流 I_O、二极管承受的最高反向电压 U_{Rmax}，并画出 u_o 的波形。

（2）若二极管 VD1 断路，再求负载上直流电压 U_O、负载直流电流 I_O、二极管承受的最高反向电压 U_{Rmax}，并画出 u_o 的波形。

（3）若二极管 VD1 反接，会发生什么现象？

（4）若二极管 VD1 击穿短路，会发生什么现象？

9-8 桥式整流电容滤波电路如图 9-3-1 所示，$R_L = 50\Omega$，交流电源频率为 50Hz，要求输出电压 $U_O = 24$V，试选择整流二极管和滤波电容。

9-9 桥式整流电容滤波电路如题 9-9 图所示，负载开路，已知 $u_2 = 36\sin100\pi t$ （V），

假设二极管为理想二极管，求负载直流电压 U_O。

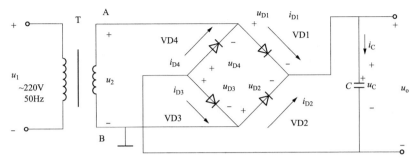

题 9-9 图

9-10 分析第七章中题 7-28 图所示电路，运放 A_1 组成线性半波整流电路，运放 A_2 组成加法电路，两者构成线性全波整流电路。

（1）试画出其输入输出特性 $u_o = f(u_i)$。

（2）试画出 $u_i = 10\sin\omega t$（V）时 u_{o2} 和 u_o 波形。

（3）说明此电路具有取绝对值的功能。

9-11 已知题 9-11 图所示的稳压电路中，稳压管的参数为：最小稳定工作电流 $I_{zmin} = 5\text{mA}$，最大功耗 $P_{ZM} = 200\text{mW}$，稳定电压 $U_Z = 5\text{V}$。输入电压 U_i 在 12～14V 之间变化，负载电阻 R_L 在 200～300Ω 之间变化，计算使稳压管具有稳压作用的限流电阻 R 的取值范围。

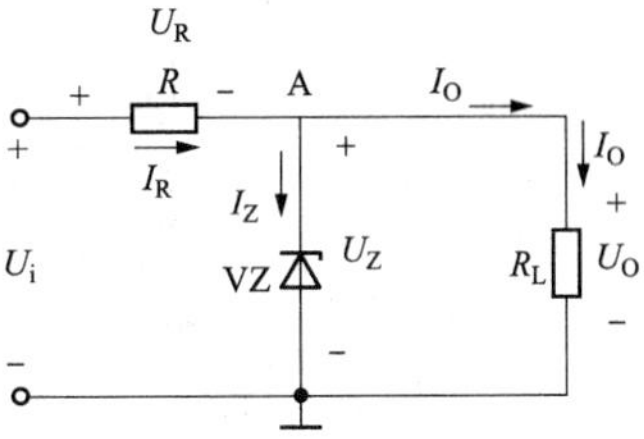

9-12 串联型 BJT 稳压电路如题 9-12 图所示，$U_Z = 5.3\text{V}$，$U_{BE2} = 0.7\text{V}$，电阻 $R_3 = R_4 = 200Ω$，试分析：

（1）若使输出电压 U_O 的数值增加，则采样电阻 R_P 上的滑动端应向上还是向下移动？

（2）当 R_P 的滑动端在最下端时，$U_O = 15\text{V}$，求 R_P 的阻值。

（3）若 R_P 的滑动端移至最上端，则 U_O 为多少？

9-13 在题 9-13 图所示稳压电路中，稳压管 VZ 的最小稳定工作电流 $I_{zmin} = 5\text{mA}$，最大稳定工作电流 $I_{zmax} = 20\text{mA}$，稳定电压 $U_Z = 6\text{V}$。试问：

（1）R_1 的取值范围为多少？

题 9-11 图

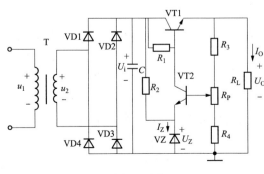

题 9-12 图

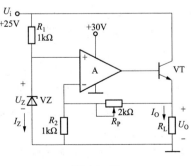

题 9-13 图

（2）U_O 的调节范围为多少？

9-14 在题 9-14 图所示的直流稳压电源中，已知 LM78M15 的输出电压为 15V，最大输出电流为 0.5A，$I_W=10$mA；变压器二次侧电压的有效值 $U_2=18$V，其内阻可忽略不计，二极管正向电阻为零。试问：

（1）U_O 为多少？

（2）U_i 约为多少？

（3）整流二极管可能流过的最大平均电流约为多少？

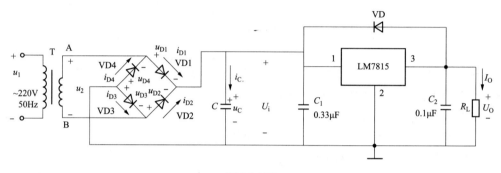

题 9-14 图

9-15 三端集成稳压器 LM78L12 构成的稳压电路如题 9-15 图所示电路，求当 R_P 滑动头在最上端和最下端时输出电压的表达式。

9-16 在题 9-16 图所示稳压电路中，已知 LM117 是三端可调正输出电压集成稳压器，其输出基准电压 U_{REF}（即 U_{21}）$=1.2$V，输入电压与输出电压之差 $3V\leqslant U_{32}\leqslant 40V$，输出电流 5mA$\leqslant I_o'\leqslant 1.5$A，输出电压调整端（即 1 端）电流可忽略不计。要求电路的输出电压最大值 $U_{Omax}=30$V。试问：

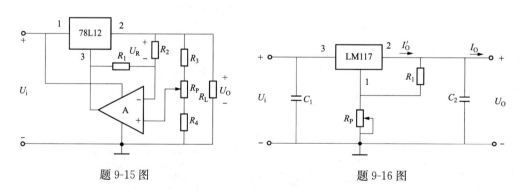

题 9-15 图　　　　题 9-16 图

（1）电阻 R_1 的最大值 R_{1max} 为多少？

（2）若 $R_1=100\ \Omega$，则 R_P 为多少？

（3）若在电网电压波动时，输入电压 U_i 也随之波动$\pm 10\%$，则当电网电压为 220V 时，U_i 至少应取多少伏？

9-17 并联开关稳压电路如题 9-17 图所示，分析其工作原理。

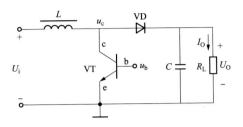

题 9-17 图　并联开关稳压电路

参考文献

［1］ 童诗白，华成英. 模拟电子技术基础. 3 版. 北京：高等教育出版社，2001.

［2］ 康华光，陈大钦. 电子技术基础（模拟部分）. 4 版. 北京：高等教育出版社. 1999.

［3］ 康华光，邹寿彬. 电子技术基础（模拟部分）. 5 版. 北京：高等教育出版社，2005.

［4］ Donald A. Neamen. Electronic Circuit Analysis and Desing. 影印版. 北京：清华大学出版社，2000.

［5］ 谢志远. 模拟电子技术基础. 北京：清华大学出版社，2011.

［6］ 赛尔西欧·佛朗哥著. 基于运算放大器和模拟集成电路的电路设计. 第三版. 西安：西安交通大学出版社，2009.